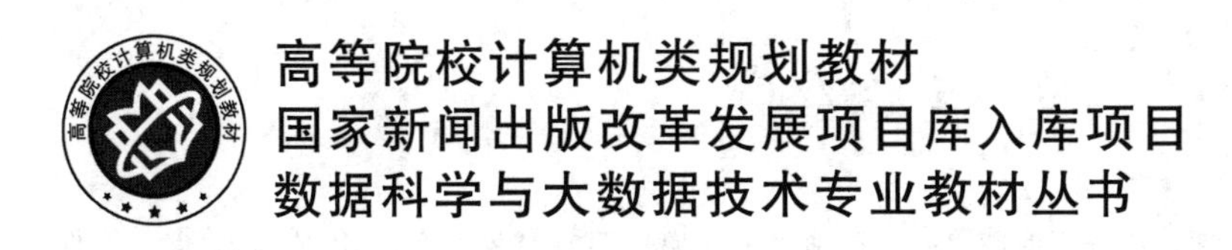

高等院校计算机类规划教材
国家新闻出版改革发展项目库入库项目
数据科学与大数据技术专业教材丛书

大数据技术基础

（第2版）

鄂海红　朱一凡　宋美娜　欧中洪　编著

北京邮电大学出版社
www.buptpress.com

内容简介

本教材在大数据技术基础理论内容方面涵盖了大数据全生命周期的完整知识内容，包括：大数据并行处理与存储框架 Hadoop、大数据存储-NoSQL 和 NewSQL 数据库、大数据处理-分布式内存处理框架 Spark、大数据处理-实时处理框架 Storm、Spark Streaming 和 Flink、大数据分析-分布式数据仓库与多维分析、数据可视化、大数据分析综合实践。本教材还配套了基于华为云和鲲鹏计算的大数据技术实验，详细讲解了各个实验的搭建步骤和操作命令，以支撑学生按教材逐步操作。本教材旨在通过实验实践培育计算机专业背景下数据科学的系统观，以及培养学生系统性解决大数据复杂工程问题的实践技能。

图书在版编目（CIP）数据

大数据技术基础 / 鄂海红等编著. -- 2 版. -- 北京 ：
北京邮电大学出版社，2025. -- ISBN 978-7-5635-7413
-1

Ⅰ. TP274

中国国家版本馆 CIP 数据核字第 2024S9C293 号

策划编辑：姚　顺　　**责任编辑**：刘　颖　　**责任校对**：张会良　　**封面设计**：七星博纳

出版发行：北京邮电大学出版社
社　　址：北京市海淀区西土城路 10 号
邮政编码：100876
发 行 部：电话：010-62282185　传真：010-62283578
E-mail：publish@bupt.edu.cn
经　　销：各地新华书店
印　　刷：保定市中画美凯印刷有限公司
开　　本：787 mm×1 092 mm　1/16
印　　张：30.75
字　　数：820 千字
版　　次：2019 年 9 月第 1 版　2025 年 1 月第 2 版
印　　次：2025 年 1 月第 1 次印刷

ISBN 978-7-5635-7413-1　　定价：86.00 元

前言

《大数据技术基础》(第1版)出版于2019年9月,正值北京邮电大学计算机学院数据科学与大数据专业第一届学生步入大三,开始学习大数据技术系列专业课。回首过往,既有数据科学与大数据专业作为新兴学科建设和人才培养的不断探索与思考,又有数字经济时代大数据人才培养的挑战与实践总结。在《大数据技术基础》(第1版)出版后的五年大数据教学中,我们一方面探索科教融汇、产教融合,在教学内容、实验设计中开展了多维度的教学改革;另一方面,以学生为中心,不断吸收学生们对课程内容的建议与反馈,丰富教学形式与实践内容。

在这五年里,我们承担了国家重点研发计划课题"科技咨询数据资源体系研究与资源建设"的研发任务以及医疗大数据方向的国家自然科学基金项目的研究,开展了更全面的大数据全生命周期治理工程实践及技术攻关,将大数据科研项目成果的技术与经验融入到课程理论教学中。我们还基于承担的教育部-华为"智能基座"课程建设,设计了一整套基于华为云和华为鲲鹏计算的大数据基础实验体系,与理论内容结合,环环相扣,引导选课学生使用工业云平台,开展大数据实操训练。这些教学改革的探索与成果积累,促成了本教材第2版的编写,希望本教材能够为更多有志于掌握大数据基础技术的读者开启大数据工程师的成长大门。

本教材对大数据知识体系进行了系统梳理,在知识架构和内容编排上,涵盖了大数据采集、存储、处理、分析、可视化及应用等全流程所需的基础理论知识。同时,本教材还在各章配套了基于华为云和鲲鹏计算的大数据技术实验,用于指导读者学习具体的实践课程知识,以使读者掌握实际大数据平台和大数据应用系统的研发能力。

《大数据技术基础》(第2版)具有如下特点。

(1) 高阶性:培养学生解决复杂问题的综合能力和高级思维

本版教材重点针对大数据技术工程性强的特点,力求"理论知识和工程能力"的融合。

本版教材覆盖了大数据全生命周期的理论体系,包括了大数据存储、大数据处理、大数据计算、大数据分析、大数据可视化,做到了教材改革对标国家战略,在培养学生大数据思维、大数据基础理论与新技术的同时,力求满足数字经济时代人才培养的需求,体现了教材的高阶性。

(2) 创新性:教材内容具有前沿性和时代性

本版教材的编写依托国家级科研项目的研究内容及企业专家资源,充分涵盖了科研界及工业界前沿技术,体现了工业界最新技术动态。本版教材引入了近三年教育部-华为"智能基座"课程与华为云资源和教育部-华为"智能基座"项目的相关成果。

本教材主编老师及教学团队2020—2021年牵头完成了2门教育部-华为"智能基座"课程建设成果,将华为鲲鹏大数据的产业实践编写到了教材中。

本教材创新性的设计基于华为云鲲鹏大数据的4基础+2综合实验体系，覆盖了大数据全生命周期理论体系（存储/处理/计算/分析/可视化），全面培养学生大数据工程开发与复杂实践能力，体现了教材课程内容的前沿性和时代性。

(3) 挑战性：教学形式体现先进性和互动性

大数据实践需要大规模分布式实验环境，课堂教学形式如何突破，是《大数据技术基础》（第2版）教材改革的核心之一。目前一些大数据书籍会介绍大数据环境安装配置的实践指导，但往往是单机安装方法，不适用于大数据实践的真实场景；又或者是传统物理机集群安装，既不符合高校实验硬件基础环境，也不符合当前大数据平台全面上云的大趋势。

《大数据技术基础》（第2版）以由浅入深、层层叠进的方式对大数据基础技术和当下流行的技术进行了讲解，并且基于华为云环境，为读者设计了成套的实验环境搭建方法，并从真实应用场景中分离出实验样例，逐章给出了对应实验，全面地对本教材的知识点进行了实践。

为了进一步方便读者学习，同步于本教材的上市，在学堂在线平台，《大数据技术基础》（北京邮电大学，鄂海红等教师授课版）的慕课也进行了教学视频、实验手册、实验视频的更新与发布，读者可以通过学堂在线的慕课资源，开展大数据技术的学习和实践。

读者可通过全书各章的大数据基础实验体系，通过华为云实操大数据环境部署安装、数据加载和数据处理，提升技能；同时参考学堂在线的慕课中实验步骤视频详解，完成复杂大数据处理过程，提升实操能力。

(4) 思政性：融合思政教育

本教材在编写中，还期望能够在潜移默化中实现大数据技术思政育人，具体体现在如下三个方面。

第一，在大数据概述模块，重点介绍了我国在大数据方面的前沿动态，以及国家战略对人才的需求，培养学生的家国情怀和责任担当，坚定他们学习报国的信念，引导学生认知到通过大数据综合实践的知识和技能掌握，可以直面新一轮数字经济产业变革带来的机遇和挑战。通过简要概述提及的内容和产业趋势，希望读者一方面坚定当代大学生做好科研、报效祖国的决心和信心；另一方面对前沿技术趋势加深关注，加强理解。

第二，在大数据存储技术模块，引入了大数据存储不同技术演进内容的概述，从业界需求驱动力，到优秀科研团队的研究者和企业工程师们是如何创新地提出新方法、新理论，来攻克挑战。本书的目标是想引导读者和学习者们认识到创新的重要性，激发主动的创新思维和创新意识。结合学堂在线的课件和授课视频，希望学习者可以一方面增强工科课程蕴含的人文精神，培育良好的创新意识；另一方面对自己所从事的科研创新工作产生高度自信。

第三，在全书部分章节包括的实验实践模块，设计的整套实验实践章节，覆盖大数据平台全生命周期过程的分阶段实验，包括大数据存储、处理、分析、可视化一整套全流程过程。同时实验章节详细讲解系统搭建步骤和操作命令，以支撑学生可以参考讲解逐步操作，培养学生的规范操作能力。引导学生深入了解大数据工程背后的逻辑，培养学生严密的逻辑能力。期望读者可以通过实验实践模块，一方面掌握计算机专业背景下数据科学的系统观；另一方面有格局、有视野地面对复杂工程问题，系统性解决工程问题。

《大数据技术基础》的第1版已经在北京邮电大学、西北民族大学、贵州师范大学、贵阳贵航职业学校等高等院校的大数据技术课程中得到应用，此次改版增加了基于华为云和鲲鹏计算的大数据系列实验，这更加有助于提升学生大数据工程开发实践能力。《大数据技术基础》的第2版作为多年大数据教学一线经验的积累和总结，希望可以对更多高校大数据教学的同行有所启发、有所借鉴。本教材中增加的基于华为云实践鲲鹏大数据的设计，支持选用本教材的教师选择用 6 个实验作为实践考核，全面替代试卷答题。这样的教学形式改革，更加符合大数据技术工程性的特点，让大数据教学的评分标准更注重学习效果评价，以提升学生的工程实践能力为目标，契合人才培养专业特点，显著提升学生大数据工程开发复杂实践能力，让学生有满满的获得感。

本书的编写得到了北京邮电大学 PCN&CAD 中心、教育部信息网络工程研究中心和北京邮电大学计算机学院数据科学与服务中心教师与研究生的支持，他们分别是朱一凡、宋美娜、欧中洪、宋俊德、汤子辰、周庚显、张文泰、丁峻鹏、罗浩然、许腾、黄加宇、姜越、彭诗耀、郑奕伟、吕晓东、朱云飞、郑云帆、王浩田、魏文定、刘钟允、张睿智、姚天宇、李泞原、胡天翼、竹倩叶、宋文宇、林学渊、梁月梅、康雯珺、丛丽静、杨昊霖、麻程昊、张君、谭玲、张博、黄青等，在此一并表示感谢。尤其感谢我的大数据技术基础课程的助教团队，他们与我一起持续不断地开展大数据系列课程教改研究，不断迭代实验设计，完善实验报告，进行课程答疑。

由于在专业知识的深度和广度上的局限性，本教材还存在诸多不足之处，欢迎广大读者反馈对本教材的意见和建议，我们将随着“大数据技术基础”专业课程的建设，不断地改进本教材的质量。

鄂海红　于北京

目 录

第1章

大数据概述

本章思维导图

随着数据的爆炸式增长和计算机技术的迅速发展，大数据技术迎来了前所未有的发展，它使人们的生活发生新变化的同时，也给人们带来了许多挑战，包括如何存储、查询、计算这些海量数据等，因此构建一个统一的大数据平台显得尤为重要。目前业界普遍认为大数据平台应具有数据源、数据采集、存储、处理、分析、可视化及其应用这6个层次。

本书从本章起为读者们安排了7组实验，包括5个单元实验和2个期末实验，参考代码可以访问 https://gitee.com/zhuyifan-bupt/big-data-foundation-2nd-edition 获取。

本章首先介绍了大数据的发展历程、大数据的定义与特征、大数据与传统数据的区别，使读者对大数据概念有个整体的了解；然后介绍了大数据平台应具备的能力和大数据平台架构，使读者对大数据平台的架构有大体的轮廓感知；接着介绍了开源大数据组件生态系统，使读者能够了解大数据平台及应用系统是使用哪些大数据组件搭建而成；接着介绍了大数据应用，使读者能了解目前现实生活中大数据应用的例子；最后介绍了如何采用华为云构建一个分布式服务器集群，为大数据实践提供基础实验环境。本章思维导图如图1-0所示。

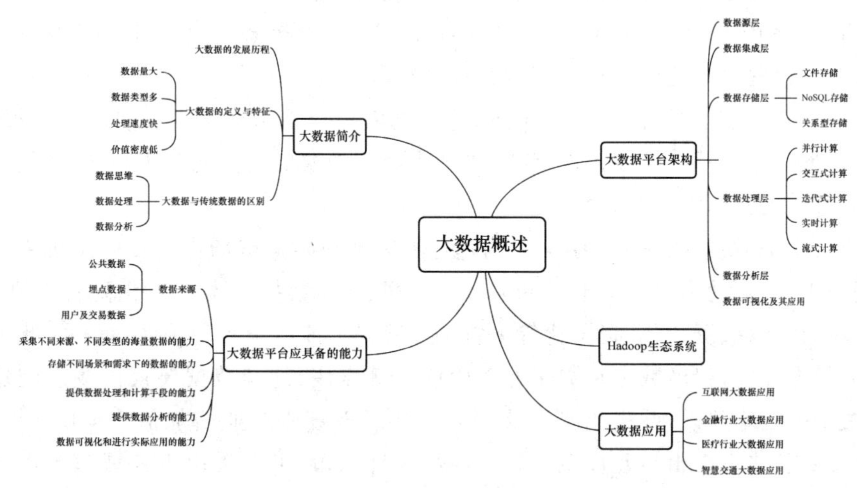

图1-0　本章思维导图

1.1 大数据简介

21世纪以来，随着计算机技术，尤其是互联网和移动技术的发展，数据规模呈爆炸式增长，“大数据”概念应运而生。大数据是继云计算、物联网之后信息技术产业领域的又一重大技术革新，它使人们的生活发生了新的变化。本节首先帮助读者更好地认识和了解大数据的发展历程、大数据的定义与特征以及大数据与传统数据的区别等[1]。

1.1.1 大数据的发展历程

2005年，Hadoop项目诞生。Hadoop是由多个软件产品组成的一个生态系统，这些软件产品共同实现全面的大数据功能，尤其是灵活的大数据分析[2]。

2008年9月，Nature推出*Big Data*专刊[3]，并邀请一些研究人员和企业家预测大数据所带来的革新。同年，计算社区联盟发表了报告“Big-data computing: creating revolutionary breakthroughs in commerce, science and society”[4]，阐述了在数据驱动的研究背景下，解决大数据问题所需的技术以及大数据在商业、科研和社会领域所面临的一些挑战。

2011年2月，Science推出*Dealing with Data*专刊[5]，该专刊围绕着科学研究中大数据的问题展开讨论。麦肯锡公司在同年5月发布了“Big data: the next frontier for innovation, competition, and productivity”[6]，对大数据的影响、关键技术和应用领域等进行了详细的介绍。

2012年3月，美国政府在白宫网站发布了白皮书“Big data research and development initiative”，这一举动标志着大数据已经成为重要的时代特征[7]。同年7月，联合国在纽约发布了关于大数据政务的白皮书“Big Data for Development: Opportunities & Challenges”[8]，标志着全球大数据的研究和发展进入了前所未有的高潮阶段。

2014年，“大数据”一词首次写入我国政府工作报告。报告指出，要设立新兴产业创业创新平台，在大数据等方面赶超先进，引领未来产业发展[2]。

2015年，国务院印发的《促进大数据发展行动纲要》明确提出，数据已成为国家基础性战略资源，并对大数据整体发展进行了顶层设计和统筹布局。

2017年，党的十九大报告中提出推动大数据与实体经济深度融合。政府工作报告也首提数字经济：要推动“互联网+”深入发展、促进数字经济加快成长。同年中央政治局就实施国家大数据战略进行了集体学习[9]，国内大数据产业开始全面、快速发展。

2020年4月，《中共中央国务院关于构建更加完善的要素市场化配置体制机制的意见》发布，将数据与土地、劳动力、资本、技术并称为五种要素。数据要素市场化配置上升为国家战略，数据的流通、交易、资产化、资本化等配置手段获得了前所未有的关注。国家“十四五”规划全面布局大数据发展，突出数据在数字经济中的关键作用、加强数据要素市场规则建设、重视大数据相关基础设施建设，并提出到2025年，数字经济核心产业增加值占GDP比重10%的发展目标。同年，北京提出将建设全球数字经济标杆城市、上海提出世界智慧城市标杆、浙江提出全面推进数字化改革。

1.1.2 大数据的定义与特征

① 大数据(Big Data)是指无法在一定时间范围内用常规软件工具进行捕捉、管理和处理的数据集合,是需要新处理模式才能具有更强的决策力、洞察发现力和流程优化能力的海量、高增长率和多样化的信息资产[10]。

② 大数据通常具有"4V"特征,即数据量大(volume)、数据类型多(variety)、处理速度快(velocity)和价值密度低(value)[7]。

③ 数据体量庞大。采集、存储和计算的量都非常大。数据时代刚刚来临的时候,一般的数据存储容量、体积多以兆字节(MB)为单位。近年来各种各样的现代 IT 应用设备和网络正在飞速产生和承载大量数据,使数据的增加呈现大型数据集形态,大数据的起始计量单位至少是拍字节(PB,1 PB 等于 1 024 太字节)、艾字节(EB,1 EB 等于 100 多万个太字节)或泽字节(ZB,1 ZB 等于十多亿个太字节)。

④ 数据类型繁多。数据来自多种数据源,数据种类和格式日渐丰富,已冲破了以前所限定的结构化数据范畴,囊括了结构化、半结构化和非结构化数据。

⑤ 处理速度快。从各种类型的数据中快速获得高价值的信息,这一点和传统的数据挖掘技术有着本质的不同。

⑥ 价值密度低。由于数据产生量巨大且数据产生速度非常快,必然形成各种有效数据和无效数据错杂的状态,因此数据价值的密度大大降低。以视频为例,在连续不间断的监控过程中,可能有用的数据仅仅有一两秒。所以,如何结合业务逻辑并通过强大的机器学习算法来挖掘数据价值,是大数据时代最需要解决的问题。

1.1.3 大数据与传统数据的区别

大数据是在传统数据库学科分支结合并行计算的基础上进一步发展起来的,但两者在数据存储、数据分析、数据处理规模上都有所不同。下面从数据思维、数据处理以及数据分析三方面来介绍两者的不同[1]。

1) 数据思维

大数据思维与传统数据思维有着很大的差别。传统的数据思维针对一个问题往往是命题假设型的,并通过演绎推理来证明自己的假设是否正确。这种思维方式一般要预先设定好主题,通过建立数据模型和元数据来描述问题。同时,需要理顺逻辑,理解因果关系,并设计算法来得出接近现实的结论。而大数据思维在定义问题时,没有预制的假设,而是使用归纳推理的方法,从部分到整体地进行观察描述,通过问题存在的环境观察和解释现象,从而起到预测效果。

2) 数据处理

传统的数据处理主要以面向结构化数据和事务处理的关系型数据库为主,通过定向的批处理过程长时间地对数据进行提取、转换和加载等处理,处理后的数据是容易理解的、清洗过的,并符合业务的元数据。而大数据处理技术具备结构化、半结构化和非结构化数据混合处理的能力,主要针对半结构化和非结构化数据。这意味着不能保证输入的数据是完整的、清洗过的和没有任何错误的。这使大数据处理技术更有挑战性,但同时它提供了在数据中获得更多的洞察力的范围。

3）数据分析

传统的数据分析通过数据抽样并不断改进抽样的方式来提高样本的精确性，它往往关注的是“为什么”的因果关系，分析算法比较复杂，通常用多个变量的方程来追求数据之间的精确关系。而大数据分析对象是全体数据，它往往关注的是“是什么”的相关性关系，从海量数据中分析出人类不易感知的关联性，通常用简单的算法实现规律性的分析。

1.2 大数据平台应具备的能力

在对大数据的定义和特征，还有大数据与传统数据的比较做过简单介绍之后，相信读者对大数据有了基本的了解。实现对大数据的管理需要大数据技术的支撑，但仅仅使用单一的大数据技术实现大数据的存储、查询、计算等不利于日后的维护与扩展，因此构建一个统一的大数据平台至关重要[11]。下面以一张图对统一的大数据平台进行介绍，如图 1-1 所示。

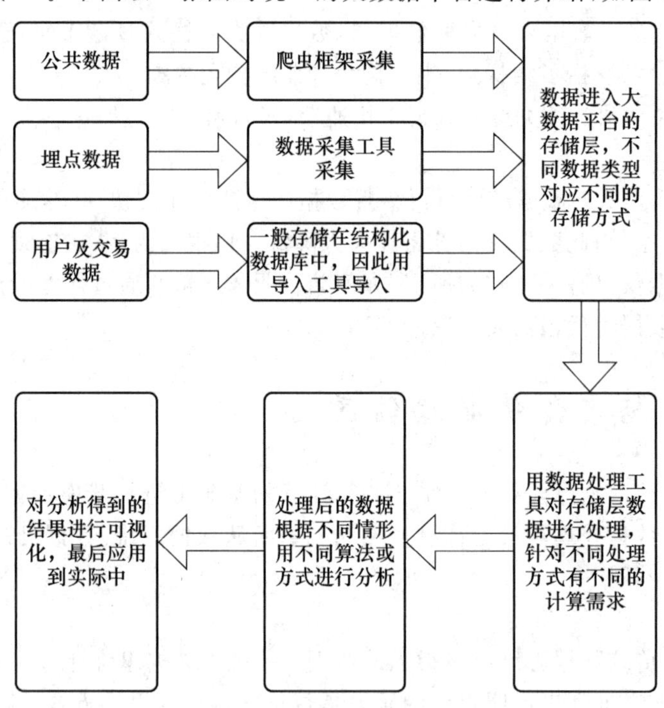

图 1-1 大数据系统的数据流图

首先要有数据来源，我们知道在大数据领域，数据是核心资源。数据的来源有很多，主要包括公共数据（如微信、微博、公共网站等公开的互联网数据）、企业应用程序的埋点数据（企业在开发自己的软件时会接入记录功能按钮及页面的点击等行为数据）以及软件系统本身用户注册及交易产生的相关用户及交易数据[12]。我们对数据的分析与挖掘都需要建立在这些原始数据的基础上，而这些数据通常具有来源多、类型杂、体量大等特点。因此大数据平台需要具备对各种来源和各种类型的海量数据的采集能力。

在大数据平台对数据进行采集之后，就需要考虑如何存储这些海量数据了，不同的业务场景和应用类型会有不同的存储需求。比如，针对数据仓库的场景，数据仓库的定位主要是应用于联机分析处理，因此往往会采用关系型数据模型进行存储；针对一些实时数据计算和分布式计算场景，通常会采用非关系型数据模型进行存储；还有一些海量数据会以文档数据模型的方式进行存储。因此大数据平台需要具备提供不同的存储模型以满足不同场景和需求的能力。

在数据采集和存储后，就需要考虑如何使用这些数据。首先需要根据业务场景对数据进行处理，不同的处理方式会有不同的计算需求。比如：针对数据量非常大但是对时效性要求不高的场景，可以使用离线批处理；针对时效性要求很高的场景，就需要用分布式实时计算来解决了。因此大数据平台需要具备灵活的数据处理和计算的能力。

在对数据进行处理后，就可以根据不同的情形对数据进行分析。比如：可以应用机器学习算法对数据进行训练，然后进行一些预测和预警等；还可以运用多维分析对数据进行分析来辅助企业决策等。因此，大数据平台需要具备数据分析的能力。

数据分析的结果仅用数据的形式进行展示会显得单调且不够直观，因此需要把数据进行可视化，以提供更加清晰直观的展示形式。对数据的一切操作最后还是要落实到实际应用中去，只有应用到现实生活中才能体现数据真正的价值。因此，大数据平台需要具备数据可视化并能进行实际应用的能力。

1.3 大数据平台架构

随着数据的爆炸式增长和大数据技术的快速发展，国内外很多知名的互联网与信息服务企业，如国外的Google、Facebook，国内的阿里巴巴、华为、腾讯、字节跳动等早已开始布局大数据领域，他们构建了自己的大数据平台架构。根据这些著名公司的大数据平台以及1.2节提到的大数据平台应具有的能力可得出，大数据平台架构应具有数据源层、数据集成层、数据存储层、数据处理层、数据分析层以及数据可视化及其应用的6个层次[1]，如图1-2所示。

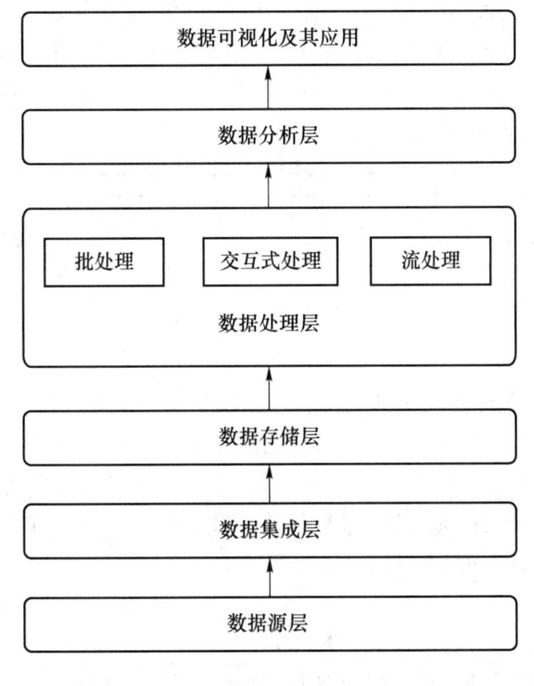

图1-2 大数据平台架构

1）数据源层

数据来源一般为业务生产系统产生的数据，以及系统运维产生的用户行为数据、服务器运行日志数据、物联网系统里传感器产生的数据等，如电商系统的订单记录、网站的访问日志、移动用户手机上网记录、物联网视频监控记录等，如图 1-3 所示。

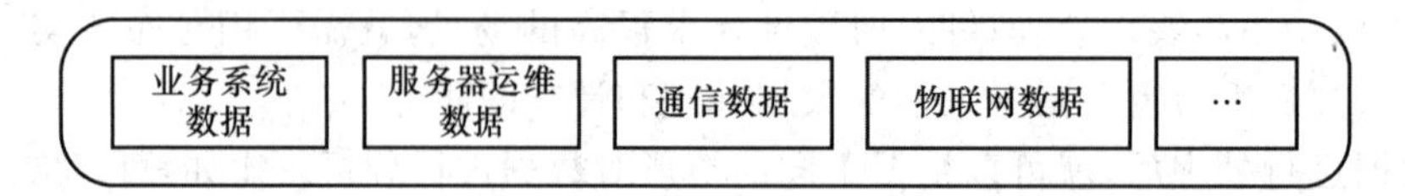

图 1-3　数据源层

2）数据集成层

数据集成也就是数据采集或数据同步，这是大数据价值挖掘第一环，其后的数据处理和分析都建立在数据采集与同步的基础上。大数据的数据来源复杂多样，而且数据格式多样、数据量大。因此，大数据的集成需要实现将多源(来源于不同业务的信息系统，甚至是不同机构的信息系统)、异构(例如：结构化的关系型数据库数据、半结构化的网页数据、非结构化的文本数据)、海量数据(可能是几百 MB/天，也可能是几十 GB/天)，同步至集中的大型分布式数据库或者分布式文件存储/对象存储中持久化存储，或者通过持续不断的数据流方式被采集传输到实时数据处理程序中被计算分析。

数据采集用到的工具有 Sqoop、Kafka、Flume、DataX 等，如图 1-4 所示。其中 Sqoop 主要用于在 Hadoop 与传统的数据库间进行数据的传递，可以将一个关系型数据库中的数据导入 Hadoop 的存储系统中，也可以将 HDFS 的数据导入关系型数据库中。Kafka 是一个分布式消息系统，主要用于衔接数据生产者(上游数据源)和数据消费者(下游数据处理程序)之间的中间件，作用类似于缓存，采用发布/订阅模式，让数据源上游和数据处理程序下游实现解耦。Flume 是一个高可用、高可靠、分布式的海量日志采集、聚合和传输的系统，它支持在日志系统中定制各类数据发送方，用于收集数据。DataX 是阿里开源的一个异构数据源离线同步工具，实现包括关系型数据库(MySQL、Oracle 等)、HDFS、Hive、ODPS、HBase、FTP 等各种异构数据源之间稳定高效的数据同步功能。

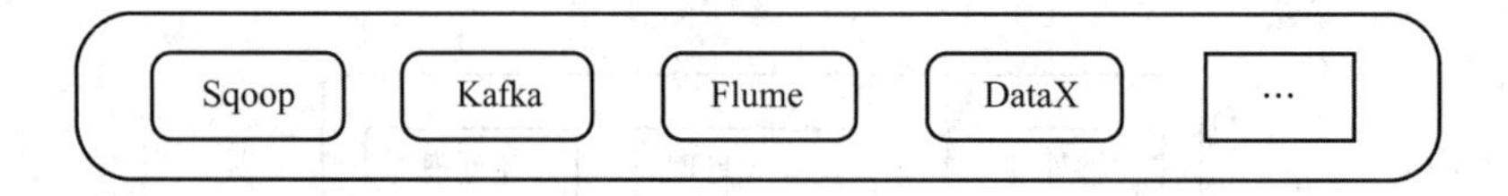

图 1-4　数据集成层

3）数据存储层

在大数据时代，数据类型复杂多样，其中主要以半结构化和非结构化为主，传统的关系型数据库无法满足这种存储需求。因此针对大数据结构复杂多样的特点，可以根据每种数据的存储特点选择最合适的解决方案。对非结构化数据采用分布式文件系统进行存储，对结构松散无模式的半结构化数据采用列存储、键值存储或文档存储等 NoSQL 存储，对海量的结构化数据采用分布式关系型数据库存储，如图 1-5 所示。

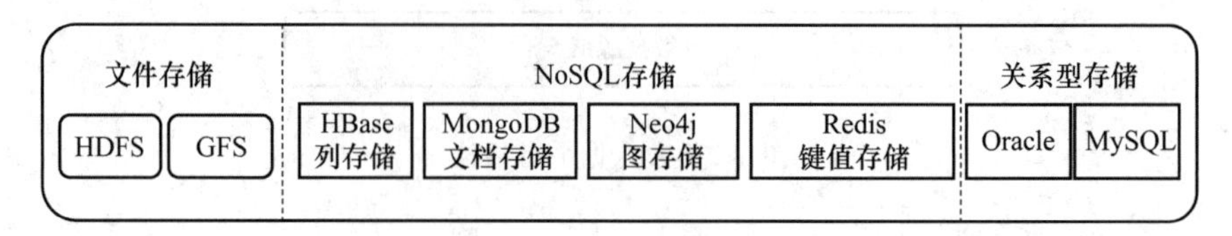

图 1-5　数据存储层

文件存储有HDFS和GFS等。HDFS是一个分布式文件系统,是Hadoop体系中数据存储管理的基础。GFS是Google研发的一个适用于大规模数据存储的可拓展分布式文件系统。

NoSQL存储有列存储HBase、文档存储MongoDB、图存储Neo4j、键值存储Redis等。HBase是一个高可靠、高性能、面向列、可伸缩的动态模式数据库。MongoDB是一个可扩展、高性能、模式自由的文档性数据库。Neo4j是一个高性能的图形数据库,它使用图相关的概念来描述数据模型,把数据保存为图中的节点以及节点之间的关系。Redis是一个支持网络、基于内存、可选持久性的键值存储数据库。

关系型存储有Oracle、MySQL等传统数据库。Oracle是甲骨文公司推出的一款关系数据库管理系统,拥有可移植性好、使用方便、功能强等优点。MySQL是一种关系数据库管理系统,具有速度快、灵活性高等优点。

4) 数据处理层

计算模式的出现有力地推动了大数据技术和应用的发展,然而,现实世界中的大数据处理问题的模式复杂多样,难以有一种单一的计算模式能涵盖所有不同的大数据处理需求。因此,针对不同的场景需求和大数据处理的多样性,产生了适合大数据批处理的并行计算框架MapReduce,基于内存计算批处理和微批处理框架Spark,流式计算框架Storm、Flink等,以及为这些计算框架提供集群资源管理的Yarn和Mesos、分布式集群协调管理的Zookeeper,如图1-6所示。

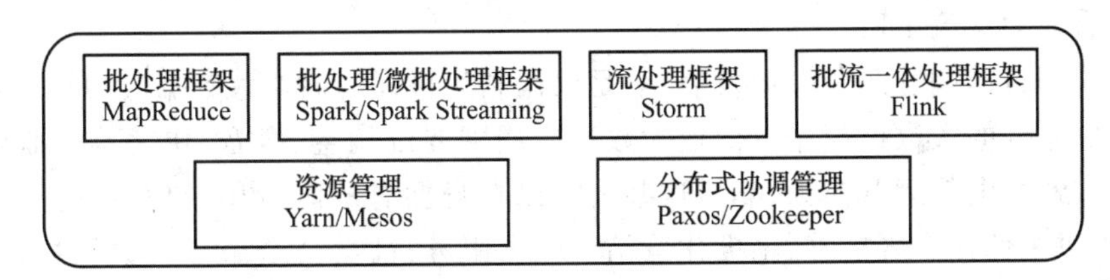

图1-6 数据处理层

MapReduce是Hadoop体系中的分布式并行计算框架,采用批处理模式(适合离线处理场景需求),实现大规模数据集的并行运算。Spark也是批处理模式的并行计算框架,但是不同于MapReduce,Spark基于内存计算,性能更快。同时为了满足实时计算的需求,Spark框架提供了流处理组件Spark Streaming,作为针对实时计算需求提供流处理框架,它采用微批处理的方式,实现了高吞吐量、具备容错机制的实时流数据的处理。Storm的一个极低延迟的流处理框架,是早期实时计算系统的主要方案。Spark Streaming是Spark计算框架YARN的一个Hadoop资源管理组件,可为上层应用提供统一的资源管理和调度。Mesos也是一个开源的集群管理组件,负责集群资源的分配,可对多集群中的资源做弹性管理。Zookeeper是一个以简化的Paxos协议作为理论基础实现的分布式协调服务系统,它为分布式应用提供高效且可靠的分布式协调一致性服务。

5) 数据分析层

数据分析是指通过分析手段、方法和技巧对准备好的数据进行探索、分析,从中发现因果关系、内部联系和业务规律,从而提供决策参考。在大数据时代,人们迫切希望在由普通机器组成的大规模集群上实现高性能的数据分析系统,为实际业务提供服务和指导,进而实现数据的最终变现。

常用的大数据分析工具有 Hive、Impala、Kylin，类库有 MLlib 和 SparkR 等，如图 1-7 所示。Hive 是一个数据仓库基础构架，主要用来进行数据的提取、转化和加载。Impala 是 Cloudera 公司主导开发的 MPP 系统，允许用户使用标准 SQL 处理存储在 Hadoop 中的数据。Kylin 是一个开源的分布式分析引擎，提供 SQL 查询接口及多维分析能力以支持超大规模数据的分析处理。MLlib 是 Spark 计算框架中常用机器学习算法的实现库。SparkR 是一个 R 语言包，它提供了轻量级的方式，使得我们可以在 R 语言中使用 Apache Sparko 的各项功能。

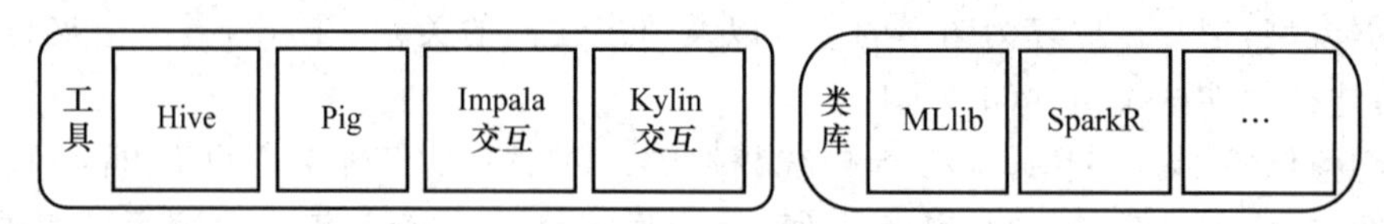

图 1-7　数据分析层

6）数据可视化及其应用

数据可视化技术可以提供更为清晰直观的数据表现形式，将数据和数据之间错综复杂的关系，通过图片、映射关系或表格，以简单、友好、易用的图形化、智能化的形式呈现给用户，供其分析使用。可视化是人们理解复杂现象、诠释复杂数据的重要手段和途径，可通过数据访问接口或商业智能门户实现，以直观的方式表达出来。可视化与可视化分析通过交互可视界面来进行分析、推理和决策，可从海量、动态、不确定，甚至相互冲突的数据中整合信息，获取对复杂情景的更深层的理解，供人们检验已有预测，探索未知信息，同时提供快速、可检验、易理解的评估和更有效的交流手段。

大数据应用目前朝着两个方向发展：一是以盈利为目标的商业大数据应用；二是侧重于为社会公众提供服务的大数据应用。商业大数据应用主要以淘宝、抖音、快手等互联网公司，以及中国移动、联通、电信运营商为代表，这些公司以自身拥有的海量用户信息、行为、位置等数据为基础，提供个性化广告推荐、精准化营销等数据服务；社会公众服务大数据提供诸如热门景点人流分析、春运客流分析、城市公共交通规划、疫情精准防控等社会公共数据服务。

1.4　大数据应用

大数据应用自然科学的知识来解决社会科学中的问题，在许多领域具有重要的应用。早期的大数据技术主要应用在大型互联网企业中，用于分析网站用户数据以及用户行为等。现在医疗、交通、金融、教育等行业也越来越多地使用大数据技术以便完成各种功能需求。

大数据应用基本上呈现出互联网领先、其他行业积极效仿的态势，而各行业数据的共享开放已逐渐成为趋势。

1）互联网大数据应用

大数据应用起源于互联网行业，而且互联网也是大数据技术的主要推动者。互联网拥有强大的技术平台，同时掌握大量用户行为数据，能够进行不同领域的纵深研究。

如谷歌、Twitter、亚马逊、新浪、阿里巴巴等互联网企业已广泛开展定向广告、个性推荐等较成熟的大数据应用。国外的亚马逊作为一家"信息公司"，不仅从每个用户的购买行为中获得信息，还将每个用户在其网站上的所有行为都记录下来：页面停留时间，用户是否查看评论，每个搜索的关键词，浏览的商品，等等。这种对数据价值的高度敏感和重视，以及强大的挖掘

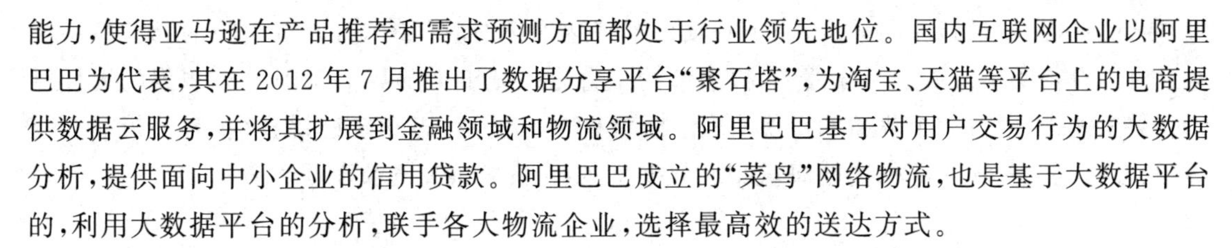

能力，使得亚马逊在产品推荐和需求预测方面都处于行业领先地位。国内互联网企业以阿里巴巴为代表，其在2012年7月推出了数据分享平台“聚石塔”，为淘宝、天猫等平台上的电商提供数据云服务，并将其扩展到金融领域和物流领域。阿里巴巴基于对用户交易行为的大数据分析，提供面向中小企业的信用贷款。阿里巴巴成立的“菜鸟”网络物流，也是基于大数据平台的，利用大数据平台的分析，联手各大物流企业，选择最高效的送达方式。

2）金融行业大数据应用

目前，金融行业的信息化水平已相当高，众多金融机构都建立了自己的数据平台，在客户深度分析、反洗钱预警、反欺诈预警等方面发挥着重要的作用。

中信银行整合银行内部与信用卡相关的重要数据，对数据进行快速而准确的分析和挖掘，来提供全方位、多层次的辅助决策支持，可以在短时间内对市场变化及趋势做出更好的战略性商业决策，以挖掘重点客户、提高服务质量、减少运作成本，为银行带来有利的市场竞争优势[2]。工商银行收集来自行内、金融同业以及司法部门提供的各类风险客户和账户信息，通过大数据技术对其进行相关分析、挖掘，使得银行可以实现风险收集分析、风险评级等功能。而光大银行则利用与大数据相关的挖掘、文本数据分析等技术，将客户数据、产品数据、地理空间数据等进行关联分析，通过事件驱动覆盖客户的潜在需求，银行可有针对性地进行推荐产品、精准营销、投放广告等活动，进而推动自身所需业务的转型成功。

3）医疗行业大数据应用

随着医疗技术的发展，医疗行业积累了大量不同类型的数据，如健康档案、电子病历、医学图像等，这些数据已成为医疗行业宝贵的财富。如果能够对这些数据进行有效地存储、处理、查询和分析，就可以帮助医生做出更为科学准确的诊断、用药决策和病理分析等，更好地造福于人类。

2009年，Google借助大数据技术从用户的相关搜索中预测到了甲型H1N1流感暴发，该预测比美国疾病控制与预防中心提前了1～2周。随后百度也上线了“百度疾病预测”，借助用户搜索预测疾病的暴发。华大基因推出肿瘤基因检测服务，通过采取患者样本，测序得到基因序列，接着采用大数据技术与原始基因进行比对，锁定突变基因，通过分析做出正确的诊断，进而全面、系统、准确地解读肿瘤药物与突变基因的关系，同时根据患者的个体差异性，辅助医生选择合适的治疗药物，制订个体化的治疗方案，实现“同病异治”或“异病同治”，从而延长患者的生存时间和改善患者生活质量。

4）智慧交通大数据应用

大数据下的智慧交通就是整合传感器、监控视频和GPS等设备产生的海量数据，并与气象监测设备产生的天气状况数据、人口分布数据和移动通信数据等相结合，从这些数据中洞察出人们真正需要的有价值的信息，从而实现智慧交通公共信息服务的实时传递和快速反应的应急指挥等。

基于大数据的智慧交通可以有效地管理交通数据，如可集中访问分散存储在不同支队数据中心的图像或视频等；可以提高对海量数据的利用，如可从海量数据中挖掘出有价值的信息，为公安、刑侦等部门人员及一线民警提供信息支撑服务；可以改善交通，如提高对各种交通突发事件的应急调度能力，依据历史数据预测交通或突发事件的发展趋势。

2017年杭州云栖大会，阿里云的城市大脑正式发布。它通过接管杭州的一些信号灯路口，使试点区域的通行时间减少，使120救护车到达现场的时间缩短，城市大脑的“天曜”系统通过对已有街头摄像头的无休巡逻，极大节约了警力。城市大脑得益于阿里云积累的云计算和大数据能力，通过一个普通的摄像头，就能读懂车辆运行状态和轨迹，同时实时分析来自交通局、气象、公交、导航等机构的海量交通数据，为城市的智慧交通贡献了力量。

1.5 大数据实践1：基于华为云构建大数据实验环境

1. 实验描述

本教材结合云原生大数据平台的主流演进趋势，选择采用基于云服务器模式和云大数据平台模式，并从真实应用场景中分离出实验样例，逐章给出了对应实验，全面地对本书的知识点进行了实践。

“教育部智能基座项目”为本教材中的实验提供了全套免费的华为云环境，高校教师开展大数据教学时，可以采用相同方式，加入“基于华为云的大数据技术基础虚拟教研室”，共享华为云实验室资源、课程资源、实验资源。

本教材通过华为云实操大数据环境部署、数据加载、数据处理及可视化，并提供详细的实验步骤详解，让每位学生可以完整地完成大数据实践练习。

本章的实验目标是完成购买云ECS服务器，配置完成构建大数据实验环境。

2. 实验目的

① 了解华为云基础操作；

② 购买华为云ECS；

③ 掌握华为云服务器操作。

3. 实验步骤

1）购买ECS

打开华为云地址：https://www.huaweicloud.com/，单击“登录”，输入用户名、密码，如图1-8所示。

图1-8 华为云界面

单击“控制台”，如图 1-9 所示。

图 1-9 控制台

单击“服务列表”，如图 1-10 所示。

图 1-10 服务列表

选择“弹性云服务器 ECS”，如图 1-11 所示。

图 1-11 弹性云服务器 ECS

选择“买弹性云服务器 ECS”，如图 1-12 所示。

选择“按需计费”，“可用区 2”，CPU 架构“鲲鹏计算”，选择“鲲鹏通用计算增强型”，2vCPUs|4GB，如图 1-13 所示。

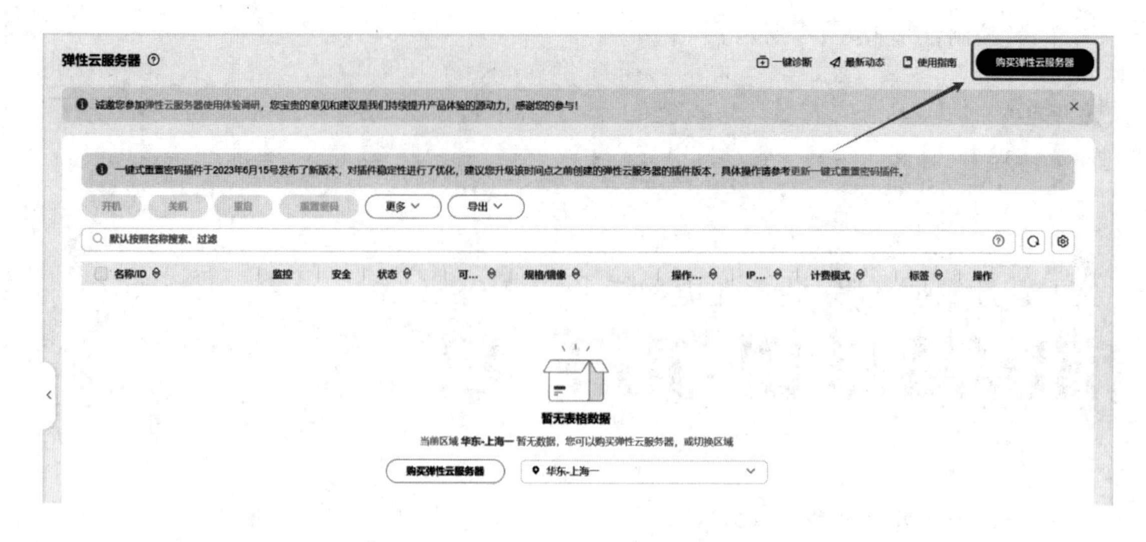

图 1-12　购买弹性云服务器 ECS

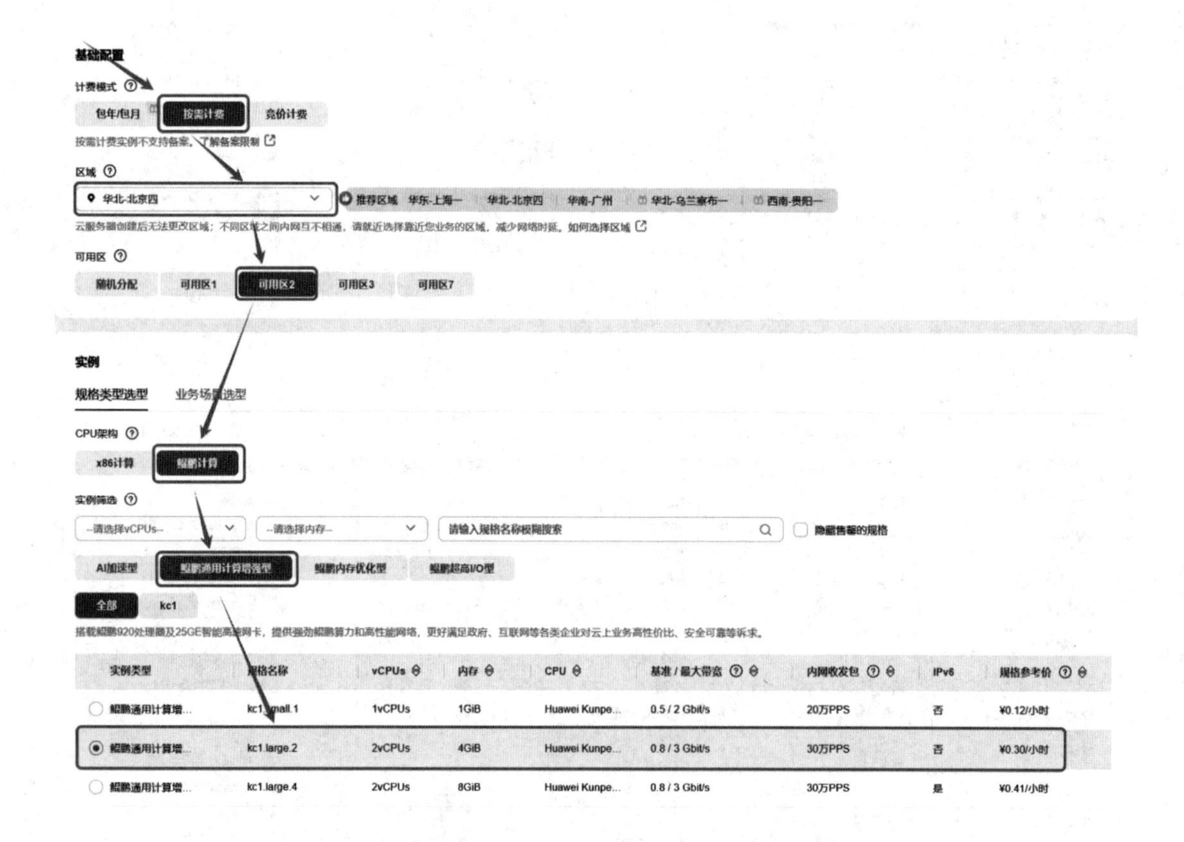

图 1-13　参数选择

配置操作系统和磁盘。选择“公共镜像”，CentOS7.6，系统盘建议配置 40GB，购买数量 4 台，单击“网络配置”，如图 1-14 所示。

配置网络，网络选择“vpc-default”，安全组选择“Sys-default”，弹性公网 IP 选择“现在购买”“全动态 BGP”“按流量计算”“5M”，单击“高级配置”，如图 1-15 所示。

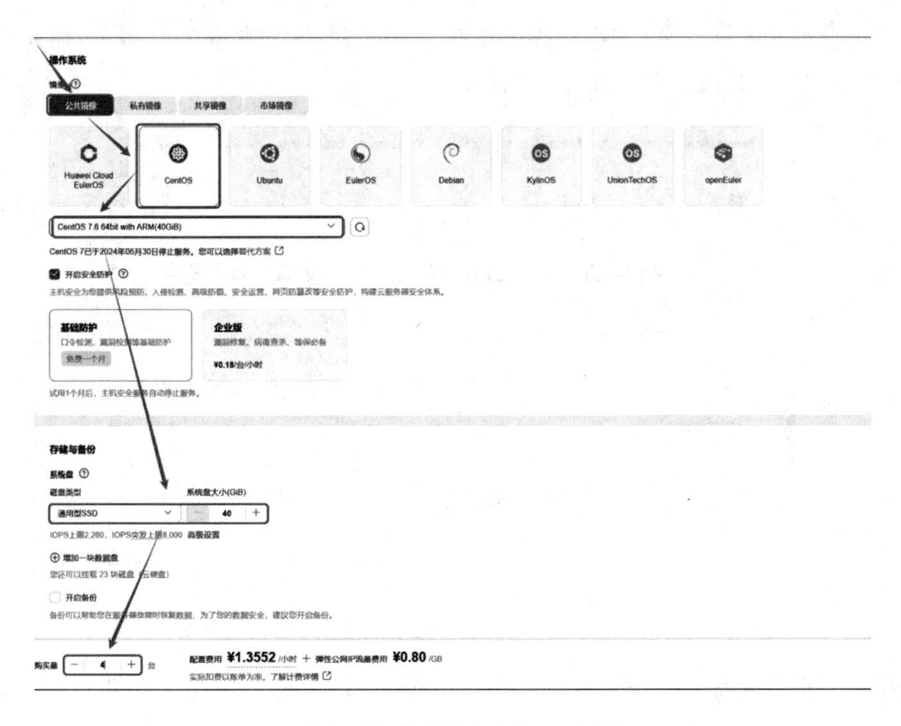

图 1-14 操作系统和磁盘配置选择

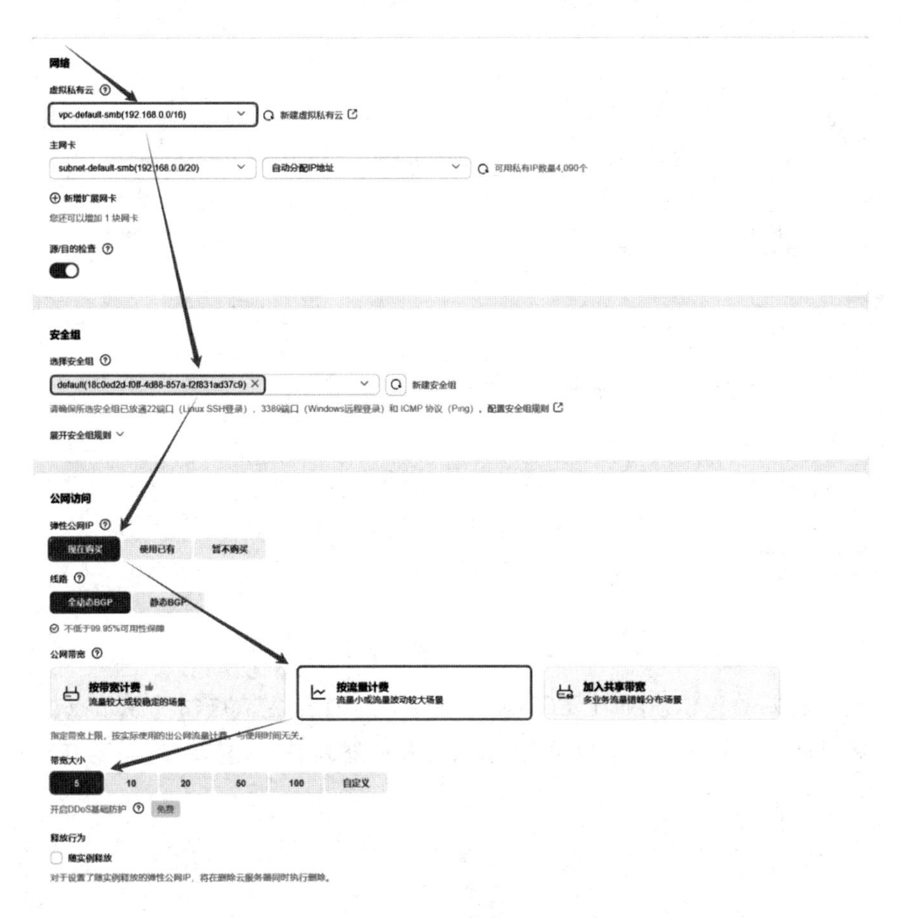

图 1-15 网络配置选择

单击“申请扩大配额”，简单填写内容(例如，配额不足，无法购买对应服务，需要申请更多配额)，约 1 小时后会分配配额，如图 1-16 所示。

警告
您的配额不足，无法购买对应服务，请您申请更多配额。
什么是配额?
名称
剩余配额
当前申请规格
弹性公网IP
3
4
申请扩大配额
关闭

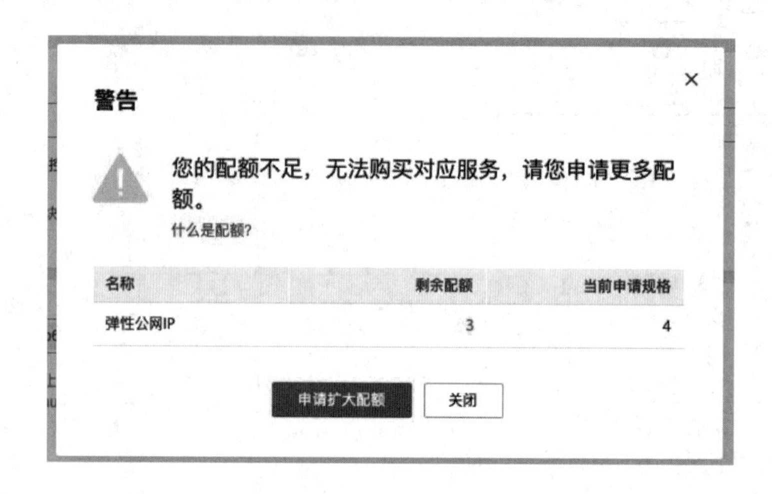

图 1-16 申请扩大配额

配置密码，将服务器名称设置为“姓名首字母_学号”(例如：lxd_2021140808)，自行设置 root 登录密码，云备份选择“暂不购买”，单击“确认配置”，点中“我已经阅读并同意”，单击“立即购买”，如图 1-17 所示。

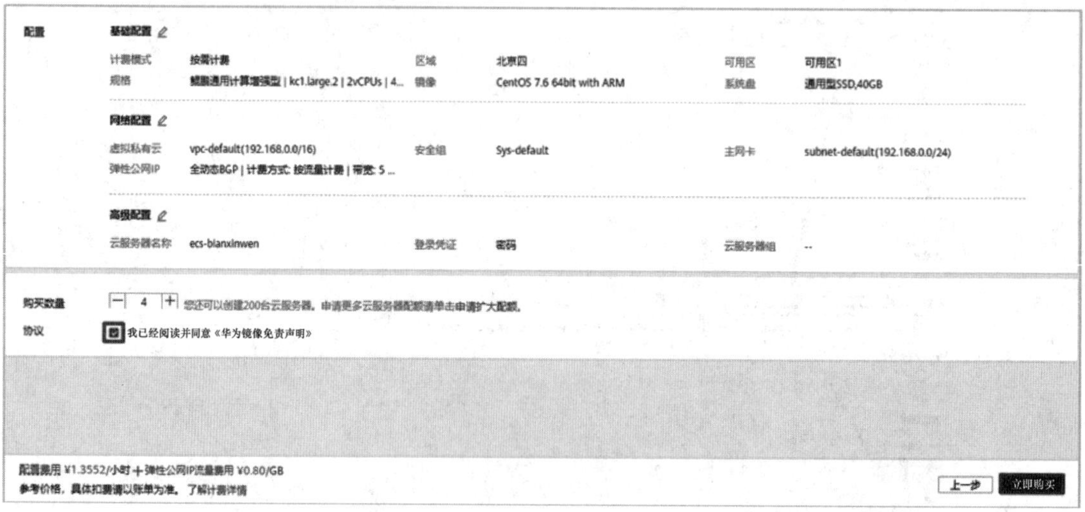

配置
基础配置
计费模式
按需计费
区域
北京四
可用区
可用区1
规格
鲲鹏通用计算增强型 | kc1.large.2 | 2vCPUs | 4...
镜像
CentOS 7.6 64bit with ARM
系统盘
通用型SSD,40GB
网络配置
虚拟私有云
vpc-default(192.168.0.0/16)
安全组
Sys-default
主网卡
subnet-default(192.168.0.0/24)
弹性公网IP
全动态BGP | 计费方式: 按流量计费 | 带宽: 5 ...
高级配置
云服务器名称
ecs-bianxinwen
登录凭证
密码
云服务器组
--
购买数量
4
您还可以创建200台云服务器。申请更多云服务器配额请单击申请扩大配额。
协议
我已经阅读并同意《华为镜像免责声明》
配置费用 ¥1.3552/小时 + 弹性公网IP流量费用 ¥0.80/GB
参考价格，具体扣费请以账单为准。了解计费详情
上一步
立即购买

图 1-17 购买密码配置

注：本次需购买 4 个 ECS，每个 ECS 规格相同，其中 1 个主节点、3 个从节点。

单击“我已经阅读并同意”，可以单击“返回云服务器列表”，创建过程需要等待几分钟，结果如图 1-18 所示。

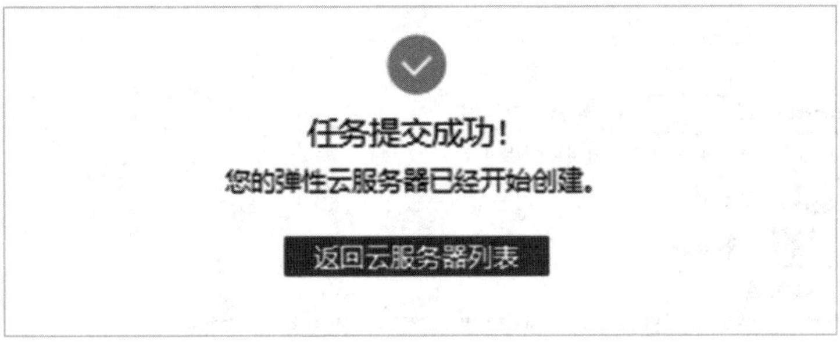

任务提交成功！

您的弹性云服务器已经开始创建。

返回云服务器列表

图 1-18 “任务提交成功”界面

2）购买 OBS

进入控制台，选择“对象存储服务”，如图 1-19 所示。

图 1-19 对象存储服务

选择“创建桶”，如图 1-20 所示。

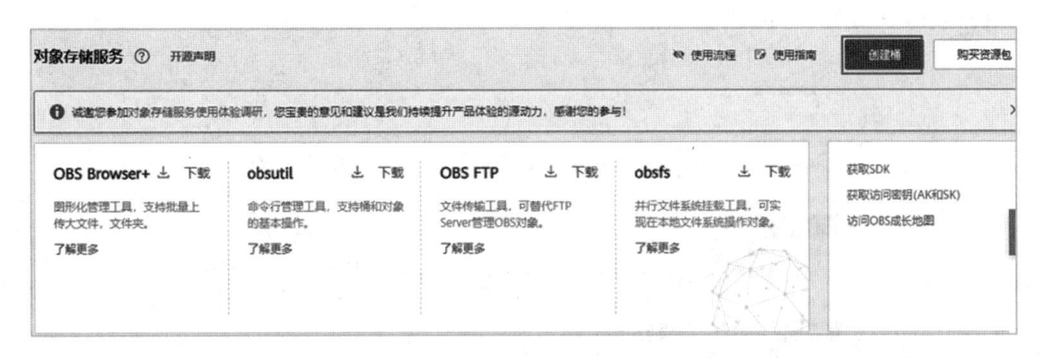

图 1-20 创建桶

将桶名称设置为“姓名首字母_学号”（例如：lxd_2021140808），选择“标准存储”，单击“立即创建”，如图 1-21 和图 1-22 所示。

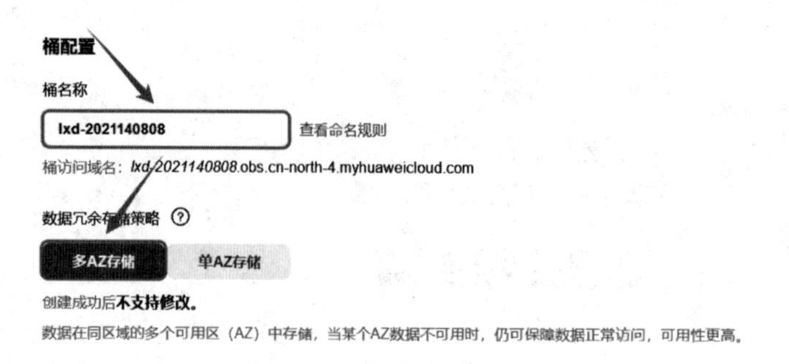

图 1-21　设置桶名称

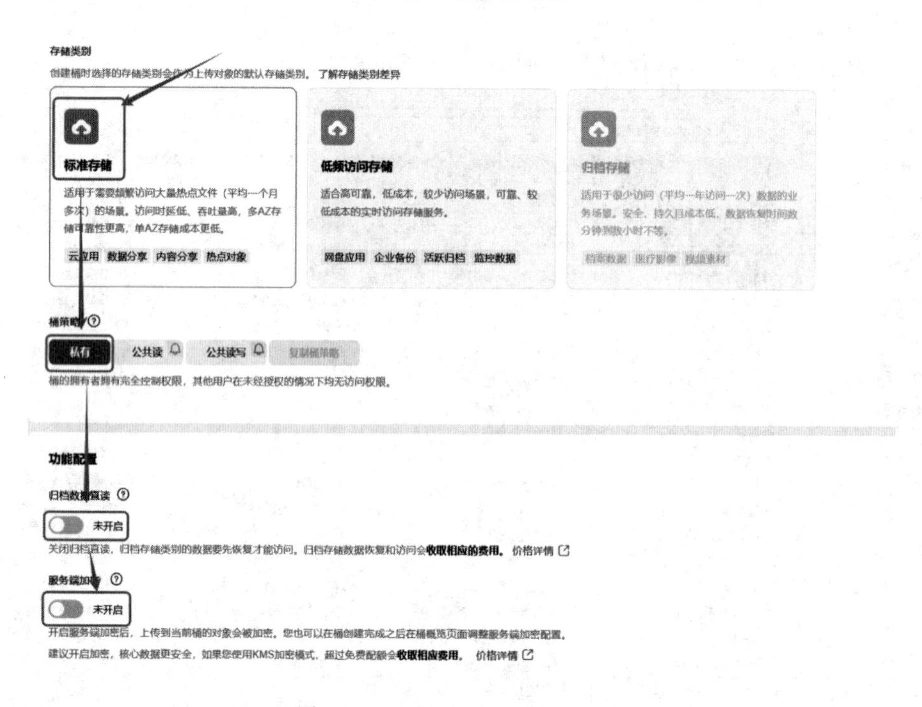

图 1-22　选择“标准存储”并创建

选择“创建并行文件系统”，将文件系统名称设置为“姓名首字母_学号”（例如：lxd_2021140808），单击“立即创建”，如图 1-23 所示。

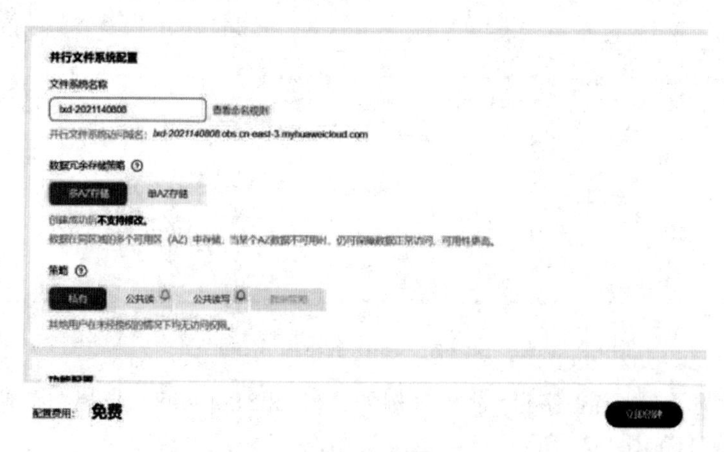

图 1-23　创建并行文件系统

进入创建的OBS桶，如图1-24所示。

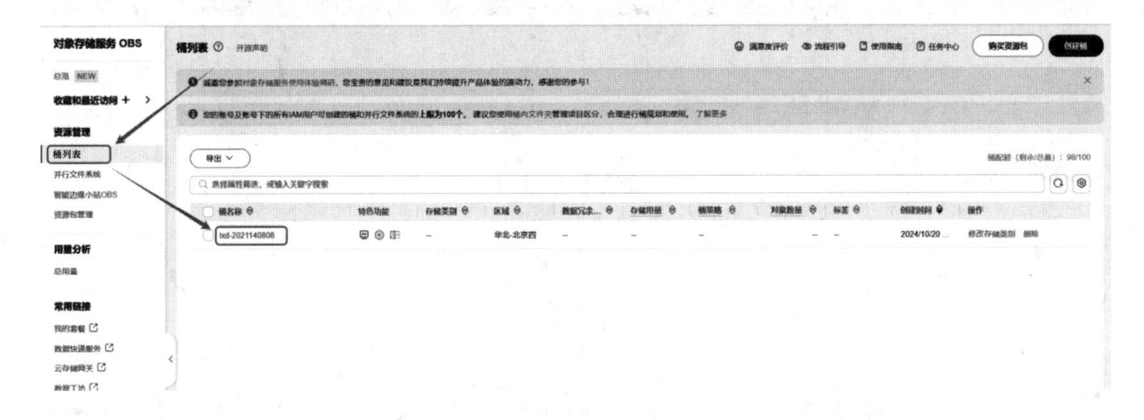

图1-24 创建好的OBS桶

复制该参数，保存到本地文档，如图1-25所示。

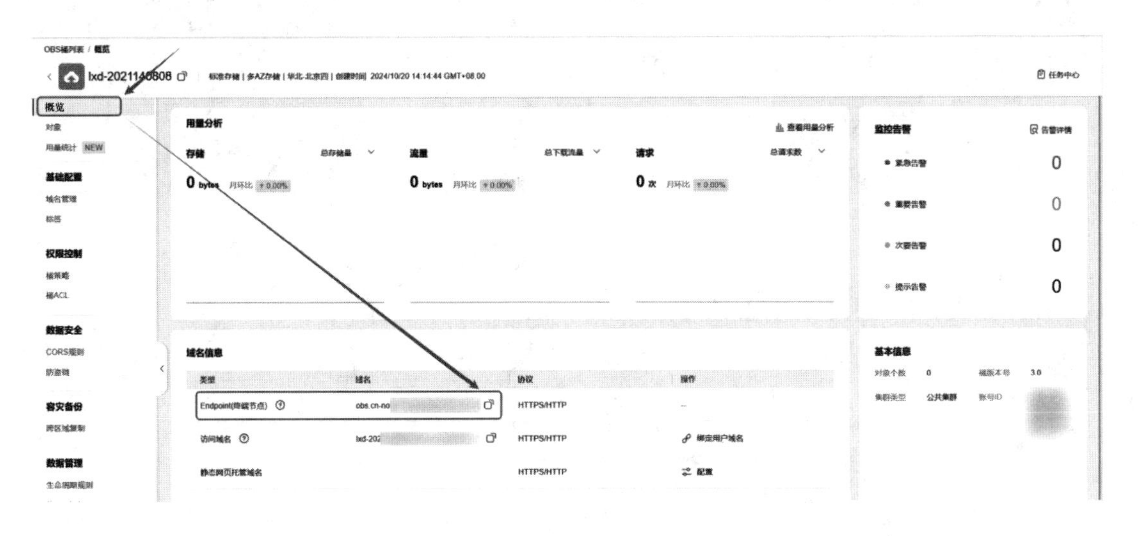

图1-25 复制到本地文档

获取AK/SK，单击“我的凭证”，选择“访问密钥”，如图1-26所示。

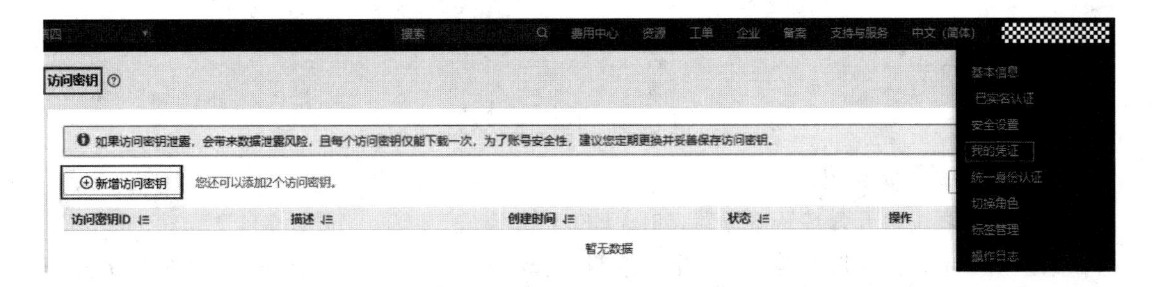

图1-26 获取AK/SK

单击新增访问密钥，根据提示进行操作，如图1-27所示。

图 1-27　新增访问密钥

通过手机号码，接收短信验证码，单击“确定”，如图 1-28 所示。

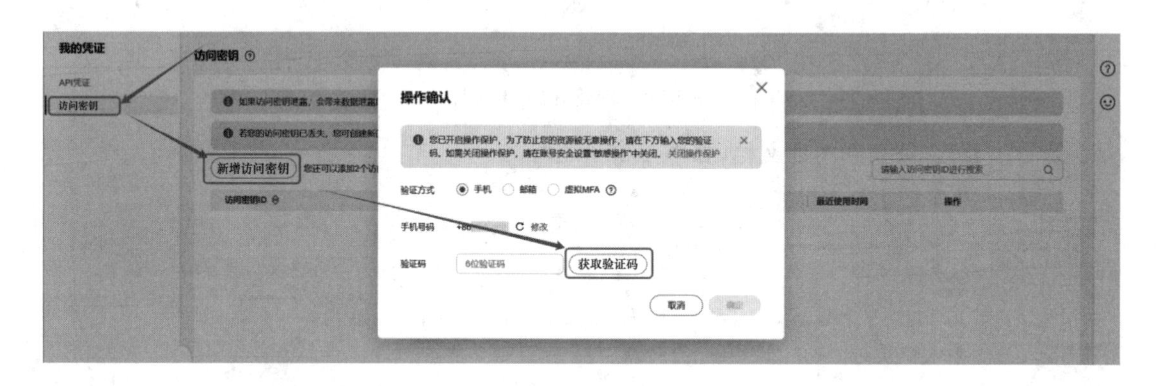

图 1-28　接收短信验证码

操作完成后，得到文件，打开即可得到 AK/SK，如图 1-29 所示。

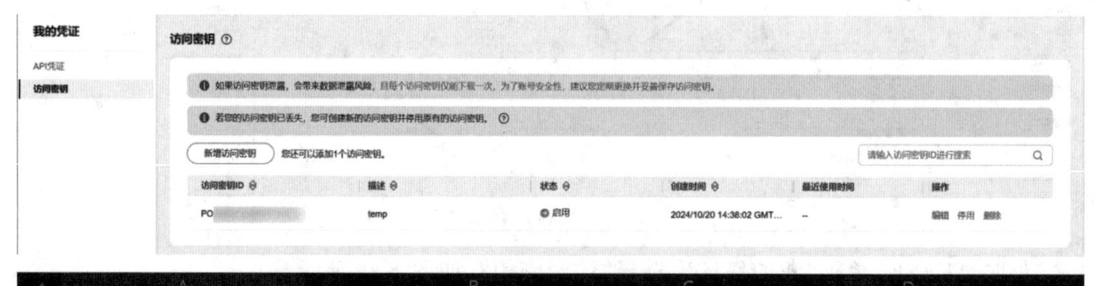

图 1-29　得到 AK/SK

3）启动与关闭服务器

从服务列表中打开弹性云服务器，如图 1-30 所示。

选择四个申请到的服务器，单击开机按钮，启动服务器。如图 1-31 所示，服务器为运行状态。

关闭服务器，选择四个服务器后，单击关机。在不使用服务器时，建议将服务器关机，以节省费用，如图 1-32 所示。

图 1-30　打开弹性云服务器

名称/ID	监控	可用区	状态	规格/镜像	IP地址	计费模式	标签	操作
ecs-62b7-0003 0dad4edc-7e9d-495b-a...		可用区2	运行中	2vCPUs | 4GiB | kc1.la... CentOS 7.6 64bit with /	121.36.80.207... 192.168.0.62 ...	按需计费 2021/09/15 1...	--	远程登录 | 更多
ecs-62b7-0002 8ddadcd9-3522-44ff-8...		可用区2	运行中	2vCPUs | 4GiB | kc1.la... CentOS 7.6 64bit with /	119.3.190.191... 192.168.0.83 ...	按需计费 2021/09/15 1...	--	远程登录 | 更多
ecs-62b7-0004 d5d3fb8a-dadb-4356-...		可用区2	运行中	2vCPUs | 4GiB | kc1.la... CentOS 7.6 64bit with /	121.36.39.159... 192.168.0.104...	按需计费 2021/09/15 1...	--	远程登录 | 更多
ecs-62b7-0001 52e68abd-a876-4ad0-...		可用区2	运行中	2vCPUs | 4GiB | kc1.la... CentOS 7.6 64bit with /	121.36.99.86 ... 192.168.0.132...	按需计费 2021/09/15 1...	--	远程登录 | 更多

图 1-31　查看服务器为运行状态

图 1-32　将服务器关闭

4. 实验结果与评分标准

实验结束后应获得以下资源：

① 四台以自己姓名学号命名的服务器；

② 以姓名学号命名的分布式对象存储 OBS 桶；

③ 保存在本地的 endpoint(之后实验需使用)；

④ 保存在本地的 AK/SK 文件(之后实验需使用)。

实验评分标准，提交的实验报告中应包含：

① 华为云 ECS 服务器截图(建议学生设置的时候，体现独立完成实验室，服务器名称能体现学号)；

② 华为云 OBS 桶截图(建议学生设置的时候，体现独立完成实验室，服务器名称能体现学号)；

③ endpoint 截图；

④ AK/SK 文件截图；

⑤ 实验报告应包含对截图的文字介绍，以证明对截图内容正确理解。

本章课后习题

(1) 简述大数据的“4V”特征以及谈谈你对大数据的理解。

(2) 概括分析大数据平台的整个处理流程。

(3) 大数据平台架构共包含 6 个层次，试概括说明其中每个层次的作用。

(4) 简述 Hadoop 生态系统的组成。

(5) 大数据应用广泛存在于我们的生活中，谈谈你所了解到的大数据应用实例。

本章参考文献

[1] 宋智军. 深入浅出大数据[M]. 北京：清华大学出版社，2016.

[2] BigData[EB\OL]. (2008-09-03) [2019-02-19]. http://www.nature.com/news/specials/bigdata/index.html.

[3] Dealing with Data[EB\OL]. [2019-02-19]. https://www.sciencemag.org/site/special/data/.

[4] 曹逸知. 大数据的发展与技术应用[J]. 通讯世界，2019，26(01)：51-52.

[5] 陈颖. 大数据发展历程综述[J]. 当代经济，2015(08)：13-15.

[6] 朱凯. 企业级大数据平台构建：架构与实现[M]. 北京：机械工业出版社，2018.

[7] 张魁，张粤磊，刘未昕，等. 自己动手做大数据系统[M]. 北京：电子工业出版社，2016.

[8] 刘家民，马晓钰. 大数据发展能否催生出企业新质生产力——基于国家级大数据综合试验区的准自然实验[J]. 金融与经济，2024，(07)：1-13.

[9] 陈丹，任晓刚，谢贤君. 大数据发展、创新生态与企业技术创新质量——基于国家大数据

综合试验区的准自然实验[J].中国科技论坛,2024,(09):79-89.

[10] 陕西省财政数字化[EB\OL].[2019-02-19].https://e.huawei.com/cn/case-studies/industries/government/2024-shaanxi-finance.

[11] 清华医疗大数据[EB\OL].[2019-02-19].https://www.stat.tsinghua.edu.cn/page/kxyj/kyly/tjjxxx/.

[12] 新能源汽车大数据[EB\OL].[2019-02-19].https://e.huawei.com/cn/case-studies/industries/education/2020/bit-cloudfabric-adn.

[13] 深圳国泰安教育技术股份有限公司大数据事业.大数据导论:关键技术与行业应用最佳实践[M].北京:清华大学出版社,2015.

[14] 医疗健康大数据:应用实例与系统分析[EB\OL].(2015-10-09).[2019-02-19].http://bigdata.51cto.com/art/201510/493383.htm.

[15] 阿里云 城市大脑探路智慧交通[EB\OL].(2018-07-31)[2019-02-19]..http://finance.tom.com/money/201807/1199485.

第2章 大数据并行处理与存储框架 Hadoop

本章思维导图

Hadoop 是 Apache 基金会下的一个开源分布式计算平台，以 Hadoop 分布式文件系统（Hadoop Distributed File System，HDFS）和 MapReduce 分布式计算框架为核心，为用户提供了底层细节透明的分布式基础设施。HDFS 的高容错性、高伸缩性等优点，允许用户将 Hadoop 部署在廉价的硬件上，构建分布式文件存储系统；MapReduce 分布式计算框架则允许用户在不了解分布式文件存储系统底层细节的情况下开发并行、分布的应用程序，充分利用大规模的计算资源，解决传统高性能单机无法解决的大数据处理问题。

本章首先简要介绍了 Hadoop 发展历史，然后分别介绍了 HDFS 和 MapReduce 的技术原理细节。其中，分布式文件系统 HDFS 介绍了相关概念、体系结构、存储机制、读写操作和数据导入，使读者对 HDFS 有一个整体的认识。而分布式计算框架 MapReduce，则讲述了分布式并行计算技术的发展背景，紧接着讲述了 MapReduce 计算框架的基本原理、MapReduce 的编程模型机制、MapReduce 的集群调度与调度器。

本章思维导图如图 2-0 所示。

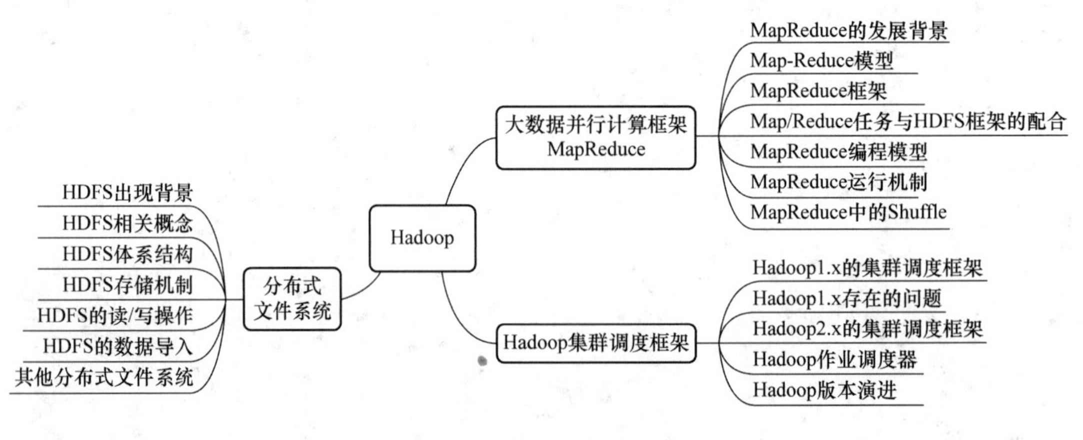

图 2-0 本章思维导图

2.1 Hadoop的历史

Hadoop起源于Google公司，该公司于2003年、2004年、2006年分别发表了三篇描述Google技术的论文。这些论文成果的主要贡献者是Google的工程师Jeff Dean。2003年，Google在第19届ACM操作系统原理研讨会(Symposium on Operating Systems Principles，SOSP)上，发表了论文"The Google File System"，该论文系统地介绍了Google面向大规模数据密集型应用的、可伸缩的分布式文件系统——GFS。2004年，Google在第6届操作系统设计与实现研讨会(Operating Systems Design and Implementation，OSDI)上，发表了论文"MapReduce：Simplified Data Processing on Large Clusters"，公开介绍了MapReduce系统的编程模式、实现、技巧、性能和经验。2006年，Google在第7届操作系统设计与实现研讨会上，发表了论文"Bigtable：A Distributed Storage System for Structured Data"，分析了设计用于处理海量数据的分布式结构化数据存储系统BigTable的工作原理。

Apache Hadoop开源项目的创建源于工程师Doug Cutting。2000年3月，Doug Cutting开源了基于Java的高性能全文检索工具包——Lucene。2002年10月，Doug Cutting和Mike Cafarella创建了基于Lucene的开源网页爬虫项目Nutch。网络搜索引擎和基本文档搜索的区别体现在规模上，Lucene的目标是索引数百万文档，而Nutch预期能处理数十亿的网页。因此，Nutch面临了一个极大的挑战，即在Nutch中建立一个层，来负责分布式处理、冗余、故障恢复及负载均衡等一系列问题。Doug Cutting受到Google论文的启发，基于GFS和MapReduce的思想在Nutch项目中实现了一个分布式文件系统NDFS(Nutch Distributed File System)和一个MapReduce计算框架。随后这两个模块被单独拿出来，组成一个独立的项目Hadoop。2005年，Hadoop作为Lucene的子项目Nutch的一部分正式引入Apache基金会。2006年1月，Doug Cutting加入Yahoo，Yahoo提供了专门的团队和资源将Hadoop发展成一个可在网络上运行的系统。2006年2月，Apache Hadoop项目正式启动以支持MapReduce和HDFS的独立发展。2006年4月，第一个Apache Hadoop发布。

经过多年的快速发展，Hadoop现在已经发展成为包含多个相关项目的软件生态系统。狭义Hadoop核心只包含Hadoop Common、Hadoop HDFS、MapReduce三个子项目。但和Hadoop密切相关的还有Zookeeper、Hive、Pig、Hbase等项目。

2.2 分布式文件系统HDFS

HDFS是Hadoop框架的核心之一，本节将介绍HDFS的相关概念、体系结构、存储机制、I/O操作和数据导入等方面的内容。

2.2.1 分布式储存技术产生的背景

大数据时代面对海量的数据对数据存储系统提出了更高的要求。具体来说，需要存储系统具有更大的容量，更高的效率，更加良好的可用性。

基于此，如何实现数据的统一管理和统一调度以降低数据维护成本，成为大数据时代所面临的首要挑战。

困难主要集中在以下几个方面：第一，升级单机处理能力的性价比越来越低，同时单机处理能力存在瓶颈；第二，在并发读写时，存储设备的性能瓶颈在于磁盘 I/O；第三，设备故障须及时修复，这一需求使得维护成本激增；第四，不同的应用系统间数据难以融合。

为了解决上述困难，分布式存储、云存储等大数据储存技术应运而生。

2.2.2 HDFS 相关概念

HDFS 分布式文件系统是 Hadoop 项目的核心子项目，是基于流数据模式访问和处理超大文件的需求而设计开发的，运行在通用硬件上，具有高容错性和高吞吐量，非常适合大规模数据集的分布式文件系统。

HDFS 的体系架构主要由数据块（Block）、数据节点（DataNode）、元数据节点（NameNode，一些资料中也翻译为“命名节点”“名称节点”，本质是存储元数据的节点）、辅助元数据节点（Secondary NameNode）和客户端 Client 应用程序几个部分组成。Hadoop 集群架构图如图 2-1 所示：图中包括了 HDFS 的组件（NameNode、DataNode、Secondary NameNode 和 Client），实现了分布式文件存储；图中还包括了 MapReduce 的组件（JobTracker、TaskTracker 和 Client），具体在 2.3 节展开。

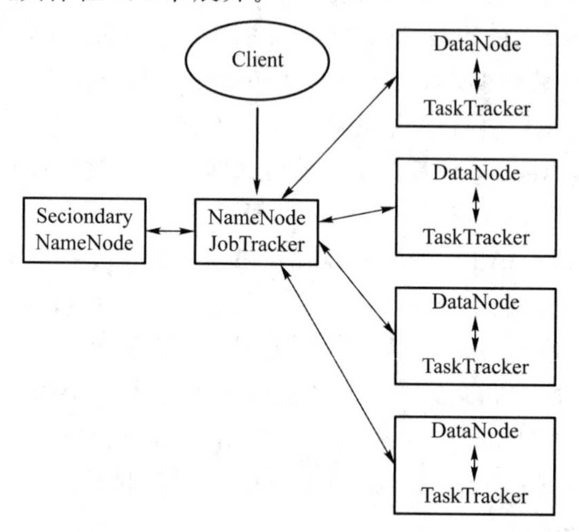

图 2-1　Hadoop 集群架构图

1）数据块（Block）

HDFS 默认的最基本的存储单位是数据块，数据块大小一般为 64MB 或 128MB，大于磁盘数据块（一般为 512 B）的目的是为了最小化寻址开销。HDFS 上的一个文件如果大于 HDFS 数据块的大小，那么它将被划分为多个数据块；如果小于数据块的大小，和普通文件系统不同的是，它不占用整个数据块存储空间，而是按该文件的实际大小组块存储。HDFS 将文件以数据块为基本单位在集群上分配存储，因此每个数据块都有自己唯一的一个 ID。

2）元数据节点（NameNode）

元数据（Metadata）是指描述数据的数据。HDFS 与传统的文件系统一样，提供了一个分级的文件组织形式，维护这个文件系统所需的信息（除了文件的真实内容）就称为 HDFS 的元数据。因此用元数据节点来管理与维护文件系统名字空间，它是整个文件系统的管理节点，同时还负责客户端文件操作的控制以及具体存储任务的管理与分配。

元数据节点记录每一个文件被切割成了多少个数据块，可以从哪些数据节点中获得这些数据块，以及各个数据节点的状态等重要信息，并且通过两张表来维持这些信息，其中一张表是文件和数据块ID关系的对应表，另一张表是数据块和数据节点关系的对应表。为了提高服务性能，这些重要信息保存在内存中，然而一旦断电，信息将不再存在，因此需要将这些信息保存到磁盘文件中，进行持久化存储。元数据节点存储信息的文件有fsimage、edits、VERSION和seen_txid等。

- fsimage文件及其对应的md5校验文件，保存了文件系统目录树信息，以及文件和块的对应关系信息，是HDFS中元数据相关的重要文件。fsimage文件是HDFS元数据的一个永久性的检查点，当元数据节点失败时，最新的元数据信息就会从fsimage加载到内存中。
- edits文件是一个日志文件，存放了Hadoop文件系统所有更新操作的路径。当文件系统客户端进行写操作时，先把这条记录放在edits文件中，在记录了修改日志后，元数据节点才修改内存中的数据结构。
- VERSION文件是Java的属性文件，包含文件系统的标识符、集群ID、数据块池标识符等信息。
- seen_txid是存放transactionId的文件，HDFS格式化之后是0，它代表的是元数据节点里面edits_*文件的尾数，元数据节点重启时，会按照seen_txid的数字，循序从头跑edits_0000001到seen_txid的数字。所以当HDFS发生异常重启时，要比对seen_txid内的数字是不是edits最后的尾数，不然会发生元数据资料缺失，导致误删数据节点上数据块的情形。

3）数据节点(DataNode)

HDFS中的文件以数据块形式存储，每个文件的数据块被存储在不同服务器上，存放数据块的服务器称为数据节点。数据节点是HDFS真正存储数据的地方，客户端和元数据节点可以向数据节点请求写入或者读出数据块。数据节点主要维持数据块和数据块大小关系表，通过该表周期性地向元数据节点回报其存储的数据块信息，元数据节点通过回报信息了解当前数据节点的空间使用情况。

4）辅助元数据节点(Secondary NameNode)

辅助元数据节点，也叫从元数据节点，是对元数据节点的一个补充，本质上是元数据节点的一个快照，但并不是元数据节点出现问题时候的备用节点。它的主要功能是周期性地将元数据节点中的命名空间镜像文件fsimage和修改日志edits合并，以防日志文件edits过大。此外，合并过后的fsimage也会在辅助元数据节点上保存一份，这样元数据节点失败的时候，可以恢复，不会造成数据的丢失。Hadoop 2.0中已经采用高可用性机制，不会出现元数据节点的单点故障问题，也不再用辅助元数据节点对fsimage和edits进行合并，因此在Hadoop 2.0中可以不运行辅助元数据节点。

2.2.3 HDFS体系结构

在Hadoop 1.0生态系统中，HDFS采用了主从(Master/Slave)结构模型，一个HDFS集群是由一个元数据节点(NameNode)和若干数据节点(DataNode)组成的。其中元数据节点作为主服务器,管理文件系统的命名空间和客户端对文件的访问操作;集群中的数据节点管理存储的数据。HDFS允许用户以文件的形式存储数据,从内部来看,文件被分成若干数据块,而且这若干数据块存放在一组数据节点上。

HDFS 1.0体系结构图如图2-2所示。当进行数据读取时,客户端向元数据节点发出数据读取请求,并根据元数据节点返回的存储信息去数据节点读取数据;当进行数据写入时,客户端向元数据节点发出数据写入请求,元数据节点根据文件大小和文件块配置情况,返回给客户端它管理的数据节点信息,客户端将文件划分为多个数据块,根据数据节点的地址信息,按顺序将数据块写入到每一个数据节点中。当元数据节点发现部分文件的数据块不符合最小复制数或者部分数据节点失效时,会通知数据节点相互复制数据块,数据节点收到通知后开始直接相互复制。

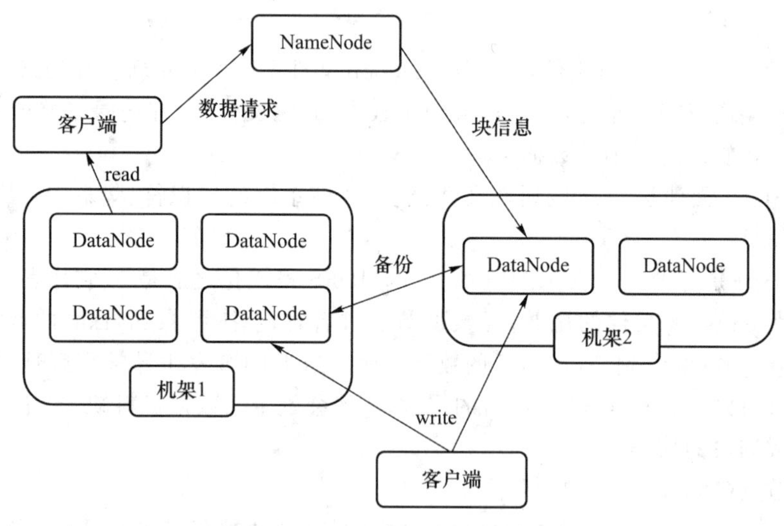

图2-2　HDFS 1.0体系结构图

Hadoop 2.0生态系统中的HDFS,在Hadoop 1.0版本中的HDFS的基础上增加了两大重要特性:高可用性(High Availability,HA)和联邦机制(Federation),HDFS 2.0体系结构图如图2-3所示。

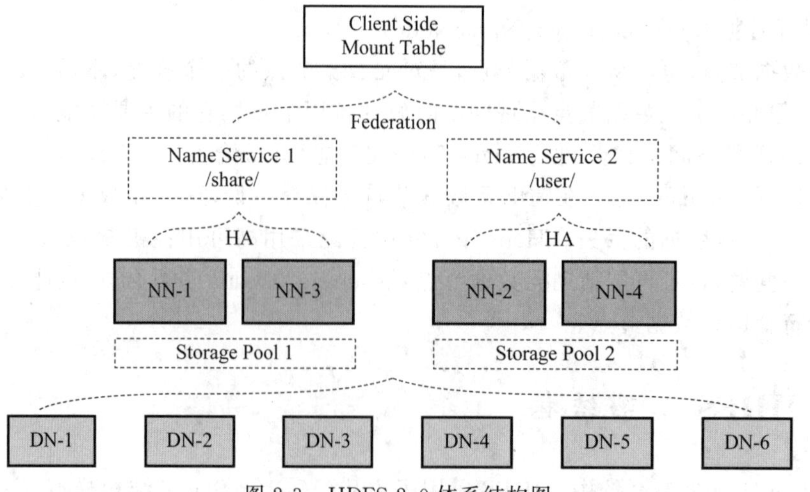

图2-3　HDFS 2.0体系结构图

Hadoop 1.0 版本中 HDFS 一个重要问题就是元数据节点的单点故障问题，辅助元数据节点只能起到冷备份的作用，无法实现热备份功能，即当元数据节点发生故障时，无法立即切换到辅助元数据节点对外提供服务，仍需要停机恢复，高可用性机制就是用来解决元数据节点的单点故障问题。

在一个集群中，一般设置两个元数据节点，其中一个处于活跃(Active)状态，另一个处于待命(Standby)状态。处于活跃状态的元数据节点负责对外处理所有客户端的请求；处于待命状态的元数据节点作为热备份节点，在活跃状态的节点发生故障时，立即切换到活跃状态对外提供服务。由于待命状态的元数据节点是活跃状态的热备份，因此活跃状态节点的状态信息必须实时同步到待命状态节点。针对状态同步，可以借助一个共享存储系统来实现，活跃状态节点将更新的状态信息写入到共享存储系统，待命状态节点会一直监听该系统，一旦发现有新的写入，就立即从共享存储系统中读取这些状态信息，从而保证与活跃节点状态的一致性。此外，为了实现故障时的快速切换，必须保证待命节点中也包含最新的块映射信息，为此需要给数据节点配置活跃节点和待命节点两个地址，把块的位置和心跳信息同时发送到两个节点上。要保证任何时候只有一个元数据节点处于活跃状态，否则节点之间的状态就会产生冲突，因此用 Zookeeper 来监测两个元数据节点的状态，确保任何时刻只有一个节点处于活跃状态。

Hadoop 1.0 版本中的 HDFS 在可扩展性、系统性能和隔离性方面还存在问题，因此 Hadoop 2.0 中引入联邦机制来解决以上问题。在 HDFS 联邦机制中，设置了多个相互独立的元数据节点，使得 HDFS 的命名服务能够水平扩展，这些元数据节点分别进行各自命名空间和块的管理，不需要彼此协调，每个元数据节点都可以单独对外提供服务。元数据节点共用集群中数据节点上的存储资源，数据节点每隔一段时间会向其对应的元数据节点发送心跳信息，同时向所有的元数据节点发送块状态信息，并处理来自元数据节点的命令。HDFS 联邦拥有多个独立的命名空间，其中，每一个命名空间管理属于自己的一组数据块，这些属于同一个命名空间的数据块组成一个数据块池。每个数据节点会为多个数据块池提供数据块的存储，数据块池中的各个数据块实际上是存储在不同的数据节点中。

2.2.4 HDFS 存储机制

HDFS 默认的存储机制对于每个数据块采用三个副本的存储方式，保存在不同节点的磁盘上，但这样针对不同应用场景不够灵活，因此 HDFS 采用了异构存储的方式。HDFS 异构存储的作用在于利用服务器不同类型的存储介质(包括硬盘、SSD、内存等)提供更多的存储策略，例如三个副本一个保存在 SSD，剩下两个仍然保存在硬盘，从而使得 HDFS 的存储能够更灵活高效地应对各种应用场景。其中 HDFS 内存存储是异构存储一种非常重要的存储方式，会给集群数据的读写带来显著的性能提升。下面对 HDFS 异构存储和 HDFS 内存存储做简单的介绍。

1. HDFS 异构存储

HDFS 异构存储可以根据各个存储介质读写特性的不同发挥各自的优势。例如，冷热数据的存储：针对冷数据，采用容量大的、读写性能不高的存储介质存储，如最普通的磁盘；而对于热数据，则采用 SSD 的方式进行存储，这样就能保证高效的读性能。HDFS 异构存储特性的出现使得我们不需要搭建两套独立的集群来存放冷热两类数据，在一套集群内就能完成，所以 HDFS 异构存储具有非常大的实用价值。

HDFS 异构存储有 RAM_DISK（内存）、SSD（固态硬盘）、DISK（磁盘）、ARCHIVE（高密度存储介质）等四种存储类型，其中 ARCHIVE 用来解决数据扩容问题。在 HDFS 中，如果没有主动声明数据目录存储类型，默认都是 DISK 类型。4 种存储类型，按照 RAM_DISK、SSD、DISK、ARCHIVE 的顺序，速度由快到慢，单位存储成本由高到低。因此从冷热数据的处理来看，将热数据存在内存中或是 SSD 中会是不错的选择，而冷数据存放在 DISK 和 ARCHIVE 类型的介质中会更好。

HDFS 异构存储的实现原理为数据节点通过心跳汇报自身数据存储目录的存储类型给元数据节点，随后元数据节点进行汇总并更新集群内各个节点的存储类型情况，待复制文件根据自身设定的存储策略信息向元数据节点请求拥有此类型存储介质的数据节点作为候选节点。总的来说，HDFS 异构存储原理并不复杂，但作用还是显而易见的。

2. HDFS 内存存储

HDFS 的 LAZY_PERSIST 内存存储采用的是异步持久化的存储策略，所谓异步持久化就是在内存存储新数据的同时，持久化距离当前时刻最远（存储时间最早）的数据。通俗来讲，好比有个内存数据块队列，在队列头部不断有新增的数据块插入，就是待存储的块，因为资源有限，需要把队列尾部的块，也就是早些时间点的块持久化到磁盘中，然后才有空间存储新的块。这样就形成了一个循环，新的块加入，老的块移除，保证了整体数据的更新。

LAZY_PERSIST 内存存储策略原理如图 2-4 所示，客户端进程向元数据节点发起创建/写文件请求，收到元数据节点返回的具体的数据节点信息后，和该数据节点进行通信，发出写数据请求，数据节点收到请求后将数据写到内存中，然后返回写数据结果给客户端进程，同时启动异步线程服务，检查是否满足写入磁盘条件，满足时将内存数据持久化写到磁盘上。

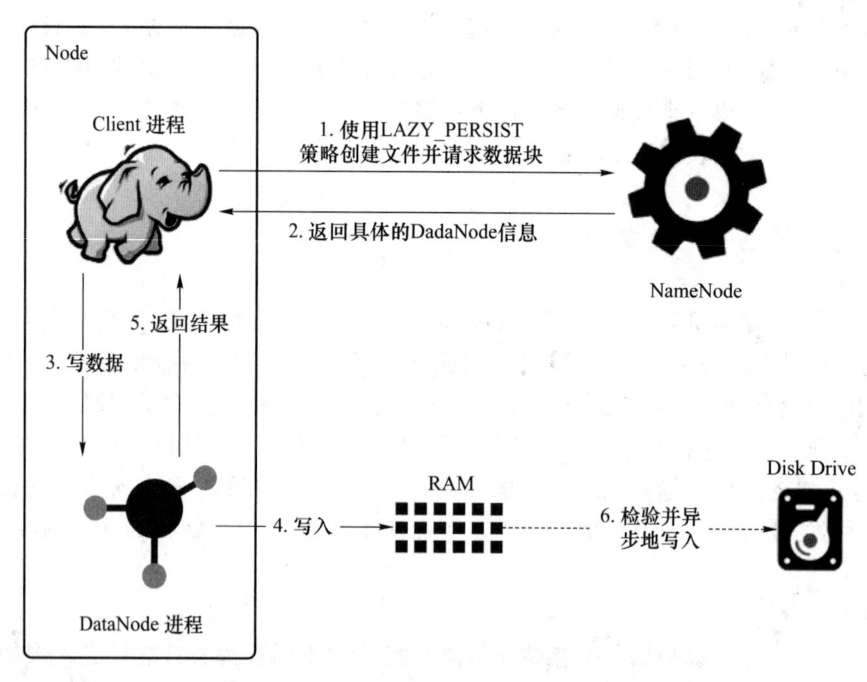

图 2-4　LAZY_PERSIST 内存存储策略原理图

内存的异步持久化存储是内存存储与其他介质存储不同的地方。这也是 LAZY_PERSIST 名称的源由，数据不是马上写入磁盘，而是懒惰地、延时地进行处理。

2.2.5 HDFS 读/写操作

HDFS 作为分布式文件系统,读写过程与我们平时使用的单机文件系统十分不同,要对 HDFS 上的文件进行访问,就需要通过 HDFS 所提供的方式实现与 HDFS 的交互。下面将分别对 HDFS 读操作流程和 HDFS 写操作流程进行简单介绍。

1. HDFS 读操作

在客户端需要读取 HDFS 中的数据时,首先要基于 TCP/IP 与元数据节点建立连接,并发起读取文件的请求,然后元数据节点根据用户请求返回相应的块信息,最后客户端再向对应块所在的数据节点发送请求并取回所需要的数据块。HDFS 读操作的流程图如图 2-5 所示。

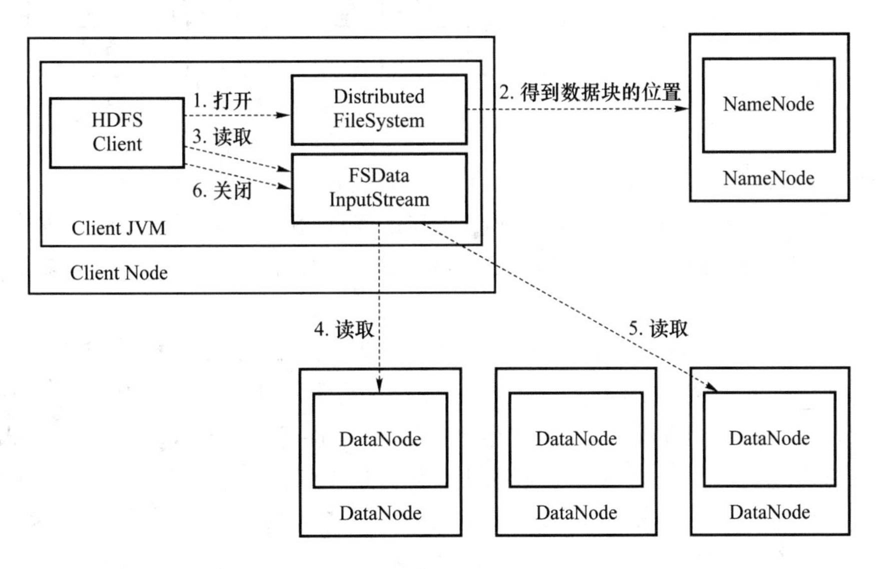

图 2-5 HDFS 读操作流程图

HDFS 读取文件流程为首先初始化 FileSystem,客户端调用 FileSystem 的 open 函数打开文件,然后 FileSystem 通过 RPC 调用元数据节点得到文件的数据块与数据节点信息。

FileSystem 返回 FSDataInputStream 给客户端,客户端调用 FSDataInputStream 的 read 函数选择最近的数据节点建立连接并读取数据。当一个数据块读取完毕时,DFSInputStream (FSDataInputStream 父类)关闭和此数据节点的连接,然后连接下一个数据块最近的数据节点。

在客户端读完全部数据块后,调用 FSDataInputStream 的 close 函数,关闭输入流,完成对 HDFS 文件的读操作。在读取数据块的过程中,如果客户端与数据节点通信出现错误,那么尝试连接包含此数据块的下一个数据节点,失败的数据节点将被记录,以后不再连接。

2. HDFS 写操作

当客户端需要写入数据到 HDFS 时,也是首先基于 TCP/IP 与元数据节点建立连接,并发起写入文件请求,然后跟元数据节点确认可以写文件并获得相应的数据节点信息,最后客户端按顺序逐个将数据块传递给相应的数据节点,并由接收到数据块的数据节点负责向其他数据节点复制数据块的副本。HDFS 写操作的流程图如图 2-6 所示。

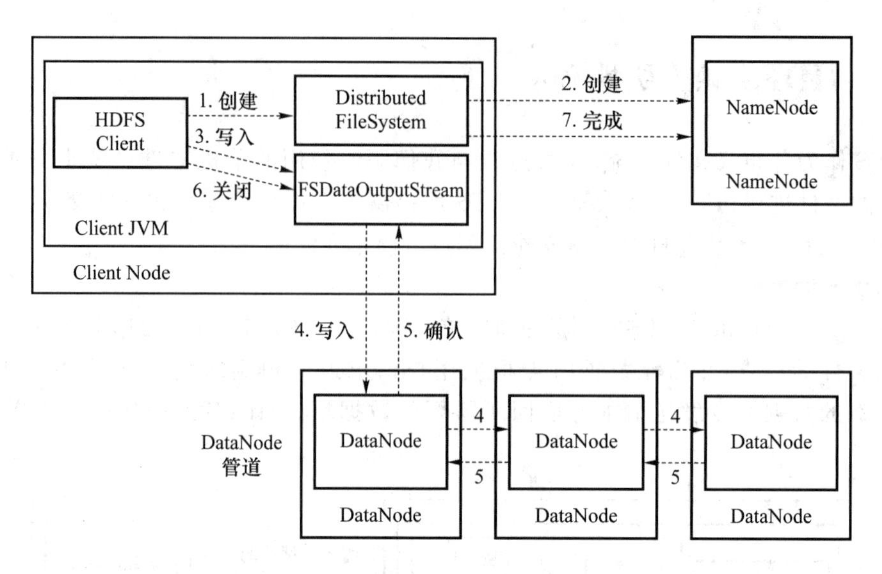

图 2-6　HDFS 写操作流程图

HDFS 写入文件流程为：首先初始化 FileSystem，客户端调用 FileSystem 的 create 函数来创建文件；然后 FileSystem 通过 RPC 调用元数据节点，在文件系统的命名空间中创建一个文件条目，元数据节点首先确定文件是否已存在以及客户端的操作权限，创建成功后返回文件的相关信息。

FileSystem 返回 FSDataInputStream 给客户端并开始写入数据。DFSOutputStream（FSDataInputStream 父类）将文件分成数据块后写入数据队列，数据队列由 Data Streamer 读取并通知元数据节点分配数据节点，用来存储数据块（每块默认复制 3 块），其中分配的数据节点放在一个管道里。Data Streamer 将数据块写入管道中的第一个数据节点，第一个数据节点将数据块发送给第二个数据节点，第二个数据节点将数据发送给第三个数据节点。

DFSOutputStream 为发出去的数据块保存了确认队列，等待管道中的数据节点告知数据块已经写入成功。当管道中的数据节点都表示已经收到时，确认队列会把对应的数据块移除。在客户端完成写数据后，调用 FSDataInputStream 的 close 函数，此时客户端将不会向流中写入数据，在所有确认队列返回成功后，才通知元数据节点写入完毕。

如果数据节点在写入的过程中失败，那么关闭管道，已经发送到管道但是没有收到确认的数据块都会被重新放入数据队列中。随后联系元数据节点，给失败节点上未完成的数据块生成一个新的标识，失败节点重启后察觉该数据块是过时的会将其删除。失败的数据节点从管道中移除，另外的数据块则写入管道中的另外两个数据节点，元数据节点会被通知此数据块复制块数不足，然后再安排创建第三份备份。

2.2.6　HDFS 数据导入

HDFS 中的数据来源很多，比如关系型数据库、NoSql 数据库以及其他 Hadoop 集群，如何把这些来源的数据导入 HDFS 中是很关键的一步，下面简要介绍如何用 Sqoop 把关系型数据库的数据导入 HDFS 中。

Sqoop 是一个关系数据库输入和输出系统，由 Cloudera 创建，目前是 Apache 基金会孵化的项目。执行导入时，Sqoop 可以写入 HDFS、Hive 和 HBase，对于输出，它可以执行相反操作。其中导入分为两部分：连接到数据源以收集统计信息，然后触发执行实际导入的 MapReduce 作业。Sqoop 数据导入原理图如图 2-7 所示。

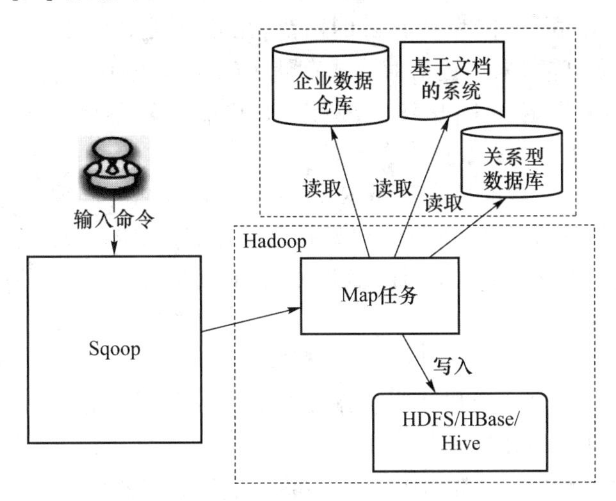

图 2-7　Sqoop 数据导入原理图

Sqoop 导入 HDFS 过程为：首先从传统数据库获取元数据信息（schema、table、field、field type）；然后把导入功能转换为只有 Map 的 MapReduce 作业，在 MapReduce 中有很多 Map，每个 Map 读一片数据，进而并行地完成数据的复制。Sqoop 在导入时，需要制定 split-by 参数，Sqoop 根据不同的 split-by 参数值来进行切分，然后将切分出来的区域分配到不同 Map 中。每个 Map 中再处理数据库中获取的一行一行的值，写入到 HDFS 中。

2.2.7　其他主流分布式文件系统

除了 Hadoop 的 HDFS 以外，还有其他开源分布式文件系统项目，满足海量数据分布式存储需求。同时，在本教材第 3 章，还会介绍各类 NoSQL 数据库和分布式对象存储系统，进一步让读者了解大数据存储的不同技术方案和开源软件。

1. Ceph

Ceph 是一个性能优秀的、可靠性高的、可扩展性高的、统一的分布式存储系统。它不仅提供了文件存储，还提供了块存储和对象存储。因此，准确地说 Ceph 分布式存储系统，提供了分布式文件存储场景。

Ceph 的高性能体现在：它摒弃了传统的集中式存储元数据寻址的方案，采用了 CRUSH 算法，数据分布均衡，并行度高；考虑了容灾域的隔离，能够实现各类负载的副本放置规则，如跨机房、机架等；能够支持上千个存储节点的规模，支持 TB 到 PB 级的数据。

Ceph 的高可靠性体现在：副本数可以灵活控制；支持故障域分隔；数据强一致性；多种故障场景自动进行修复自愈；没有单点故障，自动管理。

Ceph 的高可扩展性体现在：去中心化；扩展灵活；随着节点增加而线性增长。

Ceph 应用场景包括文件系统、块存储和对象存储三种。

- 块存储（RDB）可以直接作为磁盘挂载，内置了容灾机制。Ceph 的块设备存储可以对接云计算的 IaaS 层，如 OpenStack 等云计算 IaaS 平台。在一些公司的云环境中，通常会采用 Ceph 作为云计算平台的唯一后端存储来提高数据转发效率。

- 文件系统(CephFS)提供 POSIX 兼容的网络文件系统服务，提供高性能、大容量文件存储。
- 对象存储(SGW)可以作为私有云的网盘，用户感受到的是一个挂载的目录。后端 Ceph 会把数据打散，采用键值对形式存储。Ceph 对象存储提供 RESTful 接口，也提供多种编程语言绑定。Ceph 兼容 S3(AWS 里的对象存储)、Swift(openstack 里的对象存储)。

CephFS、RDB、SGW 三者的核心都是 RADOS，这个模块负责数据定位、多副本、副本间强一致以及数据恢复等核心功能。RADOS 数据定位算法是 CRUSH，是支持一定程度用户可控的哈希算法。RADOS 做了多副本写的事务，保证单次写的原子性，并通过 Pglog 等机制保证副本间的数据一致性。

2. Lustre

Lustre 是基于 GNU GPL 协议开源的分布式并行文件系统，由于其非常容易扩展和极致的性能，主要应用于 HPC 超算领域。

Lustre 体系结构由 MDS(元数据服务器)、OSS(数据服务器)和 Client 组成。

- MDS(Meta Server)：MDS 负责管理文件系统统一的命名空间，同时提供文件系统的元数据访问服务，比如客户端根据名称查找文件、目录、文件布局、访问权限等。Lustre 文件系统至少需要配置一个 MDS，在硬件条件允许时，可以配置多个 MDS 来分摊整个文件系统元数据服务的压力。MDT(Metadata Target)是 MDS 存储元数据信息的后端块设备。每个 MDS 至少需要一个 MDT，同时 MDT 可以被多个 MDS 共享以防止 MDS 服务宕机，但是在任何一个时刻 MDT 仅仅只能被一个 MDS 挂载。
- OSS(Object Storage Server)：OSS 负责管理文件对象数据，为 Lustre 客户端提供完整文件数据的访问。Lustre 文件系统可以配置很多 OSS 服务以提供更大的存储容量和更大的网络带宽。OST(Object Storage Target)是 OSS 使用的存储文件对象数据的块设备。一个 OSS 服务可以配置多个 OST(通常，一个 OSS 服务对应一个 OST 设备)。
- Client：负责挂载 Lustre 文件系统，提供统一的命名空间视图给用户。用户的所有操作都是通过 Lustre Client 来进行的。若访问元数据则去访问 MDS，若访问数据则去访问 OSS。

3. FastDFS

FastDFS 是用 C 语言编写的一款分布式文件系统，它由淘宝资深架构师余庆编写并开源。

FastDFS 专为互联网量身定制，充分考虑了冗余备份、负载均衡、线性扩容等机制，并注重高可用、高性能等指标，使用 FastDFS 可以很容易搭建一套高性能的文件服务器集群来提供文件上传、下载等服务。FastDFS 设计是用来存储小文件的，过大的文件处理方案是拆分为小文件，可跟踪小文件的上传情况。因此，FastDFS 更适合以中小文件为载体的在线服务。

FastDFS 体系架构包括 Client、Tracker Server 和 Storage Server。

- Tracker Server：跟踪服务器，主要做调度工作，起到均衡的作用。负责管理所有的 Storage Server 和 Group，每个 Storage 在启动后会连接 Tracker，告知自己所属 Group 等信息，并保持周期性心跳。

- Storage Server：存储服务器，主要提供容量和备份服务。以 Group 为单位，每个 Group 内可以有多台 Storage Server，数据互为备份。
- Client：客户端，上传和下载数据的服务器，也就是客户自己的项目所在的服务器。

FastDFS 特别适合以中小文件（建议范围：4KB < file_size < 500MB）为载体的在线服务，如相册网站、视频网站等。例如，依据公开材料介绍，UC 浏览器公司基于 FastDFS 开发向用户提供了网盘、社区、广告和应用下载等业务的存储服务。

2.3 大数据并行计算框架 MapReduce

MapReduce 是 Hadoop 框架的核心之一，负责实现了海量数据的分布式并行计算，本节将就 MapReduce 并行计算框架产生的背景、MapReduce 的相关概念、MapReduce 的体系结构、MapReduce 编程等方面进行介绍。

2.3.1 MapReduce 的发展背景

随着社会科学技术的发展，数据规模及复杂度对计算性能提出了巨大的挑战。因此，海量数据并行处理技术的研究成为大势所趋。

一方面是爆炸式增长的 Web 数据量。例如：Google 公司 2004 年每天处理 100 TB 数据，2008 年每天处理 20 PB 数据；2009 年 eBays 数据仓库就已储存 6.5 PB 用户数据，包含 170 TB 记录且每天增长 150 GB；Facebook 储存了 2.5 PB 用户数据，每天增加 15 TB；世界最大的电子对撞机每年产生 15 PB 数据；2015 年落成的世界最大观天望远镜主镜头拍摄照片大小 3.2 G，每年将产生6 PB天文图像数据；欧洲生物信息研究中心（EBI）基因序列数据库容量已达 5 PB；中国深圳华大基因研究所是全世界最大测序中心，每天产生 300 GB 基因序列数据（每年 100 TB）。

另一方面是许多应用场景有超大的计算量或者计算复杂度。以电影特效渲染场景为例，传统用 SGI 工作站进行电影渲染时，每帧一般需要 1～2 小时；一部 2 小时的电影渲染需要 2 小时×3 600 秒×24 帧×（1～2 小时）/24 小时＝20～40 年；1996 年，著名的数字工作室 Digital Domain 公司用了一年半的时间，使用了 300 多台 SGI 超级工作站，50 多个特技师一天 24 小时轮流制作《泰坦尼克号》中的电脑特技。

在上述场景与需求的驱动下，分布式并行计算技术开始不断尝试，来满足海量数据计算场景。在这个过程中，MapReduce 诞生并在大数据行业获得广泛运用。MapReduce 的成功有如下几方面原因：

① 依赖于不同类型的计算问题、数据特征、计算要求和系统构架，并行计算技术较为复杂，程序设计需要考虑数据划分、计算任务和算法划分、数据访问和通信同步控制，软件开发难度大，难以找到统一和易于使用的计算框架和编程模型与工具。MapReduce 开发简单，屏蔽了许多底层细节，大大简化了分布式并行程序的编写难度。

② MapReduce 诞生前，数据的大规模处理技术还处在彷徨阶段，依靠传统的 MPI 等并行处理技术难以凑效。当时每个公司或者个人可能都有自己的一套工具处理数据，却没有提炼抽象出一个系统的方法。MapReduce 抽象出了足够通用且有效的海量数据处理模型。

MapReduce推出后，被当时的工业界和学界公认为有效和易于使用的海量数据并行处理技术，Google、Yahoo、IBM、Amazon、百度、淘宝、腾讯等国内外公司普遍使用MapReduce。

总体来讲，MapReduce是一种面向大规模海量数据处理的高性能并行计算平台和软件编程框架，广泛应用于搜索引擎（文档倒排索引，网页链接图分析与页面排序等）、Web日志分析、文档分析处理、机器学习、机器翻译等各种大规模数据并行计算应用领域。

MapReduce是面向大规模数据并行处理的：

① MapReduce是基于集群的分布式并行计算平台（Cluster Infrastructure）。MapReduce允许用市场上现成的普通PC或性能较高的刀片或机架式服务器，构成一个包含数千个节点的分布式并行计算集群。

② MapReduce提供了并行程序开发与运行框架（Software Framework）。MapReduce提供了一个庞大但设计精良的并行计算软件构架，能自动完成计算任务的并行化处理，自动划分计算数据和计算任务，在集群节点上自动分配和执行子任务以及收集计算结果，将数据分布存储、数据通信、容错处理等并行计算中的很多复杂细节交由系统负责处理，大大减少了软件开发人员的负担。

③ MapReduce提供了并行程序设计模型与方法（Programming Model & Methodology）。MapReduce借助于函数式语言中的设计思想，提供了一种简便的并行程序设计方法，用Map和Reduce两个函数编程实现基本的并行计算任务，提供了完整的并行编程接口，可完成大规模数据处理。

2.3.2 MapReduce框架的Map-Reduce模型

为了方便理解大数据的并行化计算思想，这里可以这样理解：假设一组规模很大的数据集，若可以分为具有同样计算过程的数据块，并且这些数据块之间不存在数据依赖关系，则提高处理速度的最好办法就是并行计算。

例如：假设有一个巨大的2维数据集需要处理（比如求每个元素的开立方），其中对每个元素的处理是相同的，并且数据元素间不存在数据依赖关系，可以考虑用不同的划分方法将其划分为子数组，由一组处理器并行处理，如图2-8所示。

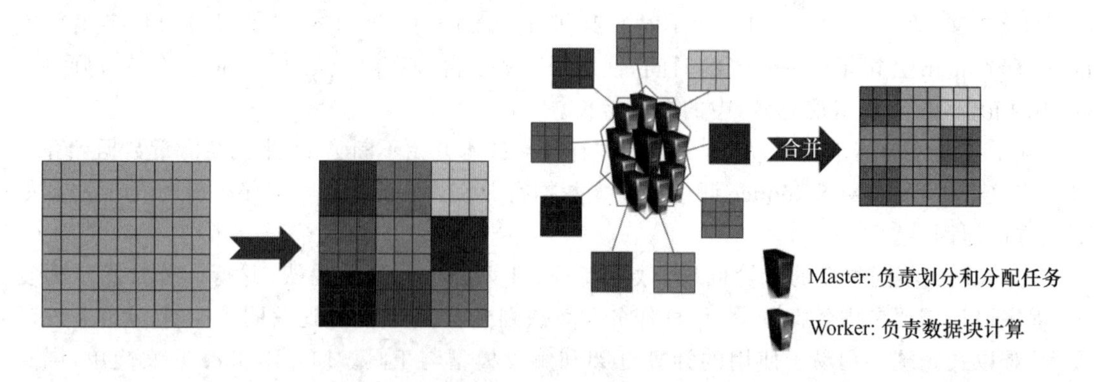

图2-8 并行计算示意图

将上述处理过程整理一下，就可以形成下面的大数据任务划分和并行计算框架，如图2-9所示。将一个待计算的大规模数据集，分拆分n份（如128 MB一份），然后将要对数据集进行操作的作业代码复制n份，对每份数据子集连同作业代码启动一个子任务，一共启动n个子任务。这 n 个子任务可以同时运行在 m 台服务器上并行执行。这样的并行执行，相对单机完成计算过程效率显著提升。最后将所有子任务的运行结果进行合并，输出计算结果。理解了图 2-9，就可以理解 MapReduce 框架是如何配合 HDFS，完成面向海量数据的分布式并行计算了。

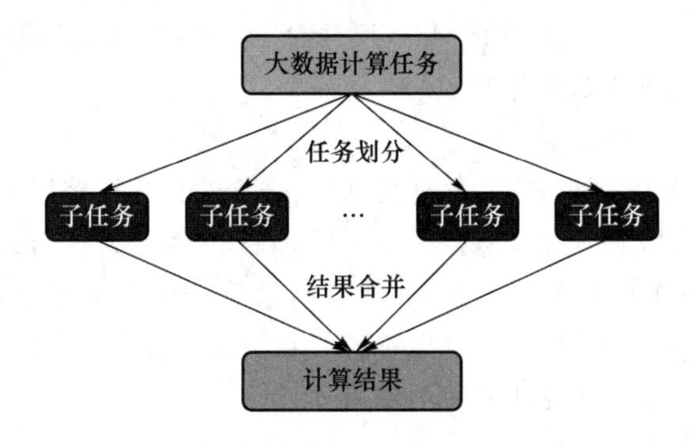

图 2-9 大数据任务并行计算框架

具体在分布式计算框架 MapReduce 中，在运行一个计算任务时，任务过程被分为两个阶段：Map 阶段和 Reduce 阶段，每个阶段都是用键值对（key/value）作为输入（input）和输出（output）。而程序员要做的就是定义好这两个阶段的函数：Map 函数和 Reduce 函数。

对大量数据记录/元素进行重复处理任务（对于基于 MapReduce 编程范式的分布式计算来说，就是在计算数据的交、并、差、聚合、排序等过程），都可以被抽象归纳为 Map 任务和 Reduce 任务，分两个阶段来执行。具体如图 2-10 所示。可以说 Map-Reduce 模型为大数据处理过程中的两个主要处理操作提供了一种抽象机制。

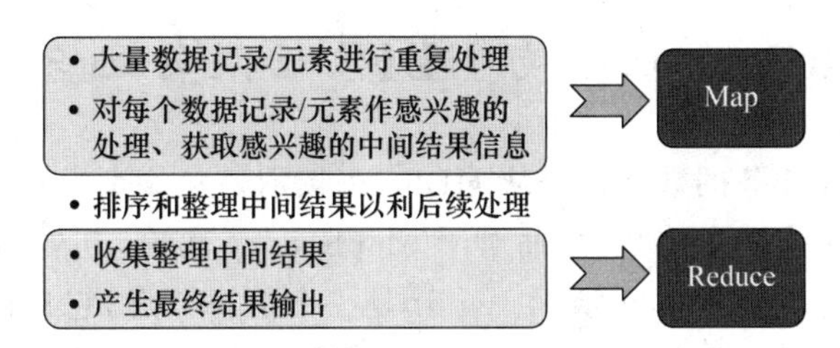

图 2-10 Map-Reduce 模型对大数据处理任务的抽象归纳

2.3.3 MapReduce 框架

MapReduce 采用同 HDFS 一样的 Master/Slave（M/S）架构。它主要由以下几个组件组成：Client、JobTracker 和 TaskTracker。其对应关系如图 2-1 所示，JobTracker 对应于 Hadoop 的 HDFS 架构中的 NameNode 节点；TaskTracker 对应于 DataNode 节点。从分布式文件存储 HDFS 系统与 MapReduce 分布式计算框架的关系，就很好理解：DataNode 和 NameNode 是针对数据存放而言的；JobTracker 和 TaskTracker 是针对 MapReduce 执行而言的。

MapReduce 的具体组件介绍如下。

1）Client

首先，在 Hadoop 内部用“作业”（Job）表示 MapReduce 程序。用户可以编写 MapReduce 程序，通过 Client 提交到 JobTracker 端；同时，用户可通过 Client 提供的一些接口查看作业运行状态。

一个 MapReduce 程序可对应若干个作业，而每个作业会被分解成若干个 Map/Reduce 任务 Task。Task 分为 Map Task 和 Reduce Task 两种，均由 TaskTracker 启动。Task 是真正处理数据的组件，其中，Map Task 负责处理输入数据，并将产生的若干个数据片段写到本地磁盘上，而 Reduce Task 则负责从每个 Map Task 上远程复制相应的数据，经分组聚集和归约后，将结果写到 HDFS 上作为最终结果。

2）JobTracker

JobTracker 主要负责资源监控和作业调度。JobTracker 监控所有 TaskTracker 与作业的健康状况，一旦发现失败情况后，其会将相应的任务转移到其他节点；同时，JobTracker 会跟踪任务的执行进度、资源使用量等信息，并将这些信息告诉任务调度器，而任务调度器会在资源出现空闲时，选择合适的任务使用这些资源。在 Hadoop 中，任务调度器是一个可插拔的模块，用户可以根据自己的需要设计相应的调度器。

3）TaskTracker

TaskTracker 会周期性地通过 Heartbeat 将本节点上资源的使用情况和任务的运行进度汇报给 JobTracker，同时接收 JobTracker 发送过来的命令并执行相应的操作（如启动新任务、杀死任务等）。TaskTracker 使用"slot"等量划分本节点上的资源量。"slot"代表计算资源（CPU、内存等）。一个 Task 获取到一个 slot 后才有机会运行，而 Hadoop 调度器的作用就是将各个 TaskTracker 上的空闲 slot 分配给 Task 使用。slot 分为 Map slot 和 Reduce slot 两种，分别供 Map Task 和 Reduce Task 使用。TaskTracker 通过 slot 数目（可配置参数）限定 Task 的并发度。

2.3.4 Map/Reduce 任务与 HDFS 框架的配合

Map/Reduce Task 任务的数据都是从 HDFS 中读取。从 2.2 节中我们知道 HDFS 以固定大小的 block 为基本单位存储数据，而对于 MapReduce 而言，其处理数据的单位是 split。split 与 block 的对应关系如图 2-11 所示。split 是一个逻辑概念，它只包含一些元数据信息，如数据起始位置、数据长度、数据所在节点等。它的划分方法完全由用户自己决定。但需要注意的是，split 的多少决定了 Map Task 的数目，因为每个 split 会交由一个 Map Task 处理。

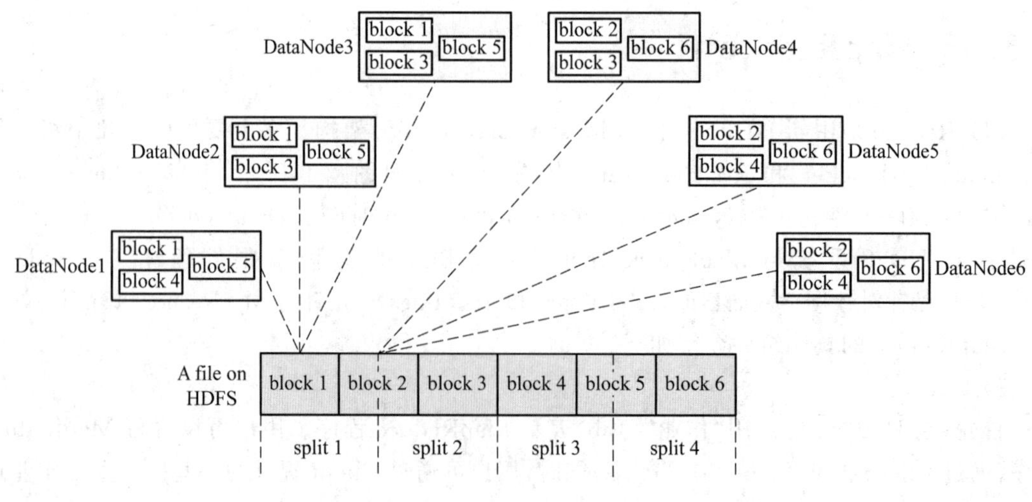

图 2-11　Split 与 block 对应的关系

Map Task执行流程如图2-12所示。由该图可知,Map Task先将对应的split迭代解析成一个个key/value对,依次调用用户自定义的Map()函数进行处理,最终将临时结果存放到节点的本地磁盘上,其中临时数据被分成若干个partition,每个partition将被一个Reduce Task处理。

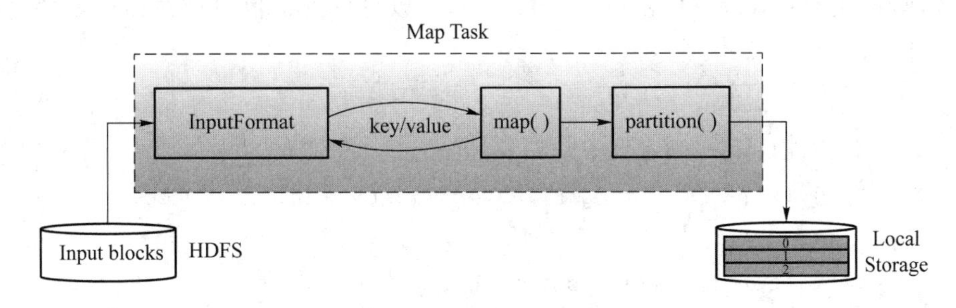

图2-12 Map Task执行流程

Reduce Task执行流程如图2-13所示。该过程分为三个阶段:①从远程节点上读取Map Task中间结果(称为"Shuffle阶段");②按照key对key/value对进行排序(称为"Sort阶段");③依次读取<key, value list>,调用用户自定义的Reduce()函数处理,并将最终结果存到HDFS上(称为"Reduce阶段")。

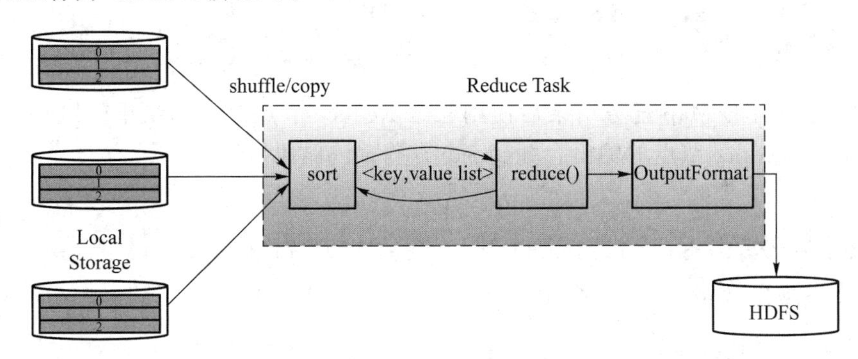

图2-13 Reduce Task执行流程

2.3.5 MapReduce编程模型

MapReduce的构思,体现在3个方面。

(1)如何对付大数据:分而治之。对相互间不具有计算依赖关系的大数据,实行并行最自然的方式就是分而治之。

(2)上升到抽象模型:Mapper和Reducer。在Hadoop之前的并行计算方式缺少高层并行编程模型,为了克服这一缺陷,MapReduce借鉴了Lisp函数式语言中的思想,用Map和Reduce两个函数提供了高层的并行编程抽象模型。

(3)上升到构架:统一构架,为程序员隐藏系统细节。在Hadoop之前的并行计算方案,因为缺少统一的计算框架支持,程序员需要考虑数据存储、划分、分发、结果收集、错误恢复等诸多细节。为此,MapReduce设计并提供了统一的计算框架,为程序员隐藏了绝大多数系统层面的处理细节。

举一个关于Map任务和Reduce任务更加具体的例子,设有如下4组原始文本数据。

```
text 1：the weather is good   text 2：today is good
text 3：good weather is good   text 4：today has good weather
```

如下所示，对于 4 个句子使用 4 个 Map 节点来处理，将 4 个句子以“键值对”形式传入 Map 函数，Map 函数将处理这些键值对(k1；v1)，并以另一种键值对形式输出处理过的一组键值对中间结果[(k2；v2)]。

```
Map 节点 1：
        输入(k1；v1)：(text1，“the weather is good”)
        输出[(k2；v2)]：(the，1)，(weather，1)，(is，1)，(good，1)
Map 节点 2：
        输入：(text2，“today is good”)
        输出：(today，1)，(is，1)，(good，1)
Map 节点 3：
        输入：(text3，“good weather is good”)
        输出：(good，1)，(weather，1)，(is，1)，(good，1)
Map 节点 4：
        输入：(text3，“today has good weather”)
        输出：(today，1)，(has，1)，(good，1)，(weather，1)
```

如下所示，所有的 Map 任务结束后使用三个 Reduce 节点对中间结果[(k2；v2)]进行处理，通过将各个 Reduce 节点的输出合并到一起获得最终结果[(k3；v3)]。

```
Reduce 节点 1：
        输入：(good，1)，(good，1)，(good，1)，(good，1)，(good，1)
        输出：(good，5)
Reduce 节点 2：
        输入：(has，1)，(is,1)，(is,1)，(is，1)，
        输出：(has，1)，(is，3)
Reduce 节点 3：
        输入：(the，1)，(today，1)，(today，1)，(weather，1)，(weather,1)，
(weather，1)
        输出：(the，1)，(today，2)，(weather，3)
最终结果[(k3；v3)]：
  good：5
  is：3
  has:1
  the:1
  today:2
  weather：3
```

通过以上例子，我们可以初步理解 Map 和 Reduce 的并行计算过程。接下来对并行计算的过程进行归纳，如图 2-14 所示。

(1) 各个 Map 函数对所划分的数据并行处理，从不同的输入数据产生不同的中间结果输出；

(2) 各个 Reduce 也各自并行计算，各自负责处理不同的中间结果数据集合；

(3) 进行 Reduce 处理之前，必须等到所有的 Map 函数做完，因此，在进入 Reduce 前需要有一个同步障(barrier)；这个阶段也负责对 Map 的中间结果数据进行收集整理(aggregation & shuffle)处理，以便 Reduce 更有效地计算最终结果；

(4) 最终汇总所有 Reduce 的输出结果即可获得最终结果。

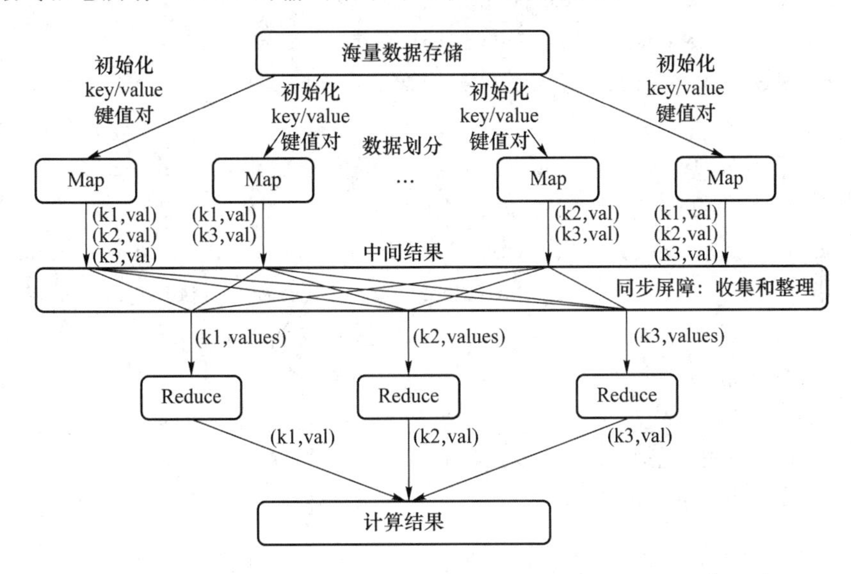

图 2-14 Map 和 Reduce 的并行计算过程

讲解 MapReduce 运行原理前，首先我们看看 MapReduce 里的最简单的实例：字频统计-WordCount 代码。这个实例在任何一个版本的 Hadoop 安装程序里都会有。

```
public class WordCount {

  public static class Tokenizer Mapper
      extends  Mapper<Object, Text, Text, IntWritable>{

    private final static IntWritable one = new IntWritable(1);
    private Text word = new Text();
  //参数 key,与 value 就是输入的键值对,context 可以记录输入的 key 和 value
  //此外 context 还会记录 Map 运算的状态
    public void  Map(Object key, Text value, Context context
                    ) throws IOException, InterruptedException {
  //将输入的 value 进行分词,放入变量 itr 中
      StringTokenizer itr = new StringTokenizer(value.toString());
  //通过循环依次处理 itr 中的词语
      while (itr.hasMoreTokens()) {
```

```
          word.set(itr.nextToken());//获取下一个词语
          context.write(word, one);//记录当前词语
        }
      }
    }

    public static class IntSumReducer
          extends Reducer<Text,IntWritable,Text,IntWritable>{
      private IntWritable result = new IntWritable();

      //参数类似 Map 函数,不过 value 是一个迭代器的形式,一个 key 对应一组的值的
      //value。Reduce 也有 context,和 Map 的 context 作用一致。
      public void Reduce(Text key, Iterable<IntWritable> values,Context context
                           ) throws IOException, InterruptedException {
      //利用循环统计迭代器中各个词语的数量,并存放到 result 中,通过 context 写
      //入最终结果。
        int sum = 0;
        for (IntWritable val : values) {
          sum += val.get();
        }
        result.set(sum);
        context.write(key, result);
      }
    }

    public static void main(String[] args) throws Exception {
    //初始化 MapReduce 系统配置信息
    Configuration conf = new Configuration();
    //设置运行时的参数,在错误时给出提示
      String[] otherArgs = new GenericOptionsParser(conf, args).getRemainingArgs();
      if (otherArgs.length != 2) {
        System.err.println("Usage: wordcount <in> <out>");
        System.exit(2);
    }
    //构建一个 Job,第一个参数为上面的 conf,第二个是这个 Job 的名字
    Job job = new Job(conf, "word count");
    //装载程序所需的各个类
      job.setJarByClass(WordCount.class);
      job.set MapperClass(Tokenizer Mapper.class);
```

```
        job.setCombinerClass(IntSumReducer.class);
    job.setReducerClass(IntSumReducer.class);
    //定义输出的 key/value 的类型
        job.setOutputKeyClass(Text.class);
    job.setOutputValueClass(IntWritable.class);
    //构建输入与输出的数据文件,最后一行通过三目运算符设置 Job 运行成功时程序
    //正常退出。
        FileInputFormat.addInputPath(job, new Path(otherArgs[0]));
        FileOutputFormat.setOutputPath(job, new Path(otherArgs[1]));
        System.exit(job.waitForCompletion(true) ? 0 : 1);
    }
}
```

不同版本的 WordCount 实例有所不同,主要区别在于 MapReduce 框架的 API 有不同版本。

代码中已经对各个部分给出了注释,下面对代码做一些补充说明:

```
Configuration conf = new Configuration();
```

关于上述代码中的 Configuration 类,运行 MapReduce 程序前都要初始化 Configuration,该类主要是读取 MapReduce 系统配置信息,这些信息包括 HDFS 和 MapReduce,也就是安装 hadoop 时候的配置文件(例如:core-site.xml、hdfs-site.xml 和 Mapred-site.xml 等文件里的信息)。程序员开发 MapReduce 程序的时候,就是在 Map 函数和 Reduce 函数里编写实际进行的业务逻辑,其他的工作都是交给 MapReduce 框架自己操作的。比如,要告诉它 HDFS 在哪里,MapReduce 的 JobTracker 在哪里,而这些信息就在 conf 包下的配置文件里。

接下来的代码是:

```
job.setJarByClass(WordCount.class);
job.set MapperClass(Tokenizer Mapper.class);
job.setCombinerClass(IntSumReducer.class);
job.setReducerClass(IntSumReducer.class);
```

第一行就是装载程序员编写好的计算程序,例如程序类名就是 WordCount 了。虽然编写 MapReduce 程序只需要实现 Map 函数和 Reduce 函数,但是实际开发要实现三个类,第三个类是为了配置 MapReduce 如何运行 Map 和 Reduce 函数,准确地说就是构建一个 MapReduce 能执行的 job,如 WordCount 类。

第二行和第四行就是装载 Map 函数和 Reduce 函数实现类,第三行是装载 Combiner 类。

2.3.6 MapReduce 运行机制

MapReduce 的运行过程如图 2-15 所示。MapReduce 框架与 HDFS 分布式文件系统共同配合,完成大数据的并行处理。MapReduce 框架从 HDFS 读取,并会将中间结果和最终运行结果写入 HDFS。

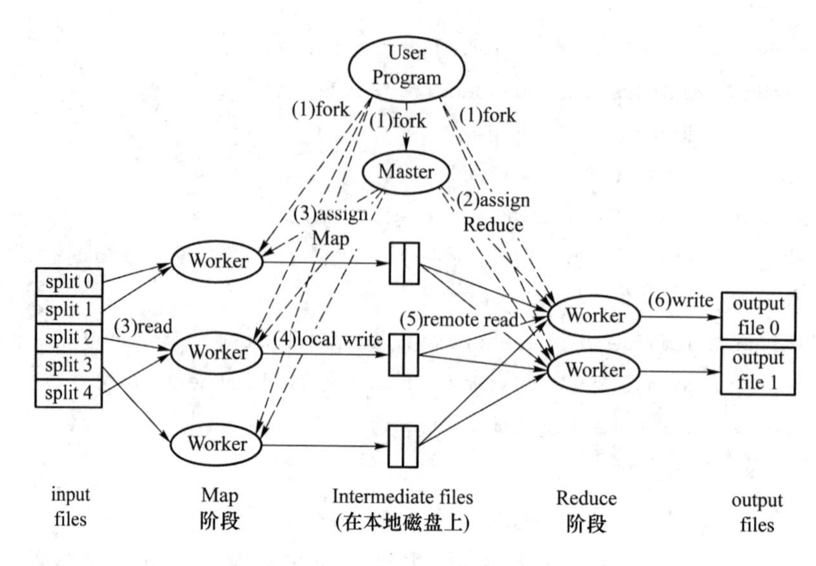

图 2-15　MapReduce 运行过程

(1) MapReduce 框架将用户作业 User program 复制 fork 到集群内其他机器上。

图 2-15 中的集群，包括主节点(Master 节点)和从节点(Worker 节点)，Master 负责调度，为空闲 Worker 分配任务(Map 任务或者 Reduce 任务)。User program 的副本分配了 3 个 Worker 承担 Map 任务，2 个 Worker 承担 Reduce 任务。

(2) MapReduce 框架根据输入文件计算输入分片(input split)。

如图 2-15 所示分成了 split 0～split 4。输入分片(input split)存储的并非数据本身，而是一个分片长度和一个记录数据的位置的数组。输入分片往往和 HDFS 的 block(块)关系很密切。

假如设定 HDFS 的块的大小是 64MB，如果输入有三个文件，大小分别是 3MB、65MB 和 127MB，那么 MapReduce 会把 3MB 文件分为一个输入分片，65MB 则是两个输入分片，而 127MB 也是两个输入分片。

但是，上面的分片方案不够科学，可以合并小文件。这样，在 Map 计算前做输入分片调整，那么可以优化为 5 个 Map 任务来执行。

每个 Map 执行的数据大小不均，这个是 MapReduce 优化计算的关键点之一。

(3) 被分配了 Map 任务的 Worker，开始读取对应分片的输入数据。

Map 任务数量与 split 数量一致；Map 任务从输入数据中抽取出键值对，每一个键值对都作为参数传递给 Map 函数，Map 函数产生的中间键值对被缓存在内存中。通常，Map 操作都是本地化操作，也就是在数据存储节点上进行。

(4) Map 任务将运行的结果写回 HDFS。

(5) Reduce 从 HDFS 读入要进行处理的结果。

(4) 和(5)关系较为密切，其中最重要就是 Shuffle 阶段，这也是 MapReduce 任务性能可以优化的重点地方。

(6) Reduce worker 遍历排序后的中间键值对，对于每个唯一的键，都将键与关联的值传递给 Reduce 函数，Reduce 函数产生的输出会添加到这个分区的输出文件中。最终将 Reduce 节点计算结果汇总输出到一个结果文件即获得整个处理结果。

上面的运行过程，从 MapReduce 框架的 JobTracker 与 TaskTracker 来看，就会更加宏观。

(1) Client 用户端，通过 JobClient 类将应用已经配置参数打包成 jar 文件存储到 HDFS，并把路径提交到 JobTracker，然后由 JobTracker 创建每一个 Task(MapTask 和 ReduceTask)并将它们分发到各个 TaskTracker 服务中去执行。

(2) JobTracker 运行在 Master 节点上，启动之后 JobTracker 接收 Job，负责调度 Job 的每一个子任务 task 运行于 TaskTracker 上，并监控它们，如果发现有失败的 task 就重新运行它。一般情况应该把 JobTracker 部署在单独的机器上。

(3) TaskTracker 运行在多个 slaver 节点上。TaskTracker 主动与 JobTracker 通信接收作业，并负责直接执行每一个任务。TaskTracker 都需要运行在 HDFS 的 DataNode 上。

2.3.7 MapReduce 中的 Shuffle

从前面 2.3.4 的内容已经知道，Map 阶段完成了对数据的映射处理，得到了一个个 key/value 对。因为分布式计算分而治之的思想，每个 Worker 节点只计算部分数据，也就是只处理一个分片。那么在 Reduce 阶段，要想将整个集群中 Map 运算完的一个个 key/value 对中，相同 key 的数据汇集到同一个 Reduce 任务节点来处理(求得某个 key 对应的全量数据的运算结果)，就需要先完成洗牌(Shuffle)处理。

Shuffle 阶段准确说是描述了数据从如何从 Map 阶段的输出，实现按 key 有序且按 Reduce 任务个数分区存储，进而成为 Reduce 阶段输入的过程。

Shuffle 阶段大致分为排序(sort)、溢写(spill)、合并(merge)、拉取复制(fetch copy)、合并排序(merge sort)这几个过程，大体流程如图 2-16 所示。

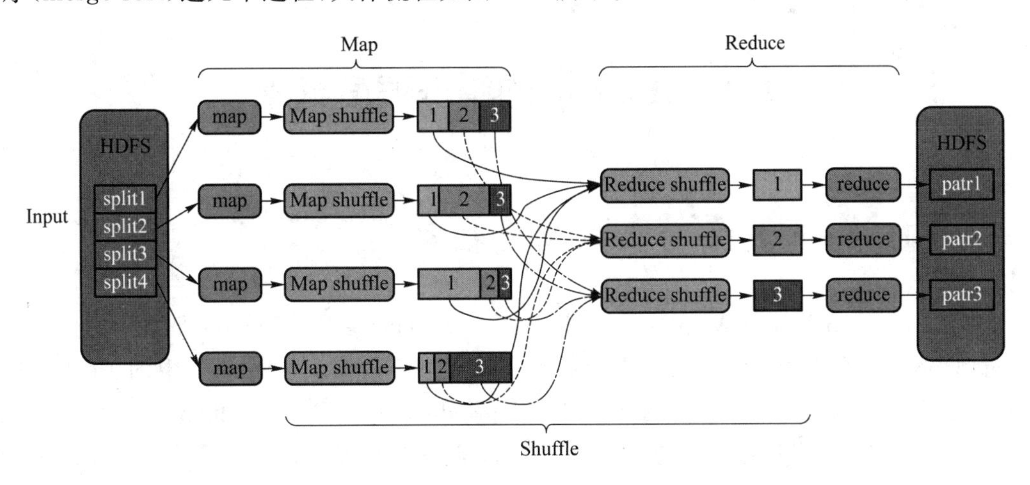

图 2-16 Shuffle 过程

首先是 Map 端的 sort、spill 和 merge。

① sort。一般 MapReduce 计算的都是海量数据，Map 输出时候不可能把所有文件都放到内存操作。所以 Map 端的输出数据，先写环形缓存区 kv buffer，当环形缓冲区到达一个阈值(可以通过配置文件设置，默认 80)时，便要开始溢写，但溢写之前会有一个 sort 操作，这个 sort 操作先把 kv buffer 中的数据按照 partition 和 key 两个关键字来排序，移动的只是索引数据，排序结果是 kv meta 中的数据以 partition 值为单位聚集在一起(例如图 2-16 中，3 个下游

Reduce 任务，所以排序目标是为了等到整个 Shuffle 阶段完成时，数据被排序整理为 3 个 partition 分片提供给 3 个 Reduce 任务），同一 partition 分片内的数据按照 key 排序。

② spill。当 Map 端的排序完成时，便开始把数据溢写到磁盘，溢写到磁盘的过程以分区为单位，一个分区写完，写下一个分区，分区内数据有序，最终实际上会多次溢写，然后生成多个文件。

③ merge。spill 会生成多个小文件，对于 Reduce 端拉取数据是相当低效的，那么这时候就有了 merge 的过程，合并的过程也是同分片的合并成一个片段（segment），最终所有的 segment 组装成一个最终文件，那么合并过程就完成了。这个过程里还会有一个 Partition 操作。Partition 操作和 Map 阶段的输入分片（Input split）很像，一个 Partition 对应一个 Reduce 作业，如图 2-16 所示 MapReduce 操作有 3 个 Reduce 操作，那么 Partition 对应的就会有 3 个。因此 Partition 就是 Reduce 的输入分片，在图 2-16 中，其数量为 3，这个数量程序员可以编程控制，主要是根据实际 key 和 value 的值，根据实际业务类型或者为了更好的 Reduce 负载均衡要求进行，这是提高 Reduce 效率的一个关键所在。

到了 Reduce 阶段就是合并 Map 输出文件了，Partition 会找到对应的 Map 输出文件，然后进行复制操作。

① fetch copy。Reduce 任务通过向各个 Map 任务拉取对应分片。这个过程都是以 HTTP 协议完成，每个 Map 节点都会启动一个常驻的 HTTP Server 服务，Reduce 节点会请求这个 HTTP Server 拉取数据，这个过程完全通过网络传输，所以是一个非常耗时的操作。

② merge sort。Reduce 端拉取到各个 Map 节点对应分片的数据之后，会进行再次排序，排序完成后就会进行 Reduce 计算了。

2.4 Hadoop 的集群调度框架

2.4.1 Hadoop 1.X 的集群调度框架

经典的 Hadoop 1.X 的 MapReduce 采用 Master/Slave 结构。Master 是整个集群的唯一全局管理者，功能包括作业管理、状态监控和任务调度等，即 MapReduce 中的 JobTracker。Slave 负责任务的执行和任务状态的回报，即 MapReduce 中的 TaskTracker。

JobTracker 是一个后台服务进程，启动之后，会一直监听并接收来自各个 TaskTracker 发送的心跳信息，包括资源使用情况和任务运行情况等信息。

JobTracker 的主要功能：作业调度和资源管理。JobTracker 的作业控制模块负责作业的分解和状态监控。状态监控包括：TaskTracker 状态监控、作业状态监控和任务状态监控。JobTracker 主要是为了容错以及为任务调度提供决策依据。

TaskTracker 是 JobTracker 和 Task 之间的桥梁：一方面，从 JobTracker 接收并执行各种命令（运行任务、提交任务、杀死任务等）；另一方面，将本地节点上各个任务的状态通过心跳周期性汇报给 JobTracker。TaskTracker 与 JobTracker 和 Task 之间采用了 RPC 协议进行通信。

TaskTracker 的功能:汇报心跳和执行任务。Tracker 周期性将所有节点上各种信息通过心跳机制汇报给 JobTracker。这些信息包括两部分:机器级别信息(节点健康情况、资源使用情况等);任务级别信息(任务执行进度、任务运行状态等)。JobTracker 会给 TaskTracker 下达各种命令,主要包括:启动任务(LaunchTaskAction)、提交任务(CommitTaskAction)、杀死任务(KillTaskAction)、杀死作业(KillJobAction)和重新初始化(TaskTrackerReinitAction)。

Hadoop 1.X 的任务调度原理图,如图 2-17 所示。

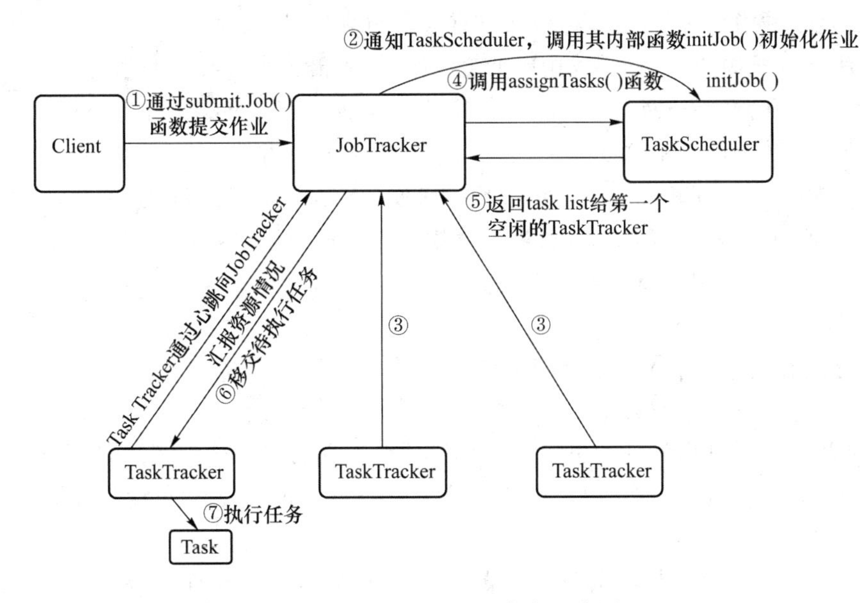

图 2-17 Hadoop 1.X 任务调度图

① Client 通过 submitJob()函数向 JobTracker 提交一个作业。

② JobTracker 通知 TaskScheduler,调用其内部函数 initJob()对这个作业进行初始化,创建一些内部的数据结构。

③ TaskTracker 通过心跳来向 JobTracker 汇报它的资源情况,比如有多少个空闲的 Map slot 和 Reduce slot。

④ 如果 JobTracker 发现第一个 TaskTracker 有空闲的资源,JobTracker 就会调用 TaskScheduler 的 assignTasks( )函数,这个函数的主要任务是将待处理的任务分配给可用的 TaskTracker。

⑤ JobTracker 将任务列表(task list)分配给第一个 TaskTracker,TaskTracker 接收并执行这些任务。

⑥ JobTracker 向要执行任务的 TaskTracker 移交待执行的任务。

⑦ TaskTracker 执行任务。

2.4.2 Hadoop 1.X 存在的问题

传统的 MapReduce 并不是完美的,其被人诟病的地方主要在于可靠性差、扩展性差、资源利用率低、无法支持异构的计算框架。

(1) 可靠性差:MapReduce 的主从结构导致主节点 Jobtracker 一旦出现故障会导致整个

集群不可用。

(2) 扩展性差：MapReduce 的主节点 Jobtracker 同时负责作业调度（将任务调度给对应的 tasktracker）和任务进度管理（监控任务，重启失败的或者速度比较慢的任务等）。这种框架中，Jobtracker 节点成为整个平台的瓶颈。

(3) 资源利用率低：如前文所述，MapReduce 的资源表示模型是槽（slot），槽被分为 Map 槽和 Reduce 槽，但 Map 槽只能运行 Map 任务，Reduce 槽只能运行 Reduce 任务，两者无法混用，时常会出现一种槽很紧张，另一种槽却仍有空余的情况。

(4) 无法支持异构的计算框架：在一个组织中，不可能只有离线批处理的需求，也许还有流处理的需求、大规模并行处理的需求等，这些需求催生了一些新的计算框架，如 Storm、Spark、Impala 等，传统的 MapReduce 无法支持多种计算框架并存。

为了克服以上不足，Hadoop 开始向下一代发展，新的集群调度框架 YARN 诞生了。YARN 接管了所有资源管理的功能，通过可插拔的方式兼容了异构的计算框架，并且采用了无差别的资源隔离方案，很好地克服了以上的不足。

2.4.3 Hadoop 2.X 的集群调度框架

Yarn 的思想是，将 Jobtracker 的责任划分给两个独立的守护进程：资源管理器（Resource Manager）负责管理集群的所有资源；应用管理器（Application Master）负责管理集群上任务的生命周期。

具体的做法是应用管理器向资源管理器提出资源需求，以 Container 为单位，然后在这些 Container 中运行该应用相关的进程，Container 由运行在集群节点上的节点管理器监控，确保应用不会用超资源。每个应用的实例，亦即一个 MapReduce 作业都有一个自己的应用管理器。

综上所述，YARN 中包括以下几个角色。

- 客户端：向整个集群提交 MapReduce 作业。
- YARN 资源管理器：负责调度整个集群的计算资源。
- YARN 节点管理器：在集群的机器上启动以及监控 container。
- MapReduce 应用管理器，调度某个作业的所有任务。应用管理器和任务运行在 container 中，container 由资源管理器调度，由节点管理器管理。
- 分布式文件系统：通常是 HDFS。

YARN 中运行一个作业的流程如图 2-18 所示。

1) 作业提交

YARN 中的提交作业的 API 和 MapReduce 类似（第 1 步）。作业提交的过程也和 MapReduce 类似，新的作业 ID（应用 ID）由资源管理器分配（第 2 步）。作业的客户端核实作业的输出，计算输入的 split，将作业的资源（包括 Jar 包、配置文件、split 信息）复制给 HDFS（第 3 步）。最后，通过调用资源管理器的 submitApplication( )来提交作业（第 4 步）。

2) 作业初始化

当资源管理器收到 submitApplciation()的请求时，就将该请求发给调度器（scheduler），调度器分配第一个 container，然后资源管理器在该 container 内启动应用管理器进程，由节点

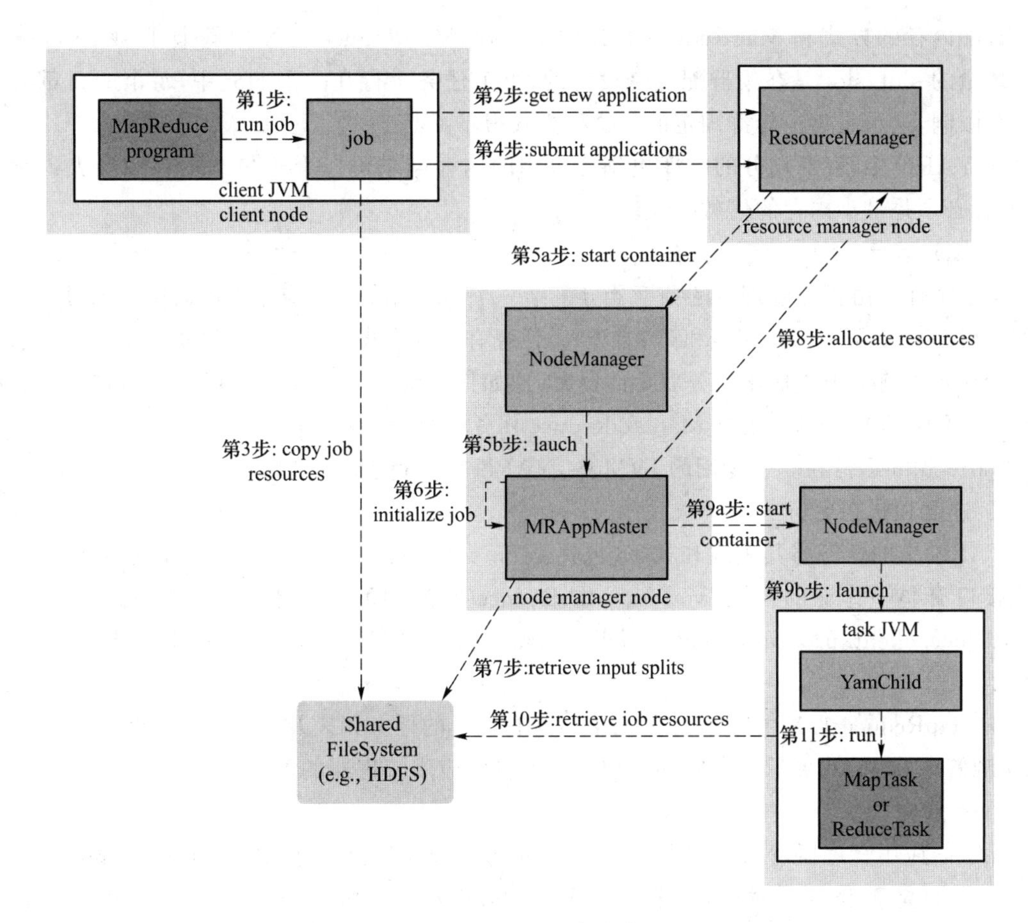

图 2-18 Hadoop 2.X 任务调度图

管理器监控(第 5a 和 5b 步)。

MapReduce 作业的应用管理器是一个主类为 MRAppMaster 的 Java 应用。其通过创造一些 bookkeeping 对象来监控作业的进度,得到任务的进度和完成报告(第 6 步)。然后其通过分布式文件系统得到由客户端计算好的输入 split(第 7 步)。然后为每个输入 split 创建一个 Map 任务,根据 MapReduce. job. Reduces 创建 Reduce 任务对象。

然后应用管理器决定如何运行构成整个作业的任务。如果作业很小,应用管理器会选择在其自己的 JVM 中运行任务,这种作业称作“被 unerized”,或者是以 Uber Task 的方式运行。在任务运行之前,作业的 setup 方法被调用来创建输出路径。与 MapRuduce 1.X 中该方法由 TaskTracker 运行的一个任务调用不同,在 YARN 中是由应用管理器调用的。

3) 任务分配

如果不是小作业,那么应用管理器向资源管理器请求 container 来运行所有的 Map 和 Reduce 任务(第 8 步)。每个任务对应一个 container,且只能在该 container 上运行。这些请求是通过心跳来传输的,包括每个 Map 任务的数据位置,比如存放输入 split 的主机名和机架。调度器利用这些信息来调度任务,尽量将任务分配给存储数据的节点,或者退而分配给和存放输入 split 的节点相同机架的节点。

请求也包括了任务的内存需求,在默认情况下 Map 和 Reduce 任务的内存需求都是 1 024 MB。可以通过 MapReduce. Map. memory. mb 和 MapReduce. Reduce. memory. mb 来配置。

分配内存的方式和 MapReduce 1.X 中不一样，MapReduce 1.X 中每个 TaskTracker 有固定数量的 slot，slot 是在集群配置是设置的，每个任务运行在一个 slot 中，每个 slot 都有最大内存限制，这也是整个集群固定的。这种方式很不灵活。

在 YARN 中，资源划分的粒度更细。应用的内存需求可以介于最小内存和最大内存之间，并且必须是最小内存的倍数。

4）任务运行

当一个任务由资源管理器的调度器分配给一个 container 后，应用管理器通过练习节点管理器来启动 container（第 9a 步和第 9b 步）。任务有一个主类为 YarnChild 的 Java 应用执行。在运行任务之前首先本地化任务需要的资源，比如作业配置、JAR 文件，以及分布式缓存的所有文件（第 10 步）。最后，运行 Map 或 Reduce 任务（第 11 步）。

YarnChild 运行在一个专用的 JVM 中，YARN 不支持 JVM 重用。

5）进度和状态更新

YARN 中的任务将其进度和状态（包括 counter）返回给应用管理器，后者通过每 3 秒的链接接口有整个作业的视图（view）。MapReduce 2.X 中的进度更新流：客户端每秒（通过 MapReduce.client.progressmonitor.pollinterval 设置）向应用管理器请求进度更新，展示给用户。

在 MapReduce 1.X 中，JobTracker 的 UI 有运行的任务列表及其对应的进度。在 YARN 中，资源管理器的 UI 展示了所有的应用以及各自的应用管理器的 UI。

6）作业完成

除了向应用管理器请求作业进度外，客户端每 5 分钟都会通过调用 waitForCompletion() 来检查作业是否完成。时间间隔可以通过 MapReduce.client.completion.pollinterval 来设置。

作业完成之后，应用管理器和 container 会清理工作状态，OutputCommiter 的作业清理方法也会被调用。作业的信息会被作业历史服务器存储以备之后用户核查。

2.4.4 Hadoop 作业调度器

在 Hadoop 系统中，有一个组件非常重要，那就是调度器。Hadoop 调度器的基本作用就是根据节点资源（slot）使用情况和作业的要求，将任务调度到各个节点上执行。调度器是一个可插拔的模块，用户可以根据自己的实际应用要求设计调度器。

调度器考虑的因素包括：

- 作业优先级。作业的优先级越高，它能够获取的资源（slot 数目）也越多。Hadoop 提供了 5 种作业优先级，分别为 VERY_HIGH、HIGH、NORMAL、LOW、VERY_LOW，通过 MapReduce.job.priority 属性来设置。
- 作业提交时间。顾名思义，作业提交的时间越早，就越先执行。
- 作业所在队列的资源限制。调度器可以分为多个队列，不同的产品线放到不同的队列里运行。不同的队列可以设置一个边缘限制，这样不同的队列有自己独立的资源，不会出现抢占和滥用资源的情况。

目前，Hadoop 作业调度器主要有三种：FIFO、Capacity Scheduler 和 Fair Scheduler。下

面我们分别介绍。

1）先进先出调度器(FIFO)

FIFO是Hadoop中默认的调度器，也是一种批处理调度器。它先按照作业的优先级高低，再按照到达时间的先后选择被执行的作业。原理图如图2-19所示，其中纵轴是集群资源的使用情况，横轴为时间。

FIFO是一种简单的调度器，适合低负载集群，它把应用按提交的顺序排成一个先进先出的队列，在进行资源分配的时候，先给队列中最头上的应用进行分配资源，待最头上的应用需求满足后再给下一个分配。以图中为例：job1先进入队列，所以job1先执行，等job1执行完了，才轮到job2执行。

2）容量调度器(Capacity Scheduler)

容量调度器有用户共享集群的能力，支持多用户共享集群和多应用程序同时运行，每个组织可以获得集群的一部分计算能力；防止单个应用程序、用户或者队列独占集群中的资源。原理图如图2-20所示。

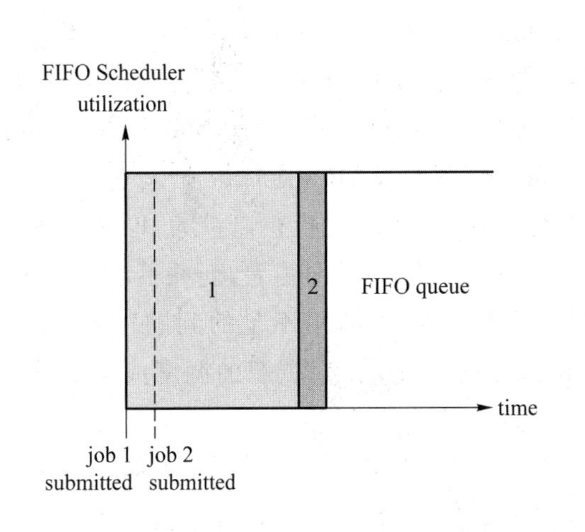

图2-19　先进先出调度器示意图

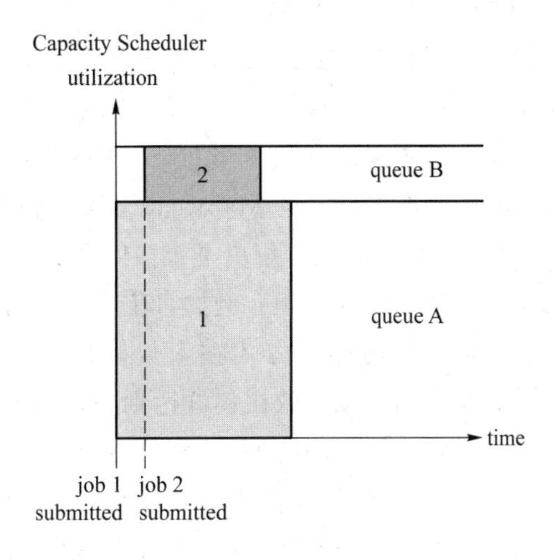

图2-20　容量调度器示意图

job1和job2可同时执行，但队列可用的集群资源量不同，每个队列内部用层次化的FIFO来调度多个应用程序。可通过设定各个队列的最低保证和最大使用上限来合理划分资源，同时在正常的操作中，容量调度器不会强制释放Container，当一个队列资源不够用时，这个队列能获得其他队列释放后的Container资源，简而言之，队列的空闲资源可以共享。

3）公平调度器(Fair Scheduler)

Fair调度器比较适用于多用户共享的大集群，设计目标是为所有的应用分配公平的资源，其对公平的定义可以通过参数来设置。原理图如图2-21所示。

当只有一个job在运行时，该应用程序最多可获取所有资源，再提交其他job时，资源将会被重新分配分配给目前的job，这可以让

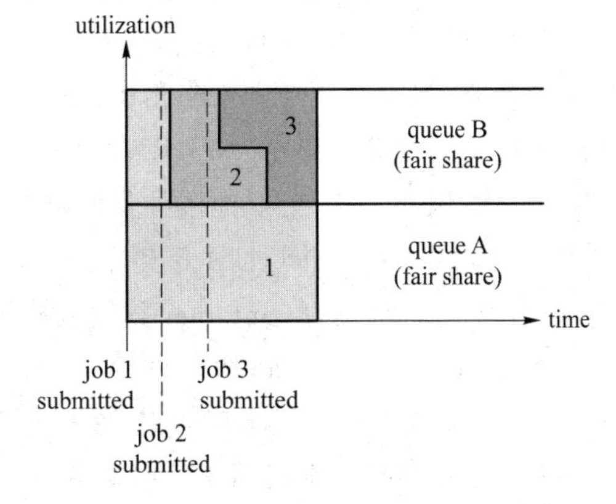

图2-21　公平调度器示意图

大量 job 在合理的时间内完成，减少作业等待的情况。如图 2-21 所示假设有两个用户 A 和 B，他们分别拥有队列 A 和队列 B：

- A 启动了 job1，此时 B 没有任务，那么 A 会获得全部集群资源；
- B 启动了 job2 后，A 的 job1 会继续运行，不过之后两个任务会各自获得一半的集群资源；
- B 再启动了 job3，此时 B 中的 job2 还在运行，则 job3 将会和 job2 共享 B 这个队列的资源，两个 job 各占用四分之一的集群资源，而 A 的 job1 占用集群一半的资源。

结果就是资源最终在两个用户之间平等的共享。

2.4.5 Hadoop 版本演进

最早期的 Hadoop 由两部分组成，一部分是最为分布式文件系统的 HDFS，另一部分是最为分布式计算引擎的 MapReduce。随着 Hadoop 的影响力逐步扩大，其集群规模得到了迅猛增长，一些弊端就随之暴露出来，Hadoop 2.0 应运而生。Hadoop 2.0 对 Hadoop 1.0 中的每个组件都进行了升级扩展：HDFS 新增了 HA（高可用性）和 Federation（联邦模式）两个特性，这两个特性主要集中在 NameNode 中；另一个更新点为将 Hadoop 1.0 中的 MapReduce 拆分为专注于分布式计算的 MapReduce 组件和专注于资源管理的 YARN 组件。

虽然 Hadoop 2.0 解决了很多问题，使其性能得以提升，集群规模得以扩大，但在扩大的过程出遇到了新的瓶颈。例如，HDFS 虽然在 Federation 下能够横向扩展，但并不利于维护，而且数据冗余储存的方式在大规模集群中暴露出了储存资源利用不足的问题；再者就是 HDFS 的横向扩展导致在集群达到一定规模时，ResourceManager 对资源的调度成了新的瓶颈。为了解决这些问题 Hadoop 3.0 问世了。

Hadoop 3.0 没有在架构上对 Hadoop 2.0 进行大的改动，而是将精力放在了如何提高系统的可拓展性和资源利用率上，因此 Hadoop 3.0 提供了更高的性能、更强的容错能力以及更高效的数据处理能力。

在提高可拓展性方面，Hadoop 3.0 为 YARN 提供了 Federation，使其集群规模可以达到上万台。此外，它还为 NameNode 提供了多个 Standby NameNode，这使得 NameNode 又多了一份保障。

在提高资源利用率方面，Hadoop 3.0 对 HDFS 和 YARN 都做了调整。HDFS 增加了纠删码副本策略，与原先的副本策略相比，该策略可以提高储存资源的利用率，用户可以针对具体场景选择不同的储存策略。YARN 作为一个资源管理平台当然重视资源利用率，它增加了很多新功能。例如，为了更好地区分集群中各机器的特性，新增了 Node Attribute 功能，此功能与 Node Label 不同。同时，由于越来越多的框架运行在 YARN 上，为了更好地进行资源隔离，YARN 丰富了原先的 container 放置策略等。

另外，Hadoop 3.0 还新增了两个成员，分别是 Hadoop Ozeon 和 Hadoop Submarine。Hadoop Ozone 是一个对象储存方案，在一定程度上可以缓解 HDFS 集群中小文件的问题。Hadoo Submarine 是一个机器学习引擎，可以使 TensorFlow 和 PyTorch 运行在 YARN 中。

Hadoop 主要版本及版本特性如表 2-1 所示。

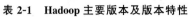

表 2-1 Hadoop 主要版本及版本特性

时间点	版本	版本特性
2013.10	Hadoop 2.0	① 新增了 YARN ② HDFS 单点故障得以解决 ③ HDFS Federation ④ HDFS 快照 ⑤ 支持 Windows 系统 ⑥ 兼容 1.X 上运行的 MapReduce 程序与 Hadoop 生态系统其他系统的集成测试
2014.4	Hadoop 2.4	① HDFS 支持访问控制列表(ACLs) ② 原生支持 HDFS 滚动升级 ③ HDFS 完全支持 HTTPS ④ YARN ResourceManager 支持自动故障转移,解决了 YARN ResourceManager 的单点故障 ⑤ 通过抢占使得 YARN Capacity Scheduler 支持强 SLAs 协议
2014.8	Hadoop 2.5	① HDFS 支持 POSIX 风格的扩展文件系统 ② HDFS 支持离线 image 浏览 ③ HDFS NFS 网关得到大量修复 ④ YARN 的 RESTapi 支持写/修改操作 ⑤ 时间线储存到 YARN ⑥ 公平调度器支持动态分层用户队列
2015.7	Hadoop 2.7	① HDFS 支持文件截断 ② HDFS 支持每个储存类型配额 ③ HDFS 支持可变长度块文件 ④ YARN 安全模块可插拔 ⑤ MapReduce 能够限制运行的 Map/Reduce 作业任务 ⑥ 为大 Job 加快了 FileOutputCommitter
2017.12	Hadoop 3.0	① Java 的最低版本要求从 Java7 更改成 Java8 ② HDFS 支持纠删码(Erasure Coding),从而将数据储存空间节省了 50% ③ 引入 YARN 的时间轴服务 v.2(YARN Timeline Service v.2) ④ 隐藏底层 jar 包 ⑤ 支持 containers 和分布式调度 ⑥ MapReduce 任务级本地优化 ⑦ 支持多于两个点 NameNodes ⑧ 改变了多个服务的默认端口 ⑨ 重写守护进程以及任务的堆内存管理 ⑩ 支持 Microsoft Azure Data Lake 文件系统
2020.7	Hadoop 3.3	① ARM 的支持:这是支持 ARM 架构的第一个版本 ② 将 protobuf 从 2.5.0 升级到更新的版本 ③ Java 11 运行时支持 ④ YARN 应用的应用目录 ⑤ 合并腾讯云 COS 文件系统实现

2.5 大数据实践2:实践HDFS及MapReduce

2.5.1 搭建Hadoop集群并实践HDFS

1. 实验描述

在之前购买的华为云ECS服务器上,搭建Hadoop集群,并使用idea创建maven工程,完成HDFS文件读取实践。

2. 实验目的

- 学习搭建Hadoop集群;
- 学习创建maven工程;
- 掌握HDFS文件读写操作。

3. 实验步骤

1）下载和安装远程登录传输服务器工具

Mac同学跳过此步,进入下一步。Windows同学建议使用远程传输工具,以防后续步骤遇到因为文件传输不完整带来的安装报错,如图2-22所示。

下载Putty工具（也可以使用Xshell等工具）。访问网址https://www.chiark.greenend.org.uk/～sgtatham/putty/latest.html下载putty.exe并安装。

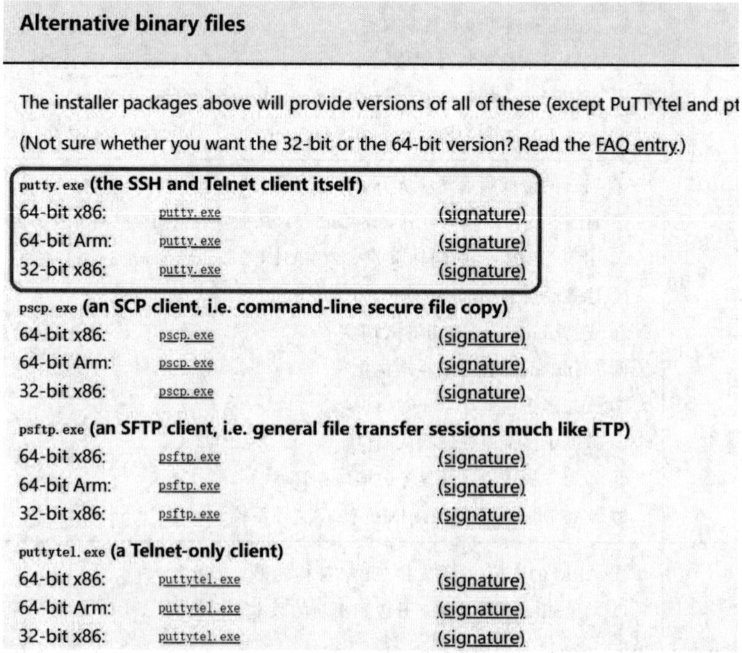

Alternative binary files

The installer packages above will provide versions of all of these (except PuTTYtel and pt

(Not sure whether you want the 32-bit or the 64-bit version? Read the FAQ entry.)

putty.exe (the SSH and Telnet client itself)
64-bit x86: putty.exe (signature)
64-bit Arm: putty.exe (signature)
32-bit x86: putty.exe (signature)

pscp.exe (an SCP client, i.e. command-line secure file copy)
64-bit x86: pscp.exe (signature)
64-bit Arm: pscp.exe (signature)
32-bit x86: pscp.exe (signature)

psftp.exe (an SFTP client, i.e. general file transfer sessions much like FTP)
64-bit x86: psftp.exe (signature)
64-bit Arm: psftp.exe (signature)
32-bit x86: psftp.exe (signature)

puttytel.exe (a Telnet-only client)
64-bit x86: puttytel.exe (signature)
64-bit Arm: puttytel.exe (signature)
32-bit x86: puttytel.exe (signature)

图2-22 Putty工具下载

下载 WinSCP 工具。访问网址 https://winscp.net/eng/docs/lang:chs 进行下载。

2) Hadoop 集群搭建

查看在第 1 章大数据实践 1 中创建完成的服务器的 IP,如图 2-23 所示。

图 2-23 查看服务器 IP

上传 Hadoop 安装包:Windows 同学使用刚刚下载的 WinSCP 进行传输,MAC 同学利用系统自带“终端”进行传输。

(1) Windows 方法:双击下载好的 WinSCP 图标,打开该软件。登录页面中主机名填写刚刚查到的 IP,用户名填写 root,密码为刚刚创建服务器时设置的密码。填写完成后单击登录,如图 2-24 所示。在左侧找到本实验的文件,然后拖拽到右侧(传输文件需要一定时间,请耐心等待),如图 2-25、图 2-26 所示。

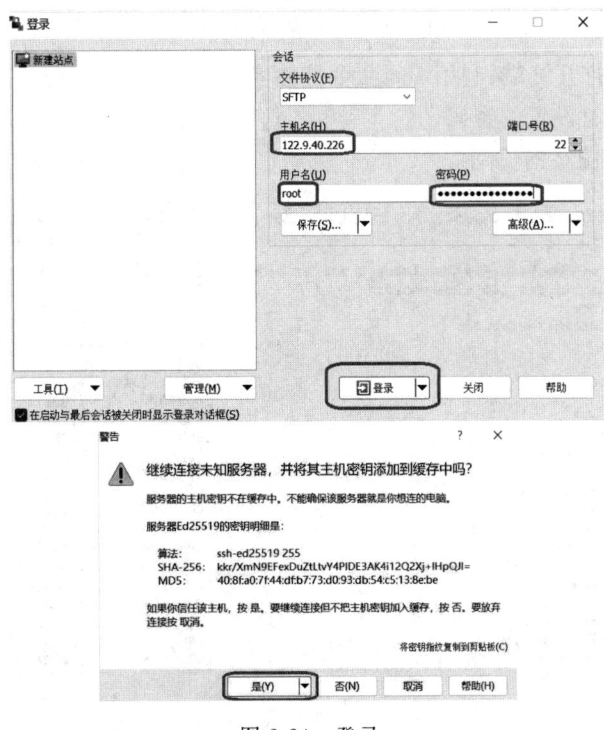

图 2-24 登录

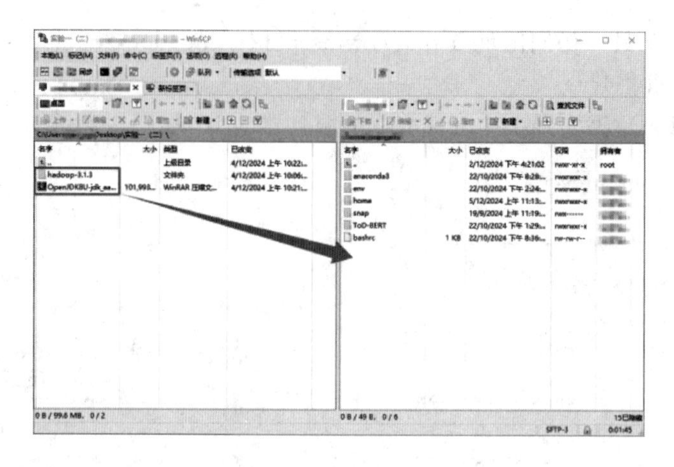

图 2-25　上传实验文件

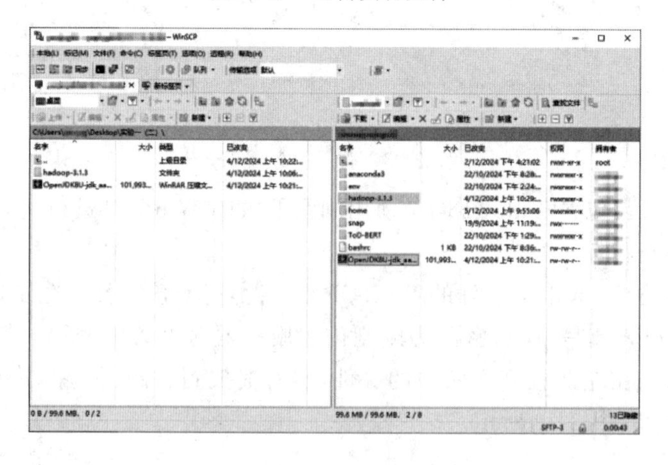

图 2-26　实验文件上传完毕

(2) MAC 方法：打开终端，利用 scp 命令传输实验所用安装包，连接服务器时要求输入的密码为创建云服务器时设置的密码。

上传 Hadoop，如图 2-27 所示。

```
scp -r ~/Desktop/hadoop-3.1.3 root@121.36.99.86:~/
```

```
(base)               Downloads % scp -r hadoop-3.1.3              186:~/
               186's password:
hadoop.cmd                                  100%   11KB   1.4MB/s   00:00
test-container-executor                     100%  472KB   3.4MB/s   00:00
mapred                                      100% 6237   205.0KB/s   00:00
yarn                                        100%   12KB 276.4KB/s   00:00
yarn.cmd                                    100%   13KB   1.1MB/s   00:00
hadoop                                      100% 8707     1.0MB/s   00:00
mapred.cmd                                  100% 6311   482.7KB/s   00:00
hdfs                                        100%   11KB 473.3KB/s   00:00
container-executor                          100%  432KB   3.5MB/s   00:00
hdfs.cmd                                    100% 8081     1.0MB/s   00:00
hadoop-extras.sh                            100% 1058    25.1KB/s   00:00
hadoop-distcp.sh                            100% 1058   154.9KB/s   00:00
hadoop-archive-logs.sh                      100% 1276   188.6KB/s   00:00
hadoop-sls.sh                               100% 1252    69.8KB/s   00:00
hadoop-resourceestimator.sh                 100% 1266   124.4KB/s   00:00
hadoop-rumen.sh                             100% 1056   155.4KB/s   00:00
hadoop-streaming.sh                         100% 1064   110.5KB/s   00:00
hadoop-aws.sh                               100% 1272   133.2KB/s   00:00
hadoop-archives.sh                          100% 1062   166.4KB/s   00:00
hadoop-gridmix.sh                           100% 1060   144.4KB/s   00:00
```

图 2-27　上传 Hadoop

上传 OpenJDK，如图 2-28 所示。

```
scp -r ~/Desktop/OpenJDK8U-jdk_aarch64_linux_openj9_8u292b10_openj9-0.26.
0.tar
root@121.36.99.86:~/
```

```
(base) lxd@lvxiaodongdeMacBook-Pro-2 ~ % scp -r ~/Desktop/OpenJDK8U-jdk_aarch64_linux_openj9_8u292b10_o
penj9-0.26.0.tar root@121.36.99.86:~/
root@121.36.99.86's password:
OpenJDK8U-jdk_aarch64_linux_openj9_8u292b10_openj9-0.26.0.tar        100%  221MB   1.2MB/s   03:05
```

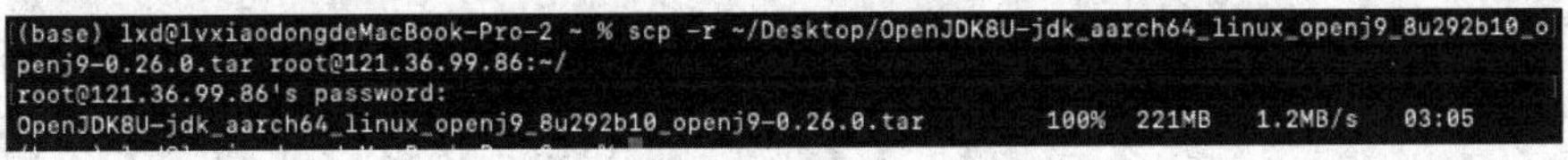

图 2-28 上传 OpenJDK

3）配置服务器间免密访问

利用终端连接到上传安装包的服务器（Windows 可使用 putty，mac 用默认的终端即可），用 ssh 指令连接到服务器，ssh 的格式如下：

```
ssh user@ip
```

在本实验中 user 为 root，IP 为本节中第 2 步查到的服务器 IP。输入完指令后提示输入密码，密码为创建服务器时输入的密码，密码验证正确后登录到服务器，如图 2-29 所示。

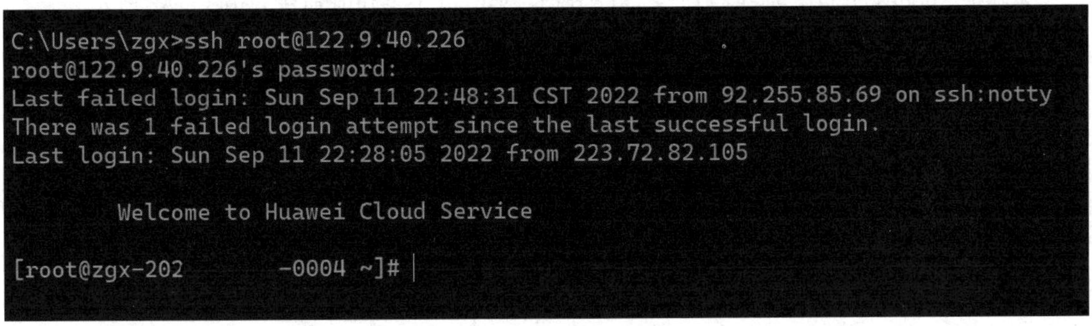

```
C:\Users\zgx>ssh root@122.9.40.226
root@122.9.40.226's password:
Last failed login: Sun Sep 11 22:48:31 CST 2022 from 92.255.85.69 on ssh:notty
There was 1 failed login attempt since the last successful login.
Last login: Sun Sep 11 22:28:05 2022 from 223.72.82.105

        Welcome to Huawei Cloud Service

[root@zgx-202        -0004 ~]#
```

图 2-29 登录到服务器

关闭服务器上的防火墙，如图 2-30 所示。

```
systemctl stop firewalld
systemctl disable firewalld
```

```
[root@ecs-            -0001 ~]# systemctl stop firewalld
[root@ecs-            -0001 ~]# systemctl disable firewalld
```

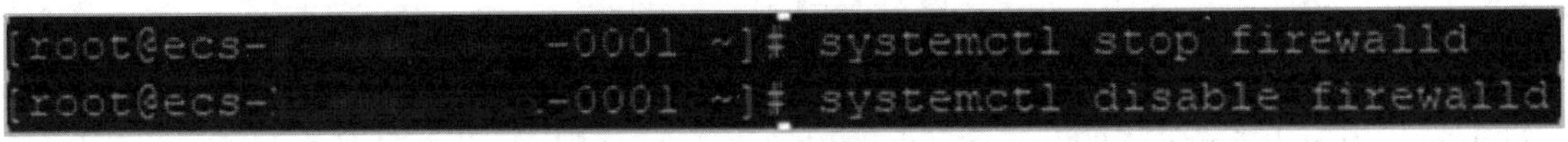

图 2-30 关闭防火墙

登录到创建的四个节点（服务器）上，分别执行如下 2 个命令。

（1）生成密钥：

```
ssh-keygen -t rsa
```

提问框按默认连续回车即可，生成/root/.ssh/id_rsa.pub 文件，如图 2-31 所示。

```
[root@ecs-           -0001 ~]# ssh-keygen -t rsa
Generating public/private rsa key pair.
Enter file in which to save the key (/root/.ssh/id_rsa):
Enter passphrase (empty for no passphrase):
Enter same passphrase again:
Your identification has been saved in /root/.ssh/id_rsa.
Your public key has been saved in /root/.ssh/id_rsa.pub.
The key fingerprint is:
SHA256:/YBIe/64ah+J8k3g3bmSoh5fKXp4qH21PwRoREEIfHc root@ecs-
The key's randomart image is:
+---[RSA 2048]----+
|o. ++.           |
|..... E          |
```

图 2-31　生成密钥

（2）获得公钥：

```
cat /root/.ssh/id_rsa.pub
```

node1～node4 节点分别执行命令 cat /root/. ssh/id_rsa. pub 命令，如图 2-32 所示。

```
[root@ecs-           -0001 ~]# cat /root/.ssh/id_rsa.pub
ssh-rsa AAAAB3NzaC1yc2EAAAADAQABAAABAQC3CCayM/Qqk8QP8suWTZSsUEO3AUhvd
Mph+A2eiDBzdzcTY7+HVf+oUNpUUt3aUdUQGDj5NFnvQxa7af7csHz3fju2kxwNvIxVRI
gcPG0yqGVW1qr5srt6FV9YjG3Xx6W5RiHToAEmYJ/w9GX1rMS+tT7epgM6uhRylL30rOr
yzyIdOU4T6M+qozK7WXyCzIbQ3gc0FnVtW8ponT9NgkB51PHM0LuuusVdXqwjBG/gQuYR
fuQSRN1xBSnOQRpFi8nKmtGqhh6XHXjN8cIZHKAAe3LJ33RsViLluIVXoV7t root@ecs-
```

图 2-32　获取公钥

将 4 个节点执行完 cat 指令后的内容复制汇总到一个新建文本中，如图 2-33 所示。

```
ssh-rsa AAAAB3NzaC1yc2EAAAADAQABAAABAQCg Untitled-1
1  ssh-rsa AAAAB3NzaC1yc2EAAAADAQABAAABAQCgawirqpbLAgKe/96rGAzHF5zXCAtqw0ynmweLAWexWz5EavyNoIiuLmPguRgP4Sc4w5
2  ssh-rsa AAAAB3NzaC1yc2EAAAADAQABAAABAQDdpFKkSAHhjH6c006xFLdZxNGK+2RRX58FljOHIsPuzdjVRSlADSTJWSffAclkFXIqJC
3  ssh-rsa AAAAB3NzaC1yc2EAAAADAQABAAABAQC+yn8t/1OqI36QqHamGtDJVxPW3eebN2nt5ZvKOn8mIxwp5rE3i+Mu7qHZiiL88VN+2H
4  ssh-rsa AAAAB3NzaC1yc2EAAAADAQABAAABAQCe2MGmsdScDkiPl+zRdqhfOqqIrCE4Rteexr6xUv5Mh89q2y4dZlLTnV/ez8Me/DJLWt
```

图 2-33　汇总 cat 指令

在每个节点上输入下列指令，然后将文本中的内容复制进去，从而将公钥分别复制到 node1、node2、node3、node4 的/root/. ssh/authorized_keys 中，如图 2-34 所示。

```
vim /root/.ssh/authorized_keys
```

输入指令后，在英文状态下按“i”键，进入输入模式，将文本中的全部内容复制进去后，按“Esc”键退出编辑模式，然后在英文状态下输入“:”（冒号），然后输入 wq，最后按回车完成编辑。（更多 vim 用法请参阅网上教程）

（3）查看内网 IP：

在 node1～node4 节点分别执行命令 ifconfig，查看每个节点的内网 IP，如图 2-35 所示。

图 2-34 输入指令分配公钥

```
[root@zgx-202        0004 logs]# ifconfig
eth0: flags=4163<UP,BROADCAST,RUNNING,MULTICAST>  mtu 1500
        inet 192.168.0.135  netmask 255.255.255.0  broadcast 192.168.0.255
        inet6 fe80::f816:3eff:fe72:c951  prefixlen 64  scopeid 0x20<link>
        ether fa:16:3e:72:c9:51  txqueuelen 1000  (Ethernet)
        RX packets 624262  bytes 48225590 (45.9 MiB)
        RX errors 0  dropped 0  overruns 0  frame 0
        TX packets 936563  bytes 2781546594 (2.5 GiB)
        TX errors 0  dropped 0 overruns 0  carrier 0  collisions 0

lo: flags=73<UP,LOOPBACK,RUNNING>  mtu 65536
        inet 127.0.0.1  netmask 255.0.0.0
        inet6 ::1  prefixlen 128  scopeid 0x10<host>
        loop  txqueuelen 1000  (Local Loopback)
        RX packets 737  bytes 468454 (457.4 KiB)
        RX errors 0  dropped 0  overruns 0  frame 0
        TX packets 737  bytes 468454 (457.4 KiB)
        TX errors 0  dropped 0 overruns 0  carrier 0  collisions 0
```

图 2-35 查看内网 IP

编辑 hosts 文件：

```
vim  /etc/hosts
```

加入 node1～node4 对应的 IP 及 node 节点名。格式如下：

```
node1_ip node1
node2_ip node2
node3_ip node3
node4_ip node4
```

其中，本节点的 IP 用刚刚查到的内网 IP，其他节点的 IP 用外网 IP（之前服务器管理页面显示的服务器的 IP）。

在 node4 查询内网 IP 并修改 hosts 文件后，hosts 的截图如图 2-36 所示。

```
::1     localhost       localhost.localdomain    localhost6      localhost6.localdomain6


127.0.0.1       localhost       localhost.localdomain    localhost4      localhost4.localdomain4
127.0.0.1       localhost       localhost
127.0.0.1       zgx-202        -0004      zgx-202        -0004

122.9.46.217    node1
114.116.201.211 node2
114.116.195.153 node3
192.168.0.135   node4
```

图 2-36　hosts 截图

（4）检测节点间是否能无密访问：

所有节点加入后 IP 映射后，node1～node4 节点分别执行命令 ssh node1～node4，选择 yes 后，确保能够无密码跳转到目的节点。node1 节点无密码跳转到 node4 节点如图 2-37 所示，其余同理。

```
[root@zgx-202        -0001 ~]# ssh node4
The authenticity of host 'node4 (122.9.40.226)' can't be established.
ECDSA key fingerprint is SHA256:/A9wSPkH5tG7WnwUY9b8DP3r3yEHnvCgXE28TTIcWP0.
ECDSA key fingerprint is MD5:20:e8:ff:f6:99:55:be:d1:07:fe:27:58:12:ce:71:6a.
Are you sure you want to continue connecting (yes/no)? yes
Warning: Permanently added 'node4,122.9.40.226' (ECDSA) to the list of known hosts.
Last login: Tue Sep 13 12:58:09 2022 from 114.116.195.153

        Welcome to Huawei Cloud Service

[root@zgx-202        -0004 ~]#
```

图 2-37　节点跳转

4）安装 OpenJDK

登录到上传安装包的节点，执行如下命令，将 jdk 安装包复制到/usr/lib/jvm 目录下。

```
cp  OpenJDK8U-jdk_aarch64_linux_openj9_8u292b10_openj9-0.26.0.tar
                              /usr/lib/jvm/
```

执行如图 2-38 所示命令，用于该节点将安装包分发到剩余 3 个节点（注意：如下命令中斜体的 *node1*、*node2*、*node3*，需要根据自己的实际情况进行替换为自己需要分发的节点名）：

```
scp  OpenJDK8U-jdk_aarch64_linux_openj9_8u292b10_openj9-0.26.0.tar root@node1:/usr/lib/jvm/
scp  OpenJDK8U-jdk_aarch64_linux_openj9_8u292b10_openj9-0.26.0.tar root@node2:/usr/lib/jvm/
scp  OpenJDK8U-jdk_aarch64_linux_openj9_8u292b10_openj9-0.26.0.tar root@node3:/usr/lib/jvm/
```

图 2-38 安装包分发

如图 2-39 所示，在 node1～node4 四个节点分别执行命令：

```
cd  /usr/lib/jvm/
tar  -vxf  OpenJDK8U-jdk_aarch64_linux_openj9_8u292b10_openj9- 0.26.0.tar
```

```
[root@zgx-2C        -0001 ~]# cd /usr/lib/jvm/
[root@zgx-2C        -0001 jvm]# tar -vxf OpenJDK8U-jdk_aarch64_linux_openj9_8u292b10_openj9-0.26.0.tar
jdk8u292-b10/
jdk8u292-b10/THIRD_PARTY_README
jdk8u292-b10/sample/
jdk8u292-b10/sample/jmx/
jdk8u292-b10/sample/jmx/jmx-scandir/
jdk8u292-b10/sample/jmx/jmx-scandir/truststore
jdk8u292-b10/sample/jmx/jmx-scandir/manifest.mf
jdk8u292-b10/sample/jmx/jmx-scandir/build.xml
jdk8u292-b10/sample/jmx/jmx-scandir/build.properties
jdk8u292-b10/sample/jmx/jmx-scandir/logging.properties
jdk8u292-b10/sample/jmx/jmx-scandir/nbproject/
jdk8u292-b10/sample/jmx/jmx-scandir/nbproject/project.xml
```

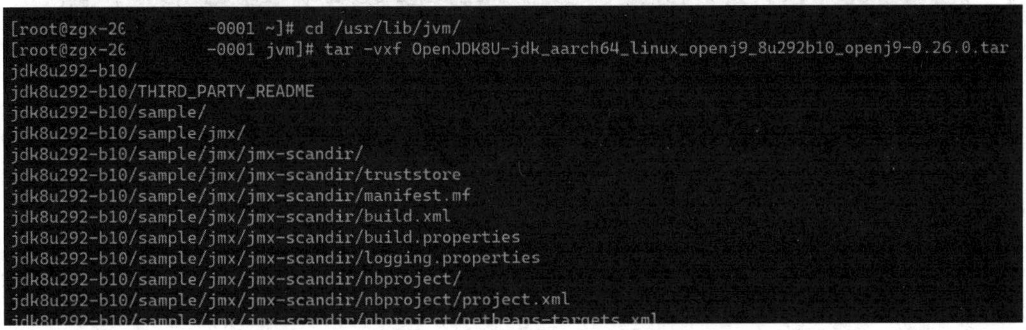

图 2-39 四个节点分别执行命令

如图 2-40 所示，在 node1～node4 四个节点上编辑/etc/profile 增加如下的配置：

```
vim  /etc/profile
```

```
[root@ecs-            -0001 jvm]# vim /etc/profile
```

图 2-40 增加配置

如图 2-41 所示，添加下面一行到文件末尾：

```
export  JAVA_HOME = /usr/lib/jvm/jdk8u292-b10
```

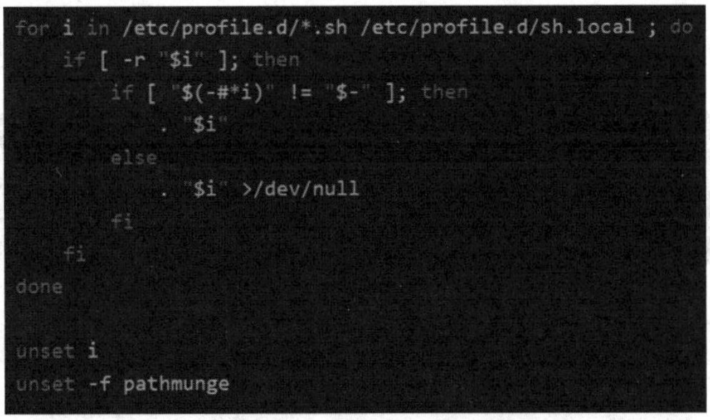

```
for i in /etc/profile.d/*.sh /etc/profile.d/sh.local ; do
    if [ -r "$i" ]; then
        if [ "$(-#*i)" != "$-" ]; then
            . "$i"
        else
            . "$i" >/dev/null
        fi
    fi
done

unset i
unset -f pathmunge
```

图 2-41 添加命令

让配置生效：

```
source /etc/profile
```

然后在各个节点上确认 Java 版本(如图 2-42 所示)，命令如下：

```
java -version
```

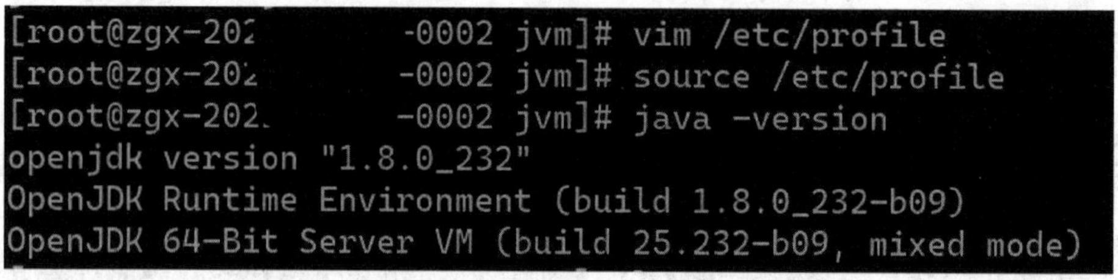

```
[root@zgx-202        -0002 jvm]# vim /etc/profile
[root@zgx-202        -0002 jvm]# source /etc/profile
[root@zgx-202        -0002 jvm]# java -version
openjdk version "1.8.0_232"
OpenJDK Runtime Environment (build 1.8.0_232-b09)
OpenJDK 64-Bit Server VM (build 25.232-b09, mixed mode)
```

图 2-42　确认 Java 版本

5）安装 Hadoop

登录上传安装包的节点，复制 Hadoop 安装包到/home/modules 下(如图 2-43 所示)，命令如下：

```
cp  -r  hadoop-3.1.3  /home/modules/
cd  /home/modules/
```

```
~$ cp -r hadoop-3.1.3 /home/modules/
:~$ cd /home/modules/
/home/modules$ ls
bin  hadoop-3.1.3  lib      LICENSE.txt  README.txt  share
etc  include       libexec  NOTICE.txt   sbin
```

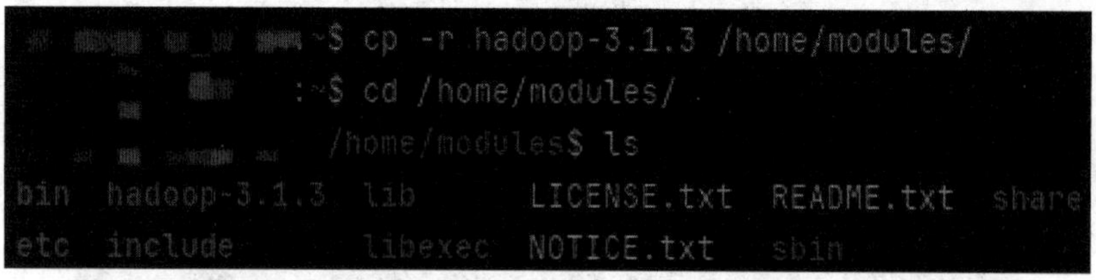

图 2-43　复制 Hadoop 安装包到/home/modules 下

（1）配置 hadoop 环境变量：

```
vim  /home/modules/hadoop-3.1.3/etc/hadoop/hadoop-env.sh
```

如图 2-44 所示，在最后一行加入：

```
export  JAVA_HOME=/usr/lib/jvm/jdk8u292-b10
```

```
export HADOOP_IDENT_STRING=

export JAVA_HOME=/usr/lib/jvm/jdk8u292-b10
```

图 2-44　添加指令

执行下列命令，配置 hadoop core-site. xml 文件：

```
vim  /home/modules/hadoop-3.1.3/etc/hadoop/core-site.xml
```

参数配置如下：

```
<configuration>
<property>
    <name>fs.obs.readahead.inputstream.enabled</name>
    <value>true</value>
</property>
<property>
    <name>fs.obs.buffer.max.range</name>
    <value>6291456</value>
</property>
<property>
    <name>fs.obs.buffer.part.size</name>
    <value>2097152</value>
</property>
<property>
    <name>fs.obs.threads.read.core</name>
    <value>500</value>
</property>
<property>
    <name>fs.obs.threads.read.max</name>
    <value>1000</value>
</property>
<property>
    <name>fs.obs.write.buffer.size</name>
    <value>8192</value>
</property>
<property>
    <name>fs.obs.read.buffer.size</name>
    <value>8192</value>
</property>
<property>
    <name>fs.obs.connection.maximum</name>
    <value>1000</value>
</property>
<property>
    <name>fs.defaultFS</name>
    <value>hdfs://node4:8020</value>
</property>
<property>
    <name>hadoop.tmp.dir</name>
```

```
        <value>/home/modules/hadoop-3.1.3/tmp</value>
    </property>
    <property>
        <name>fs.obs.access.key</name>
        <value>NVONVZGSZ2PPZS7PRCV3</value>
    </property>
    <property>
        <name>fs.obs.secret.key</name>
        <value>MFKSvUrjDNQyklX29uSOQ7YDadvQRfaTy207AmLa</value>
    </property>
    <property>
        <name>fs.obs.endpoint</name>
        <value>obs.cn-north-4.myhuaweicloud.com</value>
    </property>
    <property>
        <name>fs.obs.buffer.dir</name>
        <value>/home/modules/data/buf</value>
    </property>
    <property>
        <name>fs.obs.impl</name>
        <value>org.apache.hadoop.fs.obs.OBSFileSystem</value>
    </property>
    <property>
        <name>fs.obs.connection.ssl.enabled</name>
        <value>false</value>
    </property>
    <property>
        <name>fs.obs.fast.upload</name>
        <value>true</value>
    </property>
    <property>
        <name>fs.obs.socket.send.buffer</name>
        <value>65536</value>
    </property>
    <property>
        <name>fs.obs.socket.recv.buffer</name>
        <value>65536</value>
    </property>
    <property>
```

```
        <name>fs.obs.max.total.tasks</name>
        <value>20</value>
    </property>
    <property>
        <name>fs.obs.threads.max</name>
        <value>20</value>
    </property>
    </configuration>
```

注：fs.defaultFS、fs.obs.access.key、fs.obs.secret.key、fs.obs.endpoint 需根据实际情况修改(后三者的具体值查阅上一实验保存在本地的文件)如图 2-45～图 2-47 所示。

```
<property>
  <name>fs.defaultFS</name>
  <value>hdfs://ecs-123123123-0001:8020</value>
</property>
<property>
  <name>hadoop.tmp.dir</name>
  <value>home/modules/hadoop-3.1.3/tmp</value>
</property>
```

图 2-45　参数修改 1

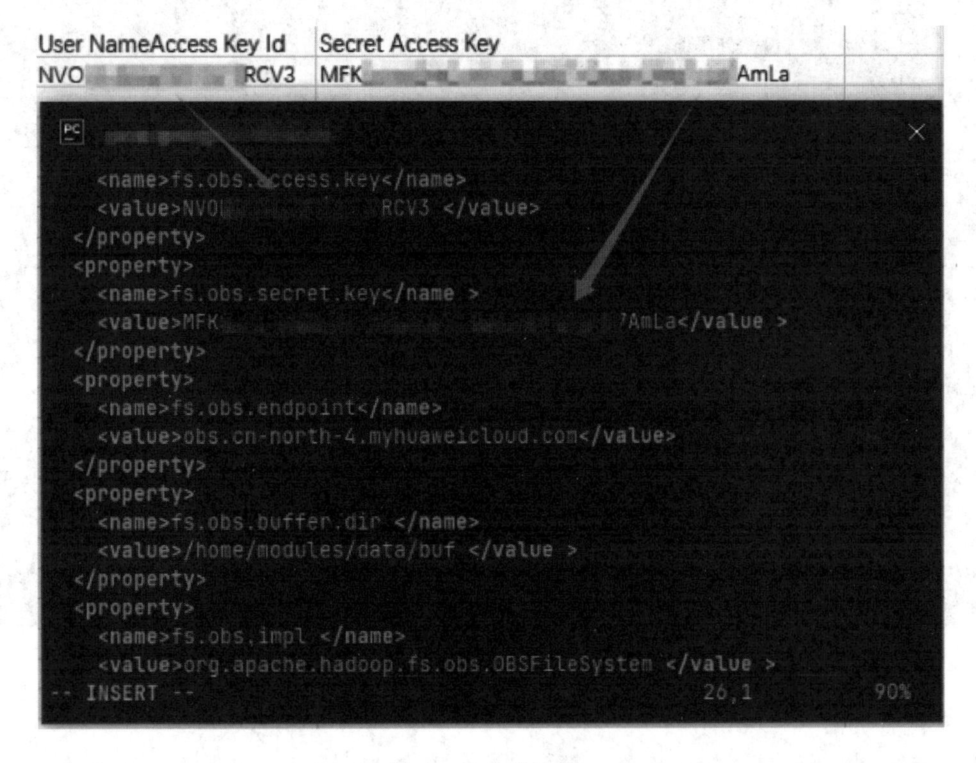

图 2-46　参数修改 2

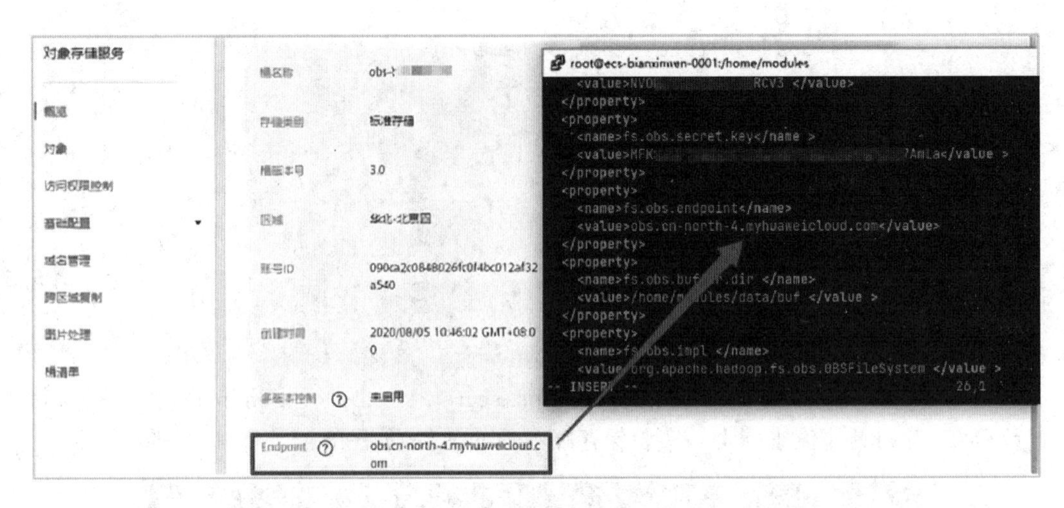

图 2-47　参数修改 3

修改后的文件部分截图如图 2-48 所示。

```
<?xml version="1.0" encoding="UTF-8"?>
<?xml-stylesheet type="text/xsl" href="configuration.xsl"?>
<!--
  Licensed under the Apache License, Version 2.0 (the "License");
  you may not use this file except in compliance with the License.
  You may obtain a copy of the License at

    http://www.apache.org/licenses/LICENSE-2.0

  Unless required by applicable law or agreed to in writing, software
  distributed under the License is distributed on an "AS IS" BASIS,
  WITHOUT WARRANTIES OR CONDITIONS OF ANY KIND, either express or implied.
  See the License for the specific language governing permissions and
  limitations under the License. See accompanying LICENSE file.
-->

<!-- Put site-specific property overrides in this file. -->

<configuration>
<property>
   <name>fs.obs.readahead.inputstream.enabled</name>
   <value>true</value>
 </property>
 <property>
   <name>fs.obs.buffer.max.range</name>
   <value>6291456</value>
 </property>
 <property>
   <name>fs.obs.buffer.part.size</name>
```

图 2-48　修改后

（2）配置 hdfs-site. xml：

```
vim  /home/modules/hadoop-3.1.3/etc/hadoop/hdfs-site.xml
```

参数配置如图 2-49 所示。注意：node 名称使用自己所在的服务器名称。

```
<configuration>
 <property>
   <name>dfs.replication</name>
   <value>3</value>
 </property>
 <property>
   <name>dfs.namenode.secondary.http-address</name>
   <value>node4:50090</value>
 </property>
 <property>
   <name>dfs.namenode.secondary.https-address</name>
   <value>node4:50091</value>
 </property>
</configuration>
```

图 2-49　hdfs-site. xml 环境变量配置参数

(3) 配置 yarn-site. xml：

```
vim  /home/modules/hadoop-3.1.3/etc/hadoop/yarn-site.xml
```

参数配置如下：

```
<configuration>
<property>
    <name>yarn.nodemanager.local-dirs</name>
<value>/home/nm/localdir</value>
</property>
<property>
    <name>yarn.nodemanager.resource.memory-mb</name>
    <value>28672</value>
</property>
    <property>
    <name>yarn.scheduler.minimum-allocation-mb</name>
    <value>3072</value>
</property>
    <property>
    <name>yarn.scheduler.maximum-allocation-mb</name>
    <value>28672</value>
</property>
    <property>
    <name>yarn.nodemanager.resource.cpu-vcores</name>
    <value>38</value>
</property>
    <property>
    <name>yarn.scheduler.maximum-allocation-vcores</name>
    <value>38</value>
```

```
    </property>
    <property>
        <name>yarn.nodemanager.aux-services</name>
        <value>mapreduce_shuffle</value>
    </property>
    <property>
        <name>yarn.resourcemanager.hostname</name>
        <value>node4</value>
    </property>
    <property>
        <name>yarn.log-aggregation-enable</name>
        <value>true</value>
    </property>
    <property>
        <name>yarn.log-aggregation.retain-seconds</name>
        <value>106800</value>
    </property>
    <property>
        <name>yarn.nodemanager.vmem-check-enabled</name>
        <value>false</value>
        <description>Whether virtual memory limits will be enforced for containers</description>
    </property>
    <property>
        <name>yarn.nodemanager.vmem-pmem-ratio</name>
        <value>4</value>
        <description>Ratio between virtual memory to physical memory when setting memory limits for containers</description>
    </property>
    <property>
        <name>yarn.resourcemanager.scheduler.class</name>
        <value>org.apache.hadoop.yarn.server.resourcemanager.scheduler.fair.FairScheduler</value>
        </property>
    <property>
        <name>yarn.log.server.url</name>
        <value>http://node4:19888/jobhistory/logs</value>
    </property>
    </configuration>
```

注意:node4 替换为自己所在的节点名。

(4) 配置 mapred-sit. xml。

执行下列命令：

```
cd  /home/modules/hadoop-3.1.3/etc/hadoop/ mv mapred-site.xml.template mapred-site.xml
vim  /home/modules/hadoop-3.1.3/etc/hadoop/mapred-site.xml
```

参数配置如下：

```
<configuration>
  <property>
    <name>mapreduce.framework.name</name>
    <value>yarn</value>
  </property>
  <property>
    <name>mapreduce.jobhistory.address</name>
    <value>node4:10020</value>
  </property>
<property>
    <name>mapreduce.jobhistory.webapp.address</name>
    <value>node4:19888</value>
  </property>
  <property>
    <name>mapred.task.timeout</name>
    <value>1800000</value>
  </property>
</configuration>
```

注意：node4 为自己实际节点名。

(5) 配置 slaves：

```
vim  /home/modules/hadoop-3.1.3/etc/hadoop/slaves
```

编辑内容如下：

```
node1
node2
node3
```

配置内容为其余三个节点的名，每行一个，共 3 行(删掉原有的部分)，如图 2-50 所示。

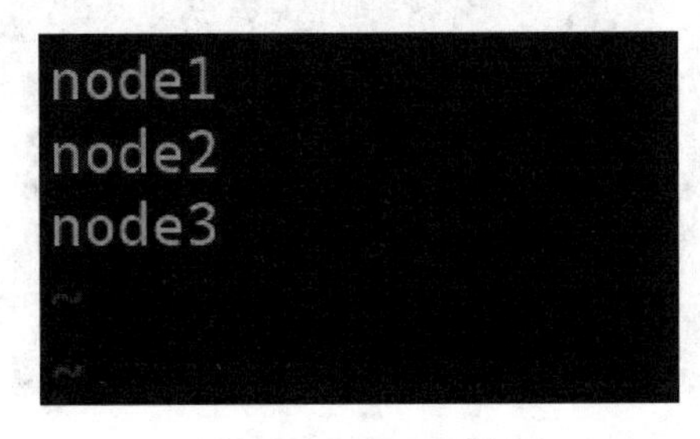

图 2-50　slaves 配置

（6）分发 hadoop 包到其余节点。

首先在其余三个节点上创建目标文件夹：

```
mkdir  /home/modules/
```

在安装包所在节点上，用下列命令分发 Hadoop 到其余节点(此处安装包在 node4 为例)。

分发 Hadoop 到节点 1：

```
scp  -r  /home/modules/hadoop-3.1.3  root@node1:/home/modules/
```

分发 Hadoop 到节点 2：

```
scp  -r  /home/modules/hadoop-3.1.3  root@node2:/home/modules/
```

分发 Hadoop 到节点 3：

```
scp  -r  /home/modules/hadoop-3.1.3  root@node3:/home/modules/
```

根据实际情况更改上面的分发的节点。

执行命令前确保其他节点的/home/modules 下没有 hadoop-2.7.7 文件夹，如有，用下面的指令删除：

```
rm -rf /home/modules/hadoop-3.1.3
```

（7）配置环境变量。

node1～node4 四个节点下执行下列命令：

```
vim  /etc/profile
```

添加如下 4 行：

```
export  HADOOP_HOME = /home/modules/hadoop-3.1.3
export  PATH = $JAVA_HOME/bin: $PATH
export  PATH = $HADOOP_HOME/bin: $HADOOP_HOME/sbin: $PATH
export  HADOOP_CLASSPATH = /home/modules/hadoop-3.1.3/share/hadoop/tools/lib/*: $HADOOP_CLASSPATH
```

node1 节点添加如图 2-51 所示，其余节点同理。

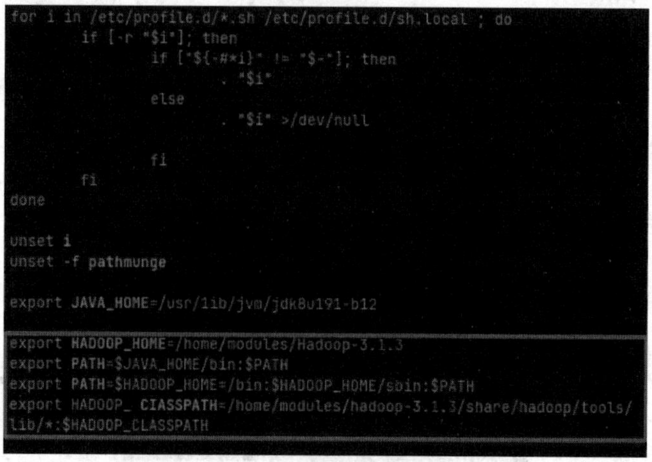

```
for i in /etc/profile.d/*.sh /etc/profile.d/sh.local ; do
        if [ -r "$i" ]; then
                if [ "${-#*i}" != "$-" ]; then
                        . "$i"
                else
                        . "$i" >/dev/null
                fi
        fi
done

unset i
unset -f pathmunge

export JAVA_HOME=/usr/lib/jvm/jdk8u191-b12

export HADOOP_HOME=/home/modules/Hadoop-3.1.3
export PATH=$JAVA_HOME/bin:$PATH
export PATH=$HADOOP_HOME=/bin:$HADOOP_HOME/sbin:$PATH
export HADOOP_ CIASSPATH=/home/modules/hadoop-3.1.3/share/hadoop/tools/lib/*:$HADOOP_CLASSPATH
```

图 2-51　环境变量配置

如图2-52所示，node1～node4四个节点下执行下列命令：

```
source /etc/profile
```

```
[root@ecs-          -0001 ~]# vim /etc/profile
[root@ecs-          -0001 ~]# source /etc/profile
[root@ecs-          -0002 ~]# vim /etc/profile
[root@ecs-          -0002 ~]# source /etc/profile
[root@ecs-          -0003 ~]# vim /etc/profile
[root@ecs-          -0003 ~]# source /etc/profile
[root@ecs-          -0004 ~]# vim /etc/profile
[root@ecs-          -0004 ~]# source /etc/profile
```

图2-52 四个节点执行命令

node1～node4四个节点下执行下列命令：

```
chmod  -R  777  /home/modules/hadoop-3.1.3
```

在上传安装包的节点执行下列命令。

```
hadoop  namenode  -format
```

如图2-53所示，启动Hadoop：

```
start-all.sh
```

```
                start-all.sh
WARNING: Attempting to start all Apache Hadoop daemons as hadoop in 10 seconds.
WARNING: This is not a recommended production deployment configuration.
WARNING: Use CTRL-C to abort.
Starting namenodes on [localhost]
Starting datanodes
Starting secondary namenodes [ubuntu]
Starting resourcemanager
Starting nodemanagers
```

图2-53 启动Hadoop

输入jps后若为图2-54所示截图，则为Hadoop安装成功。(截图形成实验结果。)

```
[root@zgx-202                    ]# jps
19038 ResourceManager
18854 SecondaryNameNode
18636 NameNode
19309 Jps
```

图2-54 Hadoop安装成功界面

登录到子节点的服务器，输入jps，若进程为图2-55所示截图则启动成功。(截图形成实验结果。）

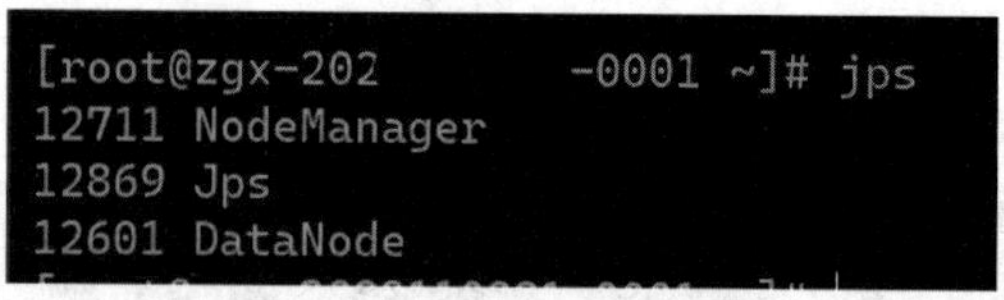

```
[root@zgx-202        -0001 ~]# jps
12711 NodeManager
12869 Jps
12601 DataNode
```

图 2-55　启动服务器成功界面

若缺少其中的进程，进入 hadoop-3.1.3/logs 文件夹，打开对应进程的 log 文件，查看失败原因，借助搜索引擎排查错误。

6）创建 maven 工程

步骤 1　创建项目。打开 IDEA（IDEA 需要在自己电脑上安装），创建工程，如图 2-56 所示。Java 版本选择 1.8 或 8，如图 2-57 所示。单击“New Project”，然后单击选择“Maven”项目，单击“Next”，之后在“Name”文本框输入项目名，在“Location”选项框选择本地存放路径，并单击“Finish”，如图 2-58 所示。进入如图 2-59 所示界面表示工程创建成功。

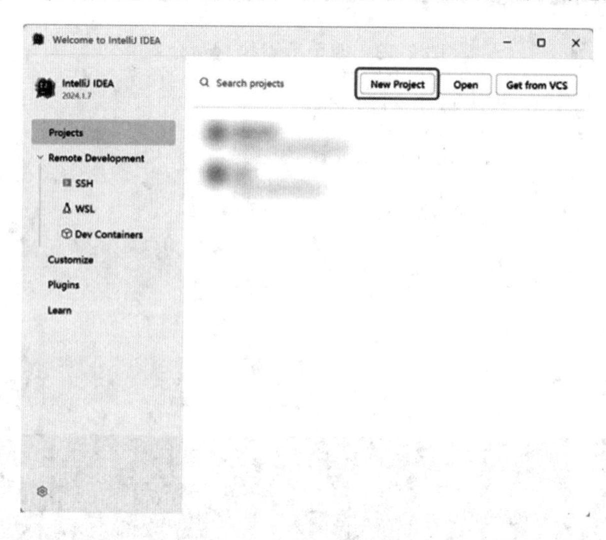

图 2-56　创建项目

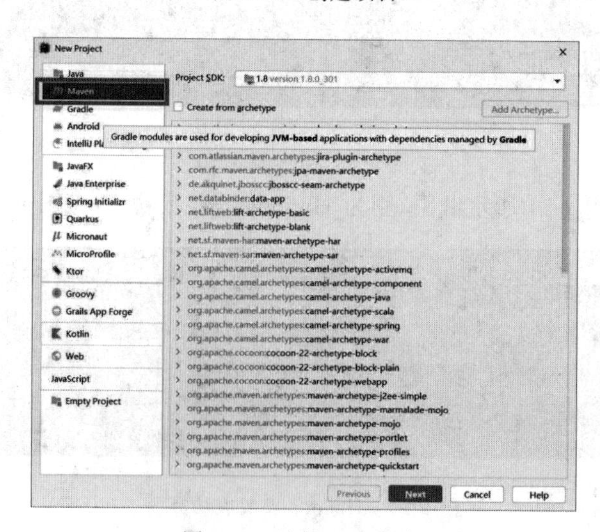

图 2-57　选择 Java 版本

New Project
Name:
MyWordCount
1 项目名
Location:
D:\ModTheSpireCode\MyWordCount
2 本地存放路径
Artifact Coordinates
3 完成构建
Previous
Finish
Cancel
Help

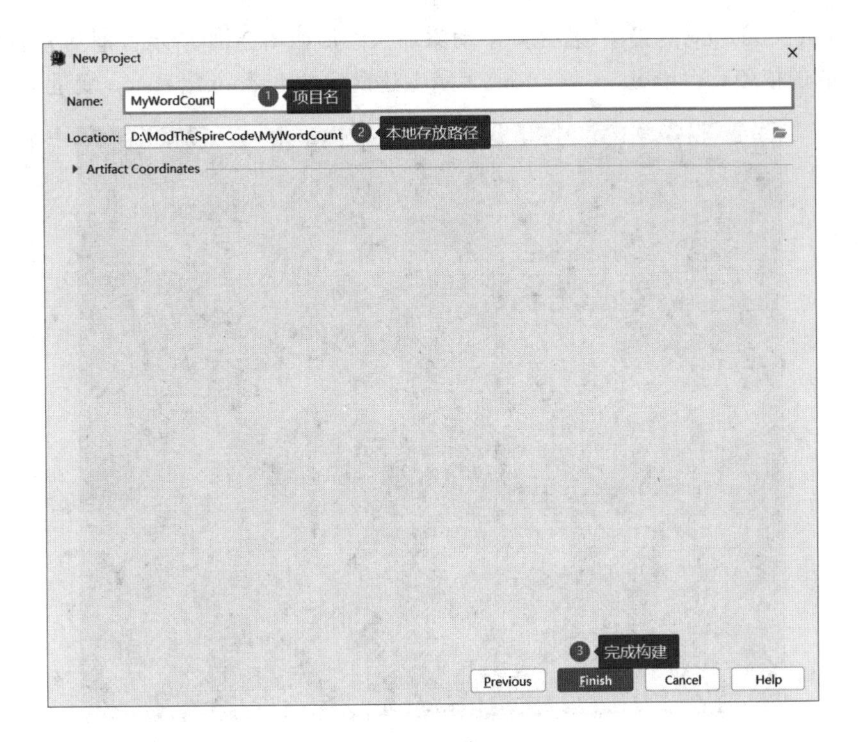

图 2-58 操作流程

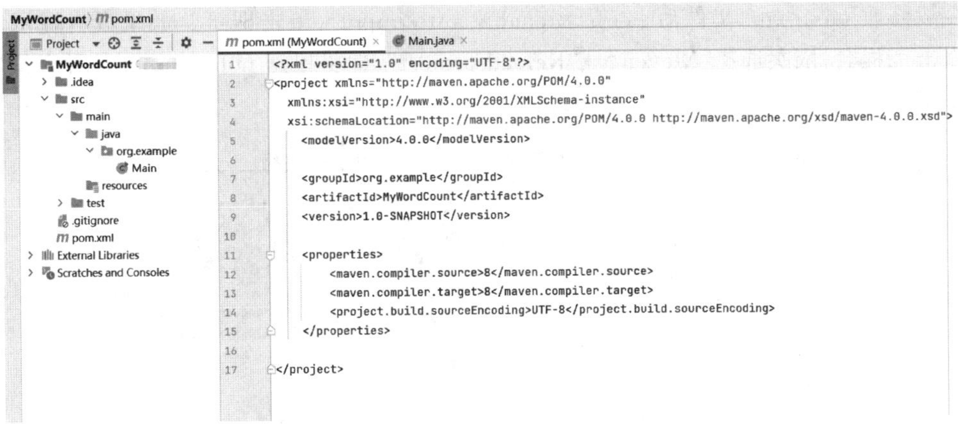

MyWordCount
pom.xml
Project
MyWordCount
.idea
src
main
java
org.example
Main
resources
test
.gitignore
pom.xml
External Libraries
Scratches and Consoles
pom.xml (MyWordCount)
Main.java
<?xml version="1.0" encoding="UTF-8"?>
<project xmlns="http://maven.apache.org/POM/4.0.0"
xmlns:xsi="http://www.w3.org/2001/XMLSchema-instance"
xsi:schemaLocation="http://maven.apache.org/POM/4.0.0 http://maven.apache.org/xsd/maven-4.0.0.xsd">
<modelVersion>4.0.0</modelVersion>
<groupId>org.example</groupId>
<artifactId>MyWordCount</artifactId>
<version>1.0-SNAPSHOT</version>
<properties>
<maven.compiler.source>8</maven.compiler.source>
<maven.compiler.target>8</maven.compiler.target>
<project.build.sourceEncoding>UTF-8</project.build.sourceEncoding>
</properties>
</project>

图 2-59 创建成功

步骤 2 依赖设置。

① 在 pom. xml 文件中找到 properties 配置项，新增 Hadoop 版本号（此处对应 Hadoop 安装版本），如图 2-60 所示。

```
<properties>
  <maven.compiler.source>8</maven.compiler.source>
  <maven.compiler.target>8</maven.compiler.target>
  <project.build.sourceEncoding>UTF-8</project.build.sourceEncoding>
  <hadoop.version>3.1.3</hadoop.version>
</properties>
```

图 2-60 新增 Hadoop 版本号

② 找到 dependency 配置项(若无则手动添加),添加如图 2-61 所示方框部分的配置,这部分是 Hadoop 的依赖,${hadoop.version}表示上述配置的 hadoop.version 变量。

```
<properties>
  <maven.compiler.source>8</maven.compiler.source>
  <maven.compiler.target>8</maven.compiler.target>
  <project.build.sourceEncoding>UTF-8</project.build.sourceEncoding>
  <hadoop.version>3.1.3</hadoop.version>
</properties>

<dependecies>
  <dependency>
    <groupId>log4j</groupId>
    <artifactId>log4j</artifactId>
    <version>1.2.17</version>
  </dependency>
  <dependency>
    <groupId>org.apache.hadoop</groupId>
    <artifactId>hadoop-client</artifactId>
    <version>${hadoop.version}</version>
  </dependency>
  <dependency>
    <groupId>org.apache.hadoop</groupId>
    <artifactId>hadoop-common</artifactId>
    <version>${hadoop.version}</version>
  </dependency>
  <dependency>
    <groupId>org.apache.hadoop</groupId>
    <artifactId>hadoop-hdfs</artifactId>
    <version>${hadoop.version}</version>
  </dependency>
</denpendencies>
```

图 2-61 添加配置

一般修改 pom.xml 文件后,会提示 enable auto-import,单击即可。如果没有提示,那么可以右击工程名,依次选择"Maven"→"Reload project",即可根据 pom.xml 文件导入依赖包,如图 2-62 所示。

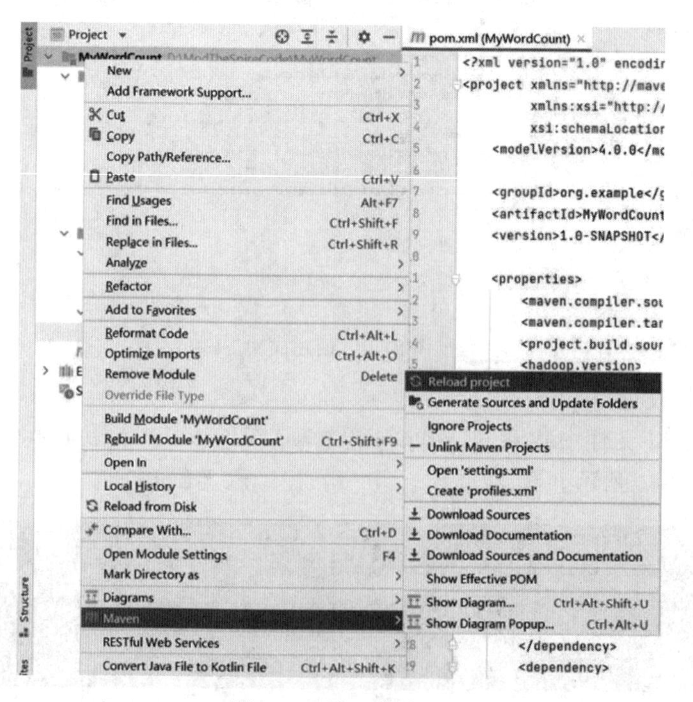

图 2-62 导入依赖包

步骤 3 设置语言环境。设置语言环境 language level，单击菜单栏中的“File”，选择“Project Structure”；弹出如图 2-63、图 2-64 所示对话框，选择“Modules”，选择 Language level 为“8”，然后单击“Apply”，单击“OK”。

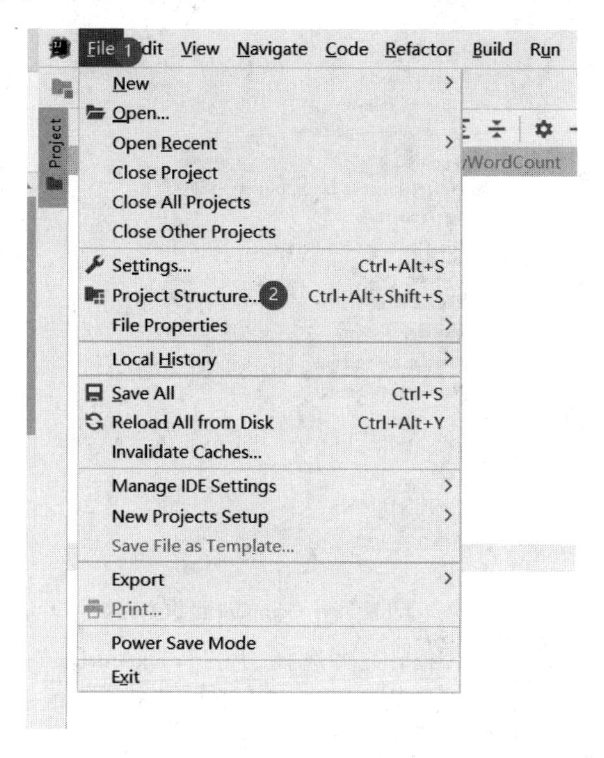

图 2-63 设置语言环境操作流程 1

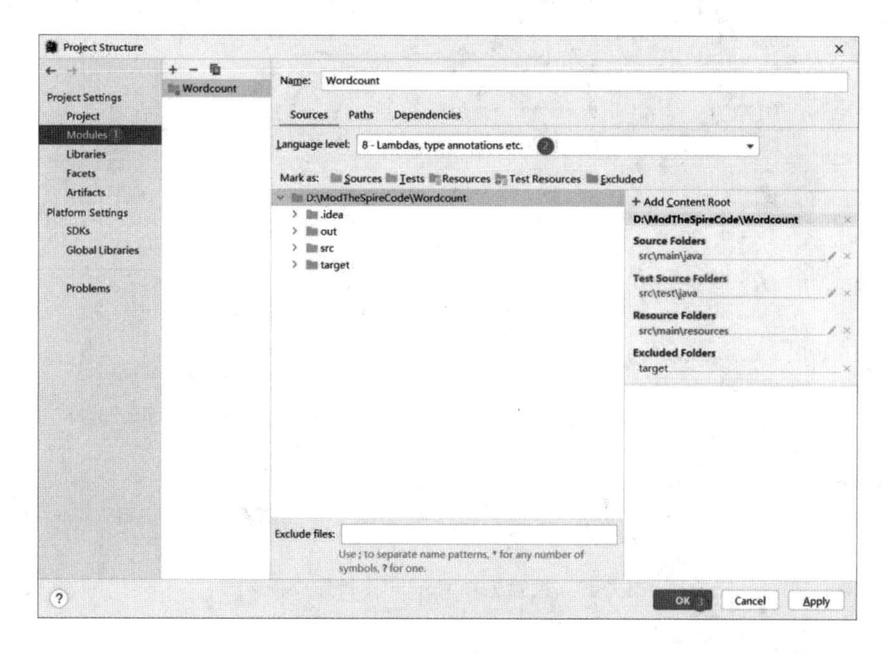

图 2-64 设置语言环境操作流程 2

步骤 4 设置 Java Compiler 环境。

① 单击菜单栏中的“File”，选择“Setting”，如图 2-65 所示。

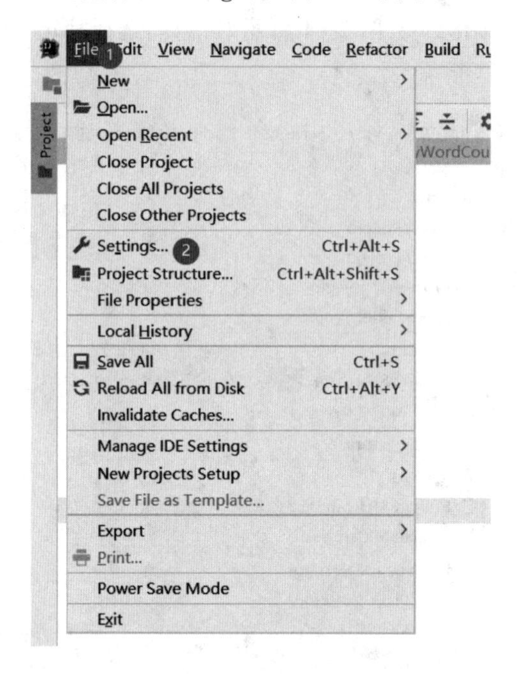

图 2-65　设置 Java Compiler 操作流程 1

① 弹出如图 2-66 所示对话框，依次选择“Build，Execution”→“Compiler”→“Java Compiler”，设置图中的“Target bytecode version”为 1.8，然后依次单击“Apply”和“OK”。

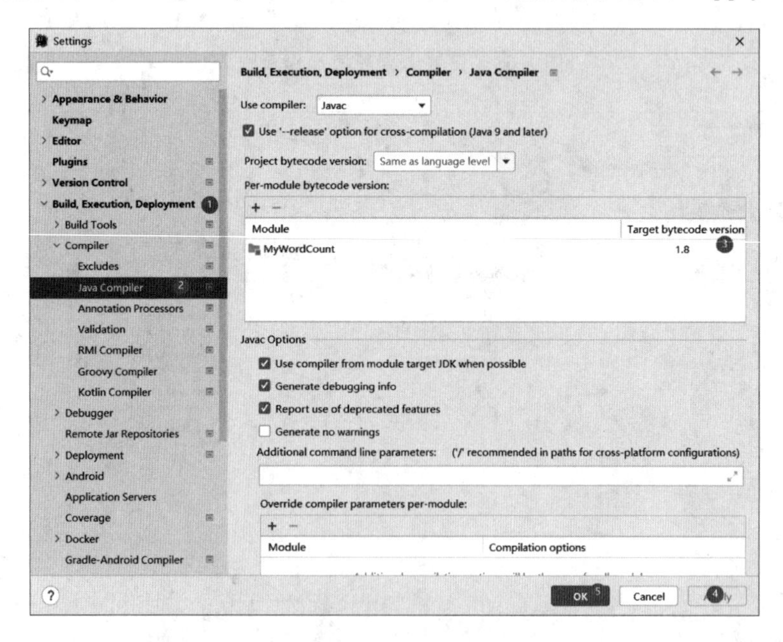

图 2-66　设置 Java Compiler 操作流程 2

之后就可以开始程序编写。

7）Java 实现 HDFS 文件读写

在华为云服务器管理处开放 8080 端口，单击主节点所在的服务器。

单击安全组,单击配置规则,如图 2-67、图 2-68 所示。

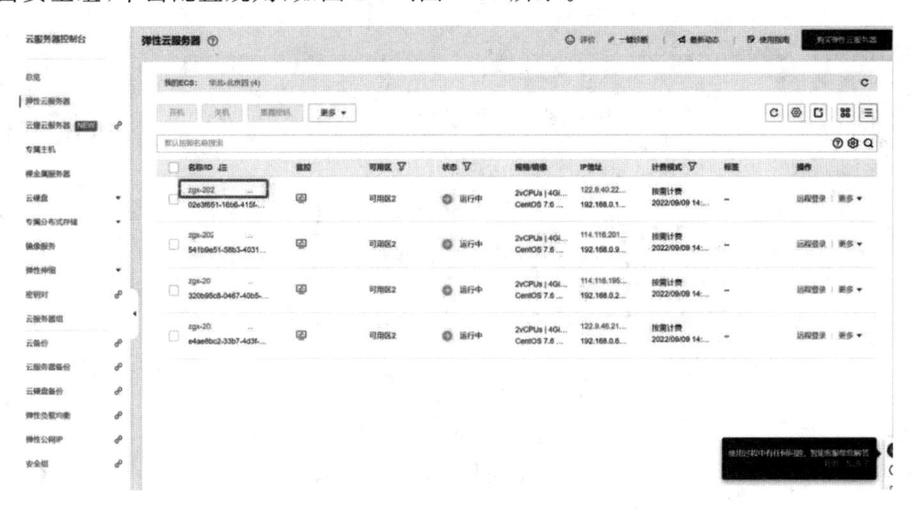

图 2-67 Java 实现 HDFS 文件读写操作流程 1

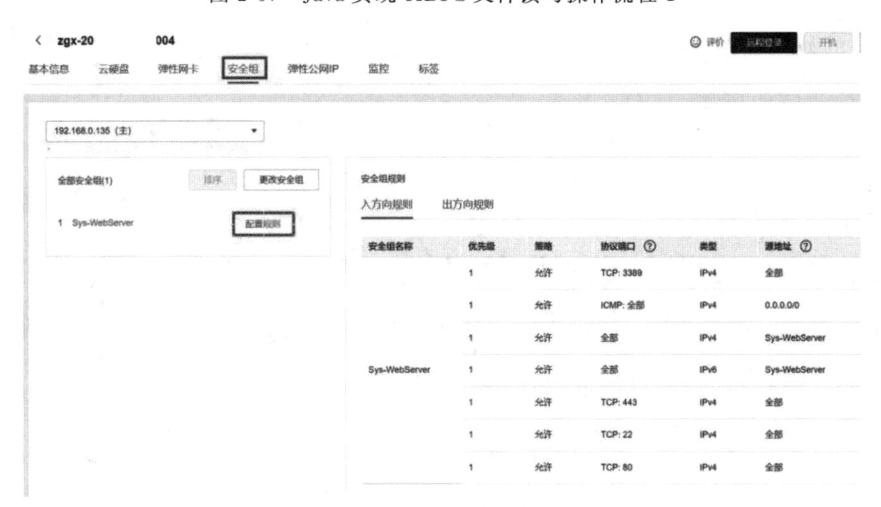

图 2-68 Java 实现 HDFS 文件读写操作流程 2

单击“入方向规则”,单击“添加规则”,如图 2-69 所示。

Sys-WebServer

基本信息 入方向规则 出方向规则 关联实例

添加规则 快速添加规则 删除 一键放通 入方向规则: 7

优先级	策略	协议端口	类型	源地址	描述	修改时间	操作
1	允许	TCP : 22	IPv4	0.0.0.0/0	--	2022/09/09 14:43:...	修改 复制 删除
1	允许	TCP : 443	IPv4	0.0.0.0/0	--	2022/09/09 14:43:...	修改 复制 删除
1	允许	TCP : 80	IPv4	0.0.0.0/0	--	2022/09/09 14:43:...	修改 复制 删除
1	允许	全部	IPv4	Sys-WebServer	--	2022/09/09 14:43:...	修改 复制 删除
1	允许	全部	IPv6	Sys-WebServer	--	2022/09/09 14:43:...	修改 复制 删除
1	允许	ICMP : 全部	IPv4	0.0.0.0/0	--	2022/09/09 14:43:...	修改 复制 删除
1	允许	TCP : 3389	IPv4	0.0.0.0/0	--	2022/09/09 14:43:...	修改 复制 删除

图 2-69 Java 实现 HDFS 文件读写操作流程 3

按照图 2-70 填入后，单击“确定”。

图 2-70 设置参数

修改后的截图如图 2-71 所示，则表示开放成功。

Sys-WebServer

基本信息 入方向规则 出方向规则 关联实例

安全组规则对不同规格的云服务器生效情况不同，如果您的安全组规则未生效，请查看 安全组规则限制。

添加规则 快速添加规则 删除 一键放通 入方向规则：8 教我设置

优先级	策略	协议端口	类型	源地址	描述	修改时间	操作
1	允许	TCP：8020	IPv4	0.0.0.0/0	–	2022/09/15 18:55:...	修改 复制 删除
1	允许	TCP：80	IPv4	0.0.0.0/0	–	2022/09/09 14:43:...	修改 复制 删除
1	允许	全部	IPv4	Sys-WebServer	–	2022/09/09 14:43:...	修改 复制 删除
1	允许	全部	IPv6	Sys-WebServer	–	2022/09/09 14:43:...	修改 复制 删除
1	允许	ICMP：全部	IPv4	0.0.0.0/0	–	2022/09/09 14:43:...	修改 复制 删除
1	允许	TCP：3389	IPv4	0.0.0.0/0	–	2022/09/09 14:43:...	修改 复制 删除
1	允许	TCP：443	IPv4	0.0.0.0/0	–	2022/09/09 14:43:...	修改 复制 删除
1	允许	TCP：22	IPv4	0.0.0.0/0	–	2022/09/09 14:43:...	修改 复制 删除

图 2-71 修改后开放成功界面

首先确定 Hadoop 集群 8020 端口是否开放，连接服务器后输入：

```
netstat -ltpn
```

确保 8020 端口监听的不是本地 IP（图 2-72 为正确情况，可跳过 hosts 文件修改步骤；若为 127.0.0.1:8020，则需要修改 hosts 文件）。

修改 hosts 文件（四台服务器都需要操作）后，输入：

```
vim /etc/hosts
```

如图 2-73 所示，将 127.0.0.1 的部分注释掉，然后将四台服务器 IP 修改为局域网 IP（可在华为云上查看）然后设置电脑与服务器的 ssh 免密登录：

打开终端，输入下面命令：

```
[root@ecs-62b7-0001 ~]# netstat -lptn
Active Internet connections (only servers)
Proto Recv-Q Send-Q Local Address           Foreign Address         State       PID/Program name
tcp        0      0 192.168.0.132:8020      0.0.0.0:*               LISTEN      1739/java
tcp        0      0 0.0.0.0:22              0.0.0.0:*               LISTEN      3907/sshd
tcp        0      0 0.0.0.0:50070           0.0.0.0:*               LISTEN      1739/java
tcp        0      0 192.168.0.132:50090     0.0.0.0:*               LISTEN      1956/java
tcp6       0      0 :::22                   :::*                    LISTEN      3907/sshd
tcp6       0      0 192.168.0.132:8088      :::*                    LISTEN      2141/java
tcp6       0      0 ::1:25                  :::*                    LISTEN      1039/master
tcp6       0      0 192.168.0.132:8030      :::*                    LISTEN      2141/java
tcp6       0      0 192.168.0.132:8031      :::*                    LISTEN      2141/java
tcp6       0      0 192.168.0.132:8032      :::*                    LISTEN      2141/java
tcp6       0      0 192.168.0.132:8033      :::*                    LISTEN      2141/java
[root@ecs-62b7-0001 ~]#
```

图 2-72　确保 8020 端口监听的不是本地 IP

```
ls ~/.ssh
```

```
::1       localhost       localhost.localdomain   localhost6      localhost6.localdomain6

#127.0.0.1      localhost       localhost.localdomain   localhost4      localhost4.localdomain4
#127.0.0.1      localhost       localhost
#121.36.99.86   ecs-62b7-0001
#119.3.190.191  ecs-62b7-0002
#121.36.80.207  ecs-62b7-0003
#121.36.39.159  ecs-62b7-0004

#127.0.0.1      ecs-62b7-0001   ecs-62b7-0001

192.168.0.132   ecs-62b7-0001
192.168.0.83    ecs-62b7-0002
192.168.0.62    ecs-62b7-0003
192.168.0.104   ecs-62b7-0004

192.168.0.132   ecs-62b7-0001   ecs-62b7-0001

#127.0.0.1      ecs-62b7-0001   ecs-62b7-0001
~
~
~
~
```

图 2-73　修改 hosts 文件

如果存在 id_rsa 和 id_rsa.pub 文件，说明之前生成过密钥，无须操作；如果不存在上述两个文件，则命令行输入：

```
ssh-keygen -t rsa
```

即可生成上述两个文件。

将公钥文件 id_rsa.pub 传送到服务器~/.ssh 目录下：

```
scp ~/.ssh/id_rsa.pub user-name@10.10.10.6:~/id_rsa.pub
```

服务器~/.ssh 目录已存在 authorized_keys，则将上传的 id_rsa.pub 添加到文件内容的后面确保本地计算机可以直接 ssh 连通服务器。

修改本地 hosts 文件，在本地终端输入：

```
vim /etc/hosts
```

添加四台服务器局域网 IP 以及服务器名称，如图 2-74 所示。

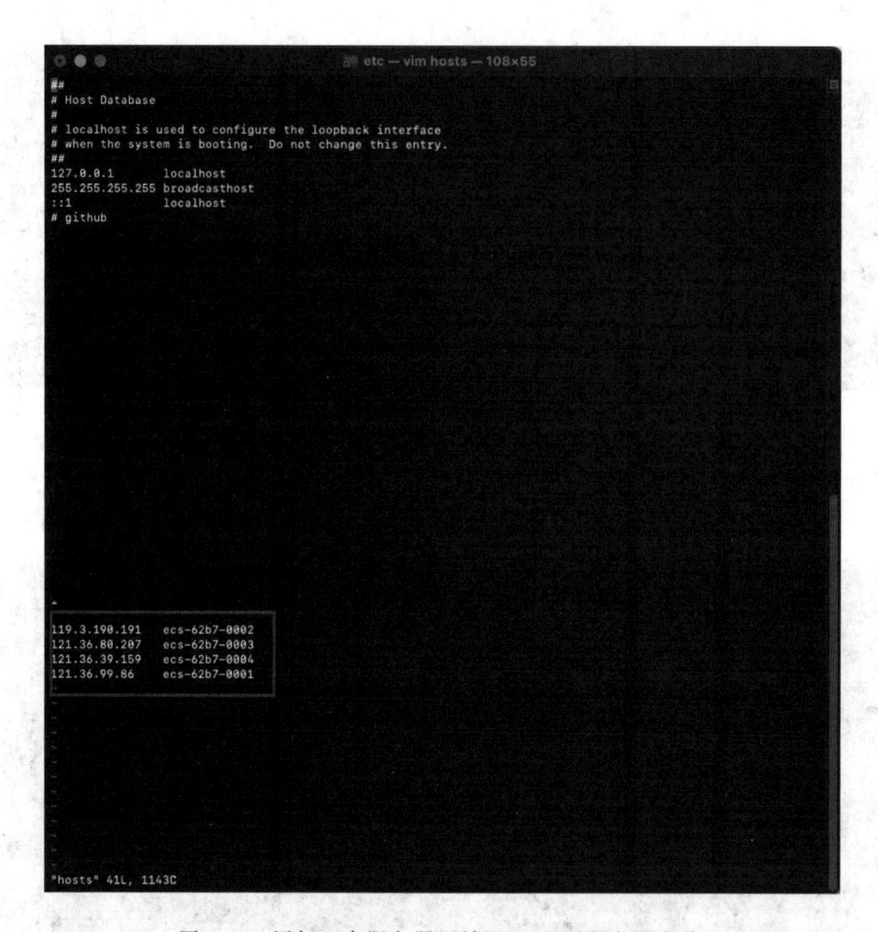

图 2-74　添加四台服务器局域网 IP 以及服务器名称

最后在主节点上启动 Hadoop：

```
start-dfs.sh start-yarn.sh
```

程序编写：

① 如图 2-75 所示，依次打开“src”→“main”→“java”，在 Java 上右击，创建 Java Class。

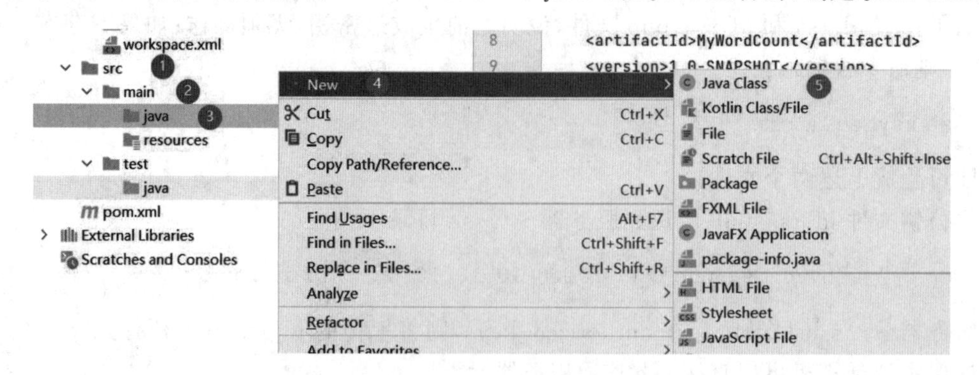

图 2-75　Java Class

② 弹出如图 2-76 所示对话框，输入类名 ExeHDFS，单击“OK”。

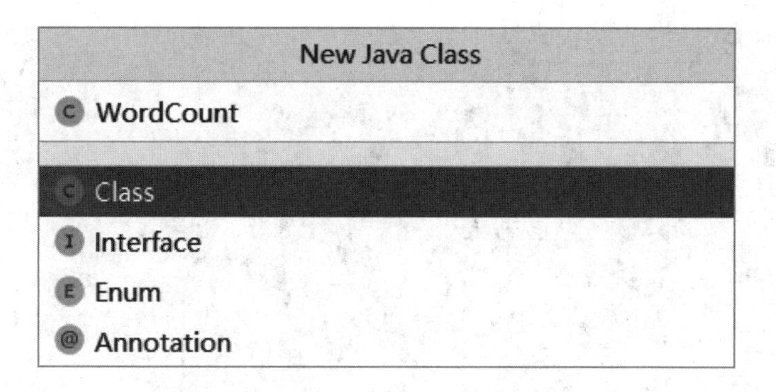

图 2-76 输入类名 ExeHDFS

代码实现：

① 查看 HDFS 文件系统，如图 2-77 所示。

```
//查看HDFS文件
public void testView() throws IOException, URISyntaxException, InterruptedException {
    System.out.println("View file:");
    Configuration conf = new Configuration();
    conf.set("dfs.client.use.datanode.hostname", "true");
    conf.set("fs.defaultFS", "hdfs://121.36.99.86:8020");
    FileSystem hdfs = FileSystem.get(new URI( str: "hdfs://121.36.99.86"),conf, user: "root");
    Path path = new Path(hdfsPath);
    FileStatus[] list = hdfs.listStatus(path);
    if(list.length==0){
        System.out.println("HDFS is empty.");
    }else {
        for (FileStatus f : list) {
            System.out.printf("name: %s, folder: %s, size: %d\n", f.getPath(), f.isDirectory(), f.getLen());
        }
    }
}
```

图 2-77 查看 HDFS 文件系统的代码实现

② 上传本地文件到 HDFS，如图 2-78 所示。

```
//上传本地文件到HDFS
public void testUpload() throws IOException, URISyntaxException, InterruptedException {
    System.out.println("Upload file:");
    Configuration conf = new Configuration();
    conf.set("dfs.client.use.datanode.hostname", "true");
    conf.set("fs.defaultFS", "hdfs://121.36.99.86:8020");
    FileSystem hdfs = FileSystem.get(new URI( str: "hdfs://121.36.99.86"),conf, user: "root");
    InputStream in = new FileInputStream( name: "/Users/lxd/Desktop/upload.txt");
    OutputStream out = hdfs.create(new Path( pathString: hdfsPath+"upload_2021123456.txt"));
    IOUtils.copyBytes(in, out, conf);
    System.out.println("Upload successfully!");
}
```

图 2-78 上传本地文件到 HDFS 的代码实现

③ HDFS 写入文件，如图 2-79 所示。

④ 下载 HDFS 文件到本地，如图 2-80 所示。

```
// 创建HDFS文件
public void testCreate() throws Exception {
    System.out.println("Write file:");
    Configuration conf = new Configuration();
    conf.set("dfs.client.use.datanode.hostname", "true");
    conf.set("fs.defaultFS", "hdfs://121.36.99.86:8020");
    //待写入文件内容
    //写入自己的姓名与学号信息
    byte[] buff = "Hello world! My name is lxd, my student id is 2021123456.".getBytes();
    //FileSystem 为 HDFS的API，通过此调用HDFS
    FileSystem hdfs = FileSystem.get(new URI( str: "hdfs://121.36.99.86"),conf, user: "root");
    //文件目标路径，应填写hdfs文件路径
    Path dst = new Path( pathString: hdfsPath + "lxd_2021123456.txt");
    FSDataOutputStream outputStream = null;
    try {
        //写入文件
        outputStream = hdfs.create(dst);
        outputStream.write(buff,  off: 0, buff.length);
    } catch (Exception e) {
        e.printStackTrace();

    } finally {
        if (outputStream != null) {
            outputStream.close();
        }
    }
    //检查文件写入情况
    FileStatus files[] = hdfs.listStatus(dst);
    for (FileStatus file : files) {
        //打印写入文件路径及名称
        System.out.println(file.getPath());
    }
}
```

图 2-79　HDFS 写入文件的代码实现

```
//从HDFS下载文件到本地
public void testDownload() throws URISyntaxException, IOException, InterruptedException {
    System.out.println("Download file:");
    Configuration conf = new Configuration();
    conf.set("dfs.client.use.datanode.hostname", "true");
    conf.set("fs.defaultFS", "hdfs://121.36.99.86:8020");
    FileSystem hdfs = FileSystem.get(new URI( str: "hdfs://121.36.99.86"),conf, user: "root");
    InputStream in = hdfs.open(new Path( pathString: hdfsPath + "lxd_2021123456.txt"));
    OutputStream out = new FileOutputStream( name: "/Users/lxd/Desktop/download_2021123456.txt");
    IOUtils.copyBytes(in, out, conf);
    System.out.println("Download successfully!");
}
```

图 2-80　下载 HDFS 文件到本地的代码实现

参考代码如下：

```
import java.io.FileInputStream;
```

```
import java.io.FileOutputStream;
import java.io.IOException;
import java.io.InputStream;
import java.io.OutputStream;
import java.net.URI;
import java.net.URISyntaxException;
import org.apache.hadoop.conf.Configuration;
import org.apache.hadoop.fs.FSDataOutputStream;
import org.apache.hadoop.fs.FileStatus;
import org.apache.hadoop.fs.FileSystem;
import org.apache.hadoop.fs.Path;
import org.apache.hadoop.io.IOUtils;

public class ExeHDFS { String hdfsPath = "/";

public static void main(String[] args) {
ExeHDFS testHDFS = new ExeHDFS();
try {
testHDFS.testView();
testHDFS.testUpload();
testHDFS.testCreate();
testHDFS.testDownload();
testHDFS.testView();
}
catch (Exception e) {
e.printStackTrace();
}
}

// 查看 HDFS 文件系统
public void testView() throws IOException, URISyntaxException, InterruptedException
{ System.out.println("View file:");
Configuration conf = new Configuration(); conf.set("dfs.client.use.datanode.
hostname", "true");
conf.set("fs.defaultFS", "hdfs://122.9.40.226:8020");
// TODO: 将 "node1ip" 修改为自己主节点的公网 IP 地址
FileSystem hdfs = FileSystem.get(new URI("hdfs://122.9.40.226"), conf, "
root");
// TODO: 将 "node1ip" 修改为自己主节点的公网 IP 地址
```

```
    Path path = new Path(hdfsPath); FileStatus[] list = hdfs.listStatus(path); if
(list.length == 0) {
    System.out.println("HDFS is empty.");
    }
    else {
    for (FileStatus f : list) {
    System.out.printf("name: %s, folder: %s, size: %d\\n", f.getPath(), f.
isDirectory(), f.getLen());
    }
    }
    }

    // 上传本地文件到 HDFS
    public void testUpload() throws IOException, URISyntaxException, InterruptedException
{ System.out.println("Upload file:");
    Configuration conf = new Configuration();
    conf.set("dfs.client.use.datanode.hostname", "true");
    conf.set("fs.defaultFS", "hdfs://122.9.40.226:8020");
    // TODO: 将 "node1ip" 修改为自己主节点的公网 IP 地址
    FileSystem hdfs = FileSystem.get(new URI("hdfs://122.9.40.226"), conf, "root");
    // TODO: 将 "node1ip" 修改为自己主节点的公网 IP 地址
    InputStream in = new FileInputStream("./upload.txt");
    // TODO: fix, 完善要上传的文件(upload.txt)的路径
    OutputStream out = hdfs.create(new Path(hdfsPath + "upload_studentID.txt"));
    // TODO:将 "studentID" 修改为自己的学号
    IOUtils.copyBytes(in, out, conf); System.out.println("Upload
successfully!");
    }

    // 创建 HDFS 文件
    public void testCreate() throws Exception { System.out.println("Write file:");
Configuration conf = new Configuration();
    conf.set("dfs.client.use.datanode.hostname", "true");
    conf.set("fs.defaultFS", "hdfs://122.9.40.226:8020");
    // TODO:将 "node1ip" 修改为自己主节点的公网 IP 地址
    // 待写入文件内容
    // 写入自己姓名与学号
    byte[] buff = "Hello world! Myname is name, my student id is studentID.".getBytes();
    // TODO: 完善姓名与学号
```

```
// FileSystem 为 HDFS 的 API,通过此调用 HDFS
FileSystem hdfs = FileSystem.get(new URI("hdfs://122.9.40.226"), conf, "root");
// TODO:将 "node1ip" 修改为自己主节点的公网 IP 地址
// 文件目标路径,应填写 HDFS 文件路径
Path dst = new Path(hdfsPath + "gby_studentID.txt");
// TODO:将 "studentID" 修改为自己的学号
FSDataOutputStream outputStream = null; try {
// 写入文件
outputStream = hdfs.create(dst); outputStream.write(buff, 0, buff.length);
} catch (Exception e) { e.printStackTrace();
} finally {
if (outputStream != null) { outputStream.close();
}
}
// 检查文件写入情况
FileStatus files[] = hdfs.listStatus(dst); for (FileStatus file : files) {
// 打印写入文件路径及名称
System.out.println(file.getPath());
}
}

// 从 HDFS 下载文件到本地
public void testDownload() throws IOException, URISyntaxException, InterruptedException
{
System.out.println("Download file:"); Configuration conf = new Configuration();
conf.set("dfs.client.use.datanode.hostname", "true");
conf.set("fs.defaultFS", "hdfs://122.9.40.226:8020");
// TODO: 将 "node1ip" 修改为自己主节点的公网 IP 地址
FileSystem hdfs = FileSystem.get(new URI("hdfs://122.9.40.226"), conf, "root");
// TODO: 将 "node1ip" 修改为自己主节点的公网 IP 地址
InputStream in = hdfs.open(new Path(hdfsPath + "gby_studentID.txt"));
// TODO: 将"studentID"修改为自己的学号
OutputStream out = new FileOutputStream("download_studentID.txt");
// TODO: fix,完善下载的文件(download_studentID.txt)的存放路径
IOUtils.copyBytes(in, out, conf); System.out.println("Download successfully!");
}
}
```

注意:要包含自己的学号信息。

最终输出格式如图 2-81 所示。

```
/Library/Java/JavaVirtualMachines/jdk1.8.0_211.jdk/Contents/Home/bin/java ...
View file:
Up the Stack Trace  he.hadoop.util.NativeCodeLoader - Unable to load native-hadoop library for your platform... using builtin-java classes where applicable
name: hdfs://121.36.99.86:8020/tmp, folder: true, size: 0
Upload file:
Upload successfully!
Write file:
hdfs://121.36.99.86:8020/lxd_2021123456.txt
Download file:
Download successfully!
View file:
name: hdfs://121.36.99.86:8020/lxd_2021123456.txt, folder: false, size: 57
name: hdfs://121.36.99.86:8020/tmp, folder: true, size: 0
name: hdfs://121.36.99.86:8020/upload_2021123456.txt, folder: false, size: 57

Process finished with exit code 0
```

图 2-81　最终输出格式

若 IDEA 的输出结果与图 2-81 不一致，可翻看控制台查看具体错误，上网查阅解决错误的方法（从 HDFS 下载的文件如图 2-82 所示）。

图 2-82　输出结果与图 2-81 不一致

4. 实验结果与评分标准

实验结束后应得到：一个 Hadoop 集群（包含 1 个主节点，3 个子节点）；一个 maven 工程。完成 HDFS 文件读写实践。

实验评分标准，提交的实验报告中应包含：

(1) maven 打压缩包。

(2) 实验报告：

① 启动 Hadoop 后，主节点输入 jps 后的输出，截图中显示学号，表示独立完成实验，如图 2-83 所示。

```
[root@ecs-62b7-0001 ~]# jps
13884 Jps
2141 ResourceManager
1956 SecondaryNameNode
1739 NameNode
```

图 2-83　主节点输入 jps 后的输出结果（显示学号）

② 启动 Hadoop 后，任意子节点输入 jps 后的输出，截图中显示学号，表示独立完成实验，如图 2-84 所示。

③ Java 代码运行结果，如图 2-85 所示（按要求包含学号信息，表示独立完成实验。）

```
[root@ecs-62b7-0002 ~]# jps
1824 NodeManager
1981 Jps
1591 DataNode
```

图 2-84　任意子节点输入 jps 后的输出结果(显示学号)

```
/Library/Java/JavaVirtualMachines/jdk1.8.0_211.jdk/Contents/Home/bin/java ...
he.hadoop.util.NativeCodeLoader - Unable to load native-hadoop library for your platform... using builtin-java classes where applicable
name: hdfs://121.36.99.86:8020/tmp, folder: true, size: 0
Upload file:
Upload successfully!
Write file:
hdfs://121.36.99.86:8020/lxd_2021123456.txt
Download file:
Download successfully!
View file:
name: hdfs://121.36.99.86:8020/lxd_2021123456.txt, folder: false, size: 57
name: hdfs://121.36.99.86:8020/tmp, folder: true, size: 0
name: hdfs://121.36.99.86:8020/upload_2021123456.txt, folder: false, size: 57

Process finished with exit code 0
```

图 2-85　Java 代码运行结果

④ HDFS 下载文件截图,如图 2-86 所示(按要求包含学号信息,表示独立完成实验。)

图 2-86　HDFS 下载文件截图

实验报告应包含对截图的文字介绍,以证明理解截图含义。

2.5.2　实践 MapReduce 分布式数据处理

1. 实验描述

本实验使用 IDEA 构建大数据工程,通过 Java 语言编写 WordCount 程序并通过集群运行,完成单词计数任务。首先,在本地进行 IDEA 的安装,接着使用 IDEA 构建大数据工程并编写 Wordcount 程序,最后将程序打包在先前实验构建的集群上运行程序。

使用的软件版本:

① 系统版本:Centos7.5。

② Hadoop 版本:Apache Hadoop 3.1.3。

③ JDK 版本:1.8.*。

④ IDEA 版本:IDEA2021.2。

2. 实验目的

① 了解 IDEA 构建大数据工程的过程;

② 熟悉使用 Java 语言编写大数据程序;

③ 了解 MapReduce 的工作原理；

④ 掌握在集群上运行程序的方法。

3. 实验步骤

1）IDEA 构建大数据工程

步骤 1 创建项目，打开 IDEA（IDEA 需要在自己计算机上安装），创建工程，如图 2-87、图 2-88 所示。

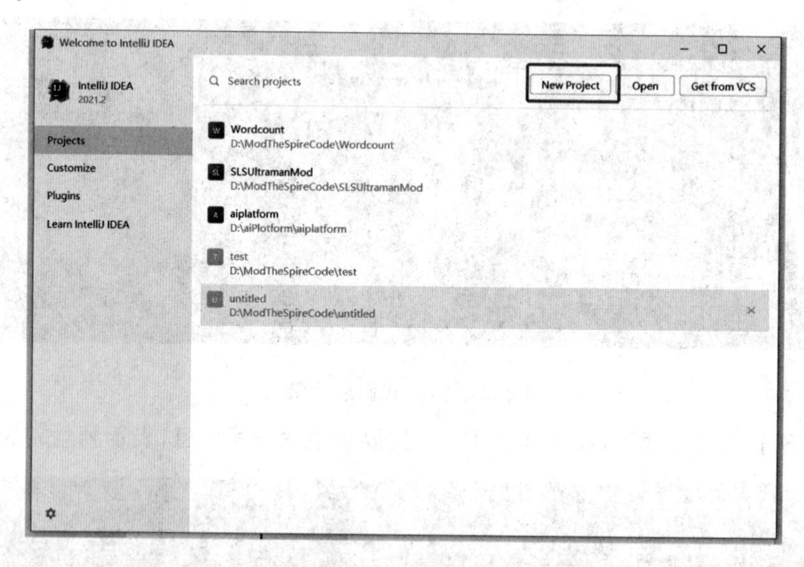

图 2-87　创建项目

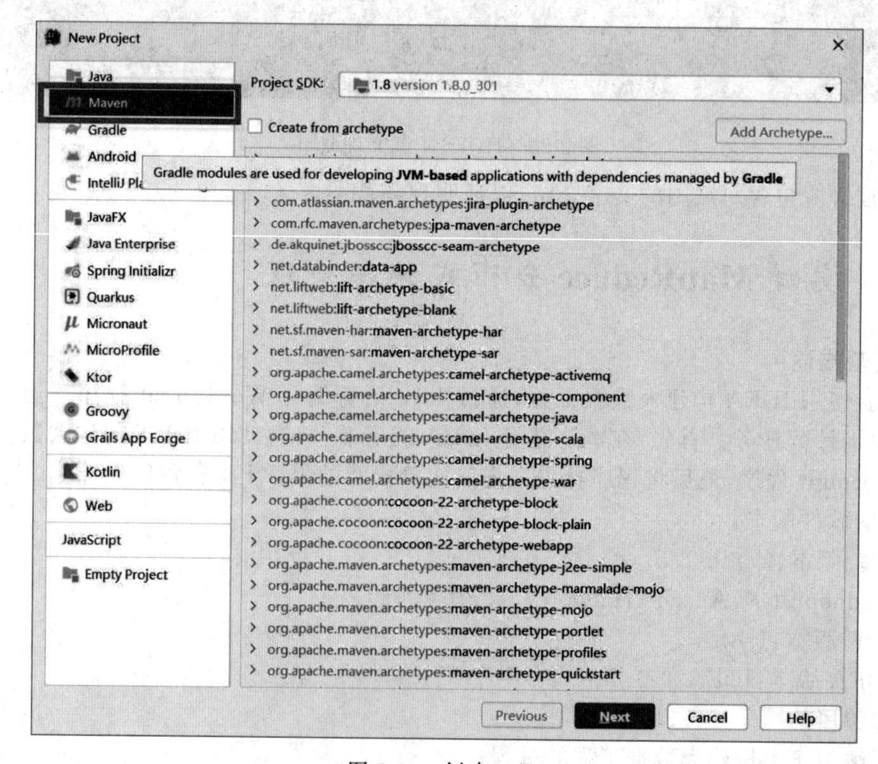

图 2-88　创建工程

单击“New Project”，然后单击选择“Maven”项目，单击“Next”，之后在“Name”文本框输入项目名，在“Location”选项框选择本地存放路径，并单击“Finish”，如图 2-89 所示。

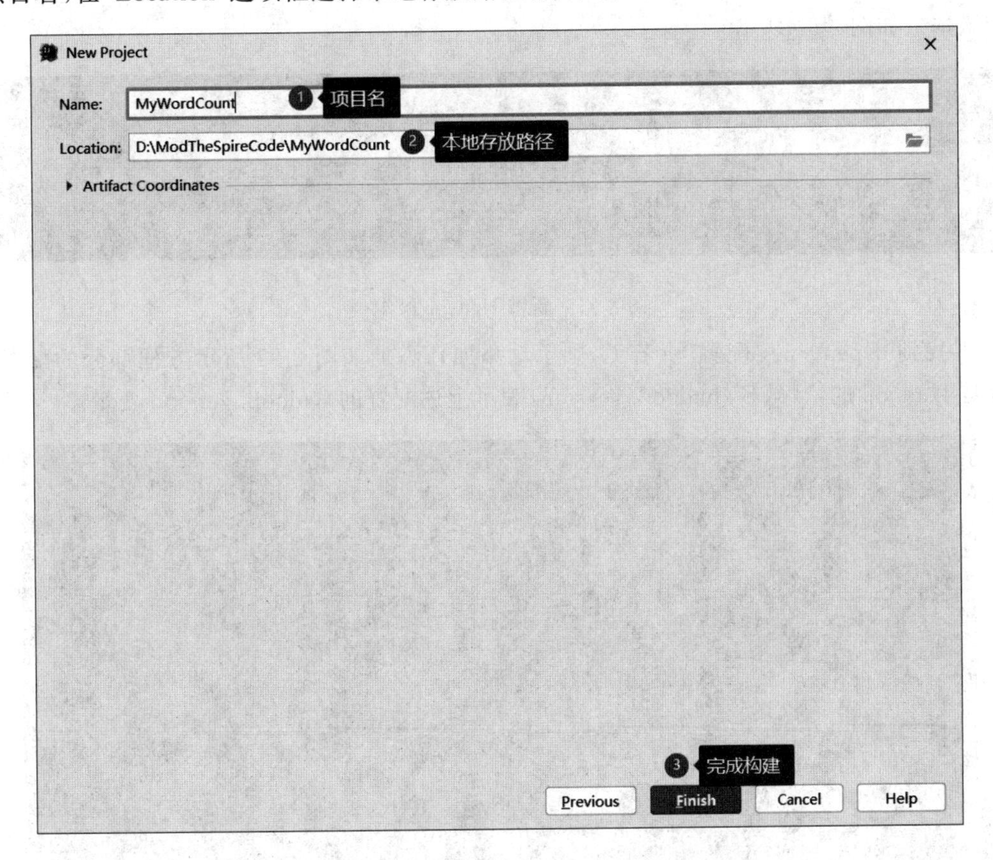

图 2-89 填写项目名并选择本地存放路径

进入如图 2-90 所示界面表示工程创建成功。

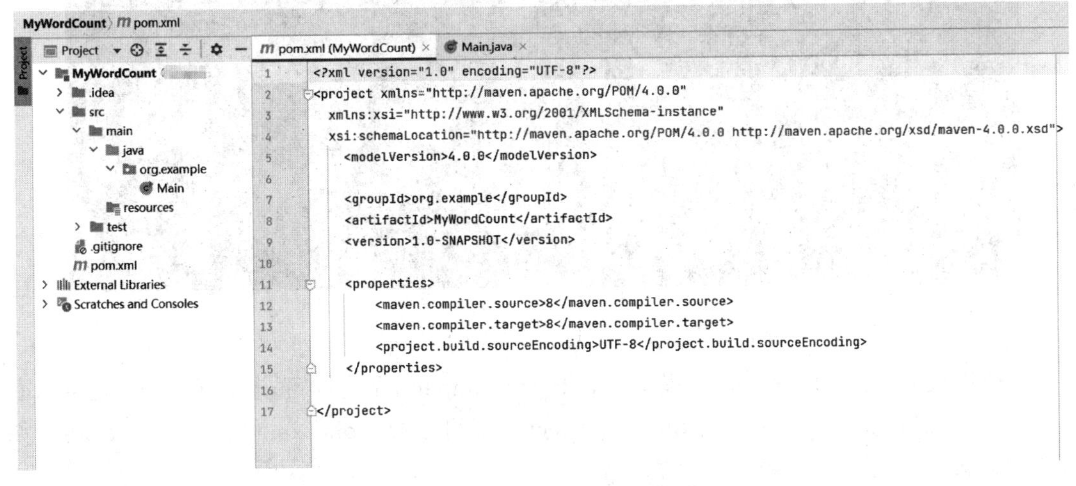

图 2-90 工程创建成功界面

步骤 2 依赖设置。

① 在 pom. xml 文件中找到 properties 配置项，新增 Hadoop 版本号（此处对应 Hadoop 安装版本），如图 2-91 所示。

```
<properties>
  <maven.compiler.source>8</maven.compiler.source>
  <maven.compiler.target>8</maven.compiler.target>
  <project.build.sourceEncoding>UTF-8</project.build.sourceEncoding>
  <hadoop.version>3.1.3</hadoop.version>
</properties>
```

图 2-91 新增 Hadoop 版本号

② 找到 dependency 配置项（若无，则手动添加），添加如图 2-92 所示方框部分的配置，这部分是 Hadoop 的依赖，$ {hadoop. version}表示上述配置的 hadoop. version 变量。

```
<properties>
  <maven.compiler.source>8</maven.compiler.source>
  <maven.compiler.target>8</maven.compiler.target>
  <project.build.sourceEncoding>UTF-8</project.build.sourceEncoding>
  <hadoop.version>3.1.3</hadoop.version>
</properties>

<dependecies>
  <dependency>
    <groupId>log4j</groupId>
    <artifactId>log4j</artifactId>
    <version>1.2.17</version>
  </dependency>
  <dependency>
    <groupId>org.apache.hadoop</groupId>
    <artifactId>hadoop-client</artifactId>
    <version>${hadoop.version}</version>
  </dependency>
  <dependency>
    <groupId>org.apache.hadoop</groupId>
    <artifactId>hadoop-common</artifactId>
    <version>${hadoop.version}</version>
  </dependency>
  <dependency>
    <groupId>org.apache.hadoop</groupId>
    <artifactId>hadoop-hdfs</artifactId>
    <version>${hadoop.version}</version>
  </dependency>
</denpendencies>
```

图 2-92 添加 Hadoop 的依赖以及图 2-91 中新增的 Hadoop 版本号

一般修改 pom. xml 文件后，会提示 enable auto-import，单击即可，若没有提示，则可以右击工程名，依次选择“Maven”→“Reload project”，即可根据 pom. xml 文件导入依赖包，如图 2-93 所示。

步骤 3 设置语言环境。

① 设置语言环境 language level，单击菜单栏中的“File”，选择“Project Structure”，如图 2-94 所示。

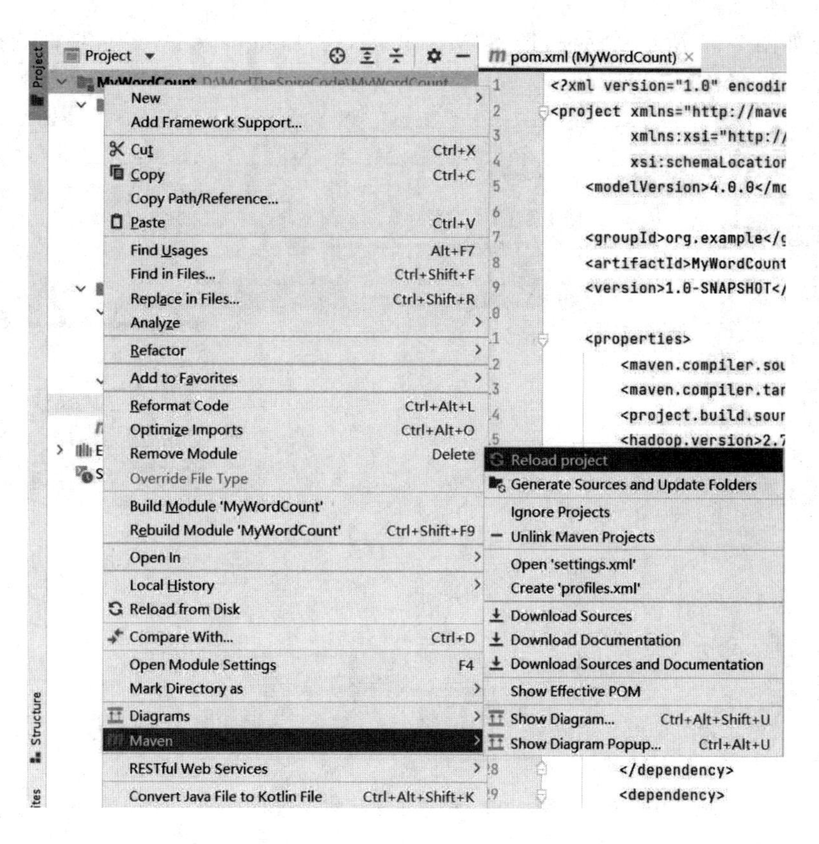

图 2-93　若没有提示出现的导入依赖包方法

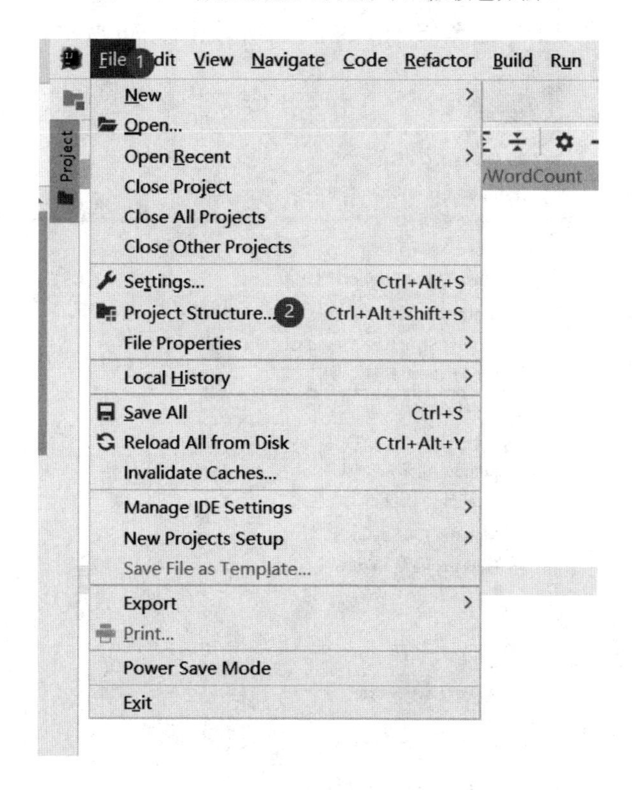

图 2-94　设置语言环境操作 1

② 弹出如图 2-95 所示对话框，选择“Modules”，在“Language level”选项框选择 8，然后单击“Apply”，单击“OK”。

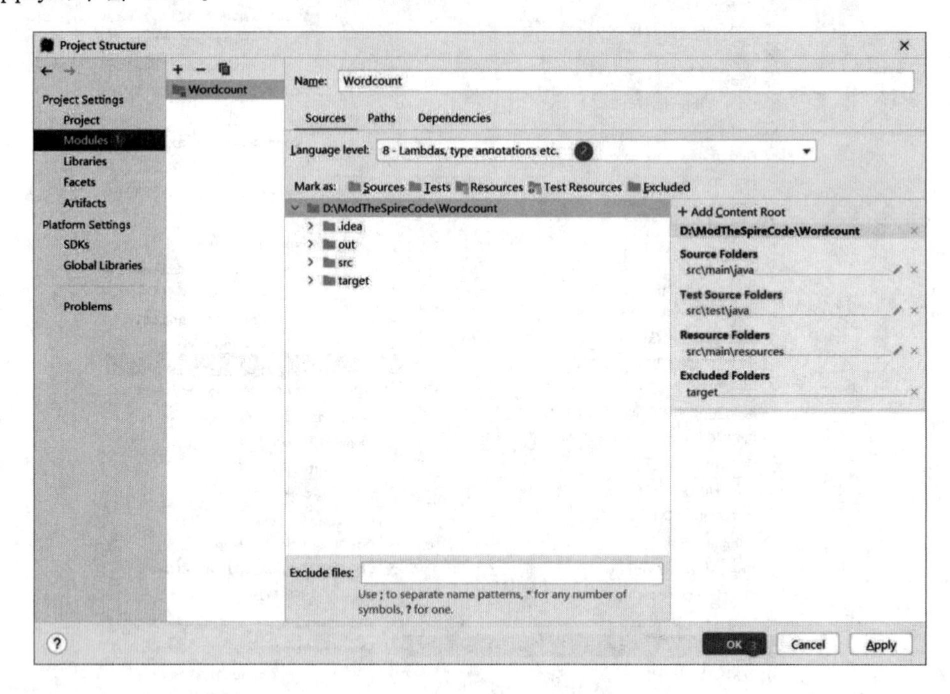

图 2-95　设置语言环境操作 2

步骤 4　设置 Java Compiler 环境。

① 单击菜单栏中的“File”，选择“Settings…”选项，如图 2-96 所示。

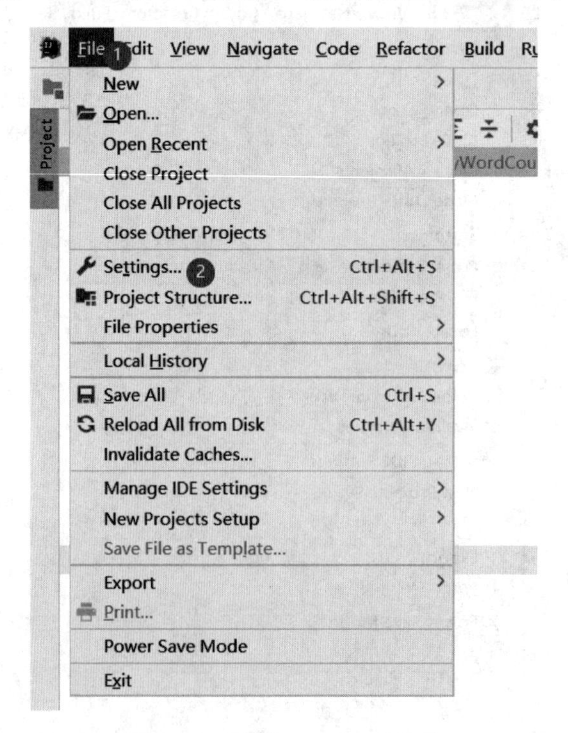

图 2-96　选择“Settings…”选项

② 弹出如图 2-97 所示对话框，依次选择“Build，Execution”→“Compiler”→“Java Compiler”，设置图中的“Target bytecode version”为 1.8，然后依次单击“Apply”和“OK”。

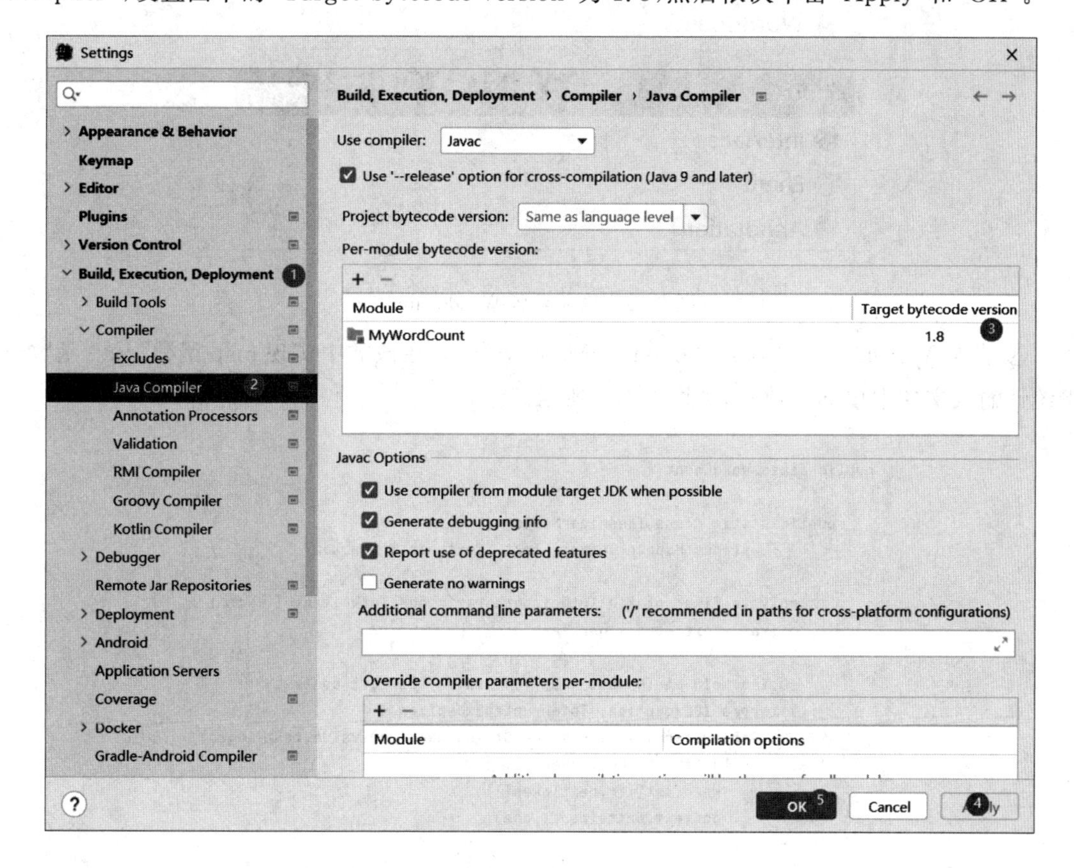

图 2-97 设置 Java Compiler 环境

2）WordCount 程序编写

① 如图 2-98 所示，依次打开“src”→“main”→“java”，在 Java 上右击，创建 Java Class。

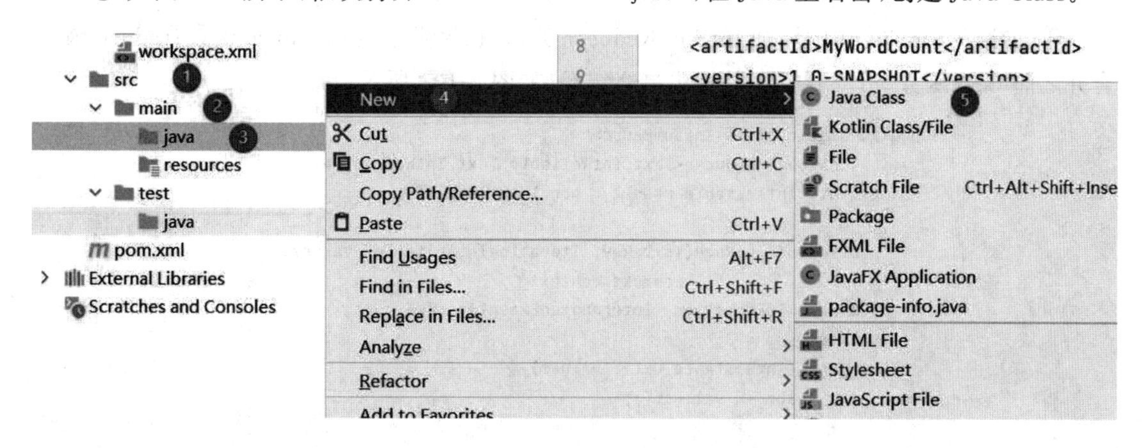

图 2-98 创建 Java Class

② 弹出如图 2-99 所示对话框，输入类名 WordCount，单击“OK”。

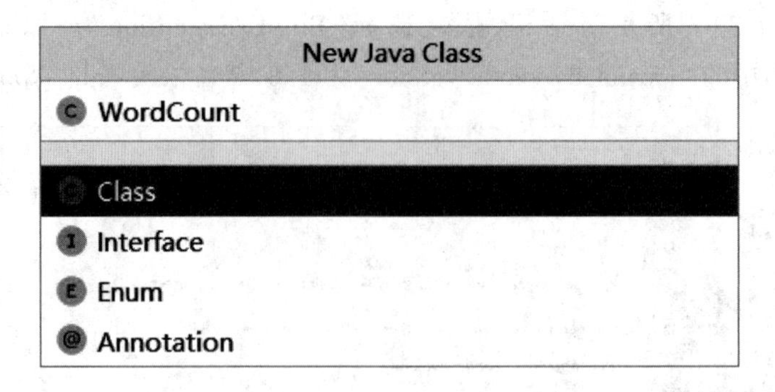

图 2-99　输入类名 WordCount

③ 在类 WordCount 中添加 TokenizerMapper 类，并在该类中实现 map 函数；map 函数负责统计输入文件中单词的数量，如图 2-100 所示。

```
public class WordCount {

    public static class TokenizerMapper
            extends Mapper<Object, Text, Text, IntWritable>{

        private final static IntWritable one = new IntWritable( value: 1);
        private Text word = new Text();

        public void map(Object key, Text value, Context context
        ) throws IOException, InterruptedException {
            StringTokenizer itr = new StringTokenizer(value.toString());
            while (itr.hasMoreTokens()) {
                word.set(itr.nextToken());
                context.write(word, one);
            }
        }
    }
```

图 2-100　添加 TokenizerMapper 类

④ 在类 WordCount 中添加 IntSumReducer 类，并在该类中实现 reduce 函数；reduce 函数合并之前 map 函数统计的结果，并输出最终结果，如图 2-101 所示。

```
public static class IntSumReducer
        extends Reducer<Text,IntWritable,Text,IntWritable> {
    private IntWritable result = new IntWritable();

    public void reduce(Text key, Iterable<IntWritable> values,
                       Context context
    ) throws IOException, InterruptedException {
        int sum = 0;
        for (IntWritable val : values) {
            sum += val.get();
        }
        result.set(sum);
        context.write(key, result);
    }
}
```

图 2-101　添加 IntSumReducer 类

⑤ 在类 WordCount 中添加 main 方法，如图 2-102 所示。

```
public static void main(String[] args) throws Exception {
    |
}
```

图 2-102 添加 main 方法

⑥ 创建 Configuration 对象，运行 MapReduce 程序前都要初始化 Configuration，该类主要是读取 MapReduce 系统配置信息，如图 2-103 所示。

```
ublic static void main(String[] args) throws Exce
    Configuration conf = new Configuration();
```

图 2-103 创建 Configuration 对象

⑦ 限定输出参数必须为 2 个，If 的语句好理解，就是运行 WordCount 程序时候一定是两个参数，如果不是就会输出错误提示并退出，如图 2-104 所示。

```
String[] otherArgs = new GenericOptionsParser(conf, args).getRemainingArgs();
if (otherArgs.length != 2) {
    System.err.println("Usage: wordcount <in> <out>");
    System.exit( status: 2);
}
```

图 2-104 限定输出参数为 2

⑧ 创建 Job 对象，第一行构建一个 job，构建时候有两个参数，一个是 conf，一个是这个 job 的名称。

第二行就是装载程序员编写好的计算程序，例如程序类名就是 WordCount 了。虽然编写 MapReduce 程序只需要实现 Map 函数和 Reduce 函数，但是实际开发要实现三个类，第三个类是为了配置 MapReduce 如何运行 Map 和 Reduce 函数，准确地说就是构建一个 MapReduce 能执行的 job，如 WordCount 类。

第三行和第五行就是装载 Map 函数和 Reduce 函数实现类了，这里多了个第四行，这个是装载 Combiner 类，如图 2-105 所示。

```
Job job = new Job(conf,  jobName: "word count");
job.setJarByClass(WordCount.class);
job.setMapperClass(TokenizerMapper.class);
job.setCombinerClass(IntSumReducer.class);
job.setReducerClass(IntSumReducer.class);
```

图 2-105 添加 IntSumReducer 类

⑨ 定义输出的 key/value 的类型，也就是最终存储在 HDFS 上结果文件的 key/value 的类型，如图 2-106 所示。

⑩ 第一行就是构建输入的数据文件，第二行是构建输出的数据文件，两者均从参数读入。最后一行如果 job 运行成功了，程序就会正常退出，如图 2-107 所示。

完整主类如图 2-108 所示。

```
job.setOutputKeyClass(Text.class);
job.setOutputValueClass(IntWritable.class);
```

图 2-106　定义 key/value 类型

```
FileInputFormat.addInputPath(job, new Path(otherArgs[0]));
FileOutputFormat.setOutputPath(job, new Path(otherArgs[1]));
System.exit(job.waitForCompletion( verbose: true) ? 0 : 1);
```

图 2-107　构建输入/输出数据文件

```
public static void main(String[] args) throws Exception {
    Configuration conf = new Configuration();
    String[] otherArgs = new GenericOptionsParser(conf, args).getRemainingArgs();
    if (otherArgs.length != 2) {
        System.err.println("Usage: wordcount <in> <out>");
        System.exit( status: 2);
    }
    Job job = new Job(conf,  jobName: "word count");
    job.setJarByClass(WordCount.class);
    job.setMapperClass(TokenizerMapper.class);
    job.setCombinerClass(IntSumReducer.class);
    job.setReducerClass(IntSumReducer.class);
    job.setOutputKeyClass(Text.class);
    job.setOutputValueClass(IntWritable.class);
    FileInputFormat.addInputPath(job, new Path(otherArgs[0]));
    FileOutputFormat.setOutputPath(job, new Path(otherArgs[1]));
    System.exit(job.waitForCompletion( verbose: true) ? 0 : 1);
}
```

图 2-108　完整主类

3）程序打包与运行

步骤 1　打开“File”→“ProjectStructure”，如图 2-109 所示。

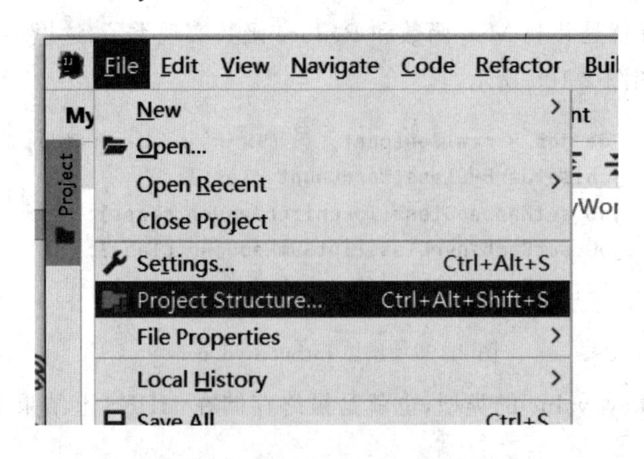

图 2-109　打开“ProjectStructure”

步骤 2　在“Project Settings”栏下的“Artifacts”点击“+”，选择“JAR”→“From modules with dependencies…”，如图 2-110 所示。

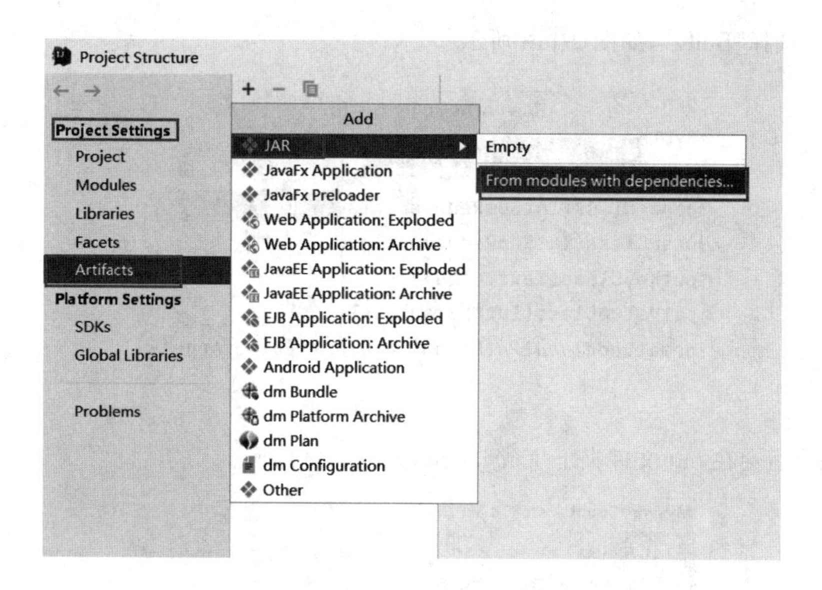

图 2-110 选择“From modules with dependencies...”

步骤 3 填写主类名称,如图 2-111 所示。

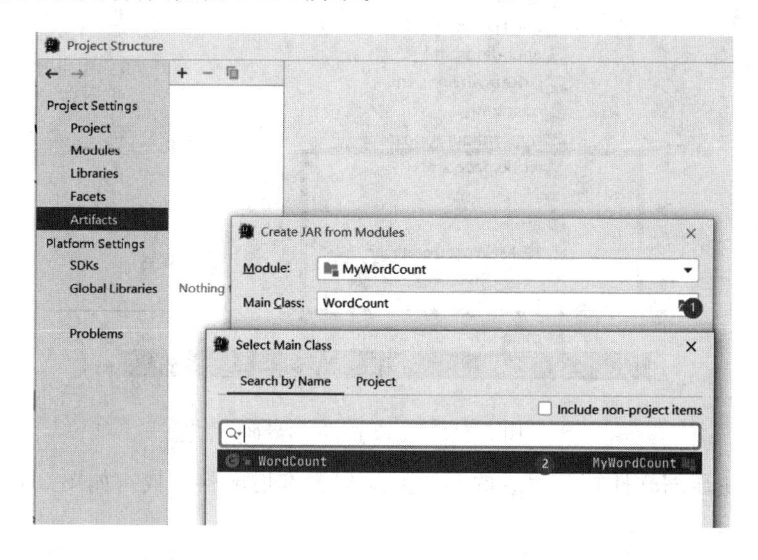

图 2-111 填空主类名称

步骤 4 选择“Build”→“Build Artifacts...”,如图 2-112 所示。

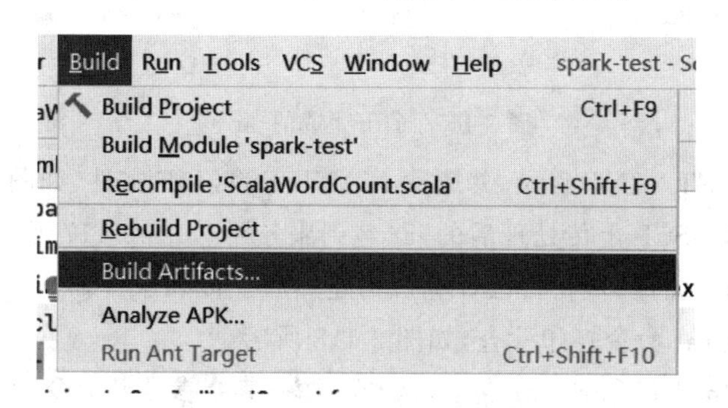

图 2-112 选择“Build Artifacts...”

步骤 5 选择“Build”，如图 2-113 所示。

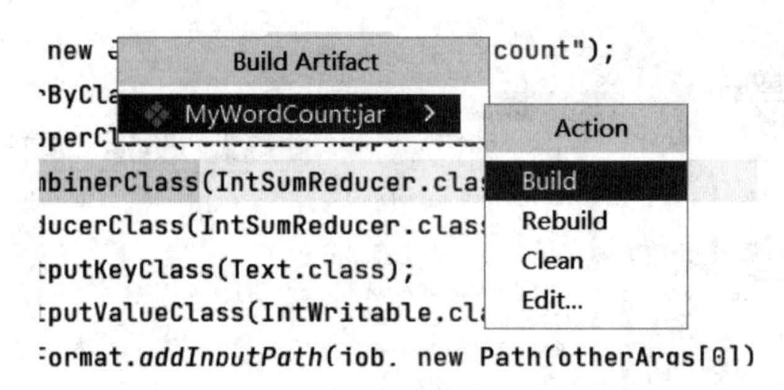

图 2-113 选择“Build”

建立完成后会在 out 文件夹下生成 jar 包，如图 2-114 所示。

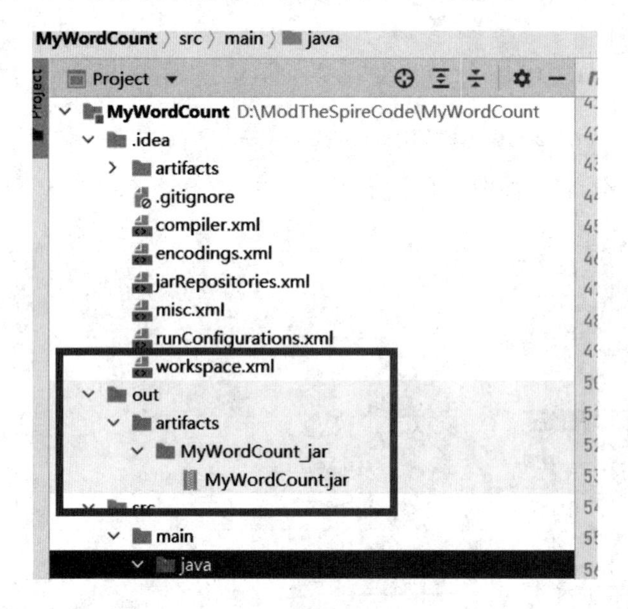

图 2-114 生成 jar 包的界面

步骤 6 使用压缩软件打开生成的 jar 包(可以去本地电脑里找)，如图 2-115 所示。

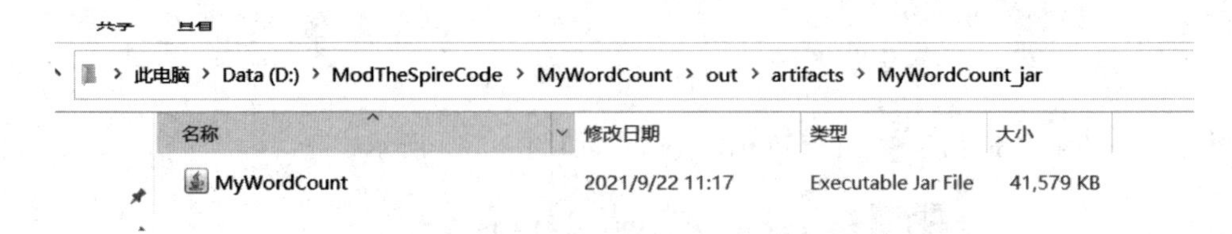

图 2-115 打开生成的 jar 包

步骤 7 找到 META-INF 目录，并删除 MANIFEST. MF 文件，如图 2-116 所示。

步骤 8 使用 WinSCP 上传处理后的 jar 包到服务器，如图 2-117 所示。

步骤 9 构建输入文件，可在自己计算机构建然后上传到服务器中。格式为学号-姓名简写-input. txt，可通过 cat 命令打印检查，如图 2-118 所示。

步骤 10 使用“hadoop jar <jar 包名> <主函数> <其余参数>”命令，在 Hadoop 运行程序。

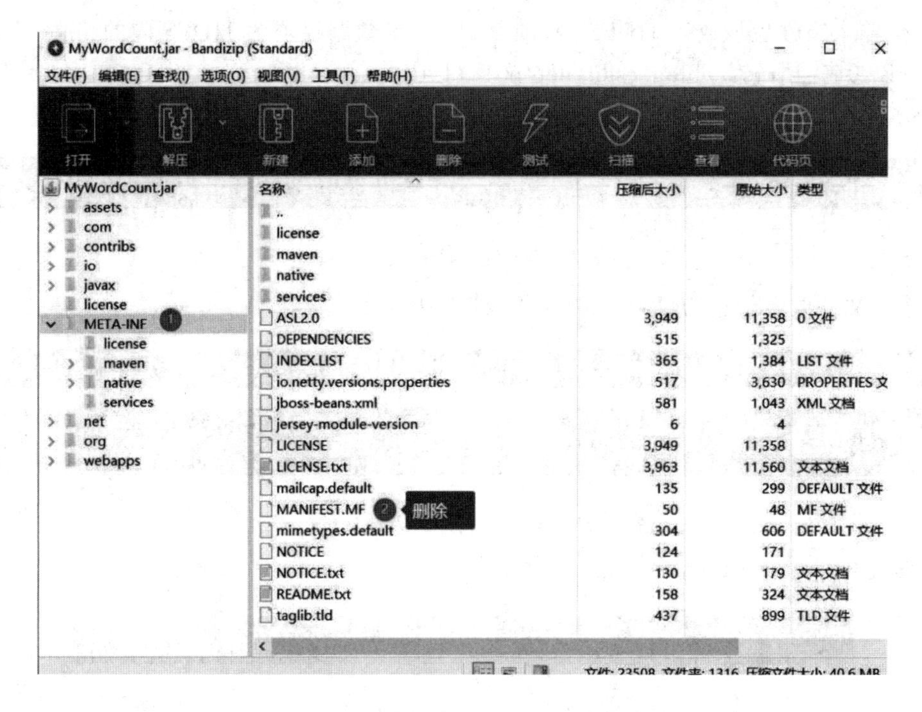

图 2-116　删除 MANIFEST. MF 文件

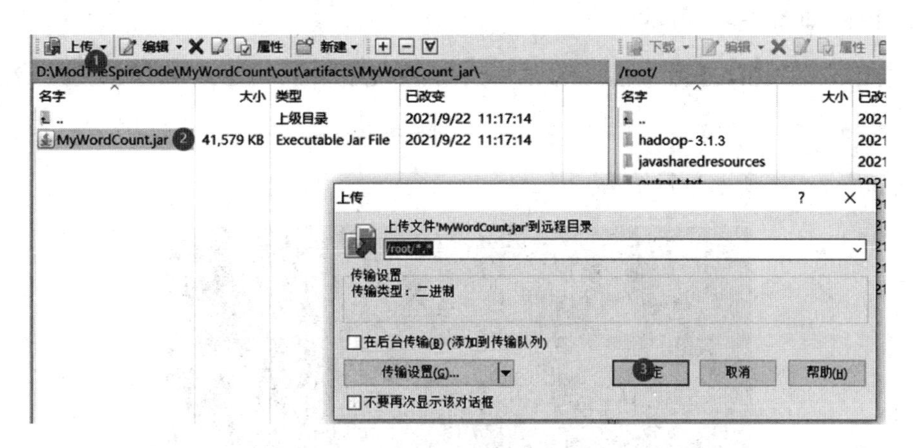

图 2-117　使用 WinSCP 上传处理后的 jar 包到服务器

```
[root@2022110892-lny-0001 ~]# cat 2022110892-lny.txt
hello world
hello world
hello world
hadoop spark
hadoop spark
hadoop spark
dog fish
dog fish
dog fish[root@2022110892-lny-0001 ~]#
```

图 2-118　构建输入文件

注意：输入文件应该放入 HDFS 中，图 2-119 中参数路径均为 HDFS 内的路径，文件放入 HDFS 可以参考：https://blog.csdn.net/u014419014/article/details/78056143。

首先，创建输入文件目录，如图 2-119 所示。

```
[root@2022110892-lny-0001 ~]# hadoop fs -mkdir -p /data/wordcount
```

图 2-119　创建输入文件目录

将输入文件放入创建的目录当中，如图 2-120 所示。

```
[root@2022110892-lny-0001 ~]# hadoop fs -put 2022110892-lny.txt /data/wordcount
```

```
[root@2022110892-lny-0001 ~]# hadoop fs -ls /data/wordcount
22/09/28 21:19:18 WARN util.NativeCodeLoader: Unable to load native-hadoop library for your platform... using builtin-java classes where applicable
Found 1 items
-rw-r--r--   3 root supergroup        109 2022-09-23 20:37 /data/wordcount/2022110892-lny.txt
```

图 2-120　将输入文件放入创建的目录

创建输出目录，如图 2-121 所示。

```
[root@2022110892-lny-0001 ~]# hadoop fs -mkdir -p /output/
```

图 2-121　创建输出目录

运行指令，如图 2-122 所示。

```
[root@2022110892-lny-0001 ~]# hadoop jar WordCount.jar WordCount /data/wordcount/2022110892-lny.txt /output/wordcountresult2
```

图 2-122　运行指令

得到如图 2-123 所示运行结果。

```
	Map-Reduce Framework
		Map input records=9
		Map output records=18
		Map output bytes=174
		Map output materialized bytes=76
		Input split bytes=130
		Combine input records=18
		Combine output records=6
		Reduce input groups=6
		Reduce shuffle bytes=76
		Reduce input records=6
		Reduce output records=6
		Spilled Records=12
		Shuffled Maps =1
		Failed Shuffles=0
		Merged Map outputs=1
		GC time elapsed (ms)=121
		CPU time spent (ms)=850
		Physical memory (bytes) snapshot=355074048
		Virtual memory (bytes) snapshot=2585657344
		Total committed heap usage (bytes)=173670400
	Shuffle Errors
		BAD_ID=0
		CONNECTION=0
		IO_ERROR=0
		WRONG_LENGTH=0
		WRONG_MAP=0
		WRONG_REDUCE=0
	File Input Format Counters
		Bytes Read=109
	File Output Format Counters
		Bytes Written=46
```

图 2-123　运行结果

步骤 11 在 HDFS 上查看程序的输出,如图 2-124 所示。

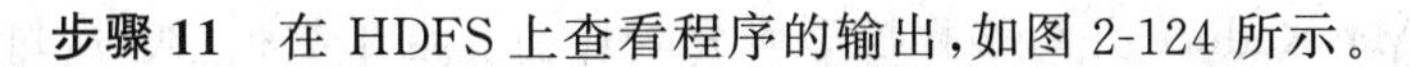

图 2-124 查看程序的输出

4. 实验结果与评分标准

实验结束后应得到:WordCount 程序代码打包后的 jar 包,对实验结果及程序代码的解释和分析报告。

完成 MapReduce 分布式数据处理实践。

实验评分标准,提交的实验报告中应包含:

① WordCount 程序代码打包后的 jar 包及实验分析报告;

② 完整代码截图;

③ 代码 Maven 构建成功的截图;

④ 在 Hadoop 中提及 jar 的操作截图(需要截图包括服务器名称);

⑤ 完成程序运行的结果截图(要求包含程序运行的系统时间);

⑥ 通过在 HDFS 上查看程序的输出的截图。

实验中应对各个截图进行简单解释,证明理解截图含义。

本章课后习题

(1) 简述 HDFS 的存储机制。

(2) 简述 HDFS 的体系架构。

(3) 简述一下 MapReduce 的流程。

(4) MapReduce 中的超类有哪些?

(5) 简述 MapReduce 的 WordCount 算法中 Map 端及 Reduce 端的代码设计。

(6) Merge 的作用是什么?

(7) 什么是溢写?为什么溢写不会影响往缓冲区写 Map 结果的线程?

(8) Reduce 中 Copy 过程采用的是什么协议?

(9) 简述 Shuffle 的工作流程和优化方法。

本章参考文献

[1] 怀特. Hadoop 权威指南[M]. 曾大聃,周傲英,译. 北京:清华大学出版社,2010.

[2] 董西成. Hadoop 技术内幕:深入解析 MapReduce 架构设计与实现原理[M]. 北京:机械工业出版社,2013.

[3] 董西成. Hadoop 技术内幕:深入解析 YARN 架构设计与实现原理[M]. 北京:机械工业出版社,2014.

[4] 李建江，崔健，王聃，等. MapReduce并行编程模型研究综述[J]. 电子学报，2011(11)：2635-2642.

[5] 冒佳明，王鹏飞，赵然. MapReduce架构下Reduce任务的调度优化[J]. 无线互联科技，2018(22)：5-6.

[6] MapReduce框架详解[EB/OL]. [2019-02-19]. https://www.cnblogs.com/sharpxiajun/p/3151395.html.

[7] 分布式文件存储的基本介绍[EB/OL]. [2019-02-19]. https://mp.weixin.qq.com/s/l1hCTh0Zwy34DkQrlh93og.

第3章

大数据存储-NoSQL 和 NewSQL 数据库

本章思维导图

海量数据的存储方式随着大数据技术的发展涌现了越来越多的技术路线和开源系统，主要包括分布式文件存储、分布式对象存储、各类 NoSQL 数据库以及各类 NewSQL 数据库。Hadoop 的 HDFS 作为分布式文件存储的主要代表，在大数据工业界得到了广泛的应用，具体技术细节已经在第 2 章的 Hadoop 体系进行了介绍。本章介绍其他主流大数据存储技术。

NoSQL 数据库主要分为键值数据库、列族数据库、文档数据库和图数据库。HBase 是运行在 Hadoop 上的列族数据库。它存储容量大，一个表可以容纳上亿行，上百万列；可通过版本进行检索，能搜到所需的历史版本数据；负载高时，可通过简单的添加机器来实现水平切分扩展，跟 Hadoop 的无缝集成保障了其数据可靠性和海量数据分析的高性能。Redis 是一个开源的使用 ANSIC 语言编写的支持网络的可基于内存亦可持久化的键值数据库。它有非常丰富的数据结构；提供了事务的功能，可以保证一串命令的原子性，中间不会被任何操作打断；当数据存在内存中时，读写速度非常快，可以达到 100 kbit/s。MongoDB 是一个高性能的开源的无模式的文档数据库，开发语言是 C++。它具有较高的写负载；能快速地查询，支持二维空间索引，因此可以快速且精确地从指定位置获取数据。Neo4j 是由 Java 和 Scala 实现的图数据库，使用节点和边来存储数据库，节点表示实体，边表示实体之间的关系。通过这样的结构通常可以模拟事物之间的关系。图数据库的主要优势在于可扩展性、可阅读性、高效地基于关系查找的能力，以及较好的实时处理能力。

本章首先介绍了 NoSQL 数据库的概念和四种不同类型的数据模型；其次介绍了列族数据库中的 HBase 的基本原理和数据模型；再次介绍了键值数据库中的 Redis 的数据结构、数据持久化和数据的复制；然后介绍了文档数据库中的 MongoDB 的数据结构和数据的复制；再后介绍了图数据库中的 Neo4j 的数据结构和 Cypher 查询语言；最后介绍了分布式对象存储技术、NewSQL 数据库的最新进展。

本章思维导图如图 3-0 所示。

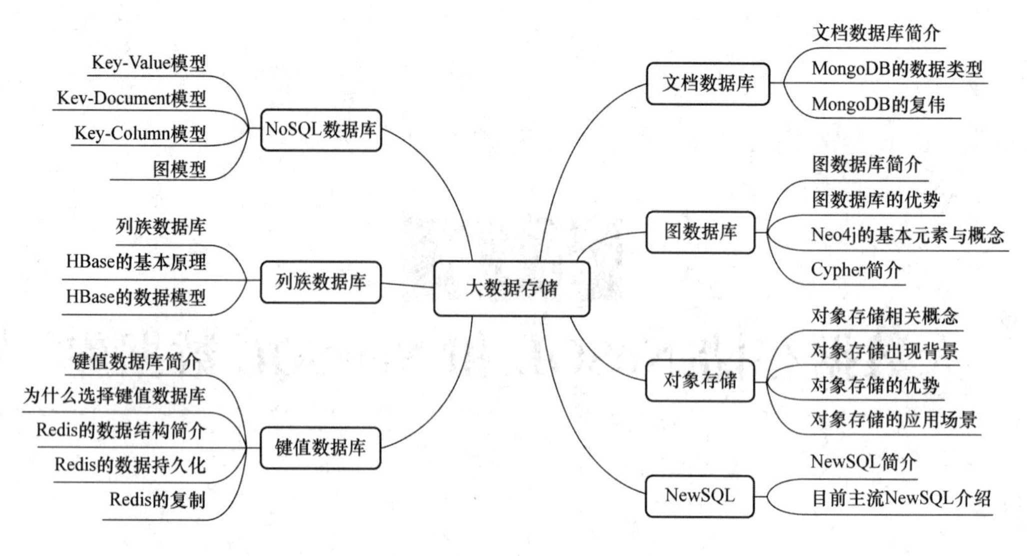

图 3-0　本章思维导图

3.1　NoSQL 数据库

NoSQL 模型是指非关系型、不遵循 ACID 原则的存储模型。NoSQL 模型遵循 CAP 理论和 BASE 原则。CAP 理论指出：任何分布式系统无法同时满足一致性（consistency）、可用性（availability）和分区容错性（partition tolerance），最多只能满足其中的两个。而 BASE 指出，分布式系统在设计时需要考虑基本可用性（basically available）、软状态（soft state）和最终一致性（eventually consistent）。

NoSQL 模型主要有 4 类，即 Key-Value 模型、Key-Column 模型、Key-Document 模型和图模型[4]。

3.1.1　Key-Value 模型

Key-Value 模型的主要思想主要来自于哈希表。Key-Value 模型由一个键-值映射的字典构成。Key-Value 不仅支持字符串类型，还支持字符串列表、无序（或有序）不重复的字符串集合、键-值哈希表。Key-Value 通常将数据存储在内存中，从而提高运算速度。此外，Key-Value 模型又可以细分为临时性和永久性两种类型。临时性 Key-Value 模型中所有操作都在内存中进行，这样做的好处是读取和写入的速度非常快，但若数据库实例关闭，则会丢失所有数据。临时性 Key-Value 模型的数据库通常作为高效缓存技术应用在高并发场景。而永久性 Key-Value 模型会将数据写入到硬盘上，这个过程中会造成 I/O 开销，导致性能较差，但数据不会丢失。

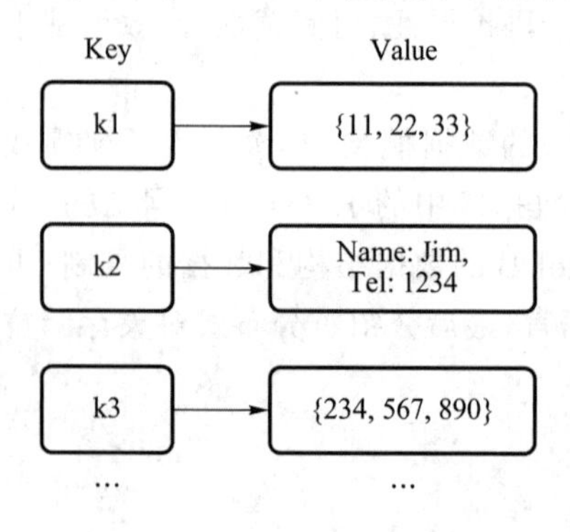

图 3-1　Key-Value 模型举例

图 3-1 给出了一个 Key-Value 模型举例，其中，键 k1

对应的值 value={11,22,33},键 k2 对应的值是一个字符串数组{Name:Jim,Tel:1234}。综上可以看出,Key-Value 模型支持任意格式的值存储。

基于 Key-Value 模型的数据库实例主要有 Memcached、Redis、LevelDB 等:Memcached 是一个通用的分布式内存缓存系统,通常用于缓存数据和对象,以减少读取外部数据源(如数据库或 API)的次数;Redis 是一款开源内存数据库项目,实现了分布式内存键-值存储和可选持久性,提供字符串、列表、位图和空间索引;LevelDB 是一个开源的 Key-Value 数据库,实现了快速读、写机制,并提供键-值之间的有序映射。

3.1.2 Key-Document 模型

虽然 Key-Document 模型可以快速地访问数据,但当数据规模较大、无固定模式时,读写的效率会明显降低。Key-Document 模型的核心思想是"数据用文档(如 JSON)来表示",JSON 文档的灵活性使得 Key-Document 模型数据适合存储海量数据。

Key-Document 模型如图 3-2 所示,Key-Document 模型是"面向集合"的,即数据被分组存储在数据集中,这个数据集称为集合(collection)。每个集合都有一个唯一标识,并且存储在集合中的文档没有数量限制。Key-Document 模型中的集合类似于关系型数据库中的表结构。所不同的是,Key-Document 模型中无须定义模式(schema)。

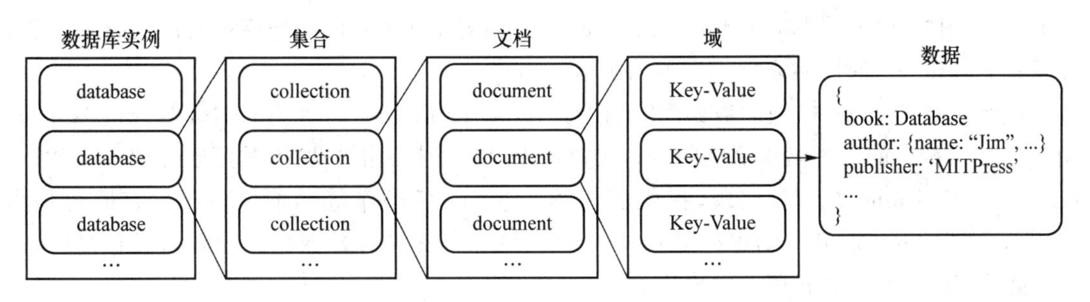

图 3-2 Key-Document 模型举例

基于 Key-Document 模型的数据库实例主要有 MongoDB、CouchD B 等。MongoDB 是开源的跨平台的面向文档的数据库,使用 JSON 文档和模式存储数据。CouchDB 是开源的基于 Key-Document 模型的数据库,专注于易用性和可扩展的体系结构,它使用 JSON 来存储数据。

3.1.3 Key-Column 模型

虽然 Key-Value 模型和 Key-Document 模型在特定的场景下得到了广泛的应用,但它们对范围查询、扫描等操作的效率较低。Key-Column 模型是一个稀疏的分布式的持久化的多维排序图,并通过字典顺序来组织数据,支持动态扩展,以达到负载均衡。存储在 Key-Column 模型中的数据可以通过行键(row key)、列键(column 键)和时间戳(timestamp)进行检索。其中,列族(column family)是最基本的访问单位,存放在相同列族下的数据拥有相同的列属性,并使用时间戳来索引不同版本的数据,以避免数据的版本冲突问题。同时,用户可以通过指定时间戳来获得不同版本的数据。

图 3-3 给出了通过 Key-Column 模型来存储网页的示例。

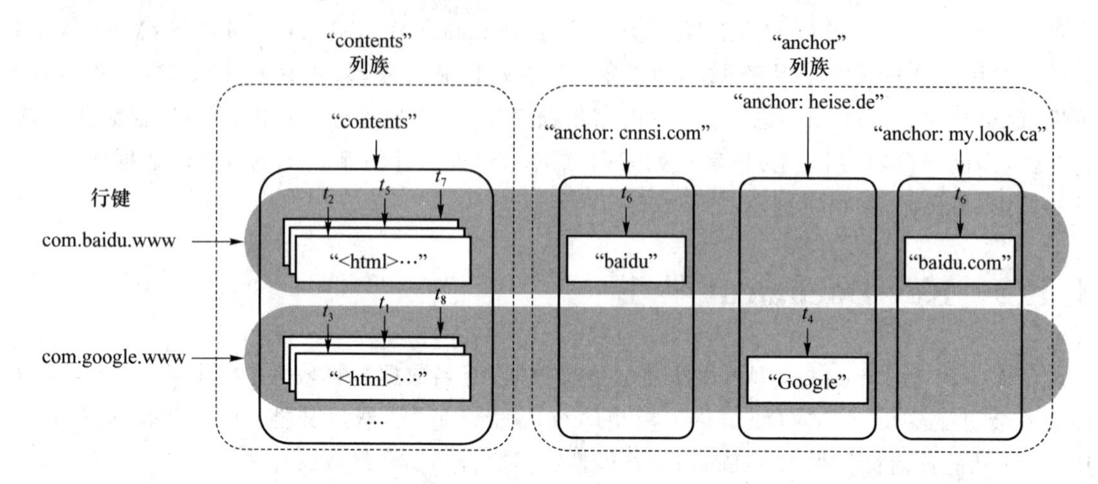

图 3-3 Key-Column 模型示例图

可以看出：不同于关系型数据库中的表结构，Key-Column 模型中的表是一个"多维 Map"结构。每个行都代表了一个对象，由一个行键（如"com. baidu. www"）和一个或多个列（如"contents"）组成。相关的行键标识的行对象存储在相邻的位置上。每个列由列族和列标示符组成，并用"："隔开，例如 anchor：cnnsi. com。单元格是行、列族和列标识符的组合，并且包含了一个值和一个时间戳来标示数据的版本，如 t_2。

基于 Key-Column 模型的数据库实例主要有 BigTable、HBase、Cassandra 等：BigTable 是 Google 公司推出的一种高扩展性的分布式数据库，提供列压缩等功能，被用于存储海量数据；HBase 是 BigTable 的开源实现，提供了压缩算法、内存操作等功能；Cassandra 最初是由 Facebook 开发的一款开源的 Key-Column 模型数据库，支持海量数据的读和写，拥有较高的可扩展性，并提供类 SQL 语言来操作数据。

3.1.4 图模型

图模型是基于图论来存储和表示实体间的关系。图模型是一种良好的数据表现形式，并提供多种查询方法，如最短路径查询、子图同构等。图模型的应用十分广泛，如社交网络、知识图谱、时序数据管理等。基本的图模型可以分为无向图模型和有向图模型。随着研究的进展，图模型又细分为不确定图模型、超图模型、时序图模型。

(1) 图 $G=(V,E,\Sigma)$，其中，V 是节点集合，E 是边集合，Σ 表示节点之间的关系，表示标签集合。更进一步地，如果图中的边是没有方向的，则称为无向图；否则，称为有向图。

(2) 不确定图 $G=(G,P)$，其中，G 表示一个有向图。对于任意边 $e\in E$，$P(e)\in(0,1]$表示 e 存在的概率。特别地，$P(e)=1$ 表示边 e 确定存在。

(3) 时序图是一种随时间而变化的图模型，一般是有向的。时序图可以被看作是一组有向图序列 $\mathrm{TG}=\{G_{t_1},G_{t_2},\cdots,G_{t_m}\}$，其中，$G_{t_x}$ 表示在时间点 t_x 时的图 G。

(4) 超图 $H=(X,E)$，其中，X 表示一个有限集合 S，S 中的元素称为节点 e；E 是 X 的一个非空子集，称为超边或连接。

基于图模型的数据库有 Neo4j，以及中国的图数据库 Nebula Graph（欧若数网）、HugeGraph（百度）、GraphBase（华为）、TuGraph（蚂蚁金服）等。Neo4j 是起源比较早、应用比较广泛的图数据管理系统，具有原生图存储机制，并支持 ACID 事务。

3.1.5 列族数据库

列族数据库可以存储关键字及其映射值，并且可以把值分成多个列族，让每个列族代表一张数据映射表。关系型数据库与列族数据库 Cassandra 的术语对比如表 3-1 所示。

表 3-1 关系型数据库与列族数据库 Cassandra 的术语对比

关系型数据库	Cassandra
数据库实例（database instance）	集群（cluster）
数据库（database）	键空间（keyspace）
表（table）	列族（column family）
行（row）	行（row）
列（column，每行所对应的各列均相同）	列（column，不同的行所对应的列可以有差别）

列族数据库将数据存储在列族里，而列族里的行则把许多列数据与本行的行健（row key）关联起来（如图 3-4 所示）。列族用来把通常需要一并访问的相关数据分成组。列族可能要同时访问多个 Customer（客户）的 profile（个人配置）信息，然而很少需要同时访问他们的 Orders（订单）。

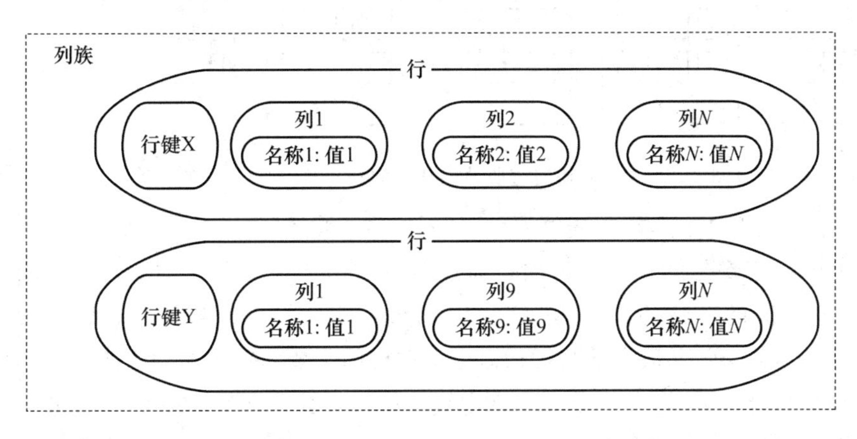

图 3-4 Cassandra 数据库所使用的列族数据模型

接下来列举几个不同的列族数据库应用案例。在事件记录中，由于列族数据库可存放任意数据结构，所以它很适合用来保存应用程序状态或运行中遇到的错误等事件信息。在内容管理系统与博客平台中，使用列族，可以把博文的“标签”（tag）、“类别”（category）、“链接”（link）和“trackback”等属性放在不同的列中。评论信息既可以与上述内容放在同一行，也可以移到另一个“键空间”。同理，博客用户与实际博文亦可存于不同列族中。在限制使用的场合，可能需要向用户提供使用版，或在网站上将某个广告条显示一定时间，这些功能可以通过“带过期时限的列”来完成。

3.1.6 HBase的基本原理

1. HBase存储

Hbase主要处理两种文件：一种是预写日志（Write-Ahead Log，WAL），另一种是实际的数据文件。如图3-5所示，这两种文件主要由HRegionServer管理。在某些情况下，HMaster也可以进行一些顶层的文件操作（在0.92.0中与0.90.x中稍有不同）。当存储数据到HDFS中时，用户可能注意到实际的数据文件会被切分成更小的块。也正是这一点，用户可以配置系统来更好地处理较大或较小的文件。

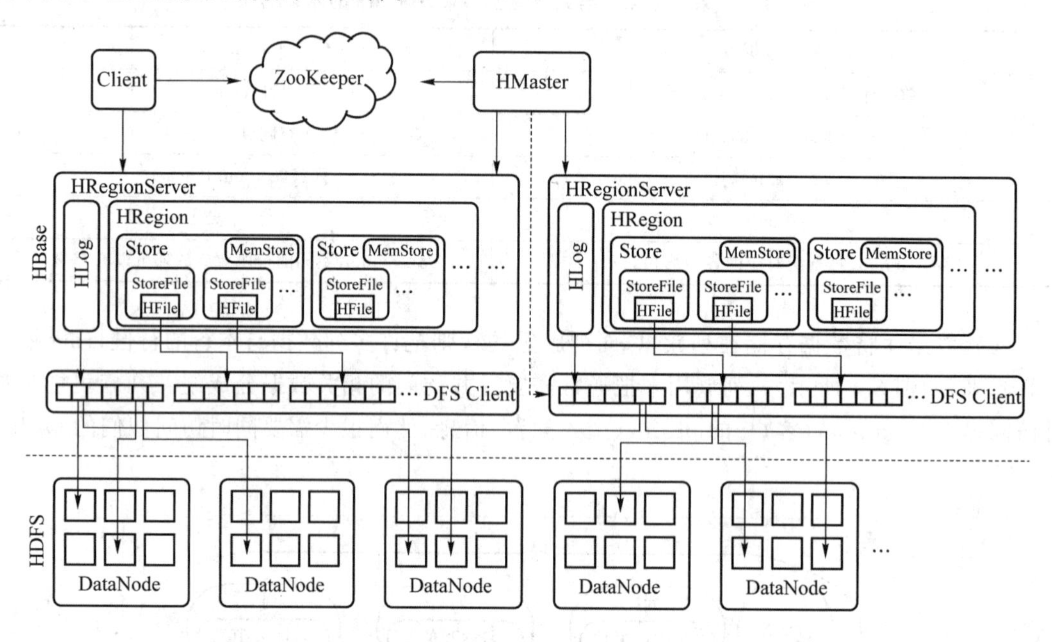

图3-5 HBase如何透明地操作存储在HDFS上文件的概览

一个基本的流程是客户端首先联系ZooKeeper字集群（quorum，一个由ZooKeeper节点组成的单独集群）查找行健。上述过程是通过ZooKeeper获取含有-ROOT-的region服务器名（主机名）来完成的。通过含有-ROOT-的region服务器可以查询到META表中对应的region服务器名，其中包含请求的行键信息。这两行的主要内容被缓存下来了，并且都只查询一次。最终，通过查询META服务器来获取客户端的行健数据所在region的服务器名。

一旦知道了数据的实际位置，即region的位置，HBase会缓存这次查询的信息，同时直接联系管理实际数据的HRegionSever。所以，之后客户端可以通过缓存信息很好地定位所需的数据位置，而不用再次查找META表。

HRegionSever负责打开region，并创建对应的Hregion实例。当Hregion被打开后，它会为每个表的HColumnFamily创建一个Store实例，这些列族是用户之前创建表时定义的。每个Store实例包含一个或多个StoreFile实例，它们是实际数据存储文件HFile的轻量级封装。每个Store实例包含一个或多个StoreFile实例，它们是实际数据存储文件HFile的轻量级封装。每个Store还有其对应的一个MemStore，一个HRegionServer分享了一个HLog实例。

2. 写路径

当用户向 HRegionServer 发起 HTable. put(Put)请求时,其会将请求交给对应的 HRegion 实例来处理。第一步是要决定数据是否需要写到由 HLog 类实现的预写日志中。WAL 是标准的 Hadoop SequenceFile,并且存储了 HLogKey 实例。这些键包括序列号和实际数据,所以在服务器奔溃时可以回滚还没有持久化的数据。

一旦数据被写入 WAL 中,数据就会被放到 MemStore 中。同时还会检查 MemStore 是否已满,如已满就会被请求刷写到磁盘中去。刷写请求由另外一个 HRegionServer 的线程处理,它会把数据写成 HDFS 中的一个新 HFile。同时也会保存最后写入的序号,系统就知道那些数据现在被持久化了。

3. 文件

根级文件。第一组文件是被 HLog 实例管理的 WAL 文件,这些日志文件被创建在 HBase 的根目录下一个名为. logs 的目录中。对于每个 HRegionSever,日志目录中都包含一个对应的子目录。在每个子目录中有多个 HLog 文件(因为日志滚动)。一个 region 服务器的所有 region 共享同一组 HLog 文件。

表级文件。在 HBase 中,每张表都有自己的目录,其位于文件系统中 HBase 根目录下。每张表目录包括一个名为. tableinfo 的顶层文件,该文件存储表对应序列化后的 HTableDescriptor。其中包括表和列族的定义,同时其内容也可以被读取,例如,用户可以使用一些工具查看表的大致结构。. tmp 目录中包含一些临时数据,例如,当更新. tableinfo 文件时,生成的临时数据就会被存放到该目录中。

region 级文件。在每张表的目录里面,表模式中每个列族都有一个单独的目录。目录的名字是一部分 region 名字的 MD5 散列值。region 目录中也有一个. regioninfo 文件,这个文件包含了对应 region 的 HRegionInfo 实例序列化后的信息。与. tableinfo 文件类似,它能被外部工具查看 region 的相关信息。可选的. tmp 目录是按需求创建的,它被用来存放临时文件。在 WAL 回放时,任何未提交的修改都会写入每个 region 的一个单独的文件中。

region 拆分。当一个 region 里的存储文件增长到大于配置的 hbase. hregion. max. filesize 大小或者在列族层面配置的大小时,region 会被一分为二。这个过程非常迅速,因为系统只是为新 region 创建了两个对应的文件,每个 region 是原始 region 的一半。region 服务器通过在父 region 中创建 splits 目录来完成这个过程。接下来关闭该 region,此后这个 region 不再接受任何请求。然后 region 服务器通过 splits 目录中设立必需的文件结构来准备新的字 region(使用多线程),包括新 region 目录和参考文件。如果这个过程成果完成,那么它将把两个新 region 目录移到表目录中。. META. 表中父 region 的状态会被更新,以表示其现在拆分的节点和子节点是什么。以上过程可以避免父 region 被意外重新打开。

region 合并。存储文件会被后台的管理进程仔细地监控起来以确保它们处于控制之下。随着 MemStore 的刷写会生成很多磁盘文件。如果文件的数目达到阈值,那么合并过程将把它们合并成数量更少的体积更大的文件。这个过程持续到这些文件中最大的文件超过配置的最大存储文件大小,此时会触发一个 region 拆分。

4. HFile 格式

实际的存储文件功能是由 HFile 类实现的,它被专门创建以达到一个目的:有效地存储

HBase的数据。它们基于Hadoop的TFile类，并模仿Google的BigTable架构使用的SSTable格式。

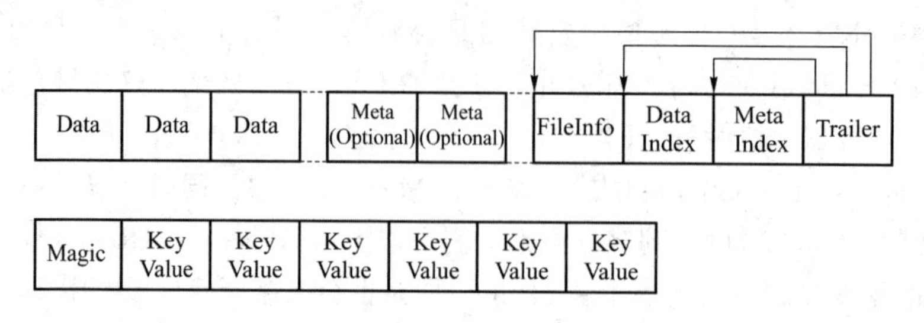

图 3-6　HFile结构

这些文件是可变长度的，唯一固定的块是FileInfo块和Trailer块。如图3-6所示，Trailer有指向其他块的指针。它是在持久化数据到文件结束时写入的，写入后即确定其成为不可变的数据存储文件。Index块记录Data和Meta块的偏移量。Data和Meta块实际上都是可选的，但是考虑到HBase如何使用数据文件，在存储文件中用户几乎总能找到Data块。

块大小是由HColumnDescriptor配置的，而该配置可以在创建表时由用户指定或者使用比较合理的默认值。块大小的最小值，对于一般的应用，设置为8 KB～1 MB。如果应用主要涉及顺序访问，那么较大的块大小将更加合适。不过这会降低随机读性能（因为需要解压缩更多的数据）。较小的块更有利于随机数据访问，不过同时也需要更多的内存来存储块索引，并且可能创建过程也会变得更慢。

5. KeyValue格式

本质上，HFile中的每个KeyValue都是一个低级的字节数组，它允许零复制访问数据。图3-7显示了所包含数据的布局。

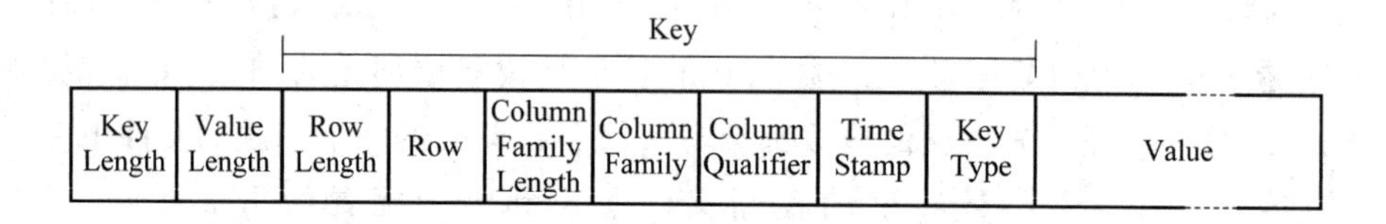

图 3-7　KeyValue格式

该结构以两个分别表示键长度（Key Length）和值长度（Value Length）的定长数字开始。有了这个信息，用户就可以在数据中跳跃，例如，可以忽略键直接访问值。其他情况下，用户也可以从键中获取必要的信息。一旦其转换成一个KeyValue的Java实例，用户就能通过对应的getter方法得到更多的细节信息。

6. 读路径

HBase的每个列族使用多个存储文件来进行数据存储，这些文件包含实际的数据单元或KeyValue实例。当MemStore中存储的对HBase的修改信息最后作为存储文件被刷写到硬盘中时，这些文件就被创建了。后台合并进程通过将小文件写入大文件中来减少文件的数目，从而保证文件的总数在可控范围之内。Major合并最后将文件集合中的文件合并成一个文件，从此刷写又会不断创建小文件。

由于所有的存储文件都是不可变的，从这些文件中删除一个特定的值是做不到的，通过重写存储文件将已经被删除的单元格移除也是毫无意义的。墓碑标记就是用于此类情况的，它

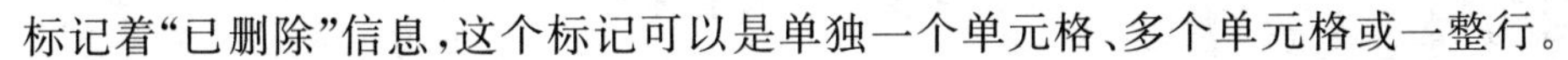

标记着“已删除”信息，这个标记可以是单独一个单元格、多个单元格或一整行。

7. Region 查找

为了让客户端找到包含特定主键的 region，HBase 提供了两张特殊的目录表-ROOT-和.META.。

-ROOT-表用来查询所有.META.表中 region 的位置。HBase 的设计中只有一个 root region，即 root region 从不进行拆分，从而保证类似于 B+树结构的三层查找结构：第一层是 ZooKeeper 中包含 root region 位置信息的节点，第二层是从-ROOT-表中查找对应 meta region 的位置，第三层是从.META.表中查找用户表对应 region 的位置。

目录表中的行健由 region 的表名、起始行和 ID(通常是以毫秒表示的当前时间)连接而成。从 HBase 0.90.0 版本开始，主键上有另一个散列值附加在后面。不过目前这个附加部分只用在用户表的 region 中。

虽然客户端缓存了 region 的地址，但是初始化需求时需要重新查找 region，例如，缓存过期了，并发生了 region 的拆分、合并或移动。客户端库函数使用递归查找的方式从目录中重新定位当前 region 的位置。它会从对应的.META. Region 查找对应行健的地址。如果对应的.META. Region 地址无效，那么它就向 root 表询问当前对应的.METAm 表的位置。最后，如果连 root 表的地址也失效了，那么它会向 ZooKeeper 节点查询 root 表的新地址。

在最坏的情况下，客户端需要 6 次网络往返请求来定位一个用户 region，由于系统假设了 region 的分配情况，特别是 meta region 的分配情况不会经常变化，所以只有当查找失败时，客户端才会认为缓存的 region 地址失效。当缓存为空时，客户端需要 3 次网络往返请求来更新缓存。如果用户想减少未来请求 region 地址的次数，可以在请求之前预刷写缓存地址。

3.1.7 HBase 数据模型

简单来说，应用程序是以表的方式在 HBase 存储数据的。表是由行和列构成的，所有的列是从属于某一个列族的。行和列的交叉点称为 cell。cell 的内容是不可分割的字节数组。表的行键也是一段字节数组，所以任何东西都可以保存进去，不论是字符串还是数字。HBase 的表是按 key 排序的，排序方式是针对字节的。所有的表都必须要有主键。

1. 数据模型概述

HBase 模式里的逻辑实体如下。

- 表(table)——HBase 用表来组织数据。表名是字符串(string)，由可以在文件系统路径里使用的字符组成。
- 行(row)——在表里，数据按行存储。行由行键(rowkey)唯一标识。行键没有数据类型，通常视为字节数组 byte[]。
- 列族(column family)——行里的数据按照列族分组，列族也影响到 HBase 数据的物理存放。因此，它们必须事前定义并且不轻易修改，表中每行拥有相同列族，尽管行不需要在每个列族里存储数据。列族名字是字符串(string)，由可以在文件系统路径使用的字符组成。
- 列限定符(column qualifier)——列族里的数据通过列限定符或列来定位。列限定符不必事前定义，列限定符不必在不同行之间保持一致。就像行键一样，列限定符没有数据类型，通常视为字节数组 byte[]。

- 单元(cell)——行键、列族和列限定符一起确定一个单元。存储在单元里的数据称为单元值(value)。值也没有数据类型，通常视为字节数组 byte[]。
- 时间版本(version)——单元值有时间版本。时间版本用时间戳标识，是一个 long。没有指定时间版本时，当前时间戳作为操作的基础。HBase 保留单元值时间版本的数量基于列族进行配置，默认数量是 3 个。

上述 6 个概念是构成 HBase 的基础。用户最终看到的是通过 API 展现的上述 6 个基本概念的逻辑视图，它们是对 HBase 物理存放在硬盘上数据进行管理的基石。

2. 逻辑模型：有序映射的映射集合

HBase 中使用的逻辑数据模型有许多有效的描述。本章将 HBase 的逻辑结构描述为有序映射的映射(sorted map of maps)。即把 Hbase 看作是字典结构的无限的实体化的嵌套的版本。

首先考虑映射这个概念。HBase 使用坐标系统来识别单元里的数据：【行键，列族，列限定符，时间版本】。例如，从 users 表里取出 Mark 的记录。HBase 逻辑上数据组织成嵌套的映射。每层映射集合里，数据按照映射集合的键字典序排序。如图 3-8 所示，本例子中“email”排在“name”前面，最新时间版本排在稍晚时间版本前面。

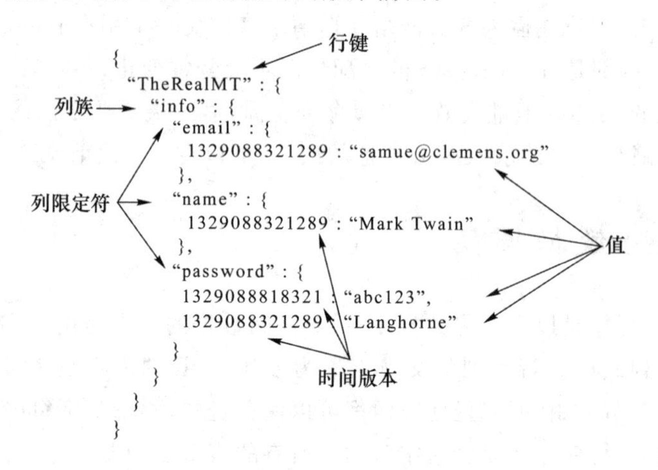

图 3-8　有序映射的映射

理解映射的概念时，把这些坐标从里往外看。可以想象，开始以时间版本为键、数据为值建立单元映射，往上一层以列限定符为键、单元映射为值建立列族映射，最后以行键为键、列族映射为值建立表映射。这个庞然大物用 Java 描述为：

```
Map<RowKey, Map<ColumnFamily, Map<ColumnQualifier, Map<Version, Data>>>>
```

映射的映射是有序的。上述的例子只显示了一条记录，即便如此也可以看到顺序。注意 password 单元有两个时间版本。最新时间版本排在稍晚时间版本之前。HBase 按照时间戳降序排列各时间版本，所以最新的数据总是在最前面。这种物理设计明显导致可以快速访问最新时间版本。其他的映射键按升序排列。

3. 物理模型：面向列族

就像关系型数据库一样，HBase 中的表由行和列组成。HBase 中的列按照列族分组。这种分组表现在逻辑层次中是其中一个层次。列族也表现在物理模型中。每个列族在硬盘上有自己的 HFile 集合。这种物理上的隔离允许在列族底层 HFile 层面上分别进行管理。进一步考虑到合并,每个列族的 HFile 都是独立管理的。

HBase 的记录按照键值对存储在 HFile 里。HFile 自身是二进制文件,不是直接可读的。存储在硬盘上 HFile 的 Mark 用户数据如图 3-9 所示。注意,在 HFile 里 Mark 这一行使用了多条记录。每个列限定符和时间版本有自己的记录。另外,文件里没有空记录(null)。如果没有数据,HBase 不会存储任何东西。因此列族的存储是面向列的,就像其他列数据库一样。一行中一个列族的数据不一定存放在同一个 HFile 里。Mark 的 info 数据可能分散在多个 HFile 里。唯一的要求是,一行中列族的数据需要物理存放在一起。

```
"TheRealMT", "info", "email",      1329088321289, "samue@clemens.org"
"TheRealMT", "info", "name",       1329088321289, "Mark Twain"
"TheRealMT", "info", "password",   1329088818321, "abc123",
"TheRealMT", "info", "password",   1329088321289, "Langhorne"
```

图 3-9 对应 users 表 info 列族的 HFile 数据,每条记录在 HFile 里是完整的

如何 users 表里有另一个列族,并且 Mark 在那些列里有数据。Mark 的行也会在那些 HFile 里有数据。每个列族使用自己的 HFile。意味着,当执行读操作时 HBase 不需要读出一行中的所有数据,只需要读取用到列族的数据。面向列意味着当检索指定单元时,HBase 不需要读占位符(placeholder)记录。这两个物理细节有利于稀疏数据集合的高效存储和快速读取。

假如我们增加另一个列族到 users 表,以存储电子商务平台上的活动,这会生成多个 HFile。让 HBase 管理整行的一整套工具如图 3-10。

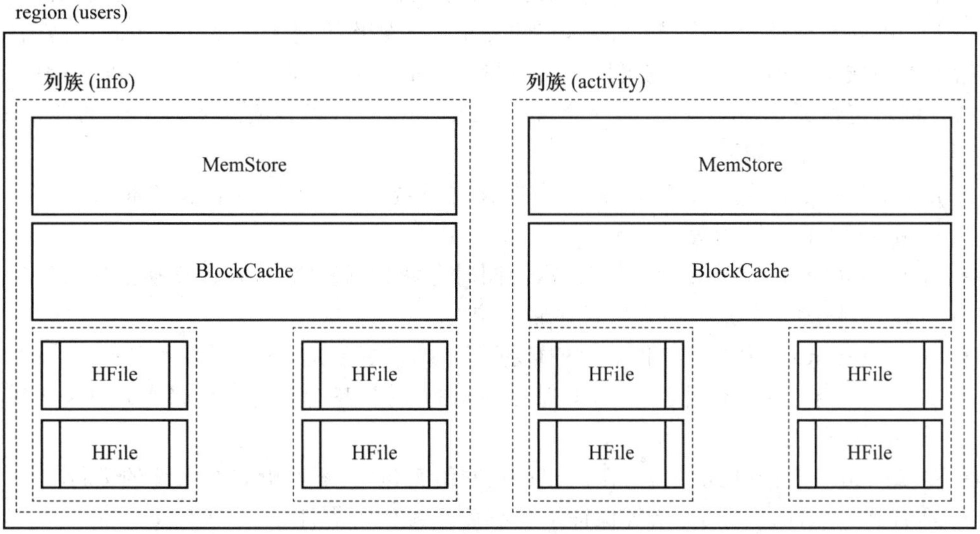

region (users)
列族 (info)
MemStore
BlockCache
HFile
HFile
HFile
HFile
列族 (activity)
MemStore
BlockCache
HFile
HFile
HFile
HFile

图 3-10 users 表的一个 region,表中某行的所有数据在一个 region 里管理

3.2 键值数据库

3.2.1 键值数据库简介

键值存储是当下比较流行的话题，尤其是在构建诸如搜索引擎、IM、P2P、游戏服务器、SNS 等大型互联网应用以及提供云计算服务的时候，怎样保证系统在海量数据环境下的高性能、高可靠性、高扩展性、高可用性、低成本成为所有系统架构挖空心思考虑的重点，而怎样解决数据库服务器的性能瓶颈是最大的挑战。

按照分布式领域的 CAP 理论（Consistency、Availability、Tolerance to network Partitions 这三部分在任何系统架构实现时只可能同时满足其中两点，没法三者兼顾）来衡量，传统的关系数据库的 ACID 只满足了 Consistency、Availability，因此在 Partition tolerance 上就很难做得好。另外，传统的关系数据库处理海量数据、分布式架构时在 performance、Scalability、Availability 等方面也存在很大的局限性。

而键值存储更加注重对海量数据存取的性能、分布式、扩展性的支持，并不需要传统关系数据库的一些特征，如 Scheme、事务、完整 SQL 查询支持等，因此在分布式环境下的性能相对于传统的关系数据库有很大的提升。

3.2.2 为什么选择键值数据库

采用 key-value 形式的存储，可以极大地增强系统的可扩展性（scalability）。一方面，key-value store 可以支持极大的数据的存储，它的分布式的架构决定了只要有更多的机器，就能保证存储更多的数据。另一方面，它可以支持数量很多的并发查询。对于 RDBMS，一般几百个并发的查询就可以让它很吃力了，而一个 key-value store，可以轻松地支持上千的并发查询。key-value store 的特点如下。

- key-value store 是一个 key-value 数据存储系统，只支持一些基本操作，如 SET（key，value）和 GET（key）等。
- key-value store 中的多台机器（nodes）同时存储数据和状态，彼此交换消息来保持数据一致，可视为一个完整的分布式存储系统。
- key-value store 中的所有机器上的数据都是同步更新的，不用担心得到不一致的结果。
- key-value store 所有机器（nodes）保存相同的数据，整个系统的存储能力取决于单台机器（node）的能力。
- 少数 nodes 出错（比如重启、宕机、断网、网络丢包等）不影响整个系统的运行。
- 具有高可靠性，容错、冗余等保证了数据库系统的可靠性。

下面介绍 Redis 的数据结构。

Redis 可以存储键与 5 种不同数据结构类型之间的映射。这 5 种数据结构类型分别为 STRING（字符串）、LIST（列表）、SET（集合）、HASH（散列）和 ZSET（有序集合）。

1）字符串

Redis 的字符串和其他编程语言或者其他键值存储提供的字符串非常相似。本小节在使用图片表示键和值的时候,通常会将键名(key name)和值的类型放在方框顶部,并将值放在方框里面,如图 3-11。

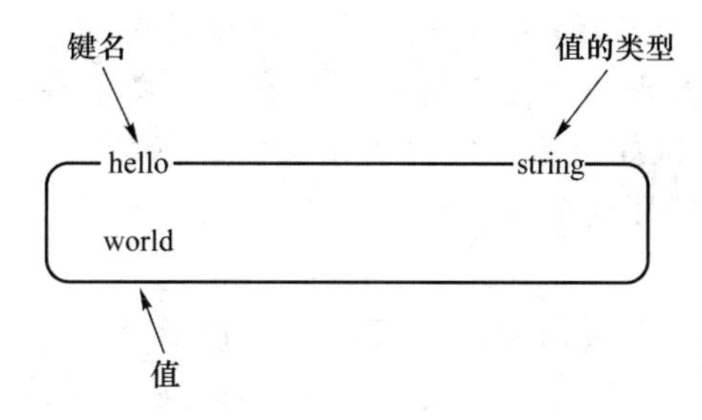

图 3-11 字符串示例

字符串拥有一些和其他键值存储相似的命令,如 GET(获取值)、SET(设置值)和 DEL(删除值)。

2) 列表

Redis 对链表结构的支持使得它在键值存储的世界中独树一帜。一个列表结构可以有序地存储多个字符串,和表示字符串时使用的方法一样,如图 3-12 所示。

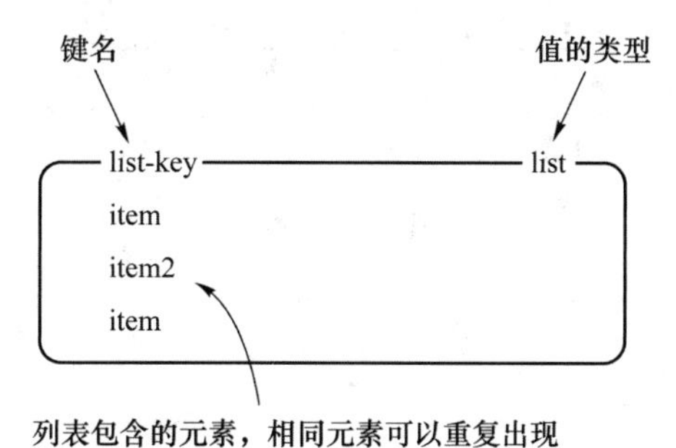

图 3-12 列表示例

Redis 列表可执行的操作和很多编程语言里面的列表操作非常相似:LPUSH 命令和 RPUSH 命令分别用于将元素推入列表的左端(left end)和右端(right end);LPLP 和 RPOP 命令分别用于从列表的左端和右端弹出元素;LINDEX 命令用于获取列表在给定位置上的一个元素;LRANGE 命令用于获取列表在给定范围上的所有元素。

3) 集合

Redis 的集合和列表都可以存储多个字符串,它们之间的不同在于,列表可以存储多个相同的字符串,而集合则通过使用散列表来保证自己存储的每个字符串都是各不相同的(这些散列表只有键,但没有与键相关联的值),如图 3-13 所示。

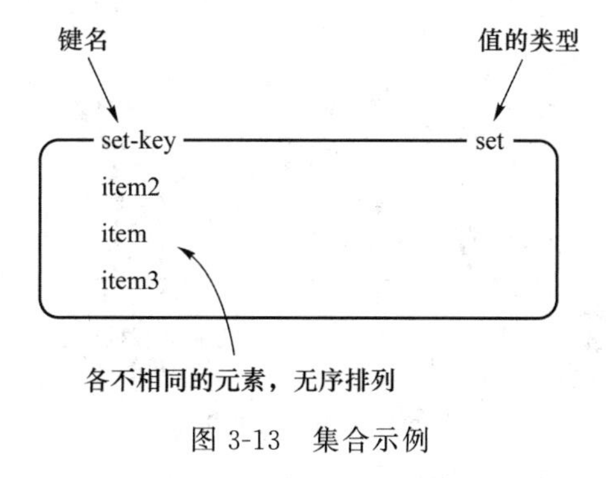

图 3-13 集合示例

因为 Redis 的集合使用了无序(unordered)方式存储元素，所以用户不能像使用列表那样，将元素推入集合的某一端，或者从集合的某一端弹出元素。不过用户可以使用 SADD 命令将元素添加到集合，或者可以使用 SREM 命令从集合里面移除元素。另外还可以通过 SLSMEMBER 命令快速地检查一个元素是否已经存在于集合中，或者使用 SMEMBERS 命令获取集合包含的所有元素(如果集合包含的元素非常多，那么 SMEMBERS 命令的执行速度可能会很慢，所以请谨慎使用这个命令)。

4）散列

Redis 的散列可以存储多个键值对之间的映射。和字符串一样，散列存储的值既可以是字符串又可以是数字值，并且用户同样可以对散列存储的数字值执行自增操作或者自减操作。图 3-14 展示了一个包含两个键值对的散列。Redis 的散列命令如表 3-2 所示。

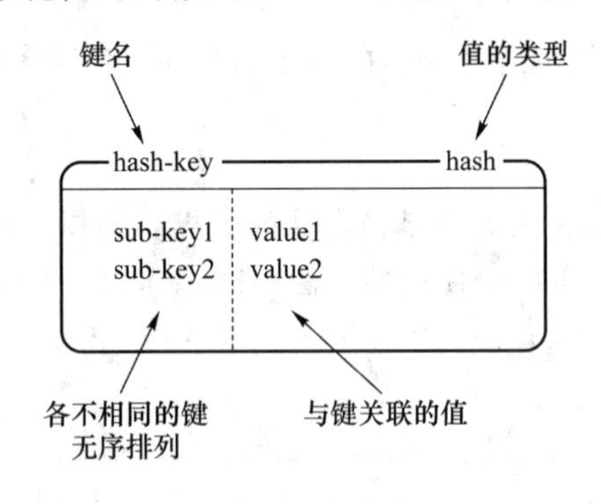

图 3-14　散列示例

表 3-2　散列命令

命　令	行　为
HSET	在散列里面关联起给定的键值对
HGET	获取指定散列键的值
HGETALL	获取散列包含的所有键值对
HDEL	如果给定键存在于散列里面，那么移除这个键

5）有序集合

有序集合和散列一样，都用于存储键值对：有序集合的键被称为成员(member)，每个成员都是各不相同的；而有序集合的值则被称为分值(score)，分值必须为浮点数。有序集合是 Redis 里唯一一个既可以根据成员访问元素(这一点和散列一样)，又可以根据分值及分值的排列顺序来访问元素的结构。图 3-15 展示了一个包含两个元素的有序集合实例。

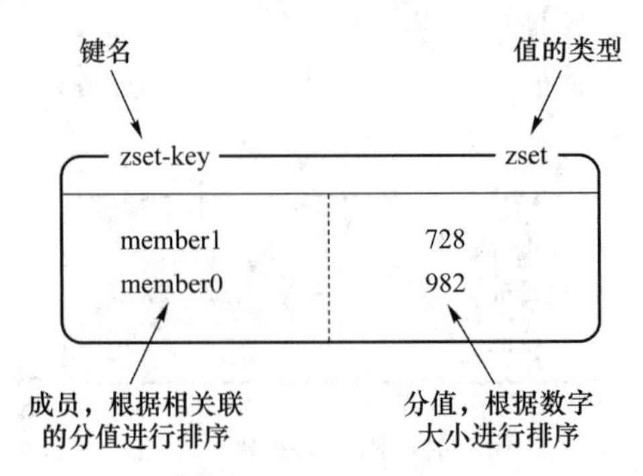

图 3-15　有序集合示例

有序集合命令如表 3-3 所示。

表 3-3 有序集合命令

命 令	行 为
ZADD	将一个带有给定分值的成员添加到有序集合里面
ZRANGE	根据元素在有序排列中所处的位置,从有序集合里面获取多个元素
ZRANGEBYSCORE	获取有序集合在给定分值范围内的所有元素
ZREM	如果给定成员存在于有序集合,那么移除这个成员

3.2.3 Redis 的数据持久化

Redis 提供了两种不同的持久化方法来将数据存储到硬盘里面。一种方法叫快照(snapshotting),它可以将存在于某一时刻的所有数据都写到硬盘里面。另一种方法只追加文件(Append-Only File,AOF),它会在执行写命令时,将被执行的写命令复制到硬盘里面。这两种持久化方法既可以同时使用,又可以单独使用,在某些情况下甚至两种方法都不使用,具体选择哪种持久化方法需要根据用户的数据以及应用来决定。

将内存中的数据存储到硬盘的一个主要原因是为了在之后重用数据,或者是为了防止系统故障而将数据备份到一个远程位置。另外,存储在 Redis 里的数据有可能是经过长时间计算得出的,或者有程序正在使用 Redis 存储的数据进行计算,所以用户会希望自己可以将这些数据存储起来以便之后使用,这样就不必再重新计算了。

1. 快照持久化

Redis 可以通过创建快照来获得存储在内存里面的数据再某个时间点的副本。在创建快照之后,用户可以对快照进行备份,可以将快照复制到其他服务器从而创建具有相同数据的服务器副本,还可以将快照留在原地以便重启服务器时使用。

根据配置,快照将被写入 dbfilename 选项指定的文件里,并储存在 dir 选项指定的路径上。如果在新的快照文件创建完毕之前,Redis、系统和硬件这三者之中的任意一个崩溃了,那么 Redis 将丢失最后一次创建快照之后写入的所有数据。因此,快照持久化只适用于那些即使丢失一部分数据也不会造成问题的应用程序。

快照的过程如下:(1)Redis 使用 fork 函数复制一份当前进程(父进程)的副本(子进程);(2)父进程继续接收并处理客户端发来的命令,而子进程开始将内存中的数据写入硬盘中的临时文件;(3)子进程写入所有数据后会用该临时文件替换旧的快照文件,至此一次快照操作完成。

2. AOF 持久化

当使用 Redis 存储非临时数据时,一般需要打开 AOF 持久化来降低进程中止导致的数据丢失。AOF 可以将 Redis 执行的每一条命令追加到硬盘文件中,这一过程显然会降低 Redis 的性能,但大部分情况下这个影响是可以接受的,另外使用较快的硬盘可以提高 AOF 的性能。

虽然每次执行更改数据库内容的操作时,AOF 都会将命令记录在 AOF 文件中,但是事实上，由于操作系统的缓存机制，数据并没有真正地写入硬盘，而是进入了系统的硬盘缓存。在默认情况下，系统每 30 秒会执行一次同步操作，以便将硬盘缓存中的内容真正地写入硬盘，在这 30 秒的过程中如果系统异常退出则会导致硬盘缓存中的数据丢失，一般来讲启用 AOF 持久化的应用都无法容忍这样的损失，这就需要 Redis 在写入 AOF 文件后主动要求系统将缓存内容同步到硬盘里。在 Redis 中，我们可以通过 appendfsync 参数设置同步的时机，如图 3-16 所示。

```
 #appendfsync always
appendfsync everysec
 #appendfsync no
```

图 3-16　通过 appendfsync 参数设置同步的时机

在默认情况下 Redis 采用 everysec 规则，即每秒执行一次同步操作。always 表示每次执行写入都会执行同步，这是最安全也是最慢的方式。no 表示不主动进行同步操作，而是完全交由操作系统来做(每 30 秒一次)，这是最快但最不安全的方式。

Redis 允许同时开启 AOF 和 RDB，既保证了数据安全，又使得进行备份等操作十分容易。此时，重新启动 Redis 后 Redis 会使用 AOF 文件来恢复数据，因为 AOF 方式的持久化可能丢失的数据最少。

3.2.4　Redis 的复制

通过持久化的功能，Redis 保证了即使在服务器重启的情况下也不会损失数据。但是由于数据时存储在一台服务器上的，如果这台服务器出现硬盘故障等问题，也会导致数据丢失。为了避免单点故障，通常的做法是将数据库复制多个副本以部署在不同的服务器上，这样即使有一台服务器出现故障，其他服务器依然可以继续提供服务。为此，Redis 提供了复制的功能，可以实现在一台数据库中的数据更新后，自动将更新的数据同步到其他数据库上。

在复制的概念中，数据库分为两类，一类是主数据库(master)，另一类是从数据库(slave)。主数据库可以进行读写操作，当写操作导致数据变化时会自动将数据同步给从数据库。而从数据库一般是只读的，并接受主数据同步过来的数据。一个主数据库可以拥有多个从数据库，而一个从数据库只能拥有一个主数据库，如图 3-17 所示。

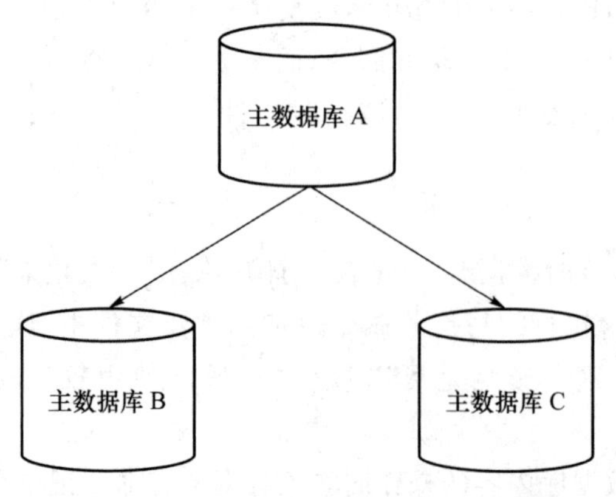

图 3-17　一个主数据库可以拥有多个从数据库

一个从数据库启动后，会向主数据库发送 SYNC 命令。同时，主数据库接收到 SYNC 命令后会开始在后台保存快照，并将保存快照期间接收到的命令缓存起来。快照完成后，Redis 会将快照文件和所有缓存的命令发送给从数据库。从数据库收到后，会载入快照文件并执行收到的缓存的命令。以上过程称为复制初始化。复制初始化结束后，主数据库收到写命令时就会将命令同步给从数据库，从而保证主从数据库数据一致。

主从数据库之间的连接断开重连后，Redis 2.4 以及之前的版本会重新进行复制初始化（主数据库重新保存快照并传送给从数据库），即使从数据库可以仅有几条命令没有收到，主数据库也必须将数据库里的所有数据重新传送给从数据库。这使得主从数据库断线重连后的数据恢复过程效率低下，在网络环境不好的时候这一问题尤其明显。

3.3 文档数据库

3.3.1 文档数据库简介

文档（document）是文档数据库中的主要概念。此类数据库可存放并获取文档，其格式可以 XML、JSON、BSON 等。这些文档具备自述性（self-describing），呈现分层的树状数据结构，可以包含映射表、集合和纯量值。数据库中的文档彼此相似，但不必完全相同。文档数据库所存放的文档，就相当于键值数据库所存放的“值”。文档数据库可视为其值可查的键值数据库。表 3-4 对比了 Oracle 与 MongoDB 的术语。

表 3-4 Oracle 与 MongoDB 的术语对比

Oracle	MongoDB
数据库实例（database instance）	MongoDB 实例（MongoDB instance）
模式（schema）	数据库（database）
表（table）	集合（collection）
行（row）	文档（document）
rowid	_id
join	DBRef

接下来列举几个不同的文档数据库的应用案例。在事件记录中，应用程序对事件记录各有需求。在企业级解决方案中，许多不同的应用程序都需要记录事件。文档数据库可以把所有这些不同类型的事件都存起来，并作为事件存储的“中心数据库”使用。在网站分析与实时分析中，文档数据库可以存储实时分析数据。由于可只更新部分文档内容，所以用它来存储“页面浏览量”或“独立访客数”会非常方便，而且无序改变模式即可新增度量标准。在电子商务应用程序中，电子商务类应用程序通常需要较为灵活的模式，以存储产品和订单。同时，它们也需要在不做高成本数据库重构及数据迁移的前提下进行其数据模型。

3.3.2 MongoDB 的数据类型

- Null：用于表示空值和不存在的字段：{“x”：null}。
- 布尔型：布尔类型只有两个值 true 和 false。
- 数值：Shell 默认使用 64 位浮点型数值。{“x”：3.14}对于整数值，可用 NumberInt 类(表示 4 字节带符号整数）或 NumberLong 类（表示 8 字符带符号整数）。{“x”：NumberInt(“3”)}。
- 字符串：UTF-8 字符串都可表示为字符串类型的数据：{“x”：foobar}。
- 日期：日期被存储为自新纪元以来经过的毫秒数，不存储时区：{“x”：new Date()}。
- 正则表达式：查询时，使用正则表达式作为限定条件，语法也与 JavaScript 的正则表达式语法相同：{“x”：/foobar/i}。
- 数组：数组列表或数据集可以表示为数组：{“x”：["a","b","c"]}，数组既能作为有序对象(如列表、栈或队列)，也能作为无序对象(如数据集)来操作。
- 内嵌文档：文档可嵌入其他文档，被嵌入的文档作为父文档的值：{“x”：{“foo”：bar}}。
- 对象 id：对象 id 是一个 12 字节的 ID，是文档的唯一标识：{“x”：Object()}。
- 二进制数据：二进制数据是一个任意字节的字符串。它不能直接在 shell 中使用。UTF-8 字符保存到数据库中，二进制数据是唯一的方式。

3.3.3 MongoDB 的复制

MongoDB 使用复制可以将副本保存到多台服务器上，即使一台或多台服务器出错，也可以保证应用程序正常运行和数据安全。在 MongoDB 中，创建一个副本集之后就可以使用复制功能了。副本集是一组服务器，其中有一个主服务器(primary)，用于处理客户端请求；还有多个备份服务器(secondary)，用于保存主服务器的数据副本。如果主服务器崩溃了，那么备份服务器会自动将其中一个成员升级为新的主服务器。使用复制功能时，如果有一台服务器宕机了，仍然可以从副本集的其他服务器上访问数据。如果服务器上的数据损坏或者不可访问，可以从副本集的某个成员中创建一份新的数据副本。

1. 副本集的同步

复制用于在多台服务器之间备份数据。MongoDB 的复制功能是使用操作日志 oplog 实现的，操作日志包含了主节点的每一次写操作。oplog 是主节点的 local 数据库中的一个固定集合。备份节点通过查询这个集合就可以知道需要进行复制的操作。

每个备份节点都维护着自己的 oplog，记录着每一次从主节点复制数据的操作。这样，每个成员都可以作为同步源提供给其他成员使用。如图 3-24 所示，备份节点从当前使用的同步源中获取需要执行的操作，然后在自己的数据集上执行这些操作，最后再将这些操作写入自己 oplog。如果遇到某个操作失败的情况(只有当同步源的数据损坏或者数据与主节点不一致时才可能发生)，那么备份节点就会停止从当前的同步源复制数据。

图 3-18 oplog 中按顺序保存着所有执行过的写操作。其中，每个成员都维护着一份自己的 oplog，每个成员的 oplog 都应该跟主节点的 oplog 完全一致(可能会有一些延迟)。

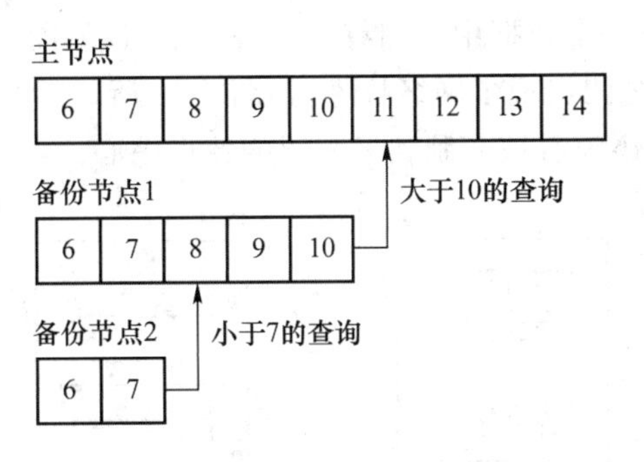

图 3-18 oplog 中按顺序保存着所有执行过的写操作

如果某个备份节点由于某些原因宕机，在它重新启动之后，就会自动从 oplog 中最后一个操作开始进行同步。由于复制操作的过程是先复制数据再写入 oplog，所以备份节点可能会在已经同步过的数据上再次执行复制操作。MongoDB 在设计之初就考虑到了这种情况：将 oplog 中的同一个操作执行多次，与只执行一次的效果是一样的。

由于 oplog 大小时固定的，它只能保存特定数量的操作日志。通常，oplog 使用空间的增长速度与系统处理写请求的速率几乎相同：如果主节点上每分钟处理了 1KB 的写入请求，那么 oplog 很可能也会在一分钟内写入 1KB 的操作日志。但是，有一些例外情况：如果单次请求能够影响到多个文档（比如删除多个文档或者是多个文档更新），oplog 中就会出现多条操作日志。如果单个操作会影响多个文档，那么每个受影响的文档都会对应 oplog 中的一条日志。

2. 心跳

每个成员都需要知道其他成员的状态：哪个是主节点？哪个可以作为同步源？哪个花掉了？为了维护集合的最新视图，每个成员每隔两秒钟就会向其他成员发送一个心跳请求。心跳请求的信息量非常小，用于检查每个成员的状态。

心跳最重要的功能就是让主节点知道自己是否满足集合“大多数”的条件。如果主节点不再得到“大多数”服务器的支持，它就会退位，变为备份节点。

3. 选举

当一个成员无法到达主节点时，它就会申请被选举为主节点。希望被选举为主节点的成员，会向它能到达的所有成员发送通知。如果这个成员不符合候选人要求，那么其他成员可能会知道相关原因：这个成员的数据落后于副本集，或者是已经有一个运行中的主节点（那个力求被选举为主节点的成员无法到达这个主节点）。在这些情况下，其他成员不会允许进行选举。

假如没有反对的理由，其他成员就会对这个成员进行选举投票。如果这个成员得到副本集中“大多数”赞成票，它就选举成功，会转换到主节点状态。如果达不到“大多数”赞成票，它就选举成功，会转换到主节点状态。如果达不到“大多数”的要求，那么选举失败，它仍然处于备份节点状态，之后还可以再次申请被选举为主节点。主节点会一直处于主节点状态，除非它由于不再满足“大多数”的要求或者挂了而退位，另外，副本集被重新配置也会导致主节点退位。

4. 回滚

如果主节点执行了一个写请求之后掉线，但是备份节点还没来得及复制这次操作，那么新选举出来的主节点就会漏掉这次写操作。假如有两个数据中心，其中一个数据中心拥有一个主节点和一个备份节点，另一个数据中心拥有三个备份节点，如图 3-19 所示。

如果这两个数据中心之间出现了网络故障，如图 3-20 所示。其中左边第一个数据中心最后操作是 126，但 126 操作还没有被复制到另一边的数据中心。

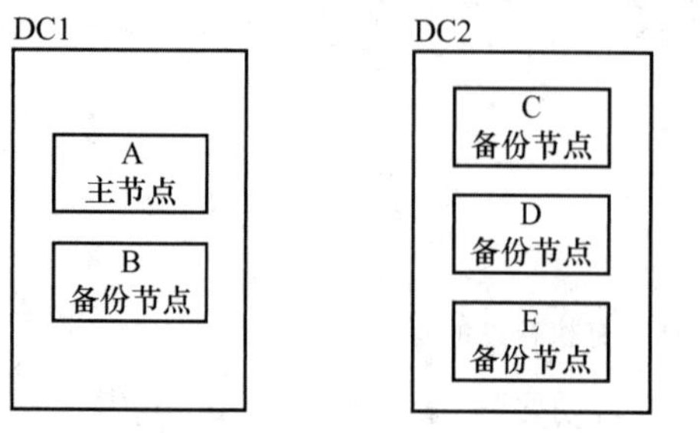

图 3-19　双数据中心配置举例

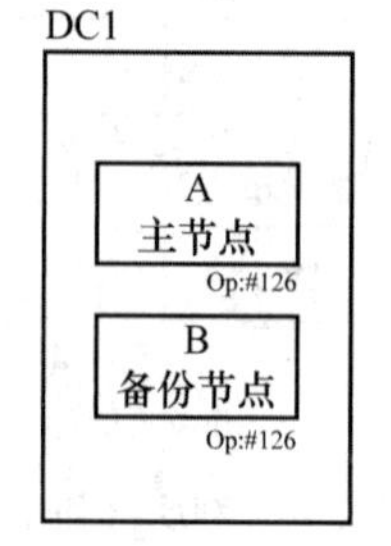

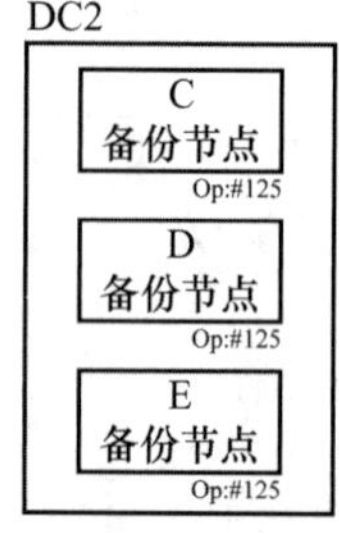

图 3-20　在不同数据中心之间进行复制比在单一数据中心内要慢

右边的数据中心仍然满足副本集“大多数”的要求（一共 5 台服务器，3 台即可满足要求）。因此，其中一台服务器会被选举为新的主节点，这个新的主节点会继续处理后续的写入操作，如图 3-21 所示。

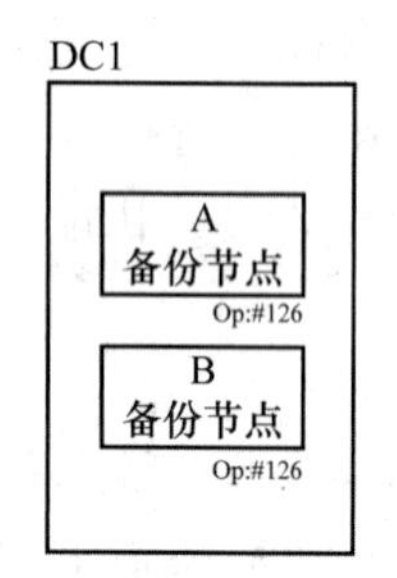

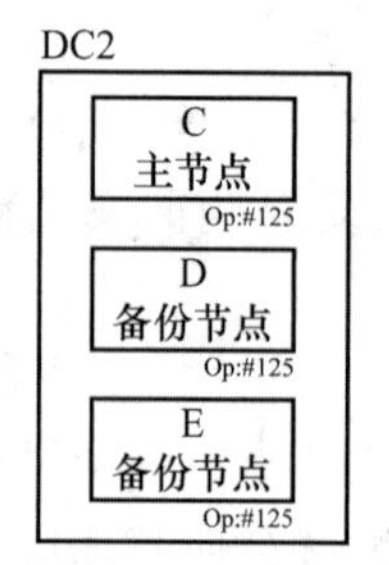

图 3-21　右边数据中心未能完全复制左边数据中心的写操作

网络恢复之后，左边数据中心的服务器就会从其他服务器开始同步 126 之后的操作，但是无法找到这个操作。这种情况发生的时候，A 和 B 就会进入回滚（rollback）过程。回滚会将失败之前未复制的操作撤销。拥有 126 操作的服务器会在右边数据中心服务器的 oplog 中寻找共同的操作点，之后会定位到 125 操作，这是两个数据中心相匹配的最后一个操作。图 3-22 显示了 oplog 的情况。

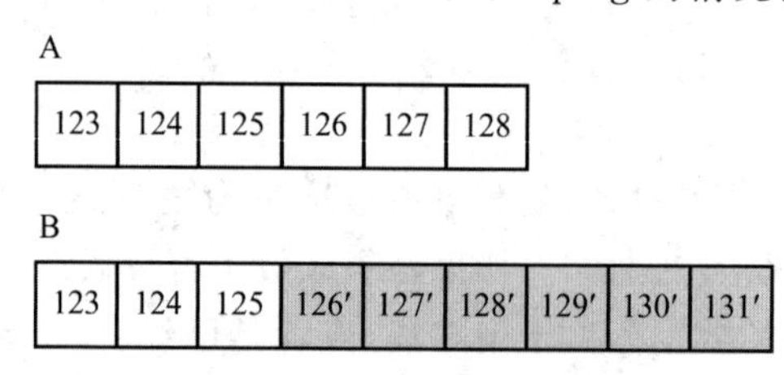

图 3-22　显示 oplog 的情况

图 3-22 图中两个成员的 oplog 有冲突：很显然，A 的 126～128 操作被复制之前 A 崩溃了，所以这些操作并没有出现在 B 中（B 拥有更多的最近操作）。A 必须先将 126～128 这 3 个操作回滚，然后才能重新进行同步。

在某些情况下，如果要回滚的内容太多，那么 MongoDB 可能承受不了。如果要回滚的数据量大于 300 MB，或者要回滚 30 分钟以上的操作，那么回滚就会失败。对于回滚失败的节点，必须要重新同步。这种情况最常见的原因是备份节点远远落后于主节点，而这时主节点却挂了。如果其中一个备份节点成为主节点，那么这个主节点与旧的主节点相比，缺少很多操作。为了保证成员不会在回滚中失败，最好的方式是保持备份节点的数据尽可能最新。

3.4 图数据库

3.4.1 图数据库简介

图数据库是一种专门用于存储和管理图(Graph)结构数据的数据库系统。如大家在数据结构中学习到的特性,图数据库的核心优势在于能够有效地处理和查询复杂的关系数据,这使得它在社交网络分析、推荐系统、生物信息学等领域有着广泛的应用。图数据库的核心原理元素包括节点和边,节点代表数据实体,边则表示实体之间的关系(如图 3-23 所示)。这些元素可以拥有属性,以存储更多的信息。图数据库的强大之处在于其图遍历能力,它允许用户通过图遍历来搜索和发现数据,而这种操作在传统关系型数据库中往往效率低下。

图数据库可以根据不同的标准进行分类,主要包括以下几种细分类型。

- 属性图(Property Graph):这种类型的图数据库以顶点和边的形式组织数据,其中每个顶点和边都可以包含属性。属性图模型非常适合处理具有复杂关系的数据结构,例如社交网络中的用户及其关联。常见的使用属性图存储的图数据库包括 Neo4j、NebulaGraph 等。
- RDF 图(Resource Description Framework Graph):RDF 图使用资源描述框架(RDF)数据模型,数据以主体-谓词-对象(Subject-Predicate-Object)的三元组形式存储。这种模型广泛应用于知识图谱和语义网。常见的使用 RDF 图存储的图数据库包括 Blazegraph、Virtuoso 等。
- 原生图数据库(Native Graph Databases):原生图数据库采用专门的图存储引擎,以高效地存储和查询图数据。它们通常针对图数据进行了优化,并提供了高性能的图算法。常见的原生图数据库包括 Neo4j、NebulaGraph、JanusGraph 等。
- 非原生图数据库(Non-Native Graph Databases):有些关系型数据库通过图扩展(如 Cypher 语言)来支持图数据模型。这种方法允许将图数据存储在传统的关系型数据库中,同时利用图查询语言进行操作。

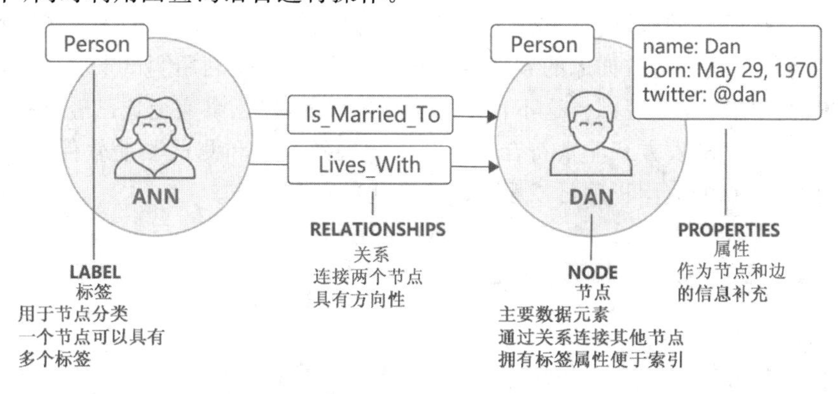

图 3-23 图数据库的数据组织形式(以 Neo4J 为例)

3.4.2 图数据库的优势

采用图的方案，性能可以提升一个甚至几个数量级，而且比起聚合的批处理，其延迟也小很多。除了性能的优势之外，图数据库还提供极其灵活的数据模型，这也和当今敏捷软件交付实践推崇的交付模式相一致。

1）绝对的性能提升

与关系数据库和 NoSQL 存储处理关联数据相比，选择图数据库会有绝对的性能提升。随着数据集的不断增大，关系型数据库处理密集 join(join-intensive)查询的性能也会随之变差，而图数据库则不然。在数据集增大时，它的性能趋向于保持不变，这是因为查询总是只与图的一部分相关。因此，每个查询的执行时间只和满足查询条件的那部分遍历的图的大小(而不是整个图的大小)成正比。

2）灵活性

作为开发者和数据架构师，我们希望根据问题域来决定如何连接数据。这样我们就不需要在对数据的真实模样和复杂度了解少时，被迫预先做出决定。随着我们对问题域了解的加深，结构和模式(schema)会自己浮现出来。图数据模型表示和适应业务需求的方式，使得 IT 部门终于跟得上业务变化速度。

图天生就是可扩展的，这意味着我们可以对已经存在的结构添加不同种类的新联系、新节点、新标签和新子图，而不用担心破坏已有的查询或应用程序的功能。这些特点对于开发者的生产力和项目风险一般都有积极的意义。同时由于图模型的灵活性，我们不必在项目最初就穷思竭虑地把领域中的每一个细枝末节都考虑到模型中——这种做法在不断变化的业务需求面前，简直就是蛮干。图的天然可扩展性也意味着我们会做更少的数据迁移，从而降低维护开销和风险。

3）敏捷性

通过使用与当今增量和迭代的软件交付实践相吻合的技术，我们希望能够就像改进应用程序的其他部分一样改进我们的数据模型。现代图数据库可以让我们使用平滑的开发方式，配以优雅的系统维护。尤其是图数据库天生不需要模式，再加上其 API 和查询语言的可测性，使我们可以用一个可控的方式来开发应用程序。

同时，正是因为图数据库不需要模式，所以它缺少以模式为导向的数据管理机制，即在关系世界中我们已经熟知的机制。但这并不是一个风险，相反，它促进我们采用了一种更加可见的、课操作的管理方式。图数据库的管理通常作用于编程方式，利用测试来驱动数据模型和查询，以及依靠图来断言业务规则。这不再是一个有争议的做法，事实上这已经比关系型开发应用更广了。图数据库开发方式非常符合当今的敏捷软件开发和测试驱动软件开发实践，这使得以图数据库为后端的应用程序可以跟上不断变化的业务环境。

3.4.3 Neo4j 的基本元素与概念

1. 节点

节点(node)是图数据库中的一个基本元素，用以表达一个实体记录，就像关系数据库中的一条记录一样。在 Neo4j 中节点可以包含多个属性(property)和多个标签(label)。带有属性和标签的节点如图 3-24 所示。

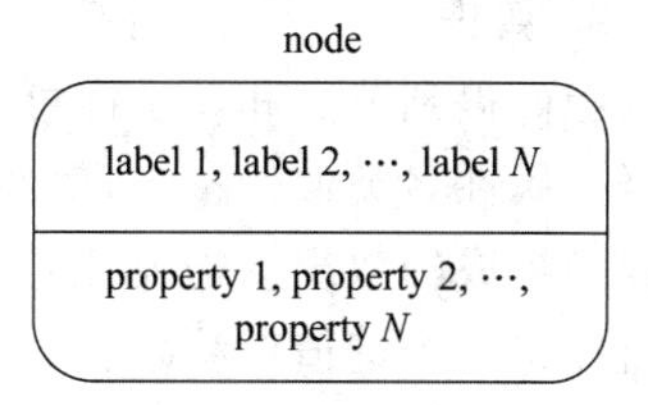

图 3-24 带有属性和标签的节点

2. 关系

关系(relationship)同样是图数据库中的基本元素。数据库中已经存在节点后,需要将节点连接起来构成图。关系就是用来连接两个节点,关系也称为图论的边(edge),其始端和末端都必须是节点,关系不能指向空也不能从空发起。关系和节点一样可以包含多个属性,但关系只能有一个类型(type)。带有类型和属性的关系如图 3-25 所示。

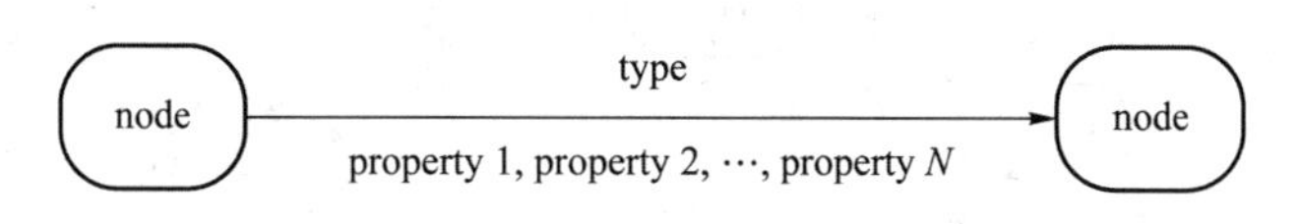

图 3-25 带有类型和属性的关系

一个节点可以被多个关系指向或作为关系的起始节点如图 3-26 所示。关系必须有开始节点(start node)和结束节点(end node),两头都不能为空。节点可以被关系串联或并联起来,如图 3-27、图 3-28所示。

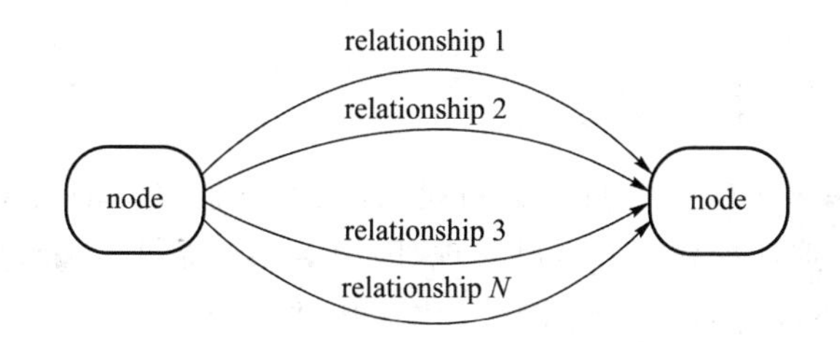

图 3-26 多个关系指向同一节点

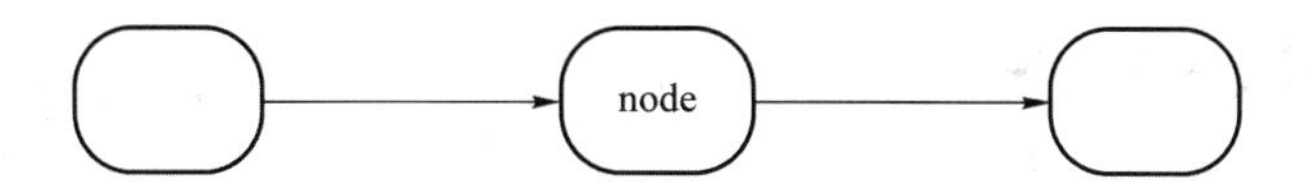

图 3-27 关系串联节点

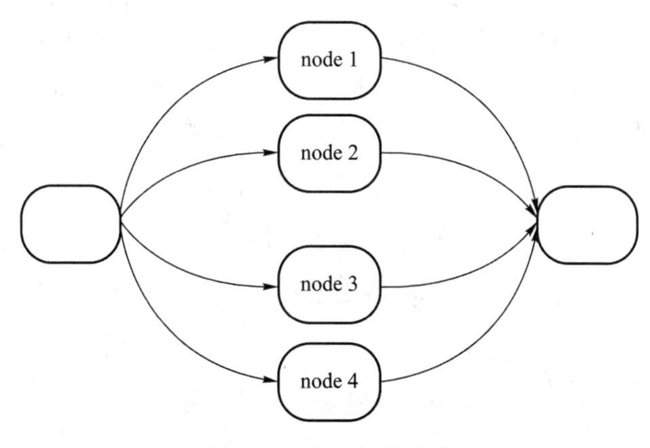

图 3-28 关系并联节点

3. 属性

上面提到节点和关系都可以有多个属性。属性是由键值对组成的。就像 Java 的哈希表一样。属性名类似变量名，属性值类似变量值。属性值可以是基本的数据结构，或者由基本数据类型组成的数组。需要注意的是，属性值没有 null 的概念，如果一个属性不需要了，那么可以直接将整个键值对移除。

4. 路径

使用节点和关系创建了一个图后，在此图中任意两个节点间都可能存在路径。如图 3-29 所示，任意两节点都存在节点和关系组成的路径，路径也有长度的概念，也就是路径中关系的条数。

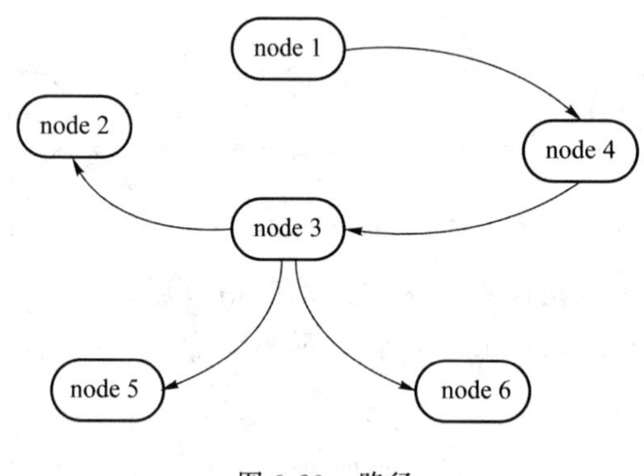

图 3-29　路径

5. 遍历

遍历(Traversal)一张图就是按照一定的规则，根据它们之间的关系，依次访问所有相关联的节点的操作。对于遍历操作不必自己实现，因为 Neo4j 提供了一套高效的遍历 API，可以指定遍历规则，然后让 Neo4j 自动按照遍历规则遍历并返回遍历的结果。遍历规则可以是广度优先，也可以是深度优先。

3.4.4 Cypher 简介

Cypher 是一种言简意赅的图数据库查询语言。尽管现在还是 Neo4j 特有的语言，但它和我们使用示意图来表示图的方式非常相似，因此非常适合程序化地描述图。

真实的用户和应用程序都可以用 Cypher 去数据库里查询匹配某种模式的数据。通俗地说就是，我们让数据库去"找类似于这样的数据"。而我们描述"这样的数据"的方式就是用 ASCII 字符画把它们画出来。图 3-30 就是这样一个简单的模式。

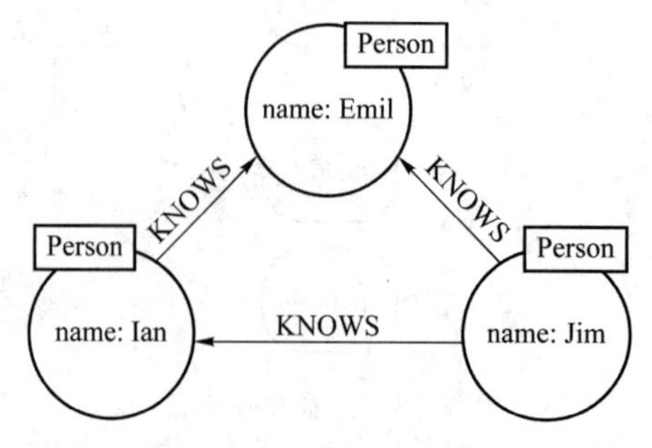

图 3-30　一个简单的用示意图表示的图模式

这个模式描述了3个有交集的朋友。用Cypher中的ASCII字符画表达出来，如图3-31所示。

```
(emil)<-[:KNOWS]-(jim)-[:KNOWS]->(ian)-[:KNOWS]->(emil)
```

图3-31 Cypher中ASCII字符画的表达

这个模式描述了一条路径，它将一个叫jim的节点和另外两个叫ian和emil的节点连接起来，同时将ian节点和emil节点连接起来。这里ian、jim和emil是标识符。标识符可以让我们在描述一个模式时，多次指向同一个节点——这个技巧可以帮我们绕过查询语句其实只有一个方向的事实(它只能从左到右地处理文本)，而示意图可以从两个方向展开。除了偶尔需要用这种方式重复使用标识符，整个语句的意图仍然是清晰的。

3.5 对象存储

1. 对象存储相关概念

对象存储是面向对象/文件的、海量的互联网存储，它也可以直接被称为"云存储"。对象尽管是文件，它是已被封装的文件(编程中的对象就有封装性的特点)，也就是说，在对象存储系统里，不能直接打开/修改文件，但可以像FTP一样上传文件、下载文件等。另外，对象存储没有像文件系统那样有一个很多层级的文件结构，而是只有一个"桶"(bucket)的概念(也就是存储空间)，"桶"里面全部都是对象，是一种非常扁平化的存储方式。其最大的特点就是它的对象名称就是一个域名地址，一旦对象被设置为"公开"，所有网民都可以访问到它；它的拥有者还可以通过REST API的方式访问其中的对象。因此，对象存储最主流的使用场景，就是存储网站、移动APP等互联网/移动互联网应用的静态内容(视频、图片、文件、软件安装包等)。

2. 对象存储出现背景

之前的数据存储模式主要有DAS、SAN和NAS，如图3-32所示。在DAS和SAN中，存储资源就像一块一块的硬盘，直接挂载在主机上，我们称为块存储。而在NAS中，呈现出来的是一个基于文件系统的目录架构，有目录、子目录、孙目录、文件，我们称之为文件存储。文件存储的最大特点，就是所有存储资源都是多级路径方式进行访问的。例如：

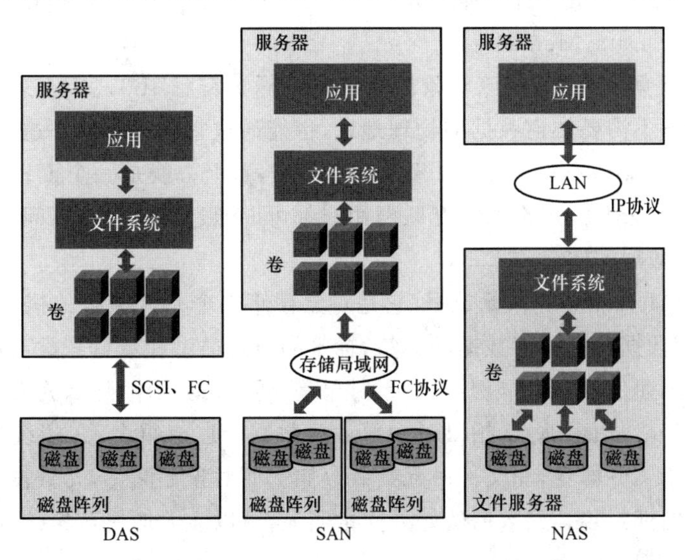

图3-32 DAS、SAN和NAS三种数据存储模式对比

```
C:\Program Files (x86)\Tencent\WeChat\WeChat.exe
```

20世纪末，随着互联网的爆发，数据存储需求发生了两个重大的变化：

① 数据量爆炸式增长。Web应用的崛起、社交需求的刺激，极大地推动了多媒体内容的创作和分享。人们开始上传大量的照片、音乐、视频，数据量激增。此外，信息技术的发展、企业数字化的落地，也产生了大量的数据，不断吞食着存储资源。

② 非结构化数据的占比显著增加。我们经常做的Excel表格，姓名、身高、体重、年龄、性别，这种用二维表结构可以进行逻辑表达的数据，就是结构化数据。而图像、音频、视频、Word文章、演示胶片这样的数据，就是非结构化数据。根据此前的预测，到2020年，全球数据总量的80%将是非结构化数据。面对这两大趋势，因为本身技术和架构的限制，DAS、SAN和NAS无法进行有效应对，对象存储应运而生。

3. 对象存储详解

1）对象存储与块存储、文件存储的区别

对象存储的底层硬件介质，依然是硬盘，和块存储、文件存储没有区别。而对象存储架构在底层硬件之上的系统，和两者完全不同。不同的软件，带来了完全不同的使用体验：

- 块存储，操作对象是磁盘。存储协议是SCSI、iSCSI、FC。以SCSI为例，主要接口命令有Read/Write/Read Capacity/Inquiry等。
- 文件存储，操作对象是文件和文件夹。存储协议是NFS、SAMBA(SMB)、POSIX等。以NFS为例，与文件相关的接口命令包括READ/WRITE/CREATE/REMOVE/RENAME/LOOKUP/ACCESS等，与文件夹相关的接口命令包括MKDIR/RMDIR/READDIR等。
- 对象存储，主要操作对象是对象(Object)。存储协议是S3、Swift等。以S3为例，主要接口命令有PUT/GET/DELETE等。接口命令非常简洁，没有目录树的概念。在对象存储系统里，不能直接打开/修改文件，只能先下载、修改，再上传文件。

2）对象存储中的数据组成

对象存储呈现出来的是一个“桶”(bucket)，可以往“桶”里放“对象(Object)”。这个对象包括三个部分：Key、Data、Metadata。

- Key：可以理解文件名，是该对象的全局唯一标识符(UID)。Key是用于检索对象，服务器和用户不需要知道数据的物理地址，也能通过它找到对象。这种方法极大地简化了数据存储。图3-33是一个对象的地址范例，看上去就是一个URL网址。如果该对象被设置为“公开”，那么所有互联网用户都可以通过这个地址访问它。
- Data：用户数据本体。
- Metadata：Metadata叫作元数据，它是对象存储一个非常独特的概念，指“描述数据的数据”。元数据有点类似数据的标签，标签的条目类型和数量是没有限制的，可以是对象的各种描述信息。举个例子，如果对象是一张人物照片，那么元数据可以是姓名、性别、国籍、年龄、拍摄地点、拍摄时间等。元数据可以有很多，在传统的文件存储里，这类信息属于文件本身，和文件一起封装存储。而对象存储中，元数据是独立出来的，并不在数据内部封装。元数据的好处非常明显，可以大大加快对象的排序、分类和查找。

3）对象存储的架构

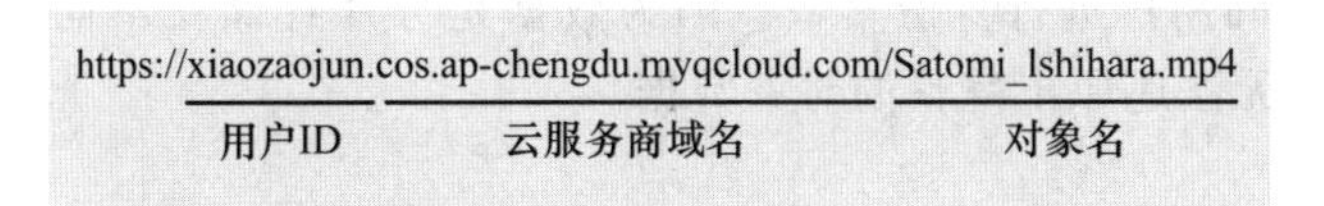

图 3-33 对象存储中的对象地址范例

对象存储的架构如图 3-34 所示，分为 3 个主要部分。

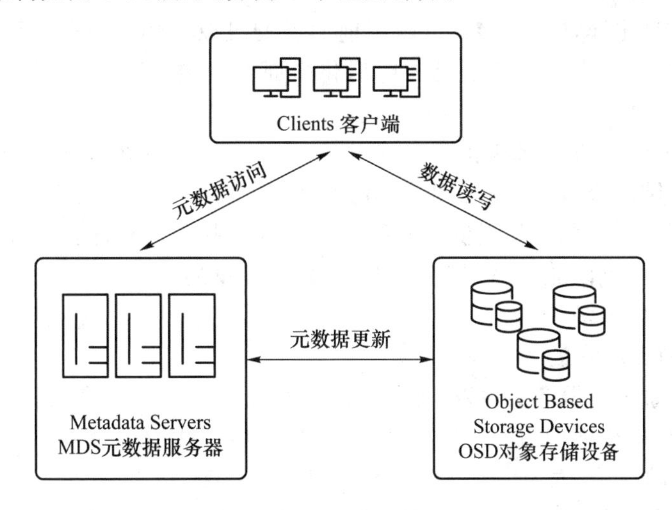

图 3-34 对象存储的架构

- OSD 对象存储设备：这是对象存储的核心，具有自己的 CPU、内存、网络和磁盘系统。它的主要功能当然是存储数据。同时，它还会利用自己的算力优化数据分布，并且支持数据预读取，提升磁盘性能。
- MDS 元数据服务器：它控制 Client 和 OSD 的交互，还会管理着限额控制、目录和文件的创建与删除，以及访问控制权限。
- Client 客户端：提供文件系统接口，方便外部访问。

根据上面的架构可以看出，对象存储系统可以是一个提供海量存储服务的分布式架构。

4. 对象存储的优势

1）容量无限大

对象存储的容量是 EB 级以上，1EB 约等于 1TB 的一百万倍。对象存储的所有业务、存储节点采用分布式集群方式工作，各功能节点、集群都可以独立扩容。从理论上来说，某个对象存储系统或单个桶(bucket)，并没有总数据容量和对象数量的限制。

换句话说，只要有足够的钱，服务商就可以不停地往架构里增加资源，这个存储空间就是无限的。用户可以根据自身需求购买相应大小的对象存储空间。如果需要调整大小，也是支持弹性伸缩的，用户不需要进行数据迁移和人工干预。

2）数据安全可靠

对象存储采用了分布式架构，对数据进行多设备冗余存储(至少三个以上节点)，实现异地容灾和资源隔离。

根据云服务商的承诺，数据可靠性至少可以达到 99.999 999 999%。这意味着，1 000 亿个文件里，每月最多只会有 1 个文件发生数据丢失。这比一个人被陨石击中的概率还要小。

数据访问方面，所有的桶和对象都有 ACL 等访问控制策略，所有的连接都支持 SSL 加密，OBS 系统会对访问用户进行身份鉴权。因为数据是分片存储在不同硬盘上的，所以即使有坏人偷了硬盘，也无法还原出完整的对象数据。

3）使用方便

对于用户来说，对象存储是一个非常方便的存储方式。很多人把它比喻为“代客泊车”，用户只需要把车扔给它，它给用户一个凭证，用户通过凭证取车就可以了。用户不需要知道车库的布局，也不需要自己去费力停放。

数据的存取方法也非常灵活多样。除了前面说的可以使用网页（基于 http 协议）直接访问之外，大部分云服务提供商都有自己的图形化界面客户端工具，用户存取数据就像用网盘一样。

事实上，大部分的对象存储需求，并不是个人用户买来当网盘用，而且企业或政府用户用于系统数据存储。网站、App 的静态图片、音频、视频，还有企业系统的归档数据等是通过程序内部的接口调用的。对象存储提供开放的 REST API 接口。程序员在开发应用时，直接把存储参数写进代码，就可以通过 API 接口调用对象存储里的数据。相比文件存储那一串串的路径，对象存储要方便很多。

5. 对象存储的应用场景

目前国内有大量的云服务提供商，他们把对象存储当作云存储在卖。他们通常会把存储业务分为 3 个等级，即标准型、低频型、归档型。对应的应用场景如下。

① 标准型：移动应用、大型网站、图片分享、热点音视频。

② 低频型：移动设备、应用与企业数据备份、监控数据、网盘应用。

③ 归档型：各种长期保存的档案数据、医疗影像、影视素材。

3.6 NewSQL

3.6.1 NewSQL 简介

NewSQL 数据库是现代 SQL 数据库，它解决了与传统联机事务处理（OLTP）RDBMS 相关的一些主要问题。它们在保持传统数据库管理系统优点的同时，力求实现 NoSQL 数据库的可伸缩性和高性能。换句话说，NewSQL 数据库是一种特殊的关系数据库系统，它结合了传统数据库 OLTP 和 NoSQL 的高性能和可伸缩性。它们保持了传统 DBMS 的 ACID（原子性、一致性、隔离性和持久性）。ACID 事务特性确保了完整的业务流程、并发事务、系统故障或错误时的数据完整性，以及事务前后的一致性。

NewSQL 数据库在内部设计方面有所不同，但它们都是运行在 SQL 上的 RDBMS。它们使用 SQL 来接收新信息，同时执行许多事务，并修改数据库的内容。NewSQL 系统主要包括新的技术架构、透明的数据分片中间件、SQL 引擎和数据库即服务（DBaaS）。

（1）分区/分片：几乎所有的 NewSQL 数据库管理系统都是通过将数据库划分为不同的子集（称为分区或分片）来扩展的。数据库中的表被水平地分割成几个分片，这些分片的边界基于列值来划分，来自不同表的相关片段被连接以创建分区。

（2）副本：此功能允许数据库用户创建和维护数据库以及副本。数据库的副本存储在与主站相连接的远程站点或距离很远的站点。用户可以同时更新副本，也可以更新一个节点并将结果状态转移到其他副本。

(3) 辅助索引(二级索引):辅助索引允许数据库用户通过使用主键以外的其他值有效地访问数据库记录。

(4) 并发控制:此功能可解决多用户系统中当多个用户同时访问或修改数据时可能出现的问题。NewSQL 系统使用此功能来确保同步事务,同时保持数据完整性。

(5) 故障恢复:NewSQL 数据库有一种故障恢复的机制,使它们能够在系统崩溃时恢复数据到一致的状态。

其中一些好处包括:

- 数据库分区减少了系统的通信开销,从而可以轻松地访问数据;
- 即使出现系统故障或错误,ACID 事务也可以确保数据的完整性;
- NewSQL 数据库可以处理复杂的数据;
- NewSQL 系统具有高度可伸缩性。

3.6.2 目前主流的 NewSQL

1. Vitess

Vitess 是一个分布式 MySQL 工具集,它可以自动分片存储 MySQL 数据表,将单个 SQL 查询改写为分布式发送到多个 MySQL Server 上,支持行缓存(比 MySQL 本身缓存效率高)与复制容错等。Vitess4.0 相较先前的版本有许多改进,可以使新用户更容易使用,用户可以很容易地在 k8s 上部署 Vitess。

2. CockroachDB

CockroachDB 是一个支持地理位置处理、支持事务处理的可伸缩的数据存储系统。CockroachDB 提供了两种事务特性,即快照隔离(Snapshot Isolation,SI)语义和顺序快照隔离(SSI)语义,后者是默认的隔离级别。

Cockroach 是一个分布式的 K/V 数据仓库,支持 ACID 事务,多版本值存储是其首要特性。它的主要设计目标是全球一致性和可靠性。Cockroach 数据库能处理磁盘、物理机器、机架甚至数据中心失效情况下最小延迟的服务中断;整个失效过程无须人工干预。Cockroach 的节点是均衡的,其设计目标是同质部署(只有一个二进制包)且最小配置。CockroachDB 无须重新配置,也无须进行大规模的架构修改就可以水平扩展,只需在集群中添加一个新节点,CockroachDB 就会去处理底层复杂的问题。

3. TiDB

TiDB 是一款定位于在线事务处理/在线分析处理(Hybrid Transactional/Analytical Processing,HTAP)的融合型数据库产品,实现了一键水平伸缩、强一致性的多副本数据安全、分布式事务、实时 OLAP 等重要特性,同时兼容 MySQL 协议和生态,迁移便捷,运维成本极低。但是从使用情况来看,它对硬件要求较高。目前 TiDB 也分社区版和企业版。

4. ClustrixDB

MariaDB 于 2018 年收购了 ClustrixDB,它目前是一个类 MYSQL 的关系数据库,可以很容易地从 MySQL 迁移到 ClustrixDB。ClustrixDB 与 MySQL 客户机兼容,与 AMAZON Aurora 不同的是,它是分布式的,可以扩展写操作,并且不会产生单独的 I/O 和存储费用,它从底层就支持 Web、移动和物联网(IoT)等具有最极端的可扩展性要求的应用程序,并且是在不损害关键特性的情况下做到这一点,数据库需要为带有关键型任务应用程序提供对可靠数据访问服务，包括事务和 SQL。

5. MemSQL

MemSQL 最大的卖点就是性能，MemSQL 兼容 MySQL。MemSQL 于 2012 年 12 月 14 日发布，是世界上最快的关系数据库，能实现每秒 150 万次事务。MemSQL 是一个分布式的高度可伸缩的 SQL 数据库，可以在任何地方运行。MemSQL 使用熟悉的关系模型为事务性和分析性工作负载提供最高性能。MemSQL 是一个可扩展的 SQL 数据库，它不断地吸收数据，为客户的业务一线执行操作分析。MemSQL 使用 ACID 事务每秒接收数百万个事件，同时以关系 SQL、JSON、地理空间和全文搜索格式分析数十亿行数据。

6. NuoDB

NuoDB 是世界上首个也是唯一一个具有专利的弹性可伸缩的 SQL 关系数据库，主要用于去集中化的计算资源。NuoDB 支持完全从头开始设计一个全新的数据库，它能提供 100% ACID 保证以及能兼容 SQL 标准规范。它还支持复杂数据库管理任务，如分区、缓存集群和性能调优等。

7. Altibase

Altibase 数据库提出并完美结合了一个新概念——Hybrid DBMS。Altibase 提供高性能、容错能力和事务管理的方便性，特别是在通信、网上银行、证券交易、实时应用和嵌入式系统领域。

8. VoltDB

VoltDB 是内存中的一个开源 OLTP SQL 数据库，能够保证事务的完整性(ACID)。它是 Postgres 和 Ingres 联合创始人 Mike Stonebraker 领导开发的下一代开源数据库管理系统。它能在现有的廉价服务器集群上实现每秒数百万次的数据处理。VoltDB 大幅降低了服务器资源开销，单节点每秒数据处理远远高于其他数据库管理系统。不同于 NoSQL 的 key-value 储存，VoltDB 能使用 SQL 存取，支持传统数据库的 ACID 模型。

9. Citus

Citus 面向高速简单的事务，高吞吐量批量加载以及高速亚秒级分析查询。它还集成了 Cstore/HLL 等很多插件。一个限制是在某些情况下它不支持所有 SQL 查询或复杂事务。CitusDB 采用 PostgreSQL 的插件形式(not a fork)，既拥有 PostgreSQL 的强大支持，又拥有分布式数据库能力。

3.7 大数据实践 3：HBase 应用实践

1. 实验描述

在实验一、实验二搭建好的集群环境上，继续安装 HBase、Zookeeper，练习 HBase 的基本使用。

2. 实验目的

掌握 HBase、ZooKeeper 的安装与使用，使用 MapReduce 批量将 HBase 表上的数据导入 HDFS 中，学习本实验能快速掌握 HBase 数据库在分布式计算中的应用，理解 Java API 读取 HBase 数据等相关内容。

3. 实验步骤

1）集群各节点的软件规划

本实验手册示例命令中，节点名称是 name-number-000{编号}，学生需要修改主机名为对应的姓名缩写＋学号。

机器名称	进程名称
name-number-0001	QuorumPeerMain、NameNode、ResourceManager、Hmaster
name-number-0002	QuorumPeerMain、DataNode、NodeManager、JournalNode、HRegionServer
name-number-0003	QuorumPeerMain、DataNode、NodeManager、JournalNode、HRegionServer
name-number-0004	QuorumPeerMain、DataNode、NodeManager、JournalNode、HRegionServer

开始本次实验前请确保已完成第1章和第2章的实验，安装好 Hadoop 并配置好环境变量。

2）下载安装并配置 ZooKeeper

在用户目录下下载 ZooKeeper 压缩包并解压。

```
wget https://archive.apache.org/dist/zookeeper/zookeeper-3.4.6/zookeeper-3.4.6.tar.gz
mv zookeeper-3.4.6.tar.gz /usr/local
cd /usr/local
tar -zxvf zookeeper-3.4.6.tar.gz
```

建立软链接，便于后期版本更换。

```
ln -s zookeeper-3.4.6 zookeeper
```

打开配置文件。

```
vim /etc/profile
```

添加 ZooKeeper 到环境变量。

```
export ZOOKEEPER_HOME=/usr/local/zookeeper
export PATH=$ZOOKEEPER_HOME/bin:$PATH
```

使环境变量生效。

```
source /etc/profile
```

进入 ZooKeeper 所在目录。

```
cd /usr/local/zookeeper/conf
```

复制配置文件。

```
cp zoo_sample.cfg zoo.cfg
```

修改配置文件。

```
vim zoo.cfg
```

修改数据目录。

```
dataDir = /usr/local/zookeeper/tmp
```

在最后添加如下代码，server.1-4 是部署 ZooKeeper 的节点，1，2，3，4 分别是各服务器/usr/local/zookeeper/tmp/myid 文件的内容。这里 192.168.0.xxx 对应的是运行 QuorumPeerMain 的服务器的内网 IP，需要改成自己集群的。

```
server.1 = 192.168.0.132:2888:3888
server.2 = 192.168.0.83:2888:3888
server.3 = 192.168.0.62:2888:3888
server.4 = 192.168.0.154:2888:3888
```

修改后的 zoo.cfg 如图 3-35 所示。

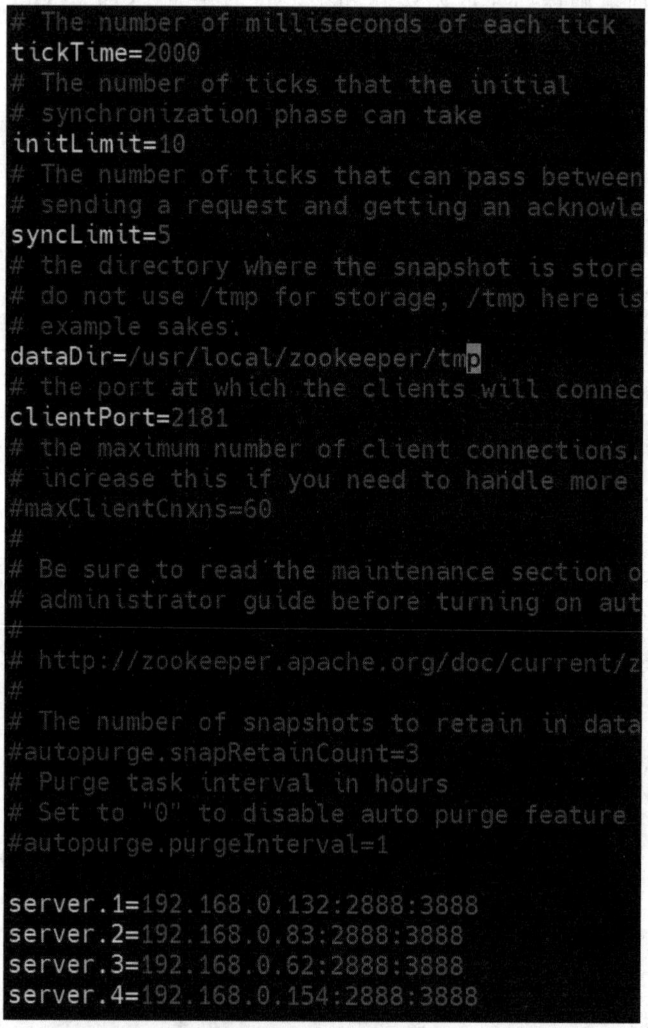

```
# The number of milliseconds of each tick
tickTime=2000
# The number of ticks that the initial
# synchronization phase can take
initLimit=10
# The number of ticks that can pass between
# sending a request and getting an acknowle
syncLimit=5
# the directory where the snapshot is store
# do not use /tmp for storage, /tmp here is
# example sakes.
dataDir=/usr/local/zookeeper/tmp
# the port at which the clients will connec
clientPort=2181
# the maximum number of client connections.
# increase this if you need to handle more
#maxClientCnxns=60
#
# Be sure to read the maintenance section o
# administrator guide before turning on aut
#
# http://zookeeper.apache.org/doc/current/z
#
# The number of snapshots to retain in data
#autopurge.snapRetainCount=3
# Purge task interval in hours
# Set to "0" to disable auto purge feature
#autopurge.purgeInterval=1

server.1=192.168.0.132:2888:3888
server.2=192.168.0.83:2888:3888
server.3=192.168.0.62:2888:3888
server.4=192.168.0.154:2888:3888
```

图 3-35　修改后的 zoo.cfg

创建 tmp 目录作数据目录。

```
mkdir /usr/local/zookeeper/tmp
```

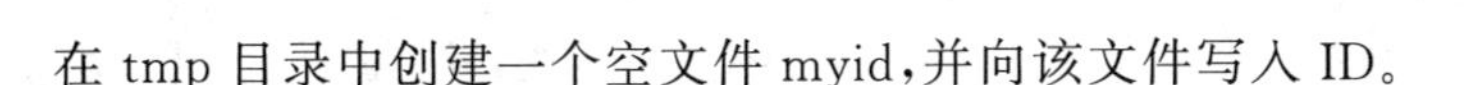

在 tmp 目录中创建一个空文件 myid，并向该文件写入 ID。

```
touch /usr/local/zookeeper/tmp/myid
echo 1 > /usr/local/zookeeper/tmp/myid
```

将配置好的 ZooKeeper 复制到其他节点。(也可以将 ZooKeeper 压缩包复制到其他节点，再进行相同的配置，这样等待时间较短)

```
scp -r /usr/local/zookeeper-3.4.6 root@name-number-0002:/usr/local
scp -r /usr/local/zookeeper-3.4.6 root@name-number-0003:/usr/local
scp -r /usr/local/zookeeper-3.4.6 root@name-number-0004:/usr/local
```

登录 name-number-0002、name-number-0003、name-number-0004，创建软链接并修改 myid 内容。

name-number-0002：

```
cd /usr/local
ln -s zookeeper-3.4.6 zookeeper
echo 2 > /usr/local/zookeeper/tmp/myid
```

name-number-0003：

```
cd /usr/local
ln -s zookeeper-3.4.6 zookeeper
echo 3 > /usr/local/zookeeper/tmp/myid
```

name-number-0004：

```
cd /usr/local
ln -s zookeeper-3.4.6 zookeeper
echo 4 > /usr/local/zookeeper/tmp/myid
```

分别在 name-number-0002，name-number-0003，name-number-0004 上启动 ZooKeeper。cd /usr/local/zookeeper/bin，启动命令如图 3-36 所示。

```
[root@name-number-0002 bin]# ./zkServer.sh start
JMX enabled by default
Using config: /usr/local/zookeeper/bin/../conf/zoo.cfg
Starting zookeeper ... STARTED
```

图 3-36 ./zkServer.sh start 执行效果

查看 ZooKeeper 状态，命令如图 3-37 所示。注意，Mode 应为 leader 或 follower。

```
[root@name-number-0002 conf]# zkServer.sh status
JMX enabled by default
Using config: /usr/local/zookeeper/bin/../conf/zoo.cfg
Mode: follower
```

图 3-37 ./zkServer.sh status 执行效果

3）下载并安装 HBase

下载 HBase，下载地址：

```
https://archive.apache.org/dist/hbase/2.0.2/hbase-2.0.2-bin.tar.gz
```

将 hbase-2.0.2.tar.gz 放置于 name-number-0001 节点的“/usr/local”目录，并解压。

```
mv hbase-2.0.2.tar.gz /usr/local
cd /usr/local
tar -zxvf hbase-2.0.2.tar.gz
```

建立软链接，便于后期版本更换。

```
ln -s hbase-2.0.2 hbase
```

编辑“/etc/profile”文件。

```
vim /etc/profile
```

在文件底部添加环境变量，如下所示。

```
export HBASE_HOME = /usr/local/hbase
export PATH = $HBASE_HOME/bin: $HBASE_HOME/sbin: $PATH
```

使环境变量生效。

```
source /etc/profile
```

修改 HBase 配置文件。

HBase 所有的配置文件都在“HBASE_HOME/conf”目录下，修改以下配置文件前，切换到“HBASE_HOME/conf”目录。

```
cd $HBASE_HOME/conf
```

修改 hbase-env.sh 文件。

```
vim hbase-env.sh
```

修改环境变量 JAVA_HOME 为绝对路径，注意 JAVA_HOME 和 HBASE_LIBRARY_PATH 要与自己实际安装配置的一致，HBASE_MANAGES_ZK 设为 false。

```
export JAVA_HOME = /usr/local/jdk8u252-b09
export HBASE_MANAGES_ZK = false
export HBASE_LIBRARY_PATH = /usr/local/hadoop/lib/native
```

修改 hbase-site.xml 文件。

```
vim hbase-site.xml
```

添加或修改 configuration 标签范围内的部分参数。

```
<configuration>
    <property>
        <name>hbase.rootdir</name>
```

```
        <value>hdfs://name-number-0001:8020/HBase</value>
    </property>
    <property>
        <name>hbase.tmp.dir</name>
        <value>/usr/local/hbase/tmp</value>
    </property>
    <property>
        <name>hbase.cluster.distributed</name>
        <value>true</value>
    </property>
    <property>
        <name>hbase.unsafe.stream.capability.enforce</name>
        <value>false</value>
    </property>
    <property>
        <name>hbase.zookeeper.quorum</name>
         <value>name-number-0002:2181,name-number-0003:2181,name-number-
0004:2181</value>
    </property>
    <property>
        <name>hbase.unsafe.stream.capability.enforce</name>
        <value>false</value>
    </property>
  </configuration>
```

修改 regionservers。

编辑 regionservers 文件。

```
vim regionservers
```

将 regionservers 文件内容替换为 agent 节点 IP(可用主机名代替,记得改名)。

```
name-number-0002
name-number-0003
name-number-0004
```

复制 hdfs-site.xml。

复制 hadoop 目录下的 hdfs-site.xml 文件到“hbase/conf/”目录,可选择软链接或复制。

```
    cp /usr/local/hadoop/etc/hadoop/hdfs-site.xml /usr/local/hbase/conf/hdfs-
site.xml
```

复制 hbase-2.0.2 到 name-number-0002、name-number-0003、name-number-0004 节点的“/usr/local”目录。(也可以将压缩包复制到其他节点,再进行相同的配置,这样等待时间较短)

```
for i in {1..3};do scp -r /usr/local/hbase-2.0.2 root@name-number-000${i}:/usr/local/ ;done
```

分别登录到 name-number-0002、name-number-0003、name-number-0004 节点，为 hbase-2.0.2 建立软链接。

```
cd /usr/local
ln -s hbase-2.0.2 hbase
```

依次启动 ZooKeeper 和 Hadoop。

在 name-number-0001 节点上启动 HBase 集群。

```
/usr/local/hbase/bin/start-hbase.sh
```

观察进程是否都正常启动。

```
Jps
```

在 name-number-0001 上运行 jps，如图 3-38 所示。

在 name-number-0002 上运行 jps，如图 3-39 所示。

```
[root@name-number-0001 conf]# jps
30192 ResourceManager
19504 SecondaryNameNode
19300 NameNode
647 WrapperSimpleApp
2700 Jps
30668 QuorumPeerMain
25791 HMaster
```

图 3-38　在 name-number-0001 上运行 jps 命令

```
[root@name-number-0002 ~]# jps
19043 DataNode
659 WrapperSimpleApp
23604 NodeManager
20919 HRegionServer
27129 Jps
18927 QuorumPeerMain
```

图 3-39　在 name-number-0002 上运行 jps 命令

4）HBase 实践

（1）启动 Hadoop 集群。

在 name-number-0001 运行：

```
start-dfs.sh
start-yarn.sh
```

（2）启动 Zookeeper 集群。

需要在 name-number-000{2..4}分别运行，如图 3-40 所示。

```
[root@name-number-0002 ~]# . /usr/local/zookeeper/bin/zkServer.sh
JMX enabled by default
Using config: /usr/local/zookeeper/bin/../conf/zoo.cfg
Usage: -bash {start|start-foreground|stop|restart|status|upgrade|print-cmd}
```

图 3-40　./usr/local/zookeeper/bin/zkServer.sh start

（3）启动 HBase 集群，如图 3-41 所示。

（4）进入 HBase Shell 创建实验用表，如图 3-42 所示。

```
[root@name-number-0001 ~]# start-hbase.sh
SLF4J: Class path contains multiple SLF4J bindings.
SLF4J: Found binding in [jar:file:/usr/local/hbase-2.0.2/lib/slf4j-log4j12-1.7.25.jar!/org/slf4j/impl/StaticLoggerBinder.class]
SLF4J: Found binding in [jar:file:/home/modules/hadoop-2.8.3/share/hadoop/common/lib/slf4j-log4j12-1.7.10.jar!/org/slf4j/impl/Static
LoggerBinder.class]
SLF4J: See http://www.slf4j.org/codes.html#multiple_bindings for an explanation.
SLF4J: Actual binding is of type [org.slf4j.impl.Log4jLoggerFactory]
running master, logging to /usr/local/hbase/logs/hbase-root-master-name-number-0001.out
SLF4J: Class path contains multiple SLF4J bindings.
SLF4J: Found binding in [jar:file:/usr/local/hbase-2.0.2/lib/slf4j-log4j12-1.7.25.jar!/org/slf4j/impl/StaticLoggerBinder.class]
SLF4J: Found binding in [jar:file:/home/modules/hadoop-2.8.3/share/hadoop/common/lib/slf4j-log4j12-1.7.10.jar!/org/slf4j/impl/Static
LoggerBinder.class]
SLF4J: See http://www.slf4j.org/codes.html#multiple_bindings for an explanation.
SLF4J: Actual binding is of type [org.slf4j.impl.Log4jLoggerFactory]
name-number-0002: regionserver running as process 19350. Stop it first.
name-number-0004: running regionserver, logging to /usr/local/hbase/bin/../logs/hbase-root-regionserver-name-number-0004.out
name-number-0003: regionserver running as process 19332. Stop it first.
name-number-0004: /usr/local/hbase/bin/../bin/hbase: line 503: /usr/lib/jvm/jdk8u191-b12/bin/java: Not a directory
name-number-0004: /usr/local/hbase/bin/../bin/hbase: line 503: exec: /usr/lib/jvm/jdk8u191-b12/bin/java: cannot execute: Not a direc
tory
```

图 3-41 在 name-number-0001 上运行

```
[root@name-number-0001 ~]# hbase shell
SLF4J: Class path contains multiple SLF4J bindings.
SLF4J: Found binding in [jar:file:/usr/local/hbase-2.0.2/lib/slf4j-log4j12-1.7.25.jar!/org/slf4j/impl/
SLF4J: Found binding in [jar:file:/home/modules/hadoop-2.8.3/share/hadoop/common/lib/slf4j-log4j12-1.7
LoggerBinder.class]
SLF4J: See http://www.slf4j.org/codes.html#multiple_bindings for an explanation.
SLF4J: Actual binding is of type [org.slf4j.impl.Log4jLoggerFactory]
HBase Shell
Use "help" to get list of supported commands.
Use "exit" to quit this interactive shell.
Version 2.0.2, r1cfab033e779df840d5612a85277f42a6a4e8172, Tue Aug 28 20:50:40 PDT 2018
Took 0.0029 seconds
hbase(main):001:0>
hbase(main):002:0*
hbase(main):003:0*
```

图 3-42 输入 hbase shell 进入 HBase 交互式环境

数据库表格设计要求:

- 表格命名:学号+姓名
- 行数不限定,字段名不限定
- ROW 命名:学号+姓名+编号

实验报告截图要求:截图 1"数据库表格"需要包含标记信息。

创建表格。

```
create 'member_user','cf1'
```

向表"member_user"中插入数据,如图 3-43 所示。

```
put 'member_user','rk001','cf1:keyword','applicate'
put 'member_user','rk002','cf1:keyword','OnePlus 5'
put 'member_user','rk003','cf1:keyword','iphone 6s'
```

```
hbase(main):016:0> create 'member_user','cf1'
Created table member_user
Took 0.7493 seconds
=> Hbase::Table - member_user
hbase(main):017:0> put 'member_user','rk001','cf1:keyword','applicate'
Took 0.0361 seconds
hbase(main):018:0> put 'member_user','rk002','cf1:keyword','OnePlus 5'
Took 0.0054 seconds
hbase(main):019:0>  put 'member_user','rk003','cf1:keyword','iphone 6s'
```

图 3-43 向表"member_user"中插入数据

扫描整个表，如图 3-44 所示。

```
hbase(main):020:0> scan 'member_user'
ROW                          COLUMN+CELL
 rk001                       column=cf1:keyword, timestamp=1633962324505, value=applicate
 rk002                       column=cf1:keyword, timestamp=1633962330551, value=OnePlus 5
 rk003                       column=cf1:keyword, timestamp=1633962337531, value=iphone 6s
```

图 3-44　扫描整个表

(5) 编写代码，将 Hbase 中的数据导出到 HDFS 指定目录。

打开 IDEA，新建 maven 工程，工程名为 MyHBase，编写 pom. xml 文件添加依赖，如图 3-45 所示。

```xml
<properties>
    <maven.compiler.source>8</maven.compiler.source>
    <maven.compiler.target>8</maven.compiler.target>
    <project.build.sourceEncoding>UTF-8</project.build.sourceEncoding>
    <hadoop.version>2.8.3</hadoop.version>
</properties>

<dependencies>
    <dependency>
        <groupId>org.apache.hadoop</groupId>
        <artifactId>hadoop-client</artifactId>
        <version>${hadoop.version}</version>
    </dependency>
    <dependency>
        <groupId>org.apache.hadoop</groupId>
        <artifactId>hadoop-common</artifactId>
        <version>${hadoop.version}</version>
    </dependency>
    <dependency>
        <groupId>org.apache.hadoop</groupId>
        <artifactId>hadoop-hdfs</artifactId>
        <version>${hadoop.version}</version>
    </dependency>
    <dependency>
        <groupId>org.apache.hadoop</groupId>
        <artifactId>hadoop-mapreduce</artifactId>
        <version>${hadoop.version}</version>
    </dependency>
    <dependency>
        <groupId>org.apache.hadoop</groupId>
        <artifactId>hadoop-yarn</artifactId>
        <version>${hadoop.version}</version>
    </dependency>
    <dependency>
        <groupId>org.apache.hbase</groupId>
        <artifactId>hbase</artifactId>
        <version>2.0.2</version>
    </dependency>
    <dependency>
        <groupId>org.apache.hbase</groupId>
        <artifactId>hbase-mapreduce</artifactId>
        <version>2.0.2</version>
    </dependency>
</dependencies>
```

图 3-45　编写 pom. xml 文件添加依赖

单击图 3-46 所示按钮自动下载依赖。

在 src/java 目录下新建 package，名称 org/namenumber/hbase/inputSource（namenumber 改成对应的姓名缩写＋学号），如图 3-47 所示。

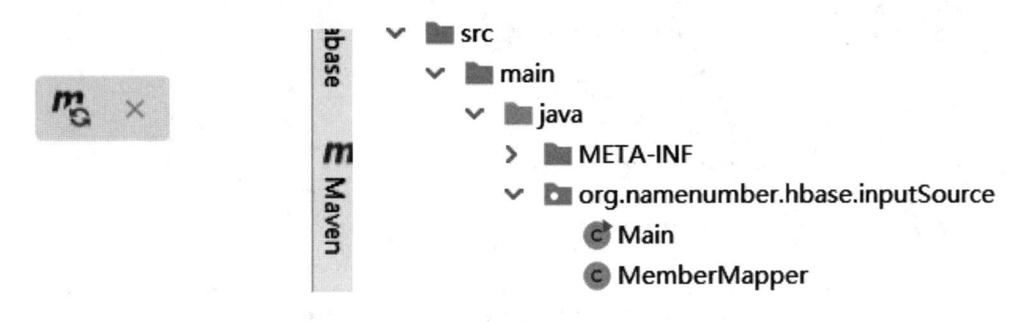

图 3-46 自动下载依赖

图 3-47 新建 package

新建类 MemberMapper，完整代码如图 3-48、图 3-49 所示。

```java
1  package org.namenumber.hbase.inputSource;
2  
3  import org.apache.hadoop.hbase.Cell;
4  import org.apache.hadoop.hbase.client.Result;
5  import org.apache.hadoop.hbase.io.ImmutableBytesWritable;
6  import org.apache.hadoop.hbase.mapreduce.TableMapper;
7  import org.apache.hadoop.hbase.util.Bytes;
8  import org.apache.hadoop.io.Writable;
9  import org.apache.hadoop.io.Text;
10 import java.io.IOException;
11 
12 /*
13  * HBase中的表作为输入源
14  * 扩展自Mapper类，所有以HBase作为输入源的Mapper类需要继承该类
15  */
16 public class MemberMapper extends TableMapper<Writable, Writable> {
17     private Text k = new Text();
18     private Text v = new Text();
19     public static final String FIELD_COMMON_separator="\u0001";
20     @Override
21     protected void setup(Context context) throws IOException, InterruptedException {}
22     @Override
23     protected void map(ImmutableBytesWritable row, Result columns,
24                        Context context) throws IOException, InterruptedException {
25         String value = null;
26         // 获得行键值
27         String rowkey = new String(row.get());
28 
29         // 一行中所有列族
30         byte[] columnFamily = null;
31         // 一行中所有列名
32         byte[] columnQualifier = null;
33         long ts = 0L;
34 
```

图 3-48 新建类 MemberMapper（一）

```
35                try{
36                    // 遍历一行中所有列
37                    for(Cell cell : columns.listCells()){
38                        // 单元格的值
39                        value = Bytes.toStringBinary(cell.getValueArray());
40
41                        // 获得一行中的所有列族
42                        columnFamily = cell.getFamilyArray();
43
44                        // 获得一行中的所有列名
45                        columnQualifier = cell.getQualifierArray();
46
47                        // 获得单元格的时间戳
48                        ts = cell.getTimestamp();
49
50                        k.set(rowkey);
51                        v.set(Bytes.toString(columnFamily)+FIELD_COMMON_separator+Bytes.toString(columnQualifier)
52                                +FIELD_COMMON_separator+value+FIELD_COMMON_separator+ts);
53                        context.write(k, v);
54                    }
55                }catch (Exception e) {
56                    e.printStackTrace();
57                    System.err.println("Error:"+e.getMessage()+",Row:"+Bytes.toString(row.get())+",Value"+value);
58                }
59            };
60        }
```

图 3-49　新建类 MemberMapper(二)

实验报告截图要求：截图 2“完整 Mapper 代码”需要包含标记信息。

新建类 Main，完整代码如图 3-50、图 3-51 所示。

```
1   package org.namenumber.hbase.inputSource;
2
3   import org.apache.commons.logging.Log;
4   import org.apache.commons.logging.LogFactory;
5   import org.apache.hadoop.conf.Configuration;
6   import org.apache.hadoop.io.Text;
7   import org.apache.hadoop.fs.Path;
8   import org.apache.hadoop.fs.FileSystem;
9   import org.apache.hadoop.hbase.HBaseConfiguration;
10  import org.apache.hadoop.hbase.client.Scan;
11  import org.apache.hadoop.hbase.util.Bytes;
12  import org.apache.hadoop.hbase.mapreduce.TableMapReduceUtil;
13  import org.apache.hadoop.mapreduce.lib.output.FileOutputFormat;
14  import org.apache.hadoop.mapreduce.Job;
15  import org.apache.hadoop.mapreduce.lib.output.TextOutputFormat;
16
17  /*
18   * HBase作为输入源，从HBase表中读取数据，使用MapReduce计算完成之后，将数据存储到HDFS中
19   */
20  public class Main {
21      static final Log LOG = LogFactory.getLog(Main.class);
22
23      // job name
24      public static final String NAME = "Member Test1";
25      // 输出目录
26      public static final String TEMP_INDEX_PATH = "hdfs://name-number-0001:8020/tmp/member_user";
27      // //Hbase作为输入源的HBase中的表 member_user
28      public static String inputTable = "member_user";
29
30      public static void main(String[] args)throws Exception {
31          // 1.获得HBase的配置信息
32          Configuration conf = HBaseConfiguration.create();
33          //2. 创建全表扫描器对象
34          Scan scan = new Scan();
35          scan.setBatch(0);
36          scan.setCaching(10000);
37          scan.setMaxVersions();
38          scan.setTimeRange(System.currentTimeMillis() - 3*24*3600*1000L, System.currentTimeMillis());
39
40          // 添加扫描的条件，列族和列族名
41          scan.addColumn(Bytes.toBytes( s: "cf1"), Bytes.toBytes( s: "keyword"));
42
```

图 3-50　新建类 Main(一)

```
43          // 设置HDFS的存储执行为fasle
44          conf.setBoolean( name: "mapred.map.tasks.speculative.execution",  value: false);
45          conf.setBoolean( name: "mapred.reduce.tasks.speculative.execution", value: false);
46          Path tmpIndexPath = new Path(TEMP_INDEX_PATH);
47          FileSystem fs = FileSystem.get(conf);
48
49          // 判断该路径是否存在，如果存在则首先进行删除
50          if(fs.exists(tmpIndexPath)) {
51              fs.delete(tmpIndexPath,  b: true);
52          }
53
54          //创建job对象
55          Job job = new Job(conf, NAME);
56          job.setJarByClass(Main.class);
57
58          //设置TableMapper类的相关信息，即对准mapper类的初始化设置
59          //（hbase输入源对应的表，扫描器，负责个计算的逻辑，输出的类型，输出value的类型，job）
60          TableMapReduceUtil.initTableMapperJob(inputTable, scan, MemberMapper.class, Text.class, Text.class, job);
61
62          job.setNumReduceTasks(0);
63
64          //设置从HBase表中经过MapReduce 计算后的结果以文本格式输出
65          job.setOutputFormatClass(TextOutputFormat.class);
66
67          //设置作业输出结果保存到HDFS的文件路径
68          FileOutputFormat.setOutputPath(job, tmpIndexPath);
69
70          //开始运行作业
71          boolean success = job.waitForCompletion( verbose: true);
72          System.exit(success?0:1);
73      }
74  }
```

图 3-51　新建类 Main(二)

(6) 打包程序,导出 jar 包,如图 3-52 所示。

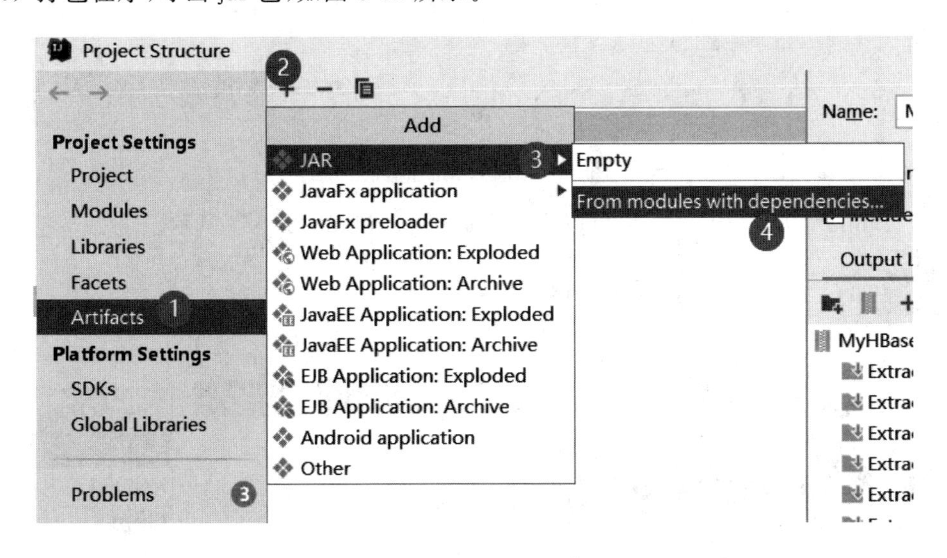

图 3-52　File-Project Structure-Project Settings-Artifacts

选择 Main 类,如图 3-53、图 3-54 所示。

单击“Apply”,单击“OK”。

点选“Build”→“Build Artifacts”,如图 3-55 所示。

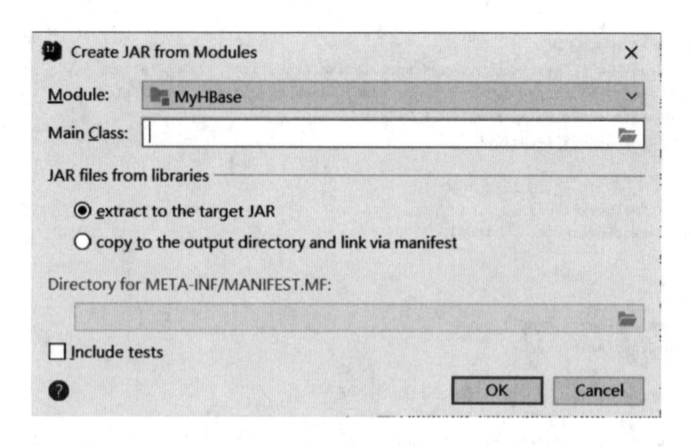

图 3-53 选择 Main 类(一)

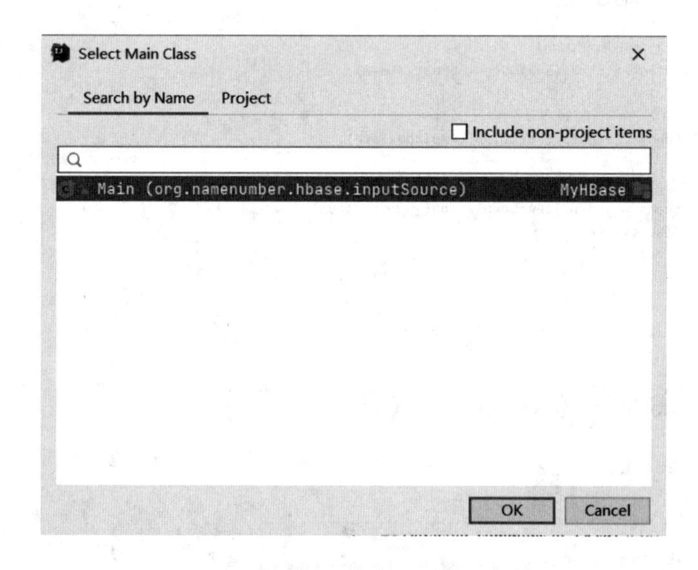

图 3-54 选择 Main 类(二)

单击“Buiild”，如图 3-56 所示，可以看到生成了 jar 包，如图 3-57 所示。

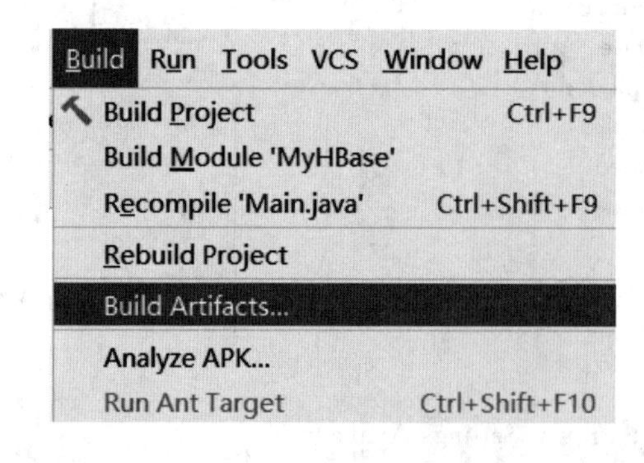

图 3-55 点选“Build”→“Build Artifacts”

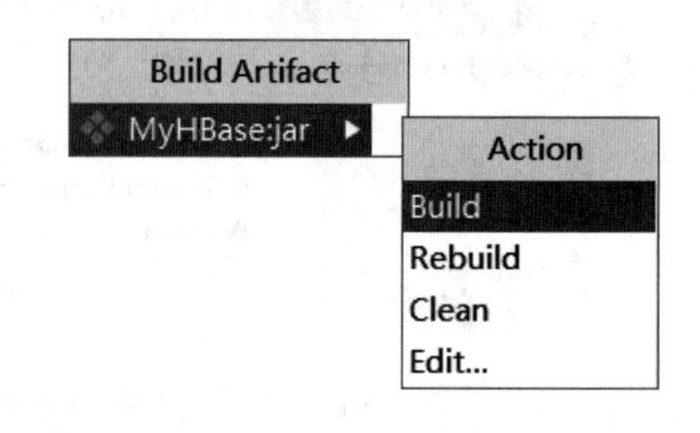

图 3-56 单击“Build”

将 jar 包通过 winscp 或 scp 命令复制到服务器 name-number-0001 上。

运行 jar 包，如图 3-58 所示。

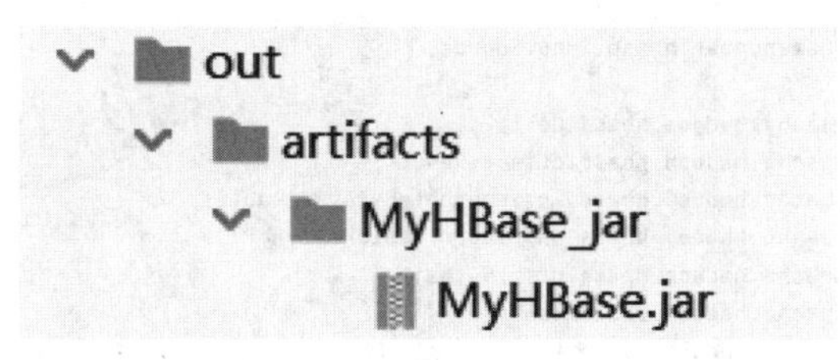

图 3-57 生成的 jar 包

```
[root@name-number-0001 ~]# hadoop jar MyHBase.jar org.namenumber.hbase.inputSource.Main
21/10/12 01:38:13 INFO Configuration.deprecation: mapred.reduce.tasks.speculative.execution is 
21/10/12 01:38:13 INFO Configuration.deprecation: mapred.map.tasks.speculative.execution is dep
21/10/12 01:38:13 INFO client.RMProxy: Connecting to ResourceManager at name-number-0001/
21/10/12 01:38:13 WARN mapreduce.JobResourceUploader: Hadoop command-line option parsing not pe
lication with ToolRunner to remedy this.
21/10/12 01:38:15 INFO zookeeper.ReadOnlyZKClient: Connect 0x395be849 to localhost:2181 with ses
```

图 3-58 运行 jar 包

查看结果，如图 3-59 所示。

```
[root@name-number-0001 ~]# hadoop fs -cat /tmp/member_user/part-m-00000
rk001        k001cf1keyword|o applicate     k001cf1keyword|o applicate\ 00\x00\x00\x1B\x00\x00\x00\x09\x00\x05rk001\x03cf1keyword\x00\x00\x01|o\xBEr
\x19\x 04applicate1633962324505
rk002        k002cf1keyword|o OnePlus 5     k002cf1keyword|o OnePlus 5 x00\x00\x00\x1B\x00\x00\x00\x09\x00\x05rk002\x03cf1keyword\x00\x00\x01|o\xBE
\x89\x 37\x04OnePlus 51633962330551
rk003        k003cf1keyword|o iphone 6s     k003cf1keyword|o iphone 6s x00\x00\x00\x1B\x00\x00\x00\x09\x00\x05rk003\x03cf1keyword\x00\x00\x01|o\xBE
\xA4\xFB\x04iphone 6s1633962337531
```

图 3-59 查看结果

实验报告截图要求：截图 3“结果截图”需要包含标记信息。

4. 实验结果与评分标准

实验结束后应得到：1 个安装好 HBase 和 ZooKeeper 集群，1 个 HBase 数据库和 1 个 MapReduce 程序 jar 包。

完成 MapReduce 分布式数据处理实践。

实验评分标准，提交的实验报告中应包含：

(1) HBase 数据库表构建截图(数据库表格设计要求：表格命名学号＋姓名；行数不限定，字段名不限定；ROW 命名：学号＋姓名＋编号)，如图 3-60 所示。

```
hbase(main):016:0> create 'member_user','cf1'
Created table member_user
Took 0.7493 seconds
=> Hbase::Table - member_user
hbase(main):017:0> put 'member_user','rk001','cf1:keyword','applicate'
Took 0.0361 seconds
hbase(main):018:0> put 'member_user','rk002','cf1:keyword','OnePlus 5'
Took 0.0054 seconds
hbase(main):019:0>  put 'member_user','rk003','cf1:keyword','iphone 6s'
```

图 3-60 HBase 数据库表构建截图

(2) 完整 Mapper 代码截图(对代码提供解释)，如图 3-61 所示。

(3) 运行结果截图(截图需要包含标记信息)，如图 3-62 所示。

```java
1  package org.namenumber.hbase.inputSource;
2
3  import org.apache.hadoop.hbase.Cell;
4  import org.apache.hadoop.hbase.client.Result;
5  import org.apache.hadoop.hbase.io.ImmutableBytesWritable;
6  import org.apache.hadoop.hbase.mapreduce.TableMapper;
7  import org.apache.hadoop.hbase.util.Bytes;
8  import org.apache.hadoop.io.Writable;
9  import org.apache.hadoop.io.Text;
10 import java.io.IOException;
11
12 /*
13  * HBase中的表作为输入源
14  * 扩展自Mapper类，所有以HBase作为输入源的Mapper类需要继承该类
15  */
16 public class MemberMapper extends TableMapper<Writable, Writable> {
17     private Text k = new Text();
18     private Text v = new Text();
19     public static final String FIELD_COMMON_separator="\u0001";
20     @Override
21     protected void setup(Context context) throws IOException, InterruptedException {}
22     @Override
23     protected void map(ImmutableBytesWritable row, Result columns,
24                        Context context) throws IOException, InterruptedException {
25         String value = null;
26         // 获得行键值
27         String rowkey = new String(row.get());
28
29         // 一行中所有列族
30         byte[] columnFamily = null;
31         // 一行中所有列名
32         byte[] columnQualifier = null;
33         long ts = 0L;
34
```

图 3-61　完整 Mapper 代码截图

```
[root@name-number-0001 ~]# hadoop fs -cat /tmp/member_user/part-m-00000
rk001        k001cf1keyword|o�applicate      k001cf1keyword|o� applicate\x00\x00\x00\x1B\x00\x00\x00\x09\x00\x05rk001\x03cf1keyword\x00\x00\x01|o\xBEr
\x19\x04applicate1633962324505
rk002        k002cf1keyword|o���OnePlus 5    k002cf1keyword|o��OnePlus 5\x00\x00\x00\x1B\x00\x00\x00\x09\x00\x05rk002\x03cf1keyword\x00\x00\x01|o\xBE
\x89\x37\x04OnePlus 51633962330551
rk003        k003cf1keyword|o���iphone 6s    k003cf1keyword|o��iphone 6s\x00\x00\x00\x1B\x00\x00\x00\x09\x00\x05rk003\x03cf1keyword\x00\x00\x01|o\xBE
\xA4\xFB\x04iphone 6s1633962337531
```

图 3-62　运行结果截图

本章课后习题

（1）NoSQL 数据库有几种类型，各有什么特点？

（2）简述 HBase 的基本原理。

（3）简述 Redis 的数据持久化。

（4）简述 HBase、Redis、MongoDB 和 Neo4j 各自的数据类型。

本章参考文献

[1]　塞得拉吉，福勒. NoSQL 精粹[M]. 爱飞翔，译. 北京：机械工业出版社，2013.

[2] 刘瑜,刘胜松. NoSQL 数据库入门与实践(基于 MongoDB、Redis) [M]. 北京:中国水利水电出版社,2018.

[3] 倪超. 从 Paxos 到 ZooKeeper:分布式一致性原理与实践[M]. 北京:电子工业出版社,2015.

[4] Cbodorow. MongoDB 权威指南[M]. 邓强,王明辉,译. 北京:人民邮电出版社,2014.

[5] 李子骅. Redis 入门指南[M]. 北京:人民邮电出版社,2015.

[6] Carlson. Redis 实战[M]. 黄健宏,译. 北京:人民邮电出版社,2015.

[7] 张帜,庞国明,胡佳辉,等. Neo4j 权威指南[M]. 北京:清华大学出版社,2017.

[8] Vukotic. Neo4j 实战[M]. 张秉森,孔倩,张晨策,译. 北京:机械工业出版社,2016.

[9] Robinson, Webber, Eifrem. 图数据库[M]. 刘璐,梁越,译. 北京:人民邮电出版社,2016.

第4章

大数据处理-分布式内存处理框架 Spark

本章思维导图

Spark 是一种基于内存的分布式的大数据计算框架。Spark 不仅计算性能突出，在易用性方面也是其他同类产品难以比拟的。一方面，Spark 提供了支持多种语言的 API，如 Scala、Java、Python、R 等，使得用户开发 Spark 程序十分方便。另一方面，Spark 是基于 Scala 语言开发的，由于 Scala 是一种面向对象的函数式的静态编程语言，其强大的类型推断、模式匹配、隐式转换等一系列功能结合丰富的描述能力使得 Spark 应用程序代码非常简洁。Spark 的易用性还体现在其针对数据处理提供了丰富的操作。在 Hadoop 的强势之下，Spark 凭借着快速、简洁易用、通用性以及支持多种运行模式四大特征，冲破固有思路成为很多企业标准的大数据计算框架。

本章主要介绍了 Spark 组件的相关基本概念、Spark 算子的理解方式和操作方法、Scala 语言的基本语言和应用，以及 Spark 生态下的 Spark SQL、Spark MLlib 工具包。

本章思维导图如图 4-0 所示。

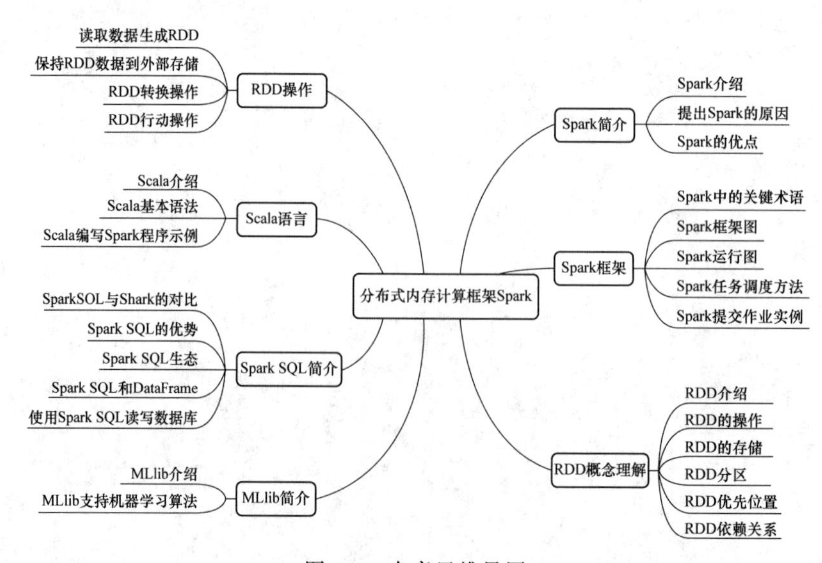

图 4-0　本章思维导图

4.1 Spark 简介

4.1.1 Spark 介绍

1. 什么是 Spark

Apache Spark 是专为大规模数据处理而设计的快速通用的计算引擎。Spark 是加州大学伯克利分校 AMP 实验室开源的类 Hadoop MapReduce 的通用并行框架。经过多年的高速发展,Spark 目前已经成为大数据计算领域最热门的技术之一。Spark 的核心技术弹性分布式数据集(Resilient Distributed Datasets,RDD)提供了比 Hadoop 更加丰富的 MapReduce 模型,拥有 Hadoop MapReduce 所具有的所有优点,但不同于 Hadoop MapReduce 的是,Spark 中 Job 的中间输出和结果可以保存在内存中,从而可以基于内存快速地对数据集进行多次迭代,来支持复杂的机器学习、图计算和准实时流处理等,效率更高,速度更快。

2. Spark 的发展史

Spark 的发展史如表 4-1 所示。

表 4-1 Spark 的发展史

年份	事件
2009 年	由 Matei Zaharia 在加州大学伯克利分校的 AMP 实验室开发
2010 年	通过 BSD 授权条款发布开放源码
2012 年	Spark 0.6.0 版本发布
2013 年	该项目被捐赠给 Apache 软件基金会
2014 年	Spark 成为 Apache 的顶级项目
2016 年	Spark 1.6.0 发布,该版本包含了超过 1 000 个补丁,主要的改进:新的 Dataset API,性能提升,以及大量新的机器学习和统计分析算法
2018 年	Spark 2.3.0 发布,此版本增加了对 Structured Streaming 中的 Continuous Processing 以及全新的 Kubernetes Scheduler 后端的支持。Spark2.4.0 发布,成为大数据领域主流的开源项目
2020 年	Spark3.0.0 发布,增加了很多新特性,包括动态分区修剪(Dynamic Partition Pruning)、自适应查询执行(Adaptive Query Execution)、加速器感知调度(Accelerator-aware Scheduling)、支持 Catalog 的数据源 API(Data Source API with Catalog Supports)、SparkR 中的向量化(Vectorization in SparkR)、支持 Hadoop 3/JDK 11/Scala 2.12 等
2022 年	Spark 3.3.0 发布,新增特性包括:通过 Bloom filters;提升了 Join 查询性能;Pandas API 的覆盖率更加全面,改进了 ANSI 兼容性;新增了几十个新的内置函数来简化从传统数据仓库的迁移;更好的错误处理、自动完成(autocompletion)性能和 profiling 提高了开发效率

3. Spark 目前的状况

自从 Spark 将其代码部署到 GitHub 之后,截至 2018 年 11 月一共有 23 093 次提交,19 个分支，82 次发布，1 296 位代码贡献者。Spark 开源社区的活跃度相当高，目前仍然是最受欢迎的集群运算框架之一。Spark 官方网站的网址是：http://spark.apache.org/。截至 2023 年 11 月，Spark 最新版本是：2022 年 6 月正式发布的 Spark3.2.0。

目前在 Hadoop 生态圈中 Spark 提供了一个更快、更通用的数据处理平台。Spark 在 Hadoop 生态圈中的位置如图 4-1 所示。

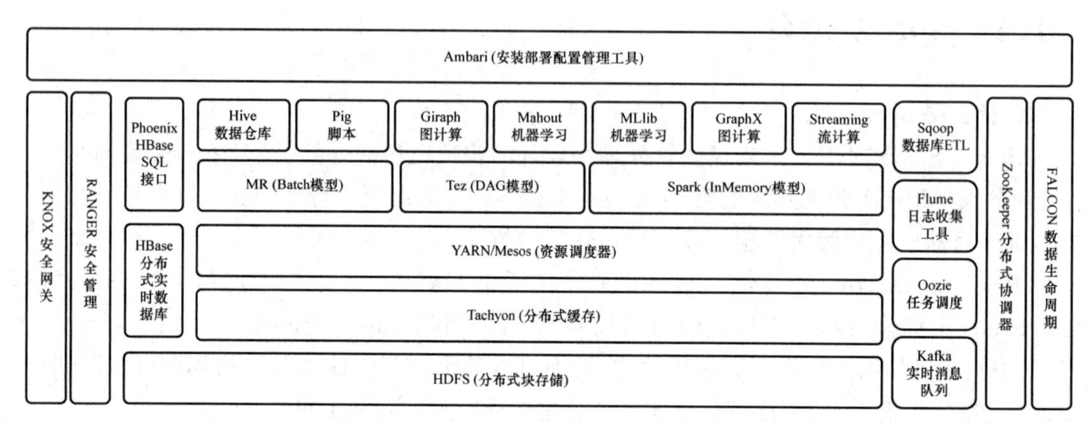

图 4-1　Hadoop 生态圈

4.1.2　提出 Spark 的原因

1. 大数据处理场景

目前大数据处理场景有以下几种类型。

(1) 复杂的批量处理(Batch Data Processing)。偏重点在于处理海量数据的能力，通常的处理时间可能是在数十分钟到数小时。

(2) 基于历史数据的交互式查询(Interactive Query)。通常的处理时间在数十秒到数十分钟之间。

(3) 基于实时数据流的数据处理(Streaming Data Processing)。通常的处理时间在数百毫秒到数秒之间。

目前对以上三种场景需求都有比较成熟的处理框架，第一种情况可以用 Hadoop 的 MapReduce 来进行批量海量数据处理，第二种情况可以 Impala 进行交互式查询，第三中情况可以用 Storm 分布式处理框架处理实时流式数据。

以上三者相互独立，各自一套维护，成本比较高，而 Spark 的出现能够一站式平台满足以上需求。Spark 旨在改善 MapReduce 项目的多个方面，如性能和易用性，同时保留 MapReduce 的许多优点。

2. Spark 与 MapReduce 的比较

Spark 是借鉴 Hadoop MapReduce 发展而来的，它继承了 Hadoop MapReduce 分布式并行计算的优点，改进了 MapReduce 明显的缺陷，具体体现在以下几个方面。

- Spark 把中间数据放在内存中，迭代运算效率高。MapReduce 中的计算结果是保存在磁盘上的，这势必会影响整体的运行速度，而 Spark 支持 DAG 图的分布式并行计算的编程框架，减少了迭代过程中的数据的落地，提高了处理效率。

- Spark 的容错性高。Spark 引进了弹性分布式数据集(Resilient Distributed Dataset，RDD)的概念，它是分布在一组节点中的只读对象集合，这些集合是弹性的，如果数据集一部分丢失，那么可以根据“血统”(允许基于数据衍生过程)对它们进行重建。另外，在 RDD 计算时可以通过 CheckPoint 来实现容错，而 CheckPoint 有两种方式，即 CheckPoint Data 和 Logging The Updates，用户可以控制采用哪种方式来实现容错。
- Spark 更加通用。Spark 不像 Hadoop 只提供了 Map 和 Reduce 两种操作，Spark 提供的数据集操作类型有多种，大致分为转换操作和行动操作两大类。转换操作包括 Map、Filter、FlatMap、Sample、GroupByKey、ReduceByKey、Union、Join、Cogroup、MapValues、Sort 和 PationBy 等操作类型，行动操作包括 Collect、Reduce、Lookup 和 Save 等操作类型。另外，各个处理节点之间的通信模型不再像 Hadoop 只有 Shuffle 一种模式，用户可以命名、物化，控制中间结果的存储、分区等。

3. Spark 的应用场景

所以总的来说 Spark 的应用场景有以下几方面。

(1) 在开发语言方面。Spark 支持 Java、Python、Scala 提供的 API。

(2) 在基础核心方面。Spark Core 包含 Spark 最基础和最核心的功能，如内存计算、任务调度、部署模式、故障恢复、存储管理等，主要面向批数据处理。Spark Core 建立在统一的抽象 RDD 之上，使其可以以基本一致的方式应对不同的大数据处理场景；需要注意的是，Spark Core 通常被简称为 Spark。

(3) 在结构性数据处理方面。Spark SQL 是用于结构化数据处理的组件，允许开发人员直接处理 RDD，同时也可查询 Hive、HBase 等外部数据源。Spark SQL 的一个重要特点是其能够统一处理关系表和 RDD，同时也可以查询 Hive、HBase 等外部数据源。Spark SQL 的一个重要特点是其能够统一处理关系表和 RDD，使得开发人员不需要自己编写 Spark 应用程序，开发人员可以轻松地使用 SQL 命令进行查询，并进行更复杂的数据分析。

(4) 在实时处理方面。Spark Streaming 是一种流计算框架组件，可以支持高吞吐量、可容错处理的实时流数据处理，其核心思路是将流数据分解成一系列短小的批处理作业，每个短小的批处理作业都可以使用 Spark Core 进行快速处理。Spark Streaming 支持多种数据输入源，如 Kafka、Flume 和 TCP 套接字等。

(5) 在人工智能方面。Spark MLlib 提供了常用机器学习算法的实现，包括聚类、分类、回归、协同过滤等，甚至可以与深度学习框架 TensorFlow 结合使用，降低了机器学习的门槛，开发人员只要具备一定的理论知识就能进行机器学习方面的工作。

(6) 在图计算方面。Spark GraphX 是 Spark 中用于图计算的 API，性能良好，拥有丰富的功能和运算符，能在海量数据上自如的运行复杂的图算法。

以上所有这些组件全都建立在 Spark Core 的核心 API 之上。只要掌握 Spark Core 的核心理念，使用其他组件将十分容易。

总而言之，Spark 具有非常全面且完善的数据处理体系。在 GitHub 上，相比于其他类似的框架，Spark 是最受欢迎的分布式运算框架之一。也正因为如此，Spark 框架的说明文档及开发手册十分丰富，可以大大提升开发者解决问题的效率。

4.1.3 Spark 的优点

1）速度快

在 Spark 官网可以发现，Spark 官方将 Spark 标榜为“快如闪电的集群计算”。官方的数据表明 Spark 比 Hadoop 快数十倍甚至上百倍。Spark 是在借鉴 MapReduce 的基础上发展而来的，继承了 MapReduce 分布式并行计算的优点，同时改进了 MapReduce 的缺陷。MapReduce 在多个作业之间的计算结果交互都要写回磁盘再读取，这样反复读取磁盘数据会导致运行速度明显变慢。而 Spark 的数据是内存缓存，数据的加载只有一次，读写磁盘的次数比 MapReduce 少得多。

2）易使用

Spark 是由 Scala 语言编写的，程序运行在 Java 虚拟机上。所以 Spark 不仅支持采用 Scale 编写应用程序，而且支持采用 Java、Scala、Python、R、SQL 等语言编写程序。同时，Spark 提供了超过 80 种操作（Transformation 操作和 Action 操作）使它更容易生成平行化的应用，还可以使用 Scala、Python、R、SQL shell 进行交互操作。

3）具有通用性

Spark 生态圈即 BDAS（伯克利数据分析栈）包含了 Spark Core、Spark SQL、Spark Streaming、MLLib 和 GraphX 等组件，这些组件分别处理 Spark Core 提供内存计算框架、Spark Streaming 的实时处理应用、Spark SQL 的即席查询、MLlib 的机器学习和 GraphX 的图处理，它们都是由 AMP 实验室提供，能够无缝地集成并提供一站式解决平台。Spark 生态圈如图 4-2 所示。

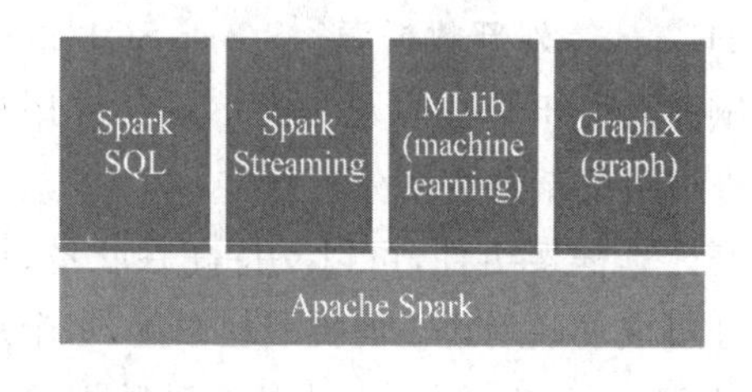

图 4-2　Spark 生态圈

4）随处用

Spark 能够很好地与 Hadoop 生态其他组件组合使用，并且能够读取 HDFS、Cassandra、HBase、S3 和 Techyon 为持久层读写原生数据，而且能够以 Mesos、YARN 和自身携带的 Standalone 作为资源管理器调度 job，来完成 Spark 应用程序的计算。

4.2 Spark 框架

4.2.1 Spark 中的关键术语

Spark 程序的基本概念如表 4-2 所示。

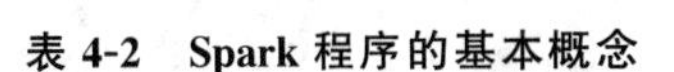

表 4-2 Spark 程序的基本概念

概念	含义
RDD	Spark 的基本计算单元，是 Spark 的一个最核心的抽象概念，可以通过一系列算子进行操作，包括 Transformation 和 Action 两种算子操作
Application	Application 是 Spark 应用程序，是创建了 SparkContext 实例对象的 Spark 用户程序，包含了一个 Driver Program 和集群中多个 Worker Node 上的 Executor，其中每个 Worker Node 为每个应用仅仅提供了一个 Executor
Driver	指运行 Application 的 main 函数并且新建 SparkContext 实例的程序。通常 Spark Context 代表 Driver
Job	和 Spark 的 Action 相对应，每个 Action(如 count、savaAsTextFile 等)都会对应一个 Job 实例，该 Job 实例包含多任务的并行计算
Stage	一个 Job 会被拆分成多组任务(TaskSet)，每组任务被称为 Stage，任务和 MapReduce 的 Map 和 Reduce 任务很像。划分 Stage 的依据在于：Stage 开始一般是由于读取外部数据或者 Shuffle 数据，一个 Stage 的结束一般是由于发生 Shuffle(如 rduceByKey 操作)或者是在整个 Job 结束时(例如，要把数据放到 HDFS 等存储系统上)
Task	被 Driver Program 送到 Executor 上的工作单元，通常情况下一个 Task 会处理一个 Split(也就是一个分区)的数据，每个 Split 一般就是一个 Block 块的大小
Master	在提交 Spark 程序时，需要与 Master 服务通信，从而申请运行任务所需的资源
Worker	当前程序所申请的运算资源由 Worker 服务所在的机器提供
Executor	Executor 是 Worker Node 为 Application 启动的一个工作进程，在进程中负责任务(Task)的运行，并且负责将数据存放在内存或磁盘上，必须注意的是，每个应用在一个 Worker Node 上只会有一个 Executor，在 Executor 内部通过多线程的方式并发处理应用的程序

图 4-3 展示了 Spark 关键术语概念之间的关系，也展示了 Spark 程序的执行过程。

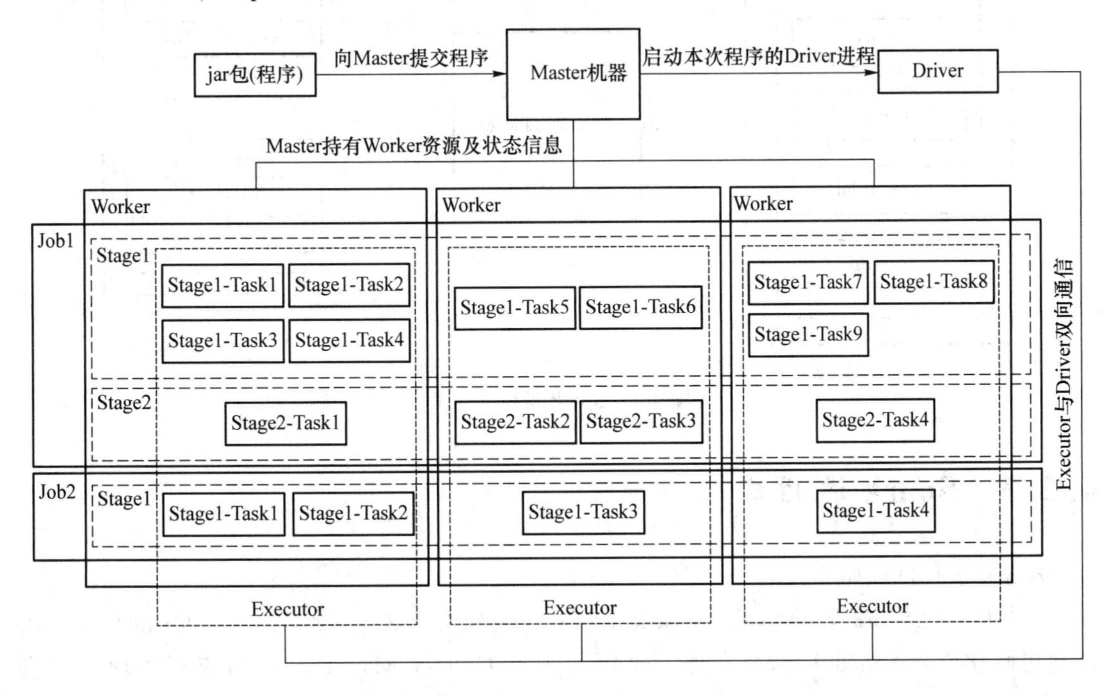

图 4-3 Spark 概念汇总示意图

4.2.2 Spark 框架图

Spark 框架中组件介绍如下。

(1) Cluster Manager：在 Standalone 模式中即为 Master 主节点，控制整个集群，监控 Worker Node。在 YARN 模式中为资源管理器。

(2) Worker Node：从节点，负责控制计算节点，启动 Executor 或者 Driver。在 YARN 模式中为 NodeManager，负责计算节点的控制。

(3) Driver Program：运行 Application 的 main()函数并创建 SparkContext。

(4) Executor：执行器，在 Worker Node 上执行任务的组件，用于启动线程池运行任务。每个 Application 拥有独立的一组 Executor。

(5) SparkContext：整个应用的上下文，控制应用的生命周期。

(6) RDD：Spark 的基础计算单元。

(7) DAG Scheduler：根据作业（Task）构建基于 Stage 的 DAG，并提交 Stage 给 TaskScheduler。

(8) TaskScheduler：将任务(Task)分发给 Executor 执行。

(9) SparkEnv：线程级别的上下文，存储运行时的重要组件的引用。

Spark 框架如图 4-4 所示。

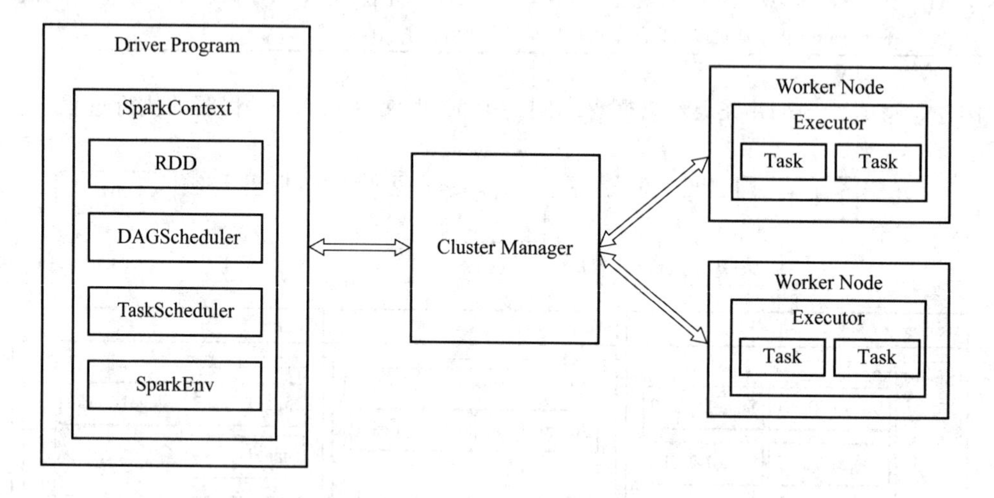

图 4-4 Spark 运行架构图

4.2.3 Spark 运行图

Spark 运行过程如下。

(1) 初始化 SparkContext，然后 SparkContext 会创建出 DAGScheduler 和 TaskScheduler。在创建初始化 TastScheduler 时，会连接资源管理器 Cluster Manager，并向资源管理器注册 Application。

(2) 资源管理器收到信息之后，会调用自己的资源调度算法，通知 Worker Node 启动

Executor,并进行资源的分配。

(3) Executor 启动之后,会反向注册到 TastScheduler 上。

(4) DAGScheduler 将 RDD 拆分为 Stage,提交给 TaskScheduler。TaskScheduler 把 Stage 划分为 Task 分配给 Executor 执行,直到全部执行完成。

Spark 运行过程如图 4-5 所示。

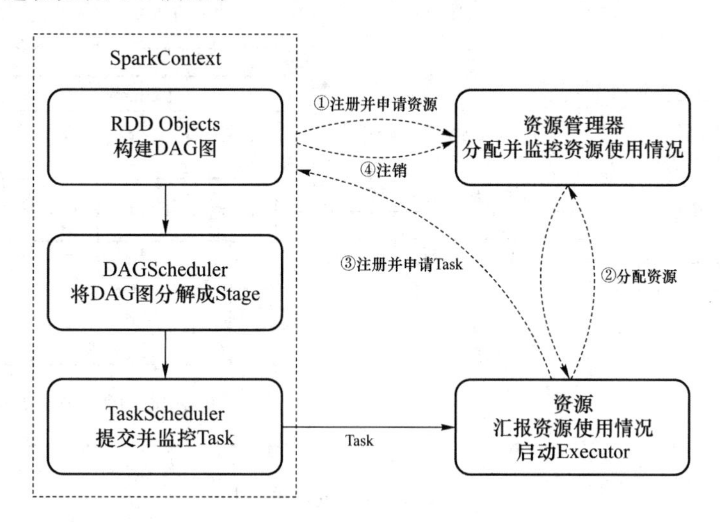

图 4-5 Spark 运行过程

4.2.4 Spark 任务调度方法

Spark 任务调度的过程如下。

(1) 调度阶段的拆分。当一个 RDD 操作触发计算,向 DAGScheduler 提交作业时,DAGScheduler 需要从 RDD 依赖链末端的 RDD 出发,通历整个 RDD 依赖链,划分调度阶段,并决定各个调度阶段之间的依赖关系。

(2) 调度阶段的提交。提交上一步划分的调度阶段,并且生成一个作业实例。

(3) 任务集的提交。在调度阶段的提交后,调度会被转换成一个任务集的提交。这个任务集会触发 TaskScheduler 构建一个 TaskSetManager 的实例来管理这个任务集的生命周期。当 TaskScheduler 得到计算资源后,会通过 TaskSetManager 调度具体的任务到对应的 Executor 节点上进行运算。

(4) 完成状态的监控。为了保证调度阶段能够顺利地执行调度,需要 DAGScheduler 监控当前调度阶段任务的完成情况。这种监控 DAGScheduler 主要是通过给出一系列的回调函数来实现的。

(5) 任务结果的获取。在一个具体的任务在 Executor 中执行完毕之后,其结果会返回给 DAGScheduler。

Spark 任务调度过程如图 4-6 所示。

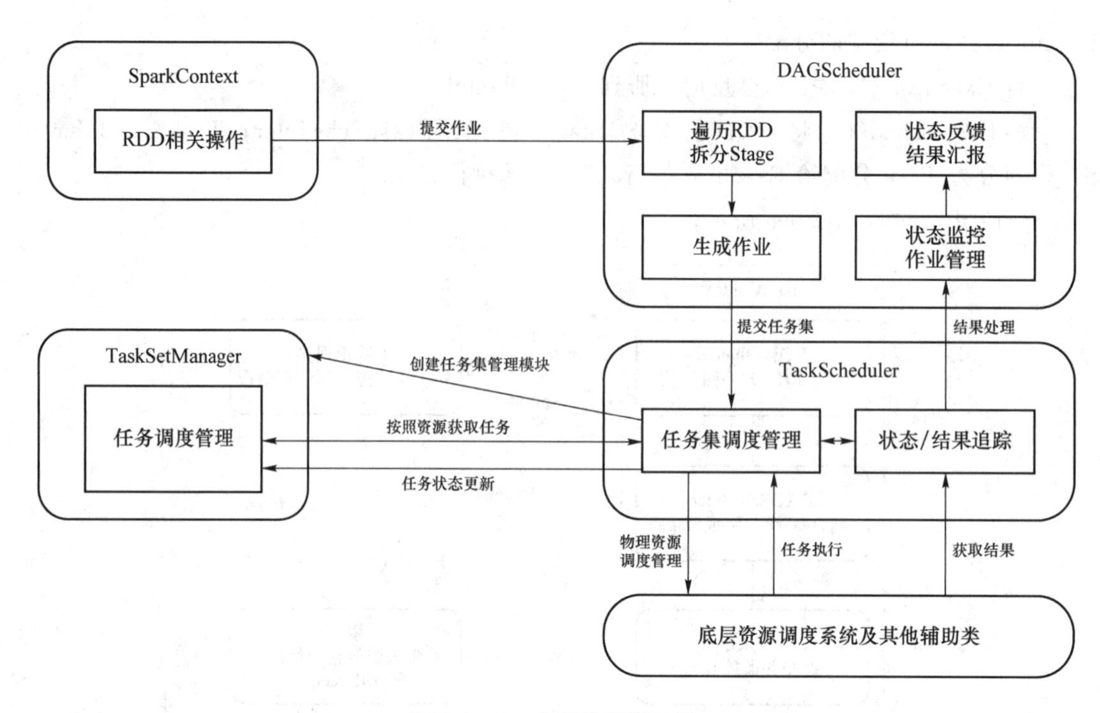

图 4-6　Spark 任务调度过程

4.2.5　Spark 提交作业实例

Spark 运行提交作业命令如图 4-7 所示。

```
./bin/spark-submit --class package.MainClass \     # 作业执行主类，需要完成的包路径
    --master spark://host:port, mesos://host:port, yarn, or local\Maste
                  # 运行方式
    ---deploy-mode client,cluster\ # 部署模式，如果Master采用YARN模式则可以选择使用clent模式或者cluster模式，默认client模式
    --driver-memory 1g \            # Driver运行内存，默认1G
    ---driver-cores 1 \            # Driver分配的CPU核个数
    --executor-memory 4g \         # Executor内存大小
    --executor-cores 1 \             # Executor分配的CPU核个数
    ---num-executors \             # 作业执行需要启动的Executor数
    ---jars \               # 作业程序依赖的外部jar包，这些jar包会从本地上传到Driver然后分发到各Executor classpath中。
    --queue QUEUE_NAME \    #  提交应用程序给哪个YARN的队列，默认是default队列
    lib/spark-examples*.jar \        # 作业执行JAR包
[other application arguments ]        # 程序运行需要传入的参数
```

图 4-7　Spark 运行提交作业命令

例如，运行如下 Spark 测试程序。

```
spark-submit --class org. apache. spark. examples. SparkPi --master yarn --num-executors 4 --driver-memory 1g --executor-memory 1g --executor-cores 1 spark-2. 1. 1-bin-hadoop2. 7/examples/jars/spark-examples_2. 11-2. 1. 1. jar 10
```

输出如图 4-8 所示结果，说明集群部署成功。

```
21/11/10 21:06:36 INFO scheduler.DAGScheduler: ResultStage 0 (reduce at SparkPi.scala:38) finished in 0.676 s
21/11/10 21:06:36 INFO scheduler.DAGScheduler: Job 0 finished: reduce at SparkPi.scala:38, took 0.869236 s
Pi is roughly 3.1451871451871454
21/11/10 21:06:36 INFO server.ServerConnector: Stopped Spark@3bd7f8dc{HTTP/1.1}{0.0.0.0:4040}
21/11/10 21:06:36 INFO handler.ContextHandler: Stopped o.s.j.s.ServletContextHandler@f19c9d2{/stages/stage/ki
,UNAVAILABLE,@Spark}
21/11/10 21:06:36 INFO handler.ContextHandler: Stopped o.s.j.s.ServletContextHandler@4089713{/jobs/job/kill.n
```

图 4-8 华为云运行 Spark 测试程序结果

运行 spark-shell 命令，查看 Spark 和 Scala 的版本信息，如图 4-9 所示。

```
Spark context Web UI available at http://192.168.0.61:4040
Spark context available as 'sc' (master = local[*], app id = local-1636550
Spark session available as 'spark'.
Welcome to
      ____              __
     / __/__  ___ _____/ /__
    _\ \/ _ \/ _ `/ __/  '_/
   /___/ .__/\_,_/_/ /_/\_\   version 2.1.1
      /_/

Using Scala version 2.11.8 (OpenJDK 64-Bit Server VM, Java 1.8.0_191)
Type in expressions to have them evaluated.
Type :help for more information.
```

图 4-9 查看 Spark 和 Scala 的版本信息

4.3 RDD 概念理解

4.3.1 RDD 介绍

RDD(Resilient Distributed Datasets)弹性分布式数据集是 Spark 中对数据和计算的抽象，是 Spark 中最核心的概念，它表示已被分片(partition)，不可变的并能够被并行操作的数据集合。一个 RDD 的生成途径只有两种，一种是来自内存集合或者外部存储系统的数据集，另一种是通过其他的 RDD 转换操作而得到的 RDD。例如，RDD 可以进行 map、filter、join 等操作转换为另一个 RDD。

4.3.2 RDD 的操作

在 Spark 中，对于 RDD 的操作一般可以分为两种：转换操作(transformation)和行动操作(action)。

（1）转换操作：将 RDD 通过一定的操作变化成另一个 RDD，比如 file 这个 RDD 通过一个 filter 操作变换成 filterRDD，所以 filter 是一个转换操作。

（2）行动操作：由于 Spark 是惰性计算的，所以对于任何 RDD 进行行动操作，都会出发 Spark 作业的运行，从而产生最终的结果。例如，我们对 filterRDD 进行的 count 操作就是一个行动操作。即能使 RDD 产生结果的操作为行动操作。

对于一个 Spark 数据处理程序而言，一般情况下 RDD 与操作之间的关系如图 4-10 所示。经过创建 RDD（输入）、转换操作、行动操作（输出）来完成一个作业。

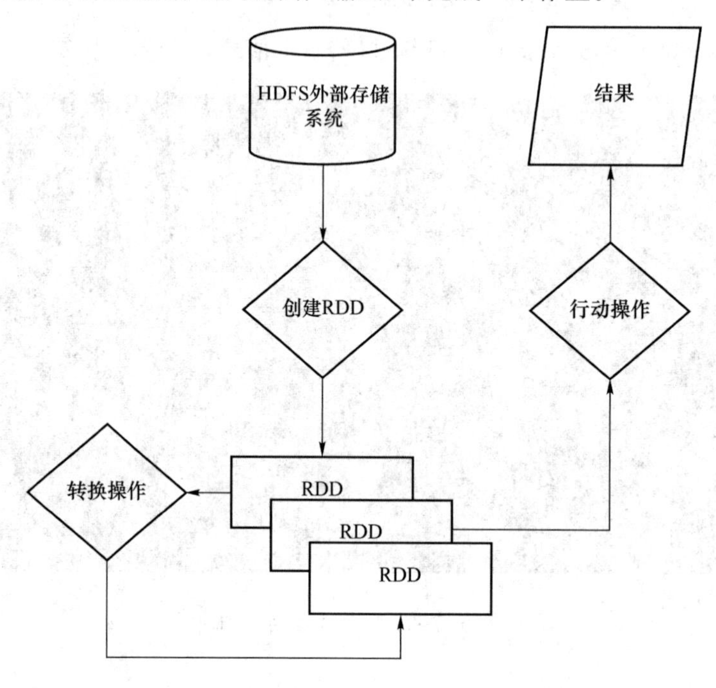

图 4-10　RDD 操作

在一个典型的 Spark 程序中，开发者通过 SparkContext 生成一个或者多个 RDD，并且通过一系列的转换操作生成最终的 RDD，最后对最终的 RDD 进行行动操作生成最后所需要的结果。

4.3.3　RDD 的存储

除去以上主要的两种 RDD 操作方式之外，开发者还可以对 RDD 进行另外两个方面的控制操作：持久化和分区。开发者可以指明哪些 RDD 需要持久化，并且选择一种存储策略。虽然 Spark 是基于内存的分布式计算引擎，但是 RDD 不光可以存储在内存中，如表 4-3 所示，Spark 提供多种存储级别。

表 4-3　Spark 提供多种存储级别

存储级别（Storage Level）	含义
MEMORY_ONLY	将 RDD 以反序列化（deserialized）的 Java 对象存储到 JVM。如果 RDD 不能被内存装下，那么一些分区就不会被缓存，并且在需要的时候被重新计算。这是默认的级别

续表

存储级别(Storage Level)	含义
MEMORY_AND_DISK	将 RDD 以反序列化的 Java 对象存储到 JVM。如果 RDD 不能被内存装下,那么超出的分区将被保存在硬盘上,并且在需要时被读取
MEMORY_ONLY_SER	将 RDD 以序列化(serialized)的 Java 对象进行存储(每一分区占用一个字节数组)。通常来说,这比将对象反序列化的空间利用率更高,尤其当使用快速序列化器(fast serializer),但在读取时会比较耗 CPU
MEMORY_AND_DISK_SER	类似于 MEMORY_ONLY_SER,但是把超出内存的分区将存储在硬盘上而不是在每次需要的时候重新计算
DISK_ONLY	只将 RDD 分区存储在硬盘上
MEMORY_ONLY_2 MEMORY_AND_DISK_2	与上述的存储级别一样,但是将每一个分区都复制到两个集群节点上去
OFF_HEAP(experimental)	以序列化的格式将 RDD 存储到 Tachyon。相比于 MEMORY_ONLY_SER,OFF_HEAP 降低了垃圾收集(Garbage Collection)的开销,并使 Executors 变得更小而且共享内存池,这在大堆(heaps)和多应用并行的环境下是非常吸引人的。而且,由于 RDD 驻留于 Tachyon 中,Excutor 的崩溃不会导致内存中的缓存丢失。在这种模式下,Tachyon 中的内存是可丢弃的。因此,Tachyon 不会尝试重建一个在内存中被清除的分块

4.3.4 RDD 分区

既然 RDD 是一个分区的数据集,那么 RDD 肯定具备分区的属性,对于一个 RDD 而言,分区的多少涉及对这个 RDD 进行并行计算的粒度,每一个 RDD 分区的计算操作都在一个单独的任务中被执行。对于 RDD 的分区而言,用户可以自行指定多少分区,如果没有指定,那么将会使用默认值。可以利用 RDD 的成员变量 partitions 所返回的 partition 数组的大小来查询一个 RDD 被划分的分区数。

4.3.5 RDD 优先位置

RDD 优先位置(preferredLocations)属性与 Spark 中的调度相关,返回的是此 RDD 的每个 partition 所存储的位置,按照"移动数据不如移动计算"的理念,在 Spark 进行任务调度的时候,尽可能地将任务分配到数据块所存储的位置。

4.3.6 RDD 依赖关系

RDD 依赖关系(dependencies)顾名思义就是依赖的意思。由于 RDD 是粗粒度的操作数据集,每一个转换操作都会生成一个新的 RDD,所以 RDD 之间就会形成类似于流水线一样的前后依赖关系,在 Spark 中存在两种类型的依赖,即窄依赖(Narrow Dependencies)和宽依赖(Wide Dependencies)。

(1) 窄依赖：每一个父 RDD 的分区最多只被子 RDD 的一个分区所使用，如图 4-11 所示。

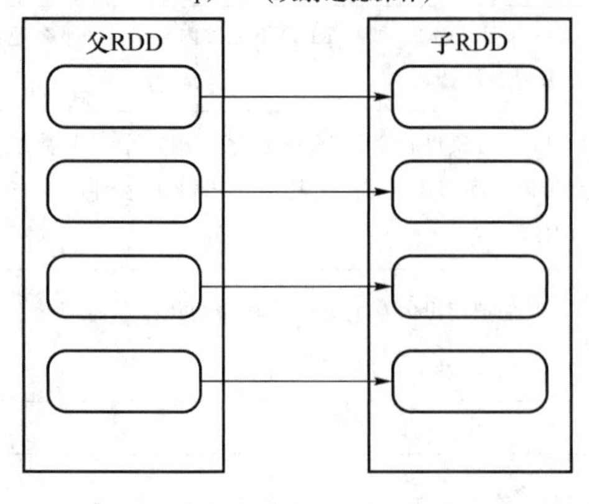

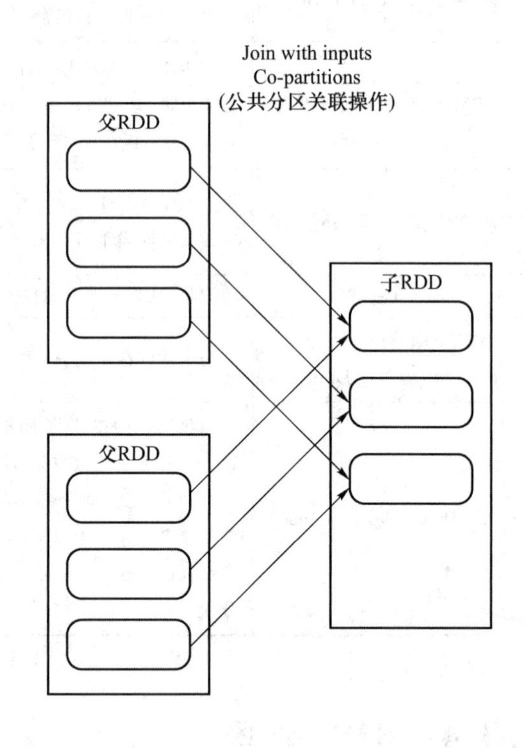

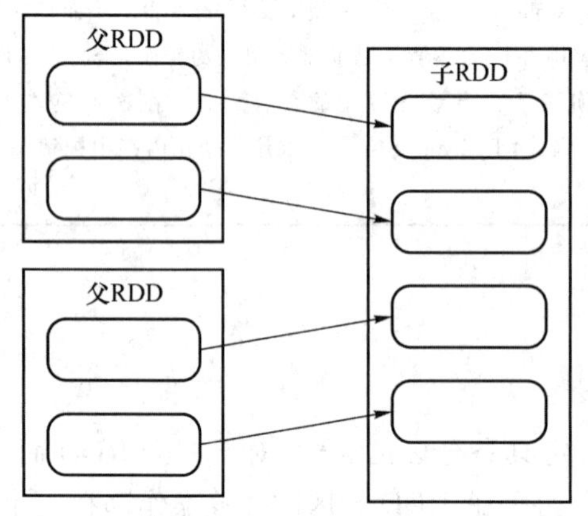

图 4-11　RDD 窄依赖示意图

(2) 宽依赖：多个子 RDD 的分区会依赖于同一个父 RDD 的分区，如图 4-12 所示。

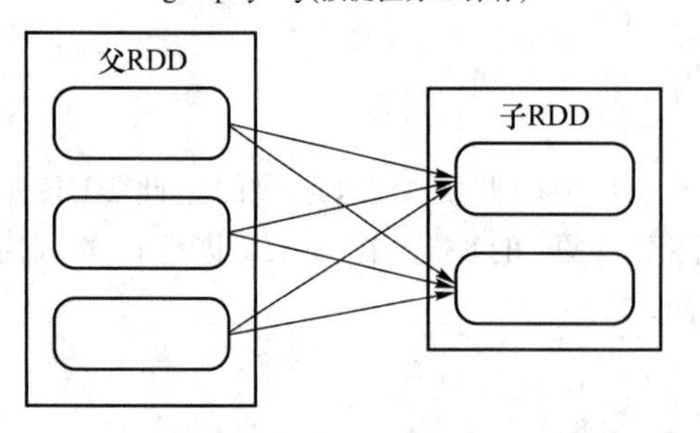

图 4-12　RDD 宽依赖示意图

在图 4-11 和图 4-12 中，一个矩形表示一个 RDD，在矩形中的圆角矩形表示这个 RDD 的一个分区，例如，转换操作 Map 和 Filter 就会形成一个窄依赖，而进行 groupByKey 就会形成宽依赖。在 Spark 中需要明确地区分这两种依赖关系有两方面的原因。

(1) 窄依赖可以在集群的一个节点上（如流水线上）一般地执行，可以计算所有父 RDD 的分区，相反地，宽依赖需要取得父 RDD 的所有分区上的数据进行计算，将会执行类似于 MapReduce 一样的 Shuffle 操作。

(2) 对于窄依赖来说，节点计算失败后的恢复会更加有效，只需要重新计算对应的父 RDD 的分区，而且可以在其他的节点上并行地计算，相反地，在有宽依赖的继承关系中，一个节点的失败将会导致其父 RDD 的多个分区重新计算，这个代价是非常大的。

4.4 RDD 的操作

4.4.1 读取数据生成 RDD

1. 读取普通文本数据

在默认情况下，文本数据中的每一行都将成为 RDD 中的一个元素。

```
val inputTextFile = sc.textFile(path)
println(inputTextFile.collect.mkstring(","))
```

2. 读取 JSON 格式数据

用 Spark 自带的 JSON 解析工具读取文件中的 JSON 数据并生成 RDD。

```
val inputJsonFile = sc.textFile(path)
val content = inputJsonFile.map(JSON.parseFull)
println(content.collect.mkstring("\t"))
```

3. 读取 CSV 格式数据

读取 CSV 格式的数据并生成 RDD。

```
val inputCSVFile = sc.textFile(path).flatMap(_.split(",")).collect
inputCSVFile.foreach(println)
```

4. 读取 TSV 格式数据

读取 TSV 格式的数据并生成 RDD。

```
val inputTSVFile = sc.textFile(path).flatMap(_.split("\t")).collect
inputTSVFile.foreach(println)
```

5. 读取 SequenceFile 格式数据

读取 SequenceFile 格式的数据并生成 RDD。

```
val inputSequenceFile = sc.sequenceFile[String,String](path)
println(inputSequenceFile.collect.mkString(","))
```

6. 读取 Object 格式数据

通过 Person 样例类创建 Person 实例，读取 Object 格式的数据并生成 RDD。

```
val rddDatasc = sc.objectFile[Person](path)
println(rddData.collect.toList)
```

7. 读取 HDFS 中的数据

通过显式调用 HadoopAPI 的方式读取 HDFS 中的数据并生成 RDD。

```
val inputHadoopFile = sc.newAPIHadoopFile[LongWritable, Text, TextInputFormat](path,classOf[TextInputFormat],classOf[Longwritable],classOf[Text])
val result = inputHadoopFile.map(_._2.toString).collect
println(result.mkstring("\n"))
```

4.4.2 保存 RDD 数据到外部存储

1. 保存成普通文本文件

将 RDD 中的数据保存成普通文本文件。

```
val rddData = sc.parallelize(Array(("one",1),("two",2),("three",3)),10)
rddData.saveAsTextFile(path)
```

2. 保存成 JSON 文件

将 RDD 中的数据保存成 JSON 文件。

```
val rddData = sc.parallelize(List(JSONObject(map1),JSONObject(map2)),1)
rddData.saveAsTextFile(path)
```

3. 保存成 CSV 文件

将 RDD 中的数据保存成 CSV 文件。

```
val csvRDD = sc.parallelize(Array(array.mkString(",")),1)
csvRDD.saveAsTextFile(path)
```

4. 保存成 TSV 文件

将 RDD 中的数据保存成 TSV 文件。

```
val tsvRDD = sc.parallelize(Array(array.mkString("\t")),1)
tsvRDD.saveAsTextFile(path)
```

5. 保存成 SequenceFile 文件

将 RDD 中的数据保存成 SequenceFile 文件。

```
val rddData = sc.parallelize(data,1)
rddData.saveAsSequenceFile(path,Some(classOf[GzipCodec]))
```

6. 保存成 Object 文件

将 RDD 中的数据封装为 Person 类型，然后保存成 Object 文件。

```
val rddData = sc.parallelize(List(person1,person2),1)
rddData.saveAsObjectFile(path)
```

7. 保存成 HDFS 文件

将 RDD 中的数据保存成 HDFS 文件。

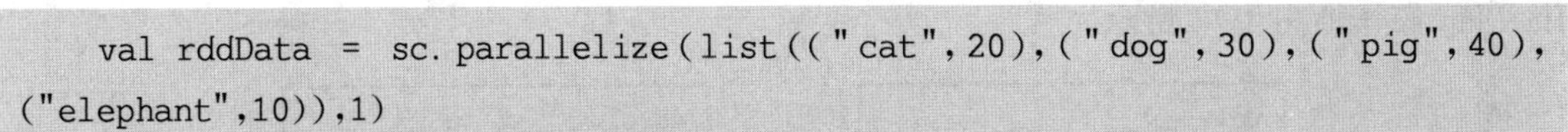

```
val rddData = sc.parallelize(list(("cat",20),("dog",30),("pig",40),("elephant",10)),1)
rddData.saveAsNewAPIHadoopFile(path, classOf[Text], classOf[IntWritable], classof[TextOutputFormat[Text,IntWritable]])
```

4.4.3 RDD 的转换操作

1. map 操作

```
def map[U:ClassTag](f:T=>U): RDD[U]
```

参数 f 是一个函数,它可以接受一个参数,当某个 RDD 执行 map 方法时,会遍历该 RDD 中的每一个数据项,并以此应用 f 函数,从而产生一个新的 RDD。即,这个新 RDD 中的每一个元素都是原来 RDD 中每一个元素依次应用 f 函数得到的。map 操作如图 4-13 所示。

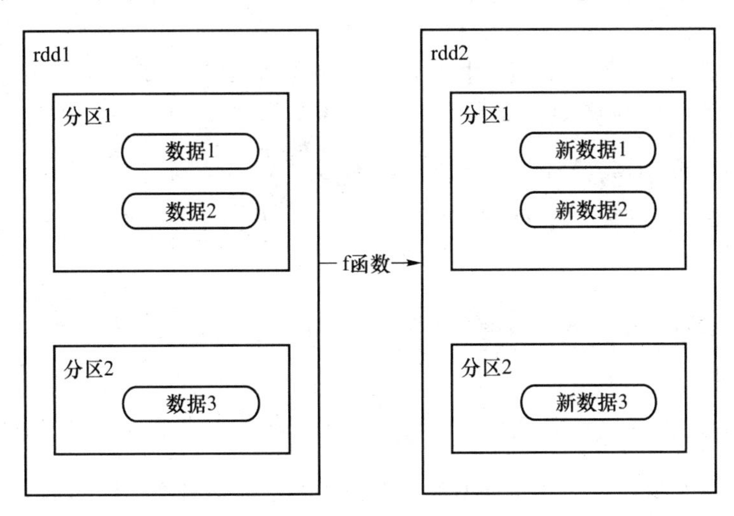

图 4-13 map 操作示意图

举例:将原本集合中的数字通过 map 操作乘以 10,然后输出。

```
val rddData = sc.parallelize(1 to 10)
val rddData2 = rddData.map(_ * 10)
rddData2.collect
```

结果如下:

```
res0: Array[Int] = Array(10, 20, 30, 40, 50, 60, 70, 80, 90,100)
```

2. flatMap 操作

```
def flatMap[U: ClassTag](f: T => TraversableOnce[U]): RDD[U]
```

与 map 操作类似,将 RDD 中的每一个元素通过应用 f 函数依次转换为新的元素,并封装到 RDD 中。目前看起来这和 map 操作没有区别,但特别重要的一点是:在 flatMap 操作中,f 函数的返回值是一个集合,并且会将每一个该集合中的元素拆分出来存放到新的 RDD 中。

flatMap 操作如图 4-14 所示。

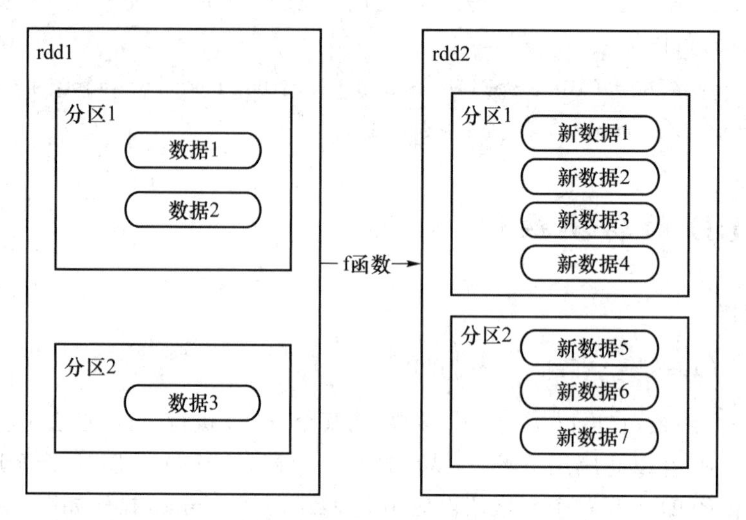

图 4-14　flatMap 操作示意图

举例：将原 RDD 中的每一个元素拆分成多个元素，并封装到新的 RDD 中。

```
val rddData =
sc.parallelize(Array("one,two,three", "four,five,six",seven,eight,nine,ten'1 ))
val rddData2 = rddData.flatMap(_.split(",") ) rddData2.collect
```

结果如下：

```
res0: Array[String] = Array(one, two, three, four, five, six, seven, eight, nine, ten)
```

3. filter 操作

```
def filter ( f : T => Boolean ) : RDD [T]
```

该方法接收一个返回值为布尔类型的函数作为参数。当某个 RDD 调用 filter 方法时，会对该 RDD 中的每一个元素应用 f 函数，如果返回值类型为 true，那么该元素会被添加到新的 RDD 中。filter 操作如图 4-15 所示。

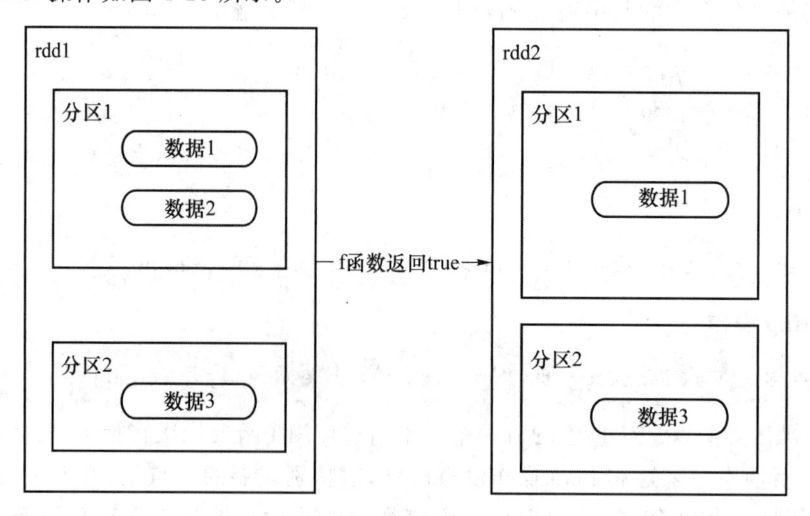

图 4-15　filter 操作示意图

举例:将自然数 1～100 的 RDD 中所有的质数分配到新 RDD 中。

```
val rddData = sc.parallelize(1 to 100)
import scala.util.control.Breaks._
val rddData2 = rddData.filter(n => {
  var flag = if(n < 2) false else true
  breakable{
    for(x <- 2 until n){
      if(n % x == 0) {
      flag = false
      break
      }
    }
  }
  Flag
})
rddData2.collect
```

结果如下:

```
res7: Array[Int] = Array(2, 3, 5, 7, 11, 13, 17, 19, 23, 29, 31, 37, 41, 43,47,
53, 59, 61, 67, 11, 13, 79, 83, 89, 97)
```

4. distinct 操作

```
def distincti(numPartitions: Int)(implicit ord:Ordering[T] = null): RDD[T]
def distinct^): RDD[T]
```

RDD 在调用 distinct 方法后,会对内部的元素去重,并将去重后的元素放到新的 RDD 中,还可以通过 numPartitions 参数设置新的 RDD 的分区个数。distinct 操作如图 4-16 所示。

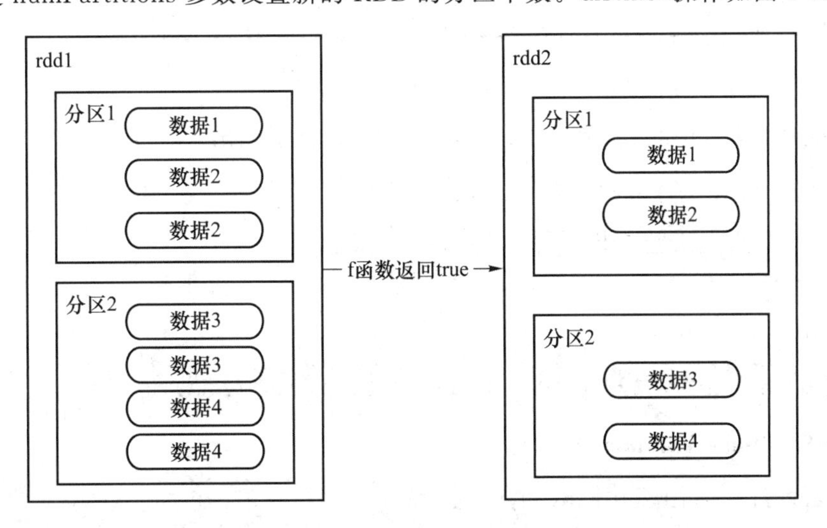

图 4-16 distinct 操作示意图

举例:将 RDD 中用户数据按照“姓名”去重。

```
val rddData = sc.parallelize(Array("Alice","Nick","Alice","Kotlin","Catalina","Catalina"), 3)
val rddData2 = rddData.distinct
rddData2.collect
```

结果如下：

```
Array[String] = Array(Kotlin, Alice, Catalina, Nick)
```

5. mapPartitions 操作

```
def mapPartitions[U: ClassTag](
f: Iterator[T] => Iterator[U],
preservesPartitioning: Boolean = false): RDD[U]
```

该操作与 map 操作非常类似，但稍有不同。比如某个 RDD 中有两个分区、10 个元素，那么在 map 操作中，10 个元素将直接依次应用 f 函数。而在 mapPartitions 操作中，则是先遍历两个分区，然后再遍历分区中的每个元素。map 操作如图 4-17 所示。

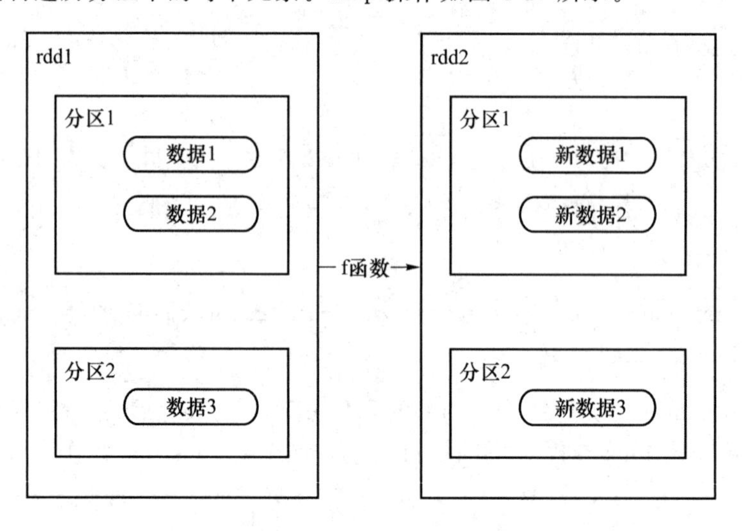

图 4-17　map 操作示意图

举例：将原本集合中的数字通过 map 操作乘以 10，然后输出。

```
val rddData = sc.parallelize(1 to 10)
val rddData2 = rddData.map(_ * 10)
rddData2.collect
```

结果如下：

```
res0: Array[Int] = Array(10, 20, 30, 40, 50, 60, 70, 80, 90,100)
```

6. mapPartitionsWithIndex 操作

```
def mapPartitionsWithIndex[U: ClassTag](
f: (Int, Iterator[T]) => Iterator[U], preservesPartitioning: Boolean false): RDD[U]
```

它与 mapPartitions 操作类似，但有所不同：它可以对每一个分区依次应用 f 函数，在应用

f 函数时当前分区的分区号会被传入 f 函数中。

举例：将 RDD 中所有考试分数高于 95 分的“学生准考证号”“对应分数”“当前数据所在分区”信息拼接后输出。

```
val rddData = sc.parallelize(Array(("201800001", 83), ("201800002", 97),
("201800003", 100),("201800004", 95), ("201800005", 87)), 2)
    val rddData2 = rddData.mapPartitionsWithIndex((index,iter) =>{
    var result = List[String]()
    while(iter.hasNext){
      result = iter.next() match {
        case(id,grade)if grade >= 95 => id + "_" + grade + "[" + index + "]" :: result
        case => result
      }
    }
    result.iterator
    })
    rddData2.collect
```

结果如下：

```
resl: Array[String] = Array(201800002_97[0], 201800004_95[1], 201800003_100[1])
```

7. union 操作

```
def union(other: RDD[T]): RDD[T]
```

该操作对两个 RDD 进行并集运算，并返回新的 RDD。union 操作如图 4-18 所示。

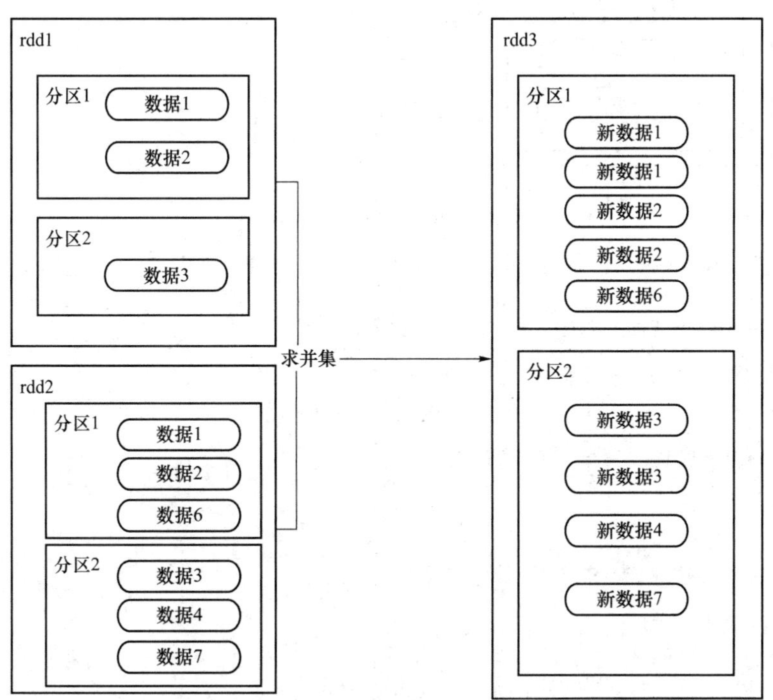

图 4-18 union 操作示意图

举例：对封装有数字 1～10 的 RDD 和封装有数字 1～20 的 RDD 求并集。

```
val rddData1 = sc.parallelize(1 to 10)
val rddData2 = sc.parallelize(1 to 20)
val rddData3 = rddData1.union(rddData2)
rddData2.collect
```

结果如下：

```
res2: Array[Int] = Array(1, 2 , 3, 4, 5, 6, 7, 8, 9, 10, 1, 2, 3, 4, 5, 6, 7, 8, 9,
10, 11, 12, 13, 14, 15, 16, 17, 18, 19, 20)
```

8. intersection 操作

```
def intersection(other: RDD[T]): RDD[T]
```

该操作对两个 RDD 进行交集运算，并返回新的 RDD。intersection 操作如图 4-19 所示。

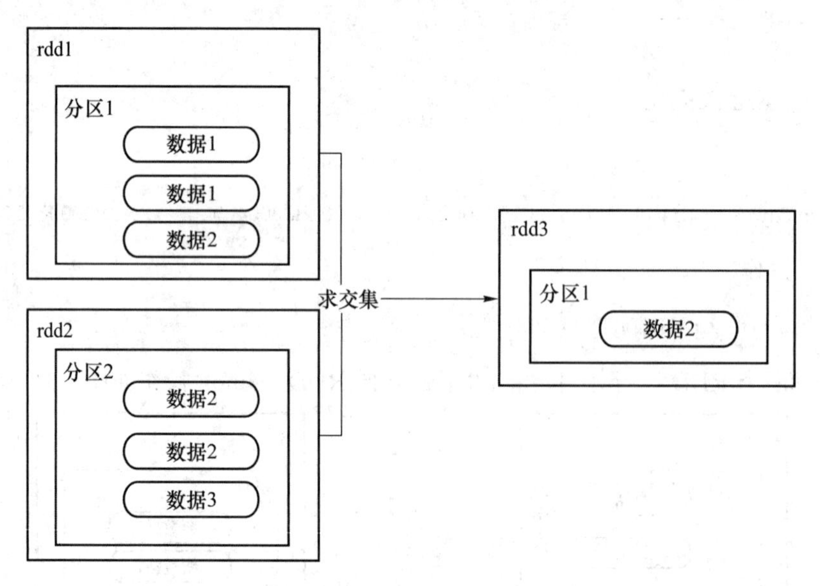

图 4-19 intersection 操作示意图

举例：对包含数字 1、1、2 的 RDD 与包含数字 2、2、3 的 RDD 进行交集运算。

```
val rddData1 = sc.parallelize(Array(1, 1, 2))
val rddData2 = sc.parallelize(Array(2, 2, 3))
val rddData3 = rddData1.intersection(rddData2)
  rddData3.collect
```

结果如下：

```
res5: Array[Int] = Array(2)
```

9. subtract 操作

```
def subtract(other: RDD[T]) : RDD[T]
```

该操作为差集运算。假设存在 rddl. subtract(rdd2)，则最终返回在 rddl 中存在但在 rdd2 中不存在的元素，并生成新的 RDD。整个过程不会对元素去重。subtract 操作如图 4-20 所示。

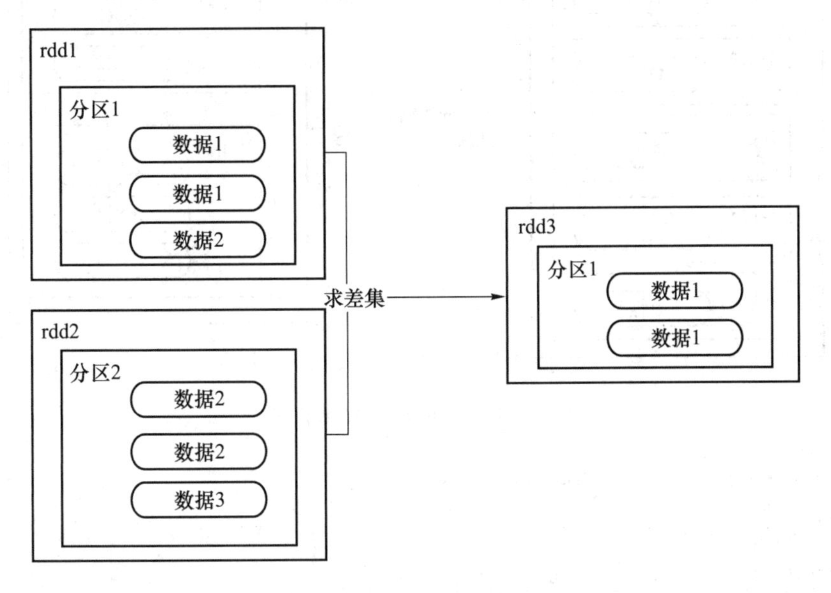

图 4-20 subtract 操作示意图

举例：对封装有数字 1～10 的 RDD 和封装有数字 1～20 的 RDD 求差集。

```
val rddDatal = sc.parallelize(Array(1, 1, 2))
val rddData2 = sc.parallelize(Array(2, 2, 3))
val rddData3 = rddDatal.subtract(rddData2)
rddData3.collect
```

结果如下：

```
resl3: Array[Int] = Array(1, 1)
```

10. coalesce 操作

```
def coalesce(numPartitions: Int, shuffle: Boolean = false, partitionCoalescer:
Option[PartitionCoalescer] = Option.empty)(implicit ord: Ordering[T] = null): RDD[T]
```

如果方法中第 2 个参数 shuffle 的值为 false，则该操作会将“分区数较多的原始 RDD”向“分区数较少的目标 RDD”进行转换。如果目标 RDD 的分区数大于原始 RDD 的分区数，那么维持原分区数不变，此时执行该操作毫无意义。一个分区只会产生一个 Task，每个 Task 可以基于 CPU 内核个数进行并行运算。如果存在多个分区，且每个分区中数据量非常小，那么可以通过该操作将分区数缩减，以提高每一个 Task 处理的数据量，从而提升运算效率。coalesce 操作如图 4-21 所示。

举例：创建一个由数字 1～100 组成的 RDD，并且设置为 10 个分区。然后执行 coalesce 操作，将分区数聚合为“5”，然后再将其拓展为“7”，观察操作后的效果。

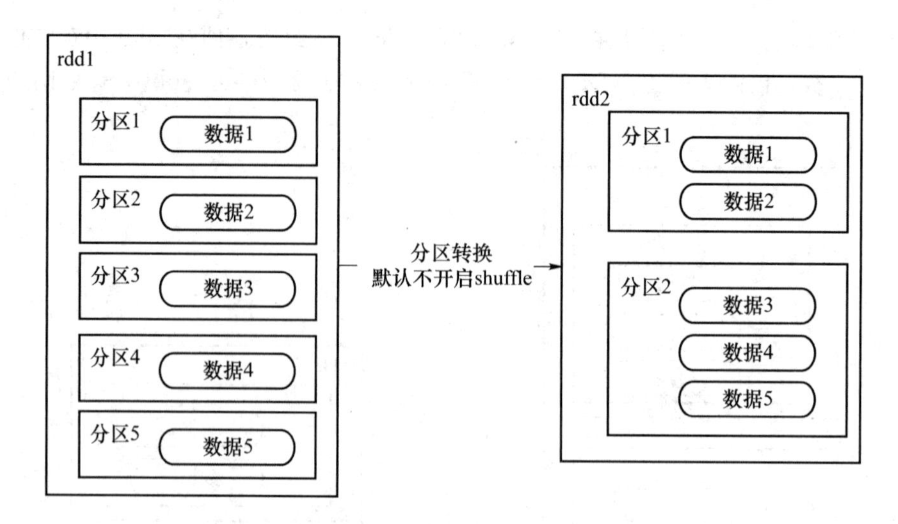

图 4-21 coalesce 操作示意图

```
val rddDatal = sc.parallelize(1 to 100, 10)
rddDatal.partitions.length
val rddData2 = rddDatal.coalesce(5)
rddData2.partitions.length
val rddData3 = rddData2.coalesce(7)
rddData3.partitions.length
```

结果如下：

```
res7: Int = 10
res8: Int = 5
res9: Int = 5
```

11. repartition 操作

```
def repartition(numPartitions: Int)(implicit ord: Ordering[T] null) : RDD[T]
```

该操作内部其实执行的是 coalesce 操作，参数 shuffle 的默认值为 true。无论是将分区数多的 RDD 转换为分区数少的 RDD，还是将分区数少的 RDD 转换为分区数多的 RDD，repartition 操作都可以完成，因为无论如何都会经 shuffle 过程。

举例：创建一个由数字 1～100 组成的 RDD，并设置为 10 个分区。然后执行 repartition 操作，将分区数聚合为“5”，然后再将其拓展为“7”，观察操作后的效果。

```
val rddDatal = sc.parallelize(1 to 100, 10)
val rddData2 = rddDatal.repartition(5)
rddData2.partitions.length
val rddData3 = rddData2.repartition(7)
rddData3.partitions.length
```

结果如下：

```
res10: Int = 10
res11: Int = 5
res12: Int = 7
```

12. randomSplit 操作

```
def randomSplit(weights: Array[Double],seed: Long = Utils.random.nextLong):
Array[RDD[T]]
```

该操作根据第1个参数 weights（权重）对一个 RDD 进行拆分。拆分后产生几个 RDD 取决于设置了几个权重值（weights）。比如，设置 weights 为 Array(1, 4, 5)，则会产生3个 RDD，每个 RDD 中的元素个数比近似 1:4:5。

举例：将由数字 1～10 组成的 RDD，用 randomSplit 操作拆分成 3 个 RDD。

```
val rddData1 = sc.parallelize(1 to 10, 3)
val splitRDD = rddData1.randomSplit(Array(1, 4, 5))
splitRDD(0).collect
splitRDD(1).collect
splitRDD(2).collect
```

结果如下：

```
res18: Array[Int] = Array(7)
res19: Array[Int] = Array(3, 4, 5, 9)
res20: Array[Int] = Array(1, 2, 6, 8, 10)
```

13. glom 操作

```
def glom(): RDD[Array[T]]
```

该操作将 RDD 中每一个分区变成一个数组，并放置在新的 RDD 中，数组中元素的类型与原分区中元素类型一致。

举例：创建一个由数字 1～10 组成的 RDD，并设置为 5 个分区，然后将对应分区转换为数组。

```
val rddData1 = sc.parallelize(1 to 10, 5)
val rddData2 = rddData1.glom
rddData2.collect
```

结果如下：

```
res30: Array[Array[Int]] = Array(Array(1, 2), Array(3, 4), Array(5, 6), Array
(7, 8), Array(9, 10))
```

14. zip 操作

```
def zip[U: ClassTag](other: RDD[U]): RDD[(T, U)]
```

该操作可以将两个 RDD 中的元素，以键值对的形式进行合并。其中，键值对中的 Key 为第 1 个 RDD 中的元素，键值对中的 Value 为第 2 个 RDD 中的元素。

举例:将数字 1～3 组成的 RDD，与字母 A～C 组成的 RDD 应用拉链（zip）操作,合并到一个新的 RDD 中。

```
val rddDatal = sc.parallelize(1 to 3, 2)
val rddData2 = sc.parallelize(Array("A", "BM, "C"), 2)
val rddData3 = rddDatal.zip(rddData2)
rddData3.collect
```

结果如下：

```
res32: Array[(Int, String)] = Array((1,A), (2,B), (3,C))
```

15. zipPartitions 操作

该方法有 6 个重载形式,在此不一一列出。其中最常用的一种重载形式源码如下：

```
def zipPartitions[B: ClassTag, V: ClassTag](rdd2: RDD[B], preservesPartitioning:
Boolean)(f: (Iterator[T], Iterator[B]) => Iterator[V]): RDD[V]
```

方法中:第 1 个参数传入另一个 RDD(如果需要同时对 3～4 个 RDD 进行操作,调用对应的重载操作即可);第 2 个参数“f 函数”,用于定义如何对每一个分区中的元素进行 zip 操作。

举例:将由数字 1～10 组成的 RDD,与数字 20～25 组成的 RDD 应用 zipPartitions 操作,将两个 RDD 中的数据按照分区进行合并。

```
val rddDatal = sc.parallelize(1 to 10, 2)
val rddData2 = sc.parallelize(20 to 25, 2)
val rddData3 = rddDatal.zipPartitions(rddData2)((rddlterl, rddlter2) => {
var result = List[(Intf Int)]() while (rddlterl • hasNext && rddlter2.hasNext){
result :: = (rddlterl • next(), rddlter2 • next()) } result.iterator })
rddData3.collect
```

结果如下：

```
res37: Array[(Int, Int)] = Array((3,22)f (2,21), (1,20), (8,25), (7,24), (6,23) )
```

16. zipWithlndex 操作

```
def zipWithlndex() : RDD[(T, Long)]
```

该操作将 RDD 中的元素与该元素在 RDD 中的索引进行合并。其第 1 步需要先生成索引号 RDD,即“ZippedWithlndexRDD”;第 2 步将原始 RDD 与“ZippedWithlndexRDD”进行 zip 操作。

举例:创建由字母 A～E 组成的 RDD，然后将每个元素与其对应的索引进行合并。

```
val rddDatal = sc.parallelize(Array("A", "B", "C", "D", "E"), 2)
val rddData2 = rddDatal.zipWithlndex()
rddData2.collect
```

结果如下：

```
res39: Array[(String, Long)] Array((A,0), (B,1), (C,2) , (D,3), (E,4))
```

17. zipWithUniqueld 操作

```
def zipWithUniqueld(): RDD[(T, Long)]
```

该操作将 RDD 中的元素与该元素对应的唯一 ID 进行拉链（zip）操作。与 zipWithlndex 操作不同的是：它不需要先通过运算生成“ZippedWithlndexRDD”。

举例：创建由字母 A～E 组成的 RDD，然后将每个元素与其对应的唯一 ID 进行拉链(zip)操作。

```
val rddDatal = sc·parallelize(Array("A", "B", "C", "D", "E"), 2)
val rddData2 = rddDatal·zipWithUniqueld()
rddData2.collect
```

结果如下：

```
res40: Array[(String, Long)] Array((A,0), (B,2), (C,1) , (D,3), (E,5))
```

18. sortBy 操作

```
def sortBy[K]( f: (T) => K, ascending: Boolean = true, numPartitions: Int =
this.partitions.length) (implicit ord: Ordering[K], ctag: ClassTag[K]): RDD[T]
```

该操作用于排序数据。在排序之前，可以将数据通过 f 函数进行处理，之后按照 f 函数处理的结果进行排序，默认为正序排列。排序后新产生的 RDD 的分区数与原 RDD 的分区数一致。

举例：将词频统计的结果按照单词出现的次数进行倒序排列。

```
val rddDatal = sc.parallelize(Array(("dog", 3), ("cat",1), ("hadoop", 2),
("spark", 3), ("apple", 2)))
val rddData2 = rddDatal·sortBy(_._2, false)
rddData2.collect
```

结果如下：

```
resl: Array[(String, Int)] = Array((dog,3), (spark,3), (hadoop,2), (apple,
2), (cat,1))
```

4.4.4 RDD 的行动操作

1. collect 操作

collect 操作用于将 RDD 转换为 Array 数组。

```
def collect(): Array[T]
```

举例：将由数字 1～5 组成的 RDD 转换为由数字 1～5 组成的 Array 数组。

```
val rddDatal = sc.parallelize(1 to 5)
rddDatal.collect
```

结果如下：

```
res15: Array[Int] = Array(1, 2, 3, 4, 5)
```

2. first 操作

first 操作用于返回 RDD 中的第 1 个元素。它在获取元素时不会对 RDD 进行排序。

```
def first(): T
```

举例:返回 RDD 中第 1 个学生的姓名。

```
val rddDatal = sc.parallelize(Array("Thomas", "Alice", "Kotlin"))
rddDatal.first
```

结果如下：

```
res15: Array[Int] = Array(1, 2, 3, 4, 5)
```

3. take 操作

take 操作用于返回 RDD 中[0,num)范围内的元素。

```
def take(num: Int): Array[T]
```

举例:返回 RDD 中前两名学生的姓名。

```
val rddDatal = sc.parallelize(Array("Thomas", "Alice", "Kotlin"))
rddDatal.take(2)
```

结果如下：

```
res0: Array[String] = Array(Thomas, Alice)
```

4. top 操作

top 操作用于将 RDD 中的元素按照降序规则排列,然后返回前 num 个元素。

```
def top(num: Int)(implicit ord: Ordering[T]): Array[T]
```

举例:返回考试分数为前两名的学生。

```
  val rddDatal  = sc.parallelize(Array((“Alice”, 95), ("Tom",75), ("Thomas",
88)), 2)
  rddDatal.top(2)(Ordering.by(t => t._2))
```

结果如下：

```
res2: Array[(String, Int)] = Array((Alice,95) r (Thomas,88))
```

5. takeOrdered 操作

takeOrdered 操作用于将 RDD 中的元素按照升序规则排列,然后返回前 num 个元素。也可以通过第 2 个参数指定排序规则。

```
def takeOrdered(num: Int)(implicit ord: Ordering[T]): Array[T]
```

举例:返回考试分数为倒数前两名的学生信息。

```
val rddDatal  = sc.parallelize(Array(("Alice", 95), ("Tom", 75) ,("Thomas", 88)), 2)
rddDatal.takeOrdered(2)(Ordering.by(t => t._2))
```

结果如下：

```
res4: Array[(String, Int)] = Array((Tom,75), (Thomas,88))
```

6. reduce 操作

take 操作用于返回 RDD 中[0,num)范围内的元素。

```
def reduce ( f : ( T, T ) => T ) : T
```

举例:将每个科目和每个科目所对应的考试成绩进行聚合。

```
val rddDatal = sc.parallelize(Array(("语 文",95), ("数 学",75) , ("英语",88)), 2)
rddDatal • reduce((tl, t2) => (tl._1 +"_"+t2._l, tl._2 + t2._2))
```

结果如下：

```
res5: (String, Int) (数学_英语_语文,258)
```

7. aggregate 操作

aggregate 操作用于对元素进行聚合。

```
def aggregate[U: ClassTag](zeroValue: U)(seqOp: (U, T) => U, combOp: (U, U) => U): U
```

举例:将所有用户访问的 URL 聚合在一起(URL 不去重)。

```
import collection.mutable.ListBuffer
val rddDatal = sc.parallelize(Array( ("用户 1", "接口 1"), ("用户 2","接口
1"), ( "用户 1", "接口 1"), ( " 用户 1", "接口 2"), ("用户 2", "接口 3")) , 2 )
rddDatal. aggregate (ListBuffer [(String)] ( )) ((list: ListBuffer [String],
tuple:(String, String)) => list += tuple._2, (list1: ListBuffer[String] , list2:
ListBuffer[String]) => listl + += list2)
```

结果如下：

```
res7: scala.collection.mutable.ListBuffer[String] = ListBuffer(接口 1, 接口
2, 接口 3, 接口 1, 接口 1)
```

8. fold 操作

它对元素进行聚合,与 aggregate 操作类似,是 aggregate 操作的简化版。

```
def fold(zeroValue: T)(op: (T, T) => T): T
```

举例:将 RDD 中的数字与某个指定的初始值求和。

```
val rddDatal = sc.parallelize(Array(5f 5, 15, 15), 2)
rddDatal.fold(1)((x, y) => x + y)
```

结果如下：

```
res9: Int = 43
```

9. foreach 操作

遍历 RDD 中的每一个元素,并依次应用 f 函数。

```
def foreach(f: T => Unit): Unit
```

举例：用 foreach 操作打印 RDD 中的每一个元素。

```
val rddDatal = sc.parallelize(Array((" r 1", "接 口 1"), ("用 户 2","接 口 1"), ("用 户 1", "接 口 1"), ("用户 1", "接口 2"), ("用户 2", "接口 3")), 2)
rddDatal.foreach(println)
```

结果如下：

没有任何数据被打印出来，并不是说 04 行的 println 操作没有执行，而是内容被打印在 Executor 进程所在的控制台中了。

10. foreachPartition 操作

该操作与 foreach 操作类似，但一次只遍历一个分区。

```
def foreachPartition(f: Iterator[T] => Unit): Unit
```

举例：用 foreachPartition 操作打印 RDD 中的每一个元素。

```
val rddDatal = sc.parallelize(Array(5, 5, 15, 15), 2)
rddDatal.foreachPartition(iter => { while(iter.hasNext){ val element = iter.next() println(element) }})
```

结果如下：

通过 foreachPartition 操作遍历 RDD 中的每一个分区，然后打印每一个分区中的元素。

11. count 操作

该操作统计 RDD 中元素的个数，返回 Long 类型数据。

```
def count(): Long
```

举例：返回 RDD 中前两名学生的姓名。

```
val rddDatal = sc.parallelize(Array(("语文",95), ("数学",75), ("英语",88)), 2)
rddDatal.count
```

结果如下：

```
res7: Long = 3
```

4.5 Spark SQL 简介

4.5.1 Spark SQL 与 Shark 的对比

(1) Shark 在 Hive 的架构基础上，改写了“内存管理”、“执行计划”和“执行模块”三个模块，使 HQL 从 MapReduce 转到 Spark 上。

(2) Spark SQL 沿袭了 Shark 的架构，在原有架构上，重写了优化部分，并增加了 RDD-

Aware optimizer 和多语言接口。

Spark SQL 框架如图 4-22 所示。

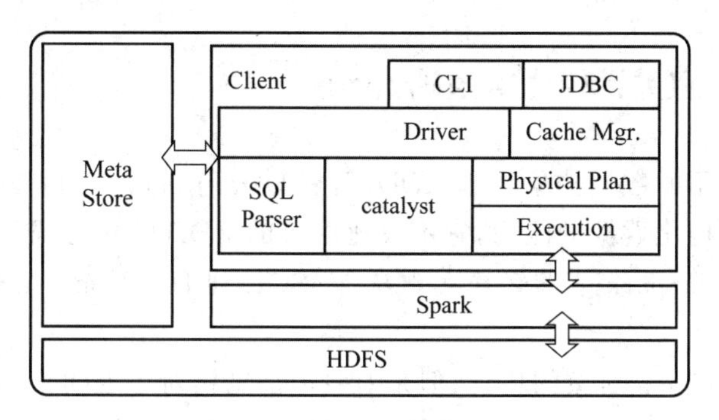

图 4-22 Spark SQL 框架图

4.5.2 Spark SQL 的优势

(1) 数据兼容方面

Spark SQL 不但兼容 Hive,还可以从 RDD、Pparquet 文件、JSON 文件中获取数据,未来版本甚至支持获取 RDBMS 数据以及 cassandra 等 NOSQL 数据。

(2) 性能优化方面

除了采取 In-Memory Columnar Storage、byte-code generation 等优化技术外,Spark SQL 还引进了 Cost Model 对查询进行动态评估、获取最佳物理计划等。

(3) 组件扩展方面

无论是 SQL 的语法解析器、分析器,还是优化器都可以重新定义,进行扩展。

4.5.3 Spark SQL 生态

Spark SQL 生态如图 4-23 所示。

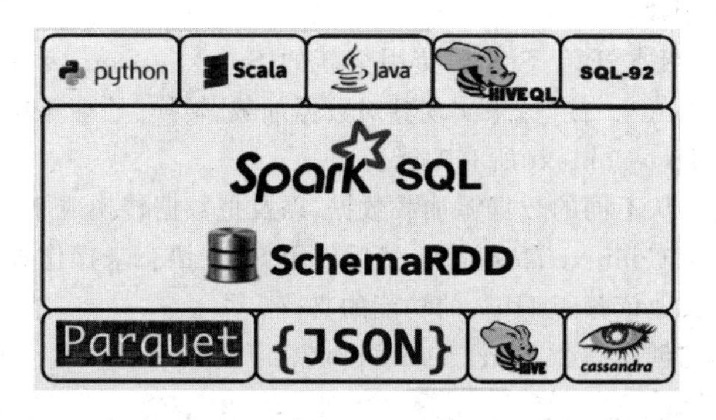

图 4-23 Spark SQL 生态图

Spark SQL 生态:

(1) 支持 Scala、Java 和 Python 三种语言;

(2) 支持 SQL-92 规范和 HQL;

（3）增加了 SchemaRDD，读取 JSON、Nosql、RDBMS 和 HDFS 数据；

（4）继续兼容 Hive 和 Shark。

4.5.4 Spark SQL 和 DataFrame

Spark SQL 所使用的数据抽象并非 RDD，而是 DataFrame。DataFrame 的推出，让 Spark 具备了处理大规模结构化数据的能力，它不仅比原有的 RDD 转化方式更加简单易用，而且获得了更高的计算性能。Spark 能够轻松实现从 MySQL 到 DataFrame 的转化，并且支持 SQL 查询。

RDD 是分布式的 Java 对象的集合，但是对象内部结构对于 RDD 而言却是不可知的。

DataFrame 是一种以 RDD 为基础的分布式数据集，提供了详细的结构信息，就相当于关系数据库的一张表。如图 4-24 所示，当采用 RDD 时，每个 RDD 元素都是一个 Java 对象，即 Person 对象，但是，无法直接看到 Person 对象的内部结构信息。而采用 DataFrame 时，Person 对象内部结构信息就一目了然了，它包含了 Name、Age 和 Height 三个字段，并且可以知道每个字段的数据类型。

DataFrame 与 RDD 的区别如图 4-24 所示。

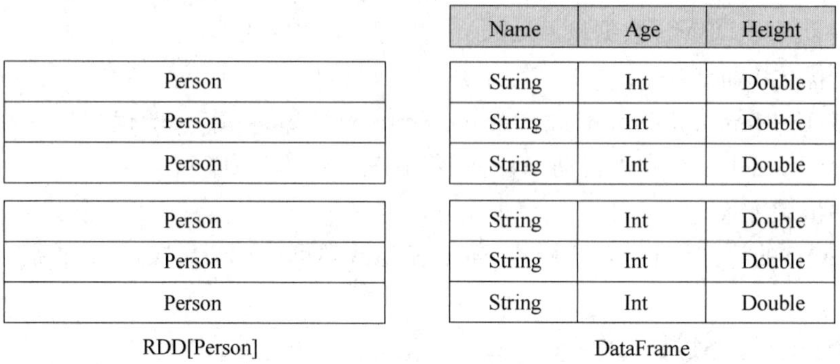

RDD[Person]
Person
Person
Person
Person
Person
Person

Name	Age	Height
String	Int	Double
String	Int	Double
String	Int	Double
String	Int	Double
String	Int	Double
String	Int	Double

RDD[Person]　　DataFrame

图 4-24　DataFrame 与 RDD 的区别

1. DataFrame 的创建

从 Spark2.0 以上版本开始，Spark 使用全新的 SparkSession 接口替代 Spark1.6 中的 SQLContext 及 HiveContext 接口，来实现其对数据加载、转换、处理等功能。SparkSession 实现了 SQLContext 及 HiveContext 所有功能。

SparkSession 支持从不同的数据源加载数据，以及把数据转换成 DataFrame，并且支持把 DataFrame 转换成 SQLContext 自身的表，然后使用 SQL 语言来操作数据。SparkSession 亦提供了 HiveQL 以及其他依赖于 Hive 的功能的支持。

可以通过如下语句创建一个 SparkSession 对象：

```
scala> import org.apache.spark.sql.SparkSession
scala> val spark = SparkSession.builder().getOrCreate()
```

实际上，在启动进入 spark-shell 以后，spark-shell 就默认提供了一个 SparkContext 对象（名称为 sc）和一个 SparkSession 对象（名称为 spark），因此，也可以不用自己声明一个 SparkSession 对象而是直接使用 spark-shell 提供的 SparkSession 对象，即 spark。

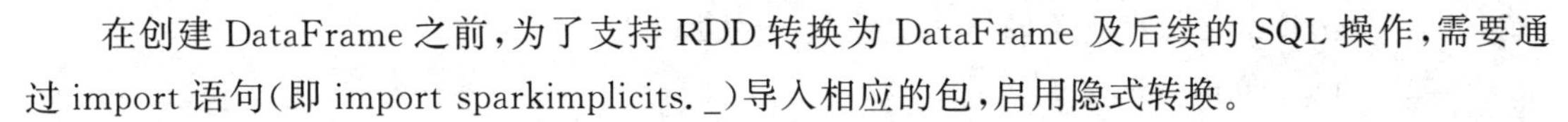

在创建 DataFrame 之前，为了支持 RDD 转换为 DataFrame 及后续的 SQL 操作，需要通过 import 语句(即 import sparkimplicits._)导入相应的包，启用隐式转换。

在创建 DataFrame 时，可以使用 sparkread 操作，从不同类型的文件中加载数据创建 DataFrame，例如：

- spark.read.json("people.json")：读取 people.json 文件创建 DataFrame；在读取本地文件或 HDFS 文件时，要注意给出正确的文件路径。
- spark.read.parquet("people.parquet")：读取 people.parquet 文件创建 DataFrame。
- spark.readcsv("people.csv")：读取 people.csv 文件创建 DataFrame。

或者也可以使用如下格式的语句：

- spark.read.format("json").load("people.json")：读取 people.json 文件创建 DataFrame。
- spark.read.format("csv").load("people.csv")：读取 people.csv 文件创建 DataFrame。
- spark.read.format("parquet")load("people.parquet")：读取 people.parquet 文件创建 DataFrame。

需要指出的是，从文本文件中读取数据创建 DataFrame，无法直接使用上述类似的方法，需要使用后面介绍的“从 RDD 转换得到 DataFrame”。

下面介绍一个实例。在“/usr/local/spark/examples/src/main/resources/”目录下，有个 Spark 安装时自带的样例数据 people.json，其内容如下：

```
{"name":"Michael"}
{"name":"Andy","age":30}
{"name":"Justin","age":19}
```

图 4-25 给出了从 people.json 文件生成 DataFrame 的过程。执行“val df=spark.read.json(…)”语句后，系统就会自动从 people.json 文件加载数据，并生成一个 DataFrame(名称为 df)，从系统返回的信息可以看出，df 中包括两个字段，分别为 age 和 name。最后，执行 df.show()把 df 中的记录都显示出来。

```
scala> import spark.implicits._
import spark.implicits._

scala> val df=spark.read.json("file:///usr/local/spark/examples/src/main/resources/people.json")
df: org.apache.spark.sql.DataFrame = [age: bigint, name: string]

scala> df.show()
+----+-------+
| age|   name|
+----+-------+
|null|Michael|
|  30|   Andy|
|  19| Justin|
+----+-------+
```

图 4-25　从 people.json 文件中创建 DataFrame 的实例

2. DataFrame 的保存

可以使用 spark.write 操作，把一个 DataFrame 保存成不同格式的文件。例如，把一个名称为 df 的 DataFrame 保存到不同格式文件中，方法如下：

- df. write. json("people. json")；
- df. write. parquet("people. parquet")；
- df. write. csv("people. csv")；

或者也可以使用如下格式的语句：

- df. write. format("json"). save("people. json")；
- df. write. format("csv"). save("people. csv")；
- df. write. format ("parquet"). save("people. parquet")；

注意，上述操作只简单给出了文件名称，在实际进行上述操作时，一定要给出正确的文件路径例如，下面从示例文件 people. json 中创建一个 DataFrame，然后保存成 csv 格式文件，代码如下：

```
scala > val peopleDF = spark.read.format("json").
     | load ( " file:///usr/local/spark/examples/src/main/resources/people.
json")
scala > peopleDF.select("name", "age").write.format("csv").
     | save("file:///usr/local/sparJc/mycode/sql/newpeople.csv")
```

上面的代码中，peopleDF. select("name","age"). write 语句的功能是从 peopleDF 中选择 name 和 age 这两个列的数据进行保存，如果要保存所有列的数据，只需要使用 peopleDF. write 即可。执行后，可以看到“/usr/local/spark/mycode/sql/”目录下面会新生成一个名称为 newpeople. csv 的目录(而不是文件)，该目录包含两个文件：

```
part-r-00000-33184449-cb15-454c-a30f-9bb43faccacl.csv
_SUCCESS
```

如果要再次读取 newpeople. csv 中的数据生成 DataFrame，可以直接使用 newpeople. csv 目录名称而不需要使用 part-r-00000-33184449-cb15-454c-a30f-9bb3faccacl. csv 文件(当然，使用这个文件也可以)，代码如下：

```
scala > val peopleDF = spark.read.format("csv").
     | load("file:///usr/local/spark/mycode/sql/newpeople.csv")
```

如果要把一个 DataFrame 保存成文本文件，则需要使用如下语句格式：

```
scala > val peopleDF = spark.read.format ("json").
     | load("file:///usr/local/spark/examples/src/main/resources/people.json")
scala > peopleDF.rdd.
     | saveAsTextFile("file:///usr/local/spark/mycode/sql/newpeople.txt")
```

3. DataFrame 的常用操作

DataFrame 创建好以后，可以执行一些常用的 DataFrame 操作，包括 printSchema()、select()、filter()、groupBy()和 sort()等。

(1) printSchema()

可以使用 printSchema()操作，打印出 DataFrame 的模式(Schema)信息(如图 4-26 所示)。

```
scala> df.printSchema()
root
 |-- age: long (nullable = true)
 |-- name: string (nullable = true)
```

图 4-26　printSchema()操作执行效果

(2) select()

select()操作的功能，是从 DataFrame 中选取部分列的数据。如图 4-27 所示，select()操作选取了 name 和 age 这两个列，并且把 age 这个列的值增加 1。

```
scala> df.select(df("name"),df("age")+1).show()
+-------+---------+
|   name|(age + 1)|
+-------+---------+
|Michael|     null|
|   Andy|       31|
| Justin|       20|
+-------+---------+
```

图 4-27　select()操作执行效果

select()操作还可以实现对列名称进行重命名的操作。如图 4-28 所示，name 列名称被重命名为 username()。

```
scala> df.select(df("name").as("username"),df("age")).show()
+--------+----+
|username| age|
+--------+----+
| Michael|null|
|    Andy|  30|
|  Justin|  19|
+--------+----+
```

图 4-28　重命名列执行效果

(3) filter()

filter()操作可以实现条件查询，找到满足条件要求的记录。如图 4-29 所示，df. filter(df("age")> 20) 用于查询所有 age 字段大于 20 的记录。

```
scala> df.filter(df("age")>20).show()
+---+----+
|age|name|
+---+----+
| 30|Andy|
+---+----+
```

图 4-29　filter()操作执行效果

(4) groupBy()

groupBy()操作用于对记录进行分组。如图 4-30 所示，可以根据 age 字段进行分组，并对每个分组中包含的记录数量进行统计。

```
scala> df.groupBy("age").count().show()
+----+-----+
| age|count|
+----+-----+
|  19|    1|
|null|    1|
|  30|    1|
+----+-----+
```

图 4-30　groupBy()操作执行效果

(5) sort()

sort()操作用于对记录进行排序。如图 4-31 所示，df. sort(df("age"). desc)表示根据 age 字段进行降序排序。df. sort(df("age"). desc,df("name")asc)表示根据 age 字段进行降序排序，当 age 字段的值相同时，再根据 name 字段进行升序排序。

```
scala> df.sort(df("age").desc).show()
+----+-------+
| age|   name|
+----+-------+
|  30|   Andy|
|  19| Justin|
|null|Michael|
+----+-------+

scala> df.sort(df("age").desc,df("name").asc).show()
+----+-------+
| age|   name|
+----+-------+
|  30|   Andy|
|  19| Justin|
|null|Michael|
+----+-------+
```

图 4-31　sort()操作执行效果

4. 从 RDD 转换得到 DataFrame

Spark 提供了两种方法来实现从 RDD 转换得到 DataFrame。

- 利用反射机制推断 RDD 模式：利用反射机制来推断包含特定类型对象的 RDD 模式(Schema)，适合用于对已知数据结构的 RDD 转换。
- 使用编程方式定义 RDD 模式：使用编程接口构造一个模式(Schema)并将其应用在已知的 RDD 上。

(1) 利用反射机制推断 RDD 模式

在"/usr/local/spark/examples/src/main/resources/"目录下，有个 Spark 安装时自带的样例数据 people. txt，其内容如下：

```
Michael, 29
Andy, 30
Justin, 19
```

现在要把 people.txt 加载到内存中生成一个 DataFrame,并查询其中的数据。完整的代码及其执行过程如下:

```
    scala > import org.apache.spark.sql • catalyst.encoders.ExpressionEncoder
    import org.apache.spark.sql.catalyst.encoders.ExpressionEncoder
    scala > import org.apache.spark.sql.Encoder
    import org.apache.spark.sql.Encoder
    spark > import spark.implicits //导入包，支持把一个 RDD 隐式转换为一
//个 DataFrame
    import spark.implicits ._
    scala > case class class Person (name: String, age: Long) //定义一个 case class
    defined class Person
    scala > val peopleDF = spark.sparkContext.
         | textFile("file:///usr/local/spark/examples/src/main/resources/people.txt").
         | map(_.split(",")).
         | map(attributes => Person(attributes(0), attributes(1).trim.toInt)).toDF()
    peopleDF: org.apache.spark.sql.DataFrame = [name: string, age: bigint]
    scala > peopleDF.createOrReplaceTempView("people") //必须注册为临时表才能供
//下面的查询使用
    scala > val personsRDD = spark.sql("select name, age from people where age > 20")
    //最终生成一个 DataFrame，下面是系统执行返回的信息
    personsRDD: org.apache.spark.sql.DataFrame = [name: string, age: bigint]
    scala > personsRDD.map (t => "Name: " + t(0) + "," + "Age: " + t(1)).show()
    //DataFrame 中的每个元素都是一行记录，包含 name 和 age 两个字段，分别用 t(0)和
//t(1)来获取值

    // 下面是系统返回的信息

     + ------------------ +
    | value|
     + ------------------ +
    |Name:Michael, Age:29|
    |Name:Andy, Age:30|
     + ------------------ +
```

在上面的代码中,首先通过 import 语句导入所需的包,然后定义了一个名称为 Person 的 case class。也就是说,在利用反射机制推断 RDD 模式时,需要先定义一个 case class,因为只有 case class 才能被 Spark 隐式地转换为 DataFrame。spark.sparkContext.textFile()执行以后,系统会把 people.txt 文件加载到内存中生成一个 RDD,每个 RDD 元素都是 String 类型,3 个元素分别是"Michael,29""Andy,30"和"Justin,19"。然后,对这个 RDD 调用 map(_.split(","))方法得到一个新的 RDD,这个 RDD 中的 3 个元素分别是 Array("Michael","29")、

Array("Andy","30")和 Array("Justin","19")。接下来，继续对 RDD 执行 map(attributes => Person(attributes(0),attributes(1).trim.toInt)操作，这时得到新的 RDD，每个元素都是一个 Person 对象，3 个元素分别是 Person("Michael",29)、Person("Andy",30)和 Person("Justin",19)。然后，在这个 RDD 上执行 toDF()操作，把 RDD 转换成 DataFrame。从 toDF()操作执行后系统返回的信息可以看出，新生成的名称为 peopleDF 的 DataFrame，每条记录的模式(schema)信息是[name:string, age: bigint]。

生成 DataFrame 以后，可以进行 SQL 查询。但是，Spark 要求必须把 DataFrame 注册为临时表才能供后面的查询使用。因此，通过 peopleDF.createOrReplaceTempView("people")这条语句，把 peopleDF 注册为临时表，这个临时表的名称是 people。

val personsRDD = sparksql("select name,age from people where age > 20")这条语句的功能是从临时表 people 中查询所有 age 字段的值大于 20 的记录。从语句执行后返回的信息可以看出，personsRDD 也是一个 DataFrame。最终，通过 personsRDD.map(t=>"Name:" + t(0)+","+"Age:"+t(1))show()操作把 personsRDD 中的元素进行格式化以后再输出。

(2) 使用编程方式定义 RDD 模式

当无法提前定义 case class 时，就需要采用编程方式定义 RDD 模式。例如，现在需要通过编程方式把“/usr/local/spark/examples/src/main/resources/people.txt”加载进来生成 DataFrame，并完成 SQL 查询。完成这项工作主要包含 3 个步骤(如图 4-32 所示)。

- 第一步：制作“表头”。
- 第二步：制作“表中的记录”。
- 第三步：把“表头”和“表中的记录”拼装在一起。

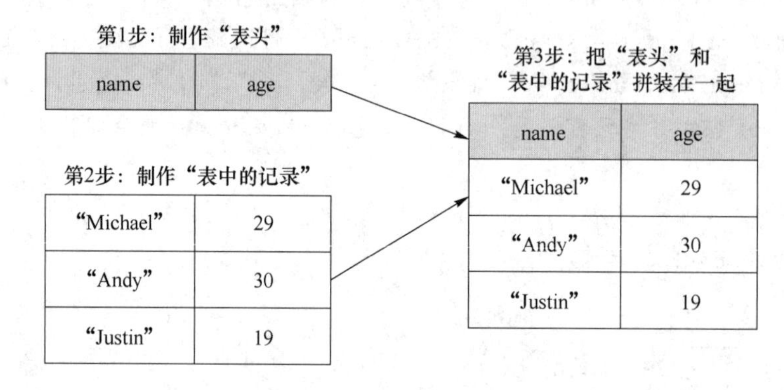

图 4-32 通过编程方式定义 RDD 模式的实现过程

“表头”也就是表的模式(Schema)，需要包含字段名称、字段类型和是否允许空值等信息，SparkSQL 提供了 StructType(fields:Seq[StructField)类来表示表的模式信息。生成一个 StructType 对象时，需要提供 fields 作为输入参数，fields 是一个集合类型，里面的每个集合元素都是 StructField 类型。Spark SQL 中的 StructField(name,dataType,nullable)是用来表示表的字段信息的，其中，name 表示字段名称，dataType 表示字段的数据类型，nullable 表示字段的值是否允许为空值。

在制作“表中的记录”时，每条记录都应该被封装到一个 Row 对象中，并把所有记录的 Row 对象一起保存到一个 RDD 中。

制作完“表头”和“表中的记录”以后，可以通过 spark.createDataFrame()语句，把表头和表中的记录拼装在一起，得到一个 DataFrame，用于后续的 SQL 查询。

下面是利用 Spark SQL 查询 people.txt 的完整代码：

```
scala> import org.apache.spark.sql.types._
import org.apache.spark.sql.types._
scala> import org.apache.spark.sql.Row
import org.apache.spark.sql.Row
//生成字段
scala> val fields = Array(StructField("name", StringType, true), StructField("age", IntegerType, true))
fields: Array[org.apache.spark.sql.types.StructField] = Array(StructField(name, StringType, true), StructField(age, IntegerType, true))
scala> val schema = StructType(fields)
schema: org.apache.spark.sql.types.StructType = StructType(StructField(name, StringType, true), StructField(age, IntegerType, true))
//从上面的信息可以看出，schema 描述了模式信息，模式中包含 name 和 age 两个字段
//schema 就是“表头”
//下面加载文件生成 RDD
scala> val peopleRDD = spark.sparkContext.
     | textFile("file:///usr/local/spark/examples/src/main/resources/people.txt")
peopleRDD: org.apache.spark.rdd.RDD[String] = file:///usr/local/spark/examples/src/main/resources/people.txt MapPartitionsRDD[1] at textFile at <console>:26
//对 peopleRDD 这个 RDD 中的每一行元素都进行解析
scala> val rowRDD = peopleRDD.map(_.split(",")).
     | map(attributes => Row(attributes(0), attributes(1).trim.toInt))
rowRDD: org.apache.spark.rdd.RDD[org.apache.spark.sql.Row] = MapPartitionsRDD[3] at map at <console>:29
//上面得到的 rowRDD 就是“表中的记录”
//下面把“表头”和“表中的记录”拼装起来
scala> val peopleDF = spark.createDataFrame(rowRDD, schema)
peopleDF: org.apache.spark.sql.DataFrame = [name: string, age: int]
//必须注册为临时表才能供下面的查询使用
scala> peopleDF.createOrReplaceTempView("people")
scala> val results = spark.sql("SELECT name, age FROM people")
results: org.apache.spark.sql.DataFrame = [name: string, age: int]
scala> results.
     | map(attributes => "name: " + attributes(0) + "," + "age: " + attributes(1)).
     | show()
+----------------+
```

```
| value|
+----------------+
|name: Michael, age:29|
|name: Andy, age:30|
|name: Justin, age:19|
+----------------+
```

在上述代码中，数组 fields 是 Array(StructField("name", StringType, true), StructField("age", IntegerType, true))，里面包含了字段的描述信息。val schema = StructType(fields)语句把 fields 作为输入，生成一个 StructType 对象，即 schema，里面包含了表的模式信息，也就是“表头”。

通过上述步骤，就得到了表的模式信息，相当于做好了“表头”，下面需要制作“表中的记录”val peopleRDD= spark. sparkContexttextFile0 语句从 people. txt 文件中加载数据生成RDD，名称为 peopleRDD，每个 RDD 元素都是 String 类型，3 个元素分别是"Michael,29" "Andy,30"和"Justin,19"。然后，对这个 RDD 调用 map(. split(","))方法得到一个新的RDD，这个 RDD 中的 3 个元素分别是 Array("Michael","29")、Array("Andy","30")和 Array("Justin""19")。接下来，对这个 RDD 调用 map(attributes => Row(attributes(0), attributes(1). trim. tolnt))操作得到一个新的 RDD，即 rowRDD，这个 RDD 中的每个元素都是一个 Row 对象，也就是说，经过 map0 操作以后，Array(“Michael","29")被转换成了 Row("Michael",29)，Array("Andy","30")被转换成了 Row("Andy",30)，Array("Justin","19")被转换成了 Row("Justin",19)。这样就完成了记录的制作，这时 rowRDD 包含了 3 个 Row 对象。

下面需要把“表头”和“表中的记录”进行拼装，val peopleDF = spark. createDataFrame (rowRDD. schema)语句就实现了这个功能，它把表头 schema 和表中的记录 rowRDD 拼装在一起，得到一个 DataFrame，名称为 peopleDF。

peopleDF. createOrReplaceTempView("people")语句把 peopleDF 注册为临时表，从而可以支持 SQL 查询。最后，执行 sparksql("SELECT name, age FROM people")语句，查询得到结果 results，并使用 map0 方法对记录进行格式化，由于 results 里面的每条记录都包含两个字段，即 name 和 age，因此 attributes(0)表示 name 字段的值，attributes(1)表示 age 字段的值。

4.5.5 使用 Spark SQL 读写数据库

1. 通过 JDBC 连接数据库

1）准备工作

这里采用 MySQL 数据库来存储和管理数据。MySQL 安装成功以后，在 Linux 中启动 MySQL 数据库，命令如下：

```
$ service mysql start
$ mysql -u root -p #屏幕会提示输入密码
```

在 MySQL Shell 环境中，输入下面 SQL 语完成数据库和表的创建：

```
mysql > create database spark;
mysql > use spark;
mysql > create table student (id int(4), name char(20), gender char(4), age int(4));
mysql > insert into student values(1, 'Xueqian', 'F', 23);
mysql > insert into student values(2, 'Weiliang', 'M', 24);
mysql > select from student;
```

要想顺利连接 MySQL 数据库,还需要使用 MySQL 数据库驱动程序。请到 MySQL 官网下载 MySQL 的 JDBC 驱动程序文件 mysql-connectorjava-5. 1. 40. targz。把该驱动程序解压缩到 Spark 的安装目录"/usr/local/spark/jars"下。

启动一个 spark-shell。启动 Spark Shell 时,必须指定 MySQL 连接驱动 jar 包,命令如下:

```
$ cd /usr/local/spark
$ ./bin/spark-shell --jars \
>/usr/local/spark/jars/mysql-connector-java-5. 1. 40/mysql-connector-java-5. 1. 40-bin. jar \
> --driver-class-path \
>/usr/local/spark/jars/mysql-connector-java-5. 1. 40/mysql-connector-java-5. 1. 40-bin. jar
```

2) 读取 MySQL 数据库中的数据

spark. read. format("jdbc")操作可以实现对 MySQL 数据库的读取。执行以下命令连接数据库,读取数据并显示:

```
scala> val jdbcDF = spark.read.format("jdbc").
     | option("url","jdbc:mysql://localhost:3306/spark").
     | option("driver","com.mysql.jdbc.Driver").
     | option("dbtable", "student").
     | option("user", "root").
     | option("password", "hadoop").
     | load()
scala> jdbcDF.show()
+---+------+-----+---+
| id | name|gender|age|
+---+------+-----+---+
| 1| Xueqian| F| 23|
| 2| Weiliang| M| 24|
+---+------+-----+---+
```

在通过 JDBC 连接 MySQL 数据库时,需要通过 option()方法设置相关的连接参数。表 4-4 给出了各个参数的含义。

表 4-4　JDBC 连接参数即其意义

参数名称	参数的值	含义
url	jdbc:mysql://localhost:3306/spark	数据库的连接地址
driver	com.mysql.jdbc.Driver	数据库的 JDBC 驱动
dbtable	student	所要访问的表
user	root	用户名
password	hadoop	用户密码

3）向 MySQL 数据库中写入数据

在 MySQL 数据库中已经创建了一个名称为 spark 的数据库，并创建了一个名称为 student 的表。下面将要向 MySQL 数据库写入两条记录。为了对比数据库记录的变化，可以查看一下数据库的当前内容（如图 4-33 所示）。

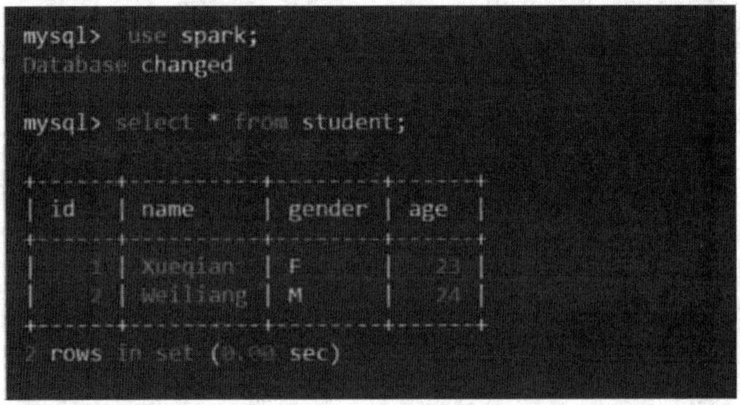

```
mysql> use spark;
Database changed

mysql> select * from student;
+------+-----------+--------+------+
| id   | name      | gender | age  |
+------+-----------+--------+------+
|    1 | Xueqian   | F      |   23 |
|    2 | Weiliang  | M      |   24 |
+------+-----------+--------+------+
2 rows in set (0.00 sec)
```

图 4-33　在 MySQL 数据库中查询 student 表

向 spark.student 表中插入两条记录的完整代码如下：

```
//代码文件为 InsertStudent.scala
import java.util.Properties
import org.apache.spark.sql.types._
import org.apache.spark.sql.Row
//下面设置两条数据，表示两个学生的信息
val studentRDD = spark.sparkContext.parallelize(Array("3 Rongcheng M 26","4 Guanhua M 27")).map (_.split(" "))
//下面设置模式信息
val schema = StructType (List (StructField ("id", IntegerType, true), StructField("name", StringType, true), StructField("gender", StringType, true), StructField("age", IntegerType, true)))
//下面创建 Row 对象，每个 Row 对象都是 rowRDD 中的一行
val rowRDD = studentRDD.map(p => Row(p(0).toInt, p(1).trim, p(2).trim, p(3).toInt))
```

```
    //建立起 Row 对象和模式之间的对应关系，也就是把数据和模式对应起来
    val studentDF = spark.createDataFrame(rowRDD, schema)
    //下面创建一个 prop 变量用来保存 JDBC 连接参数
    val prop = new Properties()
    prop.put("user", "root") //表示用户名是 root
    prop.put("password", "hadoop") //表示密码是 hadoop
    prop.put("driver", "com.mysql.jdbc.Driver") //表示驱动程序是 com.mysql.
//jdbc.Driver
    //下面连接数据库，采用 append 模式，表示追加记录到数据库 spark 的 student 表中
    studentDF.write.mode("append").jdbc("jdbc:mysql://localhost:3306/spark","
spark.stude nt", prop)
```

可以在 spark-shell 中执行上述代码，也可以编写独立应用程序编译打包后通过 spark-submit 提交运行。执行以后，可以到 MySQL Shell 环境中使用 SQL 语句查询 student 表，可以发现新增加的两条记录，具体命令及其执行效果如下：

```
mysql> select * from student;
+------+-------+-------+-----+
| id | name | gender | age |
+------+-------+-------+-----+
| 1 | Xueqian | F | 23 |
| 2 | Weiliang | M | 24 |
| 3 | Rongcheng | M | 26 |
| 4 | Guanhua | M | 27 |
+------+-------+-------+-----+
4 row in set (0.00 sec)
```

2. 连接 Hive 读写数据

Hive 是一个构建在 Hadoop 之上的数据仓库工具，可以支持大规模数据存储、分析，具有良好的可扩展性。在某种程度上，Hive 可以看作是用户编程接口，因为它本身并不会存储和处理数据，而是依赖于分布式文件系统 HDFS 来实现数据的存储，依赖于分布式并行计算模型 MapReduce 来实现数据的处理。

1）准备工作

在使用 Spark SQL 访问 Hive 之前，需要安装 Hive。关于 Hive 的安装，这里不做介绍，这里假设已经完成了 Hive 的安装，并且使用的是 MySQL 数据库来存放 Hive 的元数据。

此外，为了让 Spark 能够访问 Hive，必须为 Spark 添加 Hive 支持。Spark 官方提供的预编译版本，通常是不包含 Hive 支持的，需要采用源码编译的方式，得到一个包含 Hive 支持的 Spark 版本。

启动 spark-shell 以后，可以通过如下命令测试已经安装的 Spark 是否包含 Hive 支持：

```
scala> import org.apache.spark.sql.hive.HiveContext
```

如果 Spark 不包含 Hive 支持，那么会显示如图 4-34 所示的信息。

```
scala> import org.apache.spark.sql.hive.HiveContext
<console>:25: error: object hive is not a member of package org.apache.spark.sql
       import org.apache.spark.sql.hive.HiveContext
                                    ^
```

图 4-34　Spark 不包含 Hive 支持时的 import 语句执行效果

如果安装的 Spark 版本已经包含了 Hive 支持，那么应该显示如图 4-35 所示的正确信息。

```
scala> import org.apache.spark.sql.hive.HiveContext
import org.apache.spark.sql.hive.HiveContext
```

图 4-35　Spark 包含 Hive 支持时的 import 语句执行效果

当 Spark 版本不包含 Hive 支持时，可以采用源码编译方法得到支持 Hive 的 Spark 版本。在 Linux 中使用浏览器访问 Spark 官网（http://spark.apache.org/downloads.html）。如图 4-36 所示，在“Choose a package type”中选择“Source Code”，然后下载 spark-2.1.0.tgz 文件。下载后的文件，默认被保存到当前 Linux 登录用户的用户主目录的“下载”目录下。例如，当前是使用 hadoop 用户登录 Linux 系统，则会被默认存放到“/home/hadoop/下载”目录下。Spark 官网下载页面如图 4-36 所示。

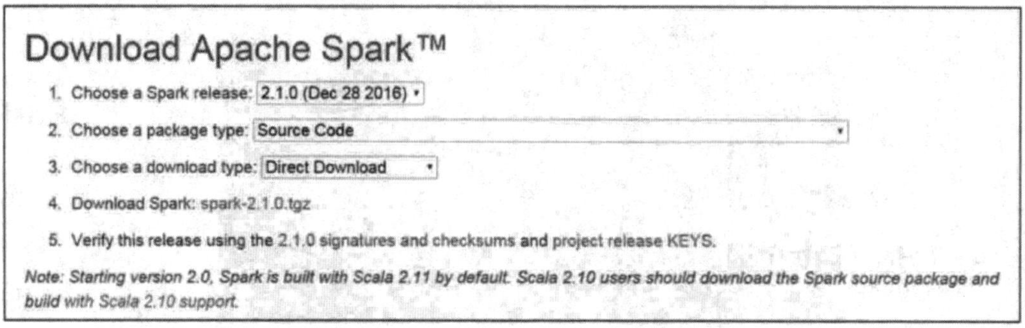

Download Apache Spark™

1. Choose a Spark release: 2.1.0 (Dec 28 2016)
2. Choose a package type: Source Code
3. Choose a download type: Direct Download
4. Download Spark: spark-2.1.0.tgz
5. Verify this release using the 2.1.0 signatures and checksums and project release KEYS.

Note: Starting version 2.0, Spark is built with Scala 2.11 by default. Scala 2.10 users should download the Spark source package and build with Scala 2.10 support.

图 4-36　Spark 官网下载页面

下载完 spark-2.1.0.tgz 文件以后，使用如下命令进行文件解压缩：

```
$ cd /home/hadoop/下载 #spark-2.1.0.tgz 就在这个目录下面
$ ls #可以看到刚才下载的 spark-2.1.0.tgz 文件
$ sudo tar -zxf ./spark-2.1.0.tgz -C /home/hadoop/
$ cd /home/hadoop
$ ls #这时可以看到解压得到的目录 spark-2.1.0
```

在编译 Spark 源码时，需要给出计算机上已经安装好的 Hadoop 的版本，可以使用如下命令查看 Hadoop 版本信息：

```
$ Hadoop version
```

运行如下编译命令，对 Spark 源码进行编译：

```
$ cd /home/hadoop/spark-2.1.0
$ ./dev/make-distribution.sh --tgz --name h27hive -Pyarn -hadoop-2.7 \
> -Dhadoop.version = 2.7.1 -Phive -Phive-thriftserver -DskipTests
```

编译成功后会得到文件名为“spark-2.1.0-bin-h27hive.tgz”的文件。这个就是包含 Hive 支持的 Spark 安装文件，用该文件进行 Spark 安装，这样安装以后的 Spark 版本就会包含 Hive 支持。

2）在 Hive 中创建数据库和表

由于之前安装的 Hive 是使用 MySQL 数据库来存放 Hive 的元数据，因此在使用 Hive 之前必须首先启动 MySQL 数据库，命令如下：

```
$ service mysql start
```

由于 Hive 是基于 Hadoop 的数据仓库，使用 HiveQL 语言撰写的查询语句，最终都会被 Hive 自动解析成 MapReduce 任务，然后由 Hadoop 去具体执行。因此需要启动 Hadoop，然后再启动 Hive，命令如下：

```
$ cd /usr/local/hadoop
$ ./sbin/start-all.sh #启动 Hadoop
$ cd /usr/local/hive
$ ./bin/hive #启动 Hive
```

进入 Hive，新建一个数据库 sparktest，并在这个数据库下面创建一个表 student，然后录入两条数据，命令如下：

```
hive> create database if not exists sparktest; #创建数据库 sparktest
hive> show databases; #显示一下是否创建出了 sparktest 数据库
#下面在数据库 sparktest 中创建一个表 student
hive> create table if not exists sparktest.student(
> id int,
> name string,
> gender string,
> age int);
hive> use sparktest; #切换到 sparktest
hive> show tables; #显示 sparktest 数据库下面有哪些表
hive> insert into student values(1,'Xueqian','F',23); #插入一条记录
hive> insert into student values(2,'Weiliang','M',24); #再插入一条记录
hive> select from student; #显示 student 表中的记录
```

3. 连接 Hive 读写数据

为了能够让 Spark 顺利访问 Hive，需要修改“/usr/local/sparkwithhive/conf/spark-env.sh”这个配置文件，修改后的配置文件内容如下：

```
export SPARK_DIST_CLASSPATH = $ (/usr/local/hadoop/bin/hadoop classpath)
export JAVA_HOME = /usr/lib/jvm/java-8-openjdk-amd64
export CLASSPATH = $ CLASSPATH:/usr/local/hive/lib
export SCALA_HOME = /usr/local/scala
export HADOOP_CONF_DIR = /usr/local/hadoop/etc/hadoop
export HIVE_CONF_DIR = /usr/local/hive/conf
export SPARK_CLASSPATH = $SPARK_CLASSPATH:/usr/local/hive/lib/mysql-connector-java-5.1.40-bin.jar
```

（1）从 Hive 中读取数据

安装好包含 Hive 支持的 Spark 版本以后，启动进入 spark-shell，执行以下命令从 Hive 中读取数据：

```
scala> import org.apache.spark.sql.Row
scala> import org.apache.spark.sql.SparkSession
scala> case class Record(key: Int, value: String)
scala> val warehouseLocation = "spark-warehouse"
scala> val spark = SparkSession.builder().
     | appName("Spark Hive Example").
     | config("spark.sql.warehouse.dir", warehouseLocation).
     | enableHiveSupport().getOrCreate()
scala> import spark.implicits._
scala> import spark.sql
// 下面是运行结果
scala> sql("SELECT * FROM sparktest.student").show()
+---+--------+------+---+
| id|    name|gender|age|
+---+--------+------+---+
|  1| Xueqian|     F| 23|
|  2|Weiliang|     M| 24|
+---+--------+------+---+
```

（2）向 Hive 写入数据

编写程序向 Hive 数据库的 sparktest.student 表中插入两条数据，在插入数据之前，先查看一下已有的两条数据，命令如下：

```
hive> use sparktest;
hive> select from student;

1 Xueqian F 23
2 Weiliang M 24
Time taken:0.05 seconds, Fetched:2 row(s)
```

在 spark-shell 中执行如下代码，向 Hive 数据库的 sparktest. student 表中插入两条数据：

```
scala> import java.util.Properties
scala> import org.apache.spark.sql.types._
scala> import org.apache.spark.sql.Row
//下面设置两条数据表示两个学生信息
scala> val studentRDD = spark.sparkContext.
     | parallelize(Array("3 Rongcheng M 26","4 Guanhua M 27")).map(_.split(" "))
//下面设置模式信息
scala > val schema = StructType (List (StructField (" id", IntegerType, true), StructField
(" name", StringType, true), StructField (" gender", StringType, true), StructField("age", IntegerType, true)))
//下面创建 Row 对象，每个 Row 对象都是 rowRDD 中的一行
scala> val rowRDD = studentRDD.
     | map(p => Row(p(0).toInt, p(1).trim, p(2).trim, p(3).toInt))
//建立起 Row 对象和模式之间的对应关系，也就是把数据和模式对应起来
scala> val studentDF = spark.createDataFrame(rowRDD, schema)
//查看 studentDF
scala> studentDF.show()
+---+------+------+---+
| id| name|gender|age|
+---+------+------+---+
| 1| Rongcheng| M| 26|
| 2| Guanhua| M| 24|
+---+------+------+---+
//下面注册临时表
scala> studentDF.registerTempTable("tempTable")
//下面执行向 Hive 中插入记录的操作
scala> sql("insert into sparktest.student select * from tempTable")
```

在 Hive 中执行以下命令查看 Hive 数据库内容的变化：

```
hive> use sparktest;
hive> select * from student;

1 Xueqian F 23
2 Weiliang M 24
3 Rongcheng M 26
4 Guanhua M 27
Time taken: 0.049 seconds, Fetched: 4 row(s)
```

可以看到，向 Hive 中插入数据的操作成功了。

4.6 Scala 语言

4.6.1 Scala 介绍

Scala 是一门类 Java 的编程语言，它结合了面向对象编程和函数式编程。Scala 是纯面向对象的，每个值都是一个对象，对象的类型和行为由类定义，不同的类可以通过混入（mixin）的方式组合在一起。Scala 的设计目的是要和两种主流面向对象编程语言 Java 和 C# 实现无缝互操作，这两种主流语言都非纯面向对象。

Scala 也是一门函数式编程语言，每个函数都是一个值，原生支持嵌套函数定义和高阶函数。Scala 也支持一种通用形式的模式匹配，模式匹配用来操作代数式类型，在很多函数式语言中都有实现。

Scala 被设计用来和 Java 无缝互操作。Scala 类可以调用 Java 方法，创建 Java 对象，继承 Java 类和实现 Java 接口。这些都不需要额外的接口定义或者胶合代码。Scala 始于 2001 年，由洛桑联邦理工学院（EPFL）的编程方法实验室研发，2003 年 11 月发布 1.0 版本。

4.6.2 Scala 基本语法

1. Scala 关键字

Scala 关键字表如表 4-5 所示。

表 4-5 Scala 关键字表

abstract	case	catch	class	def	do	else	extends	false	final
finally	for	forSome	if	implicit	import	lazy	match	new	null
object	override	package	private	protected	return	sealed	super	this	throw
trait	try	true	type	val	var	while	with	yield	-
;	=	=>	<-	<:	<%	>:	#	@	

2. Scala 注释

Scala 的注释方法主要分两种，一种是多行注释，另一种是单行注释。注释的方法与 Java 类似，如下所示。

（1）多行注释

```
/*
 *
 */
```

（2）单行注释

```
//
```

3. Scala 包

(1) 定义包:Scala 使用 package 关键字定义包,和 Java 一样,在文件的头定义包名,这种方法将后续所有代码都放在了该包中。

```
package com.runoob
class HelloWorld{
}
```

(2) 引用:Scala 使用 import 关键字引用包。

```
import java.awt.Color            // 引入 Color
import java.awt._                // 引入包内所有成员
```

4. Scala 数据类型

Scala 数据类型如表 4-6 所示,表中列出的数据类型都是对象,也就是说 Scala 没有 Java 中的原生类型。Scala 是可以对数字等基础类型调用方法的。

表 4-6 Scala 数据类型表

数据类型	描述
Byte	8 位有符号补码整数。数值区间为 －128 到 127
Short	16 位有符号补码整数。数值区间为－32 768 到 32 767
Int	32 位有符号补码整数。数值区间为－2 147 483 648 到 2 147 483 647
Long	64 位有符号补码整数。数值区间为－9 223 372 036 854 775 808 到 9 223 372 036 854 775 807
Float	32 位，IEEE 754 标准的单精度浮点数
Double	64 位 IEEE 754 标准的双精度浮点数
Char	16 位无符号 Unicode 字符，区间值为 U＋0000 到 U＋FFFF
String	字符序列
Boolean	true 或 false
Unit	表示无值,和其他语言中 void 等同。用作不返回任何结果的方法的结果类型。Unit 只有一个实例值,写成()。
Null	null 或空引用
Nothing	Nothing 类型在 Scala 的类层级的最低端;它是任何其他类型的子类型。
Any	Any 是所有其他类的超类
AnyRef	AnyRef 类是 Scala 里所有引用类(reference class)的基类

5. Scala 变量

变量是一种使用方便的占位符,用于引用计算机内存地址,变量创建后会占用一定的内存空间。基于变量的数据类型,操作系统会进行内存分配并且决定什么将被储存在保留内存中。因此,通过给变量分配不同的数据类型,可以在这些变量中存储整数、小数或者字母。

(1) 变量的声明

在 Scala 中,使用关键词“var”声明变量,使用关键词“val”声明常量。

1. 声明变量实例如下：

```
var 变量名:变量类型 =[变量的值]
var myVar : String = "Foo"
var myVar : String = "Too"
```

2. 声明常量实例如下：

```
val 常量名:常量类型 =[常量的值]
val myVal : String = "Foo"
```

（2）变量类型引用

在 Scala 中声明变量和常量不一定要指明数据类型，在没有指明数据类型的情况下，其数据类型是通过变量或常量的初始值推断出来的。所以，如果在没有指明数据类型的情况下声明变量或常量必须要给出其初始值，否则将会报错。以下实例中，myVar 会被推断为 Int 类型，myVal 会被推断为 String 类型。

```
var myVar = 10;
var myVal = "Hello, Scala!";
```

6. Scala 访问修饰符

Scala 访问修饰符基本和 Java 的一样，分别有：private、protected、public。如果没有指定访问修饰符，在默认情况下，Scala 对象的访问级别都是 public。Scala 中的 private 限定符，比 Java 更严格，在嵌套类情况下，外层类甚至不能访问被嵌套类的私有成员。

（1）私有(Private)成员

用 private 关键字修饰，带有此标记的成员仅在包含了成员定义的类或对象内部可见，同样的规则还适用了内部类。(new Inner). f()访问不合法是因为 f 在 Inner 中被声明为 private，而访问不在类 Inner 之内。但在 InnerMost 里访问 f 就没有问题，因为这个访问包含在 Inner 类之内。Java 中允许这两种访问，因为它允许外部类访问内部类的私有成员。

```
class Outer{
class Inner{
private def f(){println("f")}
class InnerMost{
f() // 正确
}
}
(new Inner).f() //错误
}
```

（2）保护(Protected)成员

在 Scala 中，对保护(Protected)成员的访问比 Java 更严格一些。因为它只允许保护成员在定义了该成员的类的子类中被访问。而在 Java 中，用 protected 关键字修饰的成员，除了定义了该成员的类的子类可以访问，同一个包里的其他类也可以进行访问。下例中，Sub 类对 f 的访问没有问题，因为 f 在 Super 中被声明为 protected，而 Sub 是 Super 的子类。相反，Other 对 f 的访问不被允许，因为 other 没有继承自 Super。而后者在 Java 里同样被认可，因为 Other 与 Sub 在同一包里。

```
class Super{
protected def f() {println("f")}
}
class Sub extends Super{
f()
}
class Other{
(new Super).f() //错误
}
```

(3) 公共(Public)成员

Scala 中,如果没有指定任何的修饰符,则默认为 public。这样的成员在任何地方都可以被访问。

```
class Outer {
class Inner {
def f() { println("f") }
class InnerMost {
f() // 正确
}
}
(new Inner).f() // 正确因为 f() 是 public
}
```

7. Scala 方法与函数

Scala 有方法与函数,二者在语义上的区别很小。Scala 方法是类的一部分,而函数是一个对象可以赋值给一个变量。换句话说,在类中定义的函数即是方法。Scala 中的方法跟 Java 中的方法类似,方法是组成类的一部分。Scala 中的函数则是一个完整的对象。Scala 中使用 val 语句定义函数,使用 def 语句定义方法。例如:

```
class Test{
def m(x: Int) = x + 3
val f = (x: Int) => x + 3
}
```

(1) 方法定义

方法定义由一个 def 关键字开始,紧接着是可选的参数列表,一个冒号和方法的返回类型,一个等于号,最后是方法的主体。

Scala 方法定义格式如下:

```
def functionName ([参数列表]) : [return type] = {
function body
return [expr]
}
```

（2）方法调用

Scala 提供了多种不同的方法调用方式。

以下是调用方法的标准格式：

```
functionName( 参数列表 )
```

如果方法使用了实例的对象来调用，我们可以使用类似 Java 的格式（使用.号）：

```
[instance.]functionName( 参数列表 )
```

定义与调用方法的实例：

```
object Test {
def main(args: Array[String]) {
println( "Returned Value : " + addInt(5,7) );
}
def addInt( a:Int, b:Int ) : Int = {
var sum:Int = 0
sum = a + b
return sum
}
}
```

4.6.3 Scala 编写 Spark 程序示例

（1）统计文本内的不同单词的数量：

```
val input = Source.fromFile("D:\\test.txt")/ * 获取文件 * /
.getLines                          / * 获得文件的每一行 * /
.toArray                           / * 转化为数组 * /
val wc = sc.parallelize(input)/ * 将 input 结合转化为 RDD * /
.flatMap(_.split(" "))             / * 拆分数据，以空格为拆分条件 * /
.map((_,1))                        / * 将拆分的每个数据为 K，自己创建个 1 为 V * /
.reduceByKey(_ + _)                / * 按 key 分组汇总 * /
.foreach(println)                  / * 输出 * /
```

（2）词频排序

```
/ * 获取文件数据转化为数组 * /
val input = Source.fromFile("D:\\test.txt")
.getLines
.toArray
val topk = sc.parallelize(input)   / * 将 input 结合转化为 RDD * /
.flatMap(_.split(" "))             / * 拆分数据，以空格为拆分条件 * /
.map((_, 1))                       / * 将拆分的每个数据为 K，自己创建个 1 为 V * /
```

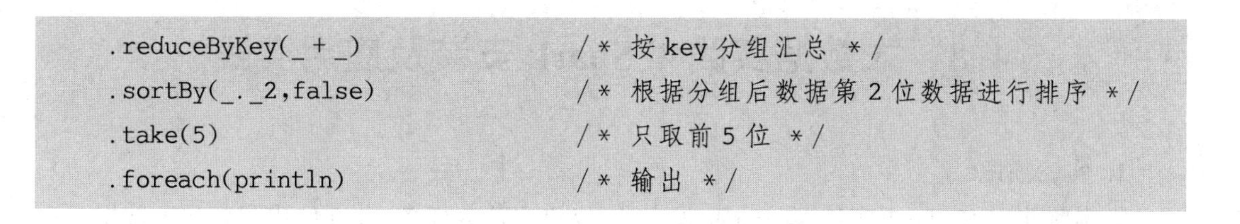

```
.reduceByKey(_ + _)          /* 按 key 分组汇总 */
.sortBy(_._2,false)          /* 根据分组后数据第 2 位数据进行排序 */
.take(5)                     /* 只取前 5 位 */
.foreach(println)            /* 输出 */
```

4.7 MLlib 简介

4.7.1 MLlib 介绍

MLlib 是 Spark 中提供机器学习函数的库。它是专为在集群上并行运行的情况而设计的。MLlib 中包含许多机器学习算法,可以在 Spark 支持的所有编程语言中使用,由于 Spark 基于内存计算模型的优势,非常适合机器学习中出现的多次迭代,避免了操作磁盘和网络的性能损耗。Spark 官网展示的 MLlib 与 Hadoop 性能对比图就非常显著。所以,Spark 比 Hadoop 的 MapReduce 框架更易于支持机器学习。

4.7.2 MLlib 支持机器学习算法

MLlib 支持的机器学习算法如表 4-7 所示。

表 4-7 MLlib 支持机器学习算法

	离散型	连续型
有监督的机器学习	分类	回归
	逻辑回归	线性回归
	支持向量机(SVM)	决策树
	朴素贝叶斯	随机森林
	决策树	梯度提升决策树 (GBT)
	随机森林	保序回归
	梯度提升决策树 (GBT)	
无监督的机器学习	聚类	协同过滤、降维
	K-means	交替最小二乘(ALS)
	高斯混合	奇异值分解(SVD)
	快速迭代聚类(PIC)	主成分分析(PCA)
	隐含狄利克雷分布(LDA)	
	二分 K-means	
	流 K-means	

4.8 大数据实践4:Spark安装及应用实践

1. 实验描述

本实验使用Scala语言编写Spark程序，完成单词计数任务、独立应用程序实现数据去重任务，并使用Spark SQL完成数据库读写任务。实验分为三个部分：(1)在华为云购买4台服务器，然后搭建Hadoop集群和Spark集群(YARN模式)，接着使用Scala语言利用Spark Core编写程序，最后将程序打包在集群上运行；(2)使用Scala语言编写独立应用程序实现数据去重，并将程序打包在集群上运行；(3)使用Spark SQL读写数据库，包括在服务器上安装MySQL和通过JDBC连接数据库。

实验环境版本要求：

① 服务器节点数量：4

② 系统版本：Centos 7.6

③ Hadoop版本：Apache Hadoop 2.7.7

④ Spark版本：Apache Spark 2.1.1

⑤ JDK版本：1.8.0_292-b10

⑥ Scala版本：scala2.11.8

⑦ IDEA版本：IntelliJ IDEA Community Edition 2021.2.3

⑧ MySQL版本：8.0

实验需要注意的问题如表4-8所示。

表4-8 实验需要注意的问题

序号	问题	解决方案
①	关于环境	在客户端打包程序的时候，使用实验提供的环境，要求jdk版本为1.8，否则会出错
②	新建类，无Scala.class	https://blog.csdn.net/qq_16410733/article/details/85 038832
③	关于防火墙	一定要检查三个节点是否关闭了防火墙
④	文件复制	注意主节点配置的文件是否全部复制给了数据节点，主要包括Hadoop文件夹、hosts、.bash_profile
⑤	Hadoop需要进一步验证是否能够正常使用	运行：hadoop jar ./hadoop- 2.7.3/share/hadoop/mapreduce/hadoop-mapreduce-examples-2.7.3.jar pi 10 10 输出结果：3.2000
⑥	关于Web页面	Web页面默认在本地端是无法打开的，需要配置华为云的安全组，开放指定的端口，如：50070
⑦	关于MySQL命令	忘写分号：用“->;”补上即可

2. 实验目的

① 了解服务器配置的过程；

② 熟悉使用 Scala 编写 Spark 程序；

③ 了解 Spark RDD 的工作原理；

④ 掌握在 Spark 集群上运行程序的方法；

⑤ 掌握使用 Spark SQL 读写数据库的方法。

3. 实验步骤

1）Spark core Scala 单词计数

（1）Hadoop 集群环境测试

在搭建 spark 环境之前，我们要保证我们的 Hadoop 集群的正常工作，这很关键。在第 1 章和第 2 章的实验基础上，开展本章实验。

本实验 JDK 版本为 1.8.0_191-b12，Hadoop 版本为 Apache Hadoop 2.7.7。集群构建在华为云 4 台服务器上，主节点名称为 yty-2022140804-0001，从节点名称为 yty-2022140804-0002、yty-2022140804-0003、yty-2022140804-0004，请在做本实验时，将命令中的服务器名称改为自己的名称。

步骤 1 在构建好 Hadoop 平台的主节点开启集群：start-all.sh，并在四个节点的终端执行 jps 命令：并执行 ifconfig，如图 4-37～图 4-40 所示。

```
[root@yty-2022140804-0001 ~]# jps
2177 ResourceManager
1784 NameNode
1997 SecondaryNameNode
2474 Jps
[root@yty-2022140804-0001 ~]# ifconfig
eth0: flags=4163<UP,BROADCAST,RUNNING,MULTICAST>  mtu 1500
        inet 192.168.0.25  netmask 255.255.255.0  broadcast 192.168.0.255
        inet6 fe80::f816:3eff:fef2:4a63  prefixlen 64  scopeid 0x20<link>
        ether fa:16:3e:f2:4a:63  txqueuelen 1000  (Ethernet)
        RX packets 707  bytes 107231 (104.7 KiB)
        RX errors 0  dropped 0  overruns 0  frame 0
        TX packets 666  bytes 178489 (174.3 KiB)
        TX errors 0  dropped 0 overruns 0  carrier 0  collisions 0
```

图 4-37 实验截图 1

```
[root@yty-2022140804-0002 ~]# jps
1682 DataNode
1789 NodeManager
1932 Jps
[root@yty-2022140804-0002 ~]# ifconfig
eth0: flags=4163<UP,BROADCAST,RUNNING,MULTICAST>  mtu 1500
        inet 192.168.0.184  netmask 255.255.255.0  broadcast 192.168.0.255
        inet6 fe80::f816:3eff:fef2:4a03  prefixlen 64  scopeid 0x20<link>
        ether fa:16:3e:f2:4a:03  txqueuelen 1000  (Ethernet)
        RX packets 527  bytes 79806 (77.9 KiB)
        RX errors 0  dropped 0  overruns 0  frame 0
        TX packets 487  bytes 156614 (152.9 KiB)
        TX errors 0  dropped 0 overruns 0  carrier 0  collisions 0
```

图 4-38 实验截图 2

```
[root@yty-2022140804-0003 ~]# jps
1792 NodeManager
1934 Jps
1685 DataNode
[root@yty-2022140804-0003 ~]# ifconfig
eth0: flags=4163<UP,BROADCAST,RUNNING,MULTICAST>  mtu 1500
        inet 192.168.0.130  netmask 255.255.255.0  broadcast 192.168.0.255
        inet6 fe80::f816:3eff:fef2:4acc  prefixlen 64  scopeid 0x20<link>
        ether fa:16:3e:f2:4a:cc  txqueuelen 1000  (Ethernet)
        RX packets 569  bytes 83127 (81.1 KiB)
        RX errors 0  dropped 0  overruns 0  frame 0
        TX packets 540  bytes 164542 (160.6 KiB)
        TX errors 0  dropped 0 overruns 0  carrier 0  collisions 0
```

图 4-39　实验截图 3

```
[root@yty-2022140804-0004 ~]# jps
1791 NodeManager
1681 DataNode
1932 Jps
[root@yty-2022140804-0004 ~]# ifconfig
eth0: flags=4163<UP,BROADCAST,RUNNING,MULTICAST>  mtu 1500
        inet 192.168.0.164  netmask 255.255.255.0  broadcast 192.168.0.255
        inet6 fe80::f816:3eff:fef2:4aee  prefixlen 64  scopeid 0x20<link>
        ether fa:16:3e:f2:4a:ee  txqueuelen 1000  (Ethernet)
        RX packets 572  bytes 69021 (67.4 KiB)
        RX errors 0  dropped 0  overruns 0  frame 0
        TX packets 577  bytes 90182 (88.0 KiB)
        TX errors 0  dropped 0 overruns 0  carrier 0  collisions 0
```

图 4-40　实验截图 4

步骤 2　在主节点的 root 测试 Hadoop 的集群可用性，并执行 ifconfig。

```
hadoop jar./hadoop-2.7.7/share/hadoop/mapreduce/hadoop-mapreduce-examples-2.7.7.jar pi 10 10
```

如图 4-41、图 4-42 所示。

```
[root@yty-2022140804-0001 hadoop-2.7.7]# hadoop jar /home/modules/hadoop-2.7.7/share/hadoop/mapreduce/hadoop-mapreduce-examples-2.7.7.jar pi 10 10
Number of Maps  = 10
Samples per Map = 10
22/10/31 10:43:35 WARN util.NativeCodeLoader: Unable to load native-hadoop library for your platform... using builtin-java classes where applicable
Wrote input for Map #0
Wrote input for Map #1
Wrote input for Map #2
Wrote input for Map #3
Wrote input for Map #4
Wrote input for Map #5
Wrote input for Map #6
Wrote input for Map #7
Wrote input for Map #8
Wrote input for Map #9
Starting Job
22/10/31 10:43:37 INFO client.RMProxy: Connecting to ResourceManager at yty-2022140804-0001/
```

图 4-41　实验截图 5

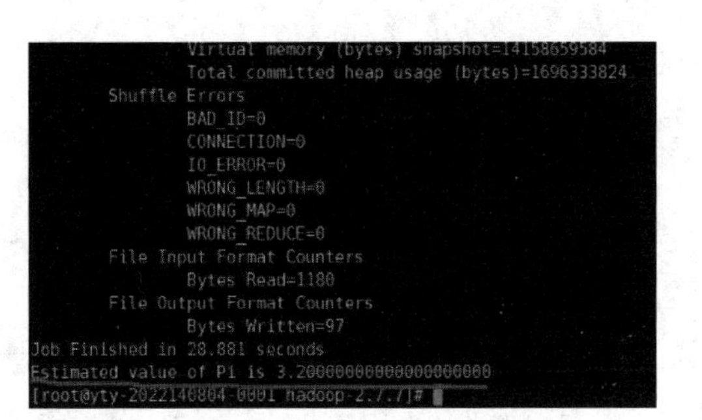

图 4-42 实验截图 6

(2) Spark 集群搭建(On Yarn 模式)

步骤 1 在 master 节点上解压 Spark 压缩包。

① 使用 XFTP 上传 Spark 压缩包 spark-2.1.1-bin-hadoop2.7.tgz。

② 解压 Spark 压缩包

```
tar -xzvf spark-2.1.1-bin-hadoop2.7.tgz -C ./
```

步骤 2 配置环境变量。

① 返回 root 目录;

```
cd /root/
```

② 用 vim 编辑 .bash_profile 文件:vim .bash_profile

```
vim .bash_profile
```

添加如下内容:

```
export HADOOP_CONF_DIR = $HADOOP_HOME/etc/hadoop
export HDFS_CONF_DIR = $HADOOP_HOME/etc/hadoop
export YARN_CONF_DIR = $HADOOP_HOME/etc/hadoop
export PATH = $PATH:/root/spark-2.1.1-bin-hadoop2.7/bin
```

③ 运行 source 命令,重新编译.bash_profile,使添加变量生效:

```
source .bash_profile
```

步骤 3 配置 yarn-site.xml 文件。

① 进入/home/modules/hadoop-2.7.7/etc/hadoop 目录:

```
cd/home/modules/hadoop-2.7.7/etc/hadoop
```

② 使用 vim 编辑 yarn-site.xml 添加如下内容:

```
<property>
    <name>yarn.nodemanager.pmem-check-enabled</name>
    <value>false</value>
</property>
<property>
    <name>yarn.nodemanager.vmem-check-enabled</name>
    <value>false</value>
</property>
```

③ 将 yarn-site. xml 文件发送到从节点：

```
scp yarn-site.xml yty-2022140804-0002:/home/modules/hadoop-2.7.7/etc/hadoop/yarn-site.xml
scp yarn-site.xml yty-2022140804-0003:/home/modules/hadoop-2.7.7/etc/hadoop yarn-site.xml
scp yarn-site.xml yty-2022140804-0004:/home/modules/hadoop-2.7.7/etc/hadoop/yarn-site.xml
```

步骤 4　重启 Hadoop 集群。

① stop-all. sh（如果已经启动了 Hadoop 需要停止）；

② start-all. sh；

③ 使用 jps 查看集群是否启动成功。

步骤 5　运行如下指令检验 Spark 是否部署成功：

```
spark-submit --class org.apache.spark.examples.SparkPi --master yarn --num-executors 4 --driver-memory 1g --executor-memory 1g --executor-cores 1 spark-2.1.1-bin-hadoop2.7/examples/jars/spark-examples_2.11-2.1.1.jar 10
```

如果输出如图 4-43 所示结果，那么集群部署成功。

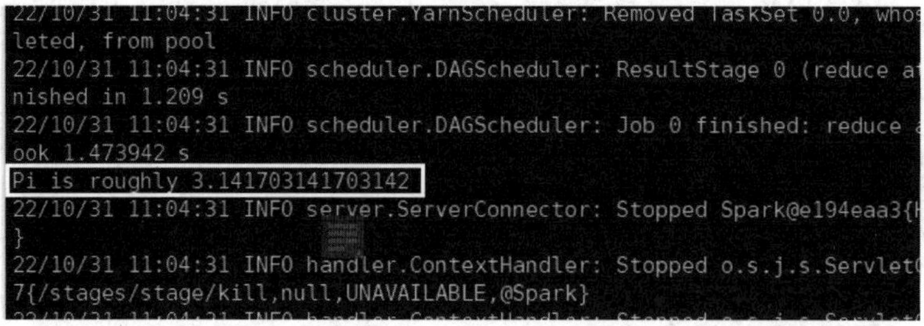

```
22/10/31 11:04:31 INFO cluster.YarnScheduler: Removed TaskSet 0.0, whos
leted, from pool
22/10/31 11:04:31 INFO scheduler.DAGScheduler: ResultStage 0 (reduce a
nished in 1.209 s
22/10/31 11:04:31 INFO scheduler.DAGScheduler: Job 0 finished: reduce
ook 1.473942 s
Pi is roughly 3.141703141703142
22/10/31 11:04:31 INFO server.ServerConnector: Stopped Spark@e194eaa3{
}
22/10/31 11:04:31 INFO handler.ContextHandler: Stopped o.s.j.s.Servlet
7{/stages/stage/kill,null,UNAVAILABLE,@Spark}
```

图 4-43　实验截图 7

步骤 6　运行 Spark-shell 命令，查看 Spark 和 Scala 的版本信息，如图 4-44 所示。

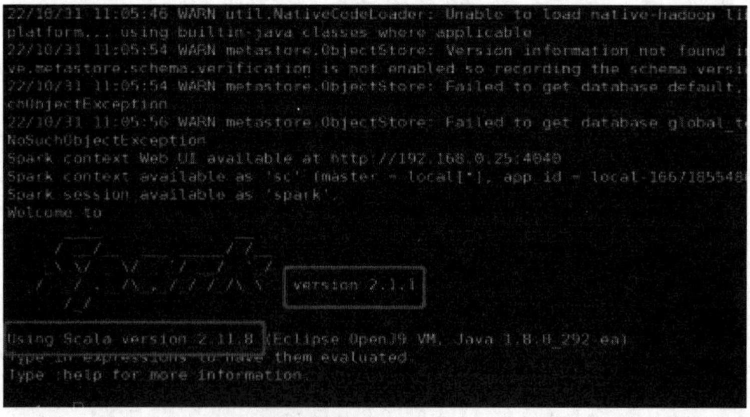

```
Spark context Web UI available at http://192.168.0.25:4040
Spark session available as 'spark'.
Welcome to
      version 2.1.1
Using Scala version 2.11.8 (Eclipse OpenJ9 VM, Java 1.8.0_292-ea)
Type in expressions to have them evaluated.
Type :help for more information.
```

图 4-44　实验截图 8

可以看到 Spark 的版本为 2.1.1，Scala 的版本为 2.11.8。

(3) Scala 程序编写

步骤 1 创建项目，打开 IDEA(IDEA 需要在自己计算机上安装)，创建工程，如图 4-45、图 4-46 所示。

图 4-45 实验截图 9

图 4-46 实验截图 10

若使用的 IDEA 版本较新，如 2022 版本，则需在创建项目时 catalog 项选择 Maven Central 才能找到 scala-archetype-simple，如图 4-47 所示。

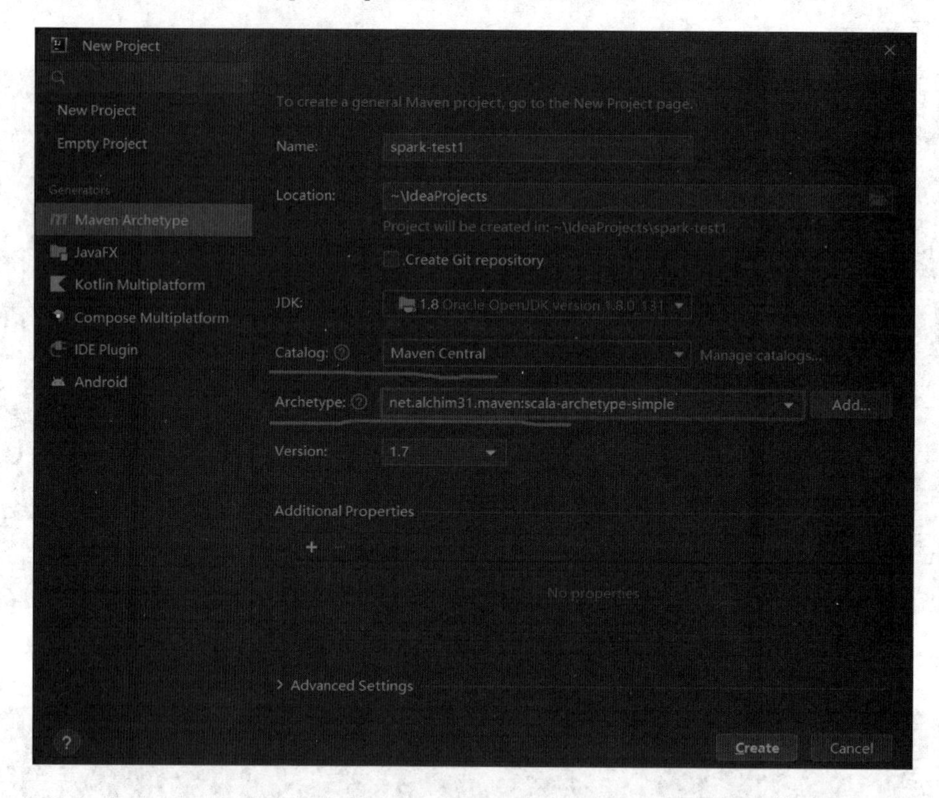

图 4-47　实验截图 11

进入如图 4-48 所示界面表示工程创建成功。

图 4-48　实验截图 12

步骤 2 依赖设置：在 pom. xml 文件中找到 properties 配置项，修改 Scala 版本号(此处对应 Scala 安装版本)，并添加 Spark 版本号(此处对应 Spark 安装版本)如图 4-49 所示。

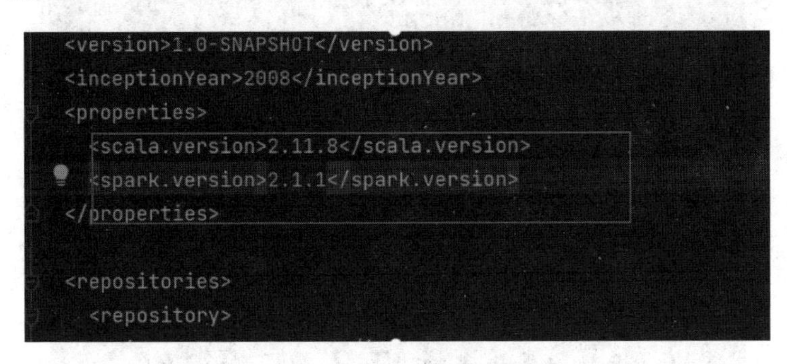

图 4-49 实验截图 13

① 找到 dependency 配置项，添加如图 4-50 阴影部分的配置，分别是 scala 依赖和 spark 依赖，\${scala. version}表示上述配置的 scala. version 变量。

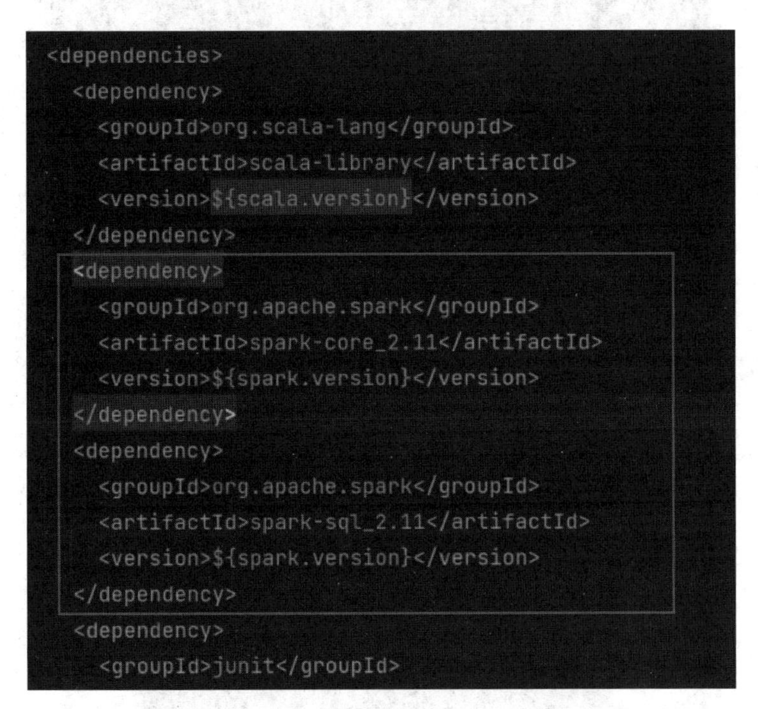

图 4-50 实验截图 14

② 一般修改 pom. xml 文件后，会提示 enable auto-import，单击即可，如果没有提示，那么可以单击工程名，依次选择“Maven”→“Reimport”，即可根据 pom. xml 文件导入依赖包，如图 4-51 所示。

步骤 3 设置语言环境：设置语言环境 language level，单击菜单栏中的“File”，选择“Project Structure”，如图 4-52 所示。

弹出如图 4-53 所示对话框，选择“Modules”，选择“Language level”为“8”，然后单击“Apply”，单击“OK”。

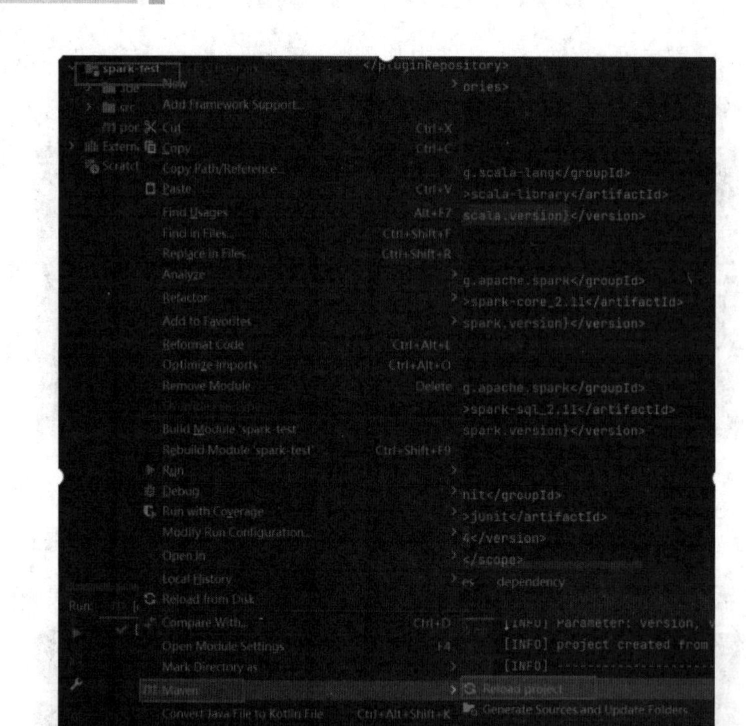

图 4-51　实验截图 15

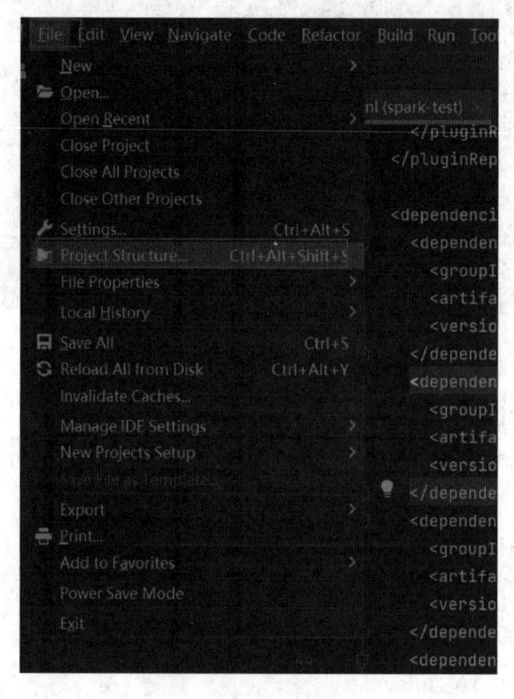

图 4-52　实验截图 16

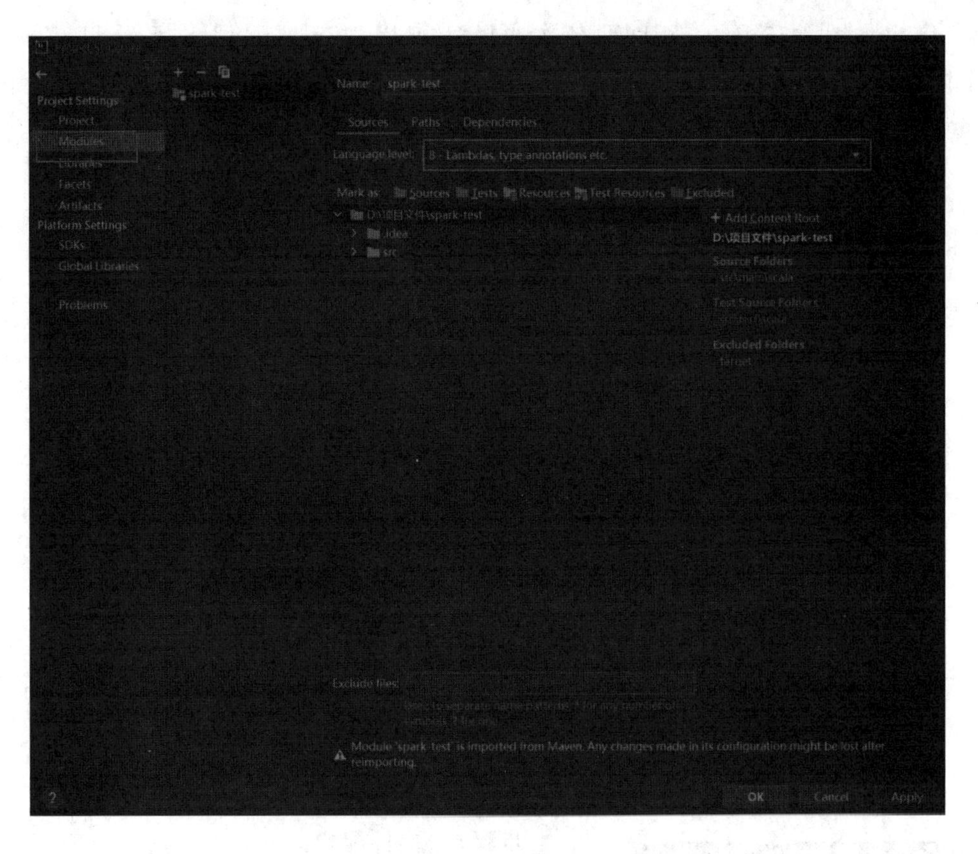

图 4-53 实验截图 17

步骤 4 设置 Java Compiler 环境：

① 单击菜单栏中的“File”，选择“Settings…”，如图 4-54 所示。

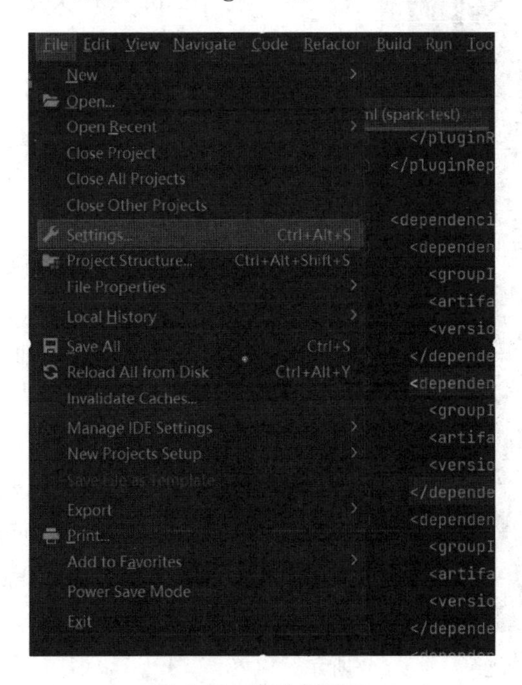

图 4-54 实验截图 18

② 弹出如图 4-55 所示对话框，依次选择“Build”，“Execution”→“Compiler”→“Java Compiler”，设置图中的“Project bytecode version”为“1. 8”，设置图中的“Target bytecode version”为“1. 8”，然后依次单击“Apply”和“OK”，如图 4-55 所示。

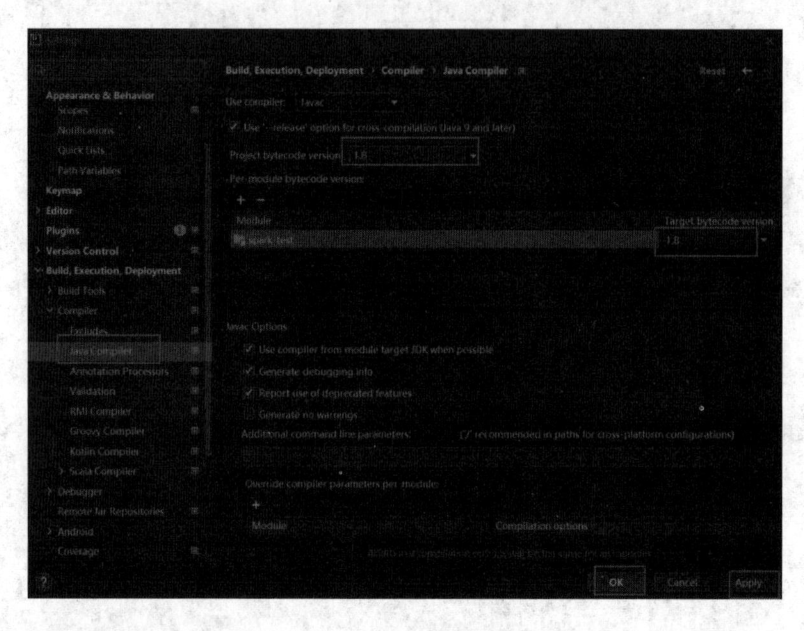

图 4-55　实验截图 19

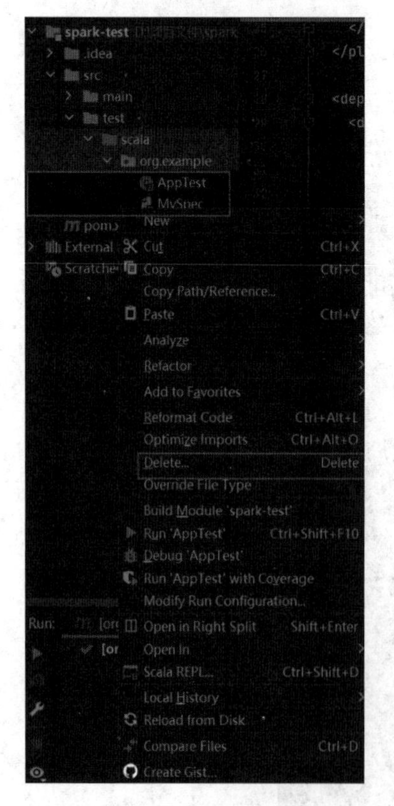

图 4-56　实验截图 20

步骤 5　文件配置：

① 删除测试环境 test 中的测试类，即 AppTest 和 MySpec 两个文件，如图 4-56 所示。

② 删除 main 文件夹中，包名下的 App 文件，如图 4-57 所示。

步骤 6　程序编写：

① 依次打开“src”→“main”→“scala”，在“org. example”上右击，创建“Scala Class”，如图 4-58 所示。

② 弹出如图 4-59 所示对话框，输入类名“ScalaWordCount”，回车，如图 4-59 所示。

③ 在类“ScalaWordCount”中新建伴生对象“object ScalaWordCount”，如图 4-60 所示。

④ 在伴生对象“object ScalaWordCount”中创建 main 方法，如图 4-61 所示。

⑤ 在 main 方法中创建列表 List 对象并赋值给常量 list，列表中包含 4 个元素，分别是“hello hi hi spark”“hello spark hello hi sparksql”“hello hi hi sparkstreaming”“hello hi sparkgraphx”，如图 4-62 所示。

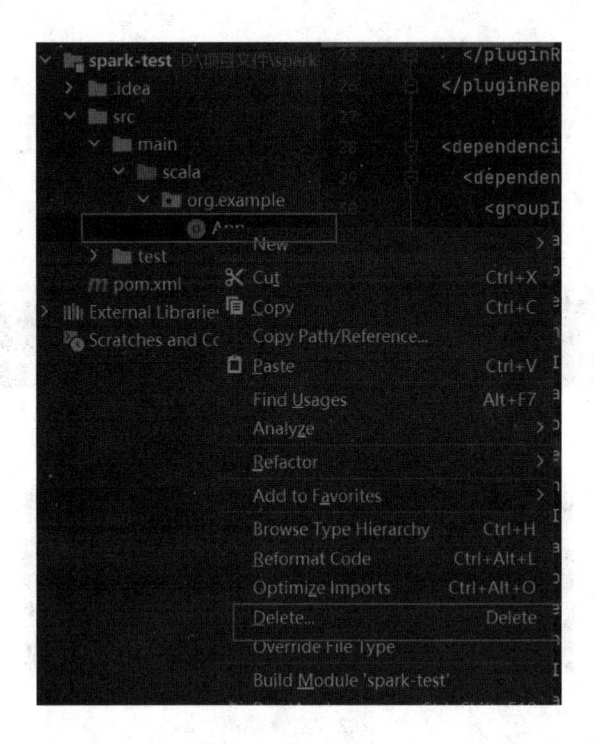

图 4-57 实验截图 21

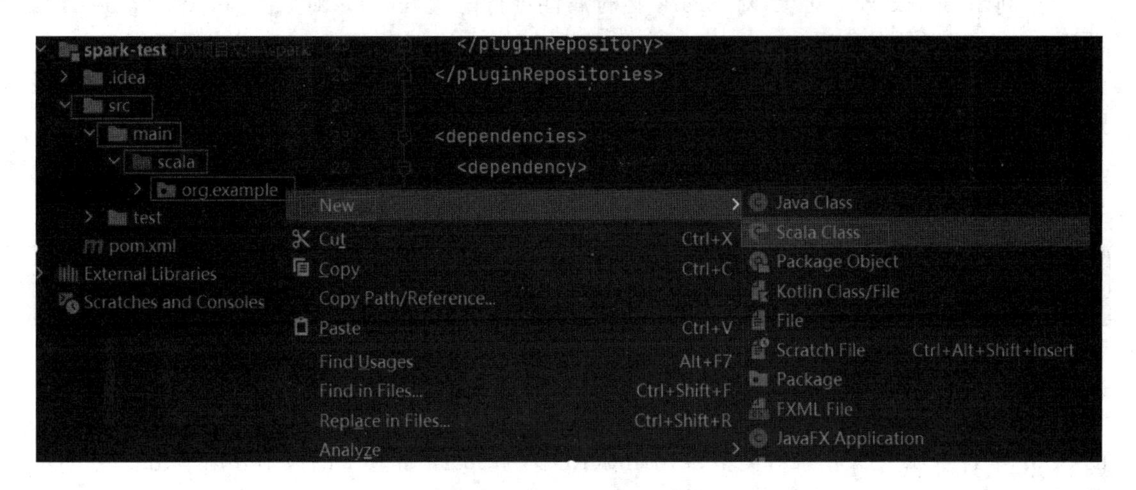

图 4-58 实验截图 22

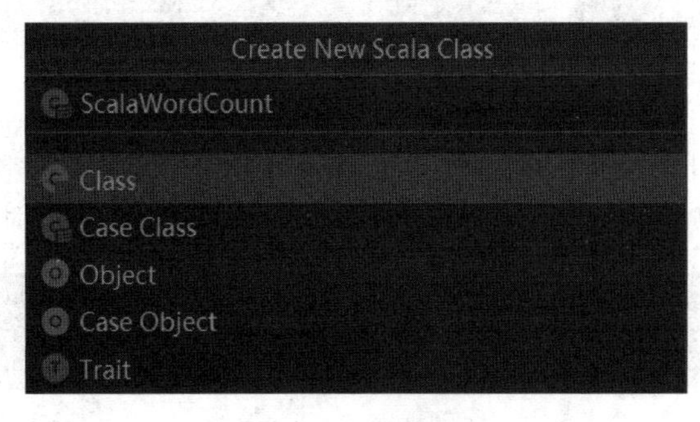

图 4-59 实验截图 23

图 4-60 实验截图 24

```
object ScalaWordCount{
  def main(args:Array[String]):Unit={
```

图 4-61 实验截图 25

```
val list=List("hello hi hi spark",
  "hello spark hello hi sparksql",
  "hello hi hi sparkstreaming",
  "hello hi sparkkgraphx")
```

图 4-62 实验截图 26

⑥ 创建 SparkConf 对象，对 Spark 运行属性进行配置，调用该对象的 setAppName 方法设置 Spark 程序的名称为“word-count”，调用 setMaster 方法设置 Spark 程序运行模式，一般分为两种：本地模式和 yarn 模式。这里我们采用 yarn 模式，参数为“yarn”，属性设置完成后赋值给常量 sparkConf。

⑦ 创建 SparkContext，参数为 sparkConf，赋值给常量 sc，该对象是 Spark 程序的入口，如图 4-63 所示。

```
val sparkConf=new SparkConf().setAppName("word-count").setMaster("yarn")
val sc=new SparkContext(sparkConf)
```

图 4-63 实验截图 27

⑧ 调用 SparkContext 对象 sc 的方法 parallelize，参数为列表对象 list，该方法使用现成的 Scala 集合生成 RDD lines，类型为 String（RDD 为 Spark 计算中的最小数据单元），该 RDD 存储元素是字符串语句，如图 4-64 所示。

```
val lines:RDD[String]=sc.parallelize(list)
```

图 4-64 实验截图 28

⑨ 调用 RDD 对象 lines 的 flatMap 方法按照空格切分 RDD 中的字符串元素，并存入新的 RDD 对象 words 中，参数类型为 String，该 RDD 存储的元素是每一个单词，如图 4-65 所示。

```
val lines:RDD[String]=sc.parallelize(list)
val words:RDD[String]=lines.flatMap((line:String)=>{line.split( regex = " ")})
```

图 4-65 实验截图 29

⑩ 调用 RDD 对象 words 的 map 方法,将 RDD 中的每一个单词转换为 kv 对,key 是 String 类型的单词,value 是 Int 类型的 1,并赋值给新的 RDD 对象 wordAndOne,参数为 (String,Int)类型键值对,如图 4-66 所示。

```
val wordAndOne:RDD[(String,Int)]=words.map((word:String)=>{(word,1)})
```

图 4-66 实验截图 30

⑪ 调用 RDD 对象 wordAndOne 的 reduceByKey 方法,传入的参数为两个 Int 类型变量,该方法将 RDD 中的元素按照 Key 进行分组,将同一组中的 value 值进行聚合操作,得到 valueRet,最终返回(key,valueRet)键值对,并赋值给新的 RDD 对象 wordAndNum,参数为 (String,Int)类型键值对,如图 4-67 所示。

```
val ret=wordAndNum.sortBy(kv=>kv._2, ascending = false)
```

图 4-67 实验截图 31

⑫ 调用 RDD 对象 wordAndNum 的 sortBy 方法,第一个参数为 kv 对中的 value,即单词出现次数,第二个参数为 boolean 类型,true 表示升序,false 表示降序,如图 4-68 所示。

```
val ret=wordAndNum.sortBy(kv=>kv._2, ascending = false)
```

图 4-68 实验截图 32

⑬ 调用 ret 对象的 collect 方法,获取集合中的元素,再调用 mkString 方法,参数为“,”,将集合中的元素用逗号连接成字符串,调用 println 方法打印输出在控制台,如图 4-69 所示。

```
print(ret.collect().mkString(","))
```

图 4-69 实验截图 33

⑭ 调用 ret 对象的 saveAsTextFile,该方法的参数为运行时指定的参数,此方法的用处是将 Spark 程序运行的结果保存到指定路径,一般是把结果保存到 HDFS 中,所以这里的参数定义为:hdfs://yty-2022140804-0001:8020/spark_test,HDFS 根目录中不存在 spark_test 目录,Spark 程序会自动创建该目录;调用 SparkContext 对象 sc 的 stop 方法,释放 Spark 程序所占用的资源,如图 4-70 所示。

```
ret.saveAsTextFile( path = "hdfs://yty-2022140804-0001:9000/spark_test")
sc.stop
```

图 4-70 实验截图 34

⑮ 完整程序如图 4-71 所示。

(4) 程序打包及运行

步骤 1 打开“File”→“Project Structure”,如图 4-72 所示。

步骤 2 “Project Settings”栏下的“Artifacts”,单击“+”,选择“JAR”→“From modules with dependencies…”,如图 4-73 所示。

```
package org.example
import org.apache.spark.rdd.RDD
import org.apache.spark.{SparkConf, SparkContext}

class ScalaWordCount{

}
object ScalaWordCount{
  def main(args:Array[String]):Unit={
    val list=List("hello hi hi spark",
      "hello spark hello hi sparksql",
      "hello hi hi sparkstreaming",
      "hello hi sparkgraphx")

    val sparkConf = new SparkConf().setAppName("word-count").setMaster("yarn")
    val sc=new SparkContext(sparkConf)
    val lines:RDD[String]=sc.parallelize(list)
    val words:RDD[String]=lines.flatMap((line:String)=>{line.split( regex = " ")})
    val wordAndOne:RDD[(String,Int)]=words.map((word:String)=>{(word,1)})
    val wordAndNum:RDD[(String,Int)]=wordAndOne.reduceByKey((count1:Int,count2:Int)=>{count1+count2})
    val ret=wordAndNum.sortBy(kv=>kv._2, ascending = false)
    print(ret.collect().mkString(","))
    ret.saveAsTextFile( path = "hdfs://yty-2022140R04-0801:8020/spark-test")
    sc.stop
  }
}
```

图 4-71 实验截图 35

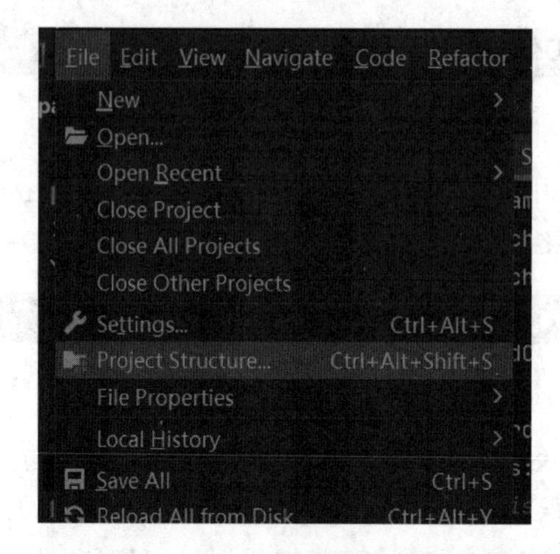

图 4-72 实验截图 36

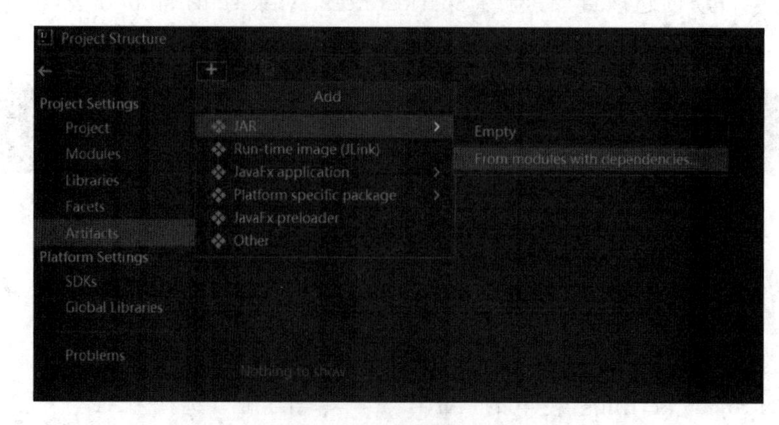

图 4-73 实验截图 37

步骤 3 填选主类名称,如图 4-74 所示。

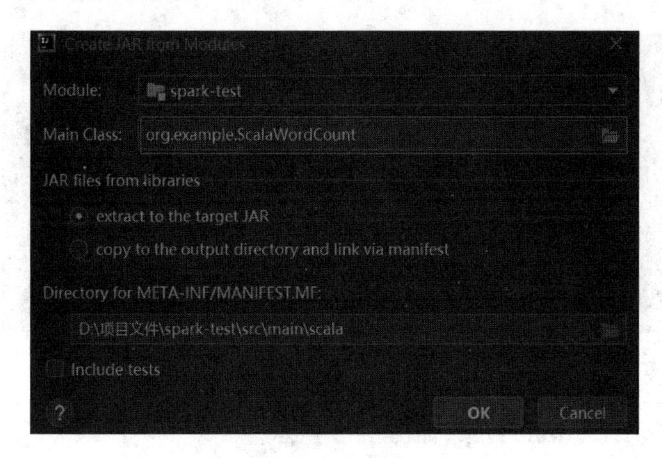

图 4-74 实验截图 38

步骤 4 选择“Build”→“Artifacts”如图 4-75 所示。

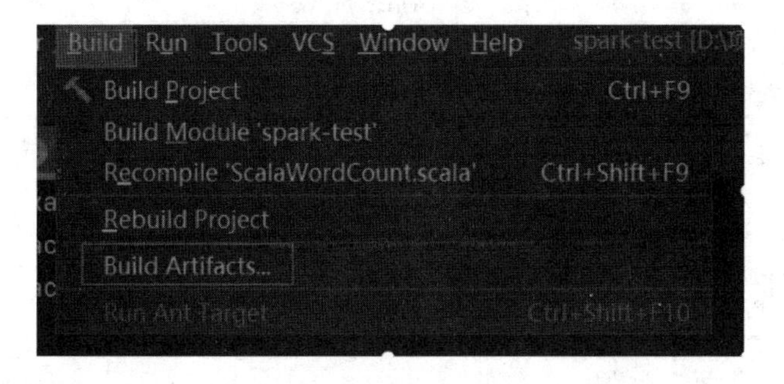

图 4-75 实验截图 39

步骤 5 选择“Build”,如图 4-76 所示。

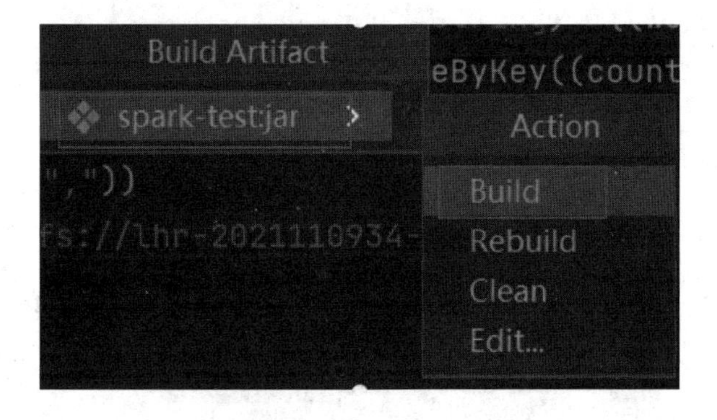

图 4-76 实验截图 40

建立完成,如图 4-77 所示。

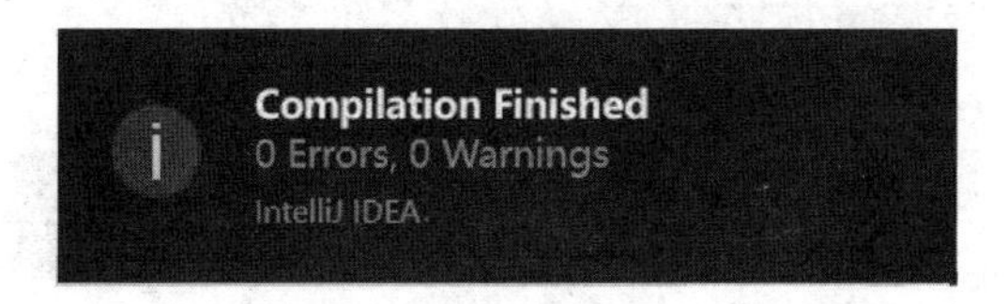

图 4-77 实验截图 41

步骤 6　使用压缩软件打开生成的 jar 包,如图 4-78 所示。

图 4-78　实验截图 42

步骤 7　找到 META-INF 目录,如图 4-79 所示。

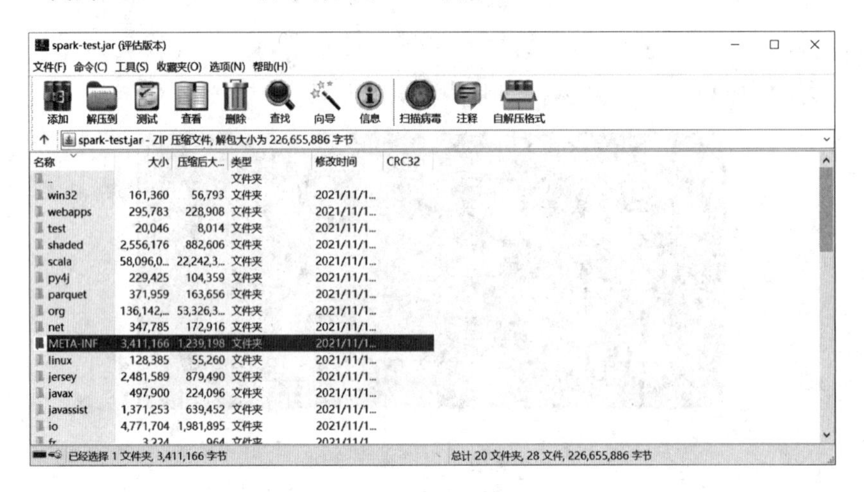

图 4-79　实验截图 43

步骤 8　删除 MANIFEST.MF 文件,如图 4-80 所示。

图 4-80　实验截图 44

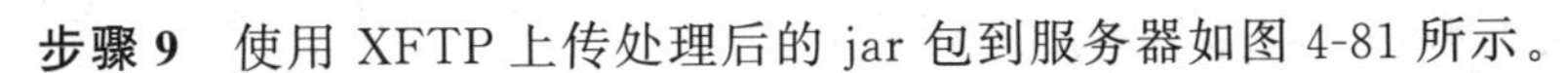

步骤 9 使用 XFTP 上传处理后的 jar 包到服务器如图 4-81 所示。

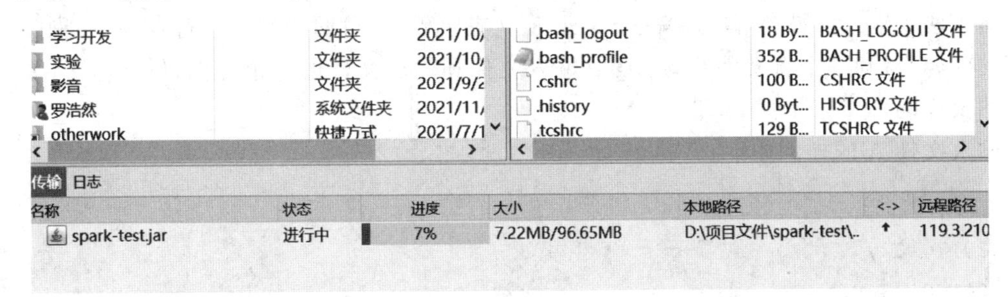

图 4-81 实验截图 45

步骤 10 使用 spark-submit 命令，在 Hadoop 上运行程序：

```
spark-submit --class org.example.ScalaWordCount --master yarn -- num-executors 3 --
driver-memory 1g --executor-memory 1g --executor- cores 1 spark-test.jar
```

得到的结果如图 4-82 所示。

```
22/10/31 12:55:54 INFO scheduler.TaskSetManager: Starting task 2.0 in stage 4.0 (TID 11, yty
-2022140804-0002, executor 2, partition 2, NODE_LOCAL, 5818 bytes)
22/10/31 12:55:54 INFO scheduler.TaskSetManager: Finished task 0.0 in stage 4.0 (TID 9) in 5
5 ms on yty-2022140804-0002 (executor 2) (1/3)
22/10/31 12:55:54 INFO scheduler.TaskSetManager: Finished task 1.0 in stage 4.0 (TID 10) in
62 ms on yty-2022140804-0003 (executor 1) (2/3)
22/10/31 12:55:54 INFO scheduler.TaskSetManager: Finished task 2.0 in stage 4.0 (TID 11) in
34 ms on yty-2022140804-0002 (executor 2) (3/3)
22/10/31 12:55:54 INFO cluster.YarnScheduler: Removed TaskSet 4.0, whose tasks have all comp
leted, from pool
22/10/31 12:55:54 INFO scheduler.DAGScheduler: ResultStage 4 (collect at ScalaWordCount.scal
a:22) finished in 0.090 s
22/10/31 12:55:54 INFO scheduler.DAGScheduler: Job 1 finished: collect at ScalaWordCount.sca
la:22, took 0.232121 s
(hi,6),(hello,5),(spark,2),(sparksql,1),(sparkstreaming,1),(sparkgraphx,1)22/10/31 12:55:55
INFO storage.BlockManagerInfo: Removed broadcast_3_piece0 on 192.168.0.25:41257 in memory (s
ize: 2025.0 B, free: 434.4 MB)
```

图 4-82 实验截图 46

步骤 11 在 HDFS 上查看程序的输出，如图 4-83、图 4-84 所示。

```
[root@yty-2022140804-0001 ~]# hadoop fs -ls /
22/10/31 13:56:09 WARN util.NativeCodeLoader: Unable to load native-hadoop library for your
platform... using builtin-java classes where applicable
Found 3 items
drwxr-xr-x   - root supergroup          0 2022-10-31 13:55 /spark-test
drwx------   - root supergroup          0 2022-10-31 11:05 /tmp
drwxr-xr-x   - root supergroup          0 2022-10-31 10:43 /user
```

图 4-83 实验截图 47

```
[root@yty-2022140804-0001 ~]# hadoop fs -cat /spark-test/part-00000
22/10/31 13:57:13 WARN util.NativeCodeLoader: Unable to load native-hadoop library for your
platform... using builtin-java classes where applicable
(hi,6)
(hello,5)
[root@yty-2022140804-0001 ~]# hadoop fs -cat /spark-test/part-00001
22/10/31 13:57:26 WARN util.NativeCodeLoader: Unable to load native-hadoop library for your
platform... using builtin-java classes where applicable
(spark,2)
[root@yty-2022140804-0001 ~]# hadoop fs -cat /spark-test/part-00003
22/10/31 13:57:32 WARN util.NativeCodeLoader: Unable to load native-hadoop library for your
platform... using builtin-java classes where applicable
cat: `/spark-test/part-00003': No such file or directory
[root@yty-2022140804-0001 ~]# hadoop fs -cat /spark-test/part-00002
22/10/31 13:57:49 WARN util.NativeCodeLoader: Unable to load native-hadoop library for your
platform... using builtin-java classes where applicable
(sparksql,1)
(sparkstreaming,1)
(sparkgraphx,1)
```

图 4-84 实验截图 48

2）使用 RDD 编写独立应用程序实现数据去重

对于两个输入文件 A 和 B，编写 Spark 独立应用程序，对两个文件进行合并，并剔除其中重复的内容，得到一个新文件 C。下面是输入文件和输出文件的一个样例，供参考。（要求运行截图及代码）

输入文件 A 的样例如下：

```
20170101x
20170102y
20170103x
20170104y
20170105z
20170106z
```

输入文件 B 的样例如下：

```
20170101y
20170102y
20170103x
20170104z
20170105y
```

根据输入的文件 A 和 B 合并得到的输出文件 C 的样例如下：

```
20170101x
20170101y
20170102y
20170103x
20170104y
20170104z
20170105y
20170105z
20170106z
可参考方法：
```

① 从文件中读取数据创建 RDD

```
val text = sc.textFile("A.txt")
```

截图如图 4-85 所示。

```
val A = sc.textFile( path = "A.txt")
```

图 4-85　实验截图 49

可以把 txt 文件放到与 jar 包同一路径下，避免出现找不到文件的情况。首先将 txt 文件通过 put 命令上传到 HDFS 中。上传完成后可以用 ls 命令查看到文件已经上传到 HDFS，如图 4-86 所示。

```
[root@yty-2022140804-0001 ~]# hadoop fs -put A.txt
22/11/01 10:49:06 WARN util.NativeCodeLoader: Unable to load native-hadoop library for your
platform... using builtin-java classes where applicable
[root@yty-2022140804-0001 ~]# hadoop fs -put B.txt
22/11/01 10:49:17 WARN util.NativeCodeLoader: Unable to load native-hadoop library for your
platform... using builtin-java classes where applicable
[root@yty-2022140804-0001 ~]# hadoop fs -ls
22/11/01 10:49:23 WARN util.NativeCodeLoader: Unable to load native-hadoop library for your
platform... using builtin-java classes where applicable
Found 3 items
drwxr-xr-x   - root supergroup          0 2022-10-31 13:55 .sparkStaging
-rw-r--r--   3 root supergroup         70 2022-11-01 10:49 A.txt
-rw-r--r--   3 root supergroup         58 2022-11-01 10:49 B.txt
[root@yty-2022140804-0001 ~]#
```

图 4-86　实验截图 50

② 把 RDD 写入文本文件中

```
text.saveAsTextFile("writeback")
```

此处的 writeback 应该为 HDFS 中的一个空文件夹，运行后会在文件夹中生成输出文件，用 cat 显示其中内容即可，如图 4-87 所示。

```
C.saveAsTextFile( path = "hdfs://yty-2022140804-0001:8020/C.txt")
```

图 4-87　实验截图 51

③ join()对于给定的两个输入数据集(K,V1)和(K,V2)，只有在两个数据集中都存在的 key 才会被输出，最终得到一个(K,(V1,V2))类型的数据集。

```
RDD1.join(RDD2)
```

④ union()合并变换将两个 RDD 合并为一个新的 RDD，重复的记录不会被剔除。

```
RDD1.union(RDD2)
```

⑤ distinct()可去除 RDD 中重复的数据。

```
RDD1.distinct()
```

本次实验可以在上一次实验构建的 IDEA 项目中进行代码的编写。构建方法参考 4.1.3 节和 4.1.4 节中的内容。构建完成后，将打好的 jar 包通过工具上传到服务器，用 spark-submit 命令运行(将 jar 包名称替换一下即可)。

运行完成后，用 hadoop fs -ls /输出文件夹命令查看 HDFS 中的输出结果，如图 4-88 所示。

```
[root@yty-2022140804-0001 ~]# hadoop fs -ls /
22/11/01 11:02:45 WARN util.NativeCodeLoader: Unable to load native-hadoop library for your
platform... using builtin-java classes where applicable
Found 4 items
drwxr-xr-x   - root supergroup          0 2022-11-01 11:01 /C.txt
drwxr-xr-x   - root supergroup          0 2022-10-31 13:55 /spark-test
drwx------   - root supergroup          0 2022-10-31 11:05 /tmp
drwxr-xr-x   - root supergroup          0 2022-10-31 10:43 /user
```

图 4-88　实验截图 52

用 cat 命令分别查看输出文件中的内容，如图 4-89 所示。

```
[root@yty-2022140804-0001 ~]# hadoop fs -cat /C.txt/part-00000
22/11/01 11:03:50 WARN util.NativeCodeLoader: Unable to load native-hadoop library for your
platform... using builtin-java classes where applicable
20170101        x
20170101        y
20170102        y
[root@yty-2022140804-0001 ~]# hadoop fs -cat ^C
[root@yty-2022140804-0001 ~]# hadoop fs -cat /C.txt/part-00001
22/11/01 11:04:12 WARN util.NativeCodeLoader: Unable to load native-hadoop library for your
platform... using builtin-java classes where applicable
20170103        x
20170104        y
[root@yty-2022140804-0001 ~]# hadoop fs -cat /C.txt/part-00002
22/11/01 11:04:18 WARN util.NativeCodeLoader: Unable to load native-hadoop library for your
platform... using builtin-java classes where applicable
20170104        z
20170105        y
[root@yty-2022140804-0001 ~]# hadoop fs -cat /C.txt/part-00003
22/11/01 11:04:27 WARN util.NativeCodeLoader: Unable to load native-hadoop library for your
platform... using builtin-java classes where applicable
20170105        z
20170106        z
[root@yty-2022140804-0001 ~]#
```

图 4-89　实验截图 53

可以看到两个文件被成功合并。

3）使用 Spark SQL 读写数据库

步骤 1　下载并安装 MySQL。

下载：wget(https://dev.mysql.com/get/mysql80-community-release-el7-3.noarch.rpm)

安装源：yum localinstall mysql80-community-release-el7-3.noarch.rpm

安装依赖：rpm --import(https://repo.mysql.com/RPM-GPG-KEY-mysql-2022)

安装：yum -y install mysql-community-server

步骤 2　MySQL 数据库设置。

首先启动 MySQL：systemctl start mysqld.service

查看 MySQL 运行状态：systemctl status mysqld.service

截图如图 4-90 所示。

```
[root@yty-2022140804-0001 ~]# systemctl start mysqld.service
[root@yty-2022140804-0001 ~]# systemctl status mysqld.service
● mysqld.service - MySQL Server
   Loaded: loaded (/usr/lib/systemd/system/mysqld.service; enabled; vendor preset: disabled)
   Active: active (running) since Tue 2022-11-01 11:14:12 CST; 11s ago
     Docs: man:mysqld(8)
           http://dev.mysql.com/doc/refman/en/using-systemd.html
  Process: 4111 ExecStartPre=/usr/bin/mysqld_pre_systemd (code=exited, status=0/SUCCESS)
 Main PID: 4187 (mysqld)
   Status: "Server is operational"
   CGroup: /system.slice/mysqld.service
           └─4187 /usr/sbin/mysqld

Nov 01 11:14:05 yty-2022140804-0001 systemd[1]: Starting MySQL Server...
Nov 01 11:14:12 yty-2022140804-0001 systemd[1]: Started MySQL Server.
```

图 4-90　实验截图 54

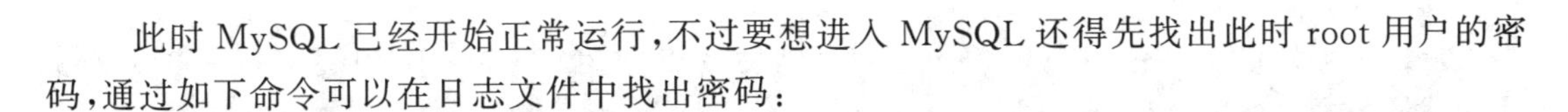

此时 MySQL 已经开始正常运行，不过要想进入 MySQL 还得先找出此时 root 用户的密码，通过如下命令可以在日志文件中找出密码：

```
grep "password" /var/log/mysqld.log
```

截图如图 4-91 所示。

```
[root@yty-2022140804-0001 ~]# grep "password" /var/log/mysqld.log
2022-11-01T03:14:08.317134Z 6 [Note] [MY-010454] [Server] A temporary password is generated
for root@localhost: hZpkUAx.k1p8
[root@yty-2022140804-0001 ~]#
```

图 4-91 实验截图 55

用如下命令进入数据库：

```
mysql -uroot -p
```

输入初始密码（是上面图片最后面的 hZpkUAx. k1p8），此时不能做任何事情，因为 MySQL 默认必须修改密码之后才能操作数据库：

```
ALTER USER 'root'@'localhost' IDENTIFIED BY 'new password';
```

其中 new password 替换成要设置的密码，注意：密码设置必须要大小写字母数字和特殊符号（，/';：等），不然不能配置成功。

步骤 3 通过 JDBC 连接数据库。

在 MySQL Shell 环境中，先输入"create database spark"来创建 Spark 数据库，再输入下面的 SQL 语句完成数据库和表的创建，如图 4-92 所示。

```
mysql> use spark;
Database changed
mysql> create table student(id int(4), name char(20), gender char(4), age int
(4));
Query OK, 0 rows affected, 2 warnings (0.02 sec)

mysql> insert into student values(1, 'Li', 'F', 23);
Query OK, 1 row affected (0.00 sec)

mysql> insert into student values(2, 'Wang', 'M', 24);
Query OK, 1 row affected (0.00 sec)

mysql> select * from student;
+------+------+--------+------+
| id   | name | gender | age  |
+------+------+--------+------+
|    1 | Li   | F      |   23 |
|    2 | Wang | M      |   24 |
+------+------+--------+------+
2 rows in set (0.00 sec)
```

图 4-92 实验截图 56

要想顺利连接 MySQL 数据库，还需要使用 MySQL 数据库驱动程序。请到 MySQL 官网下载 MySQL 的 JDBC 驱动程序，把该驱动程序解压缩到 Spark 的安装目录下：

```
wget (https://dev.mysql.com/get/Downloads/Connector-J/mysql-connector-java-8.0.24.tar.gz)
tar -xzvf mysql-connector-java-8.0.24.tar.gz
mv mysql-connector-java-8.0.24/mysql-connector-java-8.0.24.jar /root/spark-2.1.1-bin-hadoop2.7/jars/
```

启动一个 spark shell。启动 spark shell 时，必须指定 MySQL 连接驱动 jar 包，命令如下：

```
spark-shell --jars /root/spark-2.1.1-bin-hadoop2..7/jars/mysql-connector-java-8.0.24.jar --driver-class-path /root/spark-2.1.1-bin-hadoop2.7/jars/mysql-connector-java-8.0.24.jar
```

spark.read.format("jdbc")操作可以实现对 MySQL 数据库的读取。执行以下命令连接数据库，读取数据并显示，如图 4-93 所示。（要求贴出命令和结果的截图）

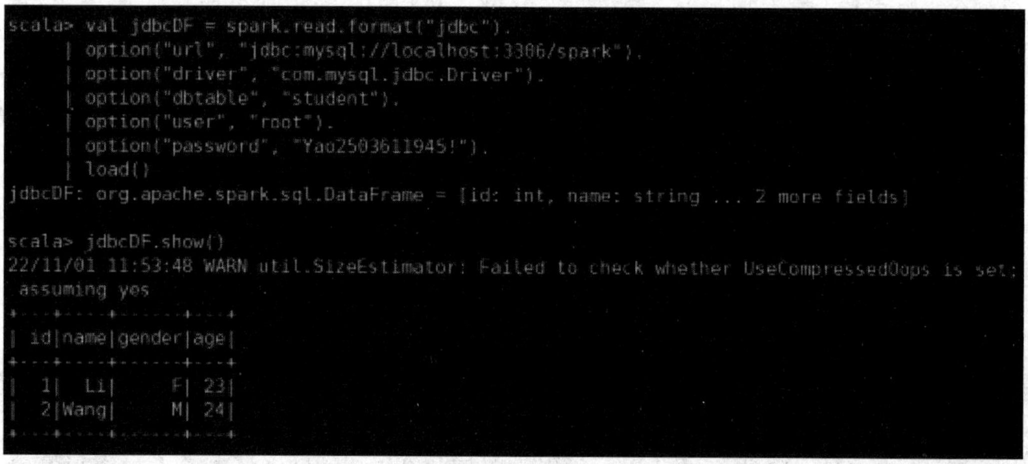

```
scala> val jdbcDF = spark.read.format("jdbc").
     | option("url", "jdbc:mysql://localhost:3306/spark").
     | option("driver", "com.mysql.jdbc.Driver").
     | option("dbtable", "student").
     | option("user", "root").
     | option("password", "Yao2503611945!").
     | load()
jdbcDF: org.apache.spark.sql.DataFrame = [id: int, name: string ... 2 more fields]

scala> jdbcDF.show()
22/11/01 11:53:48 WARN util.SizeEstimator: Failed to check whether UseCompressedOops is set; assuming yes
+---+----+------+---+
| id|name|gender|age|
+---+----+------+---+
|  1|  Li|     F| 23|
|  2|Wang|     M| 24|
+---+----+------+---+
```

图 4-93 实验截图 57

在通过 JDBC 连接 MySQL 数据库时，需要通过 option()方法设置相关的连接参数，各个参数的含义如表 4-9 所示。

表 4-9 各个参数的含义

参数名称	参数的值	含义
url	jdbc:mysql://localhost:3306/spark	数据库的连接地址
driver	com.mysql.jdbc.Driver	数据库的 JDBC 驱动
dbtable	student	所要访问的表
user	root	用户名
password		用户密码

步骤 4 向 MySQL 数据库写入数据。

在 IDEA 中编写向数据库中插入数据的代码，如图 4-94 所示。

打包并删除 jar 包中的 MANIFEST.MF 文件，将 jar 包上传到服务器，使用 spark-submit 命令运行程序，如图 4-95 所示。

```
object InsertStudent{
  def main(args: Array[String]): Unit = {
    val sparkConf = new SparkConf().setAppName("insert-student").setMaster("local")
    val sc = new SparkContext(sparkConf)
    //学生信息RDD
    val studentRDD = sc.parallelize(Array("3 Zhang M 26", "4 Liu M 27")).map(_.split( regex = " "))
    //模式信息
    val schema = StructType(List(
      StructField("id", IntegerType, true),
      StructField("name", StringType, true),
      StructField("gender", StringType, true),
      StructField("age", IntegerType, true)))
    // Row对象
    val rowRDD = studentRDD.map(p => Row(p(0).toInt, p(1).trim, p(2).trim,
      p(3).toInt))
    //建立起Row对象和模式之间的关系
    val studentDF = new SQLContext(sc).createDataFrame( rowRDD, schema )
    // JDBC连接参数
    val prop = new Properties()
    prop.put( "user", "root" )
    prop.put("password", "Yao2503611945!")
    prop.put("driver","com.mysql.jdbc.Driver")
    //连接数据库,append
    studentDF.write.mode( saveMode = "append"
    ).jdbc( url = "jdbc:mysql://localhost:3306/spark" , table = "spark.student", prop)
  }
}
```

图 4-94 实验截图 58

```
[root@yty-2022140804-0001 ~]# spark-submit --class org.example.InsertStudent --master yarn --num-executors 3 --driver-memory 1g --executor-memory 1g --executor-cores 1 spark-test2.jar
22/11/01 12:07:43 INFO spark.SparkContext: Running Spark version 2.1.1
22/11/01 12:07:43 WARN util.NativeCodeLoader: Unable to load native-hadoop library for your platform... using builtin-java classes where applicable
22/11/01 12:07:43 INFO spark.SecurityManager: Changing view acls to: root
22/11/01 12:07:43 INFO spark.SecurityManager: Changing modify acls to: root
22/11/01 12:07:43 INFO spark.SecurityManager: Changing view acls groups to:
22/11/01 12:07:43 INFO spark.SecurityManager: Changing modify acls groups to:
22/11/01 12:07:43 INFO spark.SecurityManager: SecurityManager: authentication disabled; ui acls disabled; users  with view permissions: Set(root); groups with view permissions: Set(); users  with modify permissions: Set(root); groups with modify permissions: Set()
22/11/01 12:07:43 INFO util.Utils: Successfully started service 'sparkDriver' on port 36495.
22/11/01 12:07:43 INFO spark.SparkEnv: Registering MapOutputTracker
```

图 4-95 实验截图 59

运行之后,可以到 MySQL shell 环境中使用 SQL 语句查询 student 表,可以发现新增加的两条记录,如图 4-96 所示。(可以在命令行里打印一些文字表示运行成功,要求截图中包含代码和运行结果)

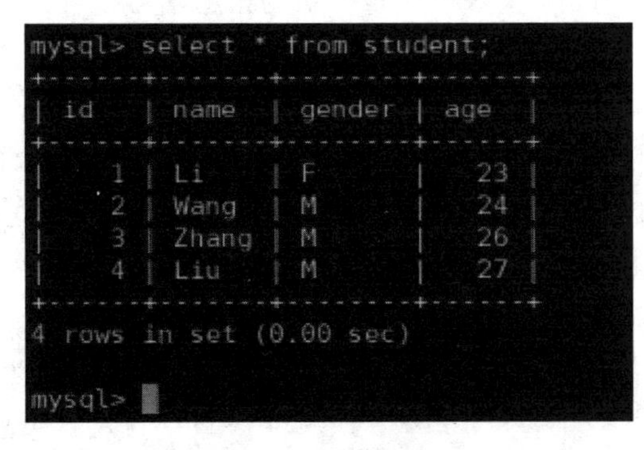
```
mysql> select * from student;
+------+-------+--------+------+
| id   | name  | gender | age  |
+------+-------+--------+------+
|    1 | Li    | F      |   23 |
|    2 | Wang  | M      |   24 |
|    3 | Zhang | M      |   26 |
|    4 | Liu   | M      |   27 |
+------+-------+--------+------+
4 rows in set (0.00 sec)

mysql>
```

图 4-96 实验截图 60

4. 实验结果与评分标准

实验结束后应得到：1个安装好Hadoop和Spark集群，1个Spar程序jar包。

完成Spark RDD和Spark SQL数据处理实践。

实验评分标准，提交的实验报告中应包含：

① Hadoop集群测试结果（截图）；

② Spark集群搭建完成的测试结果（截图）；

③ Scala单词计数实验结果（截图）；

④ RDD编程结果（截图）；

⑤ Spark SQL读写数据库结果（截图）；

⑥ 整体实验报告撰写（截图）。

实验结果截图需要按要求带有ifconfig的IP信息。

本章课后习题

（1）Spark的特点及优势有哪些？

（2）RDD的操作可以分为哪些种类，各有什么区别？

（3）RDD有哪些存储级别？

（4）RDD依赖关系有哪些类型，各有什么区别？

（5）Scala语言的特点有哪些？

（6）Spark SQL的优点有哪些？

（7）Spark MLlib支持哪些机器学习算法？

本章参考文献

[1] 夏俊鸾，刘旭晖，邵赛赛，等．Spark大数据处理技术[M]．北京：电子工业出版社，2015.

[2] 高彦杰．Spark大数据处理：技术、应用与性能优化[M]．北京：机械工业出版社，2014.

[3] Jackiehff. Spark 2.2.x 中文官方参考文档[EB/OL]．(2017)[2019-02-19]．https://spark-reference-doc-cn.readthedocs.io/zh_CN/latest/.

[4] 林大贵．Hadoop ＋ Spark大数据巨量分析与机器学习整合开发实战[M]．北京：清华大学出版社，2017.

[5] 王家林，徐香玉．Spark大数据实例开发教程[M]．北京：机械工业出版社，2015.

[6] ZAHARIA M, CHOWDHURY M, FRANKIN M J, et al. Spark: cluster computing with working sets [C]//Proceedings of the 2nd USENIX conference on Hot topics in cloud computing. Boston, MA: USENIX Association Berkeley, 2010:10-10.

[7] MENG X, BRADLEY J, YAVUZ B, et al. MLlib: machine learning in apache spark [J]. The Journal of Machine Learning Research, 2016, 17(1): 1235-1241.

[8] ARMBRUST M, XIN R S, LIAN C, et al. Spark sql: relational data processing in spark [C]//Proceedings of the 2015 ACM SIGMOD international conference on

management of data. New York: ACM, 2015:1383-1394.

[9] KARAU H, KONWINSKI A, WENDELL P, et al. Learning spark: lightning-fast big data analysis[M]. [S. 1.]: O'Reilly Media, Inc. , 2015.

[10] ABBASI M A. Leaning Apache Spark 2 [M]. Birmingham: Packt Publishing, 2017.

第5章

大数据处理-实时处理框架 Storm、Spark Streaming 和 Flink

本章思维导图

现有的大数据处理系统可以分为两类:批处理系统与流处理系统。以 Hadoop 为代表的批处理系统需先将数据汇聚成批,经批量预处理后加载至分析型数据仓库中,以进行高性能实时查询。这类系统虽然可对完整大数据集实现高效的查询,但无法查询到最新的实时数据,存在数据滞后等问题。相较于批处理大数据系统,以 Spark Streaming、Storm、Flink 为代表的流处理系统将实时数据通过流处理,逐条加载至高性能内存数据库中进行查询。此类系统可以对最新实时数据实现高效预设分析处理模型的查询,数据滞后性较低。在工业界,一些实时性要求较高并且数据量很大的系统(如大数据量背景下的订单支付、抢红包等)急需这些高性能流处理系统来进行业务支持。

本章将针对当下较火热的多个实时处理系统进行讲述,包括 Storm、Spark Streaming、Flink。三种实时处理系统各有各的优势,具体使用还需要具体场景具体分析。本章还介绍了分布式消息队列 Kafka,作为主流实时流数据的消息中间件,负责衔接各种不同的实时数据来源系统作为上游数据生产者,Spark Streaming、Storm、Flink 的实时处理应用程序作为下游数据消费者。本章思维导图如图 5-0 所示。

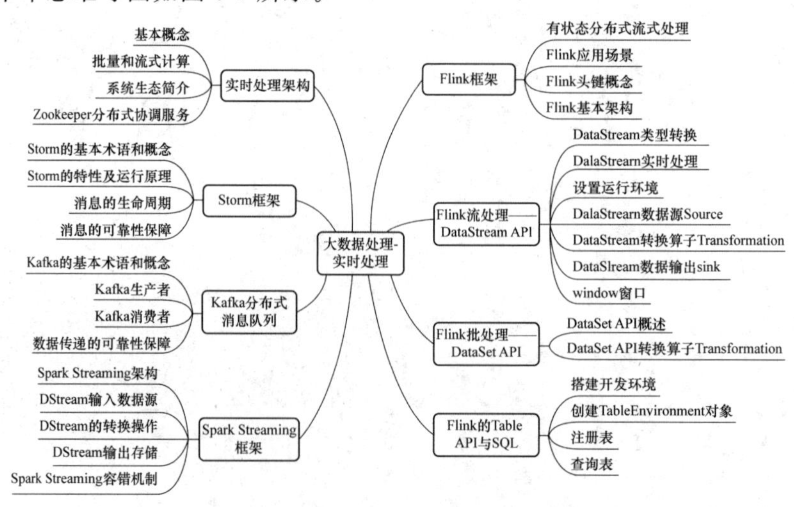

图 5-0　本章思维导图

5.1 实时处理架构

实时处理是针对海量数据进行的，一般要求为秒级，主要应用在数据源实时不间断、数据量大且无法预算的场景。各处理逻辑的分布、消息的分发以及消息分发的可靠性对于应用开发者来说是透明的。对于运维而言，平台需要是可监控的。

5.1.1 基本概念

实时处理的相关技术主要应用在数据存在的两个阶段：数据的产生与收集阶段、数据的传输与分析处理阶段。针对数据存在的阶段，产生对应的数据处理方法。

1. 数据实时收集

在数据收集过程中，功能上需要保证可以完整地收集到来自系统日志、网络、数据库的数据，为实时服务提供实时数据；相应时间上要根据具体业务场景保证时效性，保证低延迟；配置部署上要简单；系统要稳定可靠。

例如，分布式消息系统 Kafka 可以达到每秒百万级的消息读写速度。Kafka 可以在实时业务的场景中写可靠的流处理应用，并且能安全地存储数据流到分布式、多副本、容错的集群中。日志数据采集工具 Flume 提供了一个分布式的可靠的高可用性的海量日志采集、聚合和传输的系统。一般的数据采集平台（如淘宝的 TimeTunnel 等）都可以满足每秒数百 MB 的数据采集和传输需求。

2. 数据实时计算

在数据实时计算过程中，需要在流数据不断变化的运动过程中进行实时分析，得到针对用户的有价值的信息，并把运算结果发送出去。

目前数据实时计算的主流产品有 Storm、Spark Streaming 和 Flink 等。Storm 是由 Twitter 开源的分布式的高容错的实时处理系统，它的出现令持续不断的流计算变得容易，弥补了 Hadoop 批处理所不能满足的实时要求。因为 Storm 流计算框架出现最早，是早期大数据实时计算的主要技术方案。Spark Streaming 是 Spark API 的核心扩展，它以微批处理思想，使得 Spark 生态实现了对实时计算场景的支撑。Flink 将在线实时数据和离线历史数据分别看作无界和有界数据流，对数据流进行状态计算，它是一个高性能分布式实时计算框架。因为 Flink 高吞吐、低延迟、高性能的流处理能力，以及持有状态计算的 Exactly-once 语义等优秀特性，成为目前热度最高的大数据处理框架和实时计算的技术方案。

5.1.2 批量和流式计算

通常认为，离线和实时指的是数据处理的延迟，批量和流式指的是数据处理的方式。MapReduce 是离线批量计算的代表，但是离线不等于批量，实时也不等于流式。假设一种极端情况：当我们拥有一个非常强大的硬件系统，可以毫秒级的处理 Tb 级别的数据，当我们的数据量在 Tb 级别以下时，批量计算也可以毫秒级得到计算结果，此时我们无法称之为离线计算。

批量和流式主要区别在于数据处理单位、数据源、任务类型。

1. 数据处理单位

批量每次处理完一定的数据块，才将处理好的中间数据发送给下一个处理节点。流式计算则以比数据块更小的记录为单位，处理节点处理完一个记录后，立马发送给下一个节点。若我们对一些固定大小的数据做统计，那么采用批量和流式的效果基本相同，但是流式的一个优势在于可以实时得到计算中的结果，这对某些实时性较强的应用很有帮助，比如统计每分钟对某个服务的请求次数。

2. 数据源

批量计算通常处理的是有限数据，数据源一般采用文件系统，而流式计算通常处理无限数据，一般采用消息队列作为数据源。

3. 任务类型

批量计算中的每个任务都是短任务，任务在处理完其负责的数据后关闭，而流式计算往往是长任务，每个任务一直运行，持续接受数据源传过来的数据。

既然流式系统可以做批量系统的事情并能提供更多功能，那么为何还会需要批量系统呢？因为早期的流式系统并不成熟，存在下面两个问题。第一，流式系统的吞吐量不如批量系统；第二，流式系统无法提供精准的计算。后面介绍的 Strom、Spark Streaming、Flink 会主要根据这两点进行介绍。

5.1.3 系统生态简介

实时处理系统相对于离线处理系统而言强调了数据的实时性。针对于实时性较强的应用在数据搜集、数据处理、消息系统及调度与管理服务上使用相应组件进行管理，实时处理系统生态图如图 5-1 所示。

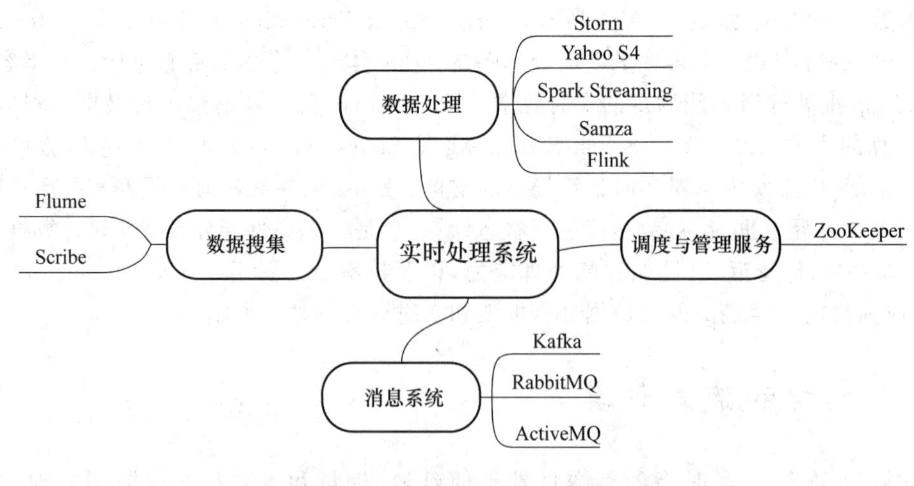

图 5-1 实时处理系统生态图

5.1.4 Zookeeper 分布式协调服务

Zookeeper 是一个为分布式应用提供协调服务的解决方案。在分布式环境中协调和管理服务是一个复杂的过程,ZooKeeper 通过其简单的架构和 API 解决了这个问题。ZooKeeper 框架最初是在 Yahoo! 上构建的,用于以简单而稳健的方式访问他们的应用程序。后来,Apache ZooKeeper 成为 Hadoop,Hbase 和其他分布式框架使用的有组织服务的标准。

ZooKeeper 本身是一个分布式应用程序,为分布式集群提供用于编写分布式应用程序的服务。提供的常见服务包括命名服务、配置管理、集群管理、选举算法、锁定和同步服务以及高度可靠的数据注册表。以下实时处理框架大多都需要使用 Zookeeper 来进行协调服务。

5.2 Storm 框架

分布式实时处理系统 Storm 支持实时处理和更新、持续并行化查询,满足大量场景;Storm 具有健壮性,集群易管理,可轮流重启节点;Storm 还具有良好的容错性和可扩展性以及确保数据至少被处理一次等特性。

Hadoop 和 Storm 是典型的批处理与流处理的对比。如果说批处理的 Hadoop 需要一桶一桶地搬走水,那么流处理的 Storm 就好比自来水水管,只要预先接好水管,然后打开水龙头,水就顺着水管源源不断地流出来了,即消息就会被实时处理。

5.2.1 Storm 的基本术语和概念

Storm 包含以下几个基本概念。

- Topology:即拓扑。Topology 是对实时计算应用逻辑的封装,它的作用与 MapReduce 中的 Job 很相似。区别在于 Job 得到结果之后总会结束,而拓扑会一直在集群中运行,直到手动去终止它。Topology 可以理解为由一系列通过数据流(Stream Grouping)相互关联的 Spout 和 Bolt 组成的拓扑结构。Spout 和 Bolt 称为拓扑的组件(Component)。
- Spout:Storm 中的数据源,用于为 Topology 生产消息。一般是从外部数据源(如消息队列、普通关系型数据库、非关系型数据库等)流式读取数据并发送给 Topology 消息。
- Bolt:Storm 中的消息处理者,用于处理 Topology 中的消息。通过数据过滤(filtering)、函数处理(function)、聚合(aggregation)、联结(join)、数据库交互等功能,Bolt 几乎能够完成任何一种数据处理需求。
- Stream:即数据流。一个数据流指的是在分布式环境中并行创建、处理的一组消息(tuple)的无界序列。数据流由多个消息构成。
- Stream Grouping:即数据流分组。数据流分组定义了在 Bolt 的不同任务中划分数据流的方式。在 Storm 中有 8 种内置的数据流分组方式,还可以通过 CustomStreamGrouping 接口实现自定义的数据流分组模型。
- Task:即任务。在 Storm 集群中每个 Spout 和 Bolt 都由若干个任务(task)来执行,每个任务与一个执行线程对应。数据流分组可以决定如何由一组任务向另一组任务发送消息。

- Worker：即工作进程。拓扑是在一个或多个工作进程中运行的。每个工作进程都是一个实际的JVM进程，并且执行拓扑的一个子集。Storm会在所有的Worker中分散任务，以实现集群的负载均衡。

如图5-2所示，一个完整的Topology由Spout、Stream和Bolt组成。Spout从外部接收流式数据，将各式各样类型的数据转化成元组类型形成Stream，进而由Bolt开启工作进程，处理数据。处理后的数据输出到数据库进行持久化存储，或者输出到外部进行数据的下一步处理。

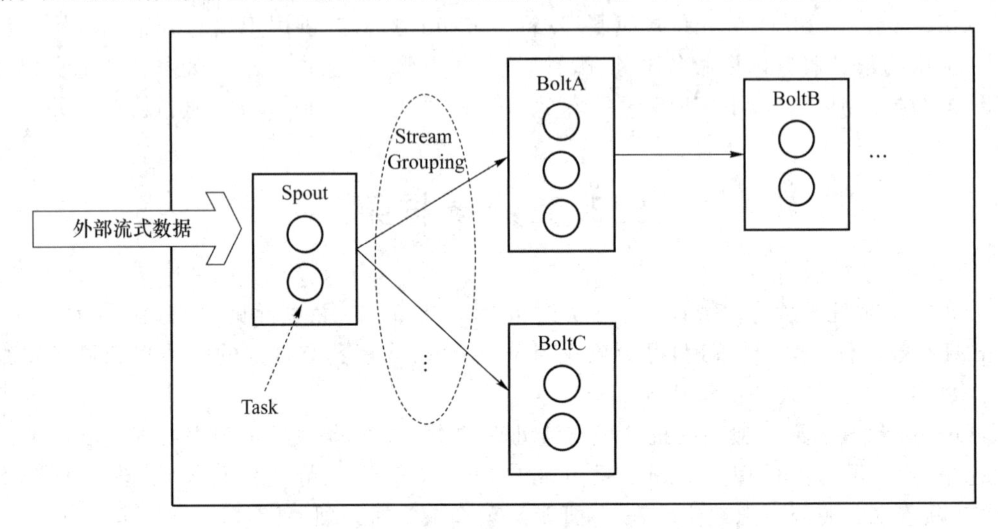

图5-2 Topology结构图

5.2.2 Storm特性及运行原理

Storm有一些很好的特性使得它在众多实时处理应用中脱颖而出。

- 简化编程：从零开始实现实时处理是一件很困难的事情。使用Storm使得复杂性大大降低。
- 容错性：Storm集群会关注工作节点状态，如果宕机了必要的时候会重新分配任务。
- 可扩展性：需要为扩展集群所做的工作就是增加机器，而Storm会在新机器就绪时自动向它们分配任务。
- 可靠性：所有消息都可保证至少处理一次。如果出错了，消息可能处理不止一次，但是永远不会丢失消息。
- 高效性：Storm设计的驱动之一就是速度。

Storm集群中包含主控节点和工作节点。主控节点运行着Nimbus的进程，它负责在Storm集群内分发代码，分配任务给工作机器，并且负责监控集群运行状态。工作节点运行着Supervisor的进程，它负责监听从Nimbus分配给它执行的任务，据此启动或停止执行任务的工作进程。一个运行中的Topology由分布在不同工作节点上的多个工作进程组成。Nimbus和Supervisor的关系类似于Hadoop中JobTracker和NodeTracker。

Storm工作集群中需要集成Zookeeper，Nimbus和Supervisor节点之间所有的协调工作是通过Zookeeper集群来实现的，它们的关系如图5-3所示。此外，Nimbus和Supervisor进程都是快速失败(fail-fast)和无状态(stateless)的,因为 Storm 在 Zookeeper 或本地磁盘上维持所有的集群状态,守护进程可以是无状态的而且失效或重启时不会影响整个系统的健康。

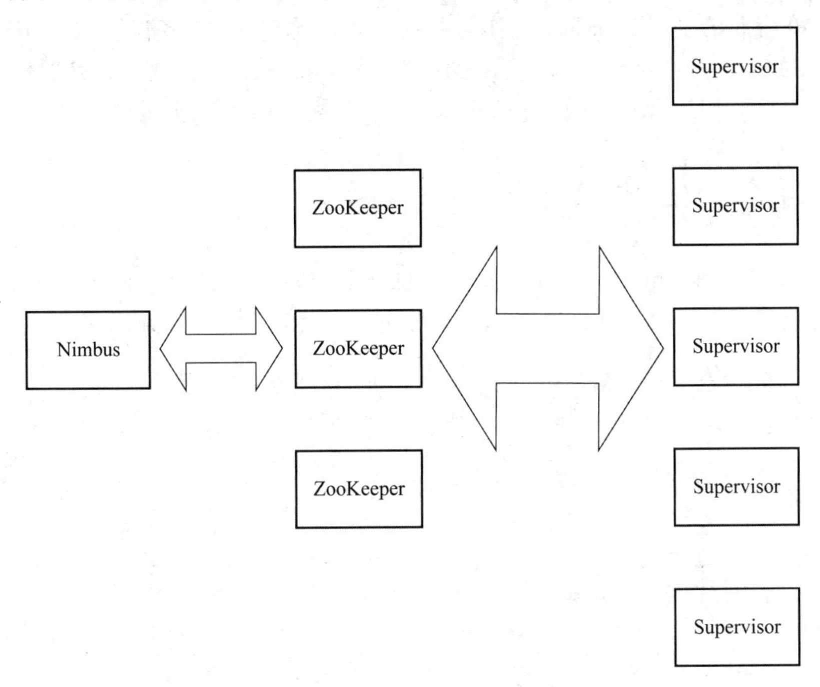

图 5-3 Storm 工作集群组件

5.2.3 消息的生命周期

Spout 实现的接口如图 5-4 所示。

```
public interface ISpout extends Serializable {
    void open(Map conf, TopologyContext context, SpoutOutputCollector collector);
    void close();
    void nextTuple();
    void ack(Object msgId);
    void fail(Object msgId);
}
```

图 5-4 Spout 实现的接口

首先,Storm 使用 Spout 实例的 nextTuple()方法从 Spout 请求一个消息(tuple)。收到请求以后,Spout 使用 open 方法中提供的 SpoutOutputCollector 向它的输出流发送一个或多个消息。每发送一个消息,Spout 会给这个消息提供一个 message ID,它将会被用来标识这个消息。

假设从 Kestrel 队列中读取消息,Spout 会将 Kestrel 队列为这个消息设置的 ID 作为此消息的 message ID。向 SpoutOutputCollector 中发送消息格式,如图 5-5 所示。

```
_collector.emit(new Values("field1", "field2", 3) , msgId);
```

图 5-5 SpoutOutputCollector 中发送消息格式

接下来，这些消息会被发送到后续业务处理的 bolts，并且 Storm 会跟踪由此消息产生出来的新消息。在检测到一个消息衍生出来的 tuple tree 被完整处理后，Storm 会调用 Spout 中的 ack 方法，并将此消息的 messageID 作为参数传入。同理，如果某消息处理超时，则此消息对应的 Spout 的 fail 方法会被调用，调用时此消息的 messageID 会被作为参数传入。这里需要注意的是一个消息只会由发送它的那个 Spout 任务来调用 ack 或 fail。

5.2.4 消息的可靠性保障

Storm 可以确保 Spout 发送出来的每个消息都会被完整处理。一个消息(tuple)从 Spout 发送出来，可能会导致成百上千的消息基于此被创建。考虑图 5-6 中流式字数统计 topology。

```
TopologyBuilder builder = new TopologyBuilder();
builder.setSpout("sentences", new KestrelSpout("kestrel.backtype.com",
                                               22133,
                                               "sentence_queue",
                                               new StringScheme()));
builder.setBolt("split", new SplitSentence(), 10)
        .shuffleGrouping("sentences");
builder.setBolt("count", new WordCount(), 20)
        .fieldsGrouping("split", new Fields("word"));
```

图 5-6　流式字数统计

这个 topology 从 Kestrel(一种轻量级消息队列)中读出句子，将句子分为其组成单词，然后为每个单词发出之前出现过该单词的次数。从 Spout 创建的第一个消息会触发基于它而创建的其他消息，那些从句子中分割出来的单词就是被创建出来的新消息。这些消息构成一个树状结构，称为“消息树”，如图 5-7 所示。

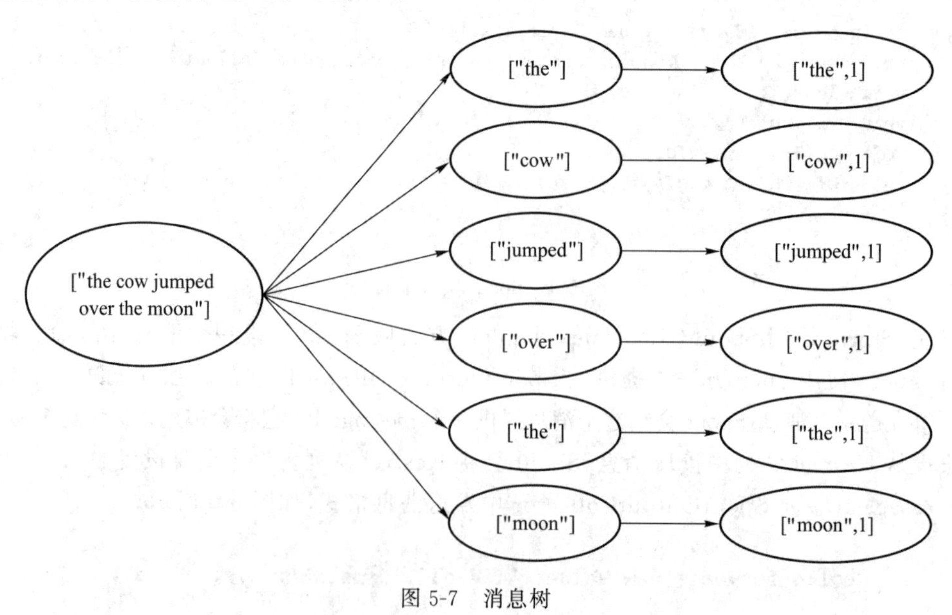

图 5-7　消息树

当满足：

(1) 消息树不再生长，

(2) 树种所有消息都被标记为“已处理”，

Storm 才认为一个从 Spout 发送出来的消息被完全处理。

下面介绍 Ack 框架。

Storm 通过 Ack 框架实现其可靠性保证。Storm Ack 框架的亮点在于在工作过程中不保存整棵 Tuple 树的映射，而是只需要恒定的 20 个字节就可以跟踪，大大节省了内存。

Ack 原理很简单：对于每个 Spout Tuple 保存一个 ack-val 的校验值，它的初始值是 0，然后每生成一个 Tuple 或者 ack 一个 Tuple，Tuple 的 ID 都要跟这个校验值异或一下，并且把得到的值更新为 ack-val 的新值。如果每个发射出去的 Tuple 都被 ack 了，最后 ack-val 一定是 0（因为一个数字跟自己异或得到的值是 0）。如果 ack-val 为 0，表示这个 Tuple 树就被完整处理过了。当达到超过时间，ack-val 不为 0，则认为 Tuple 处理失败。Storm 利用 Acker 对消息进行跟踪，执行过程如图 5-8 所示。

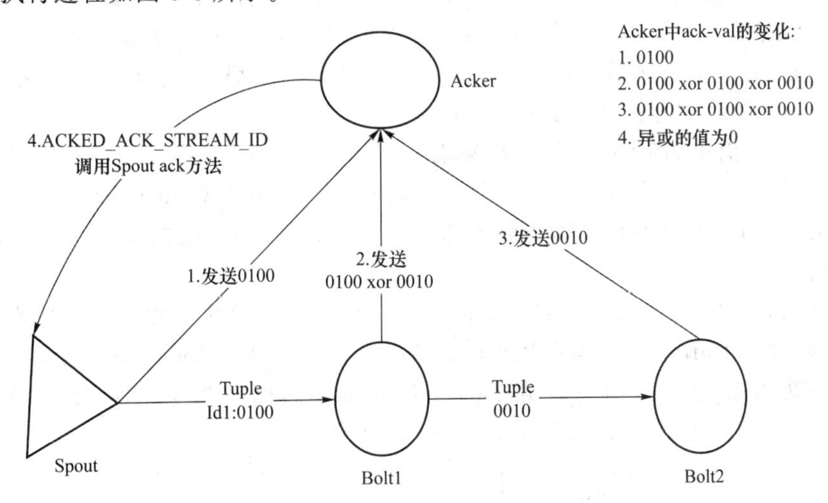

图 5-8 Ack 执行过程中 ack-val 变化

ack-val 的变化过程如下：

(1) Spout 产生一个 Tuple，其初始的消息 ID 为 0100，Spout 同时将该消息 ID 发送给 Acker 和 Bolt1。

(2) Bolt1 收到 Spout 发送过来的消息 ID 为 0100 的消息，经过处理，产生新的消息，消息 ID 为 0010，Bolt 对消息进行异或操作，并把结果发送给 Acker。

(3) Bolt2 收到 Bolt1 的消息，处理完后，如果没有后续消息产生，则直接将 Bolt1 的消息 ID 转发给 Acker。

(4) Acker 中此时的 ack-val 为 0，此时在 StreamId 为 ACKER_ACK_STREAM_ID 的流上发送相应消息。Spout 收到消息后，调用 Spout 的 ack 方法，完成整个小溪流的 ack 操作，确认所有消息都被正确处理。

5.3 Kafka 分布式消息队列

Kafka 是一种基于发布/订阅的消息系统，在官方介绍中，将其定义为一种分布式流处理平台。Kafka 多用于以下三种场景：构造实时流数据管道，在系统和应用之间可靠地获取数据；构建实时流式应用程序，对其中的流数据进行转换，也就是通常说的流处理；写入 Kafka 的数据进而写入磁盘实现存储系统。

相比于一般的消息队列，Kafka 提供了一些独特的特性。基于磁盘的数据存储，数据持久化以及强大的扩展性使得 Kafka 成为企业级消息系统中的一个首选。本小节将简单介绍 Kafka。

5.3.1 Kafka 的基本术语和概念

Kafka 有以下一些概念。

- Broker：已发布的消息保存在一组服务器中，每一个独立的 Kafka 服务器被称为 Broker，Broker 承担着数据的中间缓存和分发的作用。
- Topic：即主题。指 Kafka 处理的消息源的不同分类，可类比于数据库的表。
- Partition：即分区。Topic 物理上的分组，一个 topic 可以分为多个 partition，每个 partition 是一个有序的队列。partition 中的每条消息都会被分配一个有序的 ID。
- Producer：消息的生产者，用来发布消息。
- Consumer：消息的消费者，用来订阅消息。
- Consumer Group：即消费组。一个消费组由一个或多个 Consumer 组成，对于同一个 Topic，不同的消费组都能消费到全部的消息，而同一消费组的 Consumer 将竞争每个消息。

如图 5-9 所示，以 3 个 broker 的 Kafka 集群为例，生产者生产消息并“推送”(push)到 Kafka 中，消费者从 Kafka 中“拉取”消息并消费掉。Kafka 使用 Zookeeper 来保存 broker、主题和分区的元数据信息。在同一集群中的所有 broker 都必须配置相同的 Zookeeper 连接(zookeeper. connect)，每个 broker 的 broker. id 必须唯一。

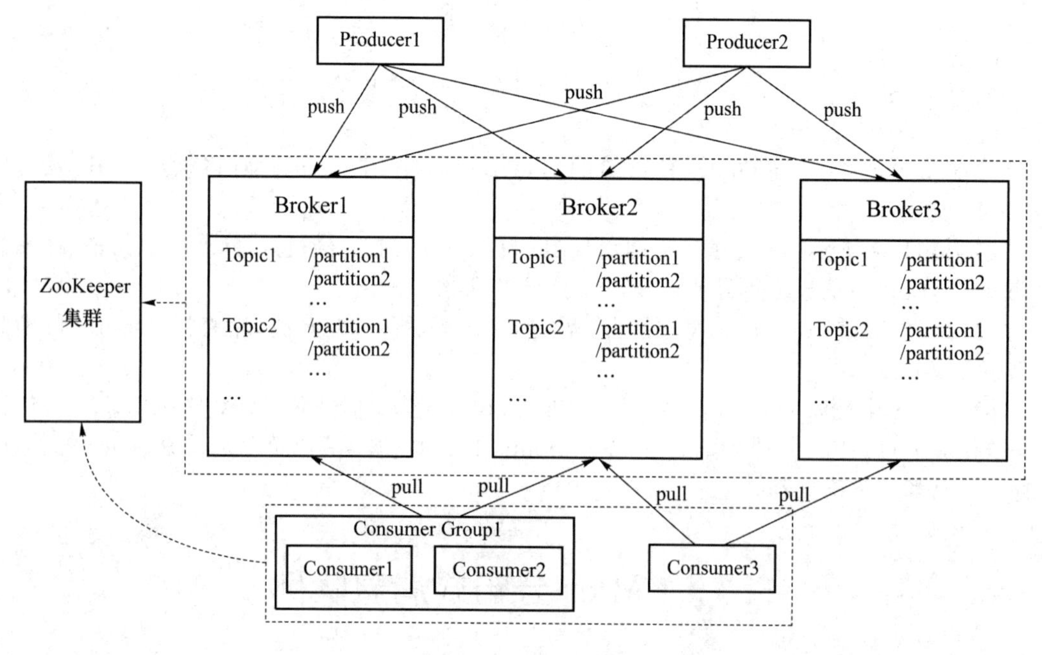

图 5-9 Kafka 架构图

在 Kafka 0.9.0.0 版本之前，除了 Broker 之外，消费者也会使用 Zookeeper 来保存一些信息，比如消费者群组的信息、肢体信息、消费分区的偏移量(在消费者群组里发生失效转移时会用到)。Kafka 0.9.0.0 版引入了一个新的消费者接口，允许 Broker 直接维护这些信息。这个接口后面会介绍。

5.3.2 Kafka 生产者

生产者是 Kafka 消息的创建源。一个应用程序在很多情况下需要往 Kafka 写入消息以记录用户的活动、保存日志消息、记录度量指标等。不同的使用场景对生产者 API 的使用和配置会有不同的要求。比如，在信用卡事务处理系统中，消息的丢失和重复是不允许的，可接受的消息延迟最大为 0.5s，期望的吞吐量为每秒钟处理一百万个消息。而在保存网站单击信息的应用场景中，少量的消息丢失和重复是可接受的，消息到达 Kafka 服务器的延迟高一点也没有关系，只要用户单击一个链接后可以马上加载页面就可以，吞吐量方面取决于网站用户使用网站的频度。

生产者 API 使用很简单，但是消息的发送过程有些繁杂。生产者向 Kafka 发送消息的过程如图 5-10 所示。

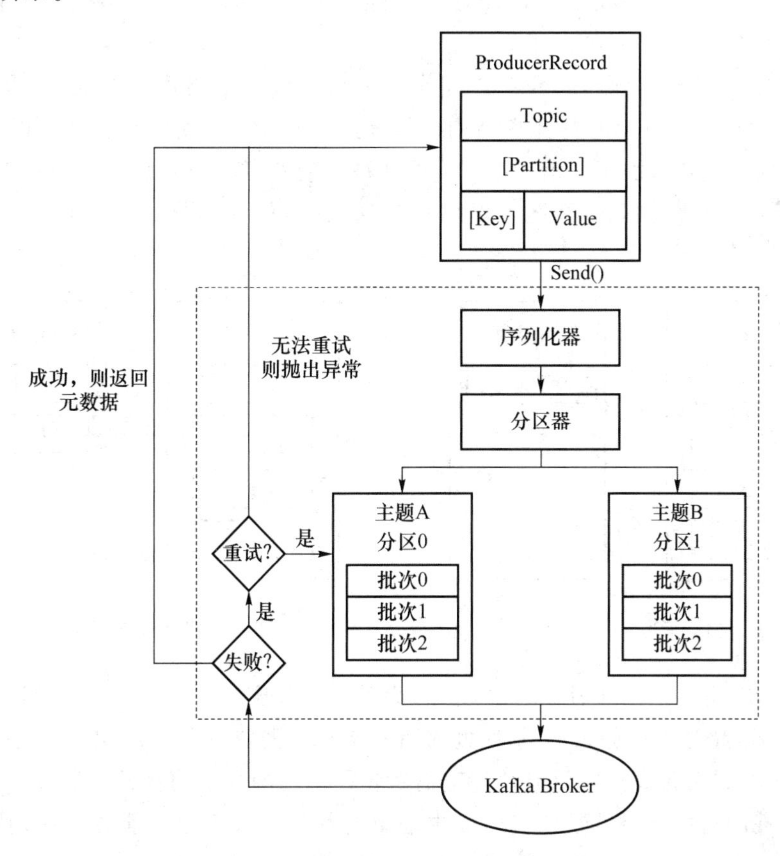

图 5-10 Kafka 生产者发送消息流程图

ProducerRecord 是 Kafka 生产者的一种实现，主要功能是发送消息给 Kafka 中的 Broker。ProducerRecord 对象包含目标主题和要发送的内容，还可以指定键或分区。在发送

ProducerRecord 时，需要先对键值对对象进行序列化以保证内容可以进行网络传输。

接着，数据传给分区器。如果在 ProducerRecord 对象里指定了分区，那么分区器不会做任何事情，直接把指定的分区返回。如果没有指定分区，那么分区器会根据 ProducerRecord 对象的键来选择分区。选好分区后，生产者就知道往哪个主题和分区中发送这条记录了。紧接着，这条记录被添加到一个记录批次里，这个批次里的所有消息会被发送到相同的主题和分区上。有一个独立的线程负责把这些记录批次发送到相应的 Broker 上。

服务器在收到这些消息时会返回一个响应。如果消息成功写入 Kafka，就返回一个 RecordMetaDate 对象，它包含了主题和分区信息，以及记录在分区里的偏移量。如果写入失败，那么会返回一个错误。生产者在收到错误之后会尝试重新发送消息，几次之后如果还是失败，就返回错误信息。

5.3.3 Kafka 消费者

应用程序利用 Kafka 消费者接口（KafkaConsumer）向 Kafka 订阅主题，并从订阅的主题上接收消息。Kafka 消费者从属于消费者群组，一个群组内的消费者订阅的是同一个主题，每个消费者接收主题中的一部分分区的消息。消费者群组的出现是为了解决单个消费者无法跟上数据写入速度的问题。

假设一主题 T1 有 4 个分区，我们创建了消费者 C1，它是消费者群组 G1 里唯一的消费者，我们用它订阅主题 T1。消费者 C1 将收到主题 T1 全部 4 个分区的消息，如图 5-11 所示。

如果群组 G1 里新增加 1 个消费者 C2，那么每个消费者将分别从两个分区接收消息。我们假设消费者 C1 接收分区 0 和分区 2 的下次，消费者 C2 接收分区 1 和分区 3 的消息，如图 5-12所示。

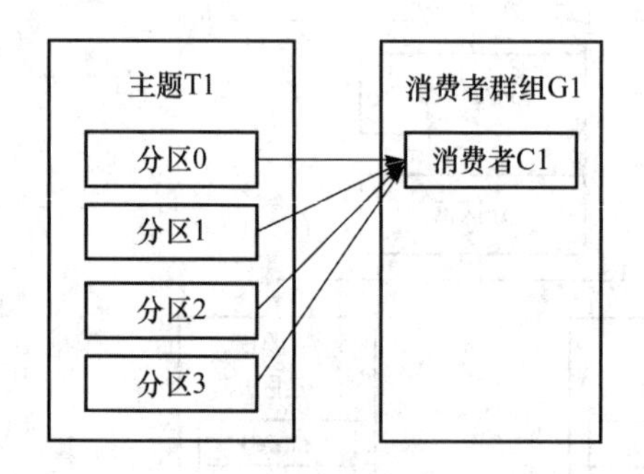

图 5-11　1 个消费者收到 4 个分区内的消息

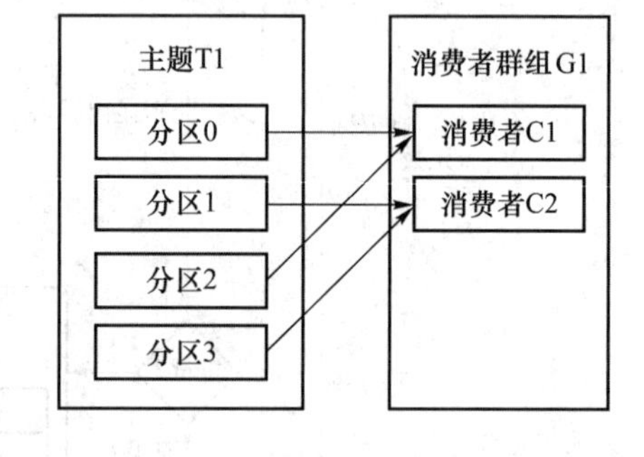

图 5-12　2 个消费者收到 4 个分区内的消息

如果群组 G1 有 4 个消费者，那么每个消费者可以分配到一个分区。但如果在群组中添加更多的消费者，超过主题分区数量，则此时有一部分的消费者会闲置，不会接收到任何消息，如图 5-13 所示。因为每个分区只能被特定消费者群组内的一个消费者所消费。

Kafka 设计的目标之一就是让 Kafka 主题里的数据能够满足企业各种应用场景的需求。应用程序所需要的就是拥有自己的消费者群组，就可以让他们获取到主题的所有消息。

在上面的例子中，只有一个消费者群组 G1 消费主题 T1 的消息。如果新增一个消费者群组 G2，那么这个消费者群组中的消费者将从主题 T1 中接收所有的消息，并且与 G1 之间互不影响，如图 5-14 所示。

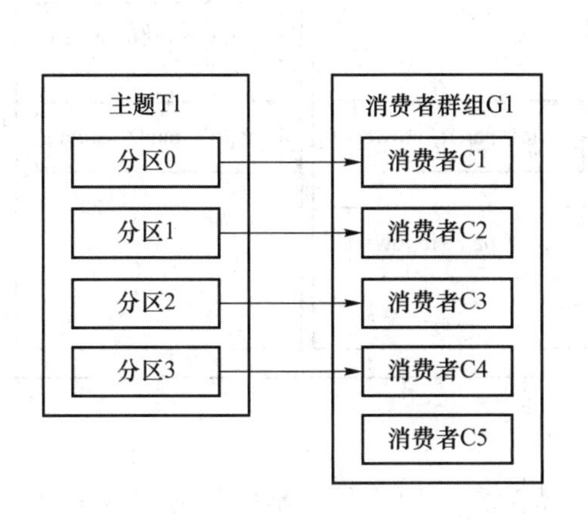

图 5-13 5 个消费者收到 4 个分区内的消息

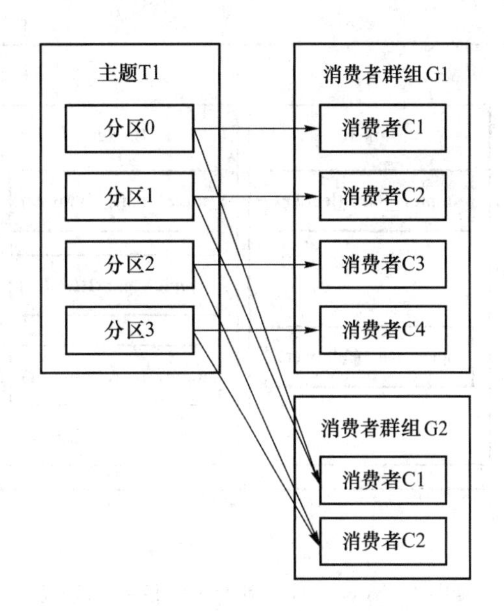

图 5-14 两个消费者群组对应一个主题

5.3.4 数据传递的可靠性保障

由于 Kafka 可以被用在很多场景,从跟踪用户点击事件到信用卡支付操作,所以 Kafka 在数据传递的可靠性上具有很大的灵活性。对于涉及金钱交易或用户保密信息相关的消息传递上,我们只需要牺牲一些存储空间用于存放冗余副本即可实现其高可靠性的保障。

Kafka 的复制机制和分区的多副本架构是 Kafka 可靠性保证的核心。把消息写进多个副本可以使 Kafka 在发生崩溃时仍然能保证消息的持久性,下面介绍 Kafka 副本及复制机制。

1) 副本

Kafka 每个 topic 的 partition 有 *N* 个副本,其中 *N* 是 topic 的复制因子。在 Kafka 中发生复制时确保 partition 的预写式日志有序地写到其他节点上。*N* 个 replicas(副本)中。其中一个 replica 为 leader,其他都为 follower,leader 处理 partition 的所有读写请求,与此同时,follower 会被动定期地去复制 leader 上的数据。

如图 5-15 所示,Kafka 集群中有 4 个 Broker,topic1 有 3 个 partition,且复制因子即副本个数也为 3。

2) 复制

Kafka 提供了数据复制算法保证,若 leader 发生故障或挂掉,则一个新 leader 被选举并被接受,客户端的消息成功写入。新的 leader 一定产生于副本同步队列(ISR)。follower 需要满足下面的三个条件,才能被认为属于 ISR,即与 leader 同步。

- 与 Zookeeper 之间有一个活跃的会话,也就是说,它在过去的一段时间内(默认是 6s)向 Zookeeper 发送过心跳。
- 在过去 10 s 内从 leader 那里获取过消息。
- 在 10 s 内获取的消息应是最新消息,即获取消息不得滞后。

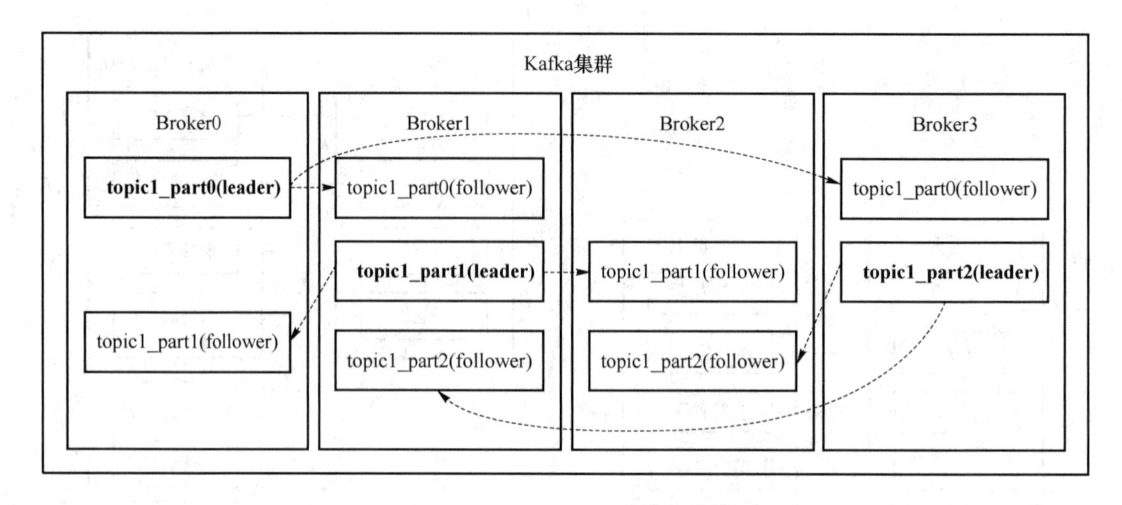

图 5-15　Kafka 副本分配

如果 follower 不能满足任何一点，那么它就被认为是不同步的。不同步的副本可以通过与 Zookeeper 重新建立连接，并从 leader 那里获取最新消息，重新变成同步副本。

复制过程只发生在 leader 与 ISR 之间，复制过程如图 5-16 所示。

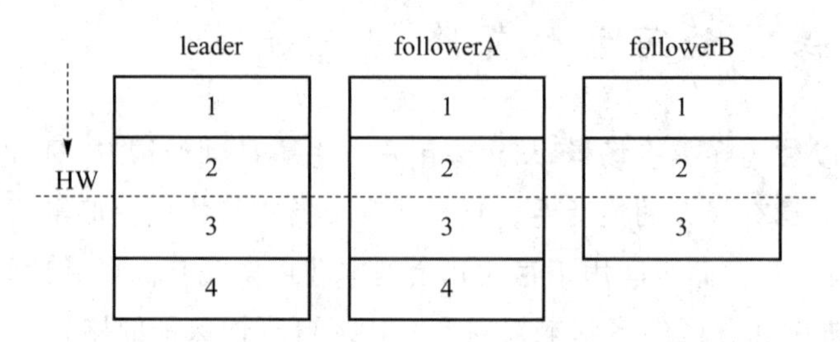

图 5-16　Kafka 复制过程

假设 leader 的 HW 为 2，其中 HW 称为高水位，客户只能获取 HW 之前的消息。ISR 与 leader 同步，故他们的 HW 也相同。当 leader 有新消息时，会将阻塞的 follower 解锁，通知他们来复制消息。如图 5-16 所示，followerA 完全复制了 leader 中的消息，而 followerB 只复制了部分消息，故 leader 更新 HW 为 3。followerB 复制完消息 4 之后，leader 更新 HW 为 4，此时 leader 中消息被所有 ISR 同步，ISR 被阻塞以等待新的消息。

Kafka 的复制过程既不是完全的同步复制，也不是单纯的异步复制。实际上，同步复制要求所有能工作的 follower 都复制完，这条消息才会被 commit，这种复制方式极大地影响了吞吐率。而异步复制方式下，follower 异步地从 leader 复制数据，数据只要被 leader 写入 log 就被认为已经 commit，在这种情况下若 follower 还没有复制完，落后于 leader 时，突然 leader 宕机，则会丢失数据。而 Kafka 的这种使用 ISR 的方式则很好地均衡了数据不丢失和吞吐率。

5.4　Spark Streaming 框架

Spark Streaming 是 Spark API 的核心扩展。它支持快速移动的流式数据的实时处理，从而提取业务的内在规律性，并实时地做出业务决策。与离线处理不同，实时系统要求实现低延迟、高可扩展、高可靠性和容错能力。Spark Streaming 能满足大部分业务场景实时处理的响应能力，延迟大约几百毫秒并且具备出色的扩展性、可靠性和容错能力。

5.4.1 Spark Streaming 架构

Spark Streaming 通过将连续事件中的流数据分割成一系列微小的批量作业（所谓的微批处理作业），使得计算机几乎可以实现流处理。因为存在大约几百毫秒的延迟，所以不可能做到完全实时，但却已经能满足大部分应用场景的需要了。Spark Streaming 是通过将数据流拆分为离散流（Discretized Stream，DStream）来实现从批处理到微批处理的转化。DStream 是由 Spark Streaming 提供的 API，用于创建和处理微批处理。DStream 就是一个在 Spark 核心引擎上处理的 RDD 序列，与其他 RDD 一样。

如图 5-17 所示，Spark Streaming 应用程序接收来自流数据源的输入，数据源可以从多处获取，如 Kafka、Flume、HDFS 等，甚至还可以从 TCP 套接字、文件流等基本数据源获取。获取到的数据源通过接收器，从而创建亚秒级（1 s 内）批处理的 DStream，再将其交给 Spark 核心引擎进行处理。然后，每个输出的批次会被发送到各种输出接收器并存储起来。

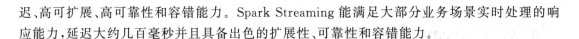

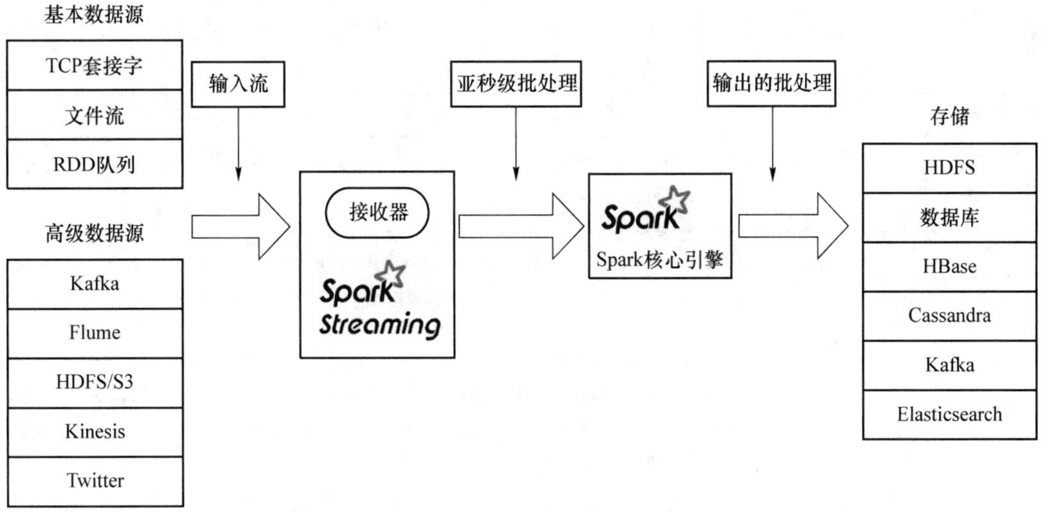

图 5-17 Sprak Streaming 体系架构

输入数据流拆分为 DStream 处理进而转化为近似流处理有如下优点。

- 动态负载均衡：传统的“一次处理一条记录”的流处理框架往往会使数据流不均匀地分布到不同的节点，导致部分节点性能降低。而 Spark Streaming 会根据资源的可用性来调度任务。
- 快速故障恢复：如果任何节点发生故障，那么该节点处理的任务将会失败。失败的任务会在其他节点上重新启动，从而实现快速故障恢复。
- 批处理与流处理统一：批处理和流处理的工作负载可以合并在同一个程序中，而不是分开进行处理。
- 性能：Spark Streaming 具有比其他流式架构更高的吞吐量。

5.4.2 DStream 输入数据源

Spark Streaming 支持 3 种类型的输入数据源。

- 基本数据源：文件系统、TCP 套接字、RDD 队列等。
- 高级数据源：Kafka、Flume、Twitter 等，它们可以通过额外的实用程序类访问。
- 自定义数据源：需要实现用户定义的接收器。

5.4.3 DStream 的转换操作

DStream 的转换操作与 RDD 类似。转换允许修改来自输入 DStream 的数据。DStream 支持许多标准 Spark RDD 上可用的转换操作，部分重要的转换操作如表 5-1 所示。

表 5-1 DStream 上的部分转换操作

转换操作	描述
map()	利用函数 func 处理原 DStream 的每个元素，返回一个新的 DStream
join(otherStream, [numTasks])	当应用于两个 DStream(一个包含(K,V)对，另一个包含(K,W)对)，返回一个包含(K, (V, W))对的新 DStream
union(otherStream)	返回一个新的 DStream，它包含源 DStream 和 otherStream 的联合元素
count()	通过计算源 DStream 中每个 RDD 的元素数量，返回一个包含单元素(single-element)RDDs 的新 DStream
reduce(func)	利用函数 func 聚集源 DStream 中每个 RDD 的元素，返回一个包含单元素(single-element)RDDs 的新 DStream。函数应该是相关联的，以使计算可以并行化
reduceByKey(func, [numTasks])	当在一个由(K,V)对组成的 DStream 上调用这个算子时，返回一个新的由(K,V)对组成的 DStream，每一个 key 的值均由给定的 reduce 函数聚集起来。注意：在默认情况下，这个算子利用了 Spark 默认的并发任务数去分组。可以用 numTasks 参数设置不同的任务数
updateStateByKey(func)	利用给定的函数更新 DStream 的状态，返回一个新"state"的 DStream
Transform(func)	通过对源 DStream 的每个 RDD 应用 RDD-to-RDD 函数，创建一个新的 DStream。这个可以在 DStream 中的任何 RDD 操作中使用

下面针对一些重要的变换进行详细介绍。

1) union 操作

两个 DStreams 可以组合起来创建一个 DStream。例如，从 Kafka 或 Flume 的多个接收器接收的数据可以组合起来以创建新的 DStream。这是 Spark Streaming 中提高可扩展性常用的方法：

```
stream1 = ...
stream2 = ...
MultiDStream = stream1.union(stream2)
```

2）transform 操作

transform 操作可以用来运用 DStream API 中不可用的任何 RDD 操作。例如，对一个 DStream 和一个 Dateset 并不能直接进行 join 操作。这样，就可以利用 transform 操作来对它们进行 join：

```
cleanRDD = sc.textFile("hdfs://hostname:8020/input/cleandata.txt")
 #join existing DStream with CleanRDD and filter out
myCleanedDStream = myDStream.transform(lambda rdd:
  Rdd.join(cleanRDD).filter(...))
```

这个操作实质就是把批处理和流处理结合在一起。

3）updateStateByKey 操作

updateStateByKey 操作可以为每个 key 维护一个 state，并持续不断的更新 state。使用时需要定义状态和状态更新函数。它是一种有状态的变换，将启动到结束过程中的结果全部进行缓存，并实时更新出来。

4）窗口操作

Spark Streaming 提供了强大的窗口计算，它允许在数据的滑动窗口上应用变换。考虑下面这个例子：

```
val countsDStream = hashTagsDStream.window(Minutes(10),Seconds(1))
    .countByValue()
```

如图 5-18 所示，窗口长度为 60 秒，滑动间隔为 10 秒，批处理间隔为 5 秒。它在 60 秒的滑动窗口中对来自 Twitter 的主题标签(hashtag)的数量进行计数。当窗口每 10 秒滑动一次时，会在 60 秒窗口中计算出主题标签的数量。

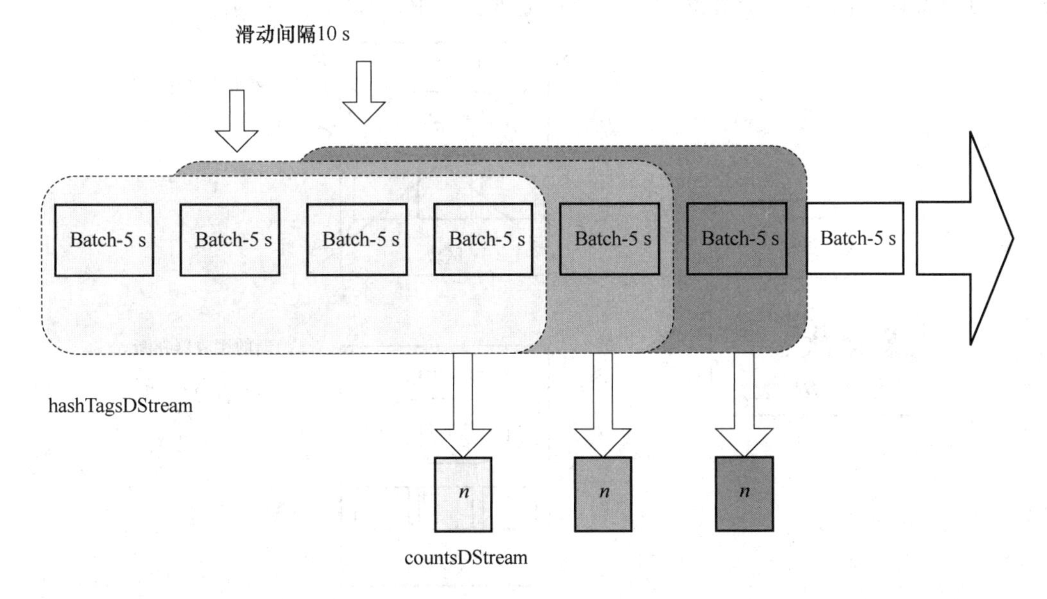

图 5-18 DStream 的窗口操作

表 5-2 显示了 Spark Streaming 中的常见窗口操作。

表 5-2 Spark Streaming 中的常见窗口操作

窗口转换操作	描述
window	返回一个具有批量窗口的新 DStream
countByWindow	返回一个流中元素的滑动窗口计数的新 DStream
reduceByWindow	通过使用一个聚合元素的函数来返回一个新的 DStream
reduceByKeyAndWindow	通过使用一个聚合每个键对应值的函数来返回一个新的 DStream
countByValueAndWindow	返回一个含有键值对的新 DStream，其中每个键的值是其在滑动窗口内的频率

5.4.4 DStream 输出存储

数据在 Spark Streaming 应用程序中处理好之后，我们就可以将其写入各种接收器，如 HDFS、HBase、Cassandra、Kafka 等。所有输出操作都是按照它们在应用程序中定义的顺序执行。

5.4.5 Spark Streaming 容错机制

Spark Streaming 应用程序中有两种故障：执行进程故障和驱动进程故障。下面对这两种故障的恢复实现进行介绍。

1. 执行进程故障

执行进程在运行过程中会由于硬件或软件的问题出现故障。如果执行进程出现故障，那么在执行进程上运行的所有任务都会失败，并且存储在执行进程 JVM 中的所有内存数据也都会丢失。如果故障进程所在节点上有接收器在运行，那么所有已经缓冲但尚未处理的数据块也都会丢失。针对执行进程故障，Spark 的处理方式是在一个新节点上布置一个新的接收器用来处理故障，并且任务会在数据块的副本上重新其中，如图 5-19 所示。

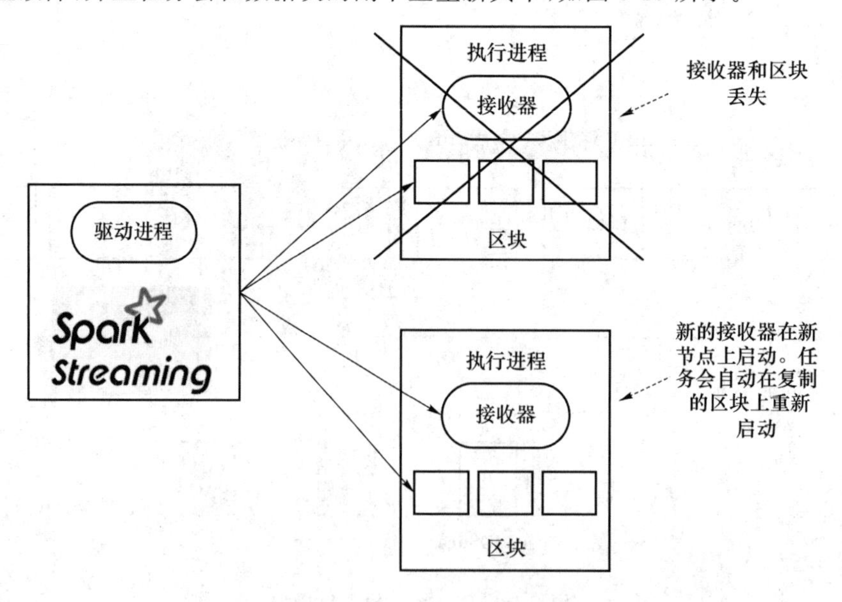

图 5-19 Spark Streaming 在执行进程故障时的解决方法

2. 驱动进程故障

如果驱动进程出现了故障,那么所有执行进程也会失败。Spark Streaming 从驱动进程故障中恢复有两种办法:使用检查点恢复和使用 WAL 恢复。通常,要实现零数据恢复,两种方法需要配合使用。

1) 使用检查点恢复

Spark 应用程序把数据作为检查点存到存储系统中。在检查点目录中存储两种类型的数据:元数据和数据。元数据主要是应用程序的配置信息、DStream 操作信息和不完整的批处理信息。数据就是 RDD 内容。元数据的检查点用于恢复驱动进程,而数据的检查点用于恢复 DStream 有状态的转换。

使用检查点恢复如图 5-20 所示。

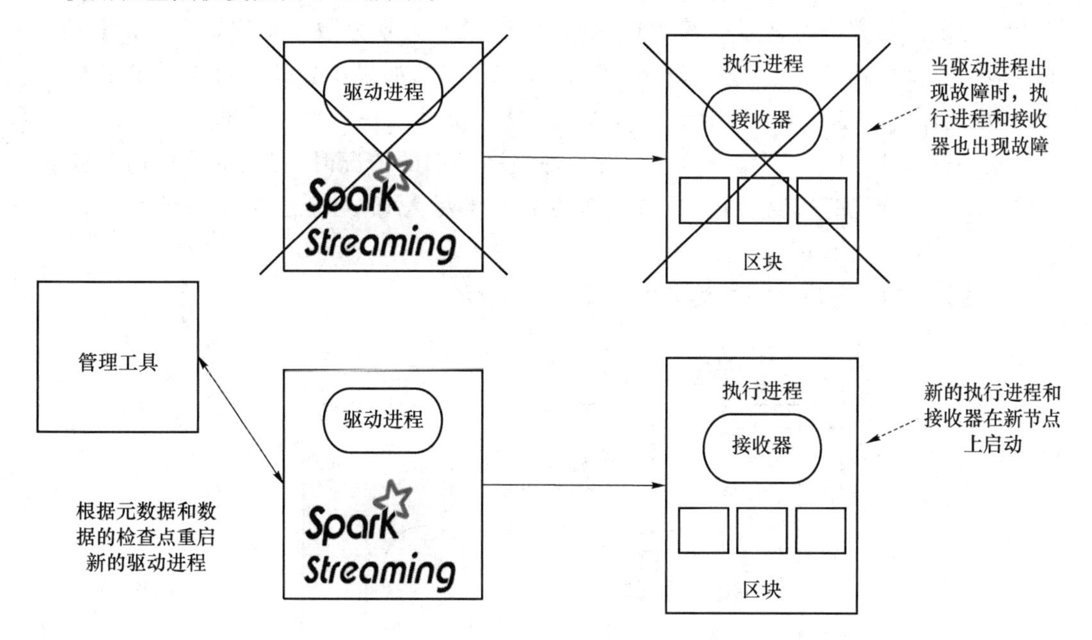

图 5-20 Spark Streaming 在检查点驱动进程故障时的解决方法

2) 使用 WAL 恢复

当 Spark Streaming 应用程序从驱动程序故障中恢复时,已经被接收器接收的但尚未被处理的数据块会丢失,启动 WAL 恢复功能可以减少这种损失。

5.5 Flink 框架

Apache Flink 是一个框架和分布式处理引擎,用于对无界和有界数据流进行状态计算。Flink 能在所有常见集群环境中运行,并能以内存速度和任意规模进行计算。

自谷歌发表了第一篇介绍 MapReduce 的论文后,大数据在 21 世纪走向了蓬勃发展的繁荣时代。在大数据的浪潮中,2010 年前后 Flink 由柏林工业大学及其合作对象开发,2014 年年底被贡献给 Apache 软件基金会,该基金会在第二年发布了 Flink 的第一个正式版本 Flink

0.9。随着Flink版本的快速迭代，Flink也成为了全球流行的大数据引擎，为阿里巴巴、美团等知名互联网公司所使用。从业界影响力来看，Flink已成为业界实时计算的事实标准。越来越多的公司不仅使用Flink，也积极参与Flink的发展与建设，共同完善Flink。目前，Flink的代码开发者来自全球100多家公司。

Apache Flink中文社区每年举行的Apache官方授权的Flink Forward Asia(FFA)峰会见证了Flink在国内的高速发展。Flink Forward Asia已成为国内最大的Apache顶级项目会议之一，是Flink开发者和使用者的年度盛会。

5.5.1 有状态分布式流式处理

传统的批处理方法通常是持续收取数据，以时间作为划分数个批次数据集的依据，再周期性地执行批次运算。让我们假设时间间隔是2分钟，如果需要计算每小时出现时间转换的次数，这就跨越了前面定义的时间间隔，并且传统批处理需要将中间运算结果带到下一个批次进行计算；此外，当出现接收到的事件顺序颠倒的情况时，传统批处理仍会将中介状态带到下一批次的运算结果中，这种处理方式并不尽人意，可能会导致跨批次计算出现错误。

理想的方法应该是有状态的流处理，如图5-21所示。

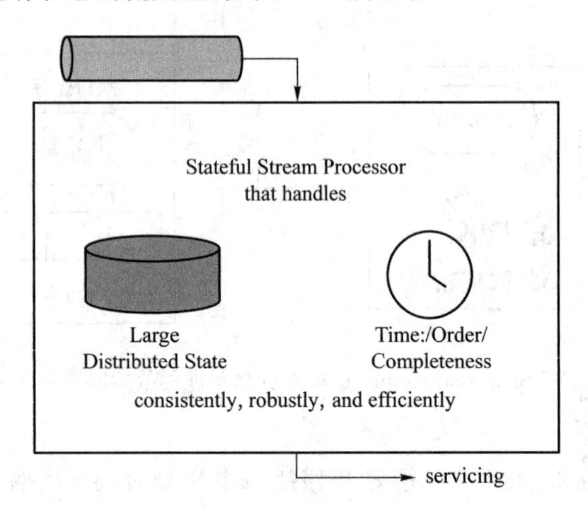

图5-21　流处理状态图

这种方法的主要特性如下。

- 大规模分布式状态管理：引擎要有能力可以累积状态和维护状态，可以基于过去历史中接收过的所有事件，来计算生成输出。
- 时序性：引擎对于数据完整性有机制可以操控，保证时序性。
- 实时性：采用持续性数据处理模型来生成实时结果。

1. 基本概念

1）流式处理的本质需求

流式处理是以代码作为数据处理的基础逻辑，向一个无穷无尽的数据源持续收取数据，数据流经代码处理后产生出结果，然后输出，如图5-22所示。

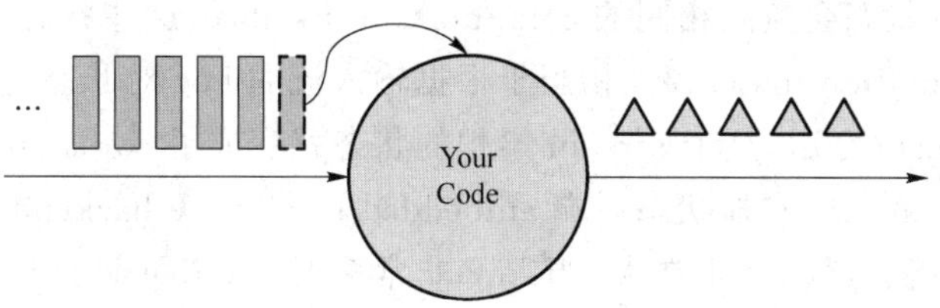

图 5-22 流式处理示意图

2）分布式流式处理

假设数据输入流有很多个使用者，每个使用者有自己的 ID。如果计算每个使用者出现的次数，那么我们需要让同一使用者的出现事件流到同一个运算代码，这与其他批次需要做 group by 是同样的概念，所以跟 Stream 一样需要做分区，设定相应的键值 key，然后让具有相同 key 的数据流到同一个计算实例 computation instance 做同样的运算，如图 5-23 所示。

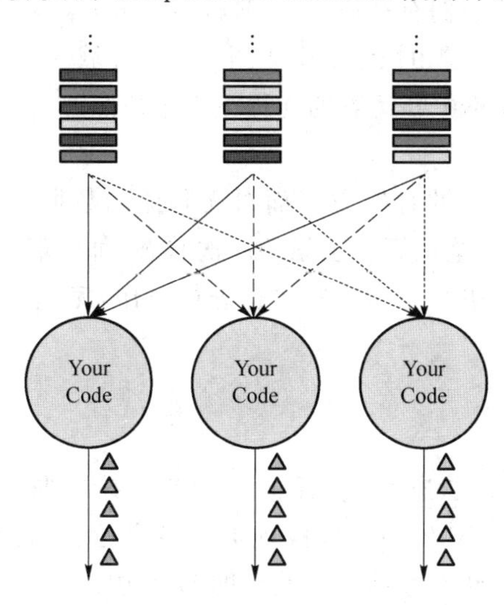

图 5-23 分布式流式处理示意图

3）有状态分布式流式处理

如图 5-24 所示，图中代码中定义了变量 x，x 在数据处理过程中会进行读和写，在最后输出结果时，可以依据变量 x 决定输出的内容，即状态 x 会影响最终的输出结果。

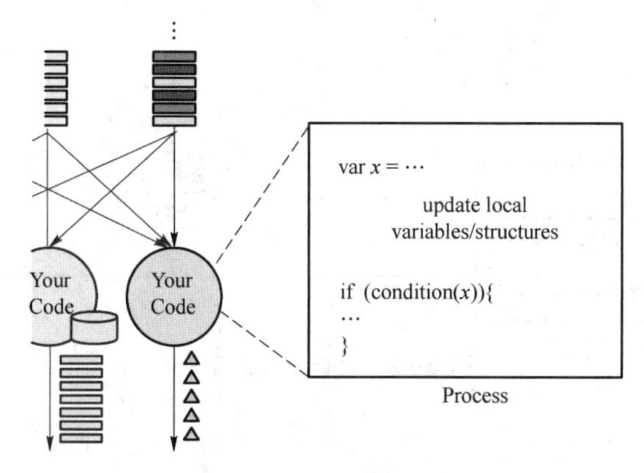

图 5-24 有状态分布式流式处理示意图

在这个过程中，第一个关键点是先进行了依据键值的状态协同划分 co-partitioned by key，具有同样 key 的状态会流到相同的 computation instance，这些状态会跟同一 key 的事件累积在同一个 computation instance。相当于根据输入流的 key 对状态进行重新分区，当不同分区的状态进入 stream 之后，这个 stream 累积的状态就变成了 co-partiton。

第二个关键点是嵌入式本地状态后端 embedded local state backend。有状态分布式流式处理的引擎，状态可能会累积得非常大，当 key 非常多时，状态可能会超出单一节点 memory 的负荷量，这时候必须有状态后端去维护它；这个状态后端在正常状况下，用 in-memory 维护即可。

2. 状态维护及容错

在有状态分布式流式处理中有两大挑战，具体如下。

- 状态维护：每笔输入的事件反映到状态。
- 状态容错：更改状态都是精确一次，如果修改超过一次，那么数据引擎产生的结果是不可靠的。

为了应对挑战，要确保状态拥有精确一次（Exactly-once guarantee）的容错保证；要在分布式场景下替多个拥有本地状态的运算子产生一个全域一致的快照（Global consistent Snapshot）；更重要的是，要在不中断运算的前提下产生快照。

1）非并行的简单场景

在非并行场景中，精确一次的容错方法面对无限流的数据进入，后面只需要单一的程序 Process 进行运算，每处理完一笔运算就会累积一次状态，每处理完一笔数据，更改完状态后进行一次快照，快照包含在队列中并与相应的状态进行对比，完成一致的快照，就能确保精确一次的容错机制。

2）分布式场景

（1）全域一致的快照

分布式快照可以用来实现状态容错，任何一个节点挂掉的时候都可以在之前的检查点 Checkpoint 中将其恢复。如图 5-25 所示，检查点的各个运算值的状态数据的快照点是连续的，每次产生检查点时将各个状态数据传入共享的 DFS 中。

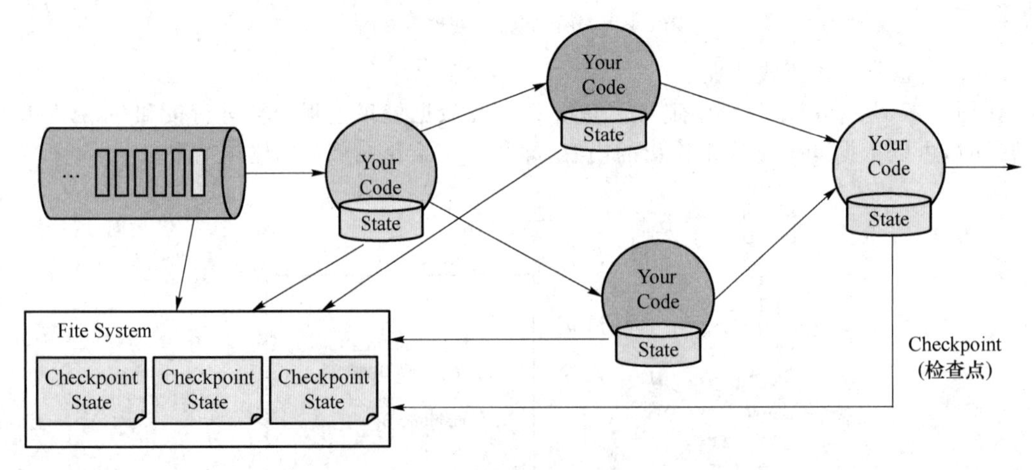

图 5-25　检查点快照生成

如图 5-26 所示，当任何一个 Process 出错挂掉时，可以直接从三个完整的 Checkpoint 中将所有的算子运算值的状态恢复，重新设定到相应位置，从上次消费数据的地方开始重新计算，使整个 Process 能够实现分布式环境中精确一次的容错保证 Exactly-once guarantee。

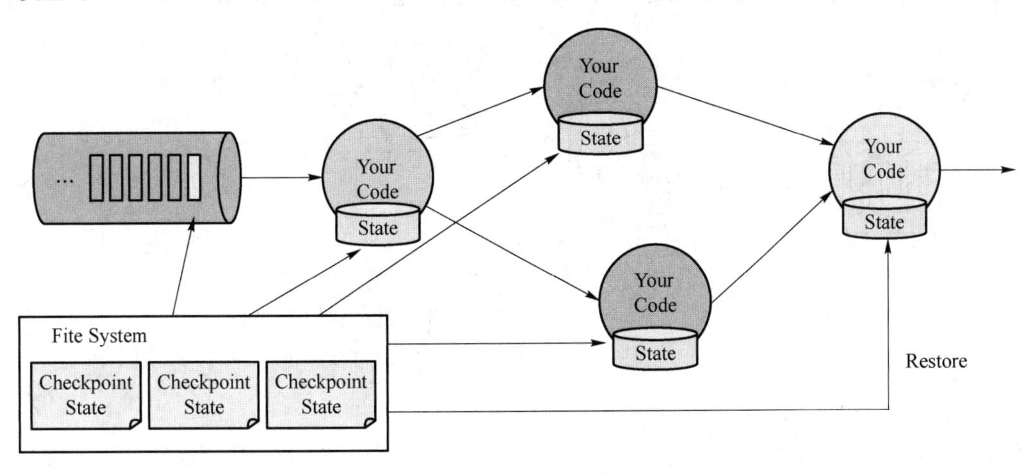

图 5-26 检查点快照恢复

(2) 持续不断地产生分布式快照

假设一个简单的场景来描述 Checkpoint 的具体过程。如图 5-27 所示，在周期性的流事件中，隔一段时间会插入一个栅栏事件 barrier，用于隔离不同批次的事件。比如，在 Flink 中，由 job manager 触发 Checkpoint，Checkpoint 被触发后开始从数据源产生 Checkpoint barrier，生成所有运算值的状态。当 job 开始生成 Checkpoint barrier *N* 时，可以抽象为 Checkpoint barrier *N* 需要逐步填充图中左下角的表格。

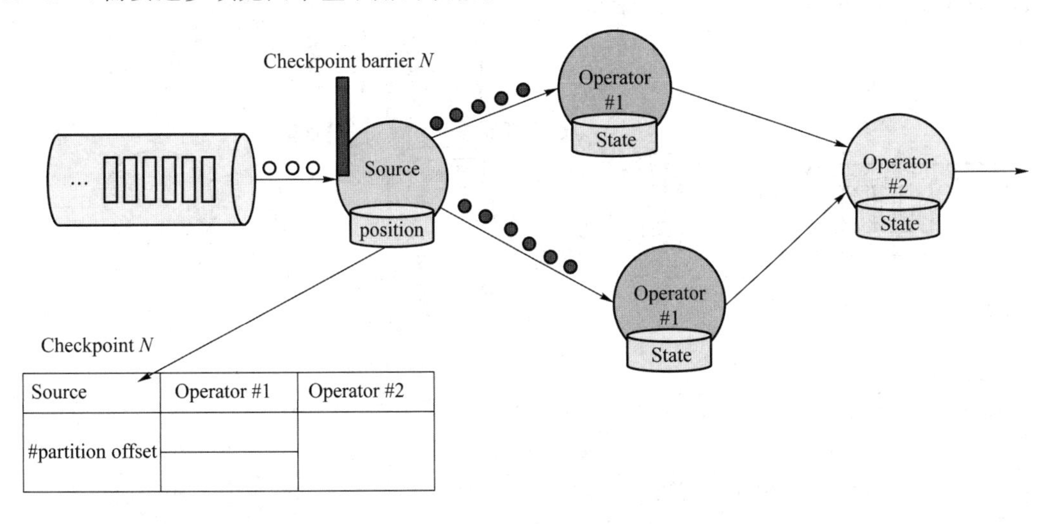

图 5-27 持续产生分布式快照-1

数据源收到 Checkpoint barrier *N* 后会先将自己的状态保存，以读取 Kafka 资料为例，数据源的状态就是目前它在 Kafka 分区的位置，这个状态也会写入上面提到的表格中。如图 5-28 所示，当事件标为红色，且 Checkpoint barrier *N* 也标为红色时，代表着右侧的数据或事件由 Checkpoint barrier *N* 负责，左侧白色部分的数据或事件则不属于这次的 Checkpoint barrier *N*。

下游的 Operator 1 会开始运算属于 Checkpoint barrier N 的数据，Checkpoint barrier N 跟着这些数据流动到 Operator 1 后，Operator 1 也将属于 Checkpoint barrier N 的所有数据都反映到状态中，当收到 Checkpoint barrier N 时也会直接对 Checkpoint 做快照。

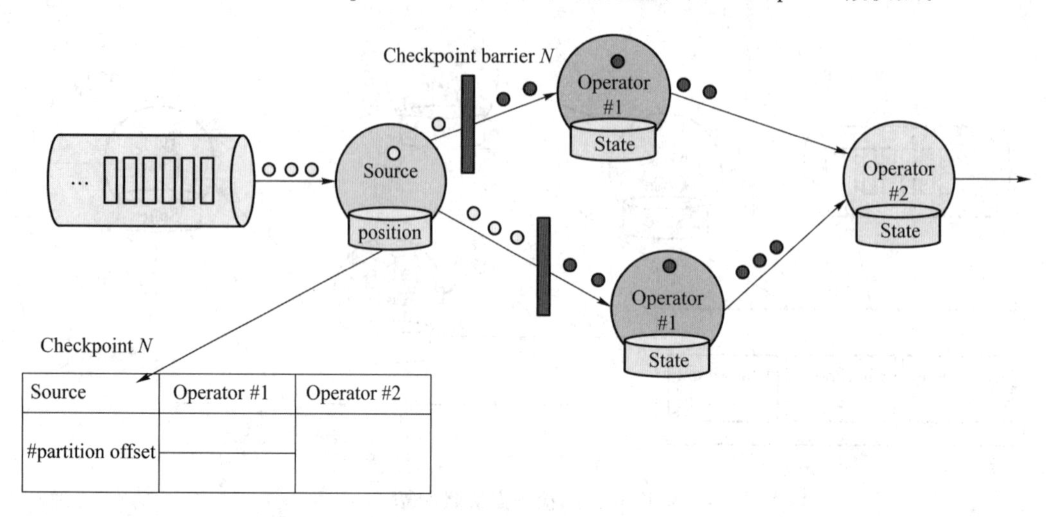

图 5-28 持续产生分布式快照-2

快照完成后继续往下游走，Operator 2 也会接收到所有数据，然后搜索 Checkpoint barrier N 的数据并直接反映到状态，状态收到 Checkpoint barrier N 后也会直接写入 Checkpoint N 中，如图 5-29 所示。

以上过程到此，可以看到 Checkpoint barrier N 已经形成了一个完整的表格，这个表格叫作 Distributed Snapshots，即分布式快照。

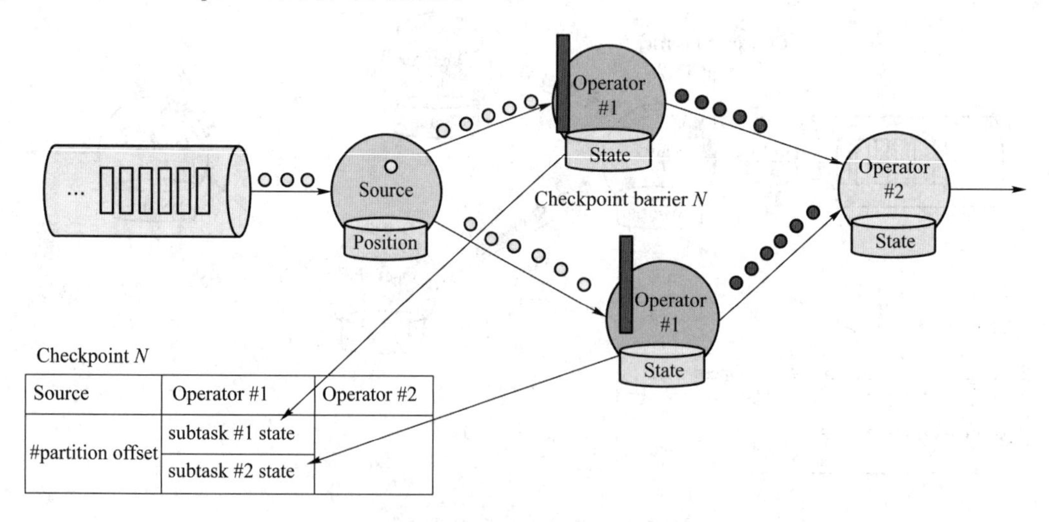

图 5-29 持续产生分布式快照-3

在多个 Checkpoint 同时进行的情况下，以 Flink 为例，如果 Checkpoint barrier N 已经从 job manager 1 流到 job manager 2，Flink job manager 就可以触发其他的 Checkpoint，如 Checkpoint $N+1$，Checkpoint $N+2$ 等同步进行。利用这种机制，可以在不阻挡运算的状况下持续地产生 Checkpoint。

3) 状态维护

State 的存储、访问以及维护是由一个可插拔的组件决定的，这个组件称为状态后端(State backend)。一个 State backend 主要负责两件事：本地 state 管理；为 State 做检查点并存储到外部地址。

在 Flink 程序中，可以采用 getRuntimeContext(). getState(desc)，这组 API 去访问状态，如图 5-30 所示。Flink 提供了三种类型的状态后端：基于内存的状态后端 MemoryStateBackend；基于文件系统的状态后端 FsStateBackend；基于 RockDB 作为存储介质的 RocksDBStateBackend。这三种类型的 StateBackend 都能够有效地存储 Flink 流式计算过程中产生的状态数据。在默认情况下 Flink 使用的是 MemoryStateBackend，区别如表 5-3 所示。下文将分别对每种状态后端的特点进行说明。

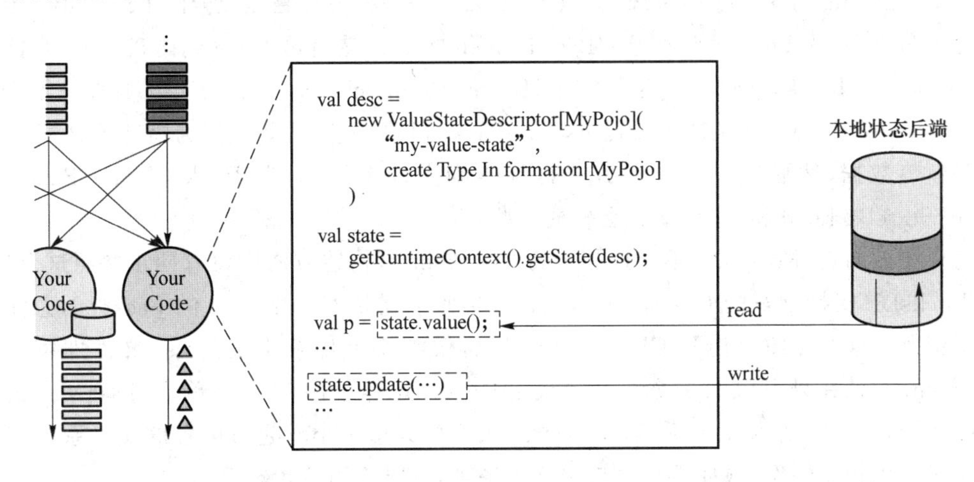

图 5-30 状态后端读写

表 5-3 Flink 中的三种状态后端

比较项目	区别		
	MemoryStateBackend	FsStateBackend	RocksDBStateBackend
存储方式	State：TaskManager 内存 Checkpoing：JobManager 内存	State：TaskManager 内存 Checkpoint：外部文件系统 HDFS	State：TaskManager 上的 RockDB(外存+硬盘) Checkpoint：外部文件系统 HDFS
使用场景	本地测试	分钟级窗口聚合、join，生产环境使用	超大状态作业，天级窗口聚合，生产环境使用

(1) MemoryStateBackend

MemoryStateBackend 将状态数据存储于 JVM 内存中，包括用户在使用 DataStream API 中创建的 Key/Value State、窗口中缓存的状态数据，以及触发器数据等。MemoryStateBackend 存储快速且高效，但是受到内存容量的限制，一旦存储的状态数据过多就会导致系统内存溢出，影响整个应用的正常运行。同时内存中的数据无法保证持久化，一旦机器本身出现故障，很有可能会导致状态数据全部丢失。因此从数据安全的角度出发应尽量避免使用 MemoryStateBackend 作为状态后端，其主要使用场景为本地测试环境，用于调试和验证。

(2) FsStateBackend

FsStateBackend 是基于文件系统的一种状态后端，这里的文件系统可以是本地文件系统，也可以是HDFS分布式文件系统。FsStateBackend默认采用异步的方式将状态数据同步到文件系统中，异步方式能够尽可能避免在Checkpoint的过程中影响流式计算任务，当然用户也可以自行定义为同步方式。

相比于MemoryStateBackend，FsStateBackend更适合任务状态非常大的情况，例如应用中含有时间范围非常长的窗口计算，或Key/value State状态数据量非常大的场景，这时系统内存不足以支撑状态数据的存储。同时，FsStateBackend最大的好处是相对比较稳定，在Checkpoint时，将状态持久化到像HDFS分布式文件系统中，能最大程度地保证状态数据的安全性。

（3）RocksDBStateBackend

与前面的状态后端不同，RocksDBStateBackend需要单独引入相关的依赖包。RocksDB是一个Key/value的内存存储系统，类似于HBase，是一种内存磁盘混合的LSM DB。当写数据时会先写进write buffer（类似于HBase的memstore），然后再flush到磁盘文件；当读取数据时会先在block cache（类似于HBase的block cache），所以速度会很快。RocksDBStateBackend在性能上要比FsStateBackend高一些，主要是因为借助于RocksDB存储了最新热数据，然后通过异步的方式再同步到文件系统中，但RocksDBStateBackend和MemoryStateBackend相比，性能就会较弱一些。

需要注意的是，RocksDB不支持同步的Checkpoint，构造方法中没有同步快照这个选项。不过RocksDB支持增量的Checkpoint，也是目前唯一增量Checkpoint的Backend，意味着并不需要把所有sst文件上传到Checkpoint目录，仅需要上传新生成的sst文件即可。它的Checkpoint存储在外部文件系统（本地或HDFS），其容量限制只要单个TaskManager上State总量不超过它的内存+磁盘，单Key最大2 GB，总大小不超过配置的文件系统容量即可。对于超大状态的作业（如天级窗口聚合等场景）可以使用该状态后端。

5.5.2 Flink应用场景

在实际工业应用中，大数据都是以流的形式源源不断地从许多不同的数据源产生，实时输入到下游的数据分析系统。针对这类型应用，Flink主要有以下六大应用场景。

- 实时智能推荐：利用Flink流计算帮助用户构建更加实时的智能推荐系统。对用户历史购买行为指标进行实时计算、对推荐算法模型进行实时更新、对用户未来购买指标进行实时预测。
- 复杂事件处理：利用Flink提供的CEP（复杂事件处理）进行事件模式的抽取，同时使用Flink的SQL进行事件数据的转换，在流式系统中构建实时规则引擎，一旦事件触发报警规则就对下游系统进行告警，从而实现对设备的实时状态检测、故障预警等。
- 实时欺诈检测：随着个人犯罪分子作案工具计算能力的不断提升，传统反欺诈手段往往需要数个小时甚至更长的时间才能够计算出用户的行为指标，通过规则判别出欺诈行为，不及时的甄别方法使得犯罪分子能够提前将非法资金转移。运用Flink流式计算在毫秒内计算出用户的欺诈判断行为指标，实时对交易流水进行规则判断或者模型预测，一旦检测出交易中存在欺诈嫌疑，则直接对交易进行实时拦截，避免用户和机构因为产生经济损失。

- 实时数仓与ETL：结合离线数仓，对流式数据进行实时清洗、归并、结构化处理，为数仓进行补充和优化。同时结合实时数据ETL处理能力，利用有状态流式计算技术，尽可能降低离线数据计算过程中调度逻辑的复杂度，高效快速地处理企业需要的统计结果。
- 流数据分析：实时计算各类数据指标，利用实时结果及时调整在线系统相关策略，将其应用于内容投放、智能推送等领域。流式数据计算技术能够实时分析企业软件数据，实现实时日志监控、实时App埋点数据计算(App应用的各项指标)。
- 实时报表分析：利用流式计算实时得出结果推送到前端应用，实时显示出指标的变化情况。实时大屏：从下单购买到数据采集、数据计算、数据校验、大屏展现，全计算链路耗时控制在数秒范围，多条链路流计算备份确保万无一失。

Data Pipeline场景如图5-31所示。

- 实时数仓：当下游要构建实时数仓时，上游则可能需要实时的Stream ETL，这个过程会进行实时清洗或扩展数据，清洗完成后写入下游的实时数仓的整个链路中，可保证数据查询的时效性，形成实时数据采集、实时数据处理以及下游的事实Query。
- 搜索引擎推荐：以淘宝为例，当卖家上线新产品时，后台会实时产生消息流，该消息流经过Flink系统时会进行数据的处理、扩展，然后将处理及扩展后的数据生成实时索引，写入搜索引擎中。这样，当淘宝卖家上线新产品时，就能够在秒级或者分钟级实现搜索引擎的搜索。

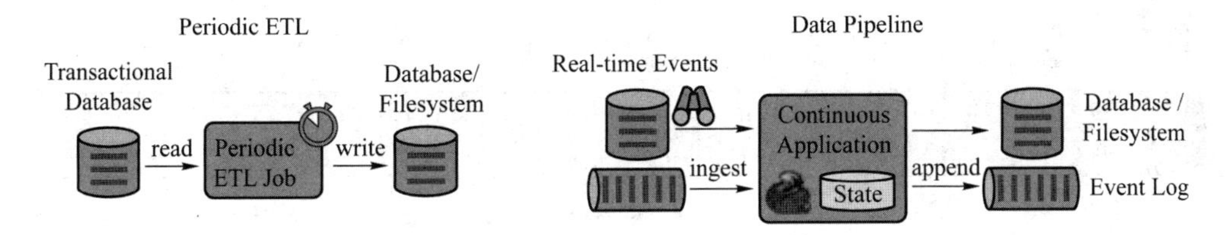

图5-31 Data Pipeline示意图

Data Analytics数据分析分为批分析和流分析，如图5-32所示。批分析使用MapReduce、Hive、Spark Batch等，对作业进行分析、处理，生成离线报表。流分析使用流式分析引擎(如Storm、Flink)实时处理分析数据，应用较多的场景有实时大屏、实时报表等。

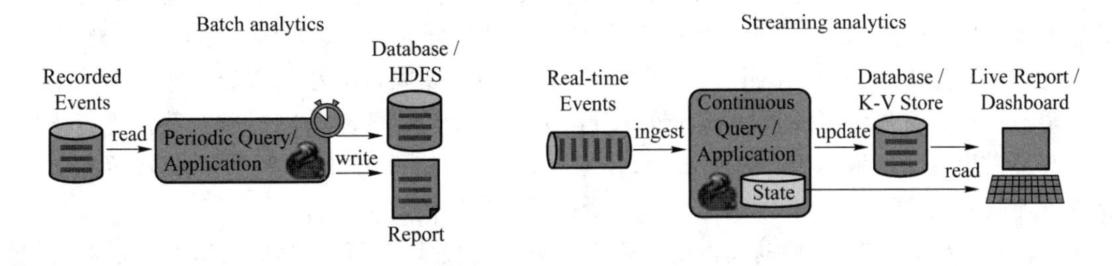

图5-32 Data Analytics示意图

从某种程度上说，所有的实时数据处理或者流式数据处理都属于Data Driven，流计算本质上是Data Driven计算。具体来说，事件驱动型应用就是复杂事件的处理，是一类具有状态的应用，它从一个或多个事件流提取数据，并根据到来的事件触发计算、状态更新或其他外部动作，具体如图 5-33 所示。

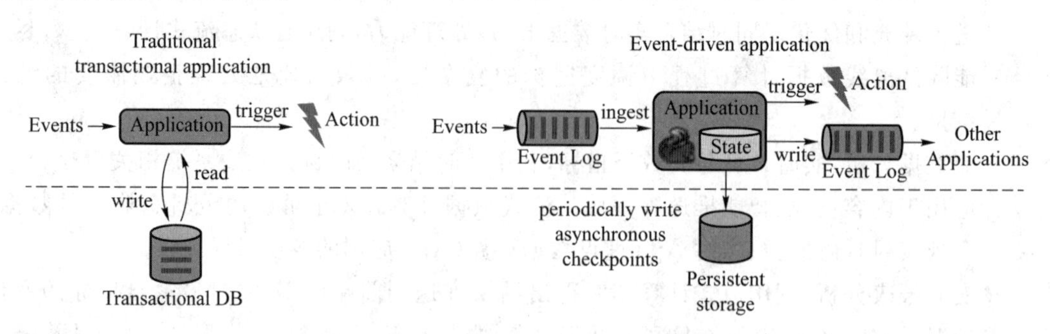

图 5-33 Data/Event Driven 示意图

以风控系统为例，当风控系统需要处理各种各样复杂的规则时，Data Driven 就会把处理的规则和逻辑写入 Datastream 的 API 或者是 ProcessFunction 的 API 中，然后将逻辑抽象到整个 Flink 引擎中，当外面的数据流或者是事件进入就会触发相应的规则。在触发某些规则后，Data Driven 会进行处理或者是进行预警，这些预警会发到下游，产生业务通知。

5.5.3 Flink 关键概念

1. 流(Stream)

在基于流的世界观中，数据流可以分为有界流和无界流，如图 5-34 所示。

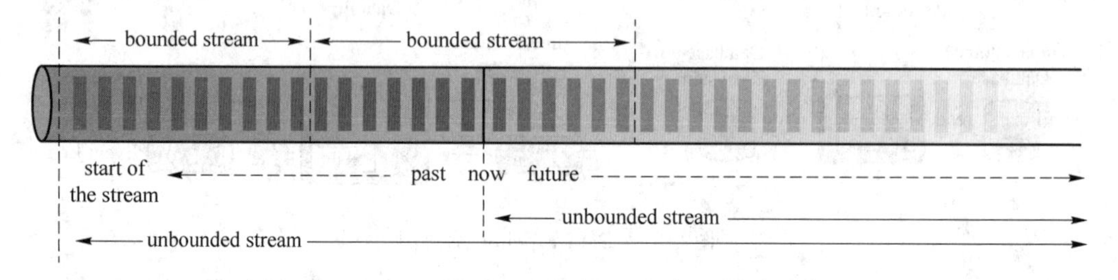

图 5-34 数据流示意图

(1) 无界流(unbounded stream)：无界流(无界数据集)是有始无终的数据流，即无限数据流，必须被持续处理，即数据被接收后需要立即被处理，简单来说就是数据没有边界，采用流式数据处理。Flink 就是按照流式数据的生产，将有界数据转为无界数据统一进行流式处理。

(2) 有界流(bounded stream)：有界流(有界数据集)是限定大小的有始有终的数据集合，即有限数据流。有界流可以摄取所有数据后再进行计算。有界流可以对所有数据进行排序，所以并不需要有序摄取。简单来说就是，数据有边界，采用数据批处理。Spark 按照批次，微批处理流式数据。

(3) 统一数据处理：一段时间内的无界数据集其实就是有界数据集，一定时间范围内的数据(如一年的交易数据)，一条一条按照产生的顺序发送到流式系统，通过流式系统对数据处理，可以认为是相对的“无界数据”。

2. 状态(State)

状态是计算过程中的数据信息，在容错恢复和 Checkpoint 中有重要的作用。流计算的本质是增量处理，需要不断查询保持状态，为了确保精准一次 Exactly-once 语义，需要数据能够

写入状态中并持久化存储，保证在整个分布式系统运行失败或者挂掉的情况下做到 Exactly-once。此外，有些算子是没有状态的，如 map 操作，只跟输入数据有关。

Flink 有以下两类状态。

(1) 数据处理应用程序自定义的状态，这类状态由应用程序创建维护。

(2) 引擎定义的状态，这类状态由引擎负责管理，如窗口缓存的时间及中间聚合结果。

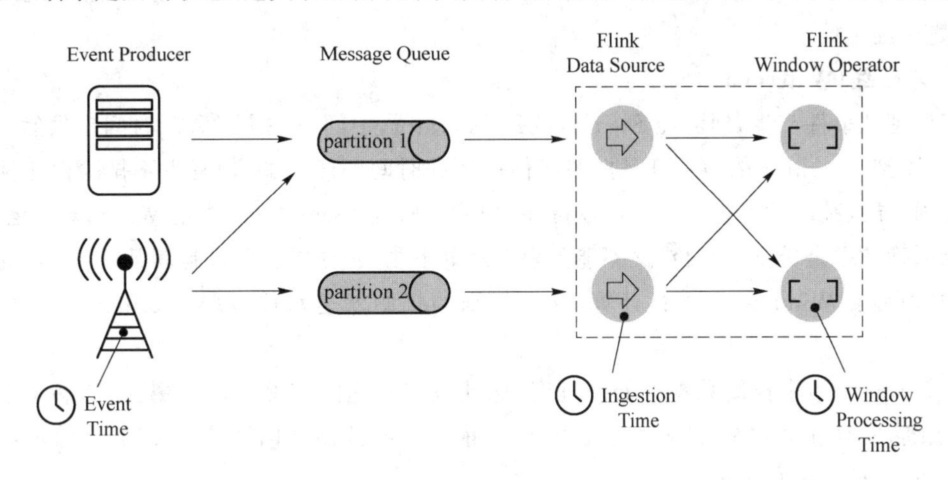

图 5-35　Flink 时间概念

3. 时间(Time)

在流式数据处理中，一大特点就是数据具有顺序，即时间概念。如图 5-35 所示，Flink 根据事件的产生规定了如下三种不同的时间概念。

1) 事件时间(Event Time)

事件时间是事件发生时的时间，一般就是数据本身携带的时间，在进入 Flink 之前就已经确定下来。在时间数据的后续处理过程中，事件时间始终保持不变，与后续数据处理系统无关，一定早于进入 Flink 系统后的时间戳。在事件进入 Flink 流式系统后，数据系统可以根据事件时间判断不同事件的先后顺序，不必担心数据传输过程中的记录出错、乱序等问题，保证了流式处理的稳定性。

2) 接入时间(Ingestion Time)

接入时间是事件进入 Flink 流式系统的时间，具体时间戳依赖于数据源算子所在主机的系统时钟的当前时间，概念上接入时间介于事件时间和处理时间之间。相比于处理时间，获取接入时间的代价略高，但可以提供更可预测的结果。由于接入时间使用稳定的时间戳，在源处分配后就不再变化，因此不会受到本地系统时钟异步和传输延迟的影响。

摄取时间与事件时间非常相似，都具有自动时间戳分配和自动水印生成功能。但与事件时间相比，接入时间程序无法处理任何乱序事件或延迟的数据，但是程序不必指定如何生成水位线 Watermark。

3) 处理时间(Processing Time)

处理时间是指事件被系统处理时主机的系统时间，即数据流入具体某个算子时的系统时间。这个系统时间指的是执行相应处理操作的机器的系统时间，当一个流程序通过处理时间来运行时，所有基于时间的操作(如时间窗口)将使用各自操作所在的物理机的系统时间。

处理时间拥有最好的性能和最低的延迟，但在分布式计算环境中，处理时间具有不确定性，相同数据流多次运行可能产生不同的计算结果。因为分布式系统容易受到从记录到达系统的速度和记录在系统内算子之间流动速度的影响，因此处理时间通常适用于时间精度要求不高的运算场景。

在 Flink 中默认使用处理时间，如果要选择使用事件时间或接入时间，那么需要调用 setStreamTimeCharacteristic()方法，传入 TimeCharacteristic 对应的参数，设定系统时间概念，使之全局生效。

4. 水位线(Watermark)

流处理从事件产生，到流经 Source，再到 Operator，中间有一个过程和时间。虽然大部分情况下，流到 Operator 的数据都是按照事件产生的时间顺序来的，但是也不排除由于网络延迟等原因，导致乱序的产生。一旦出现乱序，如果只根据 EventTime 决定 Window 的运行，我们不能明确数据是否全部到位，又不能无限期地等下去，必须要有个机制来保证一个特定的时间后，必须触发 Window 去进行计算，这个特别的机制就是水位线(Watermark)，也可称为水印。

Watermark 用来权衡数据的处理进度，保证数据到达的完整性，事件数据能够全部到达 Flink 系统，并且在数据乱序或延迟等情况下，依然能够按照预期计算出正确、连续的结果。

1) Watermark 的定义

Watermark 是一种特殊的时间戳，也是一种被插入数据流的特殊数据结构，它用于表示 eventTime 小于 Watermark 的事件，已经全部落入相应的窗口中，此时可进行窗口操作。图 5-36 所示是一个乱序流，窗口大小为 5。w(5)表示 eventTime < 5 的所有数据均已落入相应窗口，window_end_time <= 5 的所有窗口都将进行计算。w(10)表示表示 eventTime < 10 的所有数据均已落入相应窗口，5 < window_end_time <= 10 的所有窗口都将进行计算。

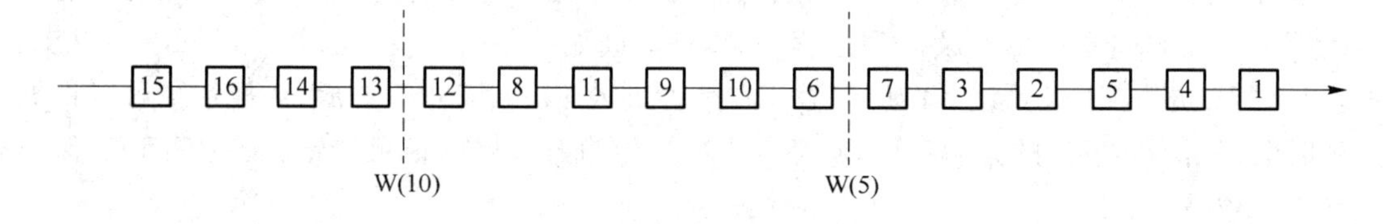

图 5-36　乱序数据流

2) Watermark 的生成、更新

生成 Watermark 的方式主要有如下两种。

- With Periodic Watermarks：周期性地生成 Watermark，周期默认为 200 ms，可通过 env. getConfig(). setAutoWatermarkInterval()进行修改。这种方法较为常用。
- With Punctuated Watermarks：在满足自定义条件时生成 Watermark，每一个元素都有机会判断是否生成一个 Watermark，如果得到的 Watermark 不为 null 并且比之前的大，那么注入流中。

Watermark 有如下两种更新规则。

- 单并行度：Watermark 单调递增，一直覆盖较小的 Watermark。
- 多并行度：每个分区都会维护和更新自己的 Watermark，某一时刻的 Watermark 取所有分区中最小的那一个，如图 5-37 所示。

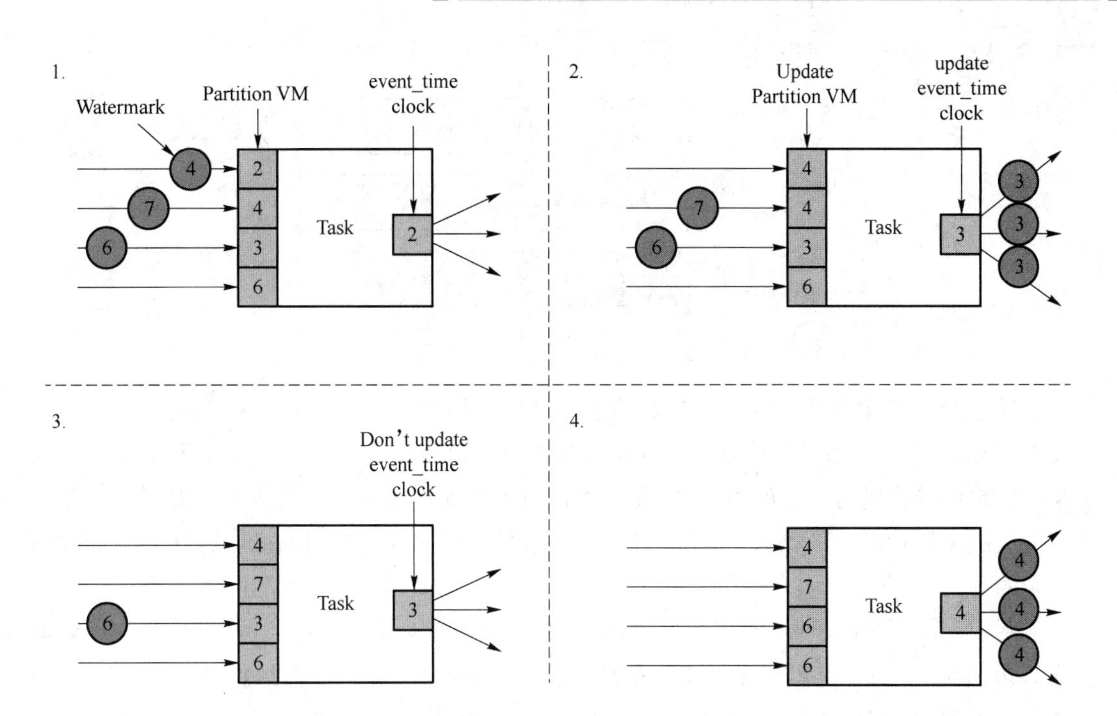

图 5-37 Watermark 多并行度更新

3）Watermark 示例

在实际计算中，Watermarks 时间戳的计算如下：

MaxTimestamp 最新的事件时间－固定时间延迟 ＝ Watermark

窗口计算的触发条件为 Watermark 时间戳 >= Window 的结束时间，窗口内必须有事件发生，即（window_start_time，window_end_time）前闭后开区间内必须有数据。

首先定义窗口大小为 10 秒，延迟时间为 3 秒，每隔一秒启动一个检查点。如图 5-38 所示，在本次窗口内 Watermark 随着 MaxTimestamp 的变化而更新，当 Watermark 超过当前窗口的结束时间 20 000 ms 时，触发新的窗口计算。

10秒window，3秒水印(基于事件最大时间戳)			
EventTime	MaxTimestamp	WaterMark	
10 000	10 000	7 000	
11 000	11 000	8 000	
12 000	12 000	9 000	
13 000	13 000	10 000	
18 000	18 000	15 000	水印无变化
12 500	18 000	15 000	水印无变化
12 000	18 000	15 000	水印无变化
17 000	18 000	15 000	水印无变化
19 000	19 000	16 000	
20 000	20 000	17 000	
23 000	23 000	20 000	触发窗口计算

图 5-38 Watermark 计算示例

5. API 接口分层与抽象

Flink API 接口分层如图 5-39 所示，大致分为三层：SQL/Table API 层、DataStream API 层和 DataSet API、Process Function。越顶层越抽象，表达含义越简明，使用越方便；越底层越

具体，表达能力越丰富，使用越灵活。

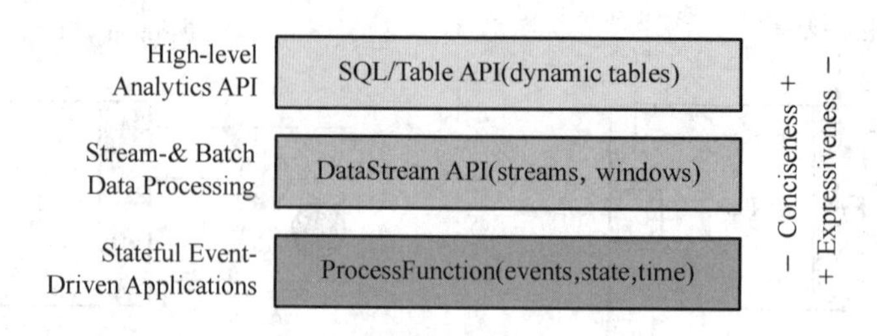

图 5-39　Flink API 接口分层

最底层级的抽象仅仅提供了有状态流，它将通过过程函数（Process Function）被嵌入 DataStream API 中。底层过程函数（Process Function）与 DataStream API 相集成，使其可以对某些特定的操作进行底层的抽象，它允许用户自由地处理来自一个或多个数据流的事件，并使用一致的容错状态。除此之外，用户可以注册事件时间并处理时间回调，从而使程序可以处理复杂的计算。

实际上，大多数应用并不需要上述的底层抽象，而是针对核心 API（Core APIs）进行编程，比如 DataStream API（有界或无界流数据）以及 DataSet API（有界数据集）。这些 API 为数据处理提供了通用的构建模块，比如由用户定义的多种形式的转换（transformations）、连接（joins）、聚合（aggregations）、窗口操作（windows）等。DataSet API 为有界数据集提供了额外的支持，如循环与迭代。这些 API 处理的数据类型以类（classes）的形式由各自的编程语言所表示。

Table API 是以表为中心的声明式编程，其中表可能会动态变化（在表达流数据时）。Table API 遵循（扩展的）关系模型：表有二维数据结构（schema）（类似于关系数据库中的表），同时 API 提供可比较的操作，如 select、project、join、group-by、aggregate 等。Table API 程序声明式地定义了什么逻辑操作应该执行，而不是准确地确定这些操作代码看上去如何。尽管 Table API 可以通过多种类型的用户自定义函数（UDF）进行扩展，其仍不如核心 API 更具表达能力，但是使用起来却更加简洁（代码量更少）。除此之外，Table API 程序在执行之前会经过内置优化器进行优化。

开发者可以在表与 DataStream/DataSet 之间无缝切换，以允许程序将 Table API 与 DataStream 以及 DataSet 混合使用。

Flink 提供的最高层级的抽象是 SQL。这一层抽象在语法与表达能力上与 Table API 类似，但是是以 SQL 查询表达式的形式表现程序。SQL 抽象与 Table API 交互密切，同时 SQL 查询可以直接在 Table API 定义的表上执行。

5.5.4　Flink 基本架构

1. Flink 层级架构

为了降低系统耦合度，Flink 在设计时采用了分层的系统架构，给上层带来了丰富的接口。如图 5-40 所示，Flink 整体架构大致分为四层，由下至上依次是 Deploy 层、Core 层、API 层和 Library 层。

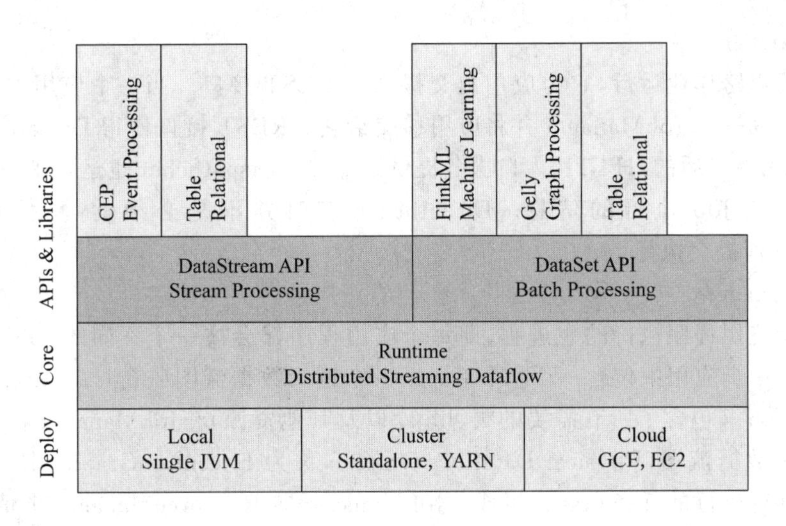

图 5-40 Flink 层级架构

1) Deploy 层

Deploy 层主要涉及 Flink 的部署模式，如本地、集群(Standalone/YARN)和云服务器(GCE/EC2)模式。通过这一层 Flink 能够实现不同平台的部署，让用户自由选择需要使用的部署模式。

2) Core 层

本层提供支持 Flink 分布式计算的全部核心实现，为 API 层提供基础服务。具体包括支持分布式 Stream 作业的执行、JobGraph 到 ExecutionGraph 的映射转换、任务调度管理等。本层将流数据和批数据转换成统一的任务算子，使得流式引擎能够同时处理批量计算和流式计算。

3) API 层

本层主要实现面向无界 Stream 的流处理 API 和面向 Batch 的批处理 API，其中 DataStream API 对应流处理，DataSet API 对应批处理。

4) Library 层

本层是在 API 层之上构建的满足特定应用的计算实现框架，包括支持面向流式处理的 CEP(复杂事件处理库)，面向批量处理支持 FlinkML(机器学习库)，基于 SQL-like 的操作(基于 Table 的关系操作)，Gelly(图处理)等。

2. Flink 运行时架构

如图 5-41 所示，在 Flink 中有四个不同的组件，共同协作运行流程序，分别为分发器(Dispatcher)、作业管理器(JobManager)、资源管理器(ResourceManager)和任务管理器(TaskManager)。Flink 由 Java 和 Scala 实现，所以这些组件全部运行在 JVM 中。每个组件的具体功能如下。

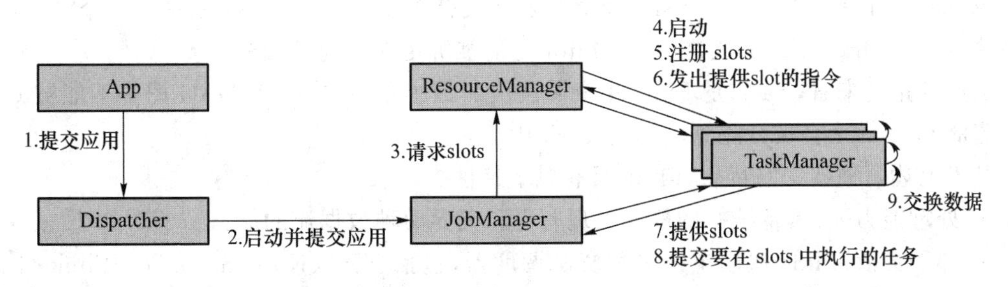

图 5-41 Flink 运行时架构

1）Dispatcher

分发器可以跨作业运行，它为应用提交提供了 REST 接口。当一个应用被提交执行时，分发器就会启动一个 JobManager 并将应用移交给它。REST 接口使得 Dispatcher 可以作为一个（位于防火墙之后的）HTTP 入口服务提供给外部。Dispathcher 也运行了一个 Web 控制面板，用于提供 Job 执行的信息。Dispathcher 有时并不是必须的，具体取决于一个 Application 如何提交执行。

2）JobManager

控制一个应用程序执行的主进程，即每个应用程序都会被一个不同的 JobManager 接收并控制执行。一个应用中包含一个 JobGraph、一个逻辑数据流图（Logical Dataflow Graph），以及一个 jar 文件（包含了所有需要的类、lib 库以及其他资源）。JobManager 将 JobGraph 转化为一个物理数据流图（Physical Dataflow Graph），称为 ExecutionGraph。ExecutionGraph 由一些可以并行执行的任务（task）组成。JobManager 向 ResourceManager 申请必须的计算资源（称为 TaskManager slots）用于执行任务。一旦 JobManager 接收到足够的 TaskManager slots，就将 ExecutionGraph 中的 task 分发到 TaskManager 并执行。在执行过程中，JobManager 负责进行任何需要中心协调（Central Coordination）的操作，例如检查点（Checkpoints）的协调。

3）ResourceManager

Flink 为不同的环境和资源提供者（如 YARN、Kubernetes、Stand-alone）提供了不同的 ResourceManger。ResourceManger 负责管理 Flink 的处理资源单元——任务管理器插槽 TaskManager slot。当 JobManager 申请 TaskManager slot 时，ResourceManger 会指示一个拥有空闲 slot 的 TaskManager 将其 slot 提供给 JobManager。如果 ResourceManger 的 slot 数无法满足 JobManager 的请求，则 ResourceManger 可以与资源提供者通信，让它们提供额外的容器来启动更多的 TaskManager 进程。同时，ResourceManger 还负责终止空闲进程的 TaskManager 以释放计算资源。

4）TaskManager

TaskManager 是 Flink 中的工作进程，通常在 Flink 中会有多个 TaskManager 运行，每一个 TaskManager 都包含了一定数量的插槽（slots），插槽的数量限制了 TaskManager 可执行的任务数。TaskManager 在启动之后会向 ResourceManager 注册它的 slot，当接收到 ResourceManager 的指示时，TaskManager 会向 JobManager 提供一个或者多个 slot。之后 JobManager 就可以向 slot 中分配任务来执行。在执行过程中，运行同一应用的不同任务的 TaskManager 之间会产生数据交换。

从资源角度来看，Task slot 是一个 TaskManager 中的最小资源分配单位。一个 TaskManager 中有多少个 Task slot 就意味着能支持多少并发的 Task 处理。一个 Task slot 可以执行多个 Operator，一般这些 Operator 是能被绑定在一起处理的。

从任务角度来看，Task 是 Flink 中资源调度的最小单位，在一个 DAG 图中不能被 Chain 在一起的 Operator 会被分隔到不同的 Task 中。

基于上述两种架构的特点，Flink 具有以下特性。

- 处理能力强：具备统一的框架处理有界和无界两种数据流的能力。
- 部署灵活：Flink 底层支持多种资源调度器，包括 Yarn、Kubernetes 等。Flink 自身带的 Standalone 的调度器，在部署上也十分灵活。

- 极高的可伸缩性：可伸缩性对于分布式系统十分重要，例如，阿里巴巴双 11 大屏采用 Flink 处理海量数据，使用过程中测得 Flink 峰值可达 17 亿/秒。
- 极致的流式处理性能：Flink 相对于 Storm 最大的特点是将状态语义完全抽象到框架中，支持本地状态读取，避免了大量网络 I/O，可以极大地提升状态存取的性能。

5.6 Flink 流处理 DataStream API

5.6.1 DataStream 类型转换

数据流 DataStream 是 Flink 流处理 API 中最核心的数据结构，常用的 API 如图 5-42 所示，不同 DataStream 通过不同的 Operator 转换形成了 Stream 图。

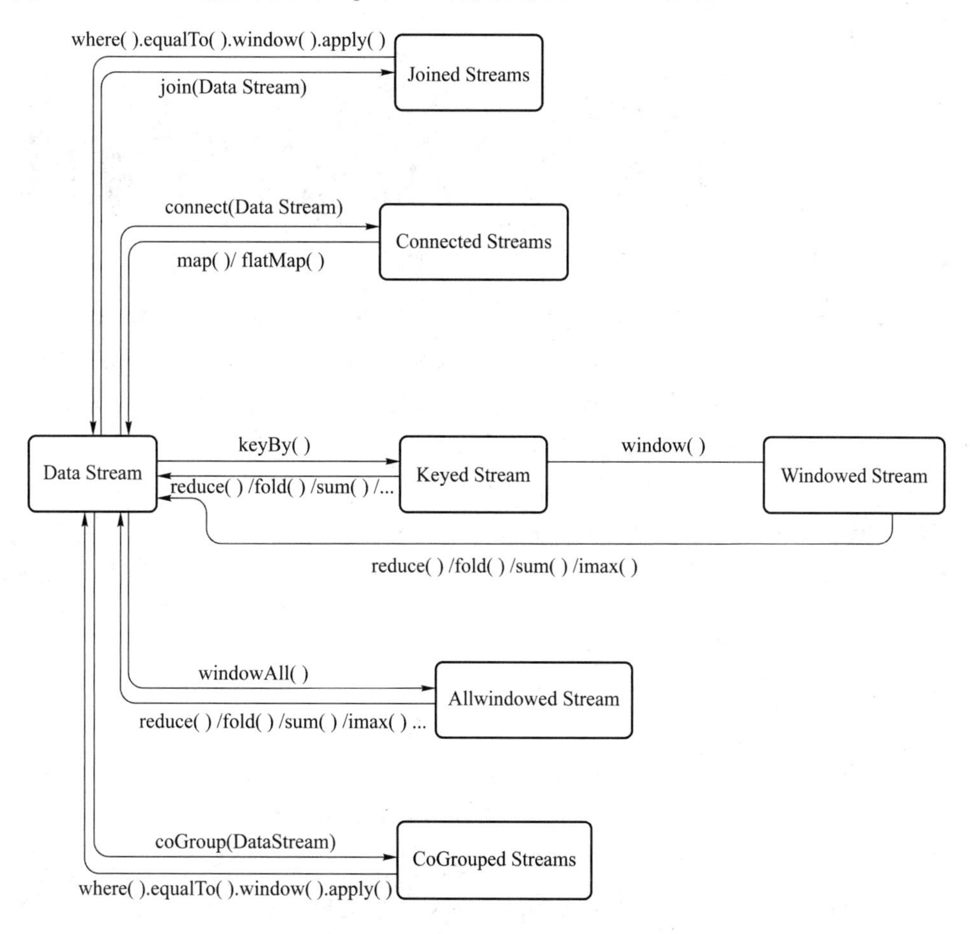

图 5-42 数据流类型转换图

图中 DataStream 代表了一个运行在多个分区上的并行流。ConnectedStreams 用来连接两个流，且只能连接两个流。ConnectedStreams 连接的两个流类型可以不一致，并可以对两个流的数据应用不同的处理方法，且流之间可以共享状态，这在第一个流的输入会影响第二流时会非常有用。

KeyedStream 用来表示根据指定的 key 进行分组的数据流，一个 KeyStream 可以通过调用 DataStream. keyBy()来获得；而在 KeyedStream 上进行任何 Transformation 操作都将使其转变回 DataStream。WindowedStream 代表了根据 key 分组，且基于 WindowAssigner 切分窗口的数据流，所以 WindowedStream 都是从 KeyStream 衍生而来，对它进行任何 Transformation 都将转变回 DataStream。

JoinedStreams 与 CoGroupedStreams 类似。co-group 侧重的是"group"指对数据进行分组，是对同一个 key 上的两组集合进行操作；join 侧重的是数据对 pair，是对同一个 key 上的每对元素进行操作。co-group 和 join 两者都对持续不断产生的数据做运算，但又不能无限地在内存中持有数据，底层上，两者都是基于 window 实现。

5.6.2 DataStream 实时处理

DataStream 是 Flink 编写流处理作业的 API，根据 DataStream 构建一个典型的 Flink 流式应用步骤如图 5-43 所示。

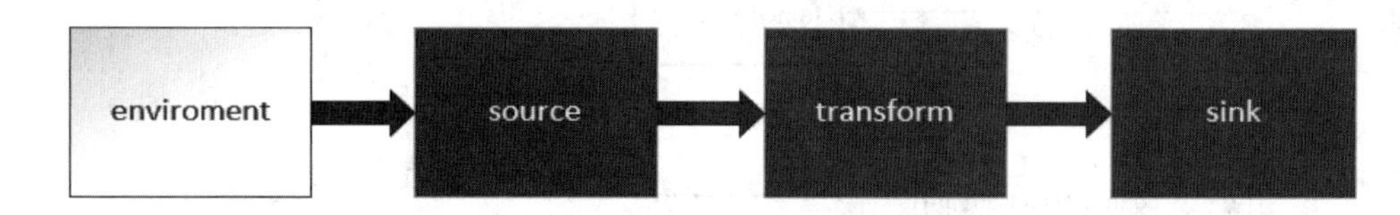

图 5-43　流式应用处理流程

代码编写的具体流程为：①设置运行环境 Environment，得到环境上下文对象 env；②准备数据源 source，用不同数据源创建出 DataStream 对象；③编写运行逻辑 transform，把一个或多个 DataStream 转变为另一个 DataStream；④数据下沉输出 sink，将处理完的数据发送到指定的存储系统、后续处理系统，触发程序执行，实现数据的输出操作。

总的来说，source 模块主要定义了数据接入功能，主要是将各种外部数据接入 Flink 系统中，并将接入数据转换为对应的 DataStream 数据集。在 Transformation 模块定义了对 DataStream 数据集的各种转换操作，如 map、filter、windows 等操作。结果数据通过 sink 模块写出到外部存储介质中，例如将数据输出到文件或 Kafka 消息中间件等。

5.6.3 设置运行环境

设置运行环境时有三个相关 API，如图 5-44 所示，Flink 流程序的入口点是 StreamExecutionEnvironment 类的一个实例，它定义了程序执行的上下文。

1）getExecutionEnvironment

返回一个执行环境，表示当前执行程序的上下文。如果程序是独立调用的，那么方法返回本地执行环境；如果从命令行客户端调用程序以提交到集群，那么方法返回此集群的执行环境。也就是说，getExecutionEnvironment 会根据查询运行的方式决定返回什么样的运行环境，是最常用的一种创建执行环境的方式。

2）createLocalEnvironment

返回本地执行环境，需要在调用时指定默认的并行度。

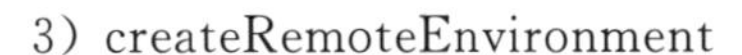

3) createRemoteEnvironment

返回集群执行环境,将 jar 包文件提交到远程服务器。需要在调用时指定 JobManager 的 IP 和端口号,并指定要在集群中运行的 jar 包文件。

```
ExecutionEnvironment env = ExecutionEnvironment.getExecutionEnvironment();
LocalStreamEnvironment localEnvironment = StreamExecutionEnvironment.createLocalEnvironment( parallelism: 1);
StreamExecutionEnvironment remoteEnvironment =
        StreamExecutionEnvironment.createRemoteEnvironment( host: "hostID",  port: 6666,  ...jarFiles: "/home/WordCount.jar");
```

图 5-44 设置运行环境

5.6.4 DataStream 数据源(Source)

Flink 提供几类预定义的数据源:基于集合的预定义源、基于 Socket 的预定义源、基于文件的预定义源。此外 DataStream 还可以添加各类自定义 Source,方法是通过实现 StreamExecutionEnvironment.addResource(SourceFunction)中的 SourceFunction 接口。

1. 基于集合的预定义 Source

基于集合的数据源一般是指从内存集合中直接读取要处理的数据,StreamExecutionEnvironment 提供了 4 类预定义方法。

1) fromCollection

从给定的数据集合中创建 DataStream,StreamExecutionEnvironment 提供了四种重载方法。

- fromCollection(Collection<T> data):通过给定的集合创建 DataStream,返回数据类型为集合元素类型。
- fromCollection(Collection<T> data, TypeInformation<T> typeInfo):通过给定的非空集合创建 DataStream,返回数据类型为 typeInfo。
- fromCollection(Iterator<T> data, Class<T> type):通过给定的迭代器创建 DataStream,返回数据类型为 type。
- fromCollection(Iterator<T> data, TypeInformation<T> typeInfo):通过给定的迭代器创建 DataStream,返回数据类型为 typeInfo。

2) fromParallelCollection

fromParallelCollection 和 fromCollection 类似,但是它是并行地从迭代器中创建 DataStream。

- fromParallelCollection(SplittableIterator<T> data, Class<T> type):通过给定的迭代器创建 Data Stream,返回数据类型为 typeInfo。
- fromParallelCollection(SplittableIterator<T>, TypeInfomation typeInfo):通过给定的迭代器创建 DataStream,返回数据类型为 typeInfo。

3) fromElements

fromElements 从给定的对象序列中创建 DataStream,StreamExecutionEnvironment 提供了 2 种重载方法。

- fromElements(T... data):从给定对象序列中创建 DataStream,返回的数据类型为该对象类型自身。
- fromElements(Class<T> type, T... data):从给定对象序列中创建 DataStream,返回的数据类型为 type。

4）generateSequence(long from，long to)

从给定间隔的数字序列中创建 DataStream，比如 from 为 1，to 为 10，则会生成 1～10 的序列。

以 fromCollection 为例，从集合读取数据的方法如图 5-45 所示。

```
DataStream<User> userDataStream = env.fromCollection(Arrays.asList(
        new User( name: "王小明",  age: 20,  sex: "男"),
        new User( name: "张晓红",  age: 20,  sex: "女"),
        new User( name: "李小刚",  age: 20,  sex: "男")
));
```

图 5-45　从集合读取数据

2. 基于文件的预定义源

基于文件创建 DataStream 主要有两种方式，readTextFile 和 readFile。readTextFile 就是简单读取文件，而 readFile 的使用方式比较灵活。

1）readTextFile

readTextFile 提供了两个重载方法。

- readTextFile(String filePath)：逐行读取指定文件来创建 DataStream，使用系统默认字符编码读取。
- readTextFile(String filePath，String charsetName)：逐行读取文件来创建 DataStream，使用 charsetName 编码读取。

第一种重载方法使用示例如图 5-46 所示。

```
DataStreamSource<String> userDataStream = env.readTextFile( filePath: "FILE_PATH");
```

图 5-46　从文件读取数据

2）readFile

readFile 通过指定的 FileInputFormat 来读取用户指定路径的文件。对于指定路径文件，我们可以使用不同的处理模式来处理，FileProcessingMode. PROCESS_ONCE 模式只会处理文件数据一次，而 FileProcessingMode. PROCESS_CONTINUOUSLY 会监控数据源文件是否有新数据，如果有新数据则会继续处理。需要注意的是，在使用 PROCESS_CONTINUOUSLY 时，若修改时读取文件，则 Flink 会将文件整体内容重新处理，也就是打破了“exactly-once”。

readFile 提供了几个便于使用的重载方法。

- readFile(FileInputFormat<T> inputFormat，String filePath)：读取文件，需要指定输入文件的格式，处理方式默认使用 FileProcessingMode. PROCESS_ONCE。
- readFile(FileInputFormat<T> inputFormat，String filePath，FileProcessingMode watchType，long interval)：返回类型默认为 inputFormat 类型。

上述两种方法内部最终都会调用下述方法：

- readFile(FileInputFormat<T> inputFormat，String filePath，FileProcessingMode watchType，long interval，TypeInformation typrInfo)：typeInfo 指定返回数据的类型。

3. 基于 Socket 的预定义源

通过 Socket 创建的 DataStream 能够从 Socket 中无限接收字符串，字符编码采用系统默认字符集。当 Socket 关闭时，Source 停止读取。Socket 目前提供了 3 个可用的重载方法。

- socketTextStream(String hostname, int port):指定 Socket 主机和端口,默认数据分隔符为换行符(\n)。
- socketTextStream(String hostname, int port, String delimiter):指定 Socket 主机和端口,数据分隔符为 delimiter。
- socketTextStream(String hostname, int port, String delimiter, long maxRetry):该重载方法能够当与 Socket 断开时进行重连,重连次数由 maxRetry 决定,时间间隔为 1 秒。如果重连次数为 0 则表示立即终止不重连;如果为负数则表示一直重试。

4. 自定义源

除了预定义的 Source 外,我们还可以通过实现 SourceFunction 来自定义源,然后通过 StreamExecutionEnvironment.addSource(sourceFunction)添加进来。

我们可以实现以下三个接口来自定义源。

- SourceFunction:创建非并行数据源。
- ParallelSourceFunction:创建并行数据源。
- RichParallelSourceFunction:创建并行数据源。

可以通过实现 SourceFunction 定义单个线程接入的数据接入器,也可以通过实现 ParallelSourceFunction 或继承 RichParallelSourceFunction 类定义并发数据源接入器。Source 定义完成后,可以通过使用 StreamExecutionEnvironment.addSource(sourceFunction)添加数据源,这样就可以将外部系统中的数据转换成 DataStream[T]数据集合,其中 T 类型是 SourceFunction 返回值类型,然后就可以完成各种流式数据的转换操作。

此外,也可以使用第三方定义好的 Source。以 Kafka 为例,用户需要在 Maven 编译环境中导入如图 5-47 所示的环境配置,将需要用到的第三方 Connector 依赖库引入应用工程中。

```
<dependency>
    <groupId>org.apache.flink</groupId>
    <artifactId>flink-connector-kafka-0.8_2.11</artifactId>
    <version>1.8.0</version>
</dependency>
```

图 5-47 Kafka Connector Maven 依赖配置

在引入 Maven 依赖后,在 Flink 应用工程中就可以使用相应的 Connector,在 Kafka 中主要使用的 Connector 参数包括 kafka topic、bootstrap.servers、zookeeper.connect,如图 5-48 所示。其中 FlinkKafkaConsumer08 <>的第二个参数主要作用是根据事先定义好的 Schema 信息将数据序列化成该 Schema 定义的数据类型,默认是 SimpleStringSchema,代表从 Kafka 中接入的数据将转换成 String 字符串类型处理。

```
//配置Kafka连接属性
Properties properties = new Properties();

//Properties参数定义
properties.setProperty("bootstrap.servers", "localhost:9092");
properties.setProperty("zookeeper.connect", "localhost:2181");
properties.setProperty("group.id", "test");

FlinkKafkaConsumer08<String> myconsumer = new FlinkKafkaConsumer08<>(topic: "test", new SimpleStringSchema(), properties);

//默认消费策略
myconsumer.setStartFromGroupOffsets();

DataStream<String> dataStream = env.addSource(myconsumer);
```

图 5-48 Kafka DataSource 数据接入

5.6.5 DataStream 转换算子 Transformation

Flink 在通过一个或多个 DataStream 生成新的 DataStream 的过程被称为 Transformation 转换操作。在转换过程中，每种操作类型被定义为不同的算子 Operator，Flink 程序能够将多个 Transformation 组成一个数据流的拓扑。

1. map

输入一个元素，然后返回一个元素，数据格式可能会发生变化，中间可以执行数据集内数据的清洗转换等操作。例如图 5-49，将用户数据集中的用户年龄数值全部加一处理，并将数据输出到下游数据集。

```
DataStream<User>       = userDataStream.map(new MapFunction<User, User>() {
    public User map(User user) throws                  {
        return new User(user.getName(),  age: user.getAge() + 1, user.getSex());
    }
});
```

图 5-49　map 算子定义示例

2. flatmap

输入一个元素，返回 0 个、1 个或多个元素。flatmap 函数常用于经典例子 WordCount 中，将每一行的文本数据切割，生成单词序列。如图 5-50 所示，对于输入的字符串，通过 flatmap 函数进行处理，字符串按逗号切割，形成新的单词数据集。

```
DataStream<String> flatMap = userDataStream.flatMap(new FlatMapFunction<String, String>() {
    public void flatMap(String s, Collector<String> collector) throws              {
        String[] fields = s.split( regex: ",");
        for (String field : fields) {
            collector.collect(field);
        }
    }
});
```

图 5-50　flatmap 算子定义示例

3. filter

过滤函数，对传入的数据集进行筛选操作，符合条件的数据才会被输出。如图 5-51 所示，经过 filter 函数的数据集仅保留返回值为 true 的那部分元素，将年龄不为 20 的元素过滤掉。

```
DataStream<User> filter = userDataStream.filter(new FilterFunction<User>() {
    public boolean filter(User user) throws              {
        return user.getAge() == 20;
    }
});
```

图 5-51　filter 算子定义示例

4. keyBy

根据指定的 key 在逻辑上将流分区为互不相交的分区，具有相同 key 的所有记录会分配给到同一分区。该算子根据 key 将输入的 DataStream 数据格式转换为 KeyedStream。在内部，keyBy()是使用 hash 分区实现。在 Flink 中有多种指定键的方法。

- DataStream. keyBy("key")：指定对象中的具体"key"字段分组。
- DataStream. keyBy(0)：根据 Tuple 中的第一个字段即第 0 个元素进行分组。

5. reduce

对分组数据流的聚合操作，将 KeyedStream 转换为 DataStream，合并当前的元素和上次聚合的结果，产生一个新的值，返回的流中包含每一次聚合的结果，具体流程如图 5-52 所示。reduce 调用前必须进行分区，即须先调用 keyBy()函数。

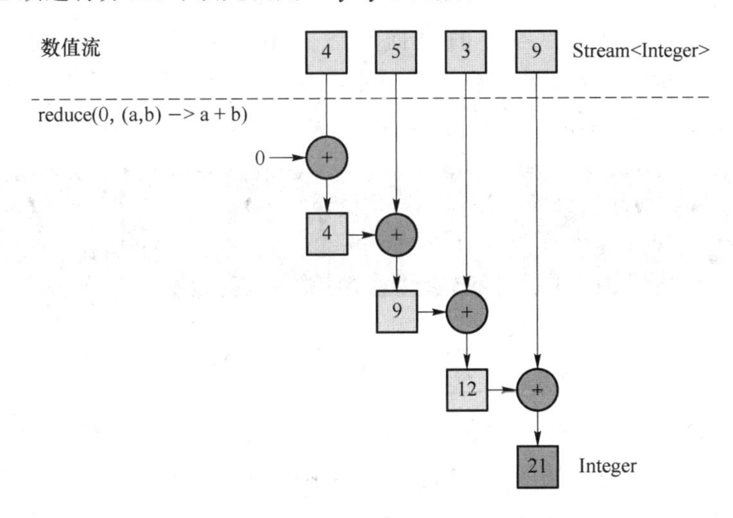

图 5-52 reduce 算子使用示意图

6. split

根据某些特征把一个 DataStream 拆分成两个或多个 DataStream，生成 SplitStream 格式的数据集。如图 5-53 所示，使用 split 函数时首先需要指定函数中的切分逻辑生成条件判断函数，然后根据判断结果标记数据，把数据放入对应标记的流中，最终生成划分好的数据集。

```
DataStreamSource<Integer> streamSource = env.fromElements( ...data: 1, 2, 3, 4, 5, 6, 7, 8);

SplitStream<Integer> split = streamSource.split(new OutputSelector<Integer>() {
    @Override
    public Iterable<String> select(Integer integer) {
        List<String> outPut = new ArrayList<>();
        if (integer % 2 == 0) {
            outPut.add("even");//如果元素为偶数，就放入一个叫做"even"的流中
        } else {
            outPut.add("odd");//如果元素为就奇数，就放入一个叫做"odd"的流中
        }
        return outPut;
    }
});
```

图 5-53 split 算子定义示例

7. select

与 split 配合使用，从一个 SplitStream 中获取一个或多个 DataStream，即从 split 后的结果中选择切分后的流，因为 split 本身只是对数据流做标记，并没有真正地实现数据集切分，具体使用方法如图 5-54 所示。

```
//通过前面定义的名字调用select来获取对应的流
DataStream<Integer> odd = split.select( ...outputNames: "odd");
```

图 5-54　select 算子使用示例

8. connect

连接且只能连接两个数据流，且保持类型不变。两个数据流被 connect 之后，只是被放在了同一个流中，内部依然保持各自的数据和形式不发生任何变化，两个流相互独立。ConnectedStream 会对两个流的数据应用不同的处理方法，且双流之间可以共享状态，也就是说在多个数据集之间可以操作和查看对方数据集的状态，使用方法如图 5-55 所示。

```
DataStreamSource<String> source = env.fromElements( ...data: "小明", "小红", "小刚");
DataStreamSource<Integer> source2 = env.fromElements( ...data: 1, 2, 3, 4, 5, 6, 7);
ConnectedStreams<String, Integer> connect = source.connect(source2);
```

图 5-55　connect 算子使用示例

9. coMap/coFlatMap

对于 ConnectedStreams 类型的数据集不能直接进行类似 Print()的操作，需要转换成 DataStream 类型数据集。在 Flink 中 ConnectedStreams 提供的 map()方法和 flatmap()方法，需要定义 CoMapFunction 或 CoFlatMapFunction 对输入的每一个数据集分别进行 map 或 flatMap 处理，具体定义过程如图 5-56 所示。

```
DataStream<String> streamOperator = connect.map(new CoMapFunction<String, Integer, String>() {
    public String map1(String s) throws                {
        return s + "是字符串类型,直接加后缀";
    }

    public String map2(Integer integer) throws            {
        return "原本是Integer类型:" + integer + "现在也变为String";
    }
});
```

图 5-56　coMap 算子定义示例

10. union

对两个或两个以上的 DataStream 进行 union 操作，产生一个包含所有 DataStream 元素的新 DataStream，需要保证两个数据集的格式一致，数据将按照先进先出的模式合并，且不去重。如图 5-57 所示，可以直接调用 DataStream API 中的 union 方法，并传入多个要合并的 DataStream 数据集。

```
DataStreamSource<String> source = env.fromElements( ...data: "小红", "小明", "小刚");
DataStreamSource<String> source2 = env.fromElements( ...data: "张三", "李四", "王五");
DataStreamSource<String> source3 = env.fromElements( ...data: "刘能", "赵四", "谢广坤");

DataStream<String> union = source.union(source2, source3);
DataStream<String> streamOperator = union.map(new MapFunction<String, String>() {
    public String map(String value) throws Exception {
        return value.toUpperCase();
    }
});
```

图 5-57 union 算子使用示例

5.6.6 DataStream 数据输出 sink

经过各种数据 Transformation 操作后，DataStream 中包含了用户所需的结果数据集。通常情况下，用户希望将结果数据保存在外部存储介质中或者传输到下游的消息中间件内，在 Flink 中将 DataStream 数据输出到外部系统的过程被定义为 sink 操作。Flink 中没有类似于 Spark 中 foreach 让用户进行迭代的操作方法，所有对外的输出操作都要利用 sink 完成。

官方提供了一部分框架的 sink，用户也可以引入 Redis、Flume 等第三方外部系统的 connector 并自定义实现 sink 操作。

1. 基本数据输出

基本数据输出包括文件、客户端、Socket 网络接口等，其对应输出方法均已定义在 Flink DataStream API 中，无须引入第三方库。具体如图 5-58 所示。

```
DataStreamSource<String> personStream = env.fromElements( ...data: "Alex", "Peter");
//将数据转换成csv文件输出，并设定输出模式为OVERWRITE
personStream.writeAsCsv( path: "file:///path/to/person.csv", FileSystem.WriteMode.OVERWRITE);
//将数据直接输出到本地文本文件
personStream.writeAsText( path: "file:///path/to/person.txt");
//将DataStream数据集输出到指定Socket端口
personStream.writeToSocket( hostName: "outputHost", port: 9999, new SimpleStringSchema());
```

图 5-58 DataStream API 库集成 sink 方法

2. 第三方数据输出

通过 sink 可以将数据发送到指定的位置，如 Kafka、Redis 和 HBase 等，图 5-59 导入了 Flink 整合 Kafka 的 jar 包。

```
<dependency>
    <groupId>org.apache.flink</groupId>
    <artifactId>flink-connector-kafka-0.8_2.11</artifactId>
    <version>1.8.0</version>
</dependency>
```

图 5-59 导入 Kafka connector 的 jar 包

一个简单的实现例子如图 5-60 所示。

```
public class WordCount {
    public static void main(String[] args) throws Exception {
        //获取Flink运行环境
        StreamExecutionEnvironment env = StreamExecutionEnvironment.getExecutionEnvironment();

        //配置Kafka连接属性
        Properties properties = new Properties();

        properties.setProperty("bootstrap.servers", "zyw-2021140807-0001:9092");
        properties.setProperty("zookeeper.connect", "zyw-2021140807-0001:2181");
        properties.setProperty("group.id", "1");

        FlinkKafkaConsumer08<String> myconsumer = new FlinkKafkaConsumer08<>( topic: "test", new SimpleStringSchema(), properties);

        //默认消费策略
        myconsumer.setStartFromGroupOffsets();

        DataStream<String> dataStream = env.addSource(myconsumer);

        DataStream<Tuple2<String, Integer>> result = dataStream.flatMap(new MyFlatMapper()).keyBy( ...fields: 0).sum( positionToSum: 1);

        result.print().setParallelism(1);

        env.execute();
    }

    public static class MyFlatMapper implements FlatMapFunction<String, Tuple2<String, Integer>> {

        @Override
        public void flatMap(String s, Collector<Tuple2<String, Integer>> out) throws Exception {
            //按空格分词
            String[] words = s.split( regex: " ");
            for (String word :words) {
                out.collect(new Tuple2<>(word, 1));
            }
        }
    }
}
```

图 5-60　数据输出到 Kafka 代码示例

5.6.7　window 窗口

streaming 流式计算是一种被设计用于处理无限数据集的数据处理引擎，而无限数据集是指一种不断增长的本质上无限的数据集，而 window 窗口是一种切割无限数据为有限块进行处理的手段。

window 是无限数据流处理的核心。window 将一个无限的 stream 拆分成有限大小的"buckets"桶，然后在这些桶上做计算操作，可以对某一段时间内的数据进行统计，如求最大值、最小值、平均值等。

Flink 支持的 window 可以分成两大类。

- CountWindow 计数窗口：按照指定的数据条数生成一个 window，与时间无关，例如每 5 000 条数据形成一个窗口。窗口中接入的数据依赖于数据接入算子中的顺序，如果数据出现乱序，将导致窗口的计算结果不确定。在 Flink 中可以通过调用 DataStream API 中的 CountWindows()来定义基于数量的窗口。
- TimeWindow 时间窗口：窗口基于起始时间戳（闭区间）和终止时间戳（开区间）来决定窗口的大小，数据根据时间戳被分配到不同的窗口中完成计算。Flink 使用

TimeWindow 类来获取窗口的起始时间和终止时间,以及该窗口允许进入的最新时间戳信息等元数据。

时间窗口和计数窗口根据窗口实现原理的不同可以细分为三类:滚动窗口(Tumbling Window)、滑动窗口(Sliding Window)和会话窗口(Session Window)。这些方法在 Flink 中已经实现,用户调用 DataStream API 的 windows 或 windowsAll 方法即可。

1. 滚动窗口

如图 5-61 所示,滚动窗口依据固定的窗口长度对数据进行切片,窗口间的元素互不重叠。这种窗口的特点是比较简单,时间对齐,窗口长度固定且没有重叠,适合场景为做 BI 统计(做每个时间段的局部计算)。但这种切片方式可能导致某些有前后关系的数据计算结果不正确。

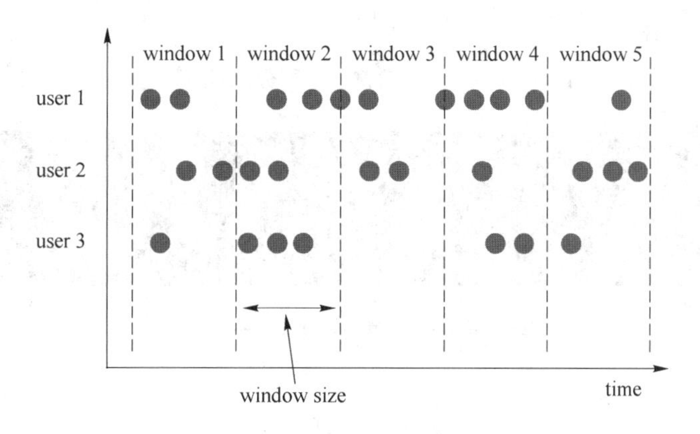

图 5-61 滚动窗口数据分配过程

时间窗口实现滚动窗口通过调用 timeWindow()方法,传入一个参数为滚动窗口时间间隔;计数窗口实现滚动窗口通过调用 countWindow()方法,传入一个参数为滚动窗口计数大小。时间间隔可以通过 Time. milliseconds(x),Time. seconds(x),Time. minutes(x)其中的一个来指定,具体如图 5-62 所示。

```
WindowedStream<User, String, TimeWindow> timeWindow = userDataStream.keyBy(new KeySelector<User, String>() {
    public String getKey(User user) throws Exception {
        return user.getName();
    }
}).timeWindow(Time.seconds(15));
```

图 5-62 时间窗口的滚动窗口实现

2. 滑动窗口

滑动窗口是固定窗口的更广义的一种形式,滑动窗口由固定的窗口长度和滑动间隔组成,特点是时间对齐,窗口长度固定,且窗口之间数据可以有重叠。适合场景为对最近一个时间段内的统计。窗口长度固定后,窗口根据设定的滑动间隔向前滑动,窗口之间的数据重叠大小由窗口长度和滑动间隔共同决定,当滑动间隔小于窗口大小时便会出现窗口重叠,如图 5-63 所示,当滑动间隔大于窗口大小时会出现窗口不连续,数据可能不被包含在窗口内。

时间窗口实现滚动窗口通过调用 timeWindow()方法,传入两个参数分别为滑动窗口的窗口长度、滑动间隔,此外还可以传入第三个参数时区偏移量,如果是国内则设定为 Time. hours(-8)。具体如图 5-64 所示。

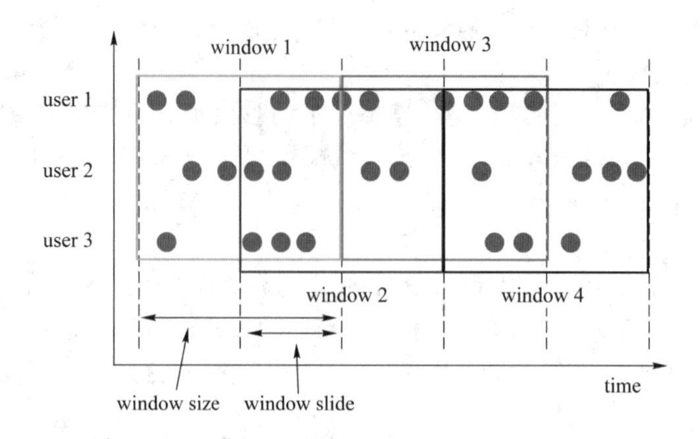

图 5-63　滑动窗口数据分配过程

```
WindowedStream<User, String, TimeWindow> timeWindow = userDataStream.keyBy(new KeySelector<User, String>() {
    public String getKey(User user) throws Exception {
        return user.getName();
    }
}).timeWindow(Time.seconds(15),Time.seconds(5));
```

图 5-64　时间窗口的滑动窗口实现

3. 会话窗口

会话窗口由一段时间内活跃度较高的一系列事件组合成一个窗口，触发条件为 Session Gap，类似于 web 应用的 session，也就是规定时间内没有接收到新数据就认为当前窗口结束，触发窗口计算。会话窗口的特点就是窗口长度不固定，只需要规定不活跃数据的时间上限即可。会话窗口适合非连续的数据处理或周期性数据生产场景。如图 5-65 所示，当时间跨度到达 session gap 的长度时就结束当前窗口。

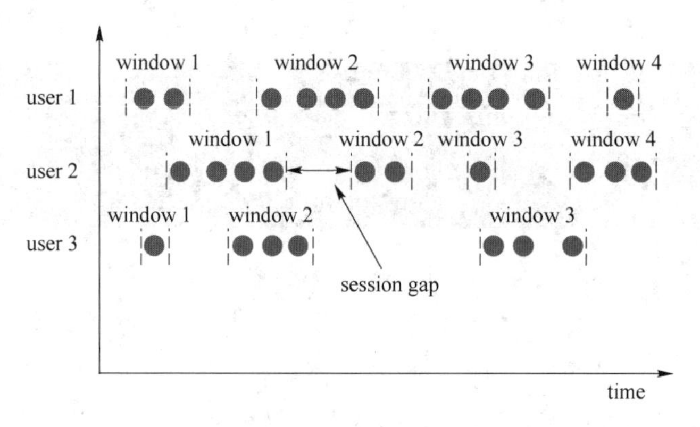

图 5-65　会话窗口数据分配过程

5.7　Flink 批处理 DataSet API

目前 Flink 在批处理领域应用并不广泛，但是 Flink 也有很好的批处理能力，因为批处理相当于流处理的子集，可以运用同一套引擎处理流式数据和批数据。Flink 将接入数据转换

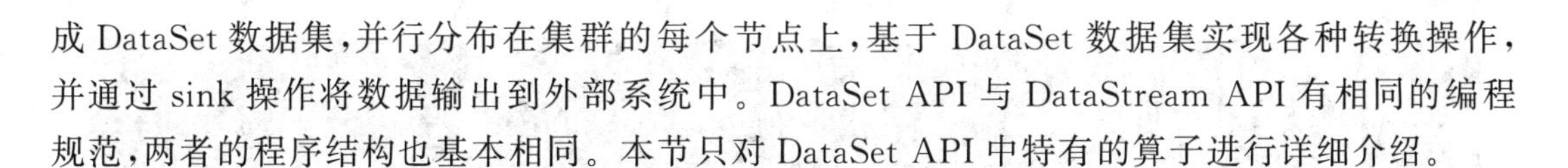

成 DataSet 数据集，并行分布在集群的每个节点上，基于 DataSet 数据集实现各种转换操作，并通过 sink 操作将数据输出到外部系统中。DataSet API 与 DataStream API 有相同的编程规范，两者的程序结构也基本相同。本节只对 DataSet API 中特有的算子进行详细介绍。

5.7.1 DataSet API 概述

如图 5-66 所示，DataSet API 与 DataStream API 相似，首先创建 ExecutionEnvironment 环境，使用其提供的方法读取外部数据，将数据转换为 DataSet 数据集，然后在创建好的数据集上进行对应 Transformation 操作，进行数据转换，得到最终的结果并输出。

```
public class DataSetTest {

    public static void main(String[] args) throws Exception {
        ExecutionEnvironment env = ExecutionEnvironment.getExecutionEnvironment();

        DataSource<String> text = env.fromElements( ...data: "Hello Flink", "Hadoop Flink");

        DataSet<Tuple2<String, Integer>> flatMapData = text.flatMap(new MyFlatMapper()).groupBy( ...fields: 0).sum( field: 1);

        flatMapData.print();
    }

    public static class MyFlatMapper implements FlatMapFunction<String, Tuple2<String, Integer>> {

        @Override
        public void flatMap(String s, Collector<Tuple2<String, Integer>> out) throws Exception {
            //按空格分词
            String[] words = s.split( regex: " ");
            for (String word :words) {
                out.collect(new Tuple2<>(word, 1));
            }
        }
    }

}
```

图 5-66 DataSet API WordCount 程序示例

DataSet API 的读取外部数据的方法与 DataStream API 相同，可以直接使用 Flink 预定义的数据源或自定义数据源，接入第三方数据。

5.7.2 DataSet API 转换算子 Transformation

1. distinct

求取 DataSet 数据集中的不同记录，去除所有重复的记录，如图 5-67 所示。

2. join

join 即内连接，根据指定的条件关联两个数据集，根据选择的字段形成一个数据集。例如，对于 Tuple 类型的数据集可以通过直接指定字段位置进行关联。join 的具体使用方法如图 5-68 所示。

3. cross

将两个数据集合并为一个数据集，返回两个数据集所有数据元素的笛卡尔积。不指定返回数据集目标格式则默认返回 Tuple2 类型的数据集，cross 的具体使用方法如图 5-69 所示。

```
ExecutionEnvironment env = ExecutionEnvironment.getExecutionEnvironment();
ArrayList<String> data = new ArrayList<String>();
data.add("I love Beijing");
data.add("I love China");
data.add("Beijing is the capital of China");
DataSource<String> text = env.fromCollection(data);
DataSet<String> flatMapData = text.flatMap(new FlatMapFunction<String, String>() {
    public void flatMap(String data, Collector<String> collection) throws Exception {
        String[] words = data.split( regex: " ");
        for(String w:words){
            collection.collect(w);
        }
    }
});
//去掉重复的单词
flatMapData.distinct().print();
```

图 5-67　distinct 算子使用

```
//创建第一张表：用户ID 姓名
ArrayList<Tuple2<Integer, String>> data1 = new ArrayList<Tuple2<Integer,String>>();
data1.add(new Tuple2(1,"Tom"));
data1.add(new Tuple2(2,"Mike"));
data1.add(new Tuple2(3,"Mary"));
data1.add(new Tuple2(4,"Jone"));
//创建第二张表：用户ID 所在的城市
ArrayList<Tuple2<Integer, String>> data2 = new ArrayList<Tuple2<Integer,String>>();
data2.add(new Tuple2(1,"北京"));
data2.add(new Tuple2(2,"上海"));
data2.add(new Tuple2(3,"广州"));
data2.add(new Tuple2(4,"重庆"));

//实现join的多表查询：用户ID 姓名 所在的城市
DataSet<Tuple2<Integer, String>> table1 = env.fromCollection(data1);
DataSet<Tuple2<Integer, String>> table2 = env.fromCollection(data2);

table1.join(table2).where( ...fields: 0).equalTo( ...fields: 0)
        .with(new JoinFunction<Tuple2<Integer,String>, Tuple2<Integer,String>, Tuple3<Integer,String, String>>() {
            public Tuple3<Integer, String, String> join(Tuple2<Integer, String> table1,
                                                        Tuple2<Integer, String> table2) throws Exception {
                return new Tuple3<Integer, String, String>(table1.f0,table1.f1,table2.f1);
            } }).print();
```

图 5-68　join 算子使用

```
DataSet<Tuple2<Integer, String>> table1 = env.fromCollection(data1);
DataSet<Tuple2<Integer, String>> table2 = env.fromCollection(data2);

//生成笛卡尔积
table1.cross(table2).print();
```

图 5-69　cross 算子使用

4. first-n

返回指定数据集的前 n 条结果，具体使用方法如图 5-70 所示。

```
DataSet<Tuple3<String, Integer,Integer>> grade =
        env.fromElements(new Tuple3<String, Integer,Integer>("Tom",1000,10),
                new Tuple3<String, Integer,Integer>("Mary",1500,20),
                new Tuple3<String, Integer,Integer>("Mike",1200,30),
                new Tuple3<String, Integer,Integer>("Jerry",2000,10));


//按照插入顺序取前三条记录
grade.first( n: 3).print();
```

图 5-70　First-n 算子使用

5.8　Flink 的 Table API 与 SQL

Flink 提供了两种顶层的关系型 API，分别为 Table API 和 SQL。Flink 通过 Table API&SQL 实现了批流统一，其中 Table API 是用于 Python、Scala 和 Java 的语言集成查询 API，它允许以非常直观的方式组合关系运算符（如 select，where 和 join）的查询。Flink 对 SQL 的支持基于实现了 SQL 标准的 Apache Calcite。无论数据输入是有界的（批处理）还是连续的（流处理），在任一接口中指定的查询都具有相同的语义并指定相同的结果。

Table API 和 SQL 接口与 Flink 的 DataStream API 无缝集成，可以轻松地在基于这些所构建的全部 API 和库间进行切换。例如，可以使用 MATCH_RECOGNIZE 子句从表中检测模式，然后使用 DataStream API 基于匹配到的模式构建 alerting。

5.8.1　搭建开发环境

使用 Table API 和 SQL 接口需要在 Maven 工程中引入对应的依赖库，如图 5-71 所示。

```
<dependency>
    <groupId>org.apache.flink</groupId>
    <artifactId>flink-table-planner_2.11</artifactId>
    <version>1.8.0</version>
</dependency>
<dependency>
    <groupId>org.apache.flink</groupId>
    <artifactId>flink-table-api-scala-bridge_2.11</artifactId>
    <version>1.8.0</version>
</dependency>
```

图 5-71　Table API Maven 依赖

5.8.2 创建 TableEnvironment 对象

TableEnvironment 表环境是 Table 和 SQL 集成的核心概念，使用 Table API 或 SQL 创建 Flink 应用程序，需要在环境中创建 TableEnvironment 对象，TableEnvironment 中提供了注册内部表、注册外部目录、执行 Flink SQL 语句、注册自定义函数以及将 DataStream 或 DataSet 转换为 Table 等功能。一张表始终绑定在某个特定的 TableEnvironment，一个查询中组合的表也只能是具有同一个 TableEnvironment 的表。

对于批式应用创建 ExecutionEnvironment，然后通过 BatchTableEnvironment. create() 创建 BatchTableEnvironment 对象，示例如图 5-72 所示。

```
ExecutionEnvironment env = ExecutionEnvironment.getExecutionEnvironment();
// 从ExecutionEnvironment创建BatchTableEnvironment
BatchTableEnvironment tableEnvironment = BatchTableEnvironment.create(env);
```

图 5-72　创建批式查询的表环境

对于流式应用创建 ExecutionEnvironment，然后通过 StreamTableEnvironment. create() 创建 StreamTableEnvironment 对象，示例如图 5-73 所示。

```
StreamExecutionEnvironment env = StreamExecutionEnvironment.getExecutionEnvironment();
// 从StreamExecutionEnvironment创建StreamTableEnvironment
StreamTableEnvironment tableEnvironment = StreamTableEnvironment.create(env);
```

图 5-73　创建流式查询的表环境

5.8.3 注册表

每张表都会有一个 catalog 目录信息，每次注册一张表，其实都会在 catalog 中注册相应的表信息。表主要有两种类型，输入表和输出表，可以在 Table 或者 SQL 查询中引用输入表并提供输入数据，然后在输出表中将查询结果发送给外部系统进行保存。

输入表可以从各种来源进行注册。如将表注册到 TableEnvironment；对外连接数据源，通过数据源表的注册获取外部数据源，例如 MySQL、Oracle、Kafka 和一些 CSV 文件中的数据；从外部系统获取数据并注册一张数据保存表，将数据保存到某个位置，如 MySQL、Oracle 和某些文件。以图 5-74 所示为例，利用 pojoType 方法将外部 CSV 文件的数据映射为 java 类型，同时转换为 Flink 的 DataSource。然后调用 fromDataSet 方法将数据集转换成 Table。

```
// transactionId,customerId,itemId,amountPaid
String path = "src/main/java/beans/sale.csv";
DataSource<Sales> salesDataSource = env.readCsvFile(path)
        .ignoreFirstLine()
        // 基于位置指定对应字段名称
        .pojoType(Sales.class, pojoFields: "transactionId", "customerId", "itemId", "amountPaid");
// 将DataSource转换成Table
Table table = tableEnvironment.fromDataSet(salesDataSource);
```

图 5-74　将 CSV 文件数据转换成 Table

5.8.4 查询表

Table 是用于 Scala 和 Java 的语言集成查询 API，与 SQL 相反，Table 查询不指定字符串，而是以宿主语言构成。图 5-75 展示了一个简单的 Table 聚合查询，groupBy 对“customerId”键值进行聚合，然后在聚合数据集之上用 select 操作符查询相关指标，求取“amountPaid”字段的 sum 结果。

```
// transactionId,customerId,itemId,amountPaid
String path = "src/main/java/beans/sale.csv";
DataSource<Sales> salesDataSource = env.readCsvFile(path)
        .ignoreFirstLine()
        // [illegible]
        .pojoType(Sales.class, pojoFields: "transactionId", "customerId", "itemId", "amountPaid");
// 将DataSource转换成Table
Table table = tableEnvironment.fromDataSet(salesDataSource);
salesDataSource.print();

System.out.println("==============================");

Table resultTable = table
        .groupBy( fields: "customerId")
        .select( fields: "customerId,sum(amountPaid)");
DataSet<Row> result = tableEnvironment.toDataSet(resultTable, Row.class);
result.print();
```

图 5-75 Table 聚合查询

5.9 大数据实践 5：Flink 实时数据分析实践

本实验需以大数据实践 2 的 Hadoop 环境和大数据实践 3 的 Zookeeper 环境为基础进行搭建，实验过程中如遇到相关问题需检查大数据实践 2 和大数据实践 3 搭建的环境配置是否正确。

5.9.1 local 模式部署安装

1. 实验介绍

local 模式下的 Flink 部署安装只需要使用单台机器，仅用本地线程来模拟其程序运行，不需要启动任何进程，适用于软件测试等情况。在这种模式下，机器不用更改任何配置，只需要安装 JDK 8 的运行环境即可。

2. 实验目的

- 实现 Flink 的安装；
- 学会 Flink 的脚本启动；
- 使用 Flink 自带的单词统计程序进行测试。

3. 实验步骤

1）上传安装包并解压

我们以“zyw”用户在 node01 服务器上操作为例。首先将压缩包内的 flink-1.8.0-bin-scala_2.11.tgz 上传到 node01 服务器中，复制到/home/modules 路径下，然后进行解压，解压结果如图 5-76 所示。

```
1  [root@zyw-2021140807-0001  ~]# cp flink-1.8.0-bin-scala_2.11.tgz
   /home/modules/
2  [root@zyw-2021140807-0001  ~]# cd /home/modules/
3  [root@zyw-2021140807-0001  modules]# tar -zxvf flink-1.8.0-bin-scala_2.11.tgz
```

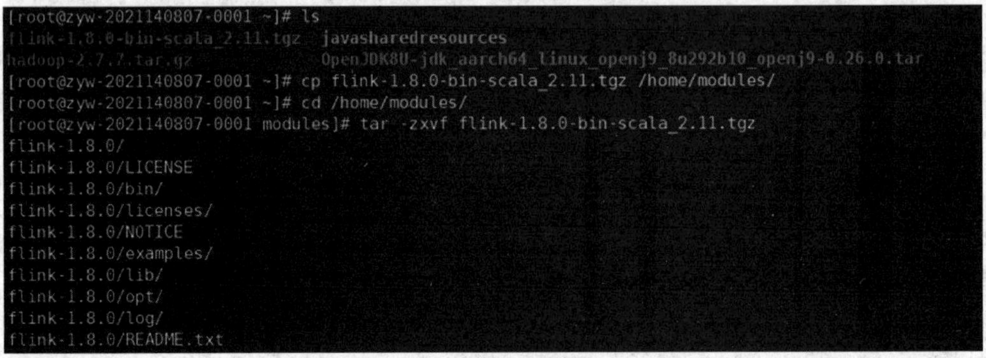

图 5-76　解压结果

2）配置全局环境变量

在/etc/profile 配置文件中添加 flink 路径，执行结果如图 5-77 所示。

```
1  [root@zyw - 2021140807 - 0001 modules]# vim /etc/profile
2
3  #FLINK
4  export FLINK_HOME = /home/modules/flink - 1.8.0
5  export PATH = $FLINK_HOME/bin:$PATH
```

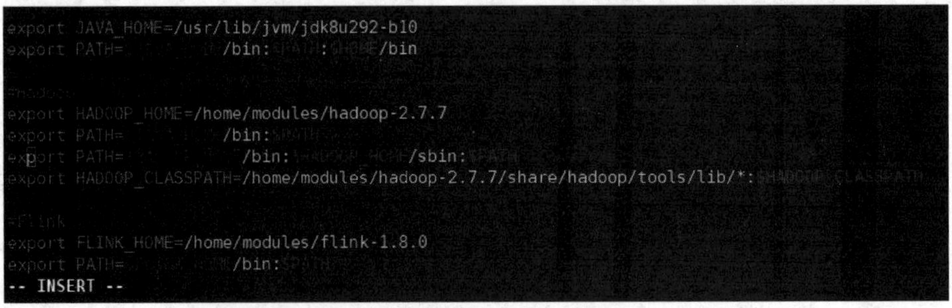

图 5-77　添加 flink 执行结果

配置完/etc/profile 后再执行 source /etc/profile，让其生效。

3）脚本启动 Flink 进程

配置好环境变量后就可以全局使用 Flink 的启动命令，直接使用以下命令，启动过程如图

5-78 所示。

注:在实验一中将 node01 节点 hosts 文件中 127.0.0.1 地址注释掉的同学在这一部分需要取消 node01 节点中 hosts 文件的注释,保证 localhost 能被 node01 找到。

```
1  [root@zyw-2021140807-0001 log]# start-cluster.sh
```

```
[root@zyw-2021140807-0001 log]# start-cluster.sh
Starting cluster.
Starting standalonesession daemon on host zyw-2021140807-0001.
Starting taskexecutor daemon on host zyw-2021140807-0001.
```

图 5-78　启动 Flink

启动成功后,执行 jps 命令能查看最新启动的两个进程(实验中需要截图 5-79 作为实验报告分解步骤结果)。图 5-79 查看启动得到的进程。

```
[root@zyw-2021140807-0001 log]# jps
17143 StandaloneSessionClusterEntrypoint
17619 TaskManagerRunner
17684 Jps
```

图 5-79　查看启动得到的进程

4) Web 界面访问

成功启动两个进程后,访问 8081 端口即可访问 Flink 的 Web 管理界面,如图 5-80 所示。(其中 node01 替换为对应公网 IP)

http://node01:8081/#/overview

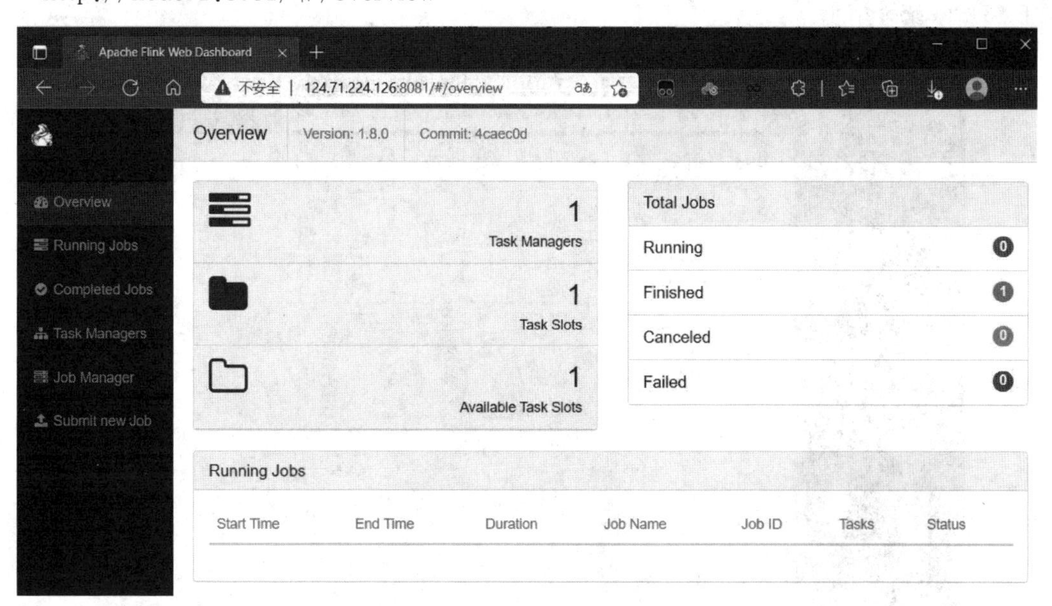

图 5-80　Flink 的 Web 界面

5) 运行 Flink 自带的测试用例

在 node01 上使用 Linux 的 nc 命令向 Socket 发送一些单词(实验中需要截图 5-81 作为实验报告分解步骤结果)。

```
1  [root@zyw-2021140807-0001 ~]# sudo yum -y install nc 2
   [root@zyw-2021140807-0001 ~]# nc -lk 9000
```

```
[root@zyw-2021140807-0001 log]# nc -lk 9000
qwe qwe qwe ^H^H^H^H^H^H flink harry harry hermin^Hone hermione
malfoy harry harry harry ronald flink malfoy
123 123 123 wer wer sdf
```

图 5-81　向 Socket 发送一些单词

另外打开一个 node01 的 shell 页面，在 node01 上启动 Flink 自带的单词统计程序，接收输入的 Socket 数据并进行统计，如图 5-82 所示。

```
1  [root@zyw-2021140807-0001 ~]# cd /home/modules/flink-1.8.0 2
   [root@zyw-2021140807-0001 flink-1.8.0]# bin/flink run
    examples/streaming/SocketWindowWordCount.jar --hostname localhost --port 9000
```

```
[root@zyw-2021140807-0001 ~]# cd /home/modules/flink-1.8.0
[root@zyw-2021140807-0001 flink-1.8.0]# bin/flink run examples/streaming/SocketWindowWordCount.jar --hostname local
host --port 9000
Starting execution of program
```

图 5-82　启动 Flink 自带的单词统计程序

6）查看统计结果

在 Flink 的 Web 管理界面进入 Task Managers 目录下，选择 Stdout 选项卡，得到如图 5-83 所示统计结果。

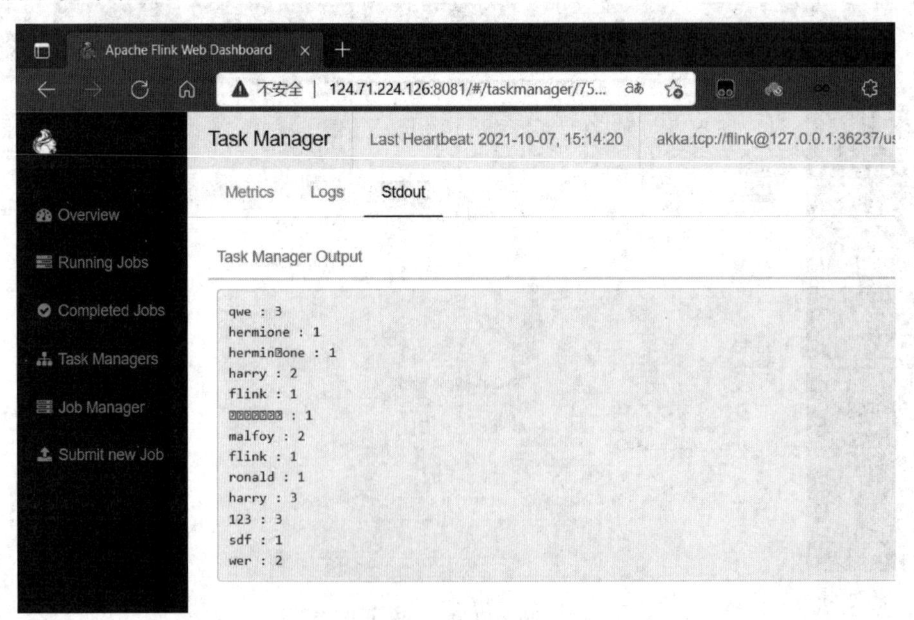

图 5-83　单词统计结果

Flink 自带的测试用例统计结果在 log 文件夹路径下。在 node01 上执行以下命令查看统计结果(实验中需要截图 5-84 作为实验报告分解步骤结果)。

```
1 [root@zyw-2021140807-0001 ~]# cd /home/modules/flink-1.8.0/log/
2 [root@zyw-2021140807-0001 log]# tail -200f flink-root-taskexecutor-0-zyw-
  2021140807-0001.out
```

```
[root@zyw-2021140807-0001 ~]# cd /home/modules/flink-1.8.0/log/
[root@zyw-2021140807-0001 log]# tail -200f flink-root-taskexecutor-0-zyw-2021140807-0001.out
qwe : 3
hermione : 1
hermione : 1
harry : 2
flink : 1
malfoy : 2
flink : 1
ronald : 1
harry : 3
123 : 3
sdf : 1
wer : 2
```

图 5-84 在 node01 上查看统计结果

关闭 local 模式，如图 5-85 所示。

```
1 [root@zyw-2021140807-0001 log]# stop-cluster.sh
```

```
[root@zyw-2021140807-0001 log]# stop-cluster.sh
Stopping taskexecutor daemon (pid: 20381) on host zyw-2021140807-0001.
Stopping standalonesession daemon (pid: 19891) on host zyw-2021140807-0001.
```

图 5-85 关闭 local 模式

5.9.2 standalone 模式部署安装

1. 实验介绍

使用 standalone 模式需要启动 Flink 的主节点 JobManager 以及从节点的 TaskManager，具体的任务进程划分如表 5-4 所示。

表 5-4 任务进程详情

服务及 IP	node01	node02	node03	node04
JobManager	是	否	否	否
TaskManager	是	是	是	是

2. 实验目的

实现 standalone 模式下 Flink 进程的启动。

3. 实验步骤

1）修改配置文件

停止 node01 服务器 local 模式下的进程后，修改配置文件。在 node01 节点上执行以下命令，更改 Flink 配置文件。

```
1 [root@zyw-2021140807-0001 ~]# cd /home/modules/flink-1.8.0/conf/
2 [root@zyw-2021140807-0001 conf]# vim flink-conf.yaml
```

指定 JobManager 所在的服务器为 node01，如图 5-86 所示。

```
jobmanager.rpc.address：zyw-2021140807-0001   #服务器地址
```

```
#==============================================================================
# Common
#==============================================================================

# The external address of the host on which the JobManager runs and can be
# reached by the TaskManagers and any clients which want to connect. This setting
# is only used in Standalone mode and may be overwritten on the JobManager side
# by specifying the --host <hostname> parameter of the bin/jobmanager.sh executable.
# In high availability mode, if you use the bin/start-cluster.sh script and setup
# the conf/masters file, this will be taken care of automatically. Yarn/Mesos
# automatically configure the host name based on the hostname of the node where the
# JobManager runs.

jobmanager.rpc.address: zyw-2021140807-0001
```

图 5-86　指定服务器

更改 slaves 配置文件，如图 5-87 所示。

```
1 [root@zyw-2021140807-0001 conf]# vim slaves
```

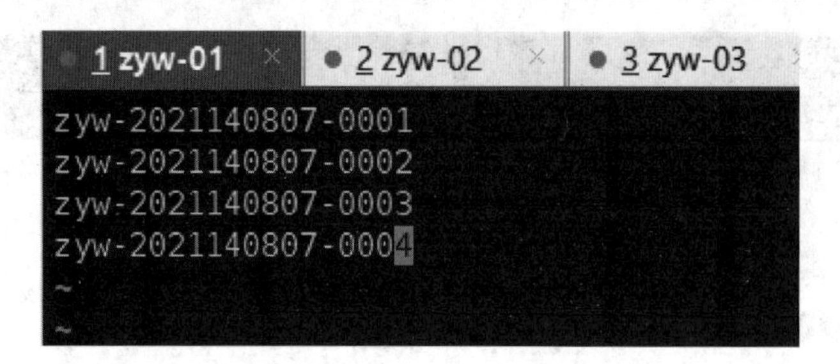

图 5-87　更改 slaves 配置文件

2）分发配置文件

将修改好配置文件的 Flink 安装包分发到其他节点机器上，执行如下命令。

```
1  [root@zyw-2021140807-0001 conf]# cd /home/modules/
2  [root@zyw-2021140807-0001 modules]# scp -r flink-1.8.0 root@zyw-2021140807-0002:$PWD
3  [root@zyw-2021140807-0001 modules]# scp -r flink-1.8.0 root@zyw-2021140807-0003:$PWD
4  [root@zyw-2021140807-0001 modules]# scp -r flink-1.8.0 root@zyw-2021140807-0004:$PWD
```

3）启动 Flink 集群

在 node01 上执行与 local 模式相同的命令启动 Flink 集群，各节点的进程如图 5-88～图 5-91 所示。

注：在实验第一部分中将 node01 节点 hosts 文件中 127.0.0.1 地址注释已经取消掉，这一部分需要再次注释掉 node01 节点 hosts 文件中 127.0.0.1 地址，保证本机的 TaskManager 能够正确启动。

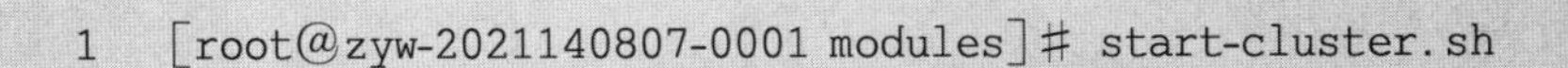

```
1  [root@zyw-2021140807-0001 modules]# start-cluster.sh
```

```
[root@zyw-2021140807-0001 modules]# start-cluster.sh
Starting cluster.
Starting standalonesession daemon on host zyw-2021140807-0001.
Starting taskexecutor daemon on host zyw-2021140807-0001.
Starting taskexecutor daemon on host zyw-2021140807-0002.
Starting taskexecutor daemon on host zyw-2021140807-0003.
Starting taskexecutor daemon on host zyw-2021140807-0004.
[root@zyw-2021140807-0001 modules]# jps
22988 Jps
22925 TaskManagerRunner
22400 StandaloneSessionClusterEntrypoint
```

图 5-88　node1 启动 Flink 并执行 jps 命令

```
[root@zyw-2021140807-0002 ~]# jps
4129 TaskManagerRunner
4250 Jps
```

图 5-89　node2 启动 Flink 后执行 jps 命令

```
[root@zyw-2021140807-0003 ~]# jps
3551 Jps
3476 TaskManagerRunner
```

图 5-90　node3 启动 Flink 后执行 jps 命令

```
[root@zyw-2021140807-0004 ~]# jps
3839 Jps
3764 TaskManagerRunner
```

图 5-91　node4 启动 Flink 后执行 jps 命令

进入 Web 管理页面(网址同第 1 章)能看到 Task Managers 和 Task Slots 数量为 4,说明集群正确启动,如图 5-92 所示。

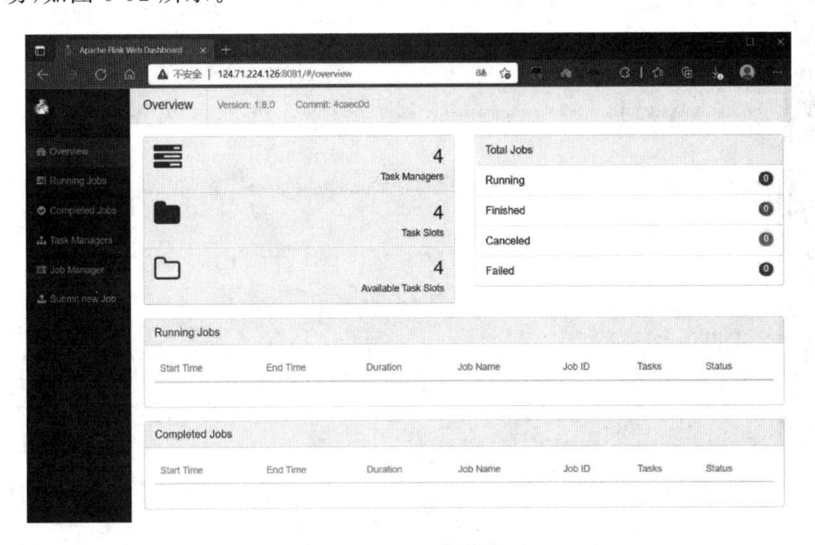

图 5-92　Web 管理页面

4）运行 Flink 自带的测试用例

在 node01 启动 Socket 服务，输入单词，如图 5-93 所示。

```
1    [root@zyw-2021140807-0001 modules]# nc -lk 9000
```

```
[root@zyw-2021140807-0001 modules]# nc -lk 9000
flink flink flink hadoop hadoop zookeeper
123 123 flink 123 123 nimbus nimbus
```

图 5-93　在 node01 启动 Socket 服务

另外打开一个 node01 的 shell 页面，在 node01 上启动 Flink 自带的单词统计程序，接收输入的 Socket 数据并进行统计，如图 5-94 所示。

```
1    [root@zyw-2021140807-0001 flink-1.8.0]# bin/flink run examples/
     streaming/SocketWindowWordCount.jar --hostname zyw-2021140807-0001 --
     port 9000
```

```
[root@zyw-2021140807-0001 flink-1.8.0]# bin/flink run examples/streaming/SocketWindowWordCount.jar --hostname zyw-2
021140807-0001 --port 9000
Starting execution of program
```

图 5-94　在 node01 页面启动单词统计程序

在 Web 管理界面的 Task Managers 目录中，选择 Free Slots 为 0 的一项，选中后可以在它对应的 Stdout 中看到单词的统计结果(实验中需要截图 5-95 作为实验报告分解步骤结果)。

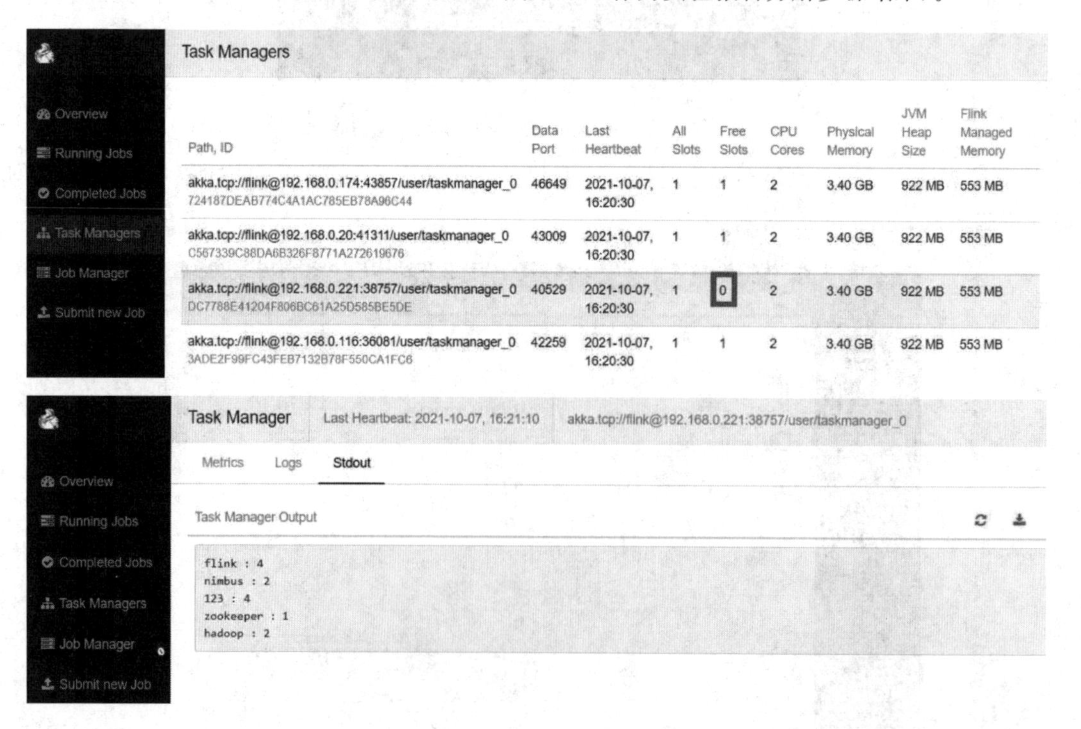

图 5-95　单词统计结果

根据执行的 Task Manager，在 node02 命令行中执行以下命令查看统计结果(实验中需要截图 5-96 作为实验报告分解步骤结果)。

```
1  [root@zyw-2021140807-0002 ~]# cd /home/modules/flink-1.8.0/log/
2  [root@zyw-2021140807-0002 log]# tail -200f flink-root-taskexecutor-0-zyw-
   2021140807-0002.out
```

```
[root@zyw-2021140807-0002 ~]# cd /home/modules/flink-1.8.0/log/
[root@zyw-2021140807-0002 log]# tail -200f flink-root-taskexecutor-0-zyw-2021140807-0002.out
flink : 4
nimbus : 2
123 : 4
zookeeper : 1
hadoop : 2
```

图 5-96 命令行查看统计结果

5.9.3 Flink on Yarn 模式

1. 实验介绍

Flink 任务也可以运行在 Yarn 上，将 Flink 任务提交到 Yarn 平台可以实现统一的任务资源调度管理，方便开发人员管理集群中的 CPU 和内存等资源。

本模式需要先启动集群，然后再提交作业，接着会向 Yarn 申请资源空间，之后资源保持不变。如果资源不足，那么下一个作业就无法提交，需要等到 Yarn 中的一个作业执行完成后再释放资源。

2. 实验目的

- 完成 Flink on Yarn 模式的配置；
- 在 Yarn 中启动 Flink 集群；
- 以文件的形式进行任务提交。

3. 实验步骤

1) 修改 yarn-site.xml 配置文件

将上个实验启动的进程全部关闭。在 node01 上添加以下配置属性到该文件中进行修改，如图 5-97 所示。

```
1  [root@zyw-2021140807-0001 ~]# cd /home/modules/hadoop-2.7.7/etc/hadoop/
2  [root@zyw-2021140807-0001 hadoop]# vim yarn-site.xml
3
4    <property>
5    <name>yarn.resourcemanager.am.max-attempts</name>
6    <value>4</value>
7    <description>The maximum number of application master execution attempts.
     </description>
8  </property>
```

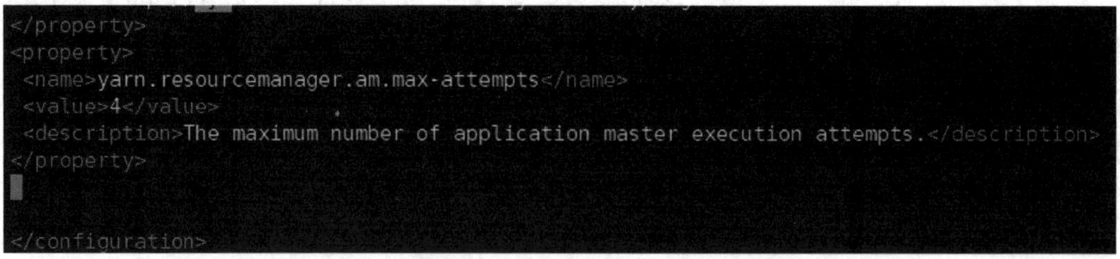

```
</property>
<property>
 <name>yarn.resourcemanager.am.max-attempts</name>
 <value>4</value>
 <description>The maximum number of application master execution attempts.</description>
</property>

</configuration>
```

图 5-97　添加配置属性

然后将修改后的配置文件分发到其他节点上，如图 5-98 所示。之后启动 HDFS 和 Yarn 集群，使用 start-all. sh。

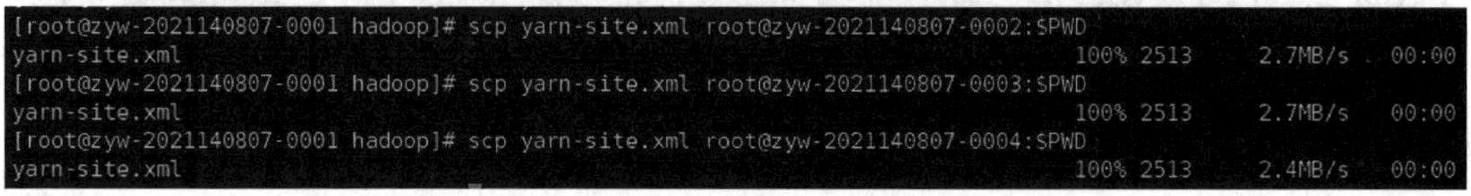

```
[root@zyw-2021140807-0001 hadoop]# scp yarn-site.xml root@zyw-2021140807-0002:$PWD
yarn-site.xml                                              100% 2513     2.7MB/s   00:00
[root@zyw-2021140807-0001 hadoop]# scp yarn-site.xml root@zyw-2021140807-0003:$PWD
yarn-site.xml                                              100% 2513     2.7MB/s   00:00
[root@zyw-2021140807-0001 hadoop]# scp yarn-site.xml root@zyw-2021140807-0004:$PWD
yarn-site.xml                                              100% 2513     2.4MB/s   00:00
```

图 5-98　分发配置文件

2）修改 Flink 配置文件

首先停止之前的 Flink 的 standalone 进程（使用 jps 命令获取对应进程号，然后直接 kill 掉对应进程，但要保留 Hadoop 进程）。

在 node01 上执行以下命令修改 Flink 的配置文件。

修改 flink-conf. yaml 配置文件，如图 5-99 所示。

```
1  [root@zyw-2021140807-0001 hadoop]# cd /home/modules/flink-1.8.0/conf/
2  [root@zyw-2021140807-0001 conf]# vim flink-conf.yaml
3
4  high-availability: zookeeper
5  high-availability.storageDir: hdfs://zyw-2021140807-0001:8020/flink_yarn_ha
6  high-availability.zookeeper.path.root: /flink-yarn
7  high-availability.zookeeper.quorum: zyw-2021140807-0001:2181,zyw-2021140807- 0002:
   2181,zyw-2021140807-0003:2181,zyw-2021140807-0004:2181
8  yarn.application-attempts: 10
```

```
high-availability: zookeeper

high-availability.storageDir: hdfs://zyw-2021140807-0001:8020/flink_yarn_ha
high-availability.zookeeper.path.root: /flink-yarn

high-availability.zookeeper.quorum: zyw-2021140807-0001:2181,zyw-2021140807-0002:2181,zyw-2021140807-0003:2181,zyw-
2021140807-0004:2181

yarn.application-attempts:
```

图 5-99　flink-conf. yaml

修改 masters 配置文件，如图 5-100 所示。

分发配置文件。

```
1  [root@zyw-2021140807-0001 conf]# vim masters
2
3  zyw-2021140807-0001:8081
4  zyw-2021140807-0002:8081
```

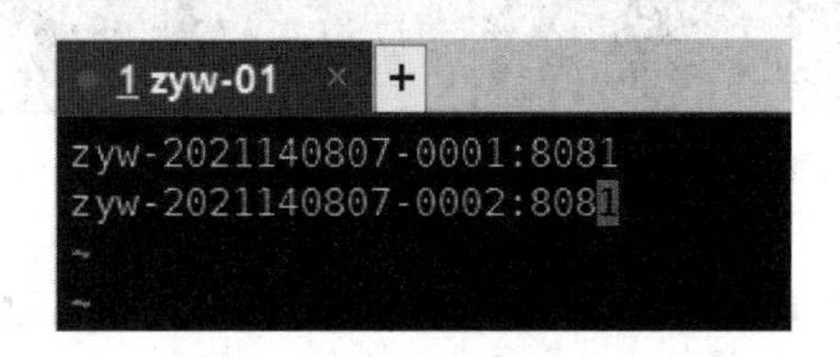

图 5-100　masters 配置文件

将 node01 修改后的配置文件复制到其他服务器上，命令如下。

```
1  [root@zyw-2021140807-0001 conf]# scp -r flink-conf.yaml masters root@zyw-
   2021140807-0002:$PWD
2  [root@zyw-2021140807-0001 conf]# scp -r flink-conf.yaml masters root@zyw-
   2021140807-0003:$PWD
3  [root@zyw-2021140807-0001 conf]# scp -r flink-conf.yaml masters root@zyw
   2021140807-0002:$PWD
```

再分发另一个配置文件关键步骤，在实验附带的压缩包中，名叫 flink-shaded-hadoop-2-uber-2.7.5-10.0.jar 。

将该文件复制到图 5-101 中的路径，然后分发到其他三个节点（如图 5-102 所示）。因为在 Flink1.8 之后的 Flink 版本把 Hadoop 的一些依赖删除了，所以会报错找不到相应的 jar 包，需要手动导入对应的 jar 包。

在各个节点上启动 ZooKeeper。

```
[root@zyw-2021140807-0001 ~]# cp flink-shaded-hadoop-2-uber-2.7.5-10.0.jar /home/modules/flink-1.8.0/lib/
[root@zyw-2021140807-0001 ~]# cd /home/modules/flink-1.8.0/lib/
[root@zyw-2021140807-0001 lib]# ls
flink-dist_2.11-1.8.0.jar  flink-shaded-hadoop-2-uber-2.7.5-10.0.jar  log4j-1.2.17.jar  slf4j-log4j12-1.7.15.jar
```

图 5-101　复制文件

图 5-102　分发到其他三个节点

具体启动方法请查看实验三，大概就是在已经配置过 ZooKeeper 的前提下，输入 zkServer.sh start。

输入启动命令后记得观察是否出现成功启动的提示，确保四个节点全部成功。在 HDFS 上创建文件夹。首先确保 Hadoop 集群已经运行，如果没有运行，那么输入 start-all.sh 进行启动。输入 hadoop dfsadmin -safemode leave 解除潜在的安全模式。接下来创建文件夹，命令如图 5-103 所示。

```
[root@zyw-2021140807-0001 conf]# hdfs dfs -mkdir -p /flink_yarn_ha
21/10/11 09:04:26 WARN util.NativeCodeLoader: Unable to load native-hadoop library for your platform... using built
in-java classes where applicable
[root@zyw-2021140807-0001 conf]# hdfs dfs -ls /
21/10/11 09:04:34 WARN util.NativeCodeLoader: Unable to load native-hadoop library for your platform... using built
in-java classes where applicable
Found 3 items
drwxr-xr-x   - root supergroup          0 2021-10-07 10:08 /bigdata
drwxr-xr-x   - root supergroup          0 2021-10-10 20:20 /flink
drwxr-xr-x   - root supergroup          0 2021-10-11 09:04 /flink_yarn_ha
[root@zyw-2021140807-0001 conf]#
```

图 5-103 创建文件夹

在 Yarn 中启动 Flink 集群。在进行下一步的操作前，请大家务必做以下四步检查：

- 主节点的/etc/hosts 文件中 127.0.0.1 那一行已经被注释掉（其余三个节点无所谓），若没有被注释掉，则建议重启四台服务器或者重启 Linux 网卡，因为这个文件修改后不会立即生效，重启之后，再查看/etc/hosts 文件时，可能会发现 127.0.0.1 那一行没有被注释掉，此时只需注释掉该行（不需要再次重启），接着做后面的三步即可；
- Hadoop 集群已经启动，如果没有启动，那么输入 start-all. sh 进行启动；
- 已经输入过 hadoop dfsadmin -safemode leave 解除潜在的安全模式；
- 四个节点的 ZooKeeper 已经全部启动成功。

四步检查完毕后进行以下操作。在 node01 上执行以下命令，在 Yarn 中启动一个全新的 Flink 集群。可以使用 help 查看 yarn- session. sh 的参数设置。

```
1  [root@zyw-2021140807-0001 conf]# cd ..
2  [root@zyw-2021140807-0001 flink-1.8.0]# bin/yarn-session.sh -n 2 -jm 1024 -
   tm1024 -d
```

如果出现如图 5-104 所示输出，那么集群启动成功。

```
2021-10-11 15:58:01,131 INFO  org.apache.flink.yarn.AbstractYarnClusterDescriptor           - Deploying cluster, current state ACCEPTED
2021-10-11 15:58:09,527 INFO  org.apache.flink.yarn.AbstractYarnClusterDescriptor           - YARN application has been deployed successfully.

2021-10-11 15:58:09,685 INFO  org.apache.flink.shaded.zookeeper.org.apache.zookeeper.ClientCnxn  - Socket connection established to zyw-2021140807-000
2021-10-11 15:58:09,692 INFO  org.apache.flink.shaded.zookeeper.org.apache.zookeeper.ClientCnxn  - Session establishment complete on server zyw-202114
2021-10-11 15:58:09,695 INFO  org.apache.flink.shaded.curator.org.apache.curator.framework.state.ConnectionStateManager  - State change: CONNECTED
2021-10-11 15:58:09,884 INFO  org.apache.flink.runtime.rest.RestClient                      - Rest client endpoint started.
Flink JobManager is now running on zyw-2021140807-0002:43409 with leader id 338869ce-acb7-4af8-8074-9918fd06335b.
JobManager Web Interface: http://zyw-2021140807-0002:44127
2021-10-11 15:58:09,947 INFO  org.apache.flink.yarn.cli.FlinkYarnSessionCli                 - The Flink YARN client has been started in detached mode.
yarn application -kill application_1633939038053_0001
[root@zyw-2021140807-0001 flink-1.8.0]#
```

图 5-104 集群成功启动的结果

3）查看 Yarn 管理界面

访问 Yarn 的 8088 管理界面 http://node01:8088/cluster（此处 node01 应使用公网 IP），可以看到其中有一个应用，这是为 Flink 单独启动的一个 Session，如图 5-105 所示（实验中需要截图 5-105 作为实验报告分解步骤结果）。

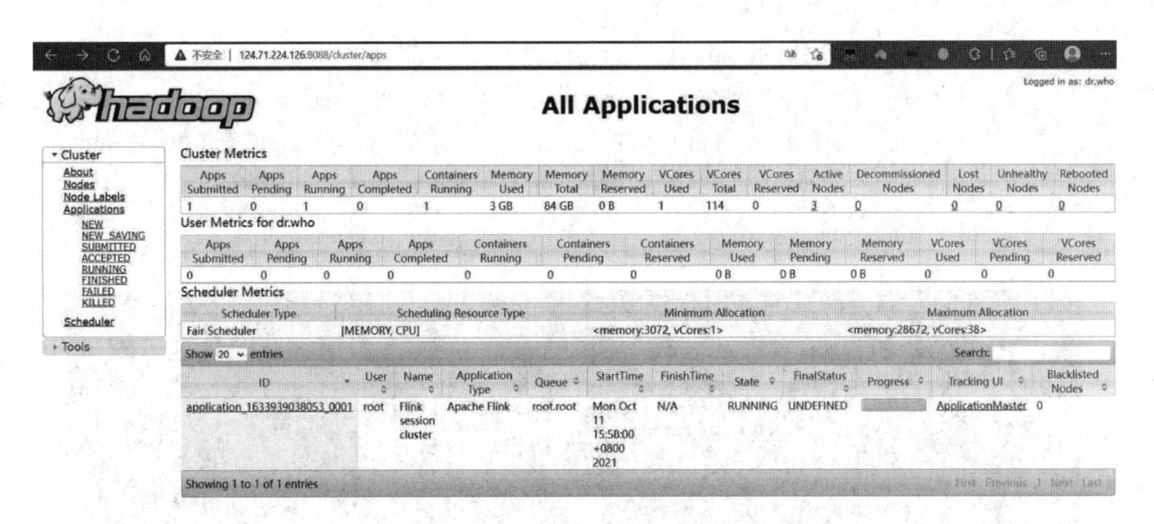

图 5-105 管理界面

提交任务，在 node01 上准备单词文件 wordcount. txt，如图 5-106 所示。

```
[root@zyw-2021140807-0001 ~]# vim wordcount.txt
[root@zyw-2021140807-0001 ~]# ls
apache-zookeeper-3.5.7-bin.tar.gz            javasharedresources
flink-1.8.0-bin-scala_2.11.tgz               OpenJDK8U-jdk_aarch64_linux_openj9_8u292b
flink-shaded-hadoop-2-uber-2.7.5-10.0.jar    wordcount.txt
hadoop-2.7.7.tar.gz
[root@zyw-2021140807-0001 ~]# cat wordcount.txt
hello world
flink hadoop
hive spark
[root@zyw-2021140807-0001 ~]#
```

图 5-106 wordcount. txt 文件

在 HDFS 上创建文件夹并上传文件，如图 5-107 所示。

```
1  [root@zyw-2021140807-0001 ~]# hdfs dfs -mkdir -p /flink_input
```

```
[root@zyw-2021140807-0001 ~]# hdfs dfs -mkdir -p /flink_input
21/10/11 16:38:07 WARN util.NativeCodeLoader: Unable to load native-hadoop library for your plat
in-java classes where applicable
[root@zyw-2021140807-0001 ~]# hdfs dfs -put wordcount.txt /flink_input
21/10/11 16:38:32 WARN util.NativeCodeLoader: Unable to load native-hadoop library for your plat
in-java classes where applicable
[root@zyw-2021140807-0001 ~]# hdfs dfs -ls /flink_input
21/10/11 16:38:45 WARN util.NativeCodeLoader: Unable to load native-hadoop library for your plat
in-java classes where applicable
Found 1 items
-rw-r--r--   3 root supergroup         36 2021-10-11 16:38 /flink_input/wordcount.txt
```

图 5-107 上传文件

在 node01 上执行以下命令，提交任务到 Flink 集群，如图 5-108 所示，(实验中需要截图 5-108 作为实验报告分解步骤结果)。

```
1  [root@zyw-2021140807-0001 ~]# cd /home/modules/flink-1.8.0 2
   [root@zyw-2021140807-0001 flink-1.8.0]# bin/flink run
   examples/batch/WordCount. jar -input hdfs://zyw-2021140807- 0001: 8020/
   flink _ input -output hdfs://zyw-2021140807- 0001: 8020/flink _ output/
   wordcount-result. txt
```

```
[root@zyw-2021140807-0001 ~]# cd /home/modules/flink-1.8.0
[root@zyw-2021140807-0001 flink-1.8.0]# bin/flink run examples/batch/WordCount.jar -input hdfs://zyw-2021140807-000
1:8020/flink_input -output hdfs://zyw-2021140807-0001:8020/flink_output/wordcount-result.txt
2021-10-11 16:43:47,626 INFO  org.apache.flink.yarn.cli.FlinkYarnSessionCli                 - Found Yarn properties
 file under /tmp/.yarn-properties-root.
2021-10-11 16:43:47,626 INFO  org.apache.flink.yarn.cli.FlinkYarnSessionCli                 - Found Yarn properties
 file under /tmp/.yarn-properties-root.
2021-10-11 16:43:47,980 INFO  org.apache.flink.yarn.cli.FlinkYarnSessionCli                 - YARN properties set d
efault parallelism to 2
2021-10-11 16:43:47,980 INFO  org.apache.flink.yarn.cli.FlinkYarnSessionCli                 - YARN properties set d
efault parallelism to 2
YARN properties set default parallelism to 2
2021-10-11 16:43:48,059 INFO  org.apache.hadoop.yarn.client.RMProxy                         - Connecting to Resourc
eManager at zyw-2021140807-0001/192.168.0.116:8032
2021-10-11 16:43:48,162 INFO  org.apache.flink.yarn.cli.FlinkYarnSessionCli                 - No path for the flink
 jar passed. Using the location of class org.apache.flink.yarn.YarnClusterDescriptor to locate the jar
2021-10-11 16:43:48,162 INFO  org.apache.flink.yarn.cli.FlinkYarnSessionCli                 - No path for the flink
 jar passed. Using the location of class org.apache.flink.yarn.YarnClusterDescriptor to locate the jar
2021-10-11 16:43:48,165 WARN  org.apache.flink.yarn.AbstractYarnClusterDescriptor           - Neither the HADOOP_CO
NF_DIR nor the YARN_CONF_DIR environment variable is set.The Flink YARN Client needs one of these to be set to prop
erly load the Hadoop configuration for accessing YARN.
2021-10-11 16:43:48,217 INFO  org.apache.flink.yarn.AbstractYarnClusterDescriptor           - Found application Job
Manager host name 'zyw-2021140807-0002' and port '44127' from supplied application id 'application_1633939038053_00
01'
Starting execution of program
Program execution finished
Job with JobID ea0b4f433a7cc81be8c86deeb514a5ec has finished.
Job Runtime: 14885 ms
```

图 5-108　提交任务到 Flink 集群

查看输出文件内容，如图 5-109 所示，(实验中需要截图 5-109 作为实验报告分解步骤结果)。

```
1  [root@zyw-2021140807-0001 flink-1.8.0]# hdfs dfs -cat
   /flink_output/wordcount-result. txt
```

```
[root@zyw-2021140807-0001 flink-1.8.0]# hdfs dfs -cat /flink_output/wordcount-result.txt
21/10/11 16:46:14 WARN util.NativeCodeLoader: Unable to load native-hadoop library for your platform... using built
in-java classes where applicable
flink 1
hadoop 1
hello 1
hive 1
spark 1
world 1
```

图 5-109　输出文件内容

5.9.4　Flink 消费 Kafka 数据

1. 实验介绍

对于实时处理，实际工作中的数据源一般都是使用 Kafka。Flink 提供了一个特有的 Kafka 连接器去读写 Kafka topic 的数据。本实验通过本地打包 jar 文件上传到 Flink 集群，去处理终端 Kafka 输入的数据。

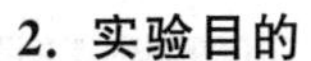

2. 实验目的

- 安装 Kafka;
- 本地编辑代码读取 Kafka 数据,并且打包成 jar 包文件;
- 将 jar 包上传到 Flink 集群运行。

3. 实验步骤

1) 安装 Kafka

上传压缩包中的 kafka_2.10-0.8.2.1.tgz 安装包到 node01 并解压到指定路径下。

将 Kafka 安装包分发到各个节点。

```
[root@zyw-2021140807-0001 ~]# cp kafka_2.10-0.8.2.1.tgz /home/modules/
[root@zyw-2021140807-0001 ~]# cd /home/modules/
[root@zyw-2021140807-0001 modules]# tar -xzvf kafka_2.10-0.8.2.1.tgz
```

```
1  [root@zyw-2021140807-0001 modules]# scp -r kafka_2.10-0.8.2.1 root@zyw-
   2021140807-0002:$PWD
2  [root@zyw-2021140807-0001 modules]# scp -r kafka_2.10-0.8.2.1 root@zyw-
   2021140807-0003:$PWD
3  [root@zyw-2021140807-0001 modules]# scp -r kafka_2.10-0.8.2.1 root@zyw-
   2021140807-0004:$PWD
```

配置各个节点(4 个节点都要配置)的全局环境变量,在/etc/profile 文件中添加 Kafka 路径,如图 5-110 所示。

```
1  #Kafka
2  export KAFKA_HOME = /home/modules/kafka_2.10-0.8.2.1
3  export PATH = $KAFKA_HOME/bin:$PATH
4
5  [root@zyw-2021140807-0001 config]# source /etc/profile
```

```
#Kafka
export KAFKA_HOME=/home/modules/kafka_2.10-0.8.2.1
export PATH=$KAFKA_HOME/bin:$PATH
```

图 5-110 添加 Kafka 路径

进入各个节点 Kafka 安装包的 config 目录,在 server.properties 配置文件中添加如图 5-111所示属性。

```
1  broker.id = 1(id 值唯一,与其他节点值不同)
2  host.name = zyw-2021140807-0001(对应节点改为对应主机名)
3  zookeeper.connect = zyw-2021140807-0001:2181,zyw-2021140807-0002:2181,zyw-
   2021140807-0003:2181,zyw-2021140807-0004:2181
```

```
############################# Server Basics #############################

# The id of the broker. This must be set to a unique integer for each broker.
broker.id=3
host.name=zyw-2021140807-0003
############################# Socket Server Settings #############################
zookeeper.connect=zyw-2021140807-0001:2181,zyw-2021140807-0002:2181,zyw-2021140807-0003:2181,zyw-2021140807-0004:2181
```

```
############################# Server Basics #############################

# The id of the broker. This must be set to a unique integer for each broker.
broker.id=4
host.name=zyw-2021140807-0004
############################# Socket Server Settings #############################
zookeeper.connect=zyw-2021140807-0001:2181,zyw-2021140807-0002:2181,zyw-2021140807-0003:2181,zyw-2021140807-0004:2181
```

```
############################# Server Basics #############################

# The id of the broker. This must be set to a unique integer for each broker.
broker.id=1
host.name=zyw-2021140807-0001
############################# Socket Server Settings #############################
zookeeper.connect=zyw-2021140807-0001:2181,zyw-2021140807-0002:2181,zyw-2021140807-0003:2181,zyw-2021140807-0004:2181
```

```
############################# Server Basics #############################

# The id of the broker. This must be set to a unique integer for each broker.
broker.id=2
host.name=zyw-2021140807-0002
############################# Socket Server Settings #############################
zookeeper.connect=zyw-2021140807-0001:2181,zyw-2021140807-0002:2181,zyw-2021140807-0003:2181,zyw-2021140807-0004:2181
```

图 5-111　各节点属性配置

验证是否安装成功(前提要启动 ZooKeeper)，在各个节点分别启动 Kafka(注意执行该命令时，需要处于 Kafka 的 config 目录下)。

```
1    [root@zyw-2021140807-0001 config]# kafka-server-start.sh -daemon
     server.properties
```

检查各个节点的 jps，当各个节点的 jps 都出现 Kafka 时，安装成功，如图 5-112 所示(实验中需要截图 5-112 作为实验报告分解步骤结果)。

```
[root@zyw-2021140807-0001 config]# kafka-server-start.sh -daemon server.properties
[root@zyw-2021140807-0001 config]# jps
10430 Kafka
7729 QuorumPeerMain
8381 NameNode
8597 SecondaryNameNode
8778 ResourceManager
10482 Jps
```

图 5-112　查看当前进程

测试完成之后请务必关闭各节点的 Kafka 进程，否则将会影响后续实验。使用命令 kafka-server-stop.sh，或者直接 kill kafka 的进程号码以结束该进程，之后输入 jps 检查 Kafka 进程是否已经消失。

2) 创建 maven 工程

创建项目，打开 IDEA 编辑器，创建 maven 工程 WordCount(具体步骤同实验一)。

3）添加 Flink 依赖

在 pom 文件中找到 properties 配置项，新增 Hadoop 版本号，如图 5-113 所示。

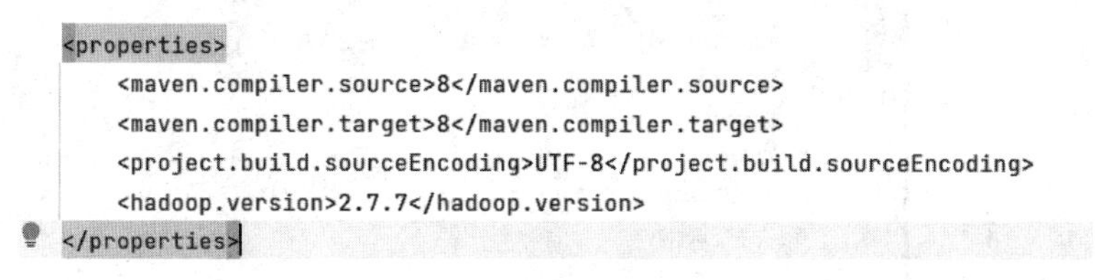

图 5-113　新增 Hadoop 版本号

在 pom 文件中添加下列依赖并选择“Maven”→“Reload project”导入依赖包，如图 5-114 所示。

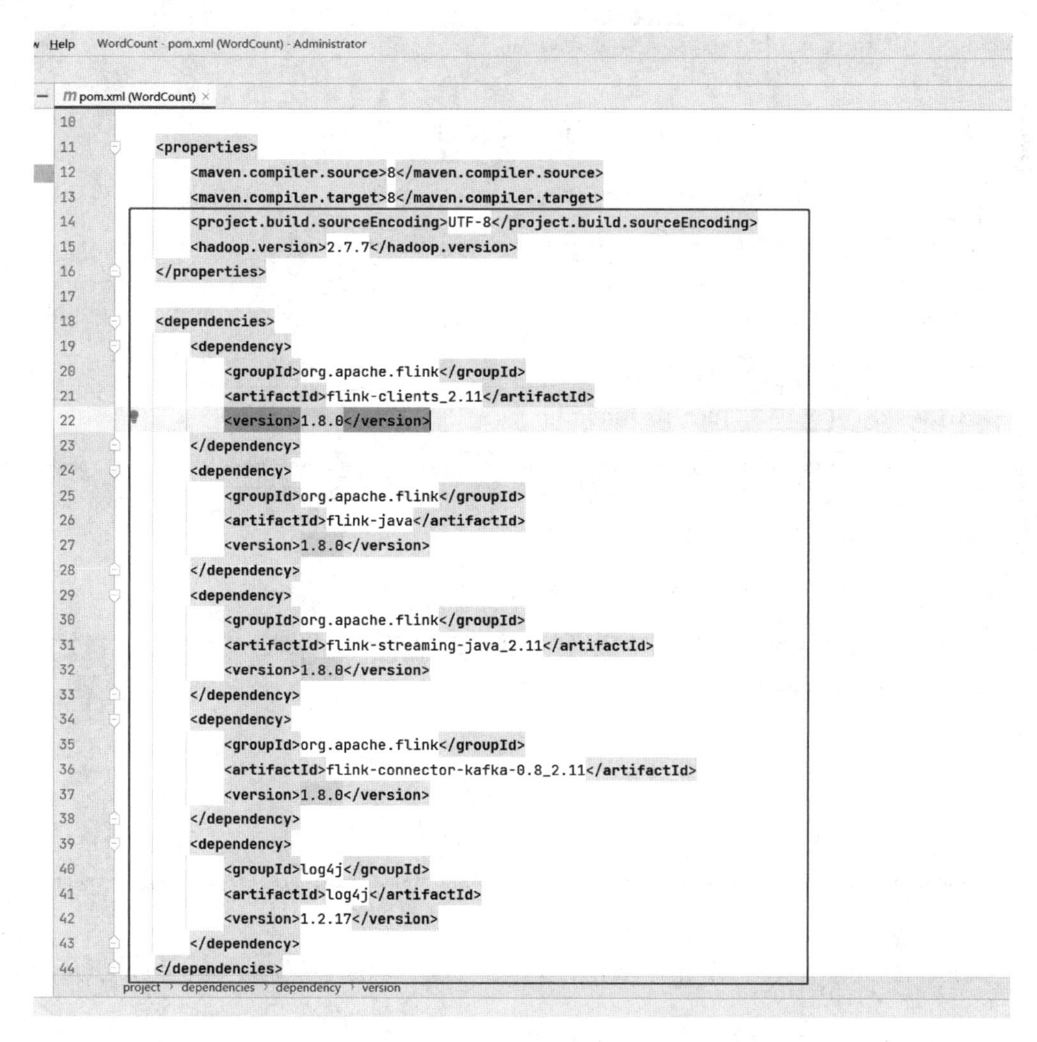

图 5-114　在 pom 文件中导入依赖包

4）编写 Flink 代码

编写 Flink 读取 Kafka 数据的代码（可以在本机尝试运行代码正确后再打包 jar 包）。

在项目的 src/main/java 目录下新建一个 Flink_Kafka 类（如图 5-115 所示），这个类名称读者可自己设定，然后在该 Java 文件中输入图 5-116 和图 5-117 的代码。

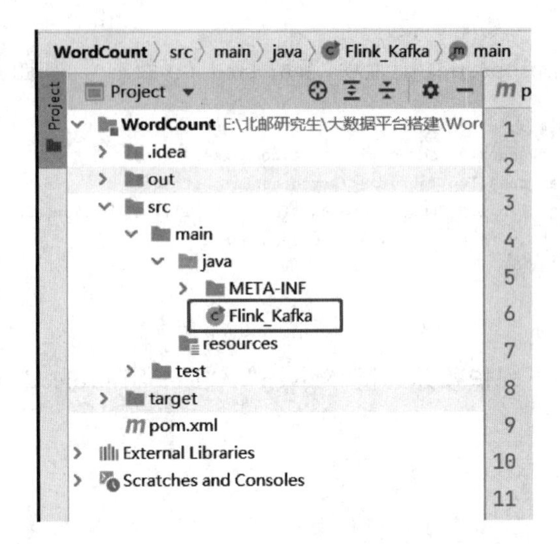

图 5-115　Kafka 类

```
public static void main(String[] args) throws Exception {
    //获取Flink运行环境
    StreamExecutionEnvironment env = StreamExecutionEnvironment.getExecutionEnvironment();

    //配置Kafka连接属性
    Properties properties = new Properties();

    properties.setProperty("bootstrap.servers", "zyw-2021140807-0001:9092"); Kafka连接ip:端口
    properties.setProperty("zookeeper.connect", "zyw-2021140807-0001:2181"); ZooKeeper连接ip:端口
    properties.setProperty("group.id", "1"); Kafka消费组

    FlinkKafkaConsumer08<String> myconsumer = new FlinkKafkaConsumer08<>( topic: "test", new SimpleStringSchema(), properties);
                                                  函数对应Kafka版本      topic属性即Kafka发布的topic名称
    //默认消费策略
    myconsumer.setStartFromGroupOffsets();

    DataStream<String> dataStream = env.addSource(myconsumer);

    DataStream<Tuple2<String, Integer>> result = dataStream.flatMap(new MyFlatMapper()).keyBy( ...fields: 0).sum( positionToSum: 1);

    result.print().setParallelism(1);

    env.execute();
}
```

图 5-116　代码片段 1

```
public static class MyFlatMapper implements FlatMapFunction<String, Tuple2<String, Integer>> {

    @Override
    public void flatMap(String s, Collector<Tuple2<String, Integer>> out) throws Exception {
        //按空格分词
        String[] words = s.split( regex: " ");
        for (String word :words) {
            out.collect(new Tuple2<>(word, 1));
        }
    }
}
```

图 5-117　代码片段 2

5）IDEA 打包

在“File”→“Project Structure”中进行构建，单击“Artifacts”，单击上方的加号，选择“JAR”“From modules with dependencies”，创建完成后单击“OK”，如图 5-118 所示。

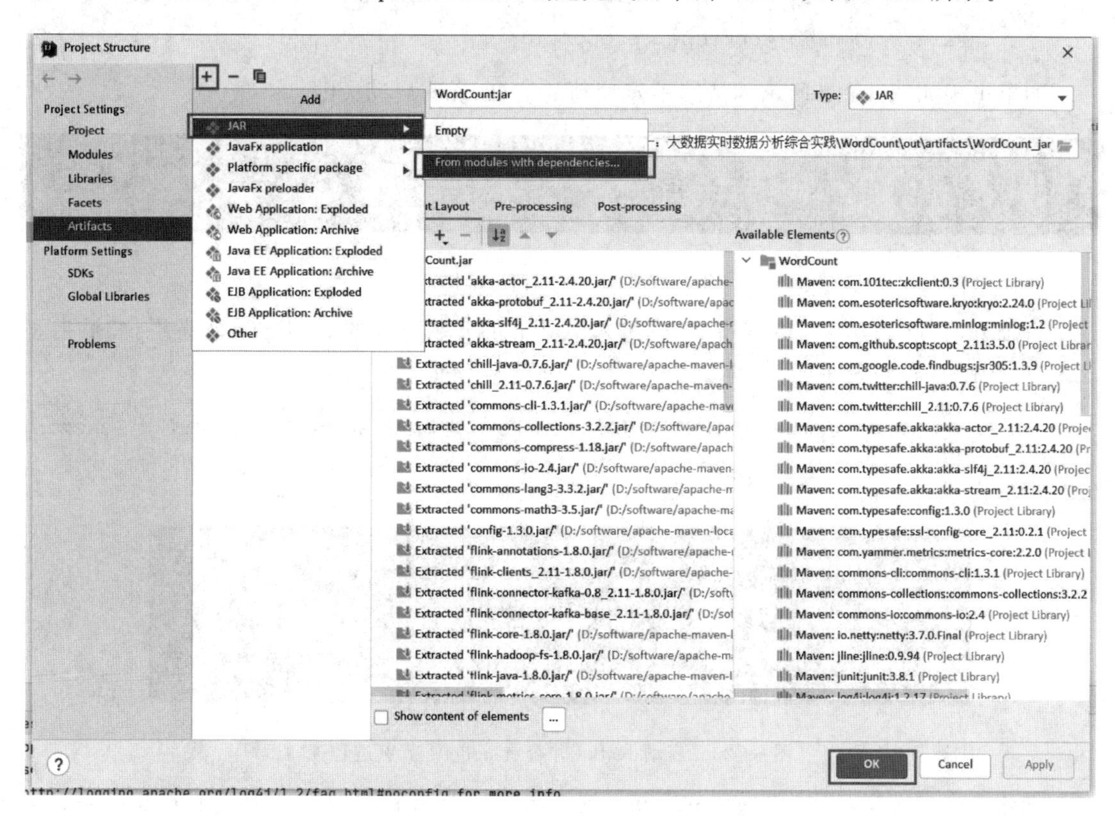

图 5-118 生成 jar 包

选择“Build”→“Build Artifacts”→“xxx. jar”→“Build”，然后将生成的 jar 包上传到 node01 节点。

6）zk 运行 jar 包

运行本次任务的时候，请务必保证上一节 Flink on Yarn 模式中的 Flink 集群环境还存在。

下面这个命令不需要再次执行，仅供大家回顾，如果这个环境已经没有了，那么再次按照上文给出的四步操作，再次重新启动 Flink 集群环境即可。

```
1 [root@zyw-2021140807-0001 conf]# cd ..
2 [root@zyw-2021140807-0001 flink-1.8.0]# bin/yarn-session.sh -n 2 -jm 1024 -
  tm1024 -d
```

我们需要用到 KafKa 自带的 ZooKeeper，但是由于我们已经在四个节点启动了我们自己配置的 ZooKeeper，所以需要关闭 node1 节点的 ZooKeeper。

执行以下命令停止 ZooKeeper（只用停掉 node1 节点的即可）。

```
1 [root@zyw-2021140807-0001 ~]# zkServer.sh stop
```

然后启动 KafKa 自带的 ZooKeeper。

```
1 [root@zyw-2021140807-0001 ~]# cd /home/modules/kafka_2.10-0.8.2.1
2 [root@zyw-2021140807-0001 kafka_2.10-0.8.2.1]# ./bin/zookeeper-server-start.sh config/zookeeper.properties
```

如果出现如图 5-119 所示的持续不停滚动的信息，说明启动失败。

```
[2021-10-12 10:07:39,165] INFO tickTime set to 3000 (org.apache.zookeeper.server.ZooKeeperServer)
[2021-10-12 10:07:39,166] INFO minSessionTimeout set to -1 (org.apache.zookeeper.server.ZooKeeperServer)
[2021-10-12 10:07:39,166] INFO maxSessionTimeout set to -1 (org.apache.zookeeper.server.ZooKeeperServer)
[2021-10-12 10:07:39,174] INFO binding to port 0.0.0.0/0.0.0.0:2181 (org.apache.zookeeper.server.NIOServerCnxnFactory)
[2021-10-12 10:07:39,306] INFO Accepted socket connection from /0:0:0:0:0:0:0:1:39220 (org.apache.zookeeper.server.NIOServerCnxnFactory)
[2021-10-12 10:07:39,314] INFO Client attempting to renew session 0x17c71fde9c60001 at /0:0:0:0:0:0:0:1:39220 (org.apache.zookeeper.server.ZooKeeperServer)
[2021-10-12 10:07:39,320] INFO Established session 0x17c71fde9c60001 with negotiated timeout 6000 for client /0:0:0:0:0:0:0:1:39220 (org.apache.zookeeper.server.ZooKeeperServer)
```

图 5-119　失败信息示例

另外开启一个 node01 的终端，首先进入 Kafka 的安装目录的 config 文件夹下，然后启动 node01 的 Kafka，如图 5-120 所示。

```
1 [root@zyw-2021140807-0001 config]# kafka-server-start.sh -daemon server.properties
```

```
[root@zyw-2021140807-0001 config]# kafka-server-start.sh -daemon server.properties
[root@zyw-2021140807-0001 config]# jps
2480 QuorumPeerMain
1986 SecondaryNameNode
1770 NameNode
2179 ResourceManager
2681 Jps
2634 Kafka
```

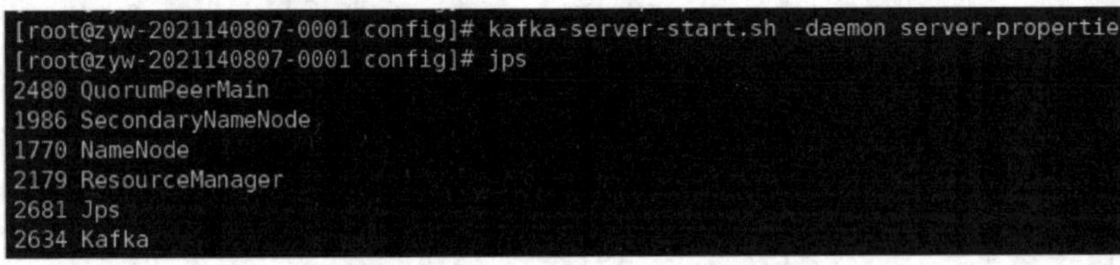

图 5-120　启动 Kafka 并查看 node01 节点进程

创建一个自定义名称为"test"的 topic(这是 node1 节点启动的第二个终端)，在终端启动一个生产者(注意先要进入 Kafka 的安装目录下再执行命令，实验中需要截图 5-121 作为实验报告分解步骤结果)。

```
1 [root@zyw-2021140807-0001 kafka_2.10-0.8.2.1]# ./bin/kafka-topics.sh
  --create
  --zookeeper zyw-2021140807-0001:2181 --replication-factor 1 --partitions 1 --
  topic wordsendertest
2 [root@zyw-2021140807-0001 kafka_2.10-0.8.2.1]# kafka-console-producer.sh
  -- broker-list zyw-2021140807-0001:9092 --topic test
```

```
[root@zyw-2021140807-0001 kafka_2.10-0.8.2.1]# ./bin/kafka-topics.sh --create --zookeeper zyw-2021140807-0001:2181 --replication-factor 1 --partitions 1 --topic wordsendertest
Error while executing topic command Topic "wordsendertest" already exists.
kafka.common.TopicExistsException: Topic "wordsendertest" already exists.
        at kafka.admin.AdminUtils$.createOrUpdateTopicPartitionAssignmentPathInZK(AdminUtils.scala:187)
        at kafka.admin.AdminUtils$.createTopic(AdminUtils.scala:172)
        at kafka.admin.TopicCommand$.createTopic(TopicCommand.scala:93)
        at kafka.admin.TopicCommand$.main(TopicCommand.scala:55)
        at kafka.admin.TopicCommand.main(TopicCommand.scala)

[root@zyw-2021140807-0001 kafka_2.10-0.8.2.1]# kafka-console-producer.sh --broker-list zyw-2021140807-0001:9092 --topic test
[2021-10-12 10:15:32,042] WARN Property topic is not valid (kafka.utils.VerifiableProperties)
```

图 5-121　启动生产者

另启动一个 node01 的终端(也就是一共有三个 node1 终端)，运行 jar 包，如图 5-122 所示。

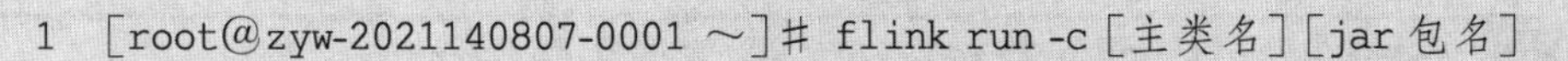

```
1  [root@zyw-2021140807-0001 ~]# flink run -c [主类名] [jar 包名]
```

主类名就是 在 idea 中 src/main/java 目录下新建的类的名称，示例中起的名称是 Flink_Kafka，示例的项目名称是 WordCount，因此，最后执行的命令如下(实验中需要截图 5-122 作为实验报告分解步骤结果)：

```
flink run -c Flink_Kafka WordCount.jar
```

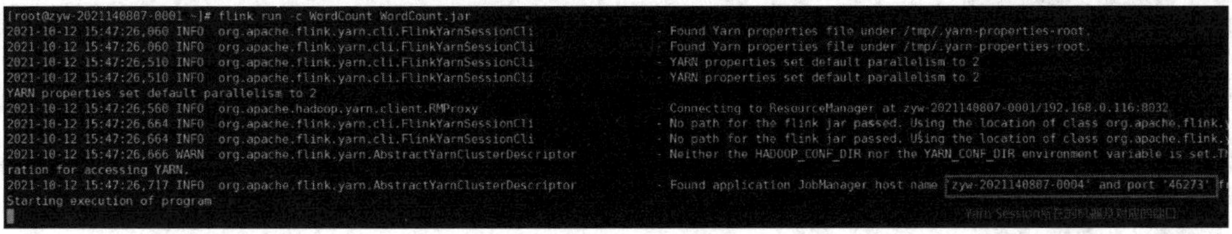

图 5-122　运行 jar 包

然后在生产者终端(也就是开启的第二个 node1 终端，该终端最后输入的命令是 kafka-console-producer. sh -- broker-list zyw-2021140807-0001：9092 --topic test，开启的终端比较多，请不要弄混)中输入单词，如图 5-123 所示。

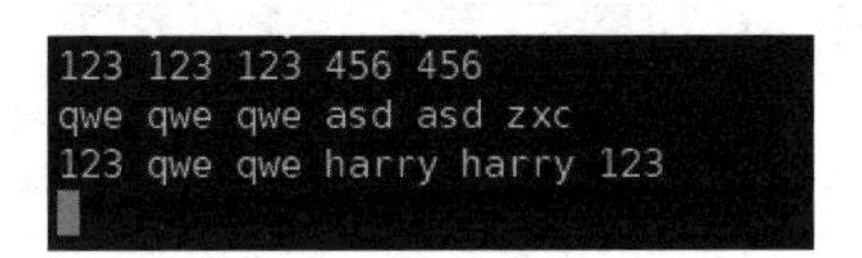

图 5-123　输入单词

根据前面 Yarn Session(图 5-122 中显示的是 node4 节点和一个端口号×××，所以就需要 node4 节点对应的公网 IP 地址+×××端口号)所在的机器公网 IP 访问 Flink 的 Web 管理界面。进入 Task Managers 目录单击正在运行的任务，如图 5-124 所示。

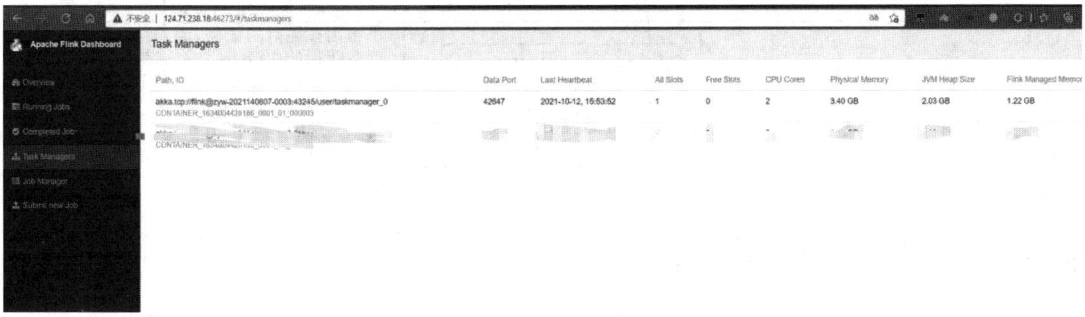

图 5-124　Web 管理界面

进入后单击 Stdout 页面就可以看见读取到的 Kafka 数据了(实验中需要截图 5-125 作为实验报告分解步骤结果)。

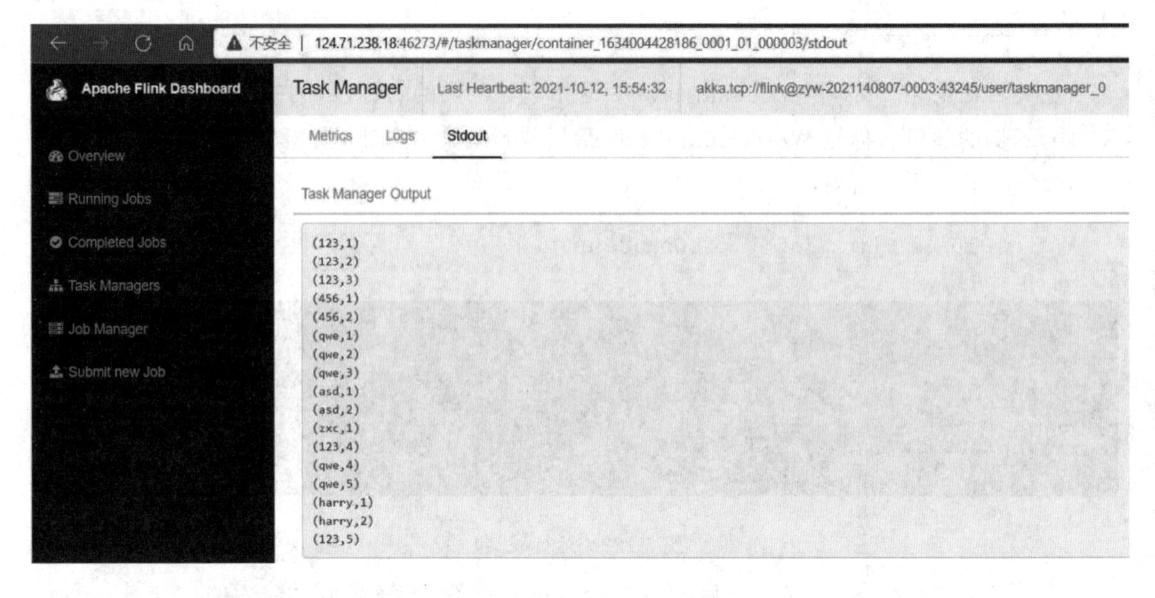

图 5-125 读取到的 Kafka 数据

整体的结构可以参考图 5-126。

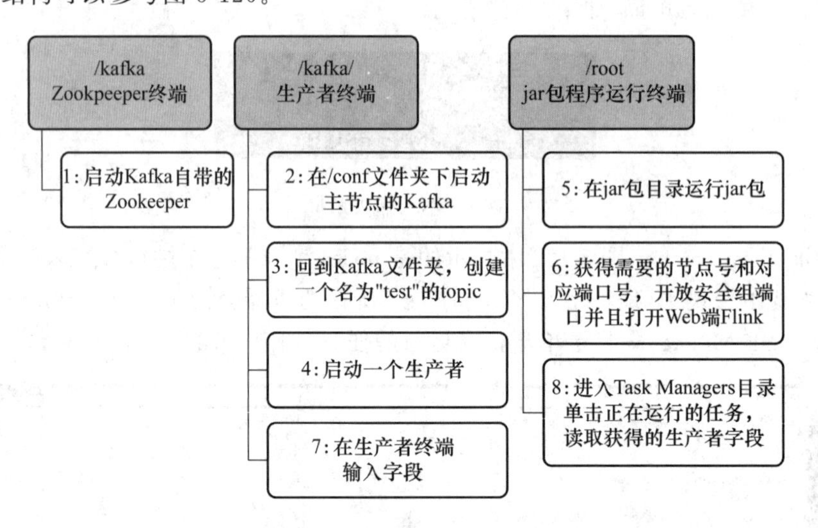

图 5-126 本实验的最终整体的结构

5.9.5 实验结果与评分标准

实验结束后应得到 1 个安装好 Flink 和 Kafka 的集群、1 个程序 jar 包，完成 Flink 和 Kafka 数据处理实践。

实验评分标准，提交的实验报告中应包含：

① Flink 在 local 模式部署安装后查看 jps 的实验结果（截图）。

② Flink 在 local 模式下单词统计程序结果（截图）。

③ Flink 在 standalone 模式部署安装下查看当前进程或 Web 管理界面的实验结果（截图）。

④ Flink 在 standalone 模式部署安装下查看单词统计程序结果(截图)。

⑤ Flink on Yarn 模式下 Yarn 的 Web 界面结果(截图)。

⑥ Flink on Yarn 模式下任务提交的运行结果(截图)。

⑦ Flink on Yarn 模式下任务提交后查看 hdfs 上的输出文件(截图)。

⑧ Flink 消费 Kafka 数据四个节点 jps 出现 Kafka 进程结果(截图)。

⑨ Flink 消费 Kafka 数据模式下 maven 项目压缩包(jar 包)。

⑩ Flink 消费 Kafka 数据模式下启动生产者、运行 jar 包、Web 界面输出结果(截图)。

实验结果截图需要按要求带有 ifconfig 的 IP 信息。

本章课后习题

(1) 批量数据处理和流式数据处理各自有什么特点?为什么要引入流式数据处理?

(2) 简述 Storm 对实时数据进行流处理的处理过程。Storm 是如何保障消息的可靠性的?

(3) 简述 Storm、Spark Streaming 、Flink 的差别。为什么 Flink 会被称为下一代大数据计算引擎?

(4) 简述 Kafka 与传统消息系统之间的关键区别。Kafka 是如何保障消息的可靠性的?

(5) 简述 Spark Streaming 读取 Kafka 中的数据的方式,以及每种读取方式的优缺点。

(6) 简述 Flink 中 TaskManager 和 JobManager 的作用及关系。当 Job 在运行过程中 TaskManager 挂掉时,Flink 会执行什么操作?

本章参考文献

[1] Storm官方文档[EB/OL]. [2019-05-20]. http://storm.apache.org/releases/2.0.0-SNAPSHOT/index.html.

[2] 陈敏敏,王新春,黄奉线. Storm 技术内幕与大数据实践[M]. 北京:人民邮电出版社,2015.

[3] Apache Flume[EB/OL]. [2019-05-20]. http://flume.apache.org/FlumeUserGuide.html.

[4] 霍夫曼,佩雷拉. Flume 日志收集与 MapReduce 模式[M]. 张龙,译. 北京:机械工业出版社,2015.

[5] Apache Kafka[EB/OL]. [2019-05-20]. http://kafka.apache.org/documentation/.

[6] NARKHEDE N, SHAPIRA G, PALINO T. Kafka 权威指南[M]. 薛命灯,译. 北京:人民邮电出版社,2017.

[7] 安卡姆. Spark 与 Hadoop 大数据分析[M]. 吴今朝,译. 北京:机械工业出版社,2017.

[8] Spark Streaming Programming Guide[EB/OL]. [2019-05-20]. http://spark.apache.

org/docs/latest/streaming-programming-guide. html.

[9] 实时计算、流数据处理系统简介与简单分析[EB/OL]. [2019-05-20]. https://blog. csdn. net/mylittlered/article/details/20813405.

[10] Flink 基本工作原理[EB/OL]. [2019 - 05-20]. https://blog. csdn . net/sxiaobei/article/ details/ 80861070.

[11] 弗里德曼,宙马斯. Flink 基础教程[M]. 王绍翾,译. 北京:人民邮电出版社,2018.

第 6 章

大数据分析-分布式数据仓库与多维分析

本章思维导图

基于数据仓库的数据交互式查询分析是大数据应用的一个重要的模块，随着此项技术的发展，越来越多的组件应运而生。例如：Hive 分布式数据仓库，其能很好地与 HDFS 集成，可以提供巨大的存储空间，同时提供大批量数据处理查询能力；Druid 时序数据仓储，是针对时间序列数据提供的低延时数据写入以及快速交互式查询的分布式 OLAP 数据库，提供优秀的数据聚合能力与实时查询能力；Kylin 分布式 OLAP 分析引擎，提供 Hadoop/Spark 之上的 SQL 查询接口及多维分析(OLAP)能力以支持超大规模数据，能在亚秒内查询巨大的 Hive 表，并与流行的 BI 工具无缝接合。

本章首先整体介绍数据仓库与 OLAP 多维数据分析基础知识，然后具体介绍 Hive 分布式数据仓库、Druid 时序数据仓储和 Kylin 分布式 OLAP 分析引擎。本章思维导图如图 6-0 所示。

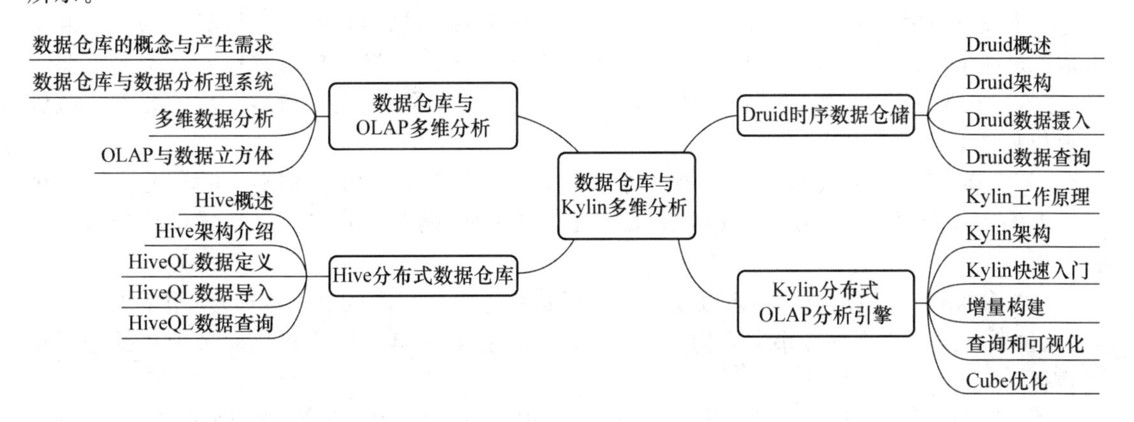

图 6-0　本章思维导图

6.1 数据仓库与OLAP多维分析

6.1.1 数据仓库的概念与产生需求

数据仓库(Data Warehouse,DW)是一个面向主题的集成的随时间变化且非易失的数据集合,用于支持管理者的决策过程。DW是大数据时代没有到来之前,IT业界收集、积累数据,并进行海量历史数据综合分析的技术、工具、系统的总称。

数据仓库的结构如图6-1所示。

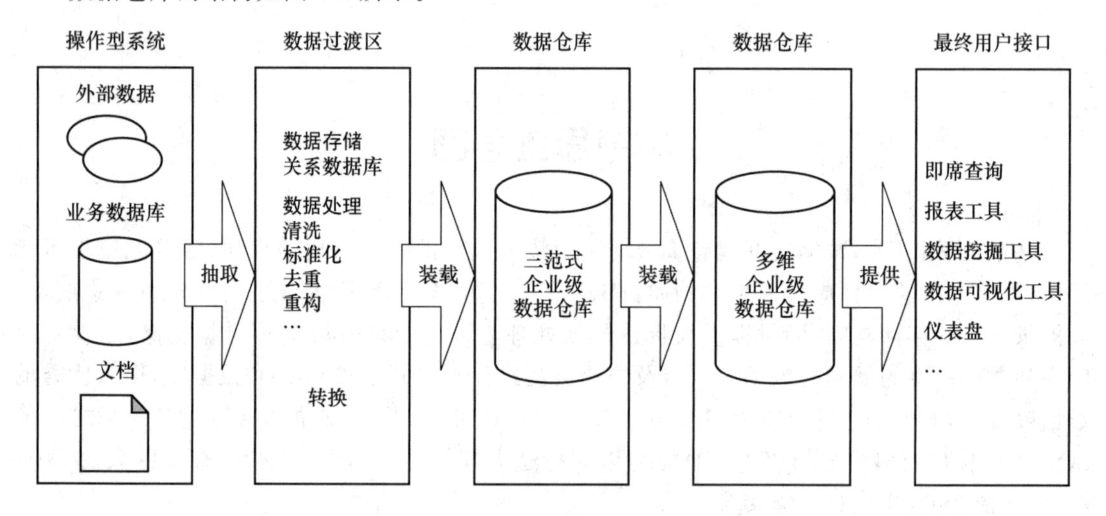

图6-1 数据仓库的结构

(1) 操作型系统:操作型系统又叫源系统,为数据仓库提供数据。它们收集业务处理过程中产生的销售、市场、材料、物流等数据,并将数据以多种形式进行存储。

(2) 数据过渡区:经由ETL(Extract-Transform-Load)过程,数据过渡区将数据从来源端抽取(extract)、交互转换(transform)、加载(load)至目的端。ETL是构建数据仓库的重要一环,它从操作型系统抽取数据,然后将数据转换成一种标准形式,最终将转换后的数据装载到企业级数据仓库中。

(3) 三范式企业级数据仓库:三范式企业级数据仓库是该架构中的核心组件,它是一个细节数据的集成资源库。其中的数据以最低粒度级别被捕获,存储在满足三范式设计的关系数据库中。

(4) 多维企业级数据仓库:多维企业级数据仓库包含高粒度的企业数据,使用多维模型设计,由星型模式的维度表和事实表构成。分析系统或报表工具可以直接访问多维数据仓库里的数据。

由此可见,数据仓库汇聚存储数据,并基于数据挖掘获取数据价值,支持企业决策(如营销策略、生产计划安排)。从这个角度说,数据的存储/分析/应用系统和技术,从源数据被计算机信息化开始,到DW阶段,是一个经典的海量业务数据(主要是关系型数据)被手机、长久存储、挖掘、得到商业应用的过程。

但传统的数据仓库不是基于分布式集群存储、分布式并行计算基数的,因此传统DW在

Hadoop 生态出现后，逐渐被替代（甚至是淘汰），目前较为典型的替代方式是 MapReduce ＋ HDFS ＋ Hive 的新数据仓库方案。

终于，数据库单机容量可以水平灵活扩展，一个涉及几十万甚至更多的历史数据查询统计变得可分布式并行执行了。大数据、Hadoop 海量数据处理、基于 Hadoop 构建企业级数据平台等将传统 DW 生态完全淹没，甚至洗去。但企业级结构化数据分析的需求并没有改变，知识数据量更大，需要分布式集群方案而已。

6.1.2 数据仓库与数据分析型系统

首先区分两个概念，“数据生产型系统”与“数据分析型系统”。

（1）数据生产型系统：数据生产型系统是一类专门用于管理面向事务的应用的信息系统，它的开发多是为了满足某种业务功能的需求。典型的数据生产型系统包括电商系统、学校教务课程管理系统等。

数据生产型系统的特征是处理的是大量短事务，并强调快速处理查询。每秒事务数是生产型系统的一个有效度量指标。在数据库的使用上，生产型系统常用的操作是增、删、改、查，并且通常是插入与更新密集型的，同时会对数据库进行大量的并发查询，而删除操作相对较少。生产型系统一般都直接在数据库上修改数据，没有中间过渡区。

（2）数据分析型系统：数据分析型系统是指为了从海量综合性、长期性数据中获取新的有价值结论的系统。在计算机领域，分析型系统是一种快速回答多维分析查询的实现方式。它也是更广泛范畴的所谓商业智能的一部分（商业智能还包含数据库、报表系统、数据挖掘、数据可视化等研究方向）。分析型系统的典型应用包括销售业务分析报告、市场管理报告、业务过程管理（BPM）、预算和预测、金融分析报告及其类似的应用。

分析型系统的特征是相对少量的事务，但查询通常非常复杂并且会包含聚合计算，例如今年和去年同时期的数据对比、百分比变化趋势等。分析型数据库中的数据一般来自一个企业级数据仓库，是整合过的历史数据。对于分析型系统，吞吐量是一个有效的性能度量指标。在数据库层面，分析型系统操作被定义成少量的事务、复杂的查询、处理归档和历史数据。这些数据很少被修改，从数据库抽取数据是最多的操作，也是识别这种系统的关键特征。分析型数据库基本上都是读操作。

通过前面对两种系统的描述，我们可以对比它们的很多方面。表 6-1 总结了两种系统的主要区别。

表 6-1 生产型系统和分析型系统对比

对比项	生产型系统	分析型系统
数据源	最原始的数据	历史的归档的数据，一般来源于数据仓库
数据更新	插入、更新、删除数据，要求快速执行，立即返回结果	大量数据装载，花费时间很长
数据模型	实体关系模型	多维数据模型
数据的时间范围	从天到年	几年或者几十年
查询	简单查询，快速返回查询结果	复杂查询，执行聚合成汇总操作
速度	快，大表上需要建索引	相对较慢，需要更多的索引
所需空间	小，只需存储操作数据	大，需要存储大量历史数据

对比这两种系统发现，生产型系统更适合对已有数据的更新，所以是日常处理工作或在线系统的选择。相反，分析型系统提供在大量存储数据上的分析能力，所以这类系统更适合报表类应用。分析型系统通常是查询历史数据，这有助于得到更准确的分析报告。生产型系统数据库通常使用规范化设计，为普通查询和数据修改提供更好的性能。另一方面，分析型数据库具有典型的数据仓库组织形式。

从上可知，数据仓库是数据分析型系统，那么如何设计可以得到一个更好的数据仓库来支持数据分析呢？

这方面的理论，从 20 世纪 90 年代起发展了二十多年，已经非常成熟。下面简要介绍相关概念和方法。感兴趣的读者可以进一步查阅《Hadoop 构建数据仓库实践》一书。

6.1.3 多维数据分析

本节主要介绍关系数据模型和维度数据模型。

1. 关系数据模型

关系数据模型是 E. F. Codd 1970 年提出的一种通用数据模型。由于关系数据模型简单明了，并且有坚实的数学理论基础，所以一经推出就受到了业界的高度重视。关系数据模型被广泛应用于数据处理和数据存储，因此其主要应用于数据库领域，现在主流的数据库管理系统几乎都是以关系数据模型为基础实现的。下面介绍一些关系数据模型中的术语和相关概念。

在关系数据库中，数据结构用单一的二维表结构来表示实体以及实体间的联系。

(1) 关系(Relation)：一个关系对应一个二维表，二维表表名就是关系名。

(2) 属性(Attribute)：二维表中的列(字段)，称为属性。

(3) 属性域(Domain)：属性的取值范围。

(4) 关系模型(Relation Schema)：在二维表中的行定义(记录的型)，即对关系的描述称为关系模型。

(5) 元组(Tuple)：在二维表中的一行(记录的值)，称为一个元组。

(6) 超键(Super Key)：一个列或者列集，唯一标识表中的一条记录。

(7) 候选键(Candidate Key)：仅包含唯一标识记录所必需的最小数量列的超键。

(8) 主键(Primary Key)：唯一标识表中记录的候选键。主键是唯一、非空的。

(9) 外键(Foreign Key)：外键是一个或多个列的集合，匹配其他表中的候选键，代表两张表记录之间的关系。

2. 维度数据模型

维度数据模型简称维度模型(Dimensional Model，DM)，是一套技术和概念的集合，用于数据仓库设计。

事实和维度是两个维度模型中的核心概念。事实表示对业务数据的度量，而维度是观察数据的角度。事实通常是数字类型的，可以进行聚合和计算，而维度通常是一组层次关系或描述信息，用来定义事实。例如，销售金额是一个事实，而销售时间、销售的产品、购买的顾客、商店等都是销售事实的维度。

维度模型通常以一种被称为星型模式的方式构建。所谓星型模式，就是以一个事实表为中心，周围环绕着多个维度表。星型模式的结构图如图 6-2 所示。

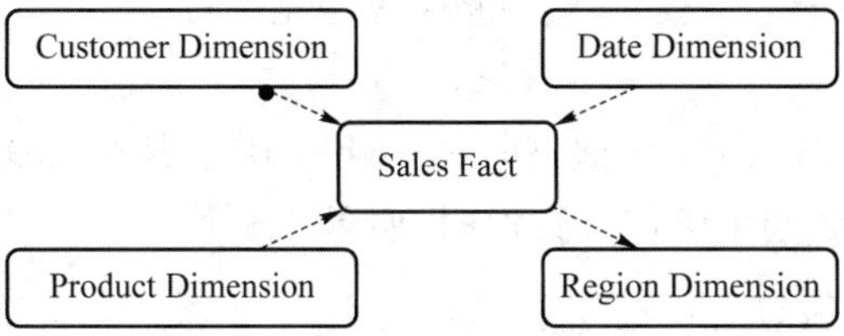

Customer Dimension
Date Dimension
Sales Fact
Product Dimension
Region Dimension

图 6-2 星型模式结构图

事实表里面主要包含两方面的信息:维和度量,维的具体描述信息记录在维表,事实表中的维属性只是一个关联到维表的键,并不记录具体信息;度量一般都会记录事件的相应数值,比如这里的产品的购买数量、实付金额。维表中的信息一般是可以分层的,比如时间维的年月日、地域维的省市县等,这类分层的信息就是为了满足事实表中的度量可以在不同的粒度上完成聚合。

6.1.4 OLAP与数据立方体

1. OLAP

OLAP(On-line Analytical Processing,联机分析处理)是在基于数据仓库多维模型的基础上实现的面向分析的各类操作的集合。

1) OLAP 分类

OLAP 主要分为以下三类。

(1) ROLAP (Relational OLAP,关系 OLAP):ROLAP 将分析用的多维数据存储在关系数据库中,并根据应用的需要,有选择地定义一批实视图作为表,它也存储在关系数据库中。不必要将每一个 SQL 查询都作为实视图保存,只定义那些应用频率比较高、计算工作量比较大的查询作为实视图。对每个针对 OLAP 服务器的查询,优先利用已经计算好的实视图来生成查询结果以提高查询效率。同时,用作 ROLAP 存储器的 RDBMS 也针对 OLAP 作相应的优化,如并行存储、并行查询、并行数据管理、基于成本的查询优化、位图索引、SQL 的 OLAP 扩展(cube、rollup) 等。

(2) MOLAP (Multidimensional OLAP,多维 OLAP):MOLAP 将 OLAP 分析所用到的多维数据物理上存储为多维数组的形式,形成"立方体"的结构。维的属性值被映射成多维数组的下标值或下标的范围,而汇总数据作为多维数组的值存储在数组的单元中。由于 MOLAP 采用了新的存储结构,从物理层实现起,因此又称为物理 OLAP(Physical OLAP);而 ROLAP 主要通过一些软件工具或中间软件实现,物理层仍采用关系数据库的存储结构,因此称为虚拟 OLAP (Virtual OLAP) 。

(3) HOLAP (Hybrid OLAP,混合型 OLAP):HOLAP 表示基于混合数据组织的 OLAP 实现,例如低层是关系型的,高层是多维矩阵型的。这种方式具有更好的灵活性。HOLAP 将明细数据保留在关系型数据库的事实表中,聚合后的数据保存在 Cube 中,聚合时需要比 ROLAP 更多的时间,查询效率比 ROLAP 高,但低于 MOLAP。

2) OLAP 的基本操作

我们已经知道 OLAP 的操作是以查询——也就是数据库的 SELECT 操作为主,但是查询可以很复杂,比如基于关系数据库的查询可以多表关联,可以使用 COUNT、SUM、AVG 等聚合函数。OLAP 正是基于多维模型定义了一些常见的面向分析的操作类型使这些操作显得更加直观。

OLAP 的多维分析操作包括：钻取（Drill-down）、上卷（Roll-up）、切片（Slice）、切块（Dice）以及旋转（Pivot），下面选取一个图例进行说明，如图 6-3 所示。

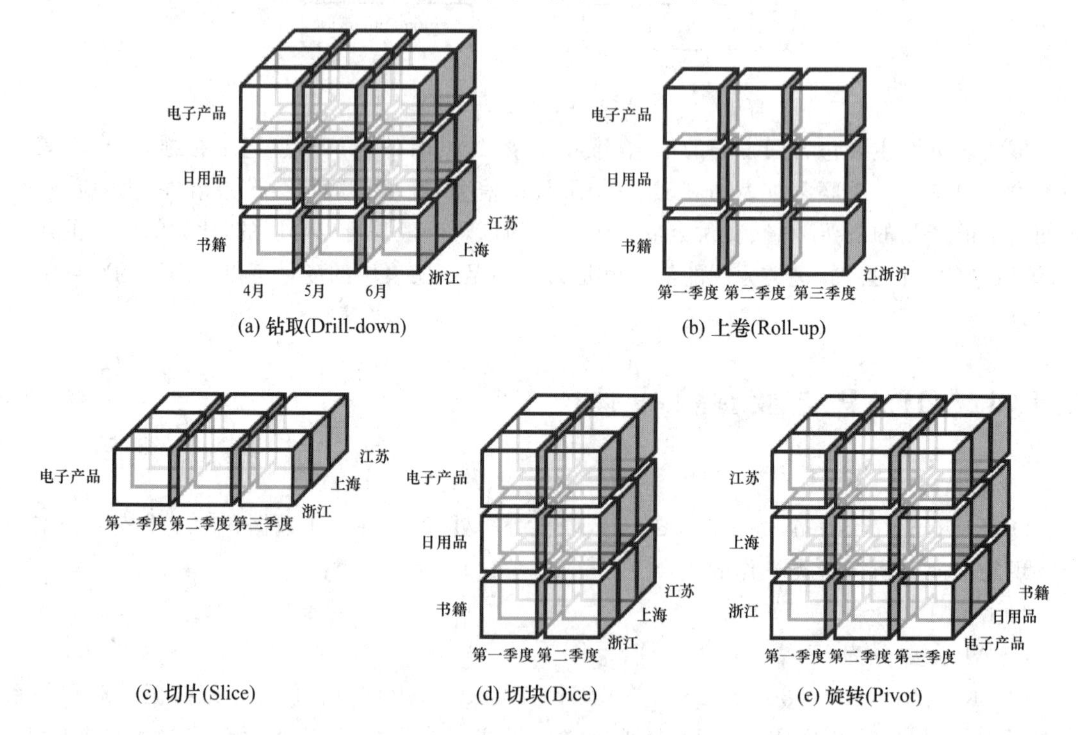

图 6-3　OLAP 基本操作示例

（1）钻取（Drill-down）：在维的不同层次间的变化，从上层降到下一层，或者说是将汇总数据拆分到更细节的数据。比如：通过对 2016 年第二季度的总销售数据进行钻取来查看 2016 年第二季度 4、5、6 每个月的消费数据；当然也可以钻取江苏省来查看南京市、苏州市、宿迁市等城市的销售数据。上面所说的所有数据都已经在预处理中根据维度组合计算出了所有的度量结果。

（2）上卷（Roll-up）：钻取的逆操作，即从细粒度数据向更高汇总层的聚合，如将江苏省、上海市和浙江省的销售数据进行汇总来查看江浙沪地区的销售数据。

（3）切片（Slice）：选择维中特定的值进行分析，比如只选择电子产品的销售数据，或者 2016 年第二季度的数据。

（4）切块（Dice）：选择维中特定区间的数据或者某批特定值进行分析，比如选择 2016 年第一季度到 2016 年第二季度的销售数据，或者是电子产品和日用品的销售数据。

（5）旋转（Pivot）：即维的位置的互换，就像是二维表的行列转换，如图 6-3 展示了通过旋转实现产品维和地域维的互换。

2. 数据立方体(Data Cube)

什么是数据立方体？很多读者可能在其他地方听说过，或者实际开发中也有所涉及。数据立方体通俗的说法就是我们可以从三个维度衡量和展示数据，比如时间、地区、产品构成三个维度的立方体。专业解释为：数据立方体允许多维对数据建模和观察，它由维和事实定义。

其实数据立方体只是对多维模型的一个形象的说法。从表面看,数据立方体是三维的,但是多维模型不仅限于三维模型,可以组合更多的模型,如四维、五维等,比如我们根据时间、地域、产品和产品型号这四个维度,统计销售量等指标。图 6-4 给出了一个数据立方体的示例,方便读者理解。

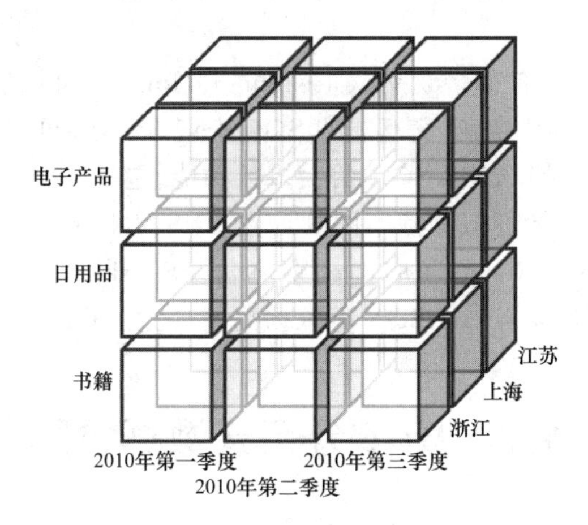

图 6-4 数据立方体示例

6.1.5 分布式查询分析技术发展

大数据的分布式查询分析一直是云计算中的核心问题之一,Google 在 2006 年发表的几篇论文奠定了云计算的基础,其中 GFS、MapReduce、Bigtable 被称为云计算底层技术的三大基石。GFS、MapReduce 技术直接支持了 Apache Hadoop 项目的诞生;Bigtable 和 Amazon Dynamo 直接催生了 NoSQL 这个崭新的数据库领域,撼动了 RDBMS 在商用数据库和数据仓库方面几十年的统治地位。

随着时间的推移,许多分布式数据查询引擎应运而生,例如:Facebook 公司开发的基于 MapReduce 的 Hive;广告分析公司 Metamarkets 开发的用于实时查询和分析的分布式实时处理系统 Druid;Google 推出的 Dremel 技术和基于 Google Dremel 的开发实现的 Drill;大数据公司 Cloudera 开源的大数据查询分析引擎 Impala;Facebook 开发的数据查询引擎 Presto;UC Berkeley AMPLAB 实验室以 Spark 为核心开发的大数据查询分析引擎 Shark 等等。这些引擎各有自己擅长的领域,如实时计算、图数据计算、数据批处理等。本教材主要介绍 Hive、Druid、Kylin 三个分布式查询分析引擎。

Apache Hive 是一个基于 Apache Hadoop 构建的数据仓库软件项目,它主要用于大数据的查询和分析。Hive 提供了一个类 SQL 的接口,用于查询存储在 Hadoop 集成的各种数据库和文件系统中的数据,同时其提供的 HiveQL 可以进入 Java 底层实现查询,从而提高了工作效率。虽然最初 Hive 是由 Facebook 开发,但其也被 Netflix 和 FINRA 等公司使用和开发,它已经成为 Apache Hadoop 生态中的一个重要的组件。

Apache Druid 是广告分析公司 Metamarkets 开发的一个用于大数据实时查询和分析的分布式实时处理系统,主要用于广告分析,互联网广告系统监控、度量和网络监控。Druid 是为 OLAP 工作流的探索性分析而构建,它支持各种过滤、聚合和查询,这也证明了 Druid 就是为数据分析而设计。

Apache Kylin 是一个开源的分布式存储引擎，最初由 eBay 开发并贡献至开源社区。它提供了 Hadoop 上的 SQL 查询接口及多维分析（OLAP）能力以支持大规模数据，它能够处理 TB 乃至 PB 级别的分析任务，能够在亚秒级查询巨大的 Hive 表，并支持高并发。Apache Kylin 通过空间换时间的方式，实现在亚秒级别延迟的情况下，对 Hadoop 上的大规模数据集进行交互式查询。

类似地，其他组件也具有很多优势，如 Cloudera Impala 可以直接为存储在 HDFS 或 HBase 中的 Hadoop 数据提供快速、交互式的 SQL 查询；Presto 可对 250PB 以上的数据进行快速地交互式分析，并且支持 ANSI SQL 的大多数功能，包括联合查询、左右联接、子查询以及一些聚合和计算函数，支持近似截然不同的计数（DISTINCT COUNT）等，Facebook 以为 Presto 的性能会比基于 MapReduce 的 Hive 强 10 倍。Spark SQL 实现了在 Spark 基于内存的迭代运算框架上，完全兼容 Hive、JSQN 等数据类型，通过 SQL 来实现高性能计算。

6.2 Hive 分布式数据仓库

6.2.1 Hive 概述

Hive 是一个基于 Hadoop 的数据仓库工具，可以将结构化的数据文件映射为张数据库表，并提供简单的 SQL 查询功能，可以将 SQL 语句转换为 MapReduce 任务运行。其优点是学习成本低，可以通过类 SQL 语句快速实现简单的 Map-Reduce 统计，不必开发专门的 MapReduce 应用，十分适合数据仓库的统计分析。Hive 并不适合那些需要低延迟的应用，如联机事务处理（OLTP）。Hive 查询操作过程严格遵守 Hadoop MapReduce 的作业执行模型，整个查询过程也比较慢，不适合实时数据分析。Hive 的最佳使用场合是大数据集的批处理作业，如网络日志分析。

几乎所有的 Hadoop 环境都会配置 Hive 的应用，虽然 Hive 易用，但内部的 MapReduce 还是会造成非常慢的查询体验。

6.2.2 Hive 架构介绍

Hive 组件核心包含 3 个部分。

主要部分是 Java 代码本身。在 $HIVE 目录下可以发现有众多的 jar（Java 压缩包）文件，如 hive-exec*.jar 和 hive-metastore*.jar。每个 jar 文件都实现了 Hive 功能中某个特定的部分。$HIVE_HOME/bin 目录下包含可以执行各种各样 Hive 服务的可执行文件，包括 hive 命令行界面（也就是 CLI）。CLI 是我们使用 Hive 的最常用方式。除非有特别说明，否则本书都使用 hive（小写，固定宽度的字体）来代表 CLI。CLI 可用于提供交互式的界面供输入语句或者可以供用户执行含有 Hive 语句的“脚本”。conf 目录下存放了配置 Hive 的配置文件。Hive 具有非常多的配置属性。这些属性控制的功能包括元数据存储（如数据存放在哪里）、各式各样的优化和“安全控制”等。

所有的 Hive 客户端都需要一个 metastoreservice（元数据服务），Hive 使用这个服务来存储表模式信息和其他元数据信息。通常情况下会使用一个关系型数据库中的表来存储这些信息。在默认情况下，Hive 会使用内置的 Derby SQL 服务器，其可以提供有限的单进程的存储服务。例如，当使用 Derby 时，用户不可以执行 2 个并发的 Hive CLI 实例，然而，如果是在个人计算机上或者某些开发任务上使用，那也是没问题的。对于集群来说，需要使用 MySQL 或者类似的关系型数据库。

Hive 还有一些其他组件。Thrift 服务提供了可远程访问其他进程的功能，也提供了使用 JDBC 和 ODBC 访问 Hive 的功能，这些都是基于 Thrift 服务实现的。

最后，Hive 还提供了一个简单的网页界面，也就是 Hive 网页界面(HWI)，提供了远程访问 Hive 的服务。

图 6-5 显示了 Hive 的主要模块以及 Hive 是如何与 Hadoop 交互工作的。

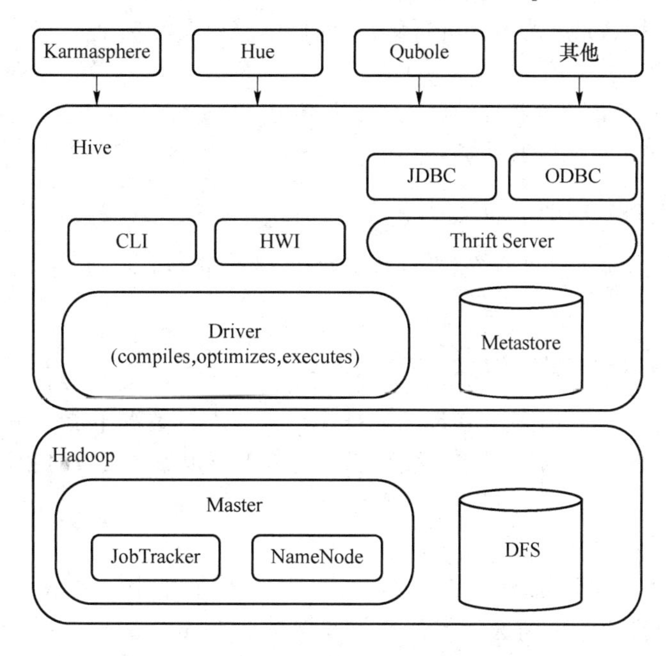

图 6-5 Hive 组件及在 Hadoop 平台的位置

所有的命令和查询都会进入 Driver (驱动模块)，通过该模块对输入进行解析编译，对需求的计算进行优化，然后按照指定的步骤执行，通常是启动多个 MapReduce 任务(job)来执行。当需要启动 MapReduce 任务时，Hive 本身是不会生成 Java MapReduce 算法程序的。相反，Hive 通过一个表示“job 执行计划”的 XML 文件驱动执行内置的原生的 Mapper 和 Reducer 模块。换句话说，这些通用的模块函数类似于微型的语言翻译程序，而这个驱动计算的“语言”是以 XML 形式编码的。

Hive 通过和 JobTracker 通信来初始化 MapReduce 任务，而不必部署在 JobTracker 所在的管理节点上执行。在大型集群中，通常会有网关机专门用于部署像 Hive 这样的工具。在这些网关机上可远程和管理节点上的 JobTracker 通信来执行任务。通常，要处理的数据文件是存储在 HDFS 中的，而 HDFS 是由 NameNode 进行管理的。Metastore (元数据存储)是一个独立的关系型数据体(通常是一个 MySQL 实例)，Hive 会在其中保存表模式和其他系统元数据。

6.2.3 HiveQL 数据定义

HiveQL 是 Hive 查询语言。和普遍使用的所有 SQL 方言一样，它不完全遵守任何 ANSISQL 标准的修订版。HiveQL 可能和 MySQL 方言最接近，但是两者还是存在显著性差异。Hive 不支持行级插入操作、更新操作和删除操作。Hive 也不支持事务。Hive 增加了在 Hadoop 背景下可以提供更高性能的扩展，以及一些个性化的扩展，甚至还增加了一些外部程序。

1. Hive 中的数据库

Hive 中数据库的概念本质上仅仅是表的一个目录或者命名空间。然而，对于具有很多组和用户的大集群来说，这是非常有用的，因为这样可以避免表命名冲突。通常会使用数据库来将生产表组织成逻辑组。

如果用户没有显示指定数据库，那么将会使用默认数据库 default。

下面这个例子就展示了如何创建一个数据库：

```
hive> CREATE DATABASE financials;
```

如果数据库 financials 已经存在，那么将会抛出一个错误信息。使用如下语句可避免在这种情况下抛出错误信息：

```
hive> CREATE DATABASE IF NOT EXISTS financials;
```

虽然通常情况下用户还是期望在同名数据库已经存在的情况下能够抛出警告信息，但是 IF NOT EXISTS 这个子句对于那些在继续执行之前需要根据需要实时创建数据库的情况来说是非常有用的。

2. 管理表

管理表有时也被称为内部表。Hive 会（或多或少地）控制着这种表中数据的生命周期。Hive 默认情况下会将这些表的数据存储在有配置项 hive. metastore. warehouse. dir（例如，/user/hive/warehouse）所定义的子目录下。

当我们删除一个管理表时，Hive 也会删除这个表中的数据。

但是，管理表不方便和其他工作共享数据。例如，假设我们有一份由 Pig 或者其他工具创建并且主要由这一工具使用的数据，同时我们还想使用 Hive 在这份数据上执行一些查询，可是并没有给予 Hive 对数据的所有权，我们可以创建一个外部表指向这份数据，而并不需要对其具有所有权。

3. 外部表

假设我们正在分析来自股票市场的数据。我们会定期地从像 Infochimps 这样的数据源接入关于 NASDAQ 和 NYSE 的数据，然后使用很多工具来分析这份数据。我们后面将要使用的模式和这 2 份源数据都是匹配的。我们假设这些数据文件位于分布式文件系统的/data/stocks 目录下。

下面的语句将创建一个外部表，其可以读取所有位于/data/stocks 目录下的以逗号分隔的数据：

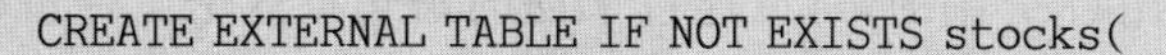

```
CREATE EXTERNAL TABLE IF NOT EXISTS stocks(
    exchange     STRING,
    symbol       STRING,
    ymd          STRING,
    price_open   FLOAT,
    price_high   FLOAT,
    price_low    FLOAT,
    price_close  FLOAT,
    volume       INT,
    price_ad_close FLOAT)
ROW FORMAT DELIMITED FIELDS TERMINATED BY ','
LOCATION '/data/stocks';
```

关键字 EXTERNAL 告诉 Hive 这个表是外部的，而后面的 LOCATION 子句则用于告诉 Hive 数据位于哪个路径下。

因为表是外部的，所以 Hive 并非认为其完全拥有这份数据。因此，删除该表并不会删除这份数据，不过描述表的元数据信息会被删除掉。

4. 分区表

数据分区的一般概念存在已久。其可以有多种形式，但是通常使用分区来水平分散压力，将数据从物理上转移到和使用最频繁的用户更近的地方，以及实现其他目的。

Hive 中有分区表的概念。我们可以看到分区表具有重要的性能优势，而且分区表还可以将数据以一种符合逻辑的方式进行组织，比如分层存储。

6.2.4 HiveQL 数据导入

1. 从本地文件系统中导入数据到 Hive 表

先在 Hive 里创建好表，如下：

```
hive> create table test
    > (id int, name string,
    > age int, tel string)
    > ROW FORMAT DELIMITED
    > FIELDS TERMINATED BY '\t'
    > STORED AS TEXTFILE;
OK
Time taken: 2.832 seconds
```

本地文件系统里有个/home/test.txt 文件，内容如下：

```
1    xw    25    231
2    tc    30    137
3    zs    34    89
```

test.txt 文件中的数据列之间是使用\t 分割的，可以通过下面的语句将这个文件里的数据导入 test 表里，操作如下：

```
hive> load data local inpath 'test.txt' into table test;
Copying data from file:/home/test.txt
Copying file: file:/home/test.txt
Loading data to table default.test
Table default.test stats:
[num_partitions: 0, num_files: 1, num_rows: 0, total_size: 67]
OK
Time taken: 5.967 seconds
```

这样就将 test.txt 里的内容导入 test 表中。

2. 从 HDFS 上将数据导入 Hive 表

从本地文件系统将数据导入 Hive 表的过程，其实是先将数据临时复制到 HDFS 的一个目录，然后再将数据从临时目录移动到对应的 Hive 表的数据目录里。所以，Hive 支持将数据直接从 HDFS 的一个目录移动到相应 Hive 表的数据目录下，假设有下面这个文件/home/test.txt，具体的操作如下：

```
[root@master /home/q/hadoop-2.2.0]$ bin/hadoop fs -cat /home/test.txt
    1    test1    23    131
    2    test2    24    134
    3    test3    25    132
    4    test4    26    154
```

上面是需要插入数据的内容，这个文件是存放在 HDFS 上/home 目录（和一中提到的不同，一中提到的文件是存放在本地文件系统上）里的，可以通过下面的命令将这个文件里的内容导入 Hive 表中，具体操作如下：

```
hive> load data inpath '/home/test.txt' into table test;
Loading data to table default.test
Table default.test stats:
[num_partitions: 0, num_files: 2, num_rows: 0, total_size: 215]
OK
Time taken: 0.48 seconds
hive> select * from test;
OK
        test1    23    131
        test2    24    134
        test3    25    132
        test4    26    154
Time taken: 0.083 seconds, Fetched: 4 row(s)
```

从上面的执行结果可以看到，数据导入 test 表中了。请注意 load data inpath '/home/

test.txt' into table test;里是没有 local 这个词的,这是和从本地文件系统中导入数据到 Hive 表操作的区别。

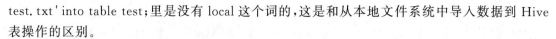

3. 通过查询语句向表插入数据

INSERT 语句允许用户通过查询语句向目标表中插入数据。使用表 employees 作为要导入数据的表,这里事先假设另一张名为 staged_employees 的表里已经有相关数据了。在表 staged_employees 中我们使用不同的名字来表示国家和州,分别称作 cnty 和 st。

```
INSERT OVERWRITE TABLE employees
PARTITION (country = 'US', state = 'OR')
SELECT * FROM staged_employees se
WHERE se.cnty = 'USI AND se.st = OR';
```

这里使用了 OVERWRITE 关键字,因此之前分区中的内容(如果是非分区表,那就是之前表中的内容)将会被覆盖掉。如果没有使用 VERTE 关键字或者使用 INTO 关键字替换掉它,那么 Hive 将会以追加的方式写入数据而不会覆盖掉之前已经存在的内容。这个功能只有 Hive v0.8.0 版本以及之后的版本中才有。

这个例子展示了这个功能非常有用的一个常见场景,即:数据已经存在于某个目录下,对于 Hive 来说其为一个外部表,而现在想将其导入最终的分区表中。如果用户想将源表数据导入一个具有不同记录格式(如具有不同的字段分割符)的目标表,那么使用这种方式会满足使用需求。

4. 单个查询语句中创建表并加载数据

用户可以在一个语句中完成创建表并将查询结果载入这个表的操作:

```
CREATE TABLE ca_employees
AS SELECT name, salary, address
FROM employees
WHERE se.state = 'CA';
```

这张表只含有 employees 表中来自加利福尼亚州(CA)雇员的 name、salary 和 address 字段的信息。新表的模式是根据 SELECT 语句来生成的。

使用这个功能的常见情况是从一个大的宽表中选取部分需要的数据子集。

这个功能不能用于外部表。可以回想一下,使用 ALTER TABLE 语句可以为外部表"引用"到一个分区,这里本身没有进行数据"装载",而是给元数据指定一个指向数据的路径。

6.2.5 HiveQL 数据查询

1. 基本查询(select…from)

(1) 全表和特定列查询:

① 全表查询:hive (default)> select * from emp;

② 选择特定列查询:hive (default)> select empno, ename from emp;

(2) 列别名查询:hive (default)> select ename AS name, deptno dn from emp;

(3) 算术运算符:hive (default)> select sal +1 from emp;

(4) 常用函数:

① 求总行数(count)：hive (default)> select count(*) cnt from emp；

② 求工资的最大值(max)：hive (default)> select max(sal) max_sal from emp；

③ 求工资的最小值(min)：hive (default)> select min(sal) min_sal from emp；

④ 求工资的总和(sum)：hive (default)> select sum(sal) sum_sal from emp；

⑤ Limit 语句：hive (default)> select * from emp limit 5；

典型的查询会返回多行数据。LIMIT 子句用于限制返回的行数。

2. where 语句

```
hive (default)> select * from emp where sal > 1000;
```

(1) 比较运算符(between/in/ is null)

表 6-2 描述了谓词操作符，这些操作符同样可以用于 join…on 和 having 语句。

表 6-2 比较运算符

操作符	支持的数据类型	描述
A=B	基本数据类型	如果 A 等于 B，则返回 TRUE，反之返回 FALSE
A<=>B	基本数据类型	如果 A 和 B 都为 NULL，则返回 TRUE，其他的和等号(=)操作符的结果一致，如果 A 和 B 任一为 NULL，则结果为 NULL
A<>B，A! =B	基本数据类型	如果 A 或者 B 为 NULL，则返回 NULL；如果 A 不等于 B，则返回 TRUE，反之返回 FALSE
A<B	基本数据类型	如果 A 或者 B 为 NULL，则返回 NULL；如果 A 小于 B，则返回 TRUE，反之返回 FALSE
A<=B	基本数据类型	如果 A 或者 B 为 NULL，则返回 NULL；如果 A 小于或等于 B，则返回 TRUE，反之返回 FALSE
A>B	基本数据类型	如果 A 或者 B 为 NULL，则返回 NULL；如果 A 大于 B，则返回 TRUE，反之返回 FALSE
A>=B	基本数据类型	如果 A 或者 B 为 NULL，则返回 NULL；如果 A 大于或等于 B，则返回 TRUE，反之返回 FALSE
A [NOT] BETWEEN B AND C	基本数据类型	如果 A，B 或者 C 任一为 NULL，则结果为 NULL。如果 A 的值大于或等于 B 而且小于或等于 C，则结果为 TRUE，反之为 FALSE。如果使用 NOT 关键字，则可达到相反的效果
A IS NULL	所有数据类型	如果 A 等于 NULL，则返回 TRUE，反之返回 FALSE
A IS NOT NULL	所有数据类型	如果 A 不等于 NULL，则返回 TRUE，反之返回 FALSE
IN(数值 1，数值 2)	所有数据类型	使用 IN 运算显示列表中的值
A [NOT] LIKE B	STRING 类型	B 是一个 SQL 下的简单正则表达式，如果 A 与其匹配，则返回 TRUE；反之返回 FALSE。B 的表达式说明如下：'x%'表示 A 必须以字母'x'开头，'%x'表示 A 必须以字母'x'结尾，而'%x%'表示 A 包含有字母'x'，可以位于开头、结尾或者字符串中间。如果使用 NOT 关键字，则可达到相反的效果
A RLIKE B，A REGEXP B	STRING 类型	B 是一个正则表达式，如果 A 与其匹配，则返回 TRUE；反之返回 FALSE。匹配使用的是 JDK 中的正则表达式接口实现的，因为正则也依据其中的规则。例如，正则表达式必须和整个字符串 A 相匹配，而不是只需与其字符串匹配

案例实操：

查询薪水等于5 000的所有员工：hive (default)> select * from emp where sal =5000;

查询工资在500到1 000的员工信息：hive (default)> select * from emp where sal between 500 and 1 000;

查询comm为空的所有员工信息：hive (default)> select * from emp where comm is null;

查询工资是1 500和5 000的员工信息：hive (default)> select * from emp where sal in (1 500, 5 000);

(2) like和rlike

① 使用like运算选择类似的值

② 选择条件可以包含字符或数字，其中：% 代表零个或多个字符(任意个字符)。_ 代表一个字符。

③ rlike子句是Hive中这个功能的一个扩展，其可以通过Java的正则表达式来指定匹配条件。

④ 案例实操

查找以2开头薪水的员工信息：hive (default)> select * from emp where sal like '2%';

查找第二个数值为2的薪水的员工信息：hive (default)> select * from emp where sal like '_2%';

查找薪水中含有2的员工信息：hive (default)> select * from emp where sal rlike '[2]';

(3) 逻辑运算符(and/or/not)

逻辑运算符如表6-3所示。

表6-3 逻辑运算符

操作符	含义
and	逻辑并
or	逻辑或
not	逻辑否

案例实操：

查询薪水大于1 000，部门是30：hive (default)> select * from emp where sal > 1000 and deptno=30;

查询薪水大于1 000，或者部门是30：hive (default)> select * from emp where sal > 1000 or deptno=30;

查询除了20部门和30部门以外的员工信息：hive (default)> select * from emp where deptno not IN(30, 20);

3. 分组

(1) group by语句

group by语句通常会和聚合函数一起使用，按照一个或者多个列队结果进行分组，然后对每个组执行聚合操作。

案例实操：

计算emp表每个部门的平均工资：hive (default)> select t. deptno, avg(t. sal) avg_sal from emp t group by t.deptno;

计算 emp 每个部门中每个岗位的最高薪水：select t.deptno, t.job, max(t.sal) max_sal from emp t group by t.deptno, t.job;

（2）having 语句

① having 与 where 的不同点如下：

首先，where 针对表中的列发挥作用，查询数据；having 针对查询结果中的列发挥作用，筛选数据。其次，where 后面不能写分组函数，而 having 后面可以使用分组函数。最后，having 只用于 group by 分组统计语句。

② 案例实操：

求每个部门的平均薪水大于 2 000 的部门：hive (default)> select deptno, avg(sal) avg_sal from emp group by deptno having avg_sal > 2000;

4. join 语句

（1）等值 join：

Hive 支持通常的 SQL JOIN 语句，但是只支持等值连接，不支持非等值连接。

案例实操：根据员工表和部门表中的部门编号相等，查询员工编号、员工名称和部门编号：

```
hive (default)> select e.empno, e.ename, d.deptno, d.dname from emp e join dept d on e.deptno = d.deptno;
```

（2）表的别名：

```
hive (default)> select e.empno, e.ename, d.deptno from emp e join dept d on e.deptno = d.deptno;
```

（3）内连接：只有进行连接的两个表中都存在与连接条件相匹配的数据才会被保留下来。

```
hive (default)> select e.empno, e.ename, d.deptno from emp e join dept d on e.deptno = d.deptno;
```

（4）左外连接：JOIN 操作符左边表中符合 WHERE 子句的所有记录将会被返回。

```
hive (default)> select e.empno, e.ename, d.deptno from emp e left join dept d on e.deptno = d.deptno;
```

（5）右外连接：JOIN 操作符右边表中符合 WHERE 子句的所有记录将会被返回。

```
hive (default)> select e.empno, e.ename, d.deptno from emp e right join dept d on e.deptno = d.deptno;
```

（6）满外连接：将会返回所有表中符合 where 语句条件的所有记录。如果任一表的指定字段没有符合条件的值，那么就使用 NULL 值替代。

```
hive (default)> select e.empno, e.ename, d.deptno from emp e full join dept d on e.deptno = d.deptno;
```

（7）多表连接：连接 n 个表，至少需要 $n-1$ 个连接条件。例如：连接三个表，至少需要两个连接条件。

```
hive (default)> SELECT e.ename, d.deptno, l. loc_name FROM emp e JOIN dept d ON
d.deptno = e.deptno JOIN location l ON d.loc = l.loc;
```

说明：在大多数情况下，Hive 会对每对 join 连接对象启动一个 MapReduce 任务。本例中会首先启动一个 MapReduce job 对表 e 和表 d 进行连接操作，然后再启动一个 MapReduce job 将第一个 MapReduce job 的输出和表 l 进行连接操作。

注意：为什么不是表 d 和表 l 先进行连接操作呢？这是因为 Hive 总是按照从左到右的顺序执行的。

(8) 笛卡尔积：

① 笛卡尔积会在下面条件下产生：省略连接条件；连接条件无效；所有表中的所有行互相连接

② 案例实操：hive (default)> select empno, dname from emp, dept;

③ 调整方案：

```
select t1.*, t2.* from
(select * from dept) t1
join
(select * from emp) t2
on 1 = 1;
```

5. 排序

1) 全局排序(order by)

order by：全局排序，通过一个 MapReduce 来实现。

(1) 使用 order by 子句排序。

asc(ascend)：升序(默认)

desc(descend)：降序

(2) order by 子句在 select 语句的结尾。

(3) 案例实操：

查询员工信息按工资升序排列：hive (default)> select * from emp order by sal;

查询员工信息按工资降序排列：hive (default)> select * from emp order by sal desc;

2) 按照别名排序

按照员工薪水的 2 倍排序：hive (default)> select ename, sal * 2 twosal from emp order by twosal;

3) 多个列排序

按照部门和工资升序排序：hive (default)> select ename, deptno, sal from emp order by deptno, sal ;

4) 每个 MapReduce 内部排序(sort by)

sort by：每个 MapReduce 内部进行排序，对全局结果集来说不是完整的排序。

(1) 设置 reduce 个数：hive (default)> set mapreduce.job.reduces=3;

(2) 查看设置 reduce 个数：hive (default)> set mapreduce.job.reduces;

(3) 根据部门编号降序查看员工信息：hive (default)> select * from emp sort by empno desc;

（4）将查询结果导入文件中（按照部门编号降序排序）：hive (default)> insert overwrite local directory '/opt/module/datas/sortby-result' select * from emp sort by deptno desc;

5）分区排序（distribute by）

distribute by：类似 MR 中 partition，进行分区，结合 sort by 使用。

注意，Hive 要求 distribute by 语句要写在 sort by 语句之前。

对于 distribute by 进行测试，一定要分配多 reduce 进行处理，否则无法看到 distribute by 的效果。

案例实操：

先按照部门编号分区，再按照员工编号降序排序。

```
hive (default)> set mapreduce.job.reduces = 3;
hive (default)> insert overwrite local directory '/opt/module/datas/distribute-result' select * from emp distribute by deptno sort by empno desc;
```

6）cluster by

当 distribute by 和 sorts by 字段相同时，可以使用 cluster by 方式。

cluster by 除了具有 distribute by 的功能外还兼具 sort by 的功能。但是排序只能是倒序排序，不能指定排序规则为 asc 或者 desc。

以下两种写法等价：

```
hive (default)> select * from emp cluster by deptno;
hive (default)> select * from emp distribute by deptno sort by deptno;
```

注意：按照部门编号分区，不一定就是固定死的数值，可以是 20 号和 30 号部门分到一个分区里。

6.3 Druid 时序数据仓储

6.3.1 Druid 概述

6.3.1.1 Druid 是什么

Druid 是一款支持数据实时写入、低延时、高性能的 OLAP 引擎，具有优秀的数据聚合能力与实时查询能力。在大数据分析、实时计算、监控等领域都有特定的应用场景，是大数据基础架构建设中重要的一环。

Druid 是针对时间序列数据提供的低延时数据写入以及快速交互式查询的分布式 OLAP 数据库。其两大关键点是：Druid 主要针对时间序列数据提供低延时数据写入和快速聚合查询。简而言之，Druid 是一款分布式 OLAP 引擎。

6.3.1.2 Druid 的三个设计原则

在设计之初，开发人员确定了三个设计原则。

- 快速查询：部分数据的聚合＋内存化＋索引。
- 水平扩展能力：分布式数据＋并行化查询。

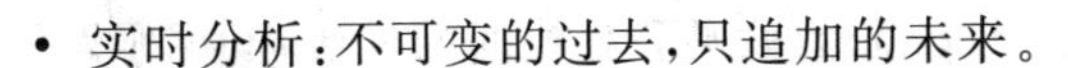

• 实时分析:不可变的过去,只追加的未来。

1. 快速查询

对于数据分析场景,在大部分情况下,我们只关心一定粒度聚合的数据,而非每一行原始数据的细节情况。因此,数据聚合粒度可以是1分钟、5分钟、1小时或1天等。部分数据聚合给 Druid 争取了很大的性能优化空间。

数据内存化也是提供查询速度的杀手锏。内存和硬盘的访问速度相差近百倍,但内存的大小是非常有限的,因此在内存使用方面要精细设计,比如 Druid 里使用了 Bitmap 和各种压缩技术。

另外,为了支持 Drill-Down 的某些维度,Druid 维护了一些倒排索引。这种方式可以加快 AND 和 OR 等计算操作。

2. 水平扩展能力

Druid 查询性能在很大程度上依赖于内存的优化使用。数据可以分布在多个节点的内存中,因此当数据增长的时候,可以通过简单增加机器的方式进行扩容。为了保持平衡,Druid 按照时间范围把聚合数据进行分区处理。对于高基数的维度,只按照时间切分有时候是不够的(Druid 的每个 Segment 不超过 2 000 万行),故 Druid 还支持进一步分区。

历史 Segment 数据可以保存在深度存储系统中,存储系统可以是本地磁盘、HDFS 或远程的云服务。如果某些节点出现故障,则可借助 Zookeeper 协调其他节点重新构造数据。

Druid 的查询模块能够感知和处理集群的状态变化,查询总是在有效的集群架构中进行。集群上的查询可以进行灵活的水平扩展。Druid 内置提供了一些容易并行化的聚合操作,例如 Count、Mean、Variance 和其他查询统计。对于一些无法并行化的操作(如 Median、Druid)暂时不提供支持。在支持直方图(Histogram)方面,Druid 也是通过一些近似计算的方法进行支持,以保证 Druid 整体的查询性能,这些近似计算方法还包括 HyperLoglog、DataSketches 的一些基数计算。

3. 实时分析

Druid 提供了包括基于时间维度数据的存储服务,并且任何一行数据都是历史真实发生的事件,因此在设计之初就约定事件一旦进入系统,就不能再改变。

对于历史数据,Druid 以 Segment 数据文件的方式进行组织,并将它们存储到深度存储系统中,如文件系统或亚马逊的 S3 等。当需要查询这些数据时,Druid 再从深度存储系统中将它们装载到内存供查询使用。

6.1.1.3 Druid 的基本概念

1. 数据存储

与许多分析数据存储一样,Druid 将数据存储在列中。根据列的类型(字符串、数字等),应用不同的压缩和编码方法。Druid 还根据列类型构建不同类型的索引。

与搜索系统类似,Druid 为字符串列构建反向索引,以便快速搜索和过滤。与时间序列数据库类似,Druid 智能地按时间划分数据,以实现面向时间的快速查询。

与许多传统系统不同,Druid 可以选择预先汇总数据。此预聚合步骤称为 roll-up,可以节省大量存储空间。

Druid 的数据结构基于 DataSource 和 Segment。DataSource 可以理解为 RDBMS 中的表。DataSource 的结构包括时间列、维度列和指标列。DataSource 是一个逻辑概念,Segment

是数据的实际物理存储格式，Druid 正是通过 Segment 实现了对数据的横纵向切割操作。通过参数 segmentGranularity 的设置，Druid 将不同时间范围内的数据存储在不同的 Segment 数据块中，这便是所谓的数据横向切割。这种设计的优点是按时间范围查询数据时，仅需要访问对应时间段内的 Segment 数据块，不需要进行全表数据范围查询。同时，在 Segment 中也面对列进行数据压缩存储，这便是所谓的数据纵向切割。而且在 Segment 中使用了 Bitmap 等技术对数据访问进行了优化。

2. 数据摄入

Druid 支持流式和批量摄入。Druid 连接的原始数据源，通常是分布式消息中间件，如 Apache Kafka（用于流数据加载）或分布式文件系统（如 HDFS 实现的批量数据加载）。

3. 数据查询

Druid 支持通过 JSON-over-HTTP 和 SQL 查询数据。Druid 包含多种查询类型，如对用户摄入 Druid 的数据进行 TopN、Timeseries、GroupBy、Select、Search 等方式的查询，也可以查询一个数据源的 timeBoundary、segmentMetadata、dataSourceMetadata 等。

6.3.1.4 Druid 的应用场景

从技术定位上看，Druid 是一个分布式的数据分析平台，在功能上也非常像传统的 OLAP 系统，但是在实现方式上做了很多聚焦和取舍，为了支持更大的数据量、更灵活的分布式部署、更实时的数据摄入，Druid 舍去了 OLAP 查询中比较复杂的操作，如 JOIN 等。相比传统数据库，Druid 是一种时序数据库，按照一定的时间粒度进行聚合，以加快分析查询。

在应用场景上，Druid 从广告数据分析平台起家，目前已经广泛应用在各个行业和许多互联网公司中，下面介绍一些使用 Druid 的公司。

1. 国内公司

1）腾讯

腾讯是一家著名的社交互联网公司，其明星产品 QQ、微信有着上亿级别庞大的用户量。在 2B 业务领域，作为中国领先的 SaaS 级社会化客户关系管理平台，腾讯企点采用了 Druid 分析大量用户的行为，以帮助提升客户价值。

2）阿里巴巴

阿里巴巴是世界领先的电子商务公司。阿里搜索组使用 Druid 的实时分析功能来获取用户的交互行为。

3）新浪微博

新浪微博是中国领先的社交平台。新浪微博的广告团队使用 Druid 构建数据洞察系统的实时分析部分，每天处理数十亿消息。

4）小米

小米是中国领先的专注智能产品和服务的移动互联网公司。小米将 Druid 用于部分后台数据的收集和分析；另外，在广告平台的数据分析方面，Druid 也提供了实时的内部分析功能，支持细粒度的多维度查询。

5）滴滴打车

滴滴打车是世界领先的交通平台。Druid 是滴滴实时大数据处理的核心模块，用于滴滴的实时监控系统，支持数百个关键业务指标。通过 Druid，滴滴能够快速得到各种实时的数据。

2. 国外公司

1）雅虎

雅虎是全球领先的互联网公司，它也是最早一批深度使用 Druid 的公司，雅虎维护着世界上最大的 Hadoop 集群，但是 Hadoop 集群无法处理实时交互查询，无法支持实时数据摄入，无法灵活支持每日几百亿的事件。在尝试很多工具之后，最后他们还是深度拥抱了 Druid。

2）PayPal

PayPal 是全球领先的互联网支付公司。2014 年年初，PayPal 的 Tracking Platform 组采用了 Druid 处理每天 70 亿～100 亿条的记录数据，查询的响应时间非常理想。如今，Druid 在 PayPal 已经有一个非常大的集群，为业务分析组提供了各种各样的数据分析支持。

3）eBay

eBay 是全球领先的互联网电子商务公司。eBay 使用 Druid 聚合多个数据源，进行用户行为分析，处理速度超过 10 万条消息/秒。同时在查询方面，Druid 提供了一个自由组合的条件查询功能，来支持商业分析的场景。

4）思科

思科是世界领先的通信技术公司，它使用 Druid 对网络数据流进行实时地数据分析。

总结这些公司的使用场景可以看出，Druid 确实提供了一个相对通用的数据分析平台，Druid 起源于广告数据分析，广泛应用于用户行为分析、网络数据分析等领域。上述大部分公司都看中了 Druid 的大数据量处理能力、数据实时性和秒级数据查询功能。

6.3.2 Druid 架构

6.3.2.1 Druid 架构概览

Druid 被认为是一个可拆分的数据库。Druid 的每个核心进程（摄入、查询和协调）可以单独或联合部署在硬件上。

Druid 显式地命名每个主进程，使管理员能够根据用例和工作负载对每个进程进行调整。例如，如果工作负载需要，操作员可以将更多的资源用于 Druid 的摄入进程，而将更少的资源用于 Druid 的查询进程。

Druid 中的一个进程失败，不会影响其他进程。

Druid 的进程类型如下：

（1）Historical（历史节点）进程是处理存储和查询“历史”数据的主要工具。Historical 进程从深层存储中下载 Segment 并响应有关这些 Segment 的查询。Historical 不接受写数据。

（2）MiddleManager（中间管理者节点）进程是处理新数据摄入的工具。MiddleManager 负责从外部数据源读取数据，并发布新的 Segment 数据文件。

（3）Broker（查询节点）进程从外部客户端接收查询，并将这些查询转发给 Historicals 和 MiddleManagers。当 Brokers 从这些子查询中收到结果时，Broker 会合并这些结果并将它们返回给调用者。最终用户通常会查询 Brokers，而不是直接查 Historicals 或 MiddleManagers。

（4）Coordinator（协调节点）进程监视 Historical 进程。Coordinator 负责将 Segment 分配给特定服务器，并确保 Segment 在 Historical 进程之间保持平衡。

（5）Overlord（统治节点）进程监视 MiddleManager 进程，并且是数据读入 Druid 的控制器。Overlord 负责将摄取任务分配给 MiddleManagers 并协调 Segment 发布。

(6) Router(路由节点)进程是可选的进程，它在 Druid Brokers、Overlords 和 Coordinator 之前提供统一的 API 网关。Router 可以直接联系 Druid Brokers、Overlords 和 Coordinator。

Druid 进程可以单独部署(物理服务器、虚拟服务器或容器都可以部署)，也可以在共享服务器上共存。一个常见的部署计划是：

① “数据”服务器运行 Historical 和 MiddleManager 进程。

② “查询”服务器运行 Broker 和 Router 进程(可选)。

③ “Master”服务器运行 Coordinator 和 Overlord 进程。“Master”服务器也可以运行 ZooKeeper。

除了这些进程类型外，Druid 还有三个外部依赖项(它们旨在能够利用现有的基础设施)：

(1) Deep Storage(深度存储)，每个 Druid 服务器都可以访问共享文件存储。这通常是像 S3 或 HDFS 这样的分布式对象存储，或者是网络安装的文件系统。Druid 使用它来存储系统中已经读取的任何数据。

(2) Metadata store(元数据库)，共享元数据存储。这通常是一个传统的 RDBMS，如 PostgreSQL 或 MySQL。

(3) Zookeeper(分布式协调服务)，用于内部服务发现、协调和领导人选举。

图 6-6 显示了查询和数据如何在此架构中流动。

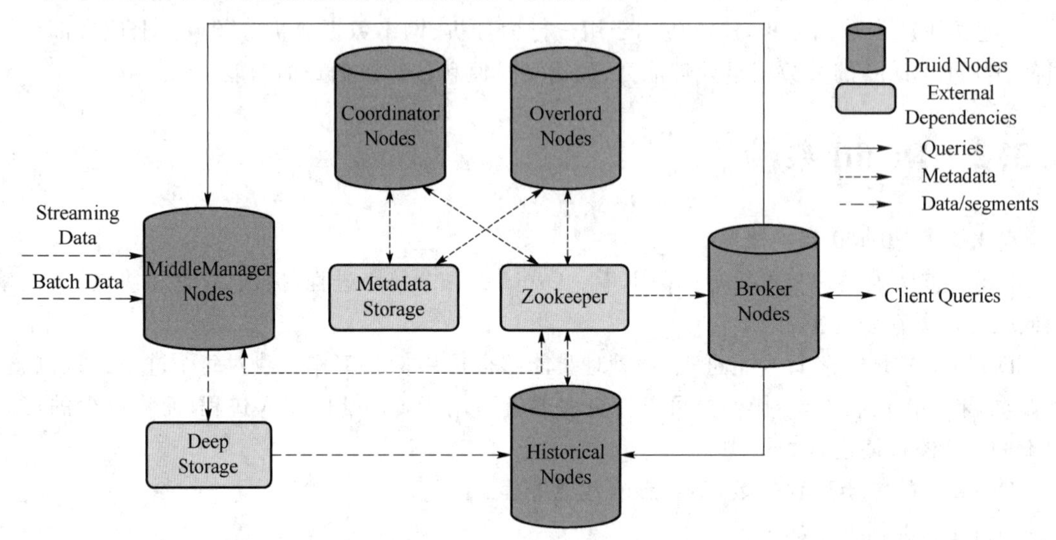

图 6-6 Druid 架构

6.3.2.2 历史节点

历史节点(Historical Node)负责加载已生成好的数据文件以提供数据查询。由于 Druid 的数据文件有不可更改性，因此历史节点的工作就是专注于提供数据查询。

历史节点在启动的时候，首先会检查自己的本地缓存中已存在的 Segment 数据文件，然后从 DeepStorge 中下载属于自己但目前不在自己本地磁盘上的 Segment 数据文件。无论是何种查询，历史节点都会首先将相关 Segment 数据文件从磁盘加载到内存，然后再提供查询服务。

历史节点的查询效率受内存空间富余程度的影响很大：内存空间富余，查询时需要从磁盘加载数据的次数就少，查询速度就快；反之，查询时需要从磁盘加载数据的次数就多，查询速度就相对慢。因此，原则上历史节点的查询速度与其内存空间大小和所负责的 Segment 数据文件大小成正比关系。

历史节点拥有极佳的可扩展性与高可用性。新的历史节点被添加后，会通过Zookeeper被协调节点发现，然后协调节点将会自动分配相关的Segment给它；原有的历史节点被移出集群后，同样会被协调节点发现，然后协调节点将原本分配给它的Segment重新分配给其他处于工作状态的历史节点。

6.3.2.3 中间管理者节点

中间管理者节点(Middle Manager Node)主要负责摄入新的数据，以及发布Segment数据文件。

Segament数据文件从制造到传播要经历一个完整的流程，步骤如下。

(1) 中间管理者节点生产出Segment数据文件，并将其上传到DeepStorage中。

(2) Segment数据文件的相关元数据信息被存放到MetaStore(MySQL)里。

(3) 协调节点从MetaStore里得知Segment数据文件的相关元数据信息后，将根据规则的设置分配给符合条件的历史节点。

(4) 历史节点得到指令后会从DeepStore里拉取指定的Segment数据文件，并通过ZooKeeper向集群声明其负责提供该Segment数据文件的查询服务。

(5) 中间管理者节点丢弃该Segment数据文件，并向集群声明其不再提供该Segment数据文件的查询服务。

6.3.2.4 查询节点

查询节点(Broker Node)对外提供数据查询服务，并同时从中间管理节点与历史节点查询数据，合并后返回给调用方。

查询节点的缓存使用LRU缓存失效策略。查询节点的缓存按Segment存储结果。缓存可以是每个代理节点的本地缓存，也可以是使用外部分布式缓存。

当查询节点收到一个查询时，它会将其映射到一组Segment。这些Segment的子集可能已经存在缓存中，并且可以直接从缓存中提取结果。对于缓存中不存在的Segment，查询节点将查询转发到历史节点。一旦历史节点返回其结果，查询节点会将这些结果存储在缓存中。

由于实时数据一直在变化，缓存是不可靠的。因此实时数据请求将转发到中间管理者节点。

6.3.2.5 协调节点

协调节点(Coordinator Node)负责历史节点的数据负载均衡，以及通过规则管理数据的生命周期。

很多分布式项目往往采用主从(Master-Slave)节点的架构，比如HDFS、Yarn等。该架构的优势在于集群比较容易通过Master节点进行管理，缺点是Master节点容易出现单点失效的问题，以及集群的扩展性有时受限于Master节点的能力。对于整个Druid集群来说，其实并没有实际意义上的Master节点，因为中间管理者节点与查询节点能自行管理并不听从于任何其他节点。但是，对于历史节点来说，协调节点便是它们的Master节点，因为协调节点将会给历史节点分配数据，完成数据分布在历史节点间的负载平衡。当协调节点不可访问时，历史节点虽然还能向外提供查询服务，但已经不再接收新的Segment数据了。

Druid利用针对每个DataSource设置的规则来加载或丢弃具体的数据文件，以管理数据的生命周期。可以对一个DataSource按顺序添加多条规则，对于一个Segment数据文件来说，协调节点会逐条检查规则，当碰到当前Segmen数据文件符合某条规则时，协调节点会立即命令历史节点对该 Segment 数据文件执行这条规则(加载或丢弃这条规则),并停止检查余下的规则,否则继续检查下一条设置好的规则。

Druid 允许用户对某个 DataSource 定义其 Segment 数据文件在历史节点中的副本数量。副本数量默认为 1,即仅有一个历史节点提供某 Segment 数据文件的查询,存在单点问题。如果用户设置了更多的副本数量,则意味着某 Segment 数据文件在集群中存在于多个历史节点中,当某个历史节点不可访问时还能从其他同样拥有该 Segment 数据文件副本的历史节点中查询到相关数据——Segment 数据文件的单点问题便迎刃而解。

对于协调节点来说,高可用性的问题十分容易解决——只需要在集群中添加若干个协调节点即可。当某个协调节点退出服务时,集群中的其他协调节点依然能够自动完成相关工作。

6.3.2.6 统治节点

统治节点(Overlord Node)对外负责接收任务请求,对内负责将任务分解并下发到中间管理者节点上。统治节点有以下两种运行模式。

本地模式:默认模式。在该模式下,统治节点不仅负责集群的任务协调分配工作,还负责启动一些苦工(Peon)来完成一部分具体的任务。

远程模式:在该模式下,统治节点与中间管理者节点分别运行在不同的节点上,它仅负责集群的任务协调分配工作,不负责完成任何具体的任务。

统治节点控制台可用于查看任务的状态。该控制台通过以下地址访问:

```
http://<OVERLORD_IP>:<port>/console.html
```

6.3.3 Druid 数据摄入

6.3.3.1 摄入数据形式

Druid 能够以 JSON、CSV、TSV 或任何自定义格式摄取非规范化数据。

1. 格式化数据

下面给出了 Druid 支持的数据格式。

(1) JSON

```
{"timestamp": "2013-08-31T01:02:33Z", "page": "Gypsy Danger", "language" : "en"}
{"timestamp": "2013-08-31T03:32:45Z", "page": "Striker Eureka", "language" : "en"}
{"timestamp": "2013-08-31T07:11:21Z", "page": "Cherno Alpha", "language" : "ru"}
```

(2) CSV

```
2013-08-31T01:02:33Z,"Gypsy Danger","en","nuclear","true","true","false","false"
2013-08-31T03:32:45Z,"Striker Eureka","en","speed","false","true","true","false"
2013-08-31T07:11:21Z,"Cherno Alpha","ru","masterYi","false","true","true","false"
```

(3) TSV

```
2013-08-31T01:02:33Z "Gypsy Danger" "en" "nuclear" "true" "true" "false"
2013-08-31T03:32:45Z "Striker Eureka" "en" "speed" "false" "true" "true"
2013-08-31T07:11:21Z "Cherno Alpha" "ru" "masterYi" "false" "true" "true"
```

2. 自定义格式

Druid 支持自定义数据格式，并且可以使用 Regex 解析器或 JavaScript 解析器来解析这些格式。

6.3.3.2 摄入配置

使用 Druid 进行数据摄取时，需要一个配置文件去指定数据摄取的相关参数，在 Druid 系统中这个配置文件成为 Ingestion Spec。

Ingestion Spec 是一个 JSON 格式的文本，由三部分构成。

```
{
    "dataSchema" :{...},        #JSON 对象，指明数据源格式、数据解析、维度
    "ioConfig" : {...},         #JSON 对象，指明数据如何在 Druid 中存储
    "tuningConfig" : {...}      #JSON 对象，指明存储优化配置
}
```

以下是三个部分的简述。

1. dataSchema

关于数据源的描述，包含数据类型、数据由哪些列构成，以及哪些是列等。具体格式如下：

```
{
    "datasource": "...",           #string 类型，数据源名字
    "parser"; {...},               #JSON 对象，包含了如何解析数据的相关内容
    "metricsSpec": [...],          #list 包含了所有的指标列信息
    "granularitySpec"; ...         #JSON 对象，指明数据的存储和查询力度
}
```

(1) parser

parser 声明了如何去解析一条数据。Druid 提供的 parser 支持解析 string、protobuf 格式，同时社区贡献了一些插件以支持其他数据格式，比如 avro 等。本书主要涉及 string 格式。parser 的数据结构如下：

```
"parser": {
    "type":" ...", #string 数据类型

    "parseSpec": {... }#JSON 对象
}
```

parseSpec 指明了数据源格式，比如维度列表、指标列表、时间戳列名等。接下来简述在日常开发中运用比较多的三种数据格式(JSON，CSV，TSV)。

JSON parseSpec：

```
"parseSpec":{
    "format":"json",
    "timestampSpec":{...} # JSON 对象，指明时间戳列名和格式，
    "dimensionsSpec":{...} #JSON 对象，指明维度的设置
    "flattenSpec" :{...}# JSON 对象，若 JSON 有嵌套层级，则需要指定
}
```

其中 timestampSpec 如下：

```
"timestampSpec": {
    "column":" ...",. #string, 时间戳列名
    "format":"..." #iso|millis|posix|auto|Joda,时间截格式,默认为 auto
}
```

dimensionsSpec 如下：

```
"dimensionsSpec": {
    "dimensions":[...],. #list[string],维度名列表
    " dinensionExclusions": [...] # list [string], 剔 除 的 维 度 名 列 表; 可 选 "
spatialDimensions": [...]#list[string]空间维度名列表,主要用于地理几何运算;可选
}
```

CSV parseSpec：

```
"parseSpec"; {
    "fomat": "csv",
    "timestampSpec":{ ...} #JSON 对象,指明时间戳列名和格式
    "dimensionsSpec":{...} #JSON 对象,指明维度的设置
    "columns": [...] #list[string],CSV 数据列名
    "listDelimiter":"..."#string,多值维度列,数据分隔符;可选
}
```

其中 timestampSpec 和 dimensionsSpec 请参考前文。

TSV parseSpec

```
"parseSpec"; {
    "fomat": "tsv",
    "timestampSpec":{ ...} #JSON 对象,指明时间戳列名和格式
    "dimensionsSpec":{...} #JSON 对象,指明维度的设置
    "columns": [...] #list[string],TSV 数据列名
    "listDelimiter":"..."#string,多值维度列,数据分隔符;可选
    "delimiter":"..."#string,数据分隔符,默认值为\t;可选
}
```

(2) metricsSpec

metricsSpec 是一个 JSON 数组,指明所有的指标列和所使用的聚合函数。数据格式如下：

```
"metricsSpec": [
    {
        "type": "...",#count|longSum 等聚合函数类型
        "fieldName":"...",#string,聚合函数运用的列名;可选
        "name"; "..."#string,聚合后指标列名
    },
    ...
]
```

(3) granularitySpec

granularitySpec 指定 Segment 的存储粒度和查询粒度。具体的数据格式如下：

```
"granularitySpec":{
    "type": "uniform",
    "segmentGranularity":"...",       #string, Segment 的存储粒度 HOUR,DAY 等
    "queryGranularity":"...",         #string,最小查询粒度 MINUTE、HOUR 等
    "intervals: [ ... ]               #摄取的数据的时间段,可以有多个值;
            #可选,对于流式数据 Pull 方式可以忽略
    }
```

2. ioConfig

ioConfig 指明了真正的具体的数据源,以 Pull 流式摄取为例,它的格式如下：

```
"ioConfig": {
    "type": "realtime",
    "firehose":{...},#指明数据源,例如本地文件、Kafka 等
    "plumber": "realtime"
}
```

不同的 firehose 的格式不太一致,下面以 Kafka 为例,说明 firehose 的格式。

```
{
    "firehose": {
        "consumerProps": {
            "auto.comit.enable": "false",
            "autoffset.reset": "largest",
            "fetchmessage.max.bytes": 1048586",
            "group.id":"druid-example",
            "zookeeper.connect": "locathost:2181",
            "zookeeper.connection.timeout.ms": "15000",
            "zookeeper.session.timeout.ms": "15000",
            "zookeeper.sync.time.ms":"5000"
        }
    "feed":"wikipedia",
    "type":"kafka-0.8"
    }
}
```

3. tuningConfig

这部分配置可以用于优化数据摄取的过程,以 Pull 流式摄取为例,具体格式如下：

```
"tuningConfig"：{
    "type"："realtime",
    "maxRowsInMemory"："...",＃在存盘之前内存中最大的存储行数,指聚合后的行数
    "windowPeriod"："...",＃最大可容忍时间窗口,超过窗口,丢弃
    "intermediatePersistPeriod"："...",＃多长时间数据临时存盘一次
    "basePersistDirectory"："...",＃临时存盘目录
    "versioningPolicy"："...",＃如何为 Segment 设置版本号
    "rejectionPolicy"："...",＃数据丢弃策略
    "maxPendingPersists"：.... ，＃最大同时存盘请求数,达到上限,摄取将会暂停
    "shardSpec"：{...},＃分片设置
    "buildV9Directly"：.... ，＃是否直接构建 v9 版本的索引
    "persistThreadPriority"："...",＃存盘线程优先级
    "mergeThreadPriority"："...", ＃存盘归并线程优先级
    "reportParseExceptions"：... ＃是否汇报数据解析错误
}
```

6.3.3.3 批量数据摄取

1. 以索引服务方式摄取

我们可以通过索引服务方式批量摄取数据，需要通过统治节点提交一个索引任务。例如，把用户行为数据批量导入系统中。用户行为数据示例如下：

```
{"timestamp":"2016-07-17T02:50:00.563Z","event_name" :"browse_commodity", "user_id":1,"age": "90+","city" :"Beijing" ,"commodity":"xxxx" ,"category":"3c", "count":1}
{"timestamp":"2016-07-17T02:51:00.563Z","event_name" :"browse_commodity", "user_id":1,"age": "90+","city" :"Beijing" ,"commodity":"xxxx" ,"category":"3c", "count":1}
{"timestamp":"2016-07-17T02:52:00.563Z","event_name" :"browse_commodity", "user_id":1,"age": "90+","city" :"Beijing" ,"commodity":"xxxx" ,"category":"3c", "count":1}
{"timestamp":"2016-07-17T02:53:00.563Z","event_name" :"browse_commodity", "user_id":1,"age": "90+","city" :"Beijing" ,"commodity":"xxxx" ,"category":"3c", "count":1}
{"timestamp":"2016-07-17T02:54:00.563Z","event_name" :"browse_commodity", "user_id":1,"age": "90+","city" :"Beijing" ,"commodity":"xxxx" ,"category":"3c", "count":1}
{"timestamp":"2016-07-17T02:55:00.563Z","event_name" :"browse_commodity", "user_id":1,"age": "90+","city" :"Beijing" ,"commodity":"xxxx" ,"category":"3c", "count":1}
{"timestamp":"2016-07-17T02:56:00.563Z","event_name" :"browse_commodity", "user_id":1,"age": "90+","city" :"Beijing" ,"commodity":"xxxx" ,"category":"3c", "count":1}
```

2. 以 Hadoop 方式摄取

Druid Hadoop Index Job 支持从 HDFS 上读取数据，并摄入 Druid 系统中。启动一个 Hadoop Index Job，需要 POST 一个请求到 Druid 统治节点。沿用之前的案例，启动一个 Hadoop Index Job。

启动任务：

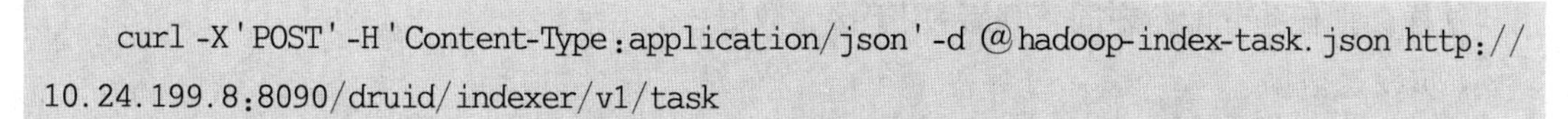

```
curl -X'POST'-H'Content-Type:application/json'-d @hadoop-index-task.json http://
10.24.199.8:8090/druid/indexer/v1/task
```

测试数据如下：

```
2016-07-19T08:36:29,浏览商品,1,90+,Beijing,xxxxx,3c,1
2016-07-19T12:36:29,浏览商品,1,90+,Beijing,yyyyy,3c,1
2016-07-19T16:36:29,浏览商品,1,90+,Beijing,zzzzz,3c,1
2016-07-19T23:36:29,浏览商品,1,90+,Beijing,aaaaa,3c,1
```

Druid 会提交一个 MapReduce 任务到 Hadoop 系统，所以这种方式非常适合大批量摄入。

6.3.3.4 流式数据摄取

在一个网站的运营工作中，网站的运营人员常常需要对用户行为进行分析，而进行分析前的重要工作之一便是对用户行为数据进行格式定义与摄取方式的确定。当使用 Druid 来完成用户行为数据摄取的工作时，我们可以使用一个 DataSource 来存储用户行为，而使用类似如下的 JSON 数据来定义 DataSource 的格式。

```
{
    "age":"90+",
    "category":"3C",
    "city": "Beijing",
    "count"; 1,
    "event name":"browse_comodity",
    "timestamp": "2016-07-04T13:30:21.563Z",
    "user_id": 123
}
```

1. 以 Pull 方式摄取

首先，若以 Pull 的方式摄取数据，则需要启动一个实时节点。而启动实时节点，则需要一个 Spec 配置文件。Spec 配置文件是一个 JSON 文件。我们要把上述的 JSON 格式的行为数据通过实时节点从 Kafka 中 Pull 数据到 Druid 系统，该 Spec 配置文件的内容见附录。

在使用上述 Spec 配置文件启动实时节点后，实时节点就会自动地从 Kafka 通过 Pull 的方式摄取数据。

2. 以 Push 方式摄取

以 Push 方式摄取，需要索引服务，所以要先启动中间管理者（Middle Manager）和统治节点（Overlord Node）。

（1）启动索引任务

启动索引任务需要向索引服务中的统治节点发送一个 HTTP 请求，并向该请求 POST 一份 Ingestion Spec。我们接着用用户行为数据摄取的例子。

启动索引任务。

```
curl -X'POST'-H'Content-Type:application/json'-d @my-index-task.json OVERLORD_IP:
PORT/druid/ indexer/v1/task
```

这样会把任务分配给中间管理者，用于接收数据。

(2) 发送数据

```
curl -X 'POST' -H 'Content-Type:application/json' -d '[{"timestamp":"2016-07-13T06:17:29","event_name":"浏览商品","user_id":1,"age":"90+","city":"Beijing","commodity":"xxxxx","category":"3c", "count":1}]' peonhost:port/druid/worker/v1/chat/dianshang_order/push-events
```

6.3.4 Druid 数据查询

6.3.4.1 查询过程

查询节点接收外部 Client 的查询请求，并根据查询中指定的间隔找出相关的 Segment，然后找出包含这些 Segment 的中间管理者节点和历史节点，再将请求分发给相应的中间管理者节点和历史节点，最后将来自中间管理者节点和历史节点的查询结果合并后返回给调用方。其中，查询节点通过 ZooKeeper 来发现历史节点和中间管理者节点的存活状态。

查询过程如下：

(1) 查询请求首先进入查询节点，查询节点将与已知存在的 Segment 进行匹配查询。

(2) 查询节点选择一组可以提供所需要的 Segment 的历史节点和中间管理者节点，将查询请求分发到这些机器上。

(3) 历史节点和中间管理者节点都会进行查询处理，然后返回结果。

(4) 查询节点将历史节点和中间管理者节点返回的结果合并，返回给查询请求方。

6.3.4.2 组件

1. Datasources

Druid 的数据源(Datasource)相当于数据库中的表。

表数据源(Table Data Source)是最常见的类型。它的表示如下：

```
{
    "type": "table",
    "name": "<string_value>"
}
```

联合数据源(Union Data Source)联合了两个或多个表数据源。它的表示如下：

```
{
    "type": "union",
    "dataSources": ["<string_value1>", "<string_value2>", "<string_value3>", ... ]
}
```

查询数据源(Query Data Source)用于嵌套的 GroupBys 语句，它的表示如下：

```
{
    "type": "query",
    "query": {
        "type": "groupBy",
        ...
    }
}
```

2. Filters

Filter,即过滤器,在查询语句中视为一个 JSON 对象,用来对维度进行筛选,表示维度满足 Filter 的行是我们需要的数据,类似于 SQL 中的 where 字句。Filter 包含如下类型。

(1) Selector Filter

Selector Filter 的功能类似于 SQL 中的 where key=value。Selector Filter 的 JSON 示例如下:

```
"filter": {"type": "selector","dimension": <dimension_string>,"value": <dimension_value_string>}
```

(2) Regex Filter

Regex Filter 允许用户用正则表达式来筛选维度,任何标准的 Java 支持的正则表达式 Druid 都支持。Regex Filter 的 JSON 示例如下:

```
"filter": {"type":"regex","dimension": <dimension_string>, "pattern": <pattern_ string> }
```

(3) Logical Expression Filter

Logical Expression Filter 包含 and、or 和 not 三种过滤器。每一种都支持嵌套,可以构建丰富的逻辑表达式,并与 SQL 中的 and、or 和 not 相似。JSON 表达式示例如下:

```
"filter": {"type":"and","fields":[<filter>, <filter>, ...]}
"filter": {"type":"or","fields":[<filter>, <filter>, ...]}
"filter": {"type":"not","fields":<filter>}
```

(4) Search Filter

Search Filter 通过字符串匹配过滤维度,支持多种区配方式。JSON 示例如下:

```
{
    "filter": {
        "dimension": "product",
        "query": {
            "type":"insensitive_contains",
            "value": "foo"
    },
    "type": "search"
    }
}
```

其中，query 中不同的 type 代表不同的匹配方式。

(5) In Filter

In Filter 类似于 SQL 中的 in：WHERE outlaw IN ('Good','Bad', 'Ugly')。JSON 的示例如下：

```
{
    "type":"in",
    "dimension":"outlaw",
    "values": ["Good","Bad","UgIy"]
}
```

(6) Bound Filter

Bound Filter 为比较过滤器，包含“大于”、“小于”和“等于”三种算子。Bound Filter 支持字符串比较，并基于字典序。如果要使用数字比较，则需要在查询中设定 alphaNumeric 的值为 true。需要注意的是，Bound Filter 默认的大小比较为“>=”或“<=”，因此如果要使用“<”或“>”，则需要指定 lowerStrict 的值为 true 或指定 upperStrict 的值为 true。

(7) JavaScript Filter

如果上述 Filter 不能满足要求，那么 Druid 还可以通过自己写 JavaScript Filter 来过滤维度，但是只支持一个参数，就是 Filter 里指定的维度的值，返回 true 或 false. JSON 表达式示例如下：

```
{
    "type":"javascript",
    "dimension":<dimension_string>,
    "function" : "function(value) {<...> }"
}
例如 foo <= name <= hoo:
{
    "type": "javascript",
    "dimension" "name",
    "function":"function(x) { return(x >= 'foo' && x <= 'hoo') }"
}
```

3. Aggregator

Aggregator，即聚合器，若在摄入阶段就指定，则会在 roll up 时就进行计算；当然，也可以在查询时指定。聚合器包括如下详细类型。

(1) Count Aggregator

Count Aggregator 计算 Druid 的数据行数，而 Count 就是被聚合的数据的计数。如果查询 Roll up 后有多少条数据，查询语句 JSON 示例如下：

```
("type" : "count", "name" : <output_name>}
```

如果要查询摄入了多少条原始数据，在查询时使用 longSum，JSON 示例如下：

```
{"type": "longSum","name": <output_name>, "fieldName :"count"}
```

(2) Sum Aggregator

第一类是 longSum Aggregator 它负责 64 位有符号整型的求和。JSON 示例如下：

```
{"type" : "longSum", "name":<output _name>, "fieldName" : <metric_name>}
```

第二类是 doubleSum Aggregator，它负责 64 位浮点数的求和。JSON 示例如下：

```
{"type" : "doubleSum", "name": <output._name>, "fieldName" ; <metric _name> }
```

第三类是 floatSum Aggregator，它负责 32 位浮点数的求和。JSON 示例如下：

```
{"type" : "floatSum", "name": <output._name>, "fieldName" ; <metric _name> }
```

(3) Min / Max Aggregator

第一类是 doubleMin Aggregator，它负责计算指定 Metric 的值和 Double. POSITIVE_INFINITY 的最小值。

```
{ "type" : "doubleMin", "name" :<output_name>, "fieldName": <metric_name> }
```

第二类是 doubleMax Aggregator，它负责计算指定 Metric 的值和 Double. NEGATIVE_INFINITY 的最小值。

```
{ "type" : "doubleMax", "name":<output_name>, "fieldName": <metric_name> }
```

第三类是 floatMin Aggregator，它负责计算指定 Metric 的值和 Float. POSITIVE_INFINITY 的最小值。

```
{ "type" : "floatMin", "name" : <output_name>, "fieldName" : <metric_name> }
```

第四类是 floatMax Aggregator，它负责计算指定 Metric 的值和 Float. NEGATIVE_INFINITY 的最小值。

```
{ "type" : "floatMax", "name" : <output_name>, "fieldName" : <metric_name> }
```

第五类是 longMin Aggregator，它负责计算指定 Metric 的值和？Long. MAX_VALUE 的最小值。

```
{ "type" : "longMin", "name" : <output_name>, "fieldName" : <metric_name> }
```

第六类是 longMax Aggregator，它负责计算指定 Metric 的值和 Long. MIN_VALUE 的最大值。

```
{ "type" : "longMax", "name" : <output_name>, "fieldName" : <metric_name> }
```

(4) Cardinality Aggregator

在查询时，Cardinality Aggregator 使用 HyperLogLog 算法计算给定维度集合的基数。需要注意的是，Cardinality Aggregator 比 HyperUnique Aggregator 要慢很多，因为 HyperUnique Aggregator 在摄入阶段就会为 Metric 做聚合，因此在通常情况下，对单个维度求基数，本文推荐使用 HyperUnique Aggregator。

JSON 示例如下：

```
{
    "type: "cardinality",
    "name":"<output_name>",
    "fieldNames": [<dimension1>, <dimension2>, ...],
    "byRow": <false| true> # (optional,defaults to false)
}
```

byRow 为 false 时，类似于以下 SQL：

```
SELECT COUNT(DISTINCT(value)) FROM (
SELECT dim_1 as value FROM <datasource>
UNION
SELECT dim_2 as value FROM <datasource>
UNION
SELECT dim_3 as value FROM <datasource>
)
byRow 为 true 时，类似于以下 SQL：
SELECT COUNT( * ) FROM ( SELECT DIM1, DIM2, DIM3 FROM < datasource > GROUP BY
DINT, DIN2,DIM3 )
```

(5) HyperUnique Aggregator

HyperUnique Aggregator 使用 Hyperloglog 算法计算指定维度的基数。在摄入阶段指定 Metric，从而在查询时使用。JSON 示例如下：

```
{"type":"hyperUnique","name":<output_name>, "fieldName":<metric_name>}
```

(6) Filtered Aggregator

Filtered Aggregator 可以在 Aggregation 中指定 Filter 规则。只对满足规则的维度进行聚合，以提升聚合效率。JSON 示例如下：

```
{
    "type" : "filtered",
    "filter" :{
        "type" : "selector",
        "dimension": <dimension>,
        "value" : <dimension_value>
        }
    "aggregator" : <aggregation>
}
```

其中，aggregator 部分的拼写参照其他 Aggregator 的规则。

(7) JavaScript Aggregator

如果上述聚合器无法满足需求，Druid 还提供了 JavaScript Agregator。用户可以自己写 JavaScript funcion，其中指定的列即为 function 的传入参数。但是 JavaScript Aggregator 的

执行性能要比本地 Java Aggregator 慢很多。因此，如果要追求性能，就需要自己实现本地 Java Aggregator。JavaScript Aggregator 的 JSON 示例如下：

```
{
    "type": "javascript",
    "name": "<output name>",
    "fieldNames" : [<column1>, <column2>, ... ],
    "fnAggregate": "function(current, column1, column2, ... ) {
            <updates partial aggregate (current) based on the current row values>
            return <updated partial aggregate>
            }",
    "fnCombine":"function(partialA, partialB) {return <combined partial results>;}",
    "fnReset" :"function(){return <initial value>; }"
}
```

另一个例子如下：

```
{
    "type": "javascript",
    "name":"sum(log(x) * y) + 10",
    "fieldNames":["x" "y"],
    "fnAggregate": "function(current, a, b) { return current + (Math.log(a) * b)",
    "fnCombine" : "function(partialA, partialB) { return partialA + partialB; }",
    "fnReset" : "function(){ return 10;}"
}
```

4. Post-Aggregator

Post-aggregator 可以对 Aggregator 的结果进行二次加工并输出。最终的输出既包含 Aggregation 的结果，也包含 Post-Aggregator 的结果。如果使用 Post-Aggregation，则必须包含 Aggregator。Post-Aggregator 包含以下类型。

(1) Arithmetic Post-Aggregator

Arithmetic Post-Aggregator 支持对 Aggregator 的结果和其他 Arithmetic Post-Aggregator 的结果进行加、减、乘、除和“quotient”计算。需要注意的是，对于除，如果分母为 0，则返回 0。"quotient" 不判断分母是否为 0。当 Arithmetic Post-Aggregator 的结果参与排序时，默认使用 float 类型。用户可以手动通过 ordering 字段指定排序方式。

JSON 示例如下：

```
"postAggregation" : {
    "type" : "arithmetic",
    "name" : <output_name>,
    "fn" : <arithmetic_function>,
    "fields": [<post_aggregator>, <post._aggregator>, ...],
    "ordering" : <null (default), or "numericFirst">
}
```

(2) Field Accessor Post-Aggregator

Field Accessor Post-Aggregator 返回指定的 Aggregator 的值，在 Post-Aggregator 中大

部分情况下使用 fieldAccess 来访问 Aggregator。在 fieldName 中指定 Aggregator 里定义的 name，如对 HyperUnique 的结果进行访问，则需要使用 hyperUniqueCardinality，Field Accessor Post-aggregator 的 JSON 示例如下：

```
{
    "type":"fieldAccess",
    "name":<output_name>,
    "fieldName" :<aggregator_name>
}
```

（3）Constant Post-Aggregator

Constant Post-Aggregator 会返回一个常数，比如 100 可以将 Aggregator 返回的结果转换为百分比。JSON 示例如下：

```
{
    "type" : "constant" ,
    "name" : <output_name>,
    "value" : <numerical value>
}
```

（4）HyperUnique Cardinality Post-Aggregator

HyperUnique Cardinality Post- Aggregator 得到 HyperUnique Aggregator 的结果，使之能参与到 Post-Aggregator 的计算中。JSON 示例加下：

```
{
    "type ": "hyperUniqueCardinality",
    "name": <output_name>,
    "fieldName": <the name field value of the hyperUnique aggregator>
}
```

5. Granularity

粒度（granularity）决定了数据如何在时间维度中存储，或者数据是如何按小时、日、分钟等进行聚合的。它可以用字符串来表示简单粒度，可以用对象来表示任意粒度。

（1）Simple Granularity

简单粒度（Simple Granularity）用字符串表示，用来处理以 UTC 时间格式为时间戳的数据。

支持的粒度有：all，none，second，minute，fifteen_minute，thirty_minute，hour，day，week，month，quarter and year。

all 表示把所有数据装进一个桶里，none 表示不存储数据，这实际上意味着使用索引的最小粒度——毫秒粒度。

（2）Duration Granularity

持续粒度以毫秒为单位，时间戳以 UTC 的格式返回，还支持指定一个可选的来源，它定义了从哪里开始计数时间桶(默认值为1970-01-01T00:00:00)。

每两小时聚合一次数据。JSON例子如下所示:

```
{"type": "duration", "duration": 7200000}
```

以半小时为单位聚合每个小时的数据。JSON例子如下所示:

```
{"type": "duration", "duration": 3600000, "origin": "2024-01-01T00:30:00Z"}
```

(3) Period Granularity

周期粒度(Period Granularity)是按照ISO 8601格式的年、月、周、小时、分钟和秒的任意组合(例如P2W,P3M,PT1H30M,PT0.750S)。它支持指定一个时区,该时区确定时间段边界从何处开始,以及返回的时间戳的时区。在默认情况下,年份从1月1日开始,月份从月份的第一天开始,周从星期一开始,除非指定了起始时间。

时区是可选的(默认为UTC)。起始时间是可选择的(在给定的时区中,默认为1970-01-01T00:00:00)。

在太平洋时区以两天为单位聚合数据。JSON示例如下:

```
{"type": "period", "period": "P2D", "timeZone": "America/Los_Angeles"}
```

在太平洋时区,从2月开始以三个月为单位聚合数据。JSON示例如下:

```
{"type": "period", "period": "P3M", "timeZone": "America/Los_Angeles",
"origin": "2012-02-01T00:00:00-08:00"}
```

6. DimensionSpec

维度规范(DimensionSpec)定义在聚合之前如何转换维度值。

(1) Default DimensionSpec

默认维度规范(Default DimensionSpec)按原样返回维度值,并可选择重命名维度。JSON示例如下:

```
{
    "type" : "default",
    "dimension" : <dimension>,
    "outputName": <output_name>,
    "outputType": <"STRING"|"LONG"|"FLOAT">
}
```

在数字列上指定维度规范时,用户应将列的类型写在outputType中。如果未指定,则outputType默认为字符串。

(2) Extraction DimensionSpec

提取维度规范(Extraction DimensionSpec)是使用给定的提取函数转换维度的值。JSON示例如下:

```
{
    "type" : "extraction",
    "dimension" : <dimension>,
    "outputName" : <output_name>,
    "outputType": <"STRING"|"LONG"|"FLOAT">,
    "extractionFn" : <extraction_function>
}
```

outputType 还可以在 Extraction 维度规范中指定类型转换，以便在合并之前将类型转换应用于结果。如果未指定，则 outputType 默认为字符串。

7. Context

Context 可以在查询中指定一些参数。Context 并不是查询的必选项，因此在查询中不指定 Context 时，则会使用 Context 中的默认参数。Context 支持的字段如表 6-4 所示。

表 6-4　Context 支持的字段

字段名	默认值	描述
timeout	0(未超时)	查询超时时间，单位是毫秒
priority	0	查询优先级
queryId	自动生成	唯一标识一次查询的 ID，可以用该 ID 取消查询
useCache	true	此次查询是否利用查询缓存，如果手动指定，则会覆盖查询节点或历史节点配置的值
popularCache	true	此次查询的结果是否缓存，如果手动指定，则会覆盖查询节点或历史节点配置的值
bySegment	false	指定为 ture 时，将在返回结果中显示关联的 Segment
finalize	true	是否返回 Aggregator 的最终结果，例如 HyperUnique，指定为 false 时，将返回序列化的结果，而不是估算的基数数值
chunkPeriod	0(off)	指定是否将长时间跨度的查询切分为多个短时间跨度进行查询，需要配置 druid. processing，numThreads 的值
minTopNThreshold	1000	配置每个 Segment 返回的 TopN 的数量用于合并，从而得到最终的 TopN
maxResults	500000	配置 GroupBy 最多能处理的结果集条数，默认值在历史节点的配置项 druid. query. groupBy. maxIntermediateRows 中指定，查询时该字段的值只能小于配置项的值
maxIntermediateRows	50000	指定一些查询参数，如结果是否进缓存
groupByIsSingleThreaded	false	是否使用单线程执行 GroupBy，默认值在历史节点的配置项 druid. query. groupBy. singleThreaded 中指定

6.3.4.3　Timeseries

对于需要统计一段时间内的汇总数据，或者是指定时间粒度的汇总数据，Druid 通过 Timeseries 来完成。例如，对指定客户 id 和 host，统计一段时间内的访问次数、访客数、新访客数、点击按钮数、新访客比率与点击按钮比率。

Timeseries 支持的字段如表 6-5 所示。

表 6-5 Timeseries 支持的字段

字段名	描述	是否必需
queryType	对于 Timeseries 查询，该字段的值必须是 Timeseries	是
dataSource	要查询数据集 dataSource 名字	是
intervals	查询时间范围，ISO-8601 格式	是
granularity	查询结果进行聚合的时间粒度	是
filter	过滤器	否
aggregations	聚合器	是
postAggregations	后聚合器	否
descending	是否降序	否
context	指定一些查询参数，如结果是否放进缓存等	否

Timeseries 输出每个时间粒度内指定条件的统计信息，通过 filter 指定过滤条件，通过 aggregation 和 postAggregation 指定聚合方式。

Timeseries 不能输出维度信息，granularity 支持 all，none，second，minute，fifteen_minute，thirty_minute，hour，day，week，month，quarter，year。

(1) all，汇总为一条输出。

(2) none，不被推荐使用。

(3) 其他的，输出相应粒度的统计信息。

Timeseries 查询默认会给没有数据的 buckets 填 0，例如 granularity 设置为 day，查询 2012-01-01 到 2012-01-03 的数据，但是如果 2012-01-02 没有数据，会收到如下结果：

```
[
    {
        "timestamp": "2012-01-01T00:00:00. 000Z",
        "result": { "sample_name1": < some_ value > }
    },
    {
        "timestamp":"2012-01-02T00: 00: 00.000Z",
        'result": { "sample_ name1": 0 }
    },
    {
        "timestamp": "2012-01-03T00:00:00. 000Z",
        "result": { "sample name1": < some_value >}
    }
]
```

如果不希望 Druid 自动补 0，可以在请求的 context 中指定 skipEmptyBuckets 为 true，例子如下：

```
{
    "queryType":"timeseries",
    "dataSource":"sample_dataSource",
    "granularity":"day",
    "aggregations":[
        {
         "type": "longSum",
        "name":"sample_name1",
        "fieldName":"sample_fieldName1
        }
    ],
    "intervals":["2012-01-01T00:00:00.000/2012-01-04T00.00:00. 000"],
    "context" :{
    "skipEmptyBuckets":"true"
    }
}
```

但是需要注意的是，如果 2012-01-02 对于的 segment 不存在，即使不设置 skipEmptyBuckets 为 true，Druid 也不会补 0。

6.3.4.4 TopN

TopN 是非常常见的查询类型，返回指定维度和排序字段的有序 top-n 序列。TopN 支持返回前 *N* 条记录，并支持指定 Metric 为排序依据。例如，对指定广告主 id=2852199100 和指定 host=www. mejia. wang，以及来自 PC 或手机访问，希望获取访客数最高的 3 个 ad_source，以及每个 ad_source 对应的访问次数、访客数、新访客数、点击按钮数、新访客比率、点击按钮比率、ad_campaign 与 ad_media 的组合个数。

TopN 支持的字段如表 6-6 所示。

表 6-6　TopN 支持的字段

字段名	描述	是否必需
queryType	对于 TopN 查询，该字段的值必须是 topN	是
dataSource	要查询数据集 dataSource 名字	是
intervals	查询时间范围，ISO-8601 格式	是
granularity	查询结果进行聚合的时间粒度	是
filter	过滤器	否
aggregations	聚合器	是
postAggregations	后聚合器	否
dimension	进行 TopN 查询的维度，一个 TopN 查询指定且只能指定一个维度，如 URL	是
threshold	TopN 的 N 的取值	是
metric	进行统计并排序的 Metric	是
context	指定一些查询参数，如结果是否放进缓存等	否

上述查询的JSON基本包含了TopN查询能用到的所有特性。

（1）filter：过滤指定的条件。支持“and”“or”“not”“in”“regex”“search”“bound”。

（2）aggregations：聚合器。用到的聚合函数和字段需要在metricsSpec中定义。HyperUnique采用HyperLogLog近似对指定字段求基数，这里用来算出各种行为的访客数。cardinality用来计算指定维度的基数，它与HyperUnique不同的是支持多个维度，但是性能比HyperUnique差。

（3）postAggregatoions：对Aggregation的结果进行二次加工，支持加、减、乘、除等运算。

（4）metric：TopN专属，指定排序数据。它有如下使用方式：

```
"metric":"<metric_name>"    #默认方式，升序排列

"metric": {
    "type": "numeric",   #指定按照numeric降序排列
    "metric": "<metric_name>"
}

    "metric":{
    "type": "inverted" ,   #指定按照numeric升序排列
    "metric": <delegate_top_n_metric_spec>
}

"metric": {
    "type": "lexicographic",    #指定按照字典序排序
    "previousStop": "<previousStop_value>"   #如"b",按照字典序,排到"b"开头为止
}

metric": {
    "type": "alphalumeric" ,   #指定数字排序
    "previousStop": "<previousStop value>"
}
```

需要注意的是，topN是一个近似算法，每一个Segment返回前1 000条进行合并再得到最后的结果，如果dimension的基数在1 000以内，则是准确的，超过1 000时则是近似值了。

6.3.4.5 GroupBy

GroupBy类似于SQL中的group by操作，能对指定的多个维度进行分组，也支持对指定的维度进行排序，并输出limit行数，同时支持having操作。GroupBy与TopN相比，可以指定更多的维度，但性能比TopN要差很多。如果是对时间范围进行聚合，输出各个时间的统计数据，类似于group by hour之类的操作，通常应该使用Timeseries。如果是对单个维度进行group by，则应尽量使用TopN。这两者的性能比GroupBy要好很多。GroupBy支持limit，在limitSpec中按照指定Metric排序，不过不支持offset。

例如，希望查询每组ad_source、ad_campaign和ad_media对于的访客数、新访客数、点击

按钮数、新访客比率和点击按钮比率。

GroupBy 支持的字段包含如表 6-7 所示。

表 6-7　GroupBy 支持的字段

字段名	描述	是否必需
queryType	对于 GroupBy 查询，该字段的值必须是 groupBy	是
dataSource	要查询数据集 dataSource 名字	是
dimensions	进行 GroupBy 查询的维度集合	是
limitSpec	对统计结果进行排序，取 limit 的行数	否
having	对统计结果进行筛选	否
intervals	查询时间范围，ISO-8601 格式	是
granularity	查询结果进行聚合的时间粒度	是
filter	过滤器	否
aggregations	聚合器	是
postAggregations	后聚合器	否
context	指定一些查询参数，如结果是否放进缓存等	否

GroupBy 特有的字段为 limitSpec 和 having。

1）limitSpec

指定排序规则和 limit 的行数。JSON 示例如下：

```
{
    "type":"default",
    "limit" : <integer_value>,
    "columns" : [list of OrderByColumnSpec],
}
```

其中 columns 是一个数组，可以指定多个排序字段，排序字段可以是 dimension 或 metric，指定排序规则的拼写方式：

```
{
    "dimension" : "<Any dimension or metric name>",
    "direction" : <"ascending"|"descending">
}
```

示例如下：

```
    "limitSpec": {
        "type":"default",
        "limit": 1000,
        "columns": [
            {
                "dimension": "visitor_count" ,
```

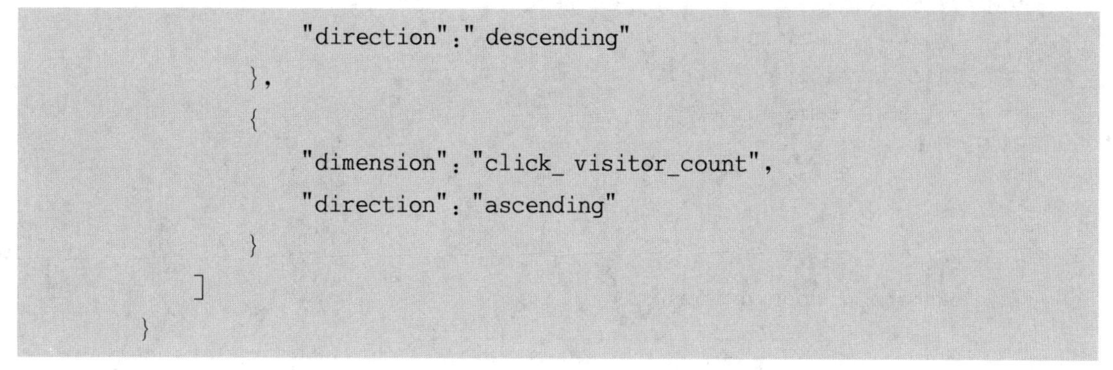

```
                "direction":" descending"
            },
            {
                "dimension": "click_ visitor_count",
                "direction": "ascending"
            }
        ]
    }
```

2）having

类似于 SQL 中的 having 操作，对 GroupBy 的结果进行筛选。支持大于、等于、小于、selector、and、or 和 not 等操作。

GroupBy 可以在 context 中指定使用新算法，指定方式为：

```
"context":{ "groupByStrategy":"v2" }
```

若不指定，则默认使用 v1。

6.3.4.6 Select

Select 类似于 SQL 中的 select 操作，Select 用来查看 Druid 中存储的数据，并支持按照指定过滤器和时间段查看指定维度和 Metric。能通过 descending 字段指定排序顺序，并支持分页拉取，但不支持 aggregations 和 postAggregations。

在 pagingSpec 中指定分页拉取的 offset 和条目数，在结果中会返回下次拉取的 offset。JSON 示例如下：

```
{
    ...
    "pagingSpec": {"pagingIdentifiers": {},"threshold": 5,"fromNext": true}
}
```

6.3.4.7 Search

Search 查询返回匹配中的维度，类似于 SQL 中的 like 操作，但是支持更多的匹配操作。

```
{
    "type":"insensitive_contains",
    "value" :" some _value"
}

{
    "type" : "fragment",
    "case_ sensitive": false,
    "values" : ["fragment1", "fragment2"]
}

{
```

```
        "type" : "contains",
        "case_ sensitive": true,
        "value" : "some_value"
    }

    {
        "type" :"regex",
        "pattern": "some_pattern"
    }
```

需要注意的是，Search 只是返回匹配中维度，不支持其他聚合操作。如果要将 Search 作为查询条件进行 TopN、GroupBy 或 Timeseries 等操作，则可以在 filter 字段中指定各种过滤方式，filter 字段也支持正则匹配。

6.3.4.8 元数据查询

Druid 支持对 DataSource 的基础元数据进行查询。可以通过 timeBoundary 查询 DataSource 的最早和最晚的时间点；通过 segmentMetadata 查询 Segment 的元信息，如有哪些 column、metric、aggregator 和查询粒度等信息；通过 dataSourceMetadata 查询 DataSource 的最后一次插入数据的时间戳。查询 JSON 示例分别如下：

1. timeBoundary

```
{
    "queryType":"timeBoundary",
    "dataSource":"sample_datasource",
    "bound": <"maxTime" | "minTime">
}
```

返回结果如下：

```
[
    {
        "result": {
        "maxTime":"2013-05-09T18:37:00.000Z",
        "minTime": "2013-05-09T18:24:00.000Z"
        },
        "timestamp": "2013-05-0918:24:00.000Z"
    }
]
```

2. segmentMetadata

segmentMetadata 查询与 timeBoundary 方式相似，示例如下：

```
{
    "queryType":"segmentMetadata",
    "dataSource":"sample_datasource",
    intervals":["2013-01-01/2014-01-01"]
}
```

segmentMetadata 支持更多的查询字段，不过这些字段都不是必需的，简介如表 6-8 所示。

表 6-8 segmentMetadata 支持的查询字段

字段名	描述	是否必需
toInclude	可以指定哪些 column 在返回结果中呈现，可以填 all，none，list	否
merge	将多个 Segment 的元信息合并到一个返回结果中	否
analysisTypes	指定返回 column 的哪些属性，如 size，intervals 等	是
lenientAggregatorMerge	true 或 false，设置为 true 时，将不同的 aggregator 合并显示	否
context	查询 Context，可以指定是否缓存查询结果等	否

其中，toInclude 的使用方式如下：

```
"toInclude":{ "type": "all"}
"toInclude":{ "type": "none"}
"toInclude":{ "type": "list", "columns": [< string list of column names >]}
```

analysisTypes 支持指定属性：cardinality，minmax，size，intervals，queryG-ranularity，aggregators。

3. dataSourceMetadata

dataSourceMetadata 查询示例如下：

```
{
    "queryType" : "dataSourceMetadata",
    "dataSource": "sample_datasource"
}
```

返回结果如下：

```
[{
    "timestamp" : "2013-05-09T18:24:00.000Z",
    "result":{
        "maxIngestedEventTime":2013-05-09T18:24:09.007Z
    }
}]
```

6.4 Kylin 分布式 OLAP 分析引擎

6.4.1 为什么要使用 Kylin

自从 Hadoop 诞生以来，大数据的存储和批处理问题均得到了妥善解决，而如何高速地分析数据也就成为了下一个挑战。于是各式各样的“SQL on Hadoop”技术应运而生，其中以

Hive 为代表，Impala、Presto、Phoenix、Drill、SparkSQL 等紧随其后。它们的主要技术是“大规模并行处理”（Massive Parallel Processing，MPP）和“列式存储”（Columnar Storage）。大规模并行处理可以调动多台机器一起进行并行计算，用线性增加的资源来换取计算时间的线性下降。列式存储则将记录按列存放，这样做不仅可以在访问时只读取需要的列，还可以利用存储设备擅长连续读取的特点，大大提高读取的速率。这两项关键技术使得 Hadoop 上的 SQL 查询速度从小时提高到了分钟。

然而分钟级别的查询响应仍然离交互式分析的现实需求还很远。分析师敲入查询指令，按下回车，还需要去倒杯咖啡，静静地等待查询结果。得到结果之后才能根据情况调整查询，再做下一轮分析。如此反复，一个具体的场景分析常常需要几小时甚至几天才能完成，效率低下。

在现在的大数据时代，Hadoop 已经成为大数据事实上的标准规范，一大批工具陆陆续续围绕 Hadoop 平台来构建，用来解决不同场景下的需求。

比如 Hive 是基于 Hadoop 的一个用来做企业数据仓库的工具，它可以将存储在 HDFS 分布式文件系统上的数据文件映射为一张数据库表，并提供 SQL 查询功能，Hive 执行引擎可以将 SQL 转换为 MapReduce 任务来运行，非常适合数据仓库的数据分析。

再如 HBase 是基于 Hadoop 实现高可用性、高性能、面向列、可伸缩的分布式存储系统，Hadoop 架构中的 HDFS 为 HBase 提供了高可靠性的底层存储支持。

但是 Hadoop 平台缺少一个基于 Hadoop 的分布式分析引擎。虽然目前存在业务分析工具，如 Tableau 等，但是它们往往存在很大的局限，比如难以水平扩展、无法处理超大规模数据，同时也缺少 Hadoop 的支持。此外，Hadoop 以及相关大数据技术的出现提供了一个几近无限扩展的数据平台，在相关技术的支持下，各个应用的数据已突破了传统 OLAP 所能支持的容量上界。每天千万数亿条的数据，提供若干维度的分析模型，大数据 OLAP 最迫切所要解决的问题就是大量实时运算导致的响应时间迟滞。

举一个现实生活中的例子，中国联通集团的 BI 是 2010 年建设的，由于全国有 4 亿用户的明细数据需要集中处理，再加上对移动互联网用户流量日志的采集，数据量急增。截至 2013 年已达 PB 级规模，并仍以指数级速度增长，传统数据仓库不堪重负，数据的存储和批量处理成了瓶颈。BI 上提供的面向用户的数据查询和多维分析服务，使得后台生产的 Cube 越来越多，几年下来已有七八千个。用户需求对某一维度的改变往往会造成一个新 Cube 的产生，耗费资源不说，也为管理带来了极大的不便。2013 年年底联通在传统数据仓库之外搭建了第一个 Hadoop 平台，节点数也从最初的几十个发展到了 3 500 个，大大提高了系统的存储及计算能力，为联通大数据对内对外的发展都起到了至关重要的作用。美中不足的是分布式存储和并行计算只解决了系统的性能问题，尽管也部署了像 Hive、Impala 这样的 SQL on Hadoop 技术，但在 Hadoop 体系上的多维联机分析（OLAP）却始终得不到满意的结果。Oracle＋Hadoop 的混搭架构还因为有对 OLAP 的需求而继续维持着，零散的 Cube 数还在继续增长，架构师们还在继续寻找奇迹方案的出现。

Apache Kylin（中文：麒麟）应运而生，它能够基于 Hadoop 很好地解决上面的问题。Apache Kylin 是一个开源的分布式存储引擎，最初由 eBay 开发并贡献至开源社区。它提供 Hadoop 之上的 SQL 查询接口及多维分析（OLAP）能力以支持大规模数据，它能够处理 TB 乃至 PB 级别的分析任务，能够在亚秒级查询巨大的 Hive 表，并支持高并发。

Apache Kylin 通过空间换时间的方式，实现在亚秒级别延迟的情况下，对 Hadoop 上的大规模数据集进行交互式查询;通过预计算,把计算结果集保存在 HBase 中,原有的基于行的关系模型被转换成基于键值对的列式存储;通过维度组合作为 HBase 的 Rowkey,在查询访问时不再需要昂贵的表扫描,这为高速高并发分析带来了可能;提供了标准 SQL 查询接口,支持大多数的 SQL 函数,同时也支持 ODBC/JDBC 方式和主流 BI 产品的无缝集成。

Apache Kylin 是目前国内少有的几个通过了 Cloudera 公司产品工程认证的大数据分析和查询引擎。Cloudera 公司相信,作为第一个来自中国的 Apache 顶级开源项目,Apache Kylin 将为中国及全球企业用户探索大数据的价值的进程做出卓越的贡献。

6.4.2 Kylin 的工作原理

简单来说,Kylin 的核心思想是预计算,即对多维分析可能用到的度量进行预计算,将计算好的结果保存成 Cube 并存在 Hbase 中,供查询时直接访问。把高复杂度的聚合运算、多表连接等操作转换成对预计算结果的查询,这决定了 Kylin 能够拥有很好的快速查询和高并发能力。

Kylin 的理论核心是空间换时间。

1. Cube 与 Cuboid

首先我们要介绍两个概念。

(1) Cube:Kylin 中将所有维度组合成为一个 Cube,即包含所有的 Cuboid。

(2) Cuboid:Kylin 中将维度任意组合成为一个 Cuboid。

图 6-7 所示就是一个四维 Cube 的例子,假设我们有 4 个 dimension(维度,包括:time, item, location, supplier),这个 Cube 中每个节点(称作 Cuboid)都是这 4 个 dimension 的不同组合,每个组合定义了一组分析的 dimension(如 group by time,item), measure(度量)的聚合结果就保存在每个 Cuboid 上。查询时根据 SQL 找到对应的 Cuboid,读取 measure 的值后即可返回。

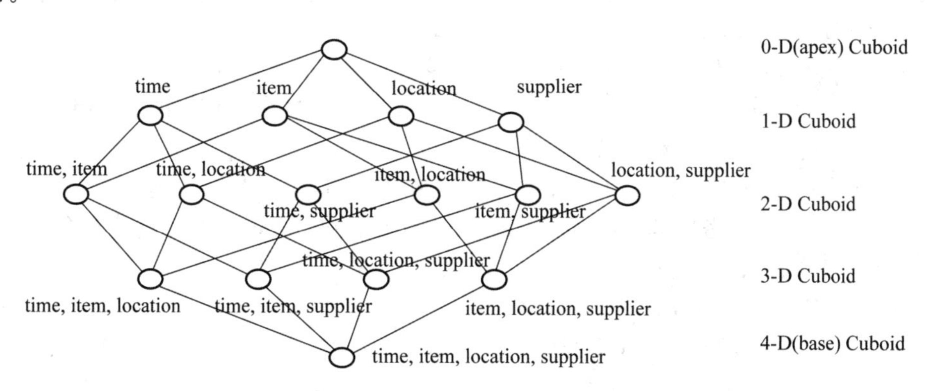

图 6-7 一个四维 Cube 的例子

2. 工作原理

Kylin 的工作原理就是对数据模型做 Cube 预计算,并利用计算的结果加速查询,具体工作过程如下:

(1) 指定数据模型,定义维度和度量;

(2) 指定预计算 Cube,计算所有 Cuboid 并保存为物化视图;

(3) 执行查询时，读取 Cuboid，运算，产生查询结果。

由于 Kylin 的查询过程不会扫描原始记录，而是通过预计算预先完成表的关联、聚合等复杂运算，并利用预计算的结果来执行查询，因此相比非预计算的查询技术，其速度一般要快一到两个数量级，并且这点在超大的数据集上优势更明显。当数据集达到千亿乃至万亿级别时，Kylin 的速度甚至可以超越其他非预计算技术 1 000 倍以上。

6.4.3 Kylin 的架构

Kylin 的系统可以分为在线查询和离线构建两部分，技术架构如图 6-8 所示，在线查询的模块主要处于上半区，而离线构建则处于下半区。

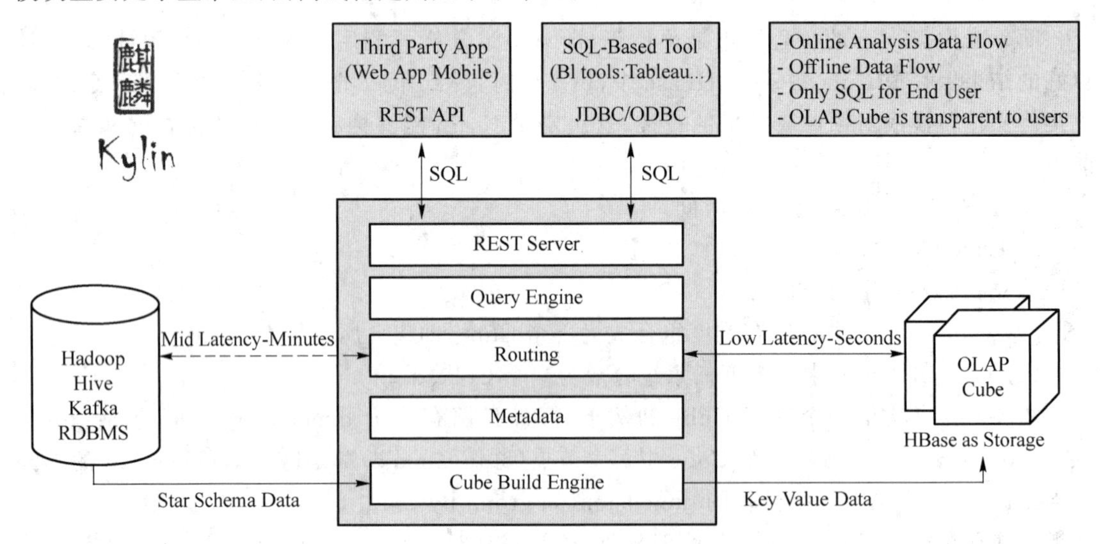

图 6-8 Kylin 的技术架构

下面我们对 Kylin 的系统架构中的各个模块进行介绍。

1. 模块一：Hadoop/Hive（图 6-8 的最左下部分）

Kylin 是一个 MOLAP 系统，并将 Hive 中的数据进行预计算，利用 Hadoop 的 MapReduce 分布式计算框架来实现。

这一模块也提到了 Kylin 获取的表是星型模型结构的，也就是目前建模时仅支持一张事实表，多张维表。如果业务需求比较复杂，那么就要考虑在 Hive 中进行进一步处理，比如生成一张大的宽表或者采用 view 代替。

2. 模块二：Hbase（图 6-8 的最右下部分）

Hbase 是 Kylin 中用来存储 OLAP 分析的 Cube 数据的地方，它可实现多维数据集的交互式查询。

3. 模块三：Kylin 的核心模块（图 6-8 的中间部分）

Kylin 的核心模块包含如下几个部分。

(1) REST Server

提供 RESTful 接口，例如我们可以通过此接口来创建、构建、刷新、合并 Cube；可以进行 Kylin 的 Projects、Tables 等元数据管理，用户访问权限控制，系统参数动态配置或修改等。

另外还有一点也很重要，就是我们可以通过 RESTful 接口实现 SQL 的查询（无论是通过第三方程序，还是使用 Kylin 的 Web 界面）。

(2) Query Engine

目前 Kylin 使用开源的 Calcite 框架来实现 SQL 解析,可以理解为 SQL 引擎层。其实采用 Calcite 框架的产品很多,比如 Apache 顶级项目 Drill,它的 SQL Parser 部分采用的也是 Apache Calcite,Calcite 实现的功能是提供了 JDBC interface,接收用户的查询请求,然后将 SQL Query 语句转换成为 SQL 语法树,也就是逻辑计划。

(3) Routing

负责将解析 SQL 生成的执行计划转换成 Cube 缓存的查询,Cube 是通过预计算缓存在 HBase 中的,这部分查询是可以在秒级甚至毫秒级完成的,而还有一些操作使用过查询原始数据(存储在 Hadoop 的 HDFS 上通过 Hive 查询),这部分查询的延迟比较高。

(4) Metadata

Kylin 中有大量的元数据信息,包括 Cube 的定义、星型模型的定义、Job 和执行 Job 的输出信息、模型的维度信息等。Kylin 的元数据和 Cube 都存储在 Hbase 中,存储的格式是 json 字符串。

(5) Cube Build Engine

这个模块内容非常重要,它也是所有模块的基础,它主要负责在 Kylin 预计算中创建 Cube,创建的过程是首先通过 Hive 读取原始数据,然后通过一些 MapReduce 或 Spark 计算生成 HTable,最后将数据 load 到 Hbase 表中。

4. 模块四:Kylin 提供的接口(图 6-8 的中间正上方)

这部分模块主要是提供了 RESTful API 和 JDBC/ODBC 接口,方便第三方 Web APP 产品和基于 SQL 的 BI 工具(比如 Apache Zeppelin、Tableau、Power BI 等)的接入。

Kylin 提供的 JDBC 驱动的 classname 为 org. apache. kylin. jdbc. Driver,使用的 URL 的前缀为 jdbc:kylin:,使用 JDBC 接口查询走的流程和使用 RESTful 接口查询走的内部流程是相同的。这类接口也使得 Kylin 很好地兼容 Tableau 甚至 Mondrian。

6.4.4 Kylin 快速入门

1. 在 Hive 中准备数据

之前我们介绍了 Kylin 中的常见概念。本节将介绍准备 Hive 数据的一些注意事项。需要被分析的数据必须先保存为 Hive 表的形式,然后 Kylin 才能从 Hive 中导入数据,创建 Cube。

Apache Hive 是一个基于 Hadoop 的数据仓库工具,最初由 Facebook 开发并贡献到 Apache 软件基金会。Hive 可以将结构化的数据文件映射为数据库表,并可以将 SQL 语句转换为 MapReduce 或 Tez 任务进行运行,从而让用户以类 SQL(HiveQL,也称 HQL)的方式管理和查询 Hadoop 上的海量数据。

此外,Hive 还提供了多种方式(如命令行、API 和 Web 服务等)供第三方方便地获取和使用元数据并进行查询。今天,Hive 已经成为 Hadoop 数据仓库的首选,是 Hadoop 上不可或缺的一个重要组件,很多项目都已兼容或集成了 Hive。基于此情况,Kylin 选择 Hive 作为原始数据的主要来源。

在 Hive 中准备待分析的数据是使用 Kylin 的前提。将数据导入 Hive 表中的方法有很多,用户管理数据的技术和工具也各式各样,因此具体步骤不在本书的讨论范围之内。这里仅以 Kylin 自带的 Sample Data 为例进行说明。

Sample Data 可以帮助我们快速体验 Apache Kylin。运行“${KYLIN_HOME}/bin/sample.sh”来导入 Sample Data，然后就能按照下面的流程继续创建模型和 Cube。

Sample Data 测试的样例数据集总共仅 1MB 左右，共计 3 张表，其中事实表有 10 000 条数据。因为数据规模较小，有利于在虚拟机中进行快速实践和操作。数据集是一个规范的星型模型结构，它包含 3 个数据表：

- KYLIN_SALES 是事实表，保存了销售订单的明细信息。各列分别保存着卖家、商品分类、订单金额、商品数量等信息，每一行对应着一笔交易订单。
- KYLIN_CATEGORY_GROUPINGS 是维表，保存了商品分类的详细介绍，如商品分类名称等。
- KYLIN_CAL_DT 也是维表，保存了时间的扩展信息，如单个日期所在的年始、月始、周始、年份、月份等。

这 3 张表一起构成了整个星型模型。

2. 设计 Model

数据模型(Model)是 Cube 的基础，它主要用于描述一个星型模型。有了数据模型后，定义 Cube 时就可以直接从此模型定义的表和列中进行选择了，省去重复指定连接(join)条件的步骤。基于一个数据模型还可以创建多个 Cube，以减少用户的重复性工作。

在 Kylin 界面的“Models”页面中，单击“New”→“New Model”，开始创建数据模型，给模型输入名称之后，选择一个事实表(必需的操作)，然后添加维度表(可选的操作)，如图 6-9 所示。

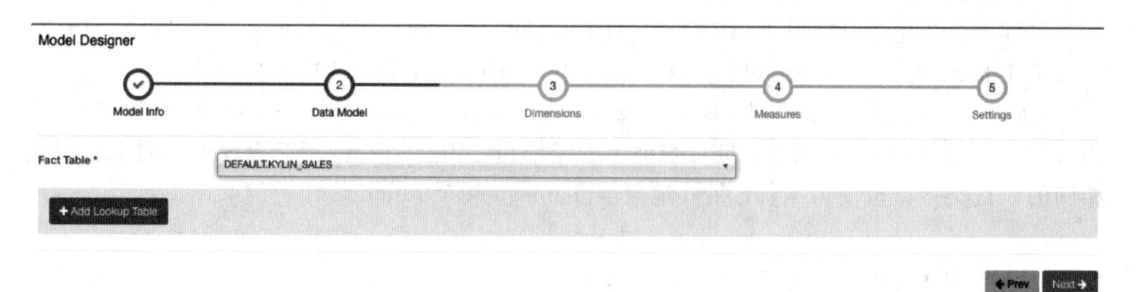

图 6-9　选择事实表

添加维度表时，需要选择连接的类型：是 Inner 还是 Left，然后选择连接的主键和外键，这里也支持多主键，如图 6-10 所示。

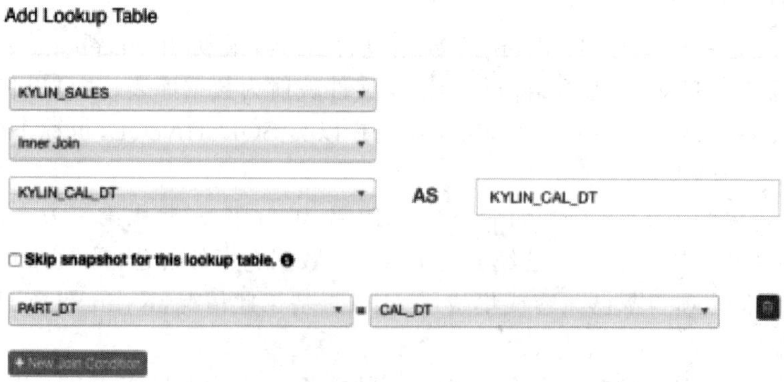

图 6-10　选择维度表

接下来选择用作维度和度量的列。这里只是选择一个范围,不代表这些列将来一定要用作 Cube 的维度或度量,可以把所有可能会用到的列都选进来,后续创建 Cube 时,将只能从这些列中进行选择。

选择维度列时,维度可以来自事实表或维度表,如图 6-11 所示。

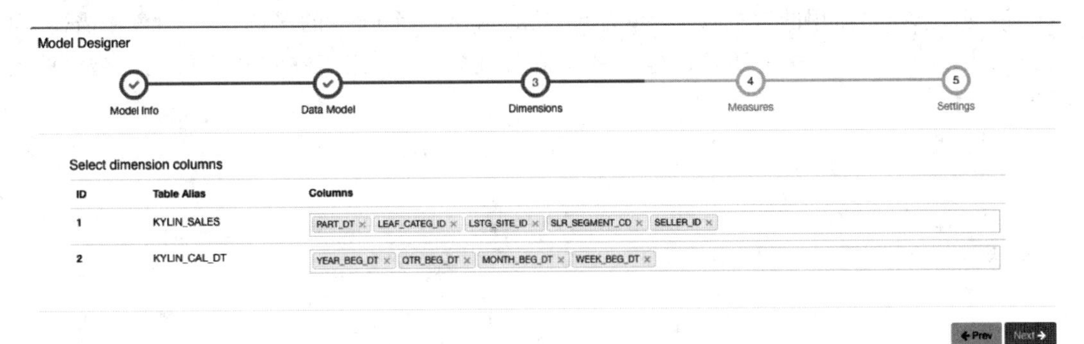

图 6-11　选择维度列

选择度量列时,度量只能来自事实表,如图 6-12 所示。

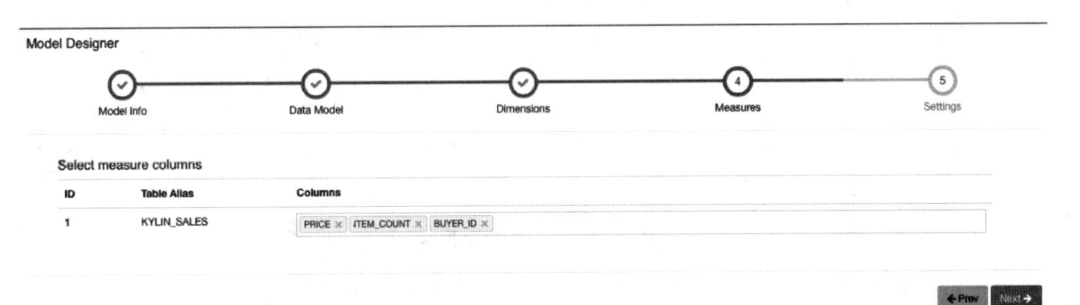

图 6-12　选择度量列

最后一步是为模型补充分割时间列信息和过滤条件。如果此模型中的事实表记录是按时间增长的,那么可以指定一个日期/时间列作为模型的分割时间列,从而可以让 Cube 按此列做增量构建。

过滤(Filter)条件是指,如果想把一些记录忽略掉,那么这里可以设置一个过滤条件。Kylin 在向 Hive 请求源数据的时候,会带上此过滤条件。在图 6-13 所示的示例中,会直接排除掉金额小于或等于 0 的记录。

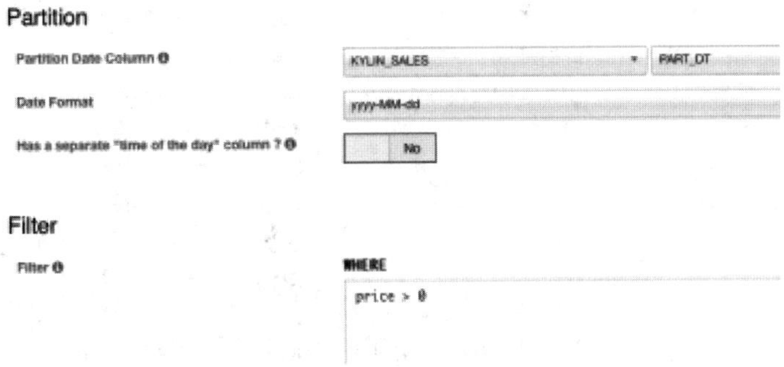

Partition

Partition Date Column　KYLIN_SALES　PART_DT

Date Format　yyyy-MM-dd

Has a separate "time of the day" column ?　No

Filter

Filter　WHERE

price > 0

图 6-13　选择分区列和设定过滤器

3. 创建 Cube

本节将快速介绍创建 Cube 时的各种配置选项，但是由于篇幅限制，这里将不会对 Cube 的配置和 Cube 的优化展开介绍。读者可以在后续的章节中找到关于 Cube 的更详细的介绍。接下来开始 Cube 的创建：单击“New”，选择“New Cube”，会开启一个包含若干步骤的向导。

第一页，选择要使用的数据模型，并为此 Cube 输入一个唯一的名称（必需的）和描述（可选的），如图 6-14 所示。这里还可以输入一个邮件通知列表，用于在构建完成或出错时收到通知。

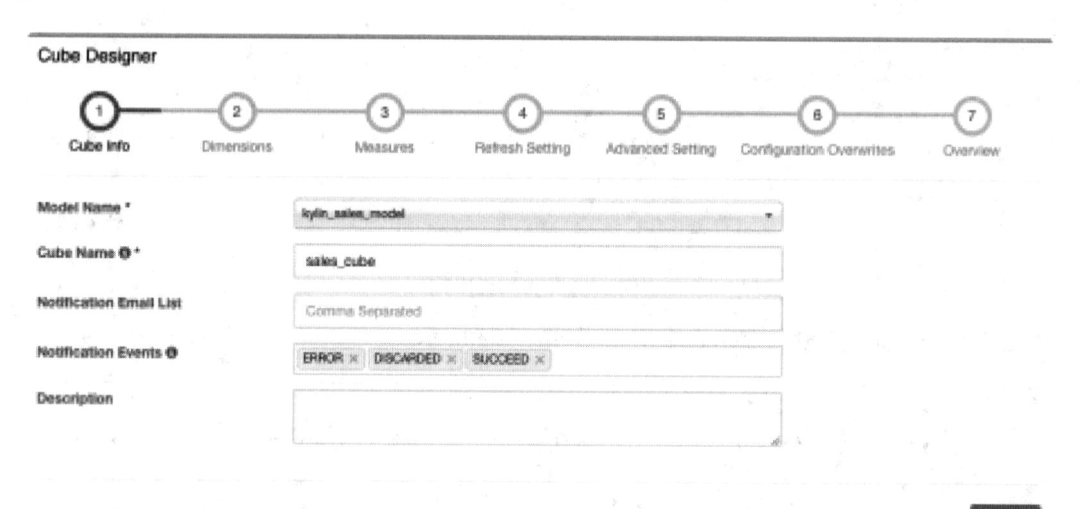

图 6-14　Cube 基本信息

第二页，选择 Cube 的维度。可以通过以下两个按钮来添加维度。

- “Add Dimension”：逐个添加维度，可以是普通维度也可以是衍生（Derived）维度。
- “Auto Generator”：批量选择并添加，让 Kylin 自动完成其他信息。

使用第一种方法的时候，需要为每个维度起个名字，然后选择表和列（如图 6-15 所示）。

Add Dimensions　　Filter ...

ID	Name	Table Alias	Type	Column	Actions
1	TRANS_ID	KYLIN_SALES	normal	TRANS_ID	
2	YEAR_BEG_DT	KYLIN_CAL_DT	derived	["YEAR_BEG_DT"]	
3	MONTH_BEG_DT	KYLIN_CAL_DT	derived	["MONTH_BEG_DT"]	
4	WEEK_BEG_DT	KYLIN_CAL_DT	derived	["WEEK_BEG_DT"]	
5	USER_DEFINED_FIELD1	KYLIN_CATEGORY_GROUPINGS	derived	["USER_DEFINED_FIELD1"]	
6	USER_DEFINED_FIELD3	KYLIN_CATEGORY_GROUPINGS	derived	["USER_DEFINED_FIELD3"]	
7	META_CATEG_NAME	KYLIN_CATEGORY_GROUPINGS	normal	META_CATEG_NAME	
8	CATEG_LVL2_NAME	KYLIN_CATEGORY_GROUPINGS	normal	CATEG_LVL2_NAME	
9	CATEG_LVL3_NAME	KYLIN_CATEGORY_GROUPINGS	normal	CATEG_LVL3_NAME	
10	LSTG_FORMAT_NAME	KYLIN_SALES	normal	LSTG_FORMAT_NAME	
11	SELLER_ID	KYLIN_SALES	normal	SELLER_ID	
12	BUYER_ID	KYLIN_SALES	normal	BUYER_ID	

图 6-15　添加普通维度

如果是衍生维度，那么必须是来自某个维度表，一次可以选择多个列；由于这些列值都可以从该维度表的主键值中衍生出来，所以实际上只有主键会被 Cube 加入计算。

使用第二种方法的时候，Kylin 会用一个树状结构呈现出所有的列，用户只需要勾选所需要的列即可，Kylin 会自动补齐其他信息，从而方便用户的操作。

第三页，创建度量。Kylin 默认会创建一个 Count(1)的度量。可以单击“＋Measure”按钮来添加新的度量。Kylin 支持的度量有：SUM、MIN、MAX、COUNT、COUNT_DISTINCT、TOP_N、RAW 等。请选择需要的度量类型，然后再选择适当的参数(通常为列名)。图 6-16 是已添加好的度量示例。

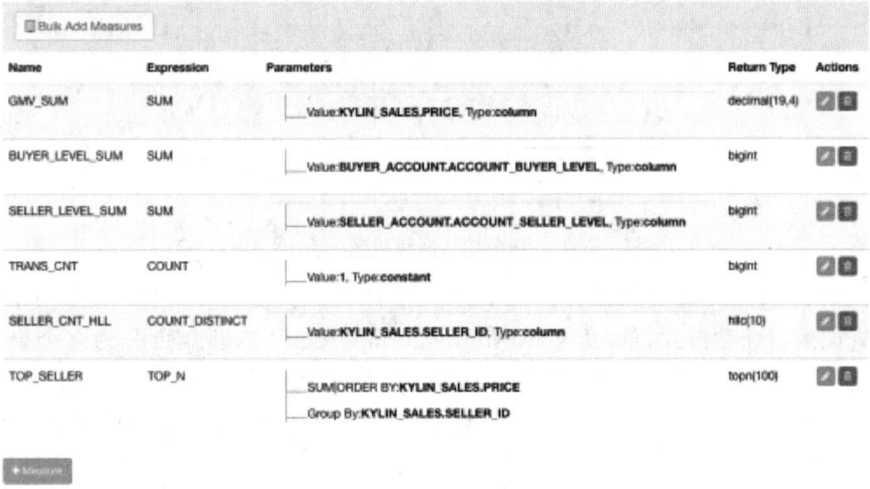

Bulk Add Measures

Name	Expression	Parameters	Return Type	Actions
GMV_SUM	SUM	Value:KYLIN_SALES.PRICE, Type:column	decimal(19,4)	
BUYER_LEVEL_SUM	SUM	Value:BUYER_ACCOUNT.ACCOUNT_BUYER_LEVEL, Type:column	bigint	
SELLER_LEVEL_SUM	SUM	Value:SELLER_ACCOUNT.ACCOUNT_SELLER_LEVEL, Type:column	bigint	
TRANS_CNT	COUNT	Value:1, Type:constant	bigint	
SELLER_CNT_HLL	COUNT_DISTINCT	Value:KYLIN_SALES.SELLER_ID, Type:column	hllc(10)	
TOP_SELLER	TOP_N	SUM|ORDER BY:KYLIN_SALES.PRICE Group By:KYLIN_SALES.SELLER_ID	topn(100)	

图 6-16 度量列表

添加度量完成后，单击“Next”，进行下一步。

第四页，是关于 Cube 数据刷新的设置。在这里可以设置自动合并的阈值、数据保留的最短时间，以及第一个 Segment 的起点时间(如果 Cube 有分割时间列)，如图 6-17 所示。

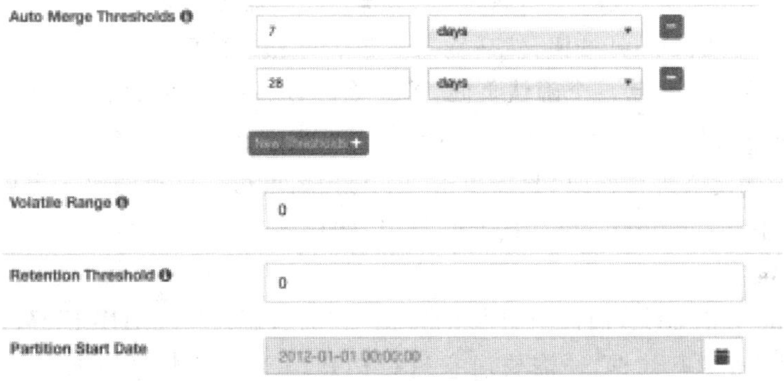

Auto Merge Thresholds: 7 days; 28 days

Volatile Range: 0

Retention Threshold: 0

Partition Start Date: 2012-01-01 00:00:00

图 6-17 刷新设置

第五页，高级设置。在此页面上可以设置聚合组和 Rowkey，如图 6-18 所示。

图 6-18　高级设置

Kylin 默认会把所有维度都放在同一个聚合组中；如果维度较多(例如大于 10)，那么建议用户根据查询的习惯和模式，单击“New Aggregation Group＋”，将维度分为多个聚合组。通过使用多个聚合组，可大大降低 Cube 中的 cuboid 数量。例如，一个 Cube 有($M+N$)个维度，那么默认它会有 2^{m+n} 个 cuboid；如果把这些维度分为两个不相交的聚合组，那么 cuboid 的数量将被减少为 2^m+2^n。

各维度在 Rowkeys 中的顺序，对于查询的性能会产生较明显的影响。在这里用户可以根据查询的模式和习惯，通过拖曳的方式调整各个维度在 Rowkeys 上的顺序。通常的原则是，将过滤频率较高的列放置在过滤频率较低的列之前，将基数高的列放置在基数低的列之前。这样做的好处是，充分利用过滤条件来缩小在 HBase 中扫描的范围，从而提高查询的效率。

第六页，为 Cube 配置参数。和其他 Hadoop 工具一样，Kylin 使用了很多配置参数以提高灵活性，用户可以根据具体的环境、场景等配置不同的参数进行调优。Kylin 全局的参数值可在 conf/kylin. properties 文件中进行配置；如果 Cube 需要覆盖全局设置，那么需要在此页面中指定。单击“＋Property”按钮，然后输入参数名称和参数值。

单击“Next”跳转到最后一个确认页面，若有修改，则单击“Prev”按钮返回以修改，最后再单击“Save”按钮进行保存，一个 Cube 就创建完成了。创建好的 Cube 会显示在“Cubes”列表中，如要对 Cube 的定义进行修改，只需单击“Edit”按钮就可以进行修改。也可以展开此 Cube 行以查看更多的信息，如 JSON 格式的元数据、访问权限、通知列表等。

4. 构建 Cube

新建的 Cube 只有定义，而没有计算的数据，它的状态是“DISABLED”，是不会被查询引擎挑中的。要让 Cube 有数据，还需要对它进行构建。Cube 的构建方式通常有两种：全量构建和增量构建；两者的构建步骤是完全一样的，区别只在于构建时读取的数据是全集还是子集。

Cube 的构建包含如下步骤，由任务引擎来调度执行：

(1) 创建临时的 Hive 平表(从 Hive 读取数据)；

(2) 计算各维度的不同值，并收集各 cuboid 的统计数据；

(3) 创建并保存字典；

(4) 保存 cuboid 统计信息；

(5) 创建 HTable；

(6) 计算 Cube(一轮或若干轮 MapReduce)；

(7) 将 Cube 的计算结果转成 HFile；

(8) 加载 HFile 到 HBase；

(9) 更新 Cube 元数据；

(10) 垃圾回收。

以上步骤中，前 5 步是为计算 Cube 而做的准备工作，例如遍历维度值来创建字典，对数据做统计和估算以创建 HTable 等；第(6)步是真正的 Cube 计算，取决于所使用的 Cube 算法，它可能是一轮 MapReduce 任务，也可能是 N(在没有优化的情况下，N 可以被视作是维度数)轮迭代的 MapReduce。由于 Cube 运算的中间结果是以 SequenceFile 的格式存储在 HDFS 上的，所以为了导入 HBase 中，还需要第(7)步将这些结果转换成 HFile(HBase 文件存储格式)。第(8)步通过使用 HBaseBulkLoad 工具，将 HFile 导入进 HBase 集群，这步完成之后，HTable 就可以查询到数据了。第(9)步更新 Cube 的数据，将此次构建的 Segment 的状态从“NEW”更新为“READY”，表示已经可供查询了。最后一步，清理构建过程中生成的临时文件等垃圾，释放集群资源。

Monitor 页面会显示当前项目下近期的构建任务。可单击展开以查看任务每一步的详细信息，如图 6-19 所示。

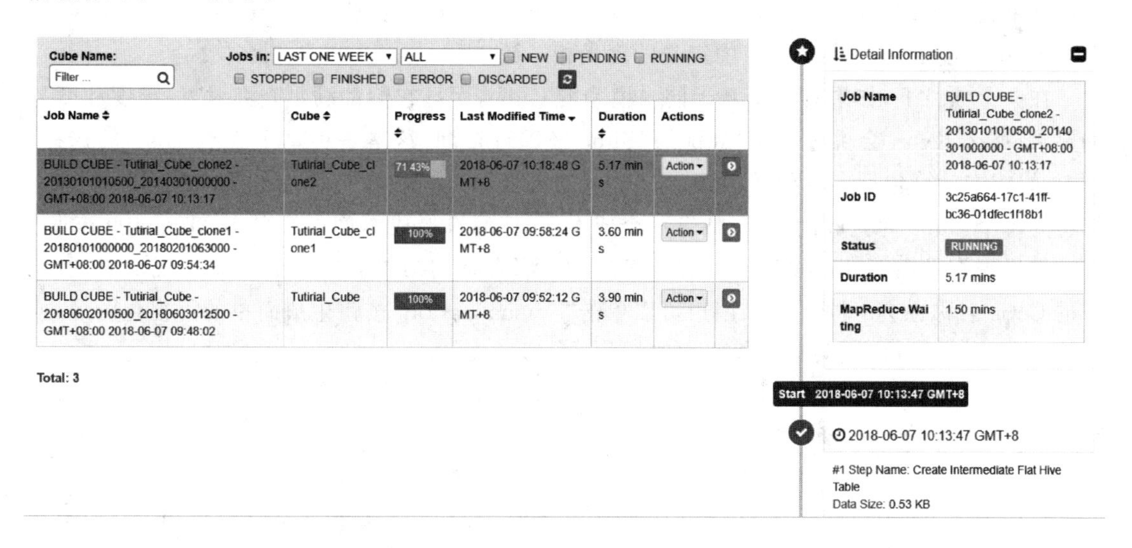

图 6-19 任务监控

如果任务中某一步是执行 Hadoop 任务，那么会显示 Hadoop 任务的链接，单击即可跳转到对应的 Hadoop 任务检测页面，如图 6-20 所示。

如果任务执行中的某一步出现报错，那么任务引擎会将任务状态置为“ERROR”并停止后续的执行，等待用户排错。在任务排除之后，用户可以单击“Resume”从上次失败的地方恢复执行。或者如果需要修改 Cube 或重新开始构建，那么用户需要单击“Discard”来丢弃此次构建。

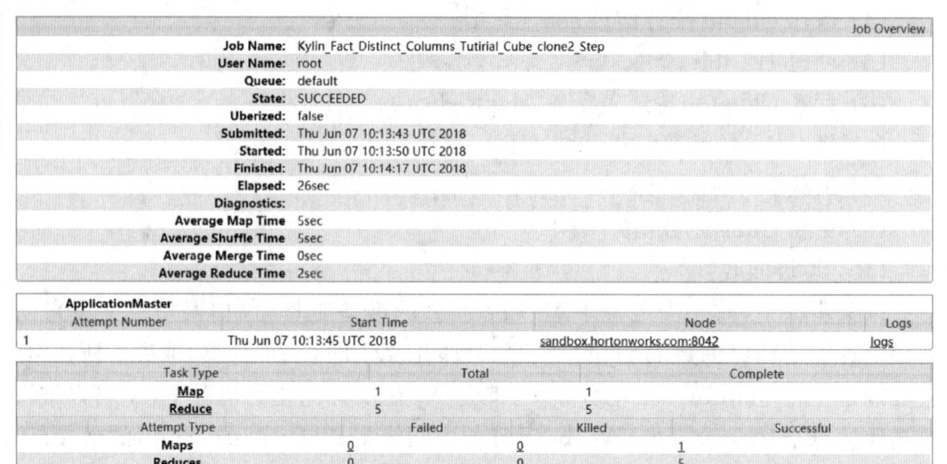

图 6-20　MapReduce 任务检测页面

5. 查询 Cube

Cube 构建好以后，状态变为“READY”，就可以进行查询了。Kylin 的查询语言是标准的 SQL 的 SELECT 语句，这是为了获得与大多数 BI 系统和工具无缝集成的可能性。

需要了解的是，只有当查询的模式跟 Cube 定义相匹配的时候，Kylin 才能够使用 Cube 的数据来完成查询。Group By 的列和 Where 条件里的列，必须是在 Dimension 中定义的列，而 SQL 中的度量，应该跟 Cube 中定义的度量相一致。

在一个项目下，如果有多个基于同一模型的 Cube，而且它们都满足查询对表、维度和度量的要求；那么 Kylin 会挑选一个“最优的”Cube 来进行查询；这是一种基于成本(cost)的选择，Cube 的成本计算包括多方面的因素，如 Cube 的维度数、度量、数据模型的复杂度等。查询引擎将为每个 Cube 为完成此 SQL 估算一个成本值，然后选择成本最小的 Cube 来完成此查询。

如果查询是在 Kylin 的 Web GUI 上进行的，那么查询结果会以表的形式展现出来，所执行的 Cube 名称也会一同显示。用户可以单击“ Visualization”按钮生成简单的可视化图形，或单击“Export”按钮将结果集下载到本地。

6.4.5　增量构建

每次 Cube 的构建都会从 Hive 中批量读取数据，而对于大多数业务场景来说，Hive 中的数据处于不断增长的状态。为了支持 Cube 中的数据能够不断地得到更新，且无须重复地为已经处理过的历史数据构建 Cube，因此对于 Cube 引入了增量构建的功能。

我们将 Cube 划分为多个 Segment，每个 Segment 用起始时间和结束时间来标志。Segment 代表一段时间内源数据的预计算结果。一个 Segment 的起始时间等于它之前那个 Segment 的结束时间，同理，它的结束时间等于它后面那个 Segment 的起始时间。同一个 Cube 下不同的 Segment 除了背后的源数据不同之外，其他(如结构定义、构建过程、优化方法、存储方式等)完全相同。

1. 设计增量 Cube

创建增量 Cube 的过程和创建普通 Cube 的过程基本类似，只是增量 Cube 会有一些额外的配置要求。

1) Model 层面的设置

每个 Cube 背后都关联着一个 Model，Cube 之于 Model 就好像 Java 中的 Object 之于 Class。增量构建的 Cube 需要制定分割时间列，同一个 Model 下不同分割时间列的定义应该是相同的，因此我们将分割时间列的定义放到了 Model 之中。在 Model Designer 的最后一步 Settings 添加分割时间列，如图 6-21 所示。

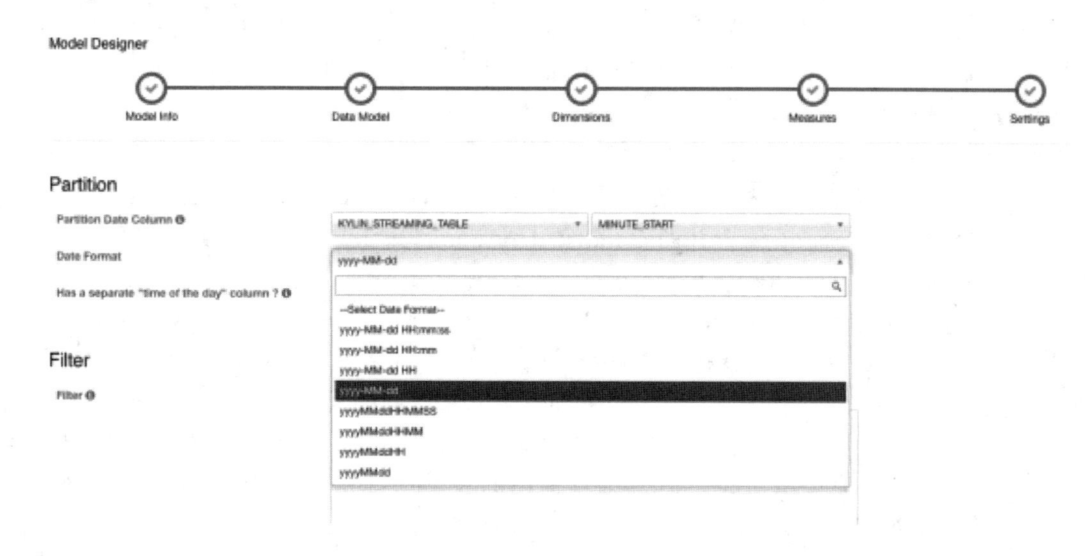

图 6-21 定义时间分割列

目前分割时间列必须是事实表上的列，一般来说如果年月日已经足够帮助分割不同的 Segment，那么在大部分情况下日期是列是分割时间列的首选。当用户需要更细的分割粒度时，例如用户需要每 6 小时增量构建一个新的 Segment，则需要挑选包含年月日时分秒的列作为分割时间列。

2) Cube 层面的设置

进入 Cube Designer 的"Refresh Settings"，这里的设置目前包含"Auto Merge Thresholds"、"Retention Threshold"和" Partition Start Date"。"Partition Start Date"是指 Cube 默认的第一个 Segment 的起始时间。同一个 Model 下不同的 Cube 可以指定不同的起始时间，因此该设置项出现在 Cube Designer 之中。"Auto Merge Thresholds"用于指定 Segment 自动合并的阈值，而"Retention Threshold"则用于指定将过期的 Segment 自动抛弃。

2. 触发增量构建

在 Web GUI 上触发 Cube 的增量构建与触发全量构建的方式基本相同。在 Web GUI 的 Model 页面中，选中想要增量构建的 Cube，单击"Action"→"Build"。

不同于全量构建，增量构建的 Cube 会在此时弹出对话框让用户选择"End Date"，目前 Kylin 要求增量 Segment 的起始时间等于 Cube 中最后一个 Segment 的结束时间，因此当我们为一个已经有 Segment 的 Cube 触发增量构建的时候，"Start Date"的值已经被确定，且不能修改。如果在触发增量构建时 Cube 中不存在任何的 Segment，那么"Start Date"的值会被系统设置为"Partition Start Date"的值。

仅当 Cube 中不存在任何 Segment，或者不存在任何未完成的构建任务时，Kylin 才接受该 Cube 上新的构建任务。未完成的构建任务不仅包含正在运行中的构建任务，还包括已经出错并处于 ERROR 状态的构建任务。如果存在一个 EROR 状态的构建任务，那么用户需要先处理好该构建任务，然后才能成功地向 Kylin 提交新的构建任务。处理 ERROR 状态的构建任务的方式有两种：比较正常的做法是首先在 Web GUI 或后台的日志中查找构建失败的原因，解决问题后回到 Monitor 页面，选中失败的构建任务，单击"Action"→"Resume"，恢复该构建任务的执行。我们知道构建任务分为多个子步骤，Resume 操作会跳过之前所有已经成功了的子步骤，直接从第一个失败的子步骤重新开始执行。举例来说，如果某次构建任务失败，我们在后台 Hadoop 的日志中发现失败的原因是由于 Mapper 和 Reducer 分配的内存过小导致了内存溢出，那么我们可以在更新了 Hadoop 相关的配置之后再恢复失败的构建任务。

3. 管理 Cube 碎片

1）合并 Segment

Kylin 提供了一种简单的机制用于控制 Cube 中 Segment 的数量：合并 Segment。在 Web GUI 中选中需要进行 Segment 合并的 Cube，单击"Action"→"Merge"，然后在对话框中选中需要合并的 Segment，可以同时合并多个 Segment，但是这些 Segment 必须是连续的。单击提交后系统会提交一个类型为"MERGE"的构建任务，它以选中的 Segment 中的数据作为输入，将这些 Segment 的数据合并封装成一个新的 Segment。这个新的 Segment 的起始时间为选中的最早的 Segment 的起始时间，它的结束时间为选中的最晚的 Segment 的结束时间。

在 MERGE 类型的构建完成之前，系统将不允许提交这个 Cube 上任何类型的其他构建任务。但是在 MERGE 构建结束之前，所有选中用来合并的 Segment 仍然处于可用的状态。当 MERGE 构建任务结束的时候，系统将选中合并的 Segment 替换为新的 Segment，而被替换下来的 Segment 等待将被垃圾回收和清理，以节省系统资源。

2）自动合并

在 Cube Designer 的"Refresh Settings"页面中有"Auto Merge Thresholds"和"Retention Threshold"两个设置项可以用来帮助管理 Segment 碎片。虽然这两项设置还不能完美地解决所有业务场景的需求，但是灵活地搭配使用这两项设置可以大大减少对 Segment 进行管理的麻烦。

"Auto Merge Thresholds"允许用户设置几个层级的时间阈值，层级越靠后，时间阈值就越大。举例来说，用户可以为一个 Cube 指定(7 天、28 天)这样的层级。每当 Cube 中有新的 Segment 状态变为 READY 的时候，就会触发一次系统试图自动合并的尝试。系统首先会尝试最大一级的时间阈值，结合上面的(7 天、28 天)层级的例子，首先查看是否能将连续的若干 Segment 合并成一个超过 28 天的大 Segment，在挑选连续 Segment 的过程中，如果遇到已经有个别 Segment 的时间长度本身已经超过了 28 天，那么系统会跳过该 Segment，从它之后的所有 Segment 中挑选连续的累积超过 28 天的 Segment。如果满足条件的连续 Segment 还不能够累积超过 28 天，那么系统会使用下一个层级的时间阈值重复寻找的过程。每当找到了能够满足条件的连续 Segment，系统就会触发一次自动合并 Segment 的构建任务，在构建任务完成之后，新的 Segment 被设置为 READY 状态，自动合并的整套尝试又需要重新再来一遍。

"Auto Merge Thresholds"的设置非常简单，在 Cube Designer 的" Refresh Setting"中单击" Auto Merge Thresholds"右侧的" New Thresholds"按钮，即可在层级的时间阈值中添加一个新的层级，层级一般按照升序进行排列(如图 6-22 所示)。从前面的介绍中不难得出结论，除非人为地增量构建一个非常大的 Segment，自动合并的 Cube 中，最大的 Segment 的时间长度等于层级时间阈值中最大的层级。也就是说，如果层级被设置为(7 天、28 天)，那么 Cube 中最长的 Segment 也不过是 28 天，不会出现横跨半年甚至一年的大 Segment。

图 6-22　设置自动合并阈值

3) 保留 Segment

从碎片管理的角度来说，自动合并是将多个 Segment 合并为一个 Segment，以达到清理碎片的目的。保留 Segment 则是从另外一个角度帮助实现碎片管理，也就是清理不再使用的 Segment。在很多业务场景中，只会对过去一段时间内的数据进行查询，例如对于某个只显示过去 1 年数据的报表，支撑它的 Cube 事实上只需要保留过去一年内的 Segment 即可。由于数据在 Hive 中往往已经存在备份，因此无须再在 Kylin 中备份超过一年的历史数据。

在这种情况下，我们可以将" Retention Threshold"设置为 365。每当有新的 Segment 状态变为 READY 的时候，系统会检查每一个 Segment：如果它的结束时间距离最晚的一个 Segment 的结束时间已经大于"Retention Threshold"，那么这个 Segment 将被视为无须保留。系统会自动地从 Cube 中删除这个 Segment。

如果启用了"Auto Merge Thresholds"，那么在使用"Retention Threshold"的时候需要注意，不能将"Auto Merge Thresholds"的最大层级设置得太高。假设我们将"Auto Merge Thresholds"的最大一级设置为 1 000 天，而将"Retention Threshold"设置为 365 天，那么受到自动合并的影响，新加入的 Segment 会不断地被自动合并到一个越来越大的 Segment 之中，糟糕的是，这会不断地更新这个大 Segment 的结束时间，从而导致这个大 Segment 永远不会得到释放。因此，推荐自动合并的最大一级的时间不要超过 1 年。

6.4.6　查询和可视化

1. Web GUI

Apache Kylin 的 Insight 页面即为查询页面，单击该页面，左边侧栏会将所有可以查询的表列出来，这些表需要在Cube构建好以后才会显示出来。

（1）查询

提供一个输入框输入SQL，单击提交即可查询结果。在输入框的右下角有一个Limit字段，用来保护Kylin不会返回超大结果集，拖垮浏览器（或其他客户端）。如果SQL中没有Limit子句，那么这里默认会拼接上limit 50000；如果SQL中有Limit子句，那么这里将以SQL中的为准。假如用户想去掉Limit限制，可以在SQL中不加Limit的同时将右下角的LIMIT输入框中的值也改为0（如图6-23所示）。

图6-23　查询页面

这里我们已经写入了一个SQL语句，接下来查看它的查询结果。

（2）显示结果

对于上面的查询，默认会以表格（Grid）的形式显示结果，如果需要以图表的形式展示数据，那么可单击表格右上角的“Visualization”按钮，如图6-24所示。

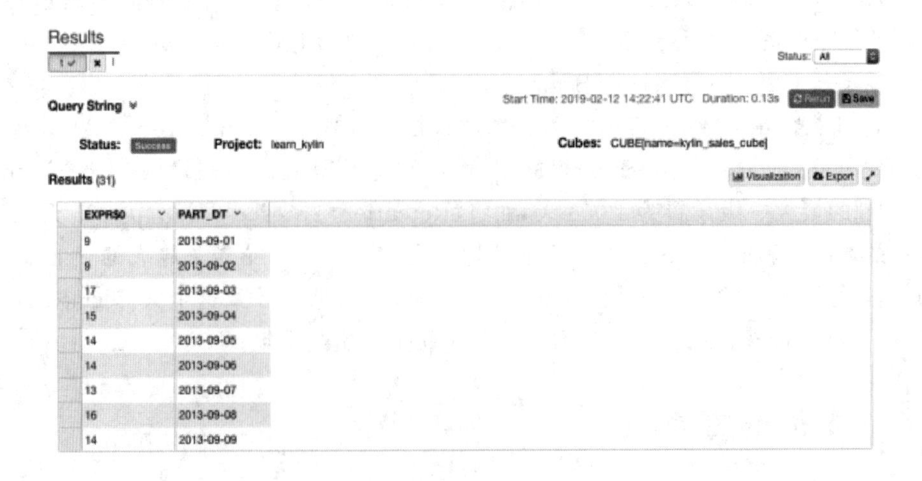

图6-24　表格展示结果集

目前前端图形化支持折线图(Line)、柱状图(Bar)、饼图(Pie)这三种类型(如图 6-25、图 6-26、图 6-27 所示)。这三种图形是比较常见的数据展示图,折线图可以展现数据在不同时间内的变化趋势,柱状图可以展示数据在不同条件下的对比情况,饼图可以较好地展现数据在全局所占比例的大小。

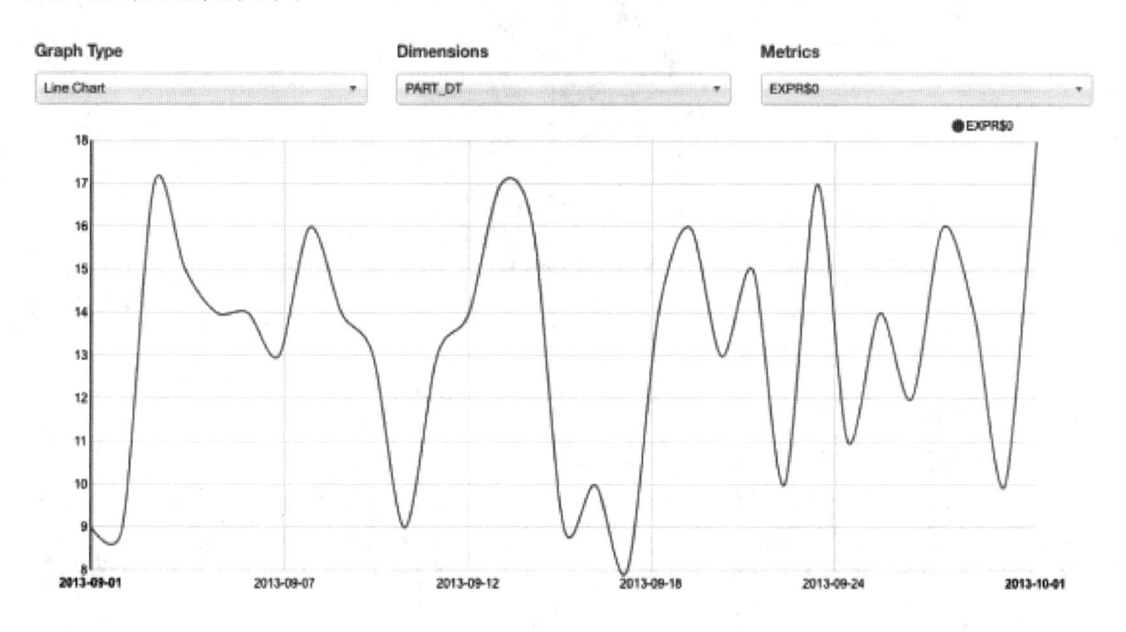

图 6-25 折线图

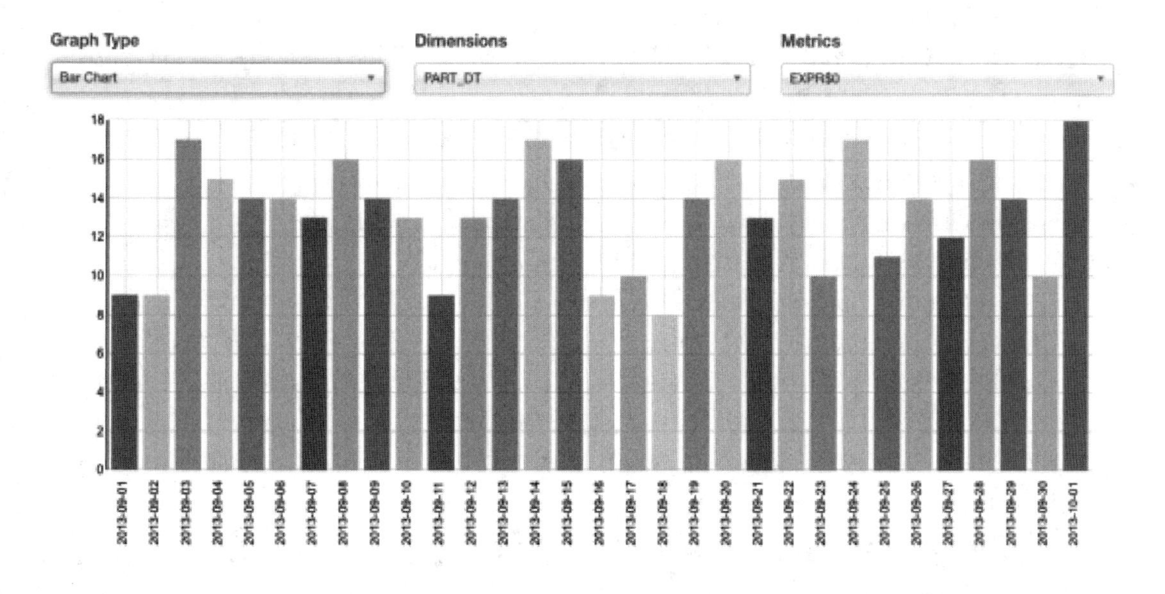

图 6-26 柱状图

2. Rest API

Kylin 查询页面主要是基于一个查询 Rest API,这里将详细介绍应该如何使用该 API,读者了解后便可以基于该 API 在各种场景下灵活获取 Apache Kylin 的数据。

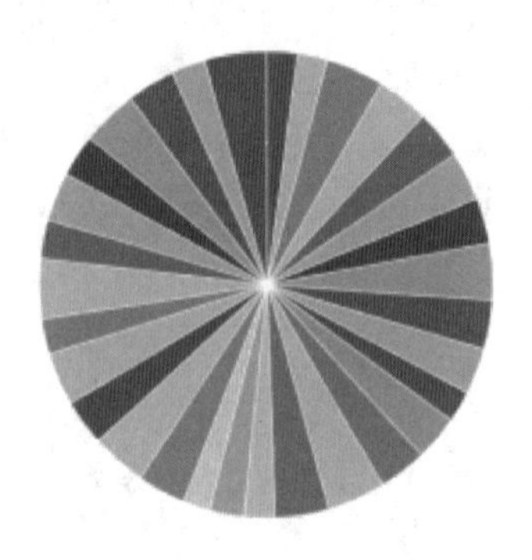

图 6-27　饼图

（1）查询认证

Kylin 查询请求对应的 URL 为 http://< hostname >:< port >/kylin/api/query，HTTP 的请求方式为 POST。Kylin 所有的 API 都是基于 Basic Authentication 认证机制的，Basic Authenticaion 是一种非常简单的访问控制机制，它先对账号密码基于 Base4 编码，然后将其作为请求头添加到 HTTP 请求头中，后端会读取请求头中的账号密码信息以进行认证。以 Kylin 默认的账号密码 ADMIN/KYLIN 为例，对相应的账号密码进行编码后，结果为“Basic QURNSU46S1MSU4＝”，那么 HTP 对应的头信息则为“Authorization:Basic QURNSU46S11MSU4＝”。

（2）查询请求参数

查询 API 的 Body 部分要求发送一个 JSON 对象，下面对请求对象的各个属性逐一进行说明。

- sql：必填，字符串类型，请求的 SQL。
- offset：可选，整型，查询默认从第一行返回结果，可以设置该参数以决定返回数据从哪一行开始往后返回。
- limit：可选，整型，加上 limit 参数后会从 offset 开始返回相应的行数，返回数据行数小于 limit 的将以实际行数为准。
- acceptPartial：可选，布尔类型，默认是“true”，如果为 true，那么实际上最多会返回一百万行数据；如果要返回的结果超过了一百万行，那么该参数需要设置为“false”。
- project：可选，字符串类型，默认为“DEFAULT”，在实际使用时，如果对应查询的项目不是“DEFAULT”，那就需要设置为自己的项目。

下面是一个 HTTP 请求内容的完整示例，读者通过这个示例可以明白查询的请求体是一个什么样的结构：

```
{
    "sql": "select * from TEST_KYLIN_FACT",
    "offset": 0,
    "limit":50000 ,
    "acceptPartial": false,
    "project": "DEFAULT"
}
```

(3) 查询返回结果

查询结果返回的也是一个 JSON 对象,下面给出的是返回对象中每一个属性的解释。

- columnMetas:每个列的元数据信息。
- results:返回的结果集。
- cube:这个查询对应使用的 CUBE。
- affectedRowCount:这个查询关系到的总行数。
- isException:这个查询的返回是否异常。
- exceptionMessage:如果查询返回异常,则给出对应的内容。
- duration:查询消耗的时间,单位为毫秒。
- partial:这个查询结果是否仅为部分结果,这取决于请求参数中的 acceptPartial 为 true 还是 false。

下面是一个查询返回格式示例:

```
{
    "columnMetas": [
        {
            "isNullable": 1,
            "displaySize": 0,
            "label": "CAL_DT",
            "name": "CAL_DT",
            "schemaName": null,
            "catelogName": null,
            "tableName": null,
            "precision": 0,
            "scale": 0,
            "columnType": 91,
            "columnTypeName": "DATE",
            "readOnly": true,
            "writeable": false,
            "caseSensitive": true,
            "searchable": false,
            "currency": false,
            "signed": true,
            "autoIncrement": false,
            "definitelyWritable": false,
        }
        … //此处省略
    ],
    "results": [
```

```
        {
            "2013-08-07",
            "32996",
            "15",
            "15",
            "Auction",
            "10000000",
            "49.048952730908745",
            "49.048952730908745",
            "49.048952730908745",
            "1",
        }
        … //此处省略
    ],
    "cube": "test_kylin_cube_with_slr_desc",
    "affectedRowCount": 0,
    "isException": false,
    "exceptionMessage": null,
    "duration": 3451,
    "partial": false,
}
```

3. ODBC

Apache Kylin 提供了 32 位和 64 位两种 ODBC 驱动，支持 ODBC 的应用可以基于该驱动访问 Kylin。该驱动程序目前只提供 Windows 版本，在 Tableau 和 Microsoft Excel 上已经过充分的测试。

在安装 KYLIN ODBC 之前，需要先安装 Microsoft Visual C++ 2012 Redistributable，其在 Kylin 的官网上可以下载。此外，因为 ODBC 需要从 Rest API 获取数据，所以在使用之前需要确保有正在运行的 Apache Kylin 服务，有可以访问的 Rest APl 接口。最后，如果以前安装过 Apache Kylin ODBC 驱动，那么需要先卸载老版本。

到 Apache Kylin 官网下载 ODBC 驱动，上面分别提供了 KylinODBCDriver(x86).exe 和 KylinODBCDriver(x64).exe，供 32 位和 64 位的操作系统使用。

安装好驱动后，需要继续配置 DSN，下面分步介绍如何配置 DSN。

第一步，打开 ODBC Data Source Administrator，然后安装驱动。这里又涉及如下两种情况：

① 安装 32 位驱动时，对应的打开位置为 C:\Windows\SysWOW64\odbcad32.exe。

② 安装 64 位驱动时，依次打开 Windows 的“控制面板”→“管理工具”→“数据源(ODBC)”。

第二步，打开“System DSN”，单击“Add”，找到 KylinODBCDriver 这个选项，单击“Finish”继续下一步。

第三步，在弹出的对话框中，填上对应的选项，服务器地址和端口分别为对应 Rest API 的 IP 和端口。

第四步，单击“Done”按钮，在 DSN 中就可以看到新建的 DSN 了。

4. 通过 Tableau 访问 Kylin

Tableau 是一款应用比较广泛的商业智能工具软件，有着很好的交互体验，可基于拖曳式生成各种可视化图表，相信很多读者已经了解或使用过该产品。本节会讲解如何使用 Tableau 访问 Apache Kylin 的数据。基于 Apache Kylin 提供的 ODBC 驱动，Tableau 可以很好地对接大数据，让用户以更友好的方式对大数据进行交互式的分析。

本书基于 Tableau 9.1 版本讲解，在使用 Tableau 之前，请确保已经安装了 ODBC 驱动。

1）连接 Kylin 数据源

通过驱动连接 Kylin 数据源的方式为：启动 Tableau 9.1 桌面版，单击左边面板中的“Other Database(ODBC)”，在弹出的窗口中选择“KylinODBCDriver”，如图 6-28 所示。

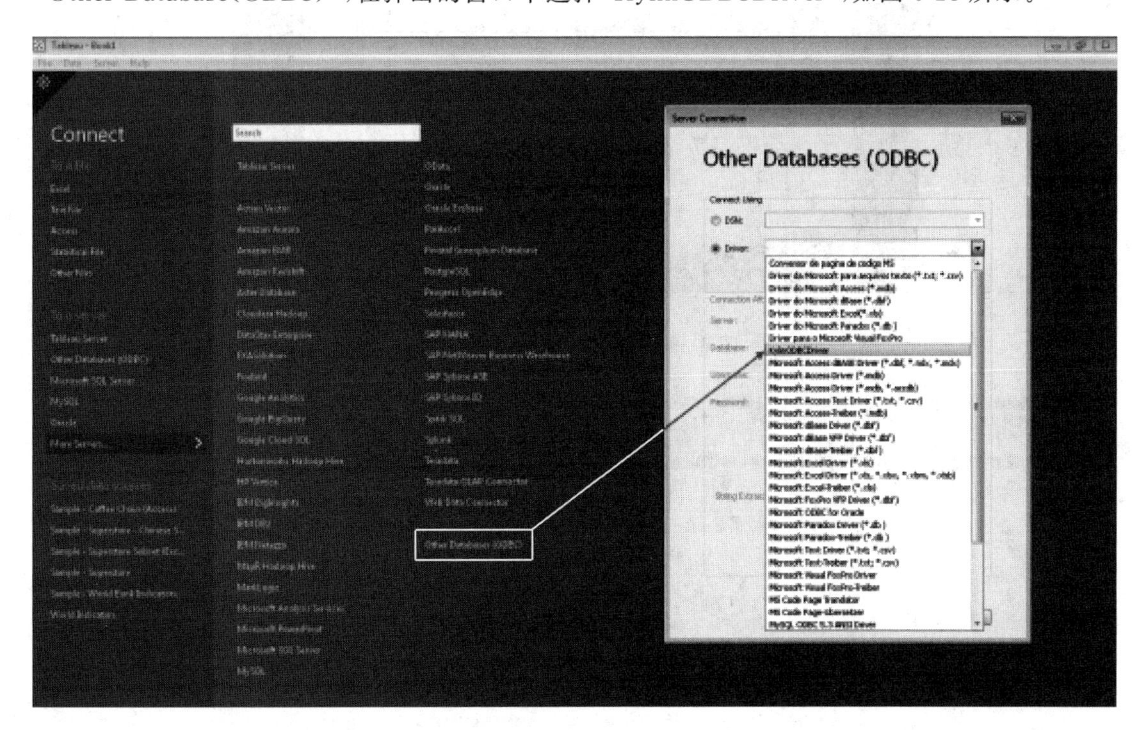

图 6-28 在 Tableau 中选择 Apache Kylin ODBC 驱动

在弹出的驱动连接窗口中填写服务器、认证、项目，单击“Connect”按钮，将会看到所有有权限访问的项目，如图 6-29 所示。

2）设计数据模型

在 Tableau 客户端的左面板中，选择“defaultCatalog”作为数据库，在搜索框中单击“Search”将会列出所有的表，可通过拖曳的方式把表拖到右边的面板中，给这些表设置正确的连接方式，如图 6-30 所示。

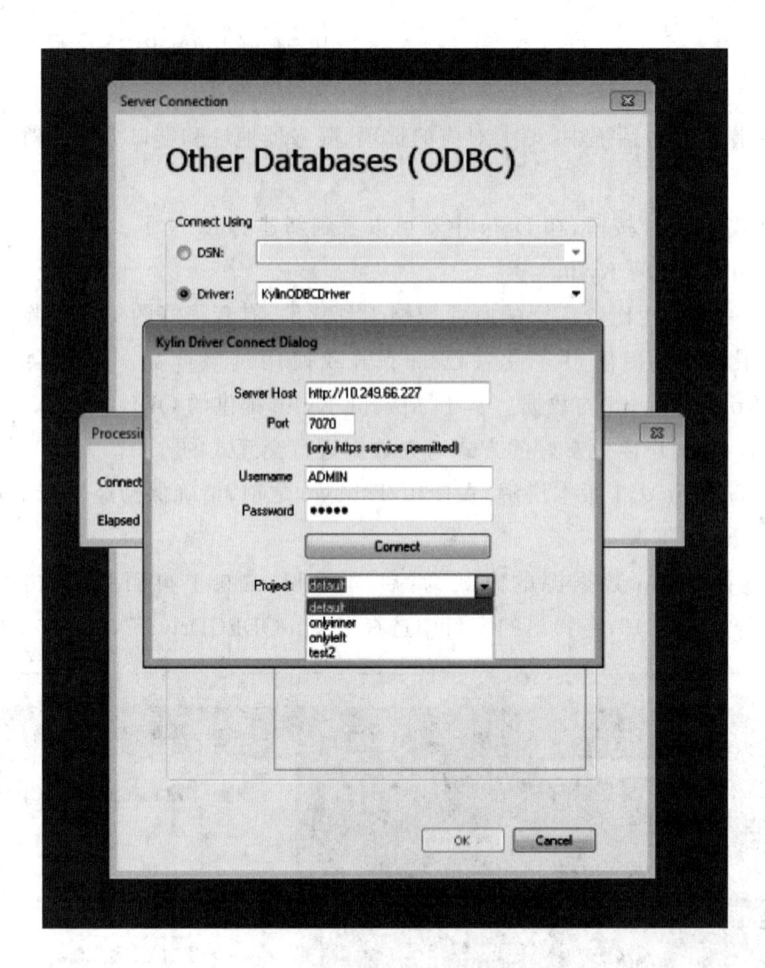

图 6-29　Apache Kylin 连接信息

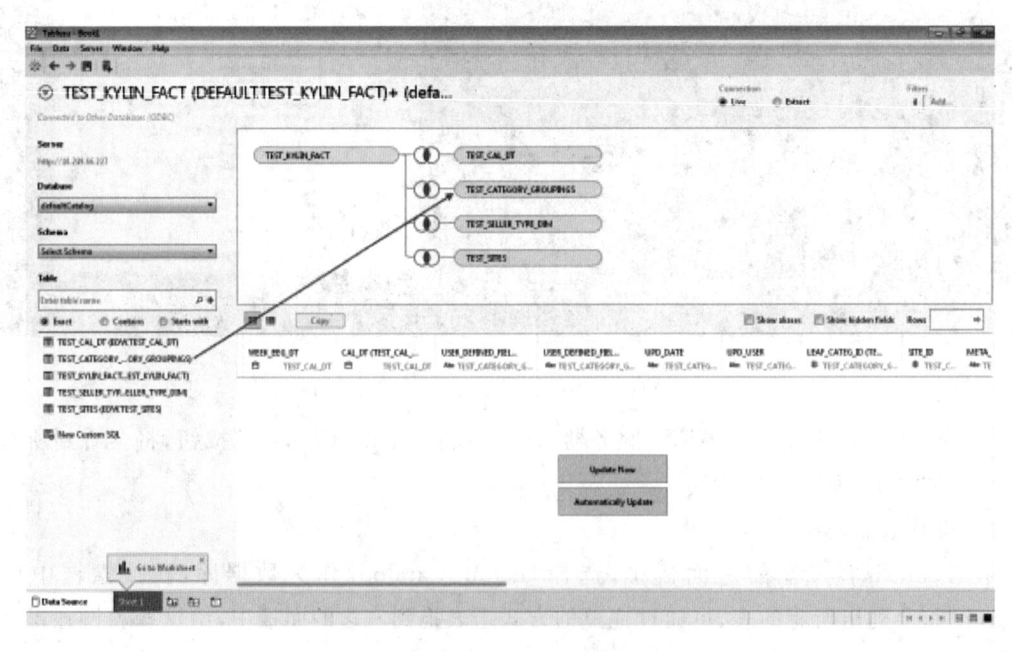

图 6-30　在 Tableau 中设计数据模型

3）通过 Live 方式连接

模型设计完成之后，我们需要选择 Tableau 与后端交互的连接模式，如图 6-31 所示。Tableau 支持两种连接模式，分别为 Live 和 Extract。Extract 模式会把全部数据加载到系统内存，查询的时候直接从内存中获取数据，是非常不适合大数据处理的一种方式，因为大数据无法被全部驻留在内存中。Live 模式会实时发送请求到服务器查询，配合 Apache Kylin 亚秒级的查询速度，能够很好地实现交互式的大数据可视化分析。请总是选择 Live 为连接 Apache Kylin 的连接方式。

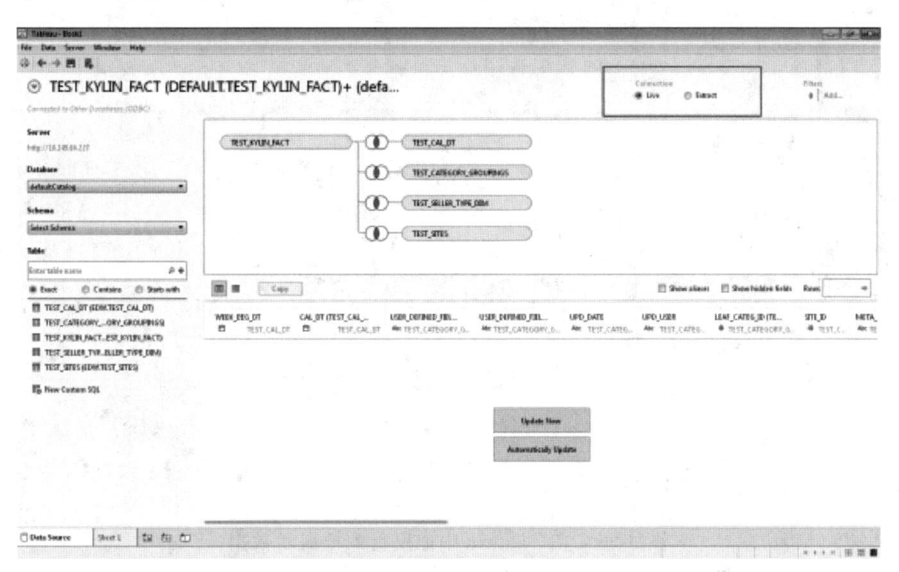

图 6-31　选择连接方式

4）自定义 SQL

如果用户想通过自定义 SQL 进行交互，可以单击图 6-32 左下角的“New Custom SQL”，在弹出的对话框中输入 SQL 即可实现。

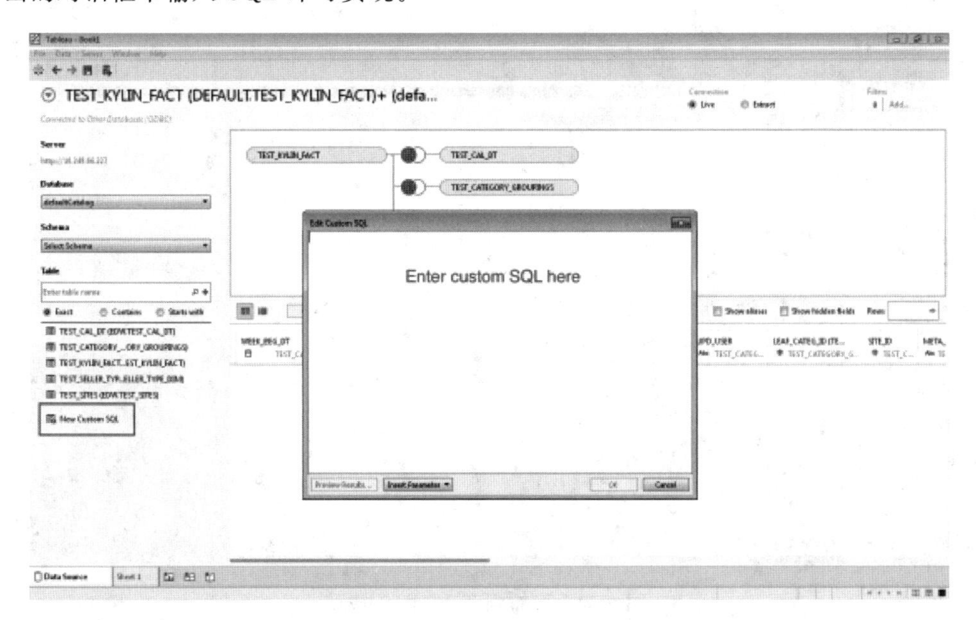

图 6-32　“New Custom SQL”对话框

5）可视化

在 Tableau 右侧面板中，我们可以看到有列框（Columns）和行框（Rows），把度量拖到列框中，把维度拖到行框中，就可以生成自己的图表，如图 6-33 所示。

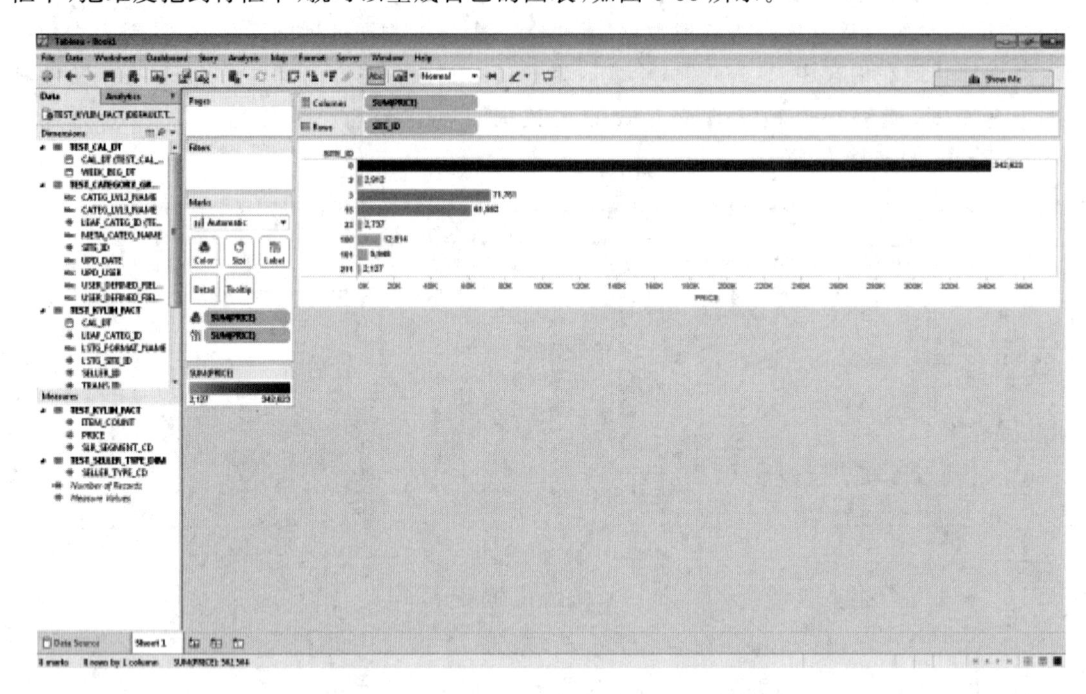

图 6-33　在 Tableau 中拖曳行列框展示数据

6）发布到 Tableau Server

如果想将本地 Dashboard 发布到 Tableau Server，则展开右上角的“Server”选项卡，然后选中“Publish Workbook”即可，如图 6-34 所示。

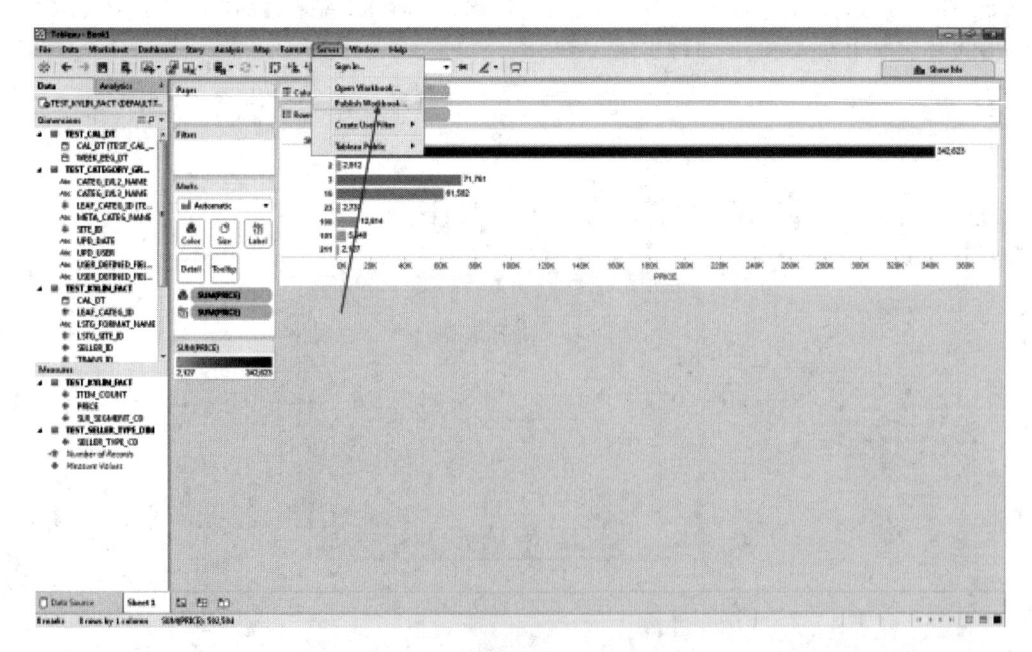

图 6-34　发布到 Tableau Server

6.4.7 Cube 优化

本章我们来一起研究 Kylin 中设计 Cube 维度时的几个优化方面，Cube 的优化主要是通过“高级设置”那一步实现，如图 6-35 所示。

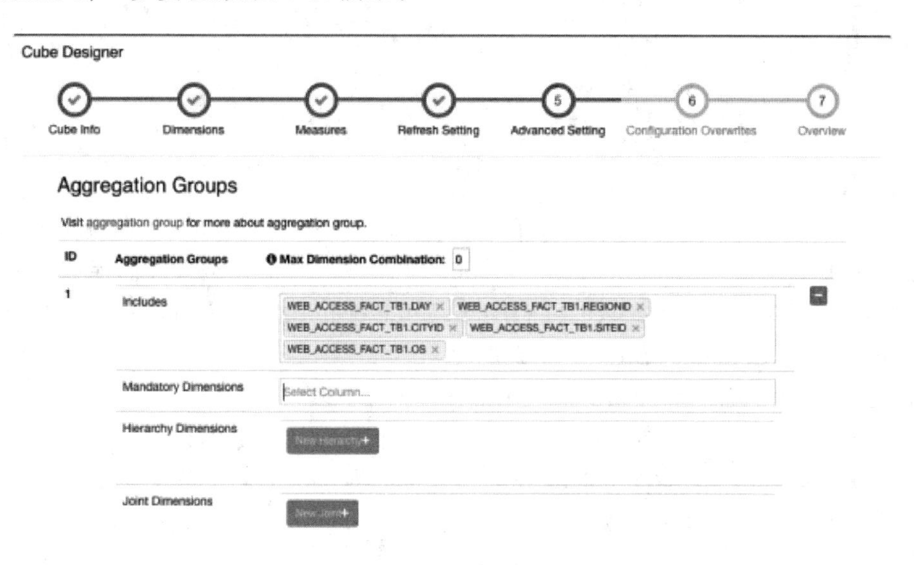

图 6-35 Cube 高级设置

这些内容的优化，我们曾在创建 Cube 时有所提及，这里再全面地补充一下。

1) Hierarchy Dimensions 的优化

理论上对于 N 维度，我们可以进行 2 的 N 次方的维度组合。然而对于一些维度的组合来说，有时是没有必要的。例如，如果我们使用 continent、country 和 city 三个维度，在 hierarchy 中，最大的维度排在最前面。当使用下钻分析时，我们仅仅需要下面的三个维度的组合：

```
group by continent
group by continent, country
group by continent, country, city
```

在这个例子中，维度的组合从 2 的 3 次方(8 种)减少到了 3 种，这是一个很好的优化，同样适合 YEAR、MONTH 和 DATE 等场景。

2) Derived Columns 优化

Derived column 被用在的地方为：当一个或多个维度(必须是 Lookup 表的维度，这些字段被称为“Derived”)被选取时，其中一个维度的信息能够从另一个字段中推断出来(通常为 PK，主键)。

例如，假如我们有一个 Lookup Table，我们使用 join 关联 Fact Table，并且使用“where DimA=DimX”。在 Kylin 中需要注意，如果选择 FK 为一个维度，那么相关的 PK 将自动可查询，没有任何额外的开销。这是因为 FK 和 PK 总是相同的，Kylin 能够首先在 FK 上使用 filters/groupby，并且透明地替换为 PK。这个表明如果我们想用 DimA(FK)、DimX(PK)、

DimB 和 DimC 在我们的 Cube 中，我们能够安全地仅仅选择 DimA、DimB 和 DimC。

```
Fact Table                 (joins)        Lookup Table
column1, column2,,,DimA(FK)               DimX(PK), DimB, DimC
    这里的维度 DimA(维度代表 FK/PK)有一个特殊的映射到 DimB。
DimA        DimB        DimC
1           a           ?
2           b           ?
3           c           ?
4           a           ?
```

在这个案例中，给定一个 DimA 的值，DimB 的值就确定了，因此我们说 DimB 能够从 DimA 获得(Derived)。当我们 build 一个 cube 包含 DimA 和 DimB，我们能够简单地包含 DimA，并且标记 DimB 作为 Derived。Derived column(DimB)不会参与 cuboids 的生成。

3) Mandatory Columns 优化

这种维度设计比较简单，如果指定某个 dimension 字段为 mandatory，那么意味着每次查询的 group by 中都会携带此 dimension；如果不指定此 dimension，那么查询报错。另外，如果将某一个 dimension 字段设置为 mandatory，那么可以将 cuboid 的个数大大减少。

比如 A、B 和 C 三个维度，原始维度组合为：

A、B、C、AB、AC、BC、ABC

那么将 A 设为 mandatory，那么维度组合为：

A、AB、AC、ABC

如果在某张有主键的维度表上有多个维度，那么可以将其维度设置为 Derived Dimension，在 Kylin 内部会将其统一用维度表的主键来替换，以此来降低维度组合的数目，当然在一定程度上 Derived Dimension 会降低查询效率。在查询时，Kylin 使用维度表主键进行聚合后，再通过主键和真正维度列的映射关系做一次转换，在 Kylin 内部再对结果集做一次聚合后返回给用户。

4) 维度的顺序

维度的顺序很重要，ID 决定了这个维度在数组中执行查找时该维度对应的第一个维度，举个例子，time 的 ID 是 1，location 对应的 ID 是 2，product 对应的 ID 为 3，这个顺序是非常重要的，一般情况我们会将 mandatory 维度放置在 rowkey 的最前面，而其他的维度需要将经常出现在过滤条件中的维度放置在靠前的位置。

假设在上例的三维数组中，我们经常使用 time 进行过滤，但是把 time 的 ID 设置为 3(其中 location 的 ID=1，product 的 ID=2)，这时候如果从数组中查找 time 大于'2016-07-01'并且小于'2016-07-31'，那么查询就需要从最小的 key=< min(location)、min(product)、'2016-07-01'>扫描到最大的 key=< max(location)、max(product)、'2016-07-31'>，但是如果把 time 的 ID 设置为 1，扫描的区间就会变成 key=<'2016-07-01'、min(location)、min(product)>到 key=<'2016-07-31'、max(location)、max(product)>。

Kylin 在实现时需要将 Cube 的数组存储在 Hbase 中，然后按照 Hbase 中的 rowkey 进行扫描。根据上面的描述，我们这里举个例子来说明为什么维度组合的 rowkey 顺序重要。

假设 min(location)='Beijing'、max(location)='Nanjing'、min(product)='A'、

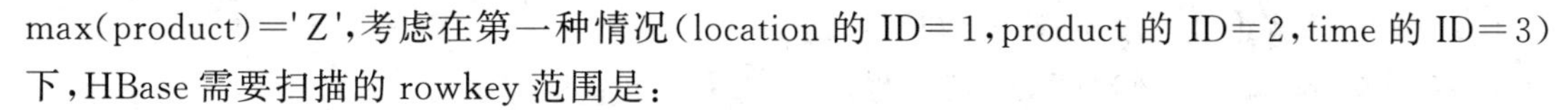

max(product)='Z',考虑在第一种情况(location 的 ID=1,product 的 ID=2,time 的 ID=3)下,HBase 需要扫描的 rowkey 范围是:

[Beijing-A-2016-07-01,Nanjing-Z-2016-07-31]

而第二种情况(time 的 ID=1,location 的 ID=2,product 的 ID=3)下 HBase 需要扫描的 rowkey 范围是:

[2016-07-01-Beijing-A,2016-07-31-Nanjing-Z]

如果对 time 进行过滤,可以看出第二种情况可以减少扫描的 rowkey,查询的性能也就更好了。但是在 Kylin 中并不会存储原始的成员值(如 Nanjing、2016-07-01 这样的值),而是需要对它们进行编码。

5) Aggregation Group 优化

这是一个将维度进行分组,以求达到降低维度组合数目的手段。不同分组的维度之间组成的 cuboid 数量会大大降低,维度组合从 2 的($k+m+n$)次幂最多能降低到 2 的 k 次幂加上 2 的 m 次幂再加上 2 的 n 次幂的总和。Group 的优化措施与查询 SQL 紧密依赖,可以说是为了查询的定制优化。如果查询的维度是跨 Group 的,那么 Kylin 需要以较大的代价从 N-Cuboid 中聚合得到所需要的查询结果,这需要 Cube 的设计人员在建模时仔细地斟酌。

6) 数据压缩优化

Apache Kylin 针对维度字典以及维度表快照采用了特殊的压缩的压缩算法,对于 HBase 中的聚合计算数据利用了 Hadoop 的 LZO 或者是 Snappy 等压缩算法,从而保证存储在 HBase 以及内存中的数据尽可能地小。其中维度字典以及维度表快照的压缩考虑到 Data Cube 中会出现非常多的重复的维度成员值,最直接的处理方式就是利用数据字典的方式将维度值映射成 ID,Kylin 中采用了 Trie 树的方式对维度值进行编码。

7) Count Distinct 聚合查询优化

Apache Kylin 采用了 HypeLogLog 的方式来计算 Count Distinct,好处是速度快,缺点是结果是一个近似值,会有一定的误差,我们可以指定误差率,错误率越低,占用的存储越大,Build 操作耗时越长。在非计费等通常的场景下 Count Distinct 的统计误差应用普遍可以接受。

从 1.5 版本中加入了 User Defined Aggregation Types,即用户自定义聚合类型,后来 Kylin 基于 Bit-Map 算法实现精确 Count Distinct,但也仅仅支持整数家族(如 int,bigint)的字段类型,字符等类型暂时支持,所以如果需要对字符类型进行精确 Count Distinct 计算,可能需要先在 Hive 表中进行预处理。

本章课后习题

(1) 什么是 OLAP? OLAP 与数据仓库有什么关联?

(2) 关系数据模型和维度数据模型有什么区别?

(3) 分布式数据仓库 Hive 的整体架构是什么?

(4) 分布式数据仓库 Hive 的工作原理是什么?

(5) 时序数据仓储 Druid 的整体架构是什么?

(6) 时序数据仓储 Druid 的数据摄入与数据查询各有哪几种方式?

(7) 如何理解维度与度量、Cube 与 Cuboid？

(8) 简述 Kylin 的工作原理、核心思想。

(9) Kylin 的系统架构大致分为哪几个模块？核心模块是什么？

(10) 构建 Cube 时，Kylin 从哪里读取元数据？构建好的 Cube 存在何处？

本章参考文献

[1] 王雪迎. Hadoop 构建数据仓库实践[M]. 北京：清华大学出版社，2017.

[2] KIMBALL R，ROSS M. 数据仓库工具箱——维度建模权威指南[M]. 3 版. 王念滨，周连科，韦正现，译. 北京：清华大学出版社，2015.

[3] 卡普廖洛，万普勒，卢森格林. Hive 编程指南[M]. 曹坤，译. 北京：人民邮电出版社，2013.

[4] 欧阳辰，张海雷，高振源. Druid 实时大数据分析原理与实践[M]. 北京：电子工业出版社，2017.

[5] 刘博宇. Druid 在滴滴应用实践及平台化建设[EB/OL][2024-6-12]. https://yq.aliyun.com/articles/600128? utm_content=m_1000000412.

[6] Apache Kylin 核心团队. Apache Kylin 权威指南[M]. 北京：机械工业出版社，2017.

[7] 蒋守壮. 基于 Apache Kylin 构建大数据分析平台[M]. 北京：清华大学出版社，2017.

第7章

数据可视化

本章思维导图

人类右脑记忆图像的速度比左脑记忆抽象的文字快100万倍。将不可见现象或数据转化为可见的图形符号，即进行可视化展示，能帮助人们更快获取数据信息及其规律，也能加深人们对于数据的理解和记忆。

数据可视化主要是借助于图形化手段，清晰有效地传达与沟通信息。但是，这并不就意味着，数据可视化就一定因为要实现其功能用途而令人感到枯燥乏味，或者是为了看上去绚丽多彩而显得极端复杂。为了实现信息的有效地传达，数据可视化需要追求兼顾美学形式与功能的需要，并通过直观地传达关键特征，实现对数据集的深入洞察。

本章首先对数据可视化的定义进行了介绍，之后具体阐述了数据可视化的分类，并在可视化流程、可视化中的数据、可视化的基本图标和视图交互四个方面阐述数据可视化的基础，让读者对数据可视化有基本的了解，在奠定基础的情况下，详细讲解了信息可视化的分类和在商业智能中的数据可视化。最后针对数据可视化给出了实践的方法，加深对数据可视化实现的理解。本章思维导图如图7-0所示。

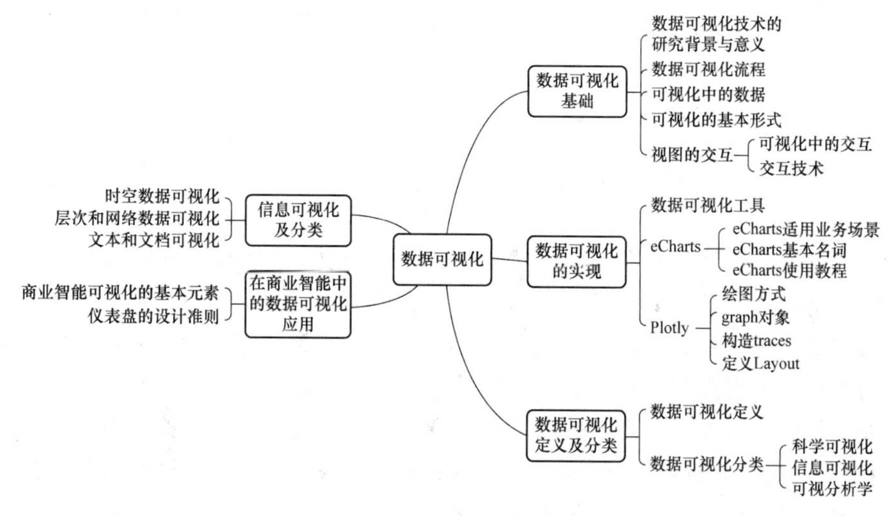

图7-0 本章思维导图

7.1 数据可视化定义及分类

7.1.1 数据可视化定义

数据可视化是对数据的视觉表现的研究。其中，这种数据的视觉表现形式被定义为一种以某种概要形式抽提出来的信息，包括相应信息单位的各种属性和变量。数据可视化的主要目的是通过图像清楚有效地传播信息。这不意味着数据可视化为了功能需要而看起很无趣，抑或为了看起来美观就变得特别复杂。为了有效地传递思想，美观的形式与功能性需要密切地关联，通过以一种更直观的方式传播关键部分，提供对相当分散和复杂的数据集的洞悉。

数据可视化的设计简化为四个级联的层次（如图 7-1 所示）。简而言之，最外层(第一层)是刻画真实用户的问题，称为问题刻画层。第二层是抽象层，将特定领域的任务和数据映射到抽象且通用的任务及数据类型。第三层是编码层，设计与数据类型相关的视觉编码及交互方法。最内层(第四层)的任务是创建正确完成系统设计的算法。各层之间是嵌套的，上游层的输出是下游层的输入。嵌套同时也带来了问题：上游的错误最终会级联到下游各层。假如在抽象阶段做了错误的决定，那么最好的视觉编码和算法设计也无法创建一个解决问题的可视化系统。在设计过程中，这个嵌套模型中的每个层次都存在挑战，例如，定义了错误的问题和目标；处理了错误的数据；可视化的效果不明显；可视化系统运行出错或效率过低。

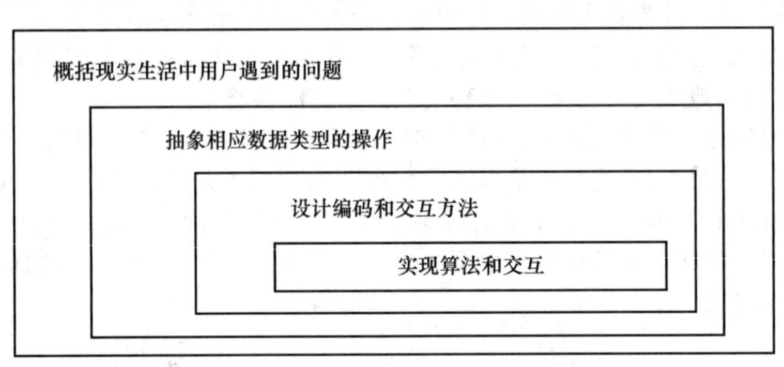

图 7-1　可视化设计的层次嵌套模型

7.1.2 数据可视化分类

数据可视化的处理对象是数据。自然地，数据可视化包含处理科学数据的科学可视化与处理抽象的非结构化信息的信息可视化两个分支。广义上，科学可视化研究带有空间坐标和几何信息的三维空间测量数据等，重点探索如何有效地呈现数据中几何、拓扑和形状特征。信息可视化的处理对象则是非结构化的非几何的抽象数据，如金融交易、社交网络和文本数据，其核心挑战是如何针对大尺度高维数据减少视觉混淆对有用信息的干扰。由于数据分析的重要性，我们将可视化与分析结合，形成了一个新的学科：可视分析学。科学可视化、信息可视化和可视分析学三个学科方向通常被看成可视化的三个主要分支。

1. 科学可视化(Scientific Visualization)

科学可视化是可视化领域最早、最成熟的一个跨学科研究与应用领域。面向的领域主要是自然科学,如物理、化学、气象气候、航空航天、医学、生物学等各个学科,这些学科通常需要对数据和模型进行解释、操作与处理,旨在寻找其中的模式、特点、关系以及异常情况。

科学可视化的基础理论与方法已经相对成形。早期的关注点主要在于三维真实世界的物理化学现象,因此数据通常表达在三维或二维空间,或包含时间维度。鉴于数据的类别可分为标量(密度、温度)、向量(风向、力场)、张量(压力、弥散)三类,科学可视化也可粗略地分为三类:标量场可视化、向量场可视化和张量场可视化。

2. 信息可视化(Information Visualization)

信息可视化处理的对象是抽象的非结构化数据集合(如文本、图表、层次结构、地图、软件、复杂系统等)。传统的信息可视化起源于统计图形学,又与信息图形、视觉设计等现代技术相关。其表现形式通常在二维空间,因此关键问题是在有限的展现空间中以直观的方式传达大量的抽象信息。与科学可视化相比,信息可视化更关注抽象、高维数据。此类数据通常不具有空间中位置的属性,因此要根据特定数据分析的需求,决定数据元素在空间的布局。

3. 可视分析学(Visual Analytics)

可视分析学被定义为一门以可视交互界面为基础的分析推理科学。它综合了图形学、数据挖掘和人机交互等技术,以可视交互界面为通道,将人的感知和认知能力以可视的方式融入数据处理过程,形成人脑智能和机器智能优势互补和相互提升,建立螺旋式信息交流与知识提炼途径,完成有效的分析推理和决策。图7-2诠释了可视分析学包含的研究内容。

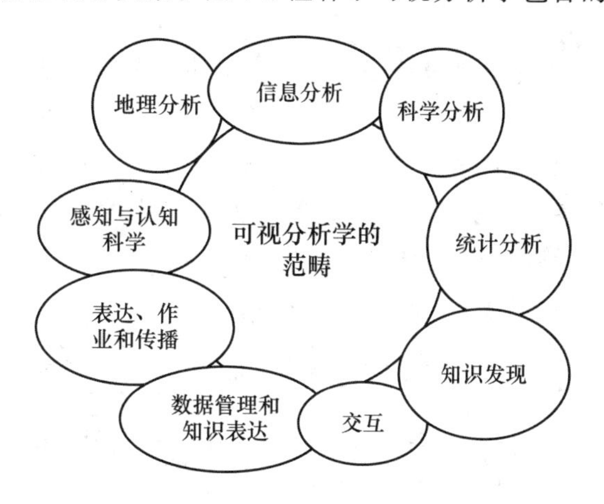

图7-2 可视分析学涉及的学科

可视分析学可看成将可视化、人的因素和数据分析集成在内的一种新思路。其中,感知与认知科学研究人在可视分析学中的重要作用;数据管理和知识表达是可视分析构建数据到知识转换的基础理论;地理分析、信息分析、科学分析、统计分析、知识发现等是可视分析学的核心分析论方法;在整个可视分析过程中,人机交互必不可少,用于驾驭模型构建、分析推理和信息呈现等整个过程;可视分析流程中推导出的结论与知识最终需要向用户表达、作业和传播。

可视分析学是一门综合性学科,与多个领域相关:在可视化方面,有信息可视化、科学可视化与计算机图形学;与数据分析相关的领域包括信息获取、数据处理和数据挖掘:而在交互方面,则有人机交互、认知科学和感知等学科融合。

7.2 数据可视化基础

7.2.1 数据可视化技术的研究背景与意义

世界已经迈入大数据时代,全世界每天产生 2.5EB 的数据。由于呈指数增长的数据量,人类视觉系统不足以满足人类以数据本身的形式来工作的要求,因此迫切需要提供可视化的工具。

数据可视化,是对大型数据库或数据仓库中的数据的可视化,它是可视化技术在非空间数据领域的应用,不再局限于通过关系数据表来观察和分析数据信息,而是以更直观的方法看到数据及其结构关系。

数据可视化技术的基本思想是将每一个数据项作为单个图元素表示,大量的数据集构成数据图像,同时将数据各个属性值以多维的形式表示,可以从不同的维度观察数据,从而对数据进行更深入的观察和分析。

7.2.2 数据可视化流程

科学可视化和信息可视化分别设计了可视化流程的参考体系结构模型,并被广泛应用于数据可视化系统中。

图 7-3 所示是科学可视化的早期可视化流水线。它描述了从数据空间到可视空间的映射,包含串行处理数据的各个阶段:数据分析、数据过滤、数据的可视映射和绘制。这个流水线实际上是数据处理和图形绘制的嵌套组合。

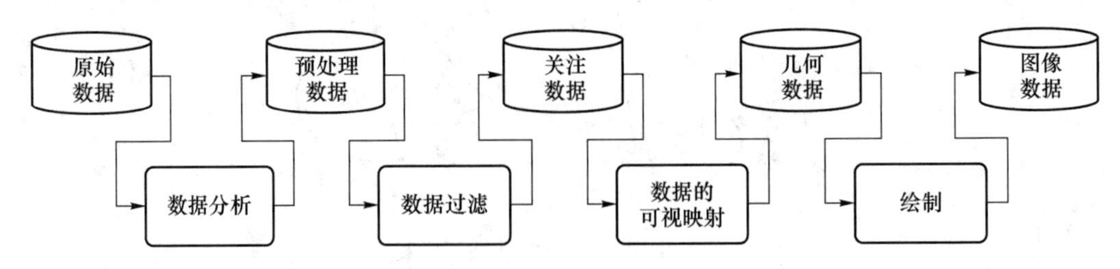

图 7-3 科学可视化的早期可视化流水线

可视分析学的基本流程则通过人机交互将自动和可视分析方法紧密结合。图 7-4 展示了一个典型的可视分析流程图和每个步骤中的过渡形式。这个流水线的起点是输入的数据,终点是提炼的知识。从数据到知识有两个途径:交互的可视化方法和自动的数据挖掘方法。两个途径的中间结果分别是对数据的交互可视化结果和从数据中提炼的数据模型。用户既可以对可视化结果进行交互的修正,也可以调节参数以修正模型。

数据可视化流程中的核心要素包括三个方面。

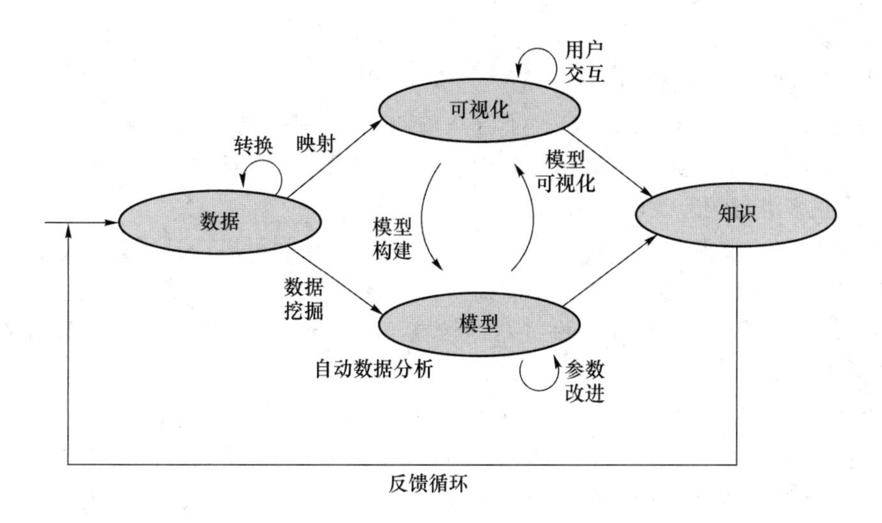

图 7-4 欧洲学者 Daniel Keim 等人提出的可视分析学标准流程

1）数据表示与变换

数据可视化的基础是数据表示和变换。为了允许有效的可视化、分析和记录，输入数据必须从原始状态变换到一种便于计算机处理的结构化数据表示形式。通常这些结构存在于数据本身，需要研究有效的数据提炼或简化方法以最大程度地保持信息和知识的内涵及相应的上下文。有效表示海量数据的主要挑战在于采用具有可伸缩性和扩展性的方法，以便忠实地保持数据的特性和内容。此外，将不同类型、不同来源的信息合成为一个统一的表示，使得数据分析人员能及时聚焦于数据的本质也是研究重点。

2）数据的可视化呈现

将数据以一种直观的容易理解和操纵的方式呈现给用户，需要将数据转换为可视表示并呈现给用户。数据可视化向用户传播了信息，而同一个数据集可能对应多种视觉呈现形式，即视觉编码。数据可视化的核心内容是从巨大的呈现多样性的空间中选择最合适的编码形式。判断某个视觉编码是否合适的因素包括感知与认知系统的特性、数据本身的属性和目标任务。

大量的数据采集通常是以流的形式实时获取的，针对静态数据发展起来的可视化显示方法不能直接拓展到动态数据。这不仅要求可视化结果有一定的时间连贯性，还要求可视化方法达到高效以便给出实时反馈。因此不仅需要研究新的软件算法，还需要更强大的计算平台（如分布式计算或云计算）、显示平台（如一亿像素显示器或大屏幕拼接）和交互模式（如体感交互、可穿戴式交互）。

3）用户交互

对数据进行可视化和分析的目的是解决目标任务。有些任务可明确定义，有些任务则更广泛或者一般化。通用的目标任务可分成三类：生成假设、验证假设和视觉呈现。数据可视化可以用于从数据中探索新的假设，也可以证实相关假设与数据是否吻合，还可以帮助数据专家向公众展示其中的信息。交互是通过可视的手段辅助分析决策的直接推动力。

有关人机交互的探索已经持续很长时间，但智能、适用于海量数据可视化的交互技术，如任务导向的基于假设的方法还是一个未解难题，其核心挑战是新型的可支持用户分析决策的交互方法。这些交互方法涵盖底层的交互方式与硬件、复杂的交互理念与流程，更需要克服不同类型的显示环境和不同任务带来的可扩充性难点。

当前数据可视化过程主要分为两步，数据处理与可视化编码与可视化设计。

1）数据处理

数据处理主要分为三个部分：

(1) 数据清洗。这一步需要清洗掉不合法的数据，需要根据具体的业务情况来判断哪些是不合法的数据，比如：收集到的调研问卷中，回答自己是女生，同时是爸爸的群体；在实际的业务中，会有很多类似的有逻辑矛盾的数据。

(2) 数据扩充。很多数据背后包含更加丰富的信息，比如可以通过用户注册的手机号，数据可以扩充到归属地、运营商；通过 IP，数据可以扩充到 IP 所在城市；通过用户的 User Agent，数据可以扩充到用户使用的浏览器、操作系统、手机机型等信息。通过数据扩充，可以挖掘背后更多的联系。

(3) 数据的预处理。采集到的数据可能是百万千万甚至上亿的数量级，常见的可视化工具无法处理如此庞大的数据，因此需要对数据进行预处理，将数据聚合以及初步的统计，处理成可视化工具容易识别和处理的格式。

2）可视化编码与可视化设计

可视化编码与可视化设计的核心问题在于如何表现数据及其之间的关系？在设计过程中有以下三条原则：

- 设计的方案至少适用于两个层次：一是能够整体展示大的图形轮廓，让用户能够快速地了解图表所要表达的整体概念；二是再以合适的方式对局部的详细数据加以呈现。
- 做数据可视化时，下面的 5 个方法经常是混合用的，尤其是做一些复杂图形和多维度数据的展示时。
- 做出的可视化图表一定要易于理解，在显性化的基础上越美观越好，切忌华而不实。

5 种最常用的数据可视化方法如下。

(1) 面积 & 尺寸可视化

对同一类图形（如柱状图、圆环图和蜘蛛图等）的长度、高度或面积加以区别，来清晰地表达不同指标对应的指标值之间的差异。这种方法能让浏览者对数据及其之间的对比一目了然。制作这类数据可视化图形时，要用数学公式计算来表达准确的尺度和比例。

例 1 天猫的店铺动态评分。

天猫店铺动态评分模块右侧的条状图按精确的比例清晰地表达了不同评分用户的占比。从图 7-5 我们第一眼就可以强烈地感知到 5 分动态评分的用户占绝大多数。

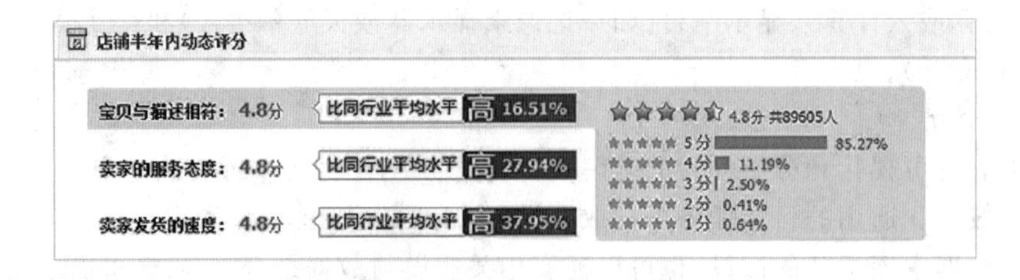

图 7-5　星级比例人数

例 2 联邦预算图。

如图 7-6 所示，美国联邦预算剖面图用不同高度的货币流清晰地表达了资金的来源和去向，及每一项所占金额的比重。

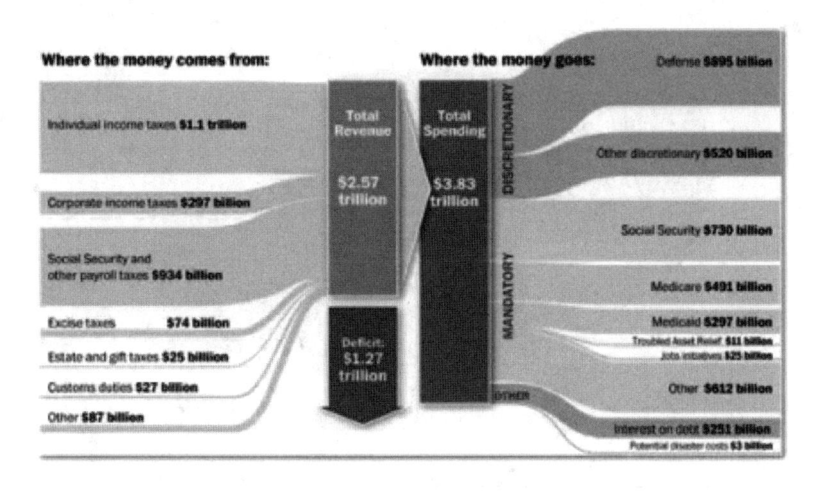

图 7-6 纵向百分比例

例 3 公司黄页-企业能力模型蜘蛛图。

如图 7-7 所示，通过蜘蛛图的表现，公司综合实力与同行平均水平的对比一目了然。

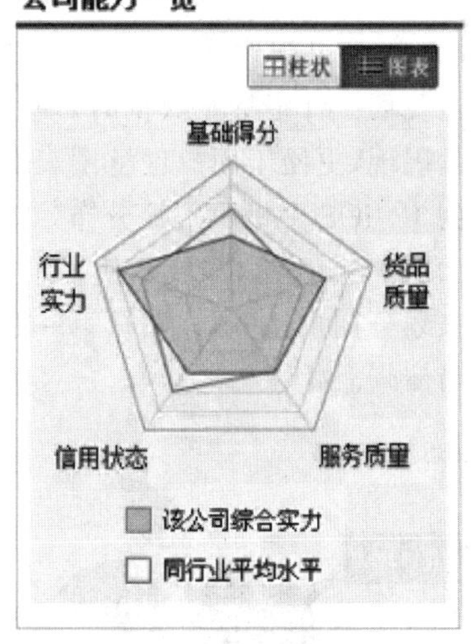

图 7-7 企业能力模型蜘蛛图

(2) 颜色可视化

通过颜色的深浅来表达指标值的强弱和大小，是数据可视化设计的常用方法，用户一眼看上去便可整体地看出哪一部分指标的数据值更突出。

例 1 点击频次热力图。

图 7-8 所示眼球热力图可以通过颜色的差异，让用户直观地看到客户的关注点。

例 2 2013 年美国失业率统计。

在图 7-9 中可以看到，通过对美国地图以州为单位的划分，用不同的颜色来代表不同的失业率等级范围，整个的全美失业率状况便尽收眼底了。

Visual Attention Level　　**Opacity Map**

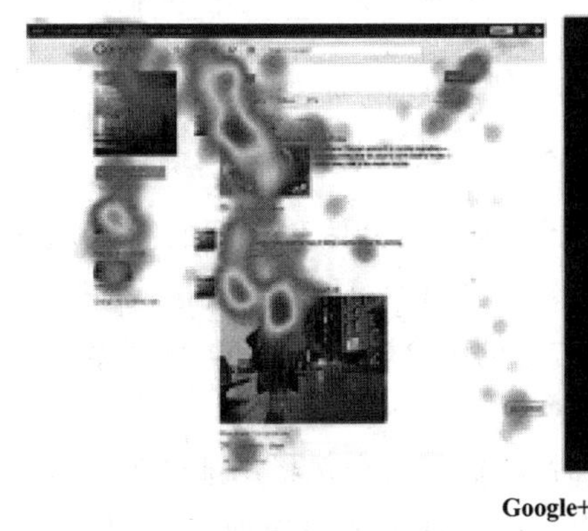

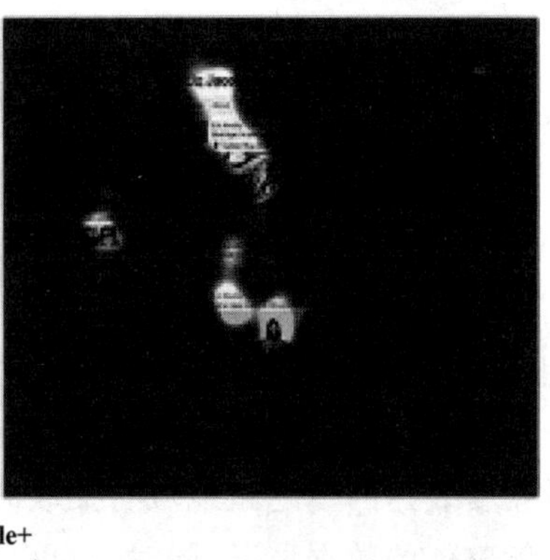

Google+

图 7-8 点击频次热力图

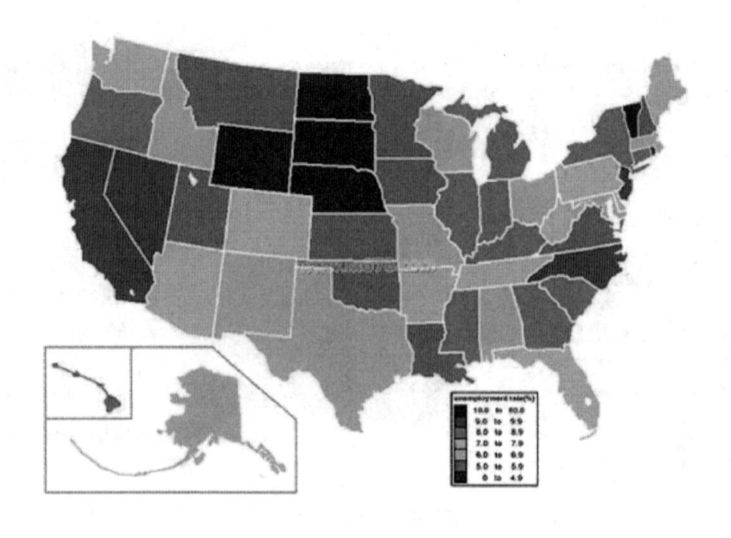

图 7-9　用不同的颜色来代表不同的失业率等级

（3）图形可视化

在我们设计指标及数据时，使用有对应实际含义的图形来结合呈现，会使数据图表更加生动地被展现，更便于用户理解图表要表达的主题。

例 1　iOS 手机及平板分布。

如图 7-10 所示，当展示使用不同类型的手机和平板用户占比时，直接用总的苹果图形为背景来划分用户比例，让用户第一眼就可以直观地看到这些图是在描述苹果设备的，展示效果直观而清晰。

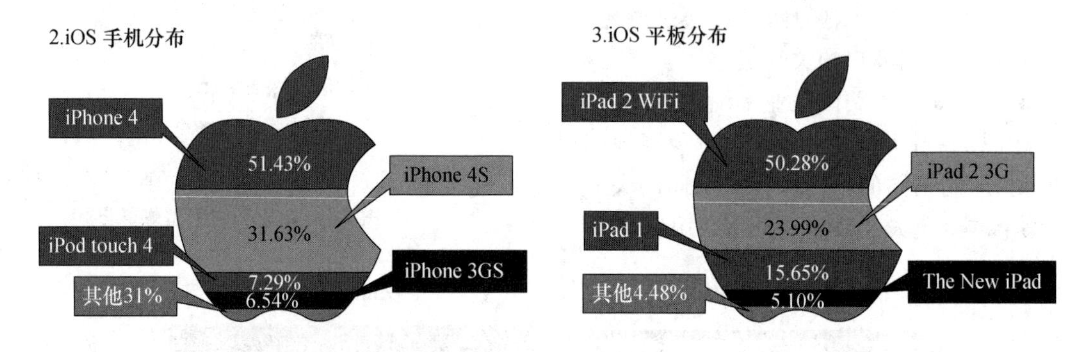

图 7-10　以苹果图形为背景展示不同类型的手机和平板用户占比

例 2　人人网用户的网购调查。

由图 7-11 可以看出，该数据可视化的设计直接采用男性和女性的图形，这样的设计让分类一目了然。再结合了颜色可视化（左面蓝色，右面粉色），同时也采用了面积 & 尺寸可视化，不同的比例用不同长度的条形。这些可视化方法的组合使用，大大加强了数据的可理解性。

（4）地域空间可视化

当指标数据要表达的主题跟地域有关联时，我们一般会选择用地图为大背景。这样，用户可以直观地了解整体的数据情况，同时也可以根据地理位置快速地定位到某一地区来查看详细数据。

例如，美国最好喝啤酒的产地分布。

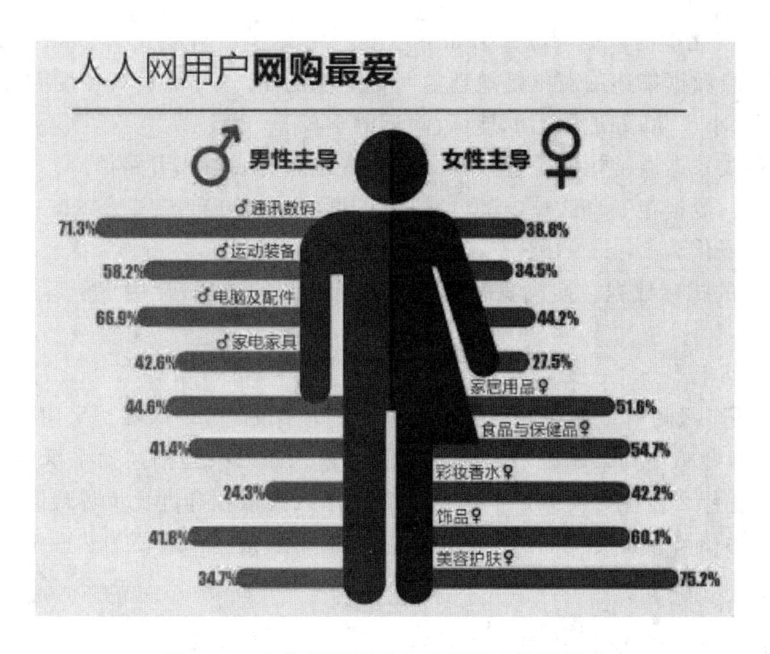

图 7-11 人体图形展示人人网用户网购最爱

图 7-12 以美国地图为大背景,清晰地记录了不同州所产啤酒在 1987—2007 年间在美国啤酒节中获得的奖牌累计总数。再辅以颜色可视化的方法,让用户清晰的看到美国哪些州更盛产好喝的啤酒。

图 7-12 用美国地图展示碑酒生产地

地域空间可视化中的数据可以分为如下三类。

- 点数据：点数据描述的对象是地理空间中离散的点，这些点具有经度和纬度的坐标，但不具备大小尺寸，如地图上的地标、附近的学校。
- 线数据：线数据通常指的是连接两个或更多地点的线段或者路径。
- 区域数据：数据在一个区域内的分布，如人群的热力分布。

（5）概念可视化

通过将抽象的指标数据转换成我们熟悉的容易感知的数据，让用户更容易理解图形要表达的意义。

例 1 厕所贴士。

图 7-13 是某园区厕所里贴在墙上的节省纸张的环保贴士，环保贴士采用了概念转换的方法，让员工们清晰地感受到某园区一年的用纸量之多。如果只是描述擦手纸的量及堆积可达高度，我们还没有什么显性化概念。但当用户看到用纸的堆积高度比世界最高建筑还高、同时需砍伐 500 多颗树时，想必员工们的节省纸张甚至禁用纸张的情怀便油然而生了。

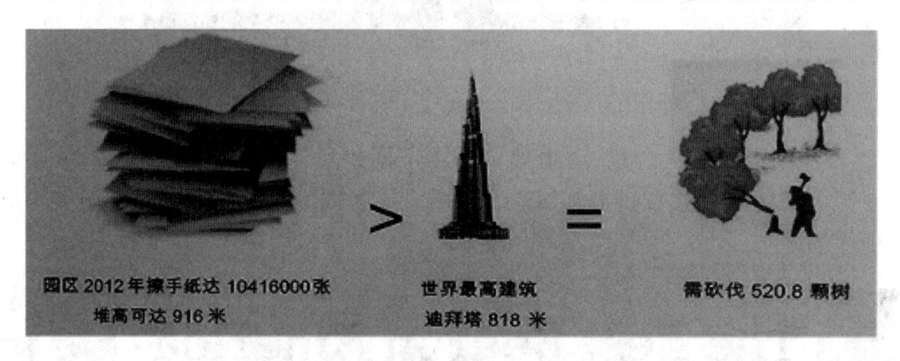

图 7-13 使用建筑高度对比表示用纸量

例 2 Flickr 云存储空间达 1 TB 的可视化描述。

Flickr 对云存储空间升至 1 TB 确实是让人开心的事情，但相信很多人对这一数量级所代表的含义并不清晰。所以 Flickr 在宣传这一新的升级产品时，采用了概念可视化的方案。如图 7-14 所示，用户可以动态地选择照片的大小，之后 Flickr 会采用动态交互的方式计算和显示出 1 TB 能容纳多少张对应大小的图片。这样一来，用户便有了清晰的概念，知道这 1 TB 是什么量级的容量了。

图 7-14 使用可视化方案展示 1 TB 概念

7.2.3 可视化中的数据

人们对数据的认知,一般都经过从数据模型到概念模型的过程,最后得到数据在实际中的具体语义。

数据模型是对数据的底层描述及相关的操作。在处理数据时,最初接触的是数据模型。例如,一组数据“7.8,12.5,14.3,…”,首先被看作是一组浮点数据,可以应用加、减、乘、除等操作;另一组数据“白,黑,黄,…”,则被视为一组根据颜色分类的数据。

概念模型是对数据的高层次描述,对应于人们对数据的具体认知。对数据进行进一步处理之前,需要定义数据的概念和它们之间的联系,同时定义数据的语义和它们所代表的含义。例如,对于7.8,12.5,14.3,…,可以从概念模型出发定义它们是某天的气温值,从而赋予这组数值特别的语义,并进行下一步的分析(如统计分析一天中的温度变化)。概念模型的建立与实际应用紧密相关。

根据数据分析要求,不同的应用可以采用不同的数据分类方法。例如,根据数据模型,可以分为浮点数、整数、字符等;根据概念模型,可以定义数据所对应的实际意义或者对象,例如汽车、摩托车、自行车等分类数据。在科学计算中,通常根据测量标度,将数据分为四类:类别型数据、有序型数据、区间型数据和比值型数据。

数据可视化,先要理解数据,再去掌握可视化的方法,这样才能实现高效的数据可视化,下面是常见的数据类型,在设计时,可能会遇到以下几种数据类型。

- 计量型:数据是可以计量的,所有的值都是数字。
- 离散型:数字类数据可能在有限范围内取值,如学员的人数。
- 持续型:数据可以测量,且在有限范围内,如年度降水量。
- 范围型:数据可以根据编组和分类而分类,如产量销售量。

7.2.4 可视化的基本形式

统计图表是最早的数据可视化形式之一,作为基本的可视化元素目前仍然被非常广泛地使用。对于很多复杂的大型可视化系统来说,这类图表更是作为基本的组成元素而不可缺少。本节将介绍一些基本图表及其属性和适用的场景。通过这样的实例介绍,希望读者能对可视化设计所遵循的准则有所了解和认识。

1) 比较类

比较类显示值与值之间的不同和相似之处。比较类使用图形的长度、宽度、位置、面积、角度和颜色来比较数值的大小,通常用于展示不同分类间的数值对比,不同时间点的数据对比。代表性可视化图表为柱状图。

柱状图是一种以长方形的长度为变量的表达图形的统计报告图,由一系列高度不等的纵向条纹表示数据分布的情况,用来比较两个或两个以上的数值(不同时间或者不同条件),只有一个自变量,通常利用于较小的数据集分析,如图7-15所示。柱状图亦可横向排列,或用多维方式表达。柱状图适用于一个分类数据字段、一个连续数据字段。

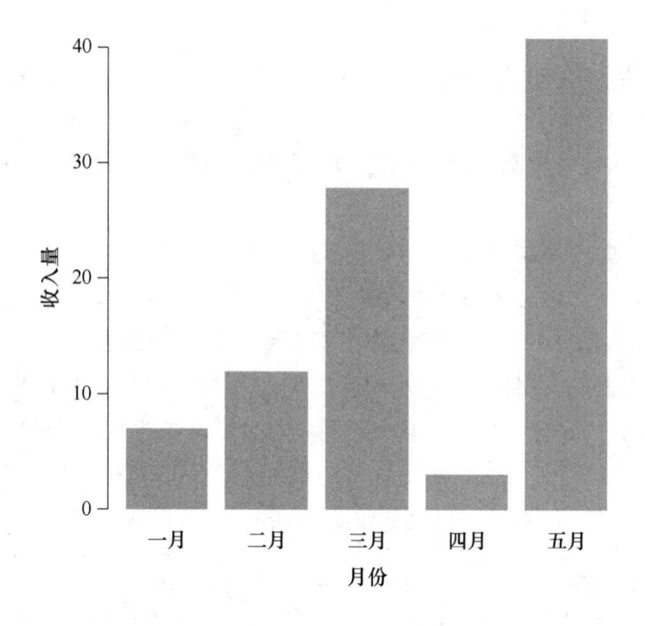

图 7-15　一至五月收入柱状图

2）分布类

分布类显示频率，数据分散在一个区间或分组。分布类使用图形的位置、大小、颜色的渐变程度来表现数据的分布，通常用于展示连续数据上数值的分布情况。代表性可视化图表为散点图和直方图，其示例如图 7-16、图 7-17 所示。

散点图也叫 X-Y 图，它将所有的数据以点的形式展现在直角坐标系上，以显示变量之间的相互影响程度，点的位置由变量的数值决定。散点图适用于两个连续数据字段，可用于观察数据的分布情况。

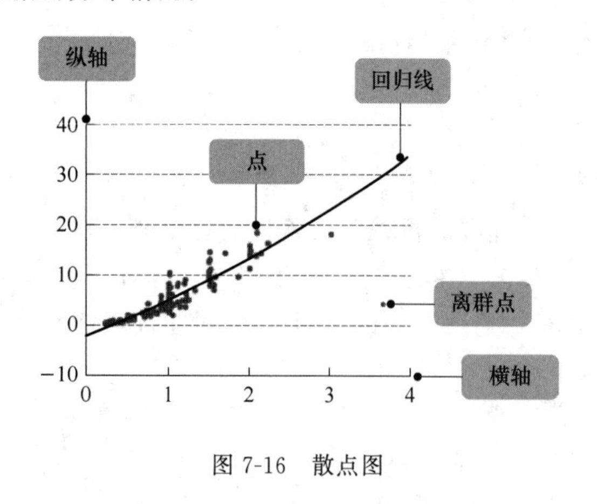

图 7-16　散点图

直方图是对数据集的某个数据属性的频率统计，如图 7-17 所示。对于单变量数据，其取值范围映射到横轴，并分割为多个子区间。每个子区间用一个直立的长方块表示，高度正比于属于该属性值子区间的数据点的个数。直方图的各个部分之和等于单位整体，而柱状图的各个部分之和没有限制，这是两者的主要区别。

3）占比类

占比类显示同一维度上的占比关系。代表性可视化图表为饼图。

饼图采用了饼干的隐喻，通过将一个圆饼按照分类的占比划分成多个区块，整个圆饼代表数据的总量，每个区块（圆弧）表示该分类占总体的比例大小，所有区块（圆弧）的加和等于100%，如图 7-18 所示。这种分块方式是环状树图等可视表达的基础。饼图适用于一个分类数据字段、一个连续数据字段。

4）区间类

区间类显示同一维度上值的上限和下限之间的差异。区间类使用图形的大小和位置表示

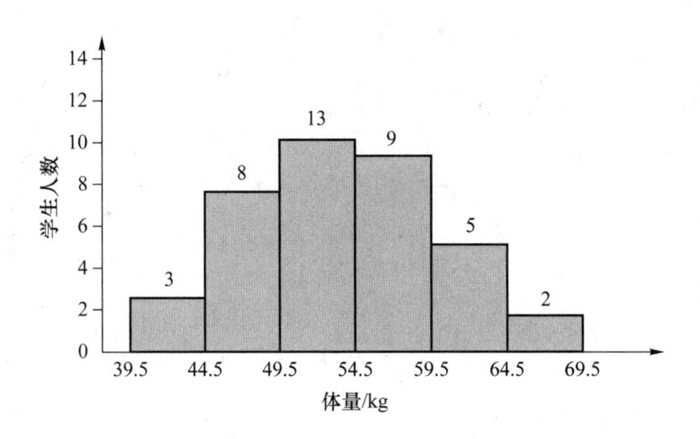

图 7-17　某班级体重统计直方图

数值的上限和下限,通常用于表示数据在某一个分类(时间点)上的最大值和最小值。代表性可视化图表为仪表盘,其示例如图 7-19 所示。

仪表盘(Gauge)是一种拟物化的图表,刻度表示度量,指针表示维度,指针角度表示数值。仪表盘图表就像汽车的速度表一样,有一个圆形的表盘及相应的刻度,有一个指针指向当前数值。目前很多的管理报表或报告上都是用这种图表,以直观地表现出某个指标的进度或实际情况。仪表盘适用于一个分类字段、一个连续字段。

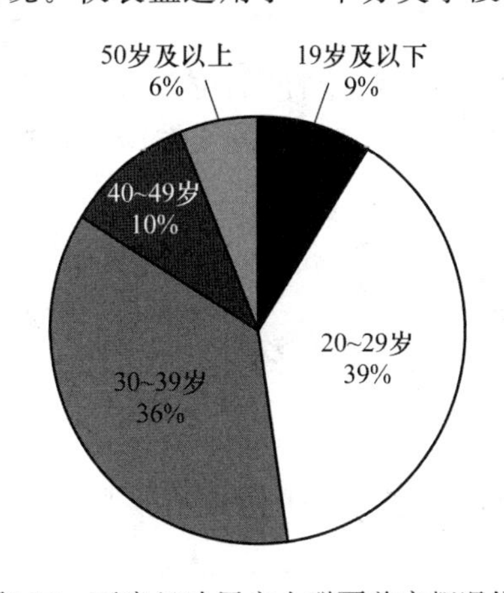

图7-18　百度经验用户人群覆盖率概况饼图

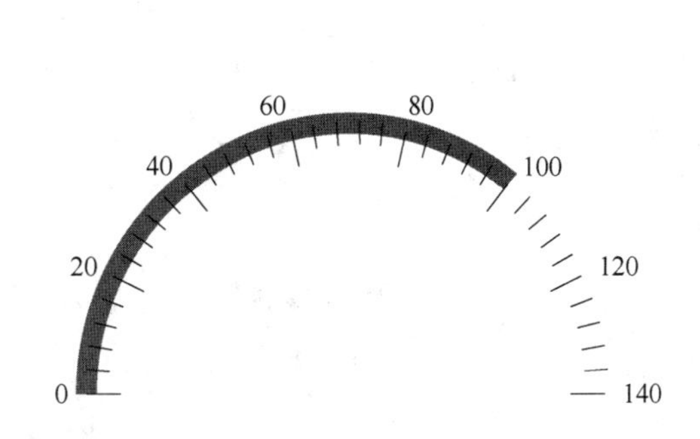

图 7-19　仪表图示例

5）趋势类

趋势类分析数据的变化趋势。趋势类使用图形的位置表现出数据在连续区域上的分布,通常展示数据在连续区域上的大小变化的规律。代表性可视化图表为折线图,其示例如图 7-20 所示。

折线图用于显示数据在一个连续的时间间隔或者时间跨度上的变化,它的特点是反映事物随时间或有序类别而变化的趋势。折线图适用于两个连续字段数据,或者一个有序的分类、一个连续数据字段。

6）时间类

时间类显示以时间为特定维度的数据。时间类使用图形的位置表现出数据在时间上的分布,通常用于表现数据在时间维度上的趋势和变化。代表性可视化图表为面积图,其示例如图 7-21 所示。

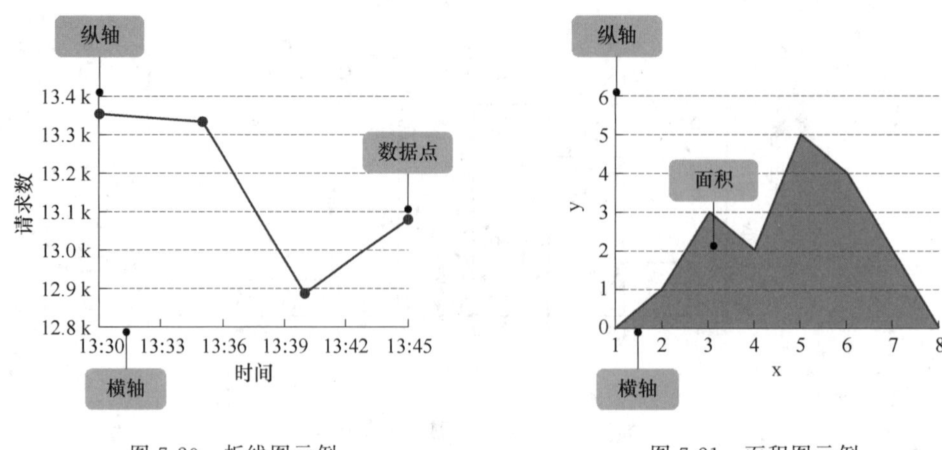

图 7-20 折线图示例　　　　图 7-21 面积图示例

面积图又叫区域图。它是在折线图的基础之上形成的，它将折线图中折线与自变量坐标轴之间的区域使用颜色或者纹理填充，这样一个填充区域我们叫作面积，颜色的填充可以更好地突出趋势信息，需要注意的是颜色要带有一定的透明度，透明度可以很好地帮助使用者观察不同序列之间的重叠关系，没有透明度的面积会导致不同序列之间相互遮盖从而减少可以被观察到的信息。面积图适用于两个连续字段数据。

7）地图类

地图类显示地理区域上的数据。地图类使用地图作为背景，通过图形的位置来表现数据的地理位置，从而展示数据在不同地理区域的分布情况。通常可用带气泡的地图来进行可视化，其示例如图 7-22 所示。

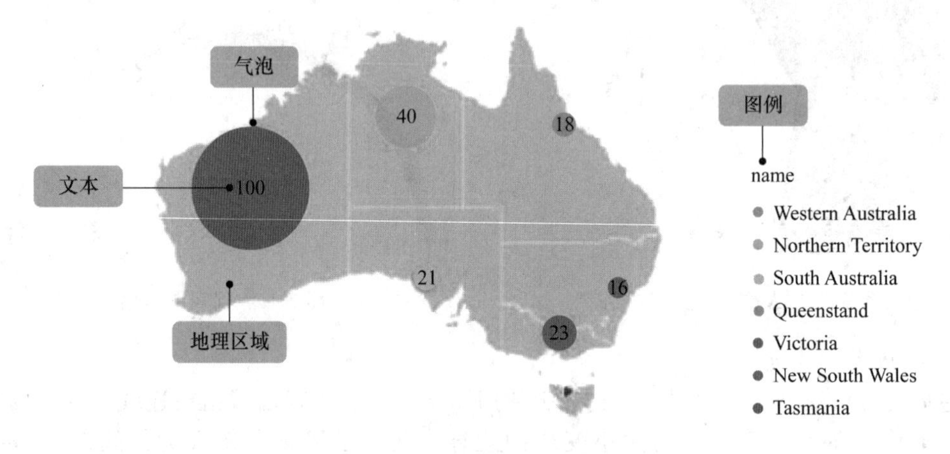

图 7-22 带气泡的地图示例

带气泡的地图其实就是气泡图和地图的结合，我们以地图为背景，在上面绘制气泡。将圆（气泡）展示在一个指定的地理区域内，气泡的面积代表了这个数据的大小。带气泡的地图适用于一个分类字段、一个连续字段。

7.2.5 视图的交互

1. 可视化中的交互

数据可视化系统除了视觉呈现外，还有一个核心要素是用户交互。交互是用户通过与系统之间的对话和互动来操纵与理解数据的过程，例如静态图片和自动播放的视频，虽然在一定程度上能帮助用户理解数据，但其效果有一定的局限性。特别是当数据尺寸大、结构复杂时，有限的可视化空间大大地限制了静态可视化的有效性。其实，即使用户在解读一个静态的信息图海报时，也常常会通过靠近或者拉远，甚至旋转海报以便理解，这些动作相当于用户的交互操作。具体而言，交互在如下两个方面让数据可视化更有效。

- 缓解有限的可视化空间和数据过载之间的矛盾。这个矛盾表现在两个方面。首先，有限的屏幕尺寸不足以显示海量的数据；其次，常用的二维显示平面也对复杂数据的可视化提出了挑战，例如多维度数据。交互可以帮助拓展可视化中信息表达的空间，从而解决有限的空间与数据量和复杂度之间的差距。
- 交互能让用户更好地参与对数据的理解和分析，特别是对于可视分析系统来说，其目的不是向用户传递定制好的知识，而是提供工具和平台来帮助用户探索数据，分析数据价值，得到结论。在这样的系统中，交互是必不可少的。

事实上，组成可视化系统的视觉呈现和交互两部分在实践中是密不可分的。无论哪一种交互技术，都必须和相应的视图结合在一起才有意义，许多交互技术也是专门设计并服务于特定视图的，它们可以帮助用户更好地理解特定数据，为了更好地理解和使用交互技术，接下来对常用的几种交互技术进行介绍。

2. 交互技术

从设计可视化系统的角度出发，研发人员通常根据整个系统要完成的用户任务来选择交互技术。对于不同的应用领域，可视化要完成的任务和达到的目的也不同，因此 Zhou 和 Feiner 定义了三大类的任务：关系型可视化任务、直接的视觉布局任务和编码任务。Amar 提出了更细致的分类。一个较全面的分类包括如下 7 个大类的交互任务。

- 选择：当数据以纷繁复杂的多变之姿呈现在用户面前时，该方式能使用户标记其感兴趣的部分以便跟踪变化情况。
- 导航：导航是可视化系统中最常见的交互手段之一。当可视化的数据空间更大时，可通过缩放、平移、旋转这三种操作对空间的任意位置进行检索，展示不一样的信息。
- 重配：为用户提供观察数据的不同视角，常见的方式有重组视图、重新排列等，克服由于空间位置距离过大导致的两个对象在视觉上关联性降低的问题。
- 编码：交互式地改变数据元素的可视化编码，如改变颜色编码，更改大小，改变方向，更改字体，改变形状等，或者使用不同的表达方式以改变视觉外观，可以直接影响用户对数据的认知，从而更深刻地理解数据。
- 抽象/具象：此交互技术可以为用户提供不同细节等级的信息，用户可通过交互控制显示更多或更少的数据细节。例如，使用上卷下钻技术，可达到浏览各个层次级别细节信息的目的。
- 过滤：通过设置约束条件实现信息查询，通过用户输入的关键词呈现给用户相应的过滤结果，动态实时地更新过滤结果，以达到过滤结果对条件的实时响应，从而加速信息获取效率。
- 关联：此技术被用于高亮显示数据对象间的联系，或者显示与特定数据对象有关的隐藏对象，多视图可以对同一数据在不同视图中采用不同的可视化表达，也可以对不同但相关联的数据采用相同的可视化表达，让用户可以在不同的角度和不同的显示方式下观察数据。

通过上面的介绍，可以看到交互分类的方法有很多，读者可以根据各自的依据和适用的情况，为自己的应用选择合适的交互方法。

7.3 信息可视化及分类

7.3.1 时空数据可视化

1. 时变型数据

随时间变化、带有时间属性的数据称为时变型数据（Time-varying Data 或者 Temporal Data）。

如果将时间属性或顺序性当成时间轴变量，那么每个数据实例是轴上某个变量值对应的单个事件。对时间属性的刻画有三种方式。

① 线性时间和周期时间：线性时间假定一个出发点并定义从过去到将来数据元素的线性时域。许多自然界的过程具有循环规律，如季节的循环。为了表示这样的现象，可以采用循环的时间域。在一个严格的循环时间域中，不同点之间的顺序相对于一个周期是毫无意义的。例如，冬天在夏天之前来临，但冬天之后也有夏天。

② 时间点和时间间隔：离散时间点将时间描述为可与离散的空间欧拉点相对等的抽象概念。单个时间点没有持续的概念。与此不同的是，间隔时间表示小规模的线性时间域，如几天、几个月或几年。在这种情况下，数据元素被定义为一个持续段，由两个时间点分隔。时间点和时间间隔都被称为时间基元。

③ 顺序时间、分支时间和多角度时间：顺序时间域考虑那些按先后发生的事情。对于分支时间、多股时间分支展开，这有利于描述和比较有选择性的方案（如项目规划）。这种类型的时间支持做出只有一个选择发生的决策过程。多角度时间可以描述多于一个关于被观察事实的观点（例如，不同目击者的报告）。

2. 空间数据

我们身处在三维空间中，来自现实世界的数据常常包含位置信息。空间数据（Spatial Data）指定义在三维空间中具有位置信息的数据。理解空间数据对认知自我和外部世界非常重要。虽然地理空间数据与普通的空间数据都描述了一个对象在空间中的位置，但是地理空间特指真实的人类生活的空间，信息的载体、对象映射到载体的方式都非常独特。地理空间数据历来是可视化研究和应用的重要对象。广泛使用的移动设备和传感器每时每刻都产生海量的地理空间数据，为相关的可视化技术带来了新的机遇与挑战。

7.3.2 层次和网络数据可视化

层次数据是一种常见的数据类型，着重表达个体之间的层次关系。这种关系主要表现为两类：包含和从属，现实世界中它无处不在。例如，地球有七大洲，每个洲包含若干国家，而每个国家又划分为若干省市。在社会组织或者机构里，同样存在分层的从属关系。除了包含和从属关系之外，层次结构也可以表示逻辑上的承接关系。比如，机器学习中的决策树，每一个节点就是一个问题，不同答案对应不同的分支，连接到下一层的子节点。最底层的叶节点则通常对应最后的决策。各类层次结构数据可视化是一个长期的研究话题。随着新的层次数据和可视化需求的出现,层次数据可视化的创新也层出不穷。层次数据可视化的要点是对数据中层次关系(即树型结构)的有效刻画。

树型结构表达了层次结构关系,而不具备层次结构的关系数据,可统称为网络(Network)数据。与树型数据中明显的层次结构不同,网络数据并不具有自底向上或自顶向下的层次结构,表达的关系更加自由和复杂。网络通常用图(Graph)表示。图 G 由顶点有穷集合 V 和一个边集合 E 组成。为了与树型结构相区别,在图结构中,常将节点称为顶点,边是顶点的有序偶对,若两个顶点之间存在一条边,就表示这两个顶点具有相邻关系。其中,每条边 $e_{xy}=(x,y)$连接图 G 的两个顶点 x,y。例如,$V=\{1,2,3,4\}$,$E=\{(1,2),(1,3),(2,3),(3,4),(4,1)\}$。图是一种非线性结构,线性表和树都可以看成图的简化。

图的可视化(Graph Drawing)是一个历史悠久的研究方向。它包括三个方面:网络布局、网络属性可视化和用户交互,其中布局确定图的结构关系,是最核心要素。最常用的布局方法有节点-链接法和相邻矩阵两类。两者之间没有绝对的优劣,在实际应用中针对不同的数据特征以及可视化需求选择不同的可视化表达方式,或采用混合表达方式。

7.3.3 文本和文档可视化

文本信息无处不在,邮件、新闻、工作报告等都是日常工作中需要处理的文本信息。面对文本信息的爆炸式增长和日益加快的工作节奏,人们需要更高效的文本阅读和分析方法,文本可视化正是在这样的背景下应运而生。

一图胜千言指一张图像传达的信息等同于相当多文字的堆积描述。考虑到图像和图形在信息表达上的优势和效率,文本可视化技术采用可视表达技术刻画文本和文档,直观地呈现文档中的有效信息。用户通过感知和辨析可视图元提取信息,因而,如何辅助用户准确无误地从文本中提取并简洁直观地展示信息,是文本可视表达的原则之一。

人类理解文本信息的需求是文本可视化的研究动机。一个文档中的文本信息包括词汇、语法和语义三个层级。此外,文本文档的类别多种多样,包括单文本、文档集合和时序文本数据三大类别,这使得文本信息的分析需求更为丰富。比如,对于一篇新闻报道,内容是人们关注的信息特征;而对于一系列跟踪报道所构成的新闻专题,人们关注的信息特征不仅指每一时间段的具体内容,还包括新闻热点的时序性变化。文本信息的多样性使得人们不仅提出了多种普适性的可视化技术,还针对特定的分析需求研发了具有特性的可视化技术。

文本可视化的工作流程涉及三个部分:文本信息挖掘、视图绘制和人机交互。如图 7-23 所示,文本可视化是基于任务需求的,因而挖掘信息的计算模型受到文本可视化分析任务的引导。可视和交互的设计必须在理解所使用的信息提取模型的原理基础上进行。

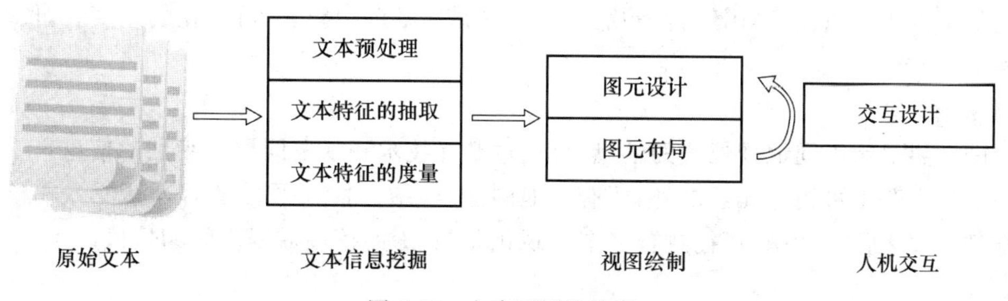

图 7-23 文本可视化流程

文本可视化应用广泛，标签云技术已是诸多网站展示其关键词的常用技术，信息文本图是美国纽约时报等各大纸媒辅助用户理解新闻内容的必备方法。文本可视化还与其他领域相结合，如信息检索技术，可以可视地描述信息检索过程，传达信息检索的结果。

7.4 在商业智能中的数据可视化应用

商业智能中的数据可视化，亦称为商业智能数据展现，以商业报表，图形和关键绩效指标等易辨识的方式，将原始多维数据间的复杂关系、潜在信息以及发展趋势通过可视化展现，以易于访问和交互的方式揭示数据内涵，增强决策人员的业务过程洞察力。

随着移动互联网的兴起，在线商业数据成为新的价值源泉。例如，淘宝每天数千万用户的在线商业交易日志数据高达 50 TB。一方面，在线商业数据类型繁多，可粗略分为结构化数据和非结构化数据；另一方面，在线商业数据呈现强烈的跨媒体特性（文本、图像、视频、音频、网页、日志、标签、评论等）和时空地理属性。例如，在线商业网站包含大量的文本、图像、视频、用户评论（多媒体类型）、商品类目（层次结构）和用户社交网络（网络结构），同时每时每刻记录用户的消费行为（日志）。这些特点催生了商业智能中的数据可视化的研究和开发。

基于在线商业数据对客户群体的商业行为进行分析和预测，可突破传统的基于线下客访和线上调研的客户关系管理模式，实现精准的客户状态监控、异常检测、规律挖掘、人群划分和预测等。

7.4.1 商业智能可视化的基本元素

商业数据的可视化通常采用“仪表盘”和“驾驶舱”的可视用户接口，呈现公司状态和商业环境，实现促进商业智能和性能管理活动。数据仓库中的商业数据经过数据挖掘、特定查询、报告和预测分析等操作后，分析支持商业活动的知识和信息。在仪表盘和驾驶舱中的基本可视化元素如下。

1）线图和柱状图

线图和柱状图是大多数报告应用中最有效的显示媒体，线图提供完整数据集的整体概况并且显示值的变化；而柱状图关注局部细节，有利于比较各个数值。

2）饼图

饼图方便将部分和总和进行比较，即判断每个切片相对于总体的比例。

3）仪表图

仪表盘最常见的用途是报告绩效管理，因此显示关键性能指标是其关键。普遍采用的仪表图类似于汽车测速仪，采用红、黄和绿三种“交通灯”颜色编码，从可视化的角度看，仪表图的效率不高，细节表达少。

4）地图

地图主要显示不同地理位置的信息，可通过交互技术展示不同层次级别的信息。

除了以上基本可视化元素之外，还有气泡图、堆栈图、树图、平行坐标等其他方式，在商业智能软件的仪表盘设计中，往往融合多个可视化元素，深度挖掘数据之间的价值。

7.4.2 仪表盘的设计准则

作为单个屏幕的用户接口，仪表盘的可视化设计有特殊准则。这些准则有邻近性、闭合性、简单性、连续性、边界性和连接性原则，其他的考虑因素如下。

1）上下文提示

仪表盘的信息组织应紧凑。数据在错误的上下文环境中可能会引起读者错误的理解，因为指标卡或仪表盘尺寸小，编码信息量少，在提供数据的上下文方面特别有用。此外，子弹图在展示数据与其他相关信息的情况下非常有用。

2）三维效果

三维可视化增加了透视效果，但对于大部分二维可视化图符只起到了纯粹的装饰作用。可通过对图表进行阴影、背景图像、填充、颜色等配置，产生三维效果。

3）导航和交互

导航是用户界面设计中最重要的议题之一。显然，将内容分多屏显示，降低了用户理解的效率。采用恰当的交互设计方法，如上卷下钻、选择关联、上下文等可提升观察者的用户体验。

4）图形和表

针对数据集的大小，可选择采用图形和表格方式显示。对于小于20个数值的数据集可采用表格。对于时序数据，表格则受限于数据集的尺寸，此时线图可有效地呈现数据集的整体趋势。

在大数据时代背景下，数据可视化已经成为影响商业智能发展的关键技术，商业智能在企业实践中不断地深化和企业对海量数据分析和处理能力要求的不断提升，迫使商业智能的数据可视化技术做出相应改变，目前的商业智能的数据分析需求借助OLAP的多维分析模式实现，采用可视化分析方法为用户提供数据探索服务将是未来商业智能领域的亮点和趋势。

7.5 数据可视化的实现

7.5.1 数据可视化工具

数据可视化旨在借助于图形化手段，清晰有效地传达与沟通信息，可以将数据的各个属性以多维数据的形式表示，可以从不同的维度观察数据，从而对数据进行更深入的观察和分析。本节主要介绍实现数据可视化的几大类常用工具。

- Google Charts是一个基于Web的图表工具，允许用户基于JavaScript代码将复杂的数据集转化为直观、交互式的图表。
- Highcharts是一个用纯JavaScript编写的图表库，能够便捷地在Web应用程序中添加交互性图表。
- ECharts是一个基于JavaScript的开源图表库，提供丰富的图表类型和灵活的配置来创建直观、交互式的数据可视化图表。
- Protovis是一个图形化的数据可视化工具，D3.js在Protovis基础上进行优化，基于数据驱动文档实现网页作图和互动图形生成。

- Processing 是一种开源编程语言和集成开发环境，提供了对图片、动画和声音进行编程的环境。Processing. js 是其 JavaScript 版本，无需 Java 插件即可在 Web 页面中使用 Processing 样式的图形和动画。
- PSketchpad 是一个与 Processing 编程环境配合使用的在线平台，允许用户创建、分享和协作编程草图，适用于教学和技术交流等场景。
- R+ggplot2 是一个强大的数据可视化包，基于"图层"叠加的设计方式，使得绘图过程直观且易于理解。
- Heatmap. js 是一个轻量级工具库，支持自定义热力图及动态数据更新，并能与其他 JavaScript 库如 D3. js 无缝集成。

与此同时，国内外涌现出众多数据可视化商业平台，因其创新性和实用性而受到广泛关注：

- Tableau 是一款由斯坦福大学研究的直观、强大的商业智能和数据可视化软件，基于组件形式快速创建交互式及可共享的仪表板以直观展示复杂数据。
- Power BI 是微软开发的商业分析工具，提供数据配置、即时分析、报告生成的一站式服务，支持个性化仪表板创建以获取全方位的业务见解。
- BDP 是国内在线云端数据分析平台，提供数据整合、数据处理、可视化分析等功能以快速挖掘数据价值，助力企业提升经营效益。
- DataV 是阿里云开发的数据可视化应用搭建产品，以图表及时空地理组件为特色，搭配低代码编排能力，实现高效、低成本地搭建可视化大屏、PC 数据看板等各类可视化应用。

7.5.2 eCharts

eCharts 是百度公司研发的使用 JavaScript 实现的开源可视化库，在大数据领域受到了广泛的关注。eCharts，可以流畅地运行在 PC 和移动设备上，提供直观的交互丰富的可高度个性化定制的数据可视化图表。

如图 7-24 所示，eCharts 提供了常规的折线图、柱状图、散点图、饼图、K 线图，以及用于统计的盒形图，用于地理数据可视化的地图、热力图、线图，用于关系数据可视化的关系图、Treemap、旭日图，多维数据可视化的平行坐标，还有用于 BI 的漏斗图、仪表盘等可视化组件，并且支持图与图之间的混搭。除了已经内置的包含了丰富功能的图表，eCharts 还提供了自定义系列，只需要传入一个 renderItem 函数，就可以从数据映射到任何想要的图形，并与已有的交互组件结合使用。

1. eCharts 适用业务场景

- 动态数据展示与交互功能：支持实时数据更新和互动展示，能够通过图表展示动态变化的数据，并提供丰富的交互功能。
- 跨平台支持：兼容多种平台，支持在 PC 端和移动端流畅运行。
- 大数据量展示：高效支持海量数据展示，通过增量渲染和流加载技术，平滑地处理数百万甚至更多的数据量。
- 细粒度的图表交互操作：提供细致的交互功能，包括图例切换、数据筛选、视图缩放、数

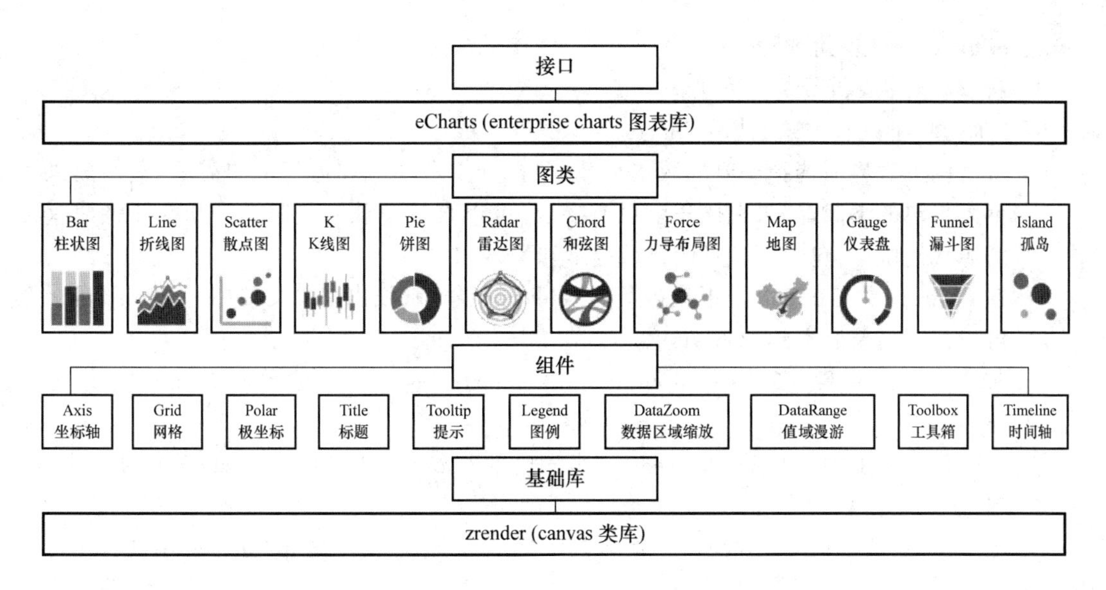

图 7-24 eCharts 功能简介图

据区域选择等。

2. eCharts 基本定义

eCharts 将可视化组件中的各类部分作出了标准化的定义，如表 7-1 所示。

表 7-1 Echarts 基本定义

名词	描述
chart	一个完整的图表，如折线图、饼图等“基本”图表类型或由基本图表组合而成的“混搭”图表，可能包括坐标轴、图例等
axis	直角坐标系中的一个坐标轴，坐标轴可分为类目轴和数值轴
xAxis	直角坐标系中的横轴，通常并默认为类目轴
yAxis	直角坐标系中的纵轴，通常并默认为数值轴
grid	直角坐标系中除坐标轴外的绘图网格
legend	图例
dataRange	值域选择，常用于展现地域数据时选择值域范围
toolbox	辅助工具箱
tooltip	气泡提示框，用于展现更详细的数据
dataZoom	数据区域缩放，常用于展现大数据时选择可视范围
series	数据系列
line	折线图，堆积折线图，区域图，堆积区域图
bar	柱形图(纵向)，堆积柱形图，条形图(横向)，堆积条形图
scatter	散点图，气泡图，大规模散点图
k	K 线图，蜡烛图
pie	饼图，圆环图
radar	雷达图，填充雷达图
chord	和弦图
force	力导布局图
map	地图(支持中国及全国 34 个省市自治区地图)

3. eCharts 快速使用教程

1）获取和安装 eCharts

可以通过以下几种方式获取 eCharts：

- 从官网下载界面选择需要的版本下载，根据开发者功能和体积上的需求，我们提供了不同打包的下载，如果在体积上没有要求，可以直接下载完整版本。开发环境建议下载源代码版本，包含了常见的错误提示和警告。
- 在 eCharts 的 GitHub 上下载最新的 release 版本，解压出来的文件夹里的 dist 目录里可以找到最新版本的 eCharts 库。
- 通过 npm 获取 eCharts，npm install echarts --save，详见"在 webpack 中使用 echarts"。
- cdn 引入，可以在 cdn js，npm cdn 或者国内的 bootcdn 上找到 eCharts 的最新版本。

2）引入 echarts

从 eCharts 3 开始引入方式简单了很多，只需要像普通的 JavaScript 库一样用 Script 标签引入，如图 7-25 所示。

```
<!DOCTYPE html>
<html>
<head>
    <meta charset="utf-8">
    <!-- 引入 ECharts 文件 -->
    <script src="echarts.min.js"></script>
</head>
</html>
```

图 7-25 引入 eCharts

3）绘制一个简单的图表

- 在绘图前，我们需要为 eCharts 准备一个具备高宽的 DOM 容器，如图 7-26 所示。

```
<body>
    <!-- 为 ECharts 准备一个具备大小（宽高）的 DOM -->
    <div id="main" style="width: 600px;height:400px;"></div>
</body>
```

图 7-26 准备容器

- 通过 echarts. init 方法初始化一个 eCharts 实例并通过 setOption 方法生成一个简单的柱状图。

4）生成的效果图

生成的效果如图 7-27 所示。

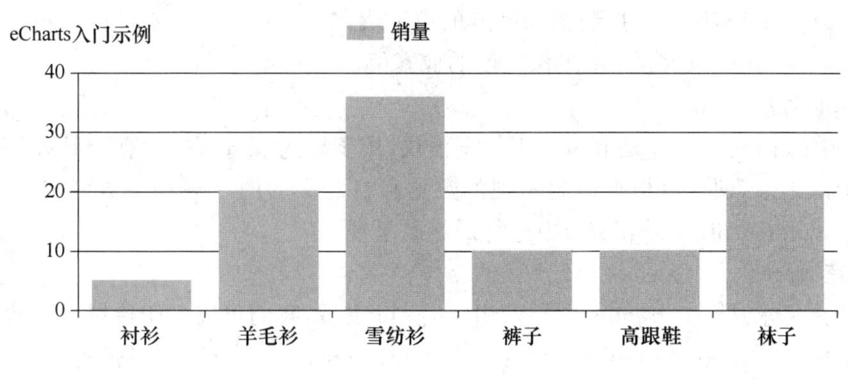

图 7-27 生成的效果图

7.5.3 Plotly

Plotly 是由 Plotly. Inc 开发并开源的数据可视化框架,它通过构建基于浏览器显示的 web 形式的可交互图表来展示信息,可创建多达数十种精美的图表和地图。可以供 js, python, R, DB 等使用。

1. 绘图方式

Plotly 绘图模块库支持的图形格式有很多,其绘图对象包括如下几种。

- Angularaxis:极坐标图表
- Area:区域图
- Bar:条形图
- Box:盒形图,又称箱线图、盒子图、箱图。
- Candlestick 与 OHLC:金融行业常用的 K 线图与 OHLC 曲线图
- ColorBar:彩条图
- Contour:轮廓图(等高线图)
- Line:曲线图
- Heatmap:热点图

Plotly 中绘制图像有在线和离线两种方式,在线绘图需要注册账号获取 API key。离线绘图有 plotly. offline. plot()和 plotly. offline. iplot()两种方法,前者是以离线的方式在当前工作目录下生成 html 格式的图像文件,并自动打开;后者是在 jupyter notebook 中专用的方法,即将生成的图形嵌入到 ipynb 文件中,本节主要介绍后面一种方式。plotly. offline. iplot()的主要参数如下。

- figure_or_data:传入 plotly. graph_objs. Figure、plotly. graph_objs. Data、字典或列表构成的,能够描述一个 graph 的数据。
- show_link:bool 型,用于调整输出的图像是否在右下角带有 plotly 的标记。
- link_text:str 型输入,用于设置图像右下角的说明文字内容(当 show_link=True 时),默认为' Export to plot. ly '。
- image:str 型或 None,控制生成图像的下载格式,有' png '、' jpeg '、' svg '、' webp ',默认为 None,即不会为生成的图像设置下载方式。
- filename:str 型,控制保存的图像的文件名,默认为' plot '。

- image_height：int 型，控制图像高度的像素值，默认为 600。
- image_width：int 型，控制图像宽度的像素值。

2. graph 对象

plotly 中的 graph_objs 是 plotly 下的子模块，用于导入 plotly 中所有图形对象，在导入相应的图形对象之后，便可以根据需要呈现的数据和自定义的图形规格参数来定义一个 graph 对象，再输入 plotly. offline. iplot()中进行最终的呈现。

3. 构造 traces

根据绘图需求从 graph_objs 中导入相应的 obj 之后，我们可以基于待展示的数据，为指定的 obj 配置相关参数，这在 plotly 中称为构造 traces(create traces)，即一张图中可以叠加多个 trace。

4. 定义 Layout

plotly 中图像的图层元素与底层的背景、坐标轴等是独立开来的，在我们通过前面介绍的内容，定义好绘制图像需要的对象之后，可以直接绘制，但如果想要在背景图层上有更多自定义化的内容，就需要定义 Layout()对象，其主要参数如下。

1）文字

文字是一幅图中十分重要的组成部分，plotly 其强大的绘图机制为一幅图中的文字进行了细致的划分，可以非常有针对性地对某一个组件部分的字体进行个性化的设置。

（1）全局文字

- font：字典型，用于控制图像中全局字体的部分。
- family：str 型，用于控制字体，默认为' Open Sans '，可选项有' verdana '，' arial '，' sans-serif '等等。
- size：int 型，用于控制字体大小，默认为 12。
- color：str 型，传入十六进制色彩，默认为'#444'。

（2）标题文字

- title：str 型，用于控制图像的主标题。
- titlefont：字典型，用于独立控制标题字体的部分。
- family：同 font 中的 family，用于单独控制标题字体。
- size：int 型，控制标题的字体大小。
- color：同 font 中的 color。

2）坐标轴

- Xaxis(yaxis)：字典型或 str 型，控制横坐标（纵坐标）的各属性，例如 color 类中的元素，也可传入十六进制色彩，控制横坐标上所有元素的基础颜色。
- title：str 型，设置坐标轴上的标题。
- type：str 型，用于控制横坐标轴类型，'-'表示根据输入数据自适应调整。' linear '表示线性坐标轴。' log '表示对数坐标轴。' date '表示日期型坐标轴。' category '表示分类型坐标轴，默认为'-'。

3）图例

- showlegend：bool 型，控制是否绘制图例。
- legend：字典型，用于控制用图例相关的所有属性的设置，包括图例背景颜色、图例边框的颜色、图例文字部分的字体等。

4）其他

- width:int 型，控制图像的像素宽度，默认为 700。
- height:int 型，控制图像的像素高度，默认为 450。
- margin:字典型，控制图像边界的宽度等。

本章课后习题

（1）数据可视化都有哪些分类以及数据可视化的流程包括哪几步？其中的核心要素有哪几个方面？

（2）可视化中的主要图表有哪些？给一个样例数据，如何将其可视化成柱状图？

（3）可视化中涉及了哪些交互技术？具体有什么作用？

（4）采用 eCharts 和 Plotly 两种方式去实现自定义数据的散点图，总结两种方式的应用场景以及两种方式实现数据可视化的不同之处。

本章参考文献

[1] 陈为，沈则潜，陶煜波. 数据可视化[M]. 北京：电子工业出版社，2013.

[2] Nathan Yau. Visualize This：The FlowingData Guide to Design，Visualization，and Statistics[M]. 向怡宁，译. 北京：人民邮电出版社，2012.

[3] Scott Murray. Interactive Data Visualization for the Web[M]. O'Reilly Media，Inc. 2013

[4] Nathan Yau. Data Points：Visualization That Means Something[M]. 张伸译. 北京：中国人民大学出版社，2014.

[5] Cole Nussbaumer Knaflic. Storytelling with Data[M]. New York：John Wiley & Sons，2015.

[6] Apache ECharts. 快速上手-使用手册-Apache ECharts[EB/OL]. [2019-05-22]. https://echarts.apache.org/handbook/zh/get-started/. Plotly. Getting Started with Plotly in Python [EB/OL]. [2019-05-19]. https://plotly.com/python/getting-started/.

第8章

大数据分析综合实践

本章通过两个综合实战来指导读者综合使用本书第1章至第7章学习的大数据技术完成两个场景的数据分析。

第一个综合实战的业务背景选择了互联网搜索引擎平台的用户查询搜索日志离线分析。通过对互联网用户使用搜索服务产生的日志进行大数据分析，一方面可以通过对“关键字”和“网址”进行统计分析，掌握当前网络热点趋势；另一方面可以按照用户UID对每个用户分析画像，从而针对性地进行广告推荐。第一个综合实践是购买华为云服务器后，依次安装好MySQL数据库、Hadoop集群（Hadoop集群的安装步骤详见第1章和第2章的实验）、Hive数据仓库、Anaconda工具和华为云DVL。在Hive上创建数据库和数据表，将离线搜狗搜索日志数据导入Hive数据仓库对应的表中，这些信息包括：用户点击发生时的日期时间、用户识别号uid、搜索关键字、点击的URL在搜索返回结果中的排名、用户点击的顺序号、用户点击的网址URL。通过在Hive中执行SQL语句对日志数据进行查询分析。将统计分析结果，通过Jupyter的Python代码实现可视化，以及采用华为云DVL可视化。

第二个综合实战的业务背景选择了移动互联网中电商平台的购买渠道实时分析。电商平台有多种接入方式：Web方式、App方式、微信小程序方式等，同时电商平台需要每天统计各平台的实时访问数据量、订单数、访问人数等指标，从而能在显示大屏上实时展示相关数据，方便及时了解数据变化，有针对性地调整营销策略。第二个综合实践是采用华为云大数据组件来搭建大数据实时计算框架，来完成实时数据分析。假设平台已经将每个商品的订单信息实时写入Kafka中，这些信息包括订单ID、订单生成的渠道、订单时间、订单金额、折扣后实际支付金额、支付时间、用户ID、用户姓名、订单地区ID等。然后通过数据接入服务Kafka实例进行实时数据采集接入。大数据探索服务DLI连接上Kafka实例，然后创建Flink作业，对实时接入的Kafka数据，进行实时分析，并将实时统计的每种渠道相关指标分析结果写入数据库服务RDS MySQL中。最后在MySQL中执行SQL，查看实时统计的每种渠道相关指标结果。

本章思维导图如图8-0所示。

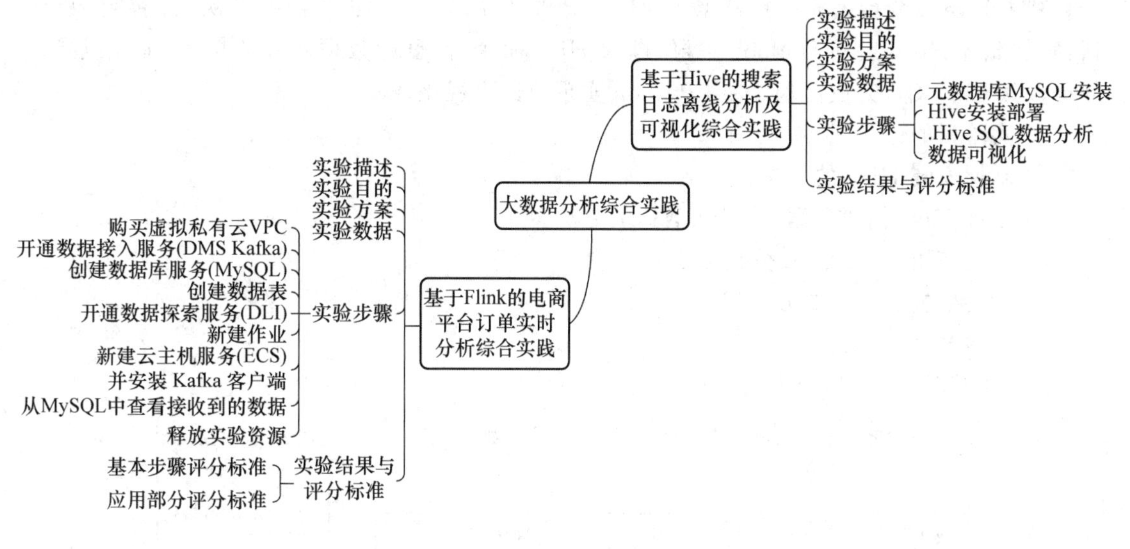

图 8-0 本章思维导图

8.1 基于 Hive 的搜索日志离线分析及可视化综合实践

1. 实验描述

在互联网各类业务中,搜索引擎服务是广大用户最常用的重要服务之一。搜索网站平台常会对网民搜索查询的关键字、点击查看的网页进行统计分析,从而了解当前网络的热点和趋势;或者对用户行为进行分析后给用户画像,从而针对性地进行广告推荐。

本实验选择了搜狗实验室 2011 年 12 月 30 日的 100 万条语料数据——用户查询日志(网页搜索用户查询及点击记录)进行综合大数据分析实践。

百度网盘:https://pan.baidu.com/s/1tPFRBUB4vG4GQCpw1qXsEA 提取码:danj

第一阶段首先下载数据,并在自己计算机上安装好实验所需的环境,然后通过数据扩展和数据过滤对原数据进行预处理,得到含有单独年、月、日、小时等字段且关键词和 UID 不为空的数据,最后将数据加载到 HDFS 上,并在 Hive 上创建数据库和数据表,将过滤后的数据灌入 Hive 中对应的表中,因而后续便可以通过在 Hive 中执行 SQL 语句对日志数据进行查询分析。

第二阶段为分析阶段,也分为两部分,一部分是单维度的数据描述性分析,另一部分是多维度的用户行为分析。在单维度的数据描述性分析中,分别针对总的条数、时间、关键词、UID、URL、RANK 等单个的字段进行描述统计,例如对每个时间段的查询条数、关键词搜索排行榜、UID 搜索排行榜、URL 搜索排行榜等进行了查询统计,从而对数据有了一个大概的全局的把握。在多维度的用户行为分析中,以查询最多的用户、点击最多的网址、指定的关键词等为切入点进行深入的用户行为分析,例如在对查询最多的用户的用户行为分析中,通过其搜索的关键词及其频次,得到其目前的兴趣点等,通过其在每个时段的搜索次数,得到其大致的时间行为规律,这对于理解用户行为,描述用户画像,从而定向地针对性地进行广告推荐都是有一定意义的。

利用 hive 命令行完成搜狗日志各项数据分析,使用 Python 进行数据可视化,主要步骤包括:安装部署 Hive,启动 Hadoop 集群,进入 Hive 命令行,创建数据库和数据表,加载或导入数据,用 Hive SQL 完成需求、使用 Python 实现数据可视化。

2. 实验目的

① 掌握安装 Hive 的方法。

② 掌握 Hive 创建数据库、导入数据的方法。

③ 学会使用 Hive SQL 分析数据。

④ 学会数据可视化的方法。

3. 实验方案

实验方案流程如图 8-1 所示。

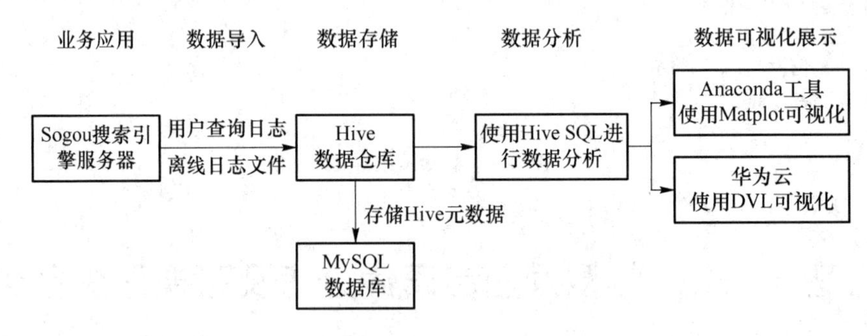

图 8-1 实验方案流程

实验采用环境如下。

① 虚拟机数量:3。

② 系统版本:Centos 7.5。

③ Hadoop 版本:Apache Hadoop 2.7.3。

④ MySQL 版本:MySQL 5.7.30。

⑤ Hive 版本:Apache Hive 2.1.1。

实验任务概要如下。

步骤 1:元数据库 MySQL 安装。使用 Hive 数据仓库及 Hive SQL 分析前,需要先安装 Hive 数据仓库所需要的元数据库 MySQL,通过 MySQL 完成对 Hive 数据仓库元数据的存储。

步骤 2:Hive 数据仓库的安装。在本书的第 6 章已经介绍了 Hive 数据仓库的基本原理和运行架构。

步骤 3:使用 Hive SQL 进行数据分析。进入 Hive 命令行、创建数据库和数据表、加载或导入数据、用 Hive SQL 完成需求。

步骤 4:进行数据可视化。在本书的第 7 章已经介绍了数据可视化技术和相关知识。这里分别实践 Anaconda 工具及 jupyter 通过 Python 的 matplot 包完成可视化,以及使用华为云可视化工具 DVL 完成可视化。

4. 实验数据

数据源表:搜索日志中构成的日志详情宽表,如表 8-1 所示。

表 8-1 搜索详情宽表

ts	STRING	用户点击发生时的日期时间
uid	STRING	由系统自动分配的用户识别号 uid
keyword	STRING	关键字
rank	INT	该 URL 在返回结果中的排名
order	INT	用户点击的顺序号
url	STRING	用户点击的网址 URL
year	INT	年
month	INT	月
day	INT	日
hour	INT	小时

注意:①UID 是根据用户使用浏览器访问搜索引擎时的 Cookie 信息自动赋值,即同一次使用浏览器输入的不同查询对应同一个用户识别号;②由 ts 创建扩展 4 个字段(年、月、日、小时),方便统计分析。

5. 实验步骤

实验开始前,请确保 Hadoop 集群已经安装成功(可参考实验三 Hadoop 集群安装部署部分)。接下来的步骤主要是:元数据库 MySQL 安装,Hive 安装部署,Hive SQL 数据分析,数据可视化。

1) 元数据库 MySQL 安装

本实验安装 MySQL 是为了给 Hive 提供元数据存储库,主要包括:通过 yum 方式安装 MySQL、修改 MySQL root 密码、添加 zkpk 用户并赋予远程访问权限、修改数据库默认编码。

步骤 1:查看并卸载系统自带的 mariadb-lib 数据库。

```
[root@master ~]# rpm -qa|grep mariadb
mariadb-5.5.68-1.el7.aarch64
mariadb-libs-5.5.68-1.el7.aarch64
[root@master ~]# yum -y remove mariadb-*
```

步骤 2:添加 MySQLyum 源(首先确保能访问网络)。

① 使用 WinSCP 上传 MySQL 安装包,操作如图 8-2、图 8-3 所示。(或使用 wget 下载,命令为:wget https://obs-mirror-ftp4.obs.cn-north-4.myhuaweicloud.com/database/mysql-5.7.30.tar.gz)

② 安装 MySQL 所需依赖:

```
yum install -y perl openssl openssl-devel libaio perl-JSON autoconf
```

③ 解压 MySQL 安装包:

```
tar -xvf mysql-5.7.30.tar.gz
```

④ 进入 aarch64 目录,对 rpm 包进行安装:

```
cd aarch64
yum install *.rpm
```

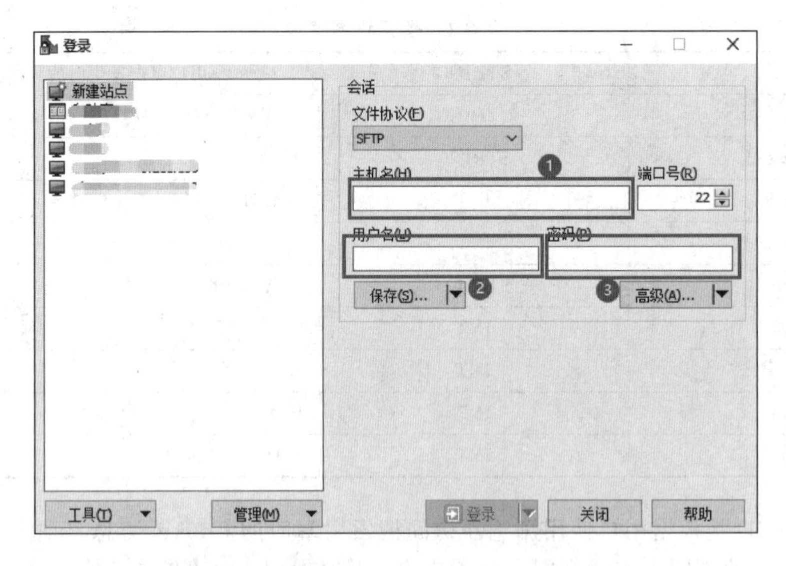

图 8-2　填写 IP、用户名和密码新建站点

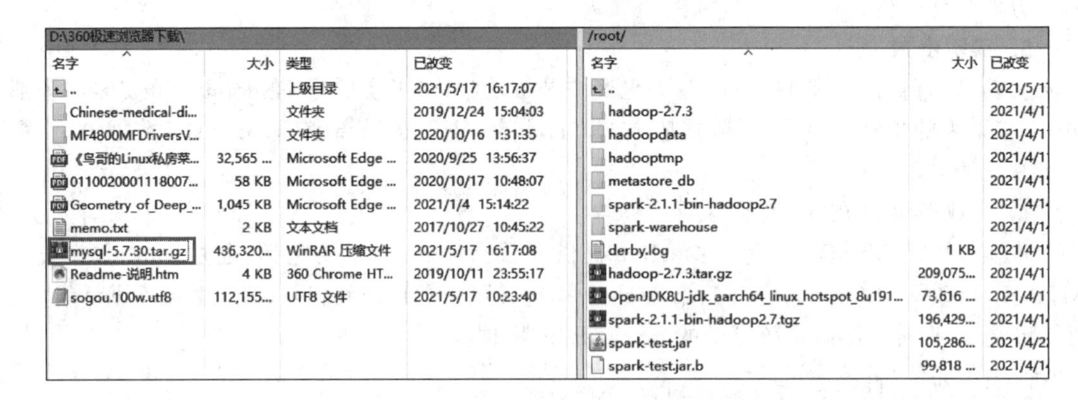

D:\360极速浏览器下载\
名字 大小 类型 已改变
.. 上级目录 2021/5/17 16:17:07
Chinese-medical-di... 文件夹 2019/12/24 15:04:03
MF4800MFDriversV... 文件夹 2020/10/16 1:31:35
《鸟哥的Linux私房菜... 32,565 ... Microsoft Edge ... 2020/9/25 13:56:37
0110020001118007... 58 KB Microsoft Edge ... 2020/10/17 10:48:07
Geometry_of_Deep_... 1,045 KB Microsoft Edge ... 2021/1/4 15:14:22
memo.txt 2 KB 文本文档 2017/10/27 10:45:22
mysql-5.7.30.tar.gz 436,320... WinRAR 压缩文件 2021/5/17 16:17:08
Readme-说明.htm 4 KB 360 Chrome HT... 2019/10/11 23:55:17
sogou.100w.utf8 112,155... UTF8 文件 2021/5/17 10:23:40
/root/
名字 大小 已改变
hadoop-2.7.3
hadoopdata
hadooptmp
metastore_db
spark-2.1.1-bin-hadoop2.7
spark-warehouse
derby.log 1 KB
hadoop-2.7.3.tar.gz 209,075...
OpenJDK8U-jdk_aarch64_linux_hotspot_8u191... 73,616 ...
spark-2.1.1-bin-hadoop2.7.tgz 196,429...
spark-test.jar 105,286...
spark-test.jar.b 99,818 ...

图 8-3　上传 MySQL 安装包

步骤 3：启动 MySQL 服务。

① 命令：

```
systemctl start mysqld
```

② 查看启动状态，结果如图 8-4 所示。

```
systemctl status mysqld
```

```
[root@master aarch64]# systemctl status mysqld
● mysqld.service - MySQL Server
   Loaded: loaded (/usr/lib/systemd/system/mysqld.service; enabled; vendor preset: disabled)
   Active: active (running) since Mon 2021-05-17 16:37:16 CST; 1min 16s ago
     Docs: man:mysqld(8)
           http://dev.mysql.com/doc/refman/en/using-systemd.html
  Process: 3205 ExecStart=/usr/sbin/mysqld --daemonize --pid-file=/var/run/mysqld/mysqld.pid $M
ode=exited, status=0/SUCCESS)
  Process: 3150 ExecStartPre=/usr/bin/mysqld_pre_systemd (code=exited, status=0/SUCCESS)
 Main PID: 3208 (mysqld)
   CGroup: /system.slice/mysqld.service
           └─3208 /usr/sbin/mysqld --daemonize --pid-file=/var/run/mysqld/mysqld.pid
```

图 8-4　mysqld 启动状态

步骤 4:修改 root 默认密码。

① 查看 MySQL 安装生成的随机默认密码(/var/log/mysqld.log 文件中),如图 8-5 所示。

```
[root@master ~]# grep 'temporary password' /var/log/mysqld.log
```

```
2021-05-17T08:37:13.599399Z 1 [Note] A temporary password is generated for root@localhost: ex6#sz8flotR
```

图 8-5 查看随机默认密码

② 登录 MySQL(密码为上图红框标注部分):

```
mysql -uroot -p
```

③ 修改 MySQL 密码为:MyNewPass4!

```
mysql > ALTER USER 'root'@'localhost' IDENTIFIED BY 'MyNewPass4!';
```

注意:MySQL5.7 默认安装了密码安全检查插件(validate_password),默认密码检查策略要求密码必须包含大小写字母、数字和特殊符号,并且长度不能少于 8 位。否则会提示 ERROR。

步骤 5:修改 MySQL 密码策略。

查看 MySQL 密码策略的相关信息,如图 8-6 所示。

```
mysql > show variables like '%password%';
```

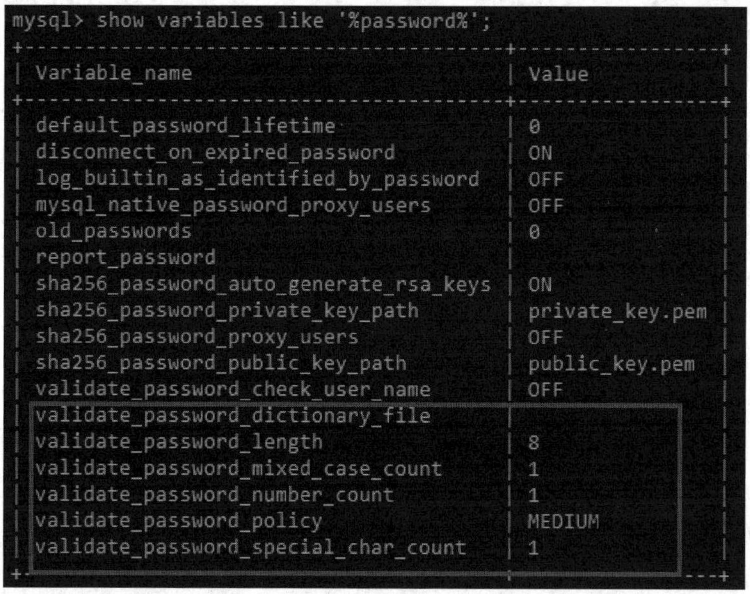

```
mysql> show variables like '%password%';
+---------------------------------------+-----------------+
| Variable_name                         | Value           |
+---------------------------------------+-----------------+
| default_password_lifetime             | 0               |
| disconnect_on_expired_password        | ON              |
| log_builtin_as_identified_by_password | OFF             |
| mysql_native_password_proxy_users     | OFF             |
| old_passwords                         | 0               |
| report_password                       |                 |
| sha256_password_auto_generate_rsa_keys| ON              |
| sha256_password_private_key_path      | private_key.pem |
| sha256_password_proxy_users           | OFF             |
| sha256_password_public_key_path       | public_key.pem  |
| validate_password_check_user_name     | OFF             |
| validate_password_dictionary_file     |                 |
| validate_password_length              | 8               |
| validate_password_mixed_case_count    | 1               |
| validate_password_number_count        | 1               |
| validate_password_policy              | MEDIUM          |
| validate_password_special_char_count  | 1               |
+---------------------------------------+-----------------+
```

图 8-6 MySQL 密码策略相关信息

步骤 6:关闭密码策略。

① 禁用密码策略,在 my.cnf 文件中[mysqld]下添加如下配置(/etc/my.cnf):

```
[root@master ~]# vim /etc/my.cnf

[mysqld]
validate_password = off
```

② 重新启动 MySQL 服务使配置生效：

```
[root@master ~]# systemctl restart mysqld
```

步骤 7：配置默认编码为 utf8。

① 修改/etc/my.cnf 配置文件，在[mysqld]下添加编码配置(注意红色部分)；

② 在 my.cnf 中添加 client 模块，输入 client 模块的相关编码格式；

vim /etc/my.cnf

```
validate_password = off
init_connect='SET NAMES utf8'
#
# Remove leading # and set to the amount of RAM for the most important data
# cache in MySQL. Start at 70% of total RAM for dedicated server, else 10%.
# innodb_buffer_pool_size = 128M
#
# Remove leading # to turn on a very important data integrity option: logging
# changes to the binary log between backups.
# log_bin
#
# Remove leading # to set options mainly useful for reporting servers.
# The server defaults are faster for transactions and fast SELECTs.
# Adjust sizes as needed, experiment to find the optimal values.
# join_buffer_size = 128M
# sort_buffer_size = 2M
# read_rnd_buffer_size = 2M
datadir=/var/lib/mysql
socket=/var/lib/mysql/mysql.sock

# Disabling symbolic-links is recommended to prevent assorted security risks
symbolic-links=0

log-error=/var/log/mysqld.log
pid-file=/var/run/mysqld/mysqld.pid
[client]
default-character-set=utf8
```

③ 重新启动 MySQL 服务：

```
[root@master ~]# systemctl restart mysqld
```

④ 登录 MySQL：

```
[root@master ~]# mysql -uroot -p
```

⑤ 查看编码(结果如图 8-7 所示)：

```
mysql > show variables like '% character %';
```

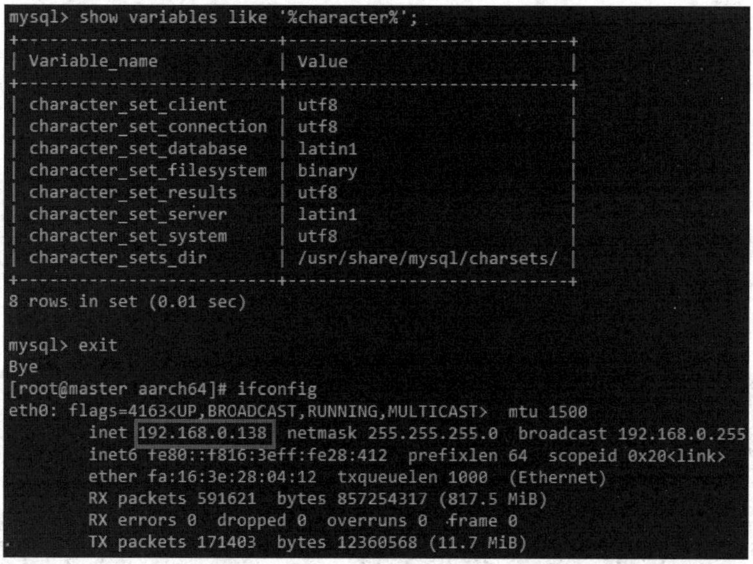

```
mysql> show variables like '%character%';
+--------------------------+----------------------------+
| Variable_name            | Value                      |
+--------------------------+----------------------------+
| character_set_client     | utf8                       |
| character_set_connection | utf8                       |
| character_set_database   | latin1                     |
| character_set_filesystem | binary                     |
| character_set_results    | utf8                       |
| character_set_server     | latin1                     |
| character_set_system     | utf8                       |
| character_sets_dir       | /usr/share/mysql/charsets/ |
+--------------------------+----------------------------+
8 rows in set (0.01 sec)

mysql> exit
Bye
[root@master aarch64]# ifconfig
eth0: flags=4163<UP,BROADCAST,RUNNING,MULTICAST>  mtu 1500
        inet 192.168.0.138  netmask 255.255.255.0  broadcast 192.168.0.255
        inet6 fe80::f816:3eff:fe28:412  prefixlen 64  scopeid 0x20<link>
        ether fa:16:3e:28:04:12  txqueuelen 1000  (Ethernet)
        RX packets 591621  bytes 857254317 (817.5 MiB)
        RX errors 0  dropped 0  overruns 0  frame 0
        TX packets 171403  bytes 12360568 (11.7 MiB)
```

图 8-7 查看编码

MySQL 安装及运行成功，截图作为本部分实验成功结果。

2）Hive 安装部署

本节内容是 Hive 安装部署，主要内容包括：启动 Hadoop 集群，解压并安装 Hive，创建 Hive 的元数据库，修改配置文件，添加并生效环境变量，初始化元数据。

步骤 1：启动 Hadoop 集群。

① 在 master 启动 Hadoop 集群：

```
[root@master ~]# start-all.sh
```

② 在 master、slave01、slave02 运行 JPS 指令，查看 Hadoop 是否启动成功，如图 8-8、图 8-9、图 8-10 所示。

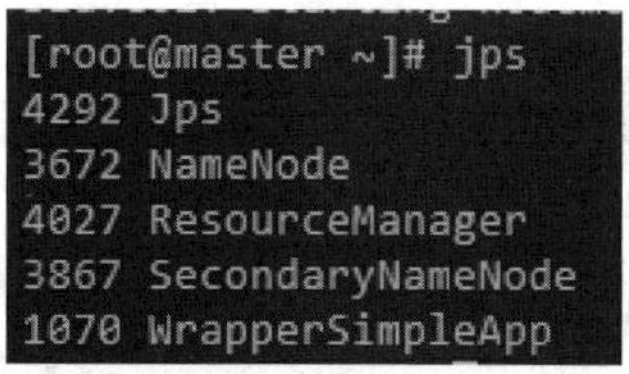

```
[root@master ~]# jps
4292 Jps
3672 NameNode
4027 ResourceManager
3867 SecondaryNameNode
1070 WrapperSimpleApp
```

图 8-8 master JPS 执行结果

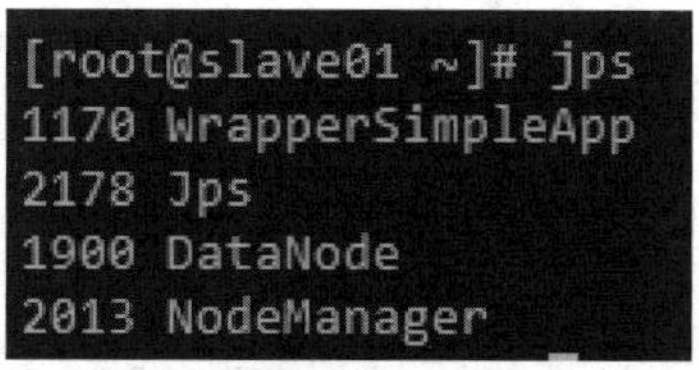

```
[root@slave01 ~]# jps
1170 WrapperSimpleApp
2178 Jps
1900 DataNode
2013 NodeManager
```

图 8-9 slave01 JPS 执行结果

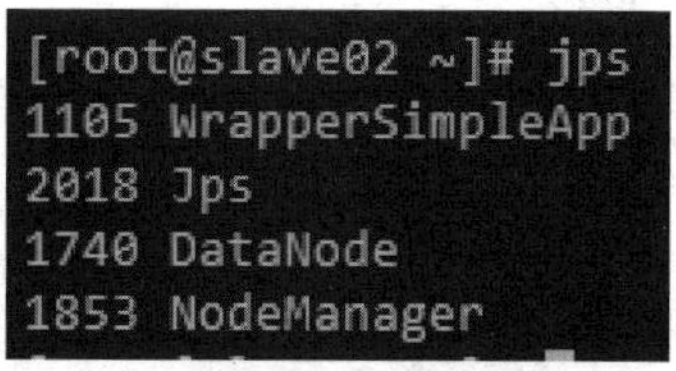

```
[root@slave02 ~]# jps
1105 WrapperSimpleApp
2018 Jps
1740 DataNode
1853 NodeManager
```

图 8-10 slave02 JPS 执行结果

步骤 2：解压并安装 Hive。

① 使用 WinSCP 上传 apache-hive-2.1.1-bin.tar.gz 或使用如下命令下载：

```
wget http://archive.apache.org/dist/hive/hive-2.1.1/apache-hive-2.1.1-bin.tar.gz
```

② 解压并安装 Hive：

```
[root@master ~]# tar -zxvf /root/apache-hive-2.1.1-bin.tar.gz
```

步骤 3：向 MySQL 中添加 Hadoop 用户和创建名为 hive 的元数据库。

① 登录 MySQL：

```
[root@master ~]# mysql - uroot -p
```

② 创建密码为 hadoop 的 Hadoop 用户（截图如图 8-11 所示）：

```
mysql > grant all on *.* to hadoop@'%' identified by 'hadoop';
mysql > grant all on *.* to hadoop@'localhost' identified by 'hadoop';
mysql > grant all on *.* to hadoop@'master' identified by 'hadoop';
mysql > flush privileges;
```

```
mysql> grant all on *.* to hadoop@'%' identified by 'hadoop';
Query OK, 0 rows affected, 1 warning (0.00 sec)

mysql> grant all on *.* to hadoop@'localhost' identified by 'hadoop';
Query OK, 0 rows affected, 1 warning (0.00 sec)

mysql> grant all on *.* to hadoop@'master' identified by 'hadoop';
Query OK, 0 rows affected, 1 warning (0.00 sec)

mysql> flush privileges;
Query OK, 0 rows affected (0.00 sec)
```

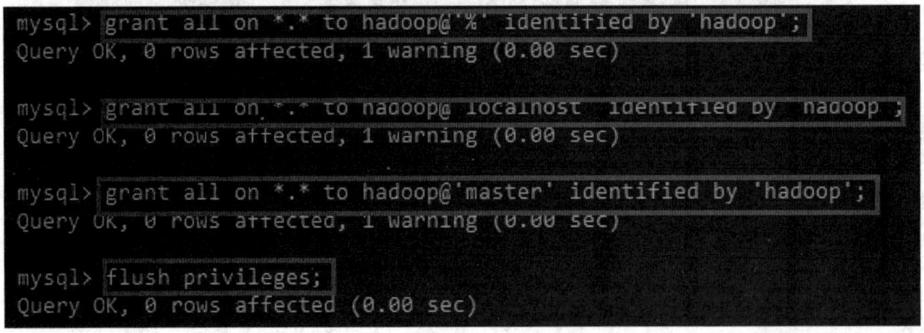

图 8-11 创建 Hadoop 用户

③ 创建数据库连接：

```
mysql > create database hive;
```

步骤 4：修改配置文件。

① 进入 Hive 安装目录下的配置目录：

```
[root@master ~]# cd /root/apache-hive-2.1.1-bin/conf/
```

② 创建 Hive 配置文件：

```
[root@master conf]# vim hive-site.xml
```

③ 添加如下内容：

```
<?xml version = "1.0"?>
<?xml-stylesheet type = "text/xsl" href = "configuration.xsl"?>
<configuration>
<property>
```

```
            <name>hive.metastore.local</name>
            <value>true</value>
    </property>
        <property>
            <name>javax.jdo.option.ConnectionURL</name>
            <value>jdbc:mysql://master:3306/hive?characterEncoding=UTF-8</value>
        </property>
    <property>
            <name>javax.jdo.option.ConnectionDriverName</name>
            <value>com.mysql.jdbc.Driver</value>
        </property>
    <property>
            <name>javax.jdo.option.ConnectionUserName</name>
            <value>hadoop</value>
        </property>
    <property>
            <name>javax.jdo.option.ConnectionPassword</name>
            <value>hadoop</value>
        </property>
        <property>
            <name>hive.server2.authentication</name>
            <value>NOSASL</value>
        </property>
    </configuration>
```

步骤 5:复制 MySQL 连接驱动到 Hive 根目录下的 lib 目录中(结果如图 8-12 所示):

```
[root@master conf]# cp /root/mysql-connector-java-5.1.28.jar /root/apache-hive-2.1.1-bin/lib/
[root@master conf]# cd apache-hive-2.1.1-bin/lib/
[root@master conf]# ll | grep mysql-connector-java-5.1.28.jar
```

```
[root@master lib]# ll | grep mysql-connector-java-5.1.28.jar
-rw-r--r-- 1 root root   875336 May 17 18:56 mysql-connector-java-5.1.28.jar
```

图 8-12 复制 MySQL 连接驱动到 hive 根目录下的 lib 目录中

步骤 6:配置系统 zkpk 用户环境变量。

① 打开配置文件:

```
[root@master lib]# cd
[root@master ~]# vim /root/.bash_profile
```

② 将下面两行配置添加到环境变量中：

```
#HIVE
export HIVE_HOME=/root/apache-hive-2.1.1-bin
export PATH=$PATH:$HIVE_HOME/bin
```

③ 使环境变量生效：

```
[root@master ~]# source /root/.bash_profile
```

步骤 7:启动并验证 Hive 安装。

① 初始化 Hive 元数据库(该命令是把 Hive 的元数据都同步到 MySQL 中,结果如图 8-13 所示)：

```
[root@master ~]# schematool -dbType mysql -initSchema
```

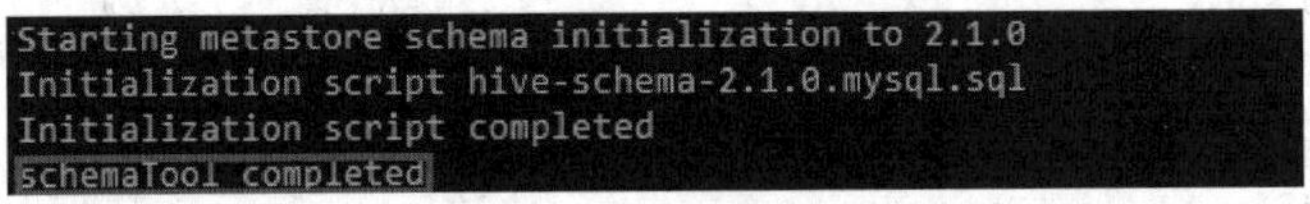

```
Starting metastore schema initialization to 2.1.0
Initialization script hive-schema-2.1.0.mysql.sql
Initialization script completed
schemaTool completed
```

图 8-13　Hive 元数据同步成功

② 启动 Hive 客户端,结果如图 8-14 所示。

```
[root@master ~]# hive
```

```
[root@master ~]# hive  1
which: no hbase in (/usr/java/jdk8u191-b12/bin:/root/hadoop-2.7.3/bin:/root/ha
a/jdk8u191-b12/bin:/root/hadoop-2.7.3/bin:/root/hadoop-2.7.3/sbin:/usr/java/jd
oop-2.7.3/bin:/root/hadoop-2.7.3/sbin:/usr/java/jdk8u191-b12/bin:/root/hadoop-
.7.3/sbin:/usr/local/sbin:/usr/local/bin:/usr/sbin:/usr/bin:/root/bin:/root/sp
bin:/root/bin:/root/spark-2.1.1-bin-hadoop2.7/bin:/home/zkpk/apache-hive-2.1.1
/spark-2.1.1-bin-hadoop2.7/bin:/home/zkpk/apache-hive-2.1.1-bin/bin:/root/bin:
doop2.7/bin:/root/apache-hive-2.1.1-bin/bin)
SLF4J: Class path contains multiple SLF4J bindings.
SLF4J: Found binding in [jar:file:/root/apache-hive-2.1.1-bin/lib/log4j-slf4j-
j/impl/StaticLoggerBinder.class]
SLF4J: Found binding in [jar:file:/root/hadoop-2.7.3/share/hadoop/common/lib/s
/org/slf4j/impl/StaticLoggerBinder.class]
SLF4J: See http://www.slf4j.org/codes.html#multiple_bindings for an explanatio
SLF4J: Actual binding is of type [org.apache.logging.slf4j.Log4jLoggerFactory]

Logging initialized using configuration in jar:file:/root/apache-hive-2.1.1-bi
jar!/hive-log4j2.properties Async: true
Hive-on-MR is deprecated in Hive 2 and may not be available in the future vers
ifferent execution engine (i.e. spark, tez) or using Hive 1.X releases.
hive> exit;
[root@master ~]# ifconfig  2
eth0: flags=4163<UP,BROADCAST,RUNNING,MULTICAST>  mtu 1500
        inet 192.168.0.138  netmask 255.255.255.0  broadcast 192.168.0.255
```

图 8-14　启动 Hive 客户端

Hive 安装及运行成功,截图作为本部分实验成功结果。

3）Hive SQL 数据分析

利用 Hive 命令行完成搜狗日志各项数据分析,本节内容包括:进入 Hive 命令行,创建数据库和数据表,加载或导入数据,以及用 Hive SQL 完成需求。

步骤 1:数据预处理。

① 使用 WinSCP 上传 sougo.100w.utf8 文件,如图 8-15 所示。

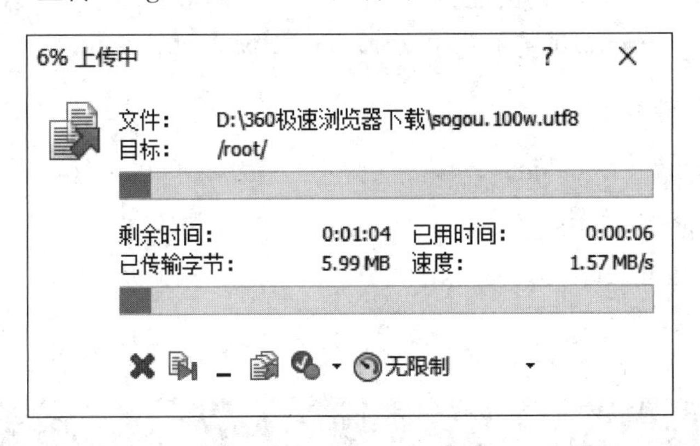

图 8-15 WinScp 上传 sougo.100w.utf8

② 查看数据内容(如图 8-16 所示):

```
[root@master ~]# head -1 sogou.100w.utf8
```

```
[root@master ~]# head -1 sogou.100w.utf8
20111230000005  57375476989eea12893c0c3811607bcf        奇艺高清        1       1       http://www.qiy
i.com/
```

图 8-16 查看数据内容

③ 查看总行数(如图 8-17 所示):

```
[root@master ~]# wc -l sogou.100w.utf8
```

```
[root@master ~]# wc -l sogou.100w.utf8
1000000 sogou.100w.utf8
```

图 8-17 查看总行数

④ 将时间字段拆分,添加年、月、日、小时字段:

```
[root@master ~]# awk -F '\t' '{print $0"\t"substr($1,1,4)"\t"substr($1,5,2)"\t"substr($1,7,2)"\t"substr($1,9,2)}' sogou.100w.utf8 > sogou.100w.utf8.1
```

⑤ 查看拓展后的字段(如图 8-18 所示):

```
[root@master ~]# head -3 sogou.100w.utf8.1
```

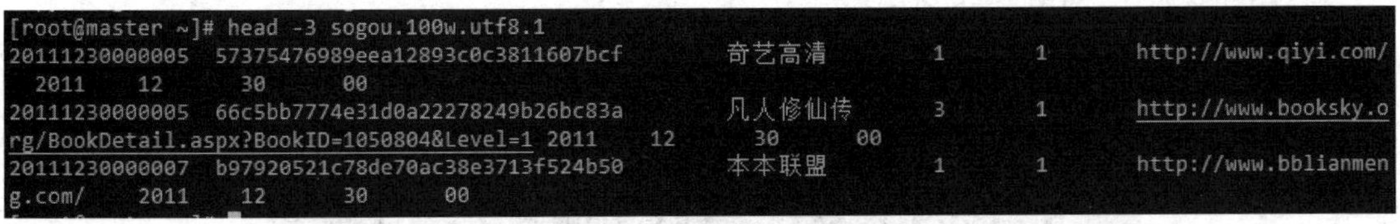

```
[root@master ~]# head -3 sogou.100w.utf8.1
20111230000005  57375476989eea12893c0c3811607bcf        奇艺高清        1       1       http://www.qiyi.com/
  2011    12      30      00
20111230000005  66c5bb7774e31d0a22278249b26bc83a        凡人修仙传      3       1       http://www.booksky.o
rg/BookDetail.aspx?BookID=1050804&Level=1 2011    12      30      00
20111230000007  b97920521c78de70ac38e3713f524b50        本本联盟        1       1       http://www.bblianmen
g.com/    2011    12      30      00
```

图 8-18 查看拓展后的字段

⑥ 在数据扩展的结果上,过滤第 2 个字段(UID)或者第 3 个字段(搜索关键词)为空

的行：

```
[root@master ~]# awk -F"\t" '{if( $2 != "" && $3 != "" && $2 != " " && $3 != " ") print $0}' sogou.100w.utf8.1 > sogou.100w.utf8.2
```

⑦ 重命名数据文件：

```
[root@master ~]# cp sogou.100w.utf8.2 sogou.100w.utf8
```

步骤 2：加载数据到 HDFS 上。

① 在 HDFS 上创建目录/sogou_ext/20111230（如图 8-19 所示）：

```
[root@master ~]# hadoop fs -mkdir -p /sogou_ext/20111230
```

```
[root@master ~]# hadoop fs -ls /
21/05/17 20:35:07 WARN util.NativeCodeLoader: Unable to load native-hado
g builtin-java classes where applicable
Found 4 items
drwxr-xr-x   - root supergroup          0 2021-05-17 20:23 /sogou_ext
drwxr-xr-x   - root supergroup          0 2021-04-14 11:56 /spark_test
drwx------   - root supergroup          0 2021-04-14 21:59 /tmp
drwxr-xr-x   - root supergroup          0 2021-04-11 22:49 /user
```

图 8-19　在 HDFS 上创建目录/sogou_ext/20111230

② 上传数据（如图 8-20 所示）：

```
[root@master ~]# hadoop fs -put sogou.100w.utf8 /sogou_ext/20111230
```

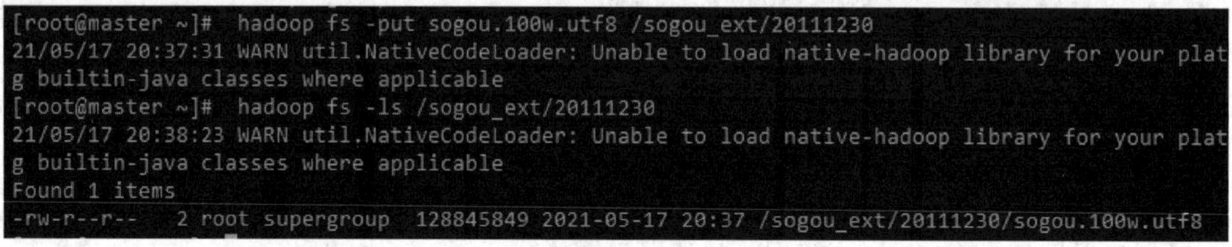

```
[root@master ~]#  hadoop fs -put sogou.100w.utf8 /sogou_ext/20111230
21/05/17 20:37:31 WARN util.NativeCodeLoader: Unable to load native-hadoop library for your plat
g builtin-java classes where applicable
[root@master ~]#  hadoop fs -ls /sogou_ext/20111230
21/05/17 20:38:23 WARN util.NativeCodeLoader: Unable to load native-hadoop library for your plat
g builtin-java classes where applicable
Found 1 items
-rw-r--r--   2 root supergroup  128845849 2021-05-17 20:37 /sogou_ext/20111230/sogou.100w.utf8
```

图 8-20　上传数据

步骤 3：基于 Hive 构建日志数据的数据仓库。

① 进入 Hive 客户端命令行：

```
[root@master ~]# hive
```

② 查看数据库（如图 8-21 所示）：

```
hive> show databases;
```

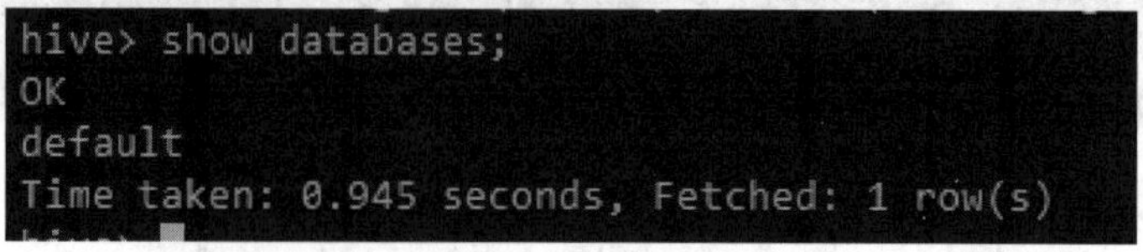

```
hive> show databases;
OK
default
Time taken: 0.945 seconds, Fetched: 1 row(s)
```

图 8-21　查看数据库

③ 创建数据库表：

```
hive > create database sogou_100w;
```

④使用数据库：

```
hive > use sogou_100w;
```

⑤ 创建扩展 4 个字段（年、月、日、小时）数据的外部表 sogou_ext_20111230（如图 8-22 所示）：

```
hive > CREATE EXTERNAL TABLE sogou_ext_20111230(
ts STRING,
uid STRING,
keyword STRING,
rank INT,
'order' INT,
url STRING,
year INT,
month INT,
day INT,
hour INT
)
COMMENT 'This is the sogou search data of extend data'
ROW FORMAT DELIMITED
FIELDS TERMINATED BY '\t'
STORED AS TEXTFILE
LOCATION '/sogou_ext/20111230';
```

```
hive> CREATE EXTERNAL TABLE sogou_ext_20111230(
    > ts STRING,
    > uid STRING,
    > keyword STRING,
    > rank INT,
    > `order` INT,
    > url STRING,
    > year INT,
    > month INT,
    > day INT,
    > hour INT
    > )
    > COMMENT 'This is the sogou search data of extend data'
    > ROW FORMAT DELIMITED
    > FIELDS TERMINATED BY '\t'
    > STORED AS TEXTFILE
    > LOCATION '/sogou_ext/20111230';
OK
Time taken: 0.219 seconds
```

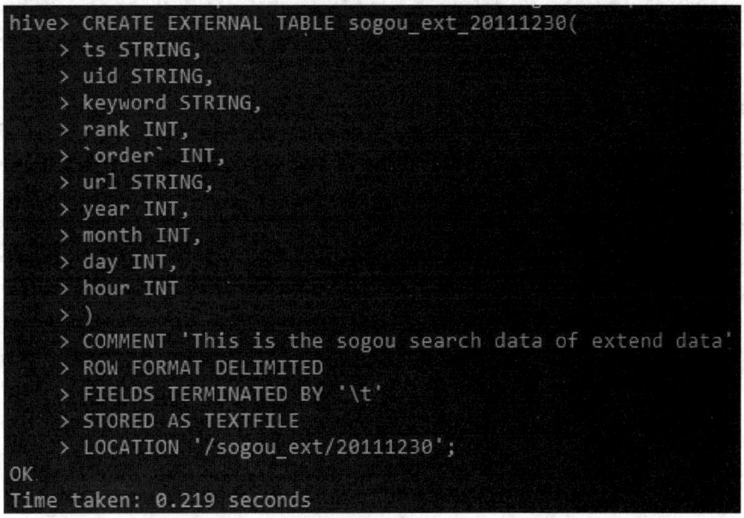

图 8-22 创建外部表 sogou_ext_20111230

⑥ 创建分区表 sogou_partition(如图 8-23 所示)：

```
hive > CREATE EXTERNAL TABLE sogou_partition(
ts STRING,
uid STRING,
keyword STRING,
rank INT,
'order' INT,
url STRING
)
COMMENT 'This is the sogou search data by partition'
partitioned by (
year INT,
month INT,
day INT,
hour INT
)
ROW FORMAT DELIMITED
FIELDS TERMINATED BY '\t'
STORED AS TEXTFILE;
```

```
hive> CREATE EXTERNAL TABLE sogou_partition(
    > ts STRING,
    > uid STRING,
    > keyword STRING,
    > rank INT,
    > `order` INT,
    > url STRING
    > )
    > COMMENT 'This is the sogou search data by partitior
    > partitioned by (
    > year INT,
    > month INT,
    > day INT,
    > hour INT
    > )
    > ROW FORMAT DELIMITED
    > FIELDS TERMINATED BY '\t'
    > STORED AS TEXTFILE;
OK
Time taken: 0.159 seconds
```

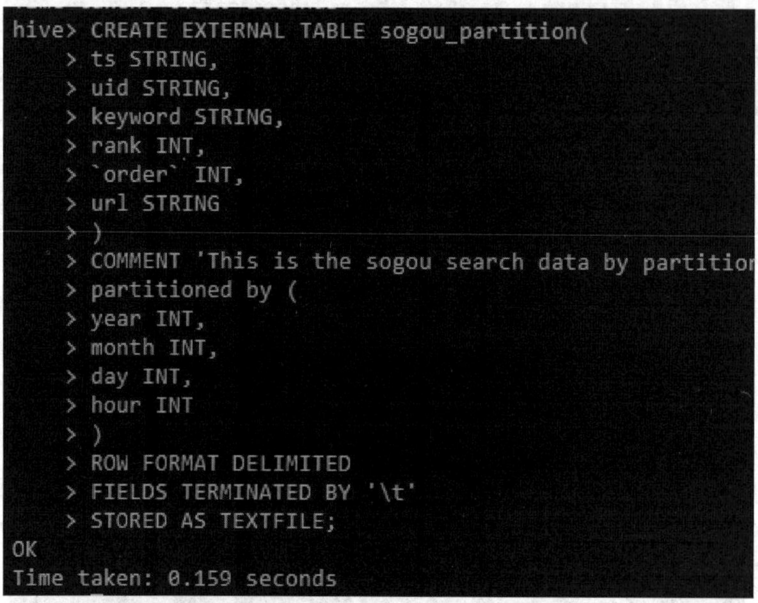

图 8-23 创建分区表 sogou_partion

⑦ 开启动态分区：

```
hive > set hive.exec.dynamic.partition = true;
hive > set hive.exec.dynamic.partition.mode = nonstrict;
```

⑧ 往分区表中装入表 sogou_ext_20111230 的数据(如图 8-24 所示):

```
hive> INSERT OVERWRITE TABLE sogou_partition PARTITION(year,month,day,hour)
select * from sogou_ext_20111230;
```

```
WARNING: Hive-on-MR is deprecated in Hive 2 and may not be available in the future versions. Consider using
a different execution engine (i.e. spark, tez) or using Hive 1.X releases.
Query ID = root_20210517205442_353a15f1-3d27-4234-9d90-c328ae7c0658
Total jobs = 3
Launching Job 1 out of 3
Number of reduce tasks is set to 0 since there's no reduce operator
Starting Job = job_1621242975148_0001, Tracking URL = http://master:18088/proxy/application_1621242975148_00
01/
Kill Command = /root/hadoop-2.7.3/bin/hadoop job  -kill job_1621242975148_0001
Hadoop job information for Stage-1: number of mappers: 1; number of reducers: 0
2021-05-17 20:54:52,108 Stage-1 map = 0%,  reduce = 0%
2021-05-17 20:55:01,514 Stage-1 map = 100%,  reduce = 0%, Cumulative CPU 6.76 sec
MapReduce Total cumulative CPU time: 6 seconds 760 msec
Ended Job = job_1621242975148_0001
Stage-4 is selected by condition resolver.
Stage-3 is filtered out by condition resolver.
Stage-5 is filtered out by condition resolver.
Moving data to directory hdfs://master:9000/user/hive/warehouse/sogou_100w.db/sogou_partition/.hive-staging_
hive_2021-05-17_20-54-42_310_7731095892966213588-1/-ext-10000
Loading data to table sogou_100w.sogou_partition partition (year=null, month=null, day=null, hour=null)


         Time taken to load dynamic partitions: 2.872 seconds
         Time taken for adding to write entity : 0.003 seconds
MapReduce Jobs Launched:
Stage-Stage-1: Map: 1   Cumulative CPU: 6.76 sec   HDFS Read: 128851259 HDFS Write: 114848276 SUCCESS
Total MapReduce CPU Time Spent: 6 seconds 760 msec
OK
Time taken: 26.08 seconds
hive>
```

图 8-24　往分区表中装入表 sougou_ext_20111230 的数据

⑨ 查询分区表的结果(如图 8-25 所示):

```
hive> select * from sogou_partition limit 3;
```

```
hive> select * from sogou_partition limit 3;
OK
20111230000005  57375476989eea12893c0c3811607bcf        奇艺高清        1       1       http://www.qiyi.com/
2011    12      30      0
20111230000005  66c5bb7774e31d0a22278249b26bc83a        凡人修仙传      3       1       http://www.booksky.o
rg/BookDetail.aspx?BookID=1050804&Level=1       2011    12      30      0
20111230000007  b97920521c78de70ac38e3713f524b50        本本联盟        1       1       http://www.bblianmen
g.com/  2011    12      30      0
Time taken: 0.154 seconds, Fetched: 3 row(s)
hive>
```

图 8-25　查询分区表的结果

步骤 4:数据分析需求。

① 统计总条数(结果如图 8-26 所示):

```
hive> select count( * ) from sogou_ext_20111230;
```

② 统计非空查询条数,即关键词不为空或者 null,用 where 语句排除关键词为 null 和空的字段,在此基础上用 count()函数统计(如图 8-27 所示):

```
select count( * ) from sogou_ext_20111230 where keyword is not null and keyword
!='';
```

```
Hadoop job information for Stage-1: number of mappers: 1; number of reducers: 1
2021-05-17 20:58:51,737 Stage-1 map = 0%,  reduce = 0%
2021-05-17 20:58:57,029 Stage-1 map = 100%,  reduce = 0%, Cumulative CPU 2.6 sec
2021-05-17 20:59:04,248 Stage-1 map = 100%,  reduce = 100%, Cumulative CPU 4.01 sec
MapReduce Total cumulative CPU time: 4 seconds 10 msec
Ended Job = job_1621242975148_0002
MapReduce Jobs Launched:
Stage-Stage-1: Map: 1  Reduce: 1   Cumulative CPU: 4.01 sec   HDFS Read: 128854313 HDFS Write: 107 SUCCESS
Total MapReduce CPU Time Spent: 4 seconds 10 msec
OK
1000000
Time taken: 19.475 seconds, Fetched: 1 row(s)
```

图 8-26　统计总条数

```
Hadoop job information for Stage-1: number of mappers: 1; number of reducers: 1
2021-05-17 21:01:22,201 Stage-1 map = 0%,  reduce = 0%
2021-05-17 21:01:29,423 Stage-1 map = 100%,  reduce = 0%, Cumulative CPU 3.35 sec
2021-05-17 21:01:34,588 Stage-1 map = 100%,  reduce = 100%, Cumulative CPU 4.96 sec
MapReduce Total cumulative CPU time: 4 seconds 960 msec
Ended Job = job_1621242975148_0003
MapReduce Jobs Launched:
Stage-Stage-1: Map: 1  Reduce: 1   Cumulative CPU: 4.96 sec   HDFS Read: 128855138 HDFS Write: 107 SUCCESS
Total MapReduce CPU Time Spent: 4 seconds 960 msec
OK
1000000
Time taken: 19.201 seconds, Fetched: 1 row(s)
```

图 8-27　统计非空查询条数

③ 统计无重复总条数(根据 ts、uid、keyword、url)先按照以上四个字段分组,再用 having 语句选出 count()数为 1 的记录为表 a,再用 count()函数统计表 a 中的条数。实验结果如图 8-28 所示。

```
hive > select count ( * ) from (select ts, uid, keyword, url from sogou _ ext _ 20111230 group by ts,uid,keyword,url having count( * ) = 1) a;
```

```
Hadoop job information for Stage-1: number of mappers: 1; number of reducers: 1
2021-05-17 21:05:13,248 Stage-1 map = 0%,  reduce = 0%
2021-05-17 21:05:23,529 Stage-1 map = 67%,  reduce = 0%, Cumulative CPU 8.81 sec
2021-05-17 21:05:25,604 Stage-1 map = 100%,  reduce = 0%, Cumulative CPU 11.74 sec
2021-05-17 21:05:33,934 Stage-1 map = 100%,  reduce = 100%, Cumulative CPU 17.2 sec
MapReduce Total cumulative CPU time: 17 seconds 200 msec
Ended Job = job_1621242975148_0004
Launching Job 2 out of 2
Number of reduce tasks determined at compile time: 1
In order to change the average load for a reducer (in bytes):
  set hive.exec.reducers.bytes.per.reducer=<number>
In order to limit the maximum number of reducers:
  set hive.exec.reducers.max=<number>
In order to set a constant number of reducers:
  set mapreduce.job.reduces=<number>
Starting Job = job_1621242975148_0005, Tracking URL = http://master:18088/proxy/application_1621242975148_0005/
Kill Command = /root/hadoop-2.7.3/bin/hadoop job  -kill job_1621242975148_0005
Hadoop job information for Stage-2: number of mappers: 1; number of reducers: 1
2021-05-17 21:05:44,630 Stage-2 map = 0%,  reduce = 0%
2021-05-17 21:05:49,819 Stage-2 map = 100%,  reduce = 0%, Cumulative CPU 0.97 sec
2021-05-17 21:05:54,955 Stage-2 map = 100%,  reduce = 100%, Cumulative CPU 2.44 sec
MapReduce Total cumulative CPU time: 2 seconds 440 msec
Ended Job = job_1621242975148_0005
MapReduce Jobs Launched:
Stage-Stage-1: Map: 1  Reduce: 1   Cumulative CPU: 17.2 sec   HDFS Read: 128856302 HDFS Write: 117 SUCCESS
Stage-Stage-2: Map: 1  Reduce: 1   Cumulative CPU: 2.44 sec   HDFS Read: 4889 HDFS Write: 106 SUCCESS
Total MapReduce CPU Time Spent: 19 seconds 640 msec
OK
999886
Time taken: 48.444 seconds, Fetched: 1 row(s)
hive> exit
[root@master ~]# ifconfig
eth0: flags=4163<UP,BROADCAST,RUNNING,MULTICAST>  mtu 1500
        inet 192.168.0.138  netmask 255.255.255.0  broadcast 192.168.0.255
```

图 8-28　Hive SQL 完成数据导入 Hive 数据库成功,统计入库后的记录数

Hive SQL 完成数据导入 Hive 数据库成功,统计入库后的记录数,截图作为本部分实验成功结果。

④ 独立 UID 条数使用 distinct()函数对 uid 字段去重,再用 count()函数统计出条数。

重新进入 Hive 并切换数据库:

```
[root@master ~]# hive
hive > use sogou_100w
```

自行设计查询语句,结果如图 8-29 所示。

```
Hadoop job information for Stage-1: number of mappers: 1; number of reducers: 1
2021-05-17 21:05:13,248 Stage-1 map = 0%,  reduce = 0%
2021-05-17 21:05:23,529 Stage-1 map = 67%,  reduce = 0%, Cumulative CPU 8.81 sec
2021-05-17 21:05:25,604 Stage-1 map = 100%,  reduce = 0%, Cumulative CPU 11.74 sec
2021-05-17 21:05:33,934 Stage-1 map = 100%,  reduce = 100%, Cumulative CPU 17.2 sec
MapReduce Total cumulative CPU time: 17 seconds 200 msec
Ended Job = job_1621242975148_0004
Launching Job 2 out of 2
Number of reduce tasks determined at compile time: 1
In order to change the average load for a reducer (in bytes):
  set hive.exec.reducers.bytes.per.reducer=<number>
In order to limit the maximum number of reducers:
  set hive.exec.reducers.max=<number>
In order to set a constant number of reducers:
  set mapreduce.job.reduces=<number>
Starting Job = job_1621242975148_0005, Tracking URL = http://master:18088/proxy/application_1621242975148_0005/
Kill Command = /root/hadoop-2.7.3/bin/hadoop job  -kill job_1621242975148_0005
Hadoop job information for Stage-2: number of mappers: 1; number of reducers: 1
2021-05-17 21:05:44,630 Stage-2 map = 0%,  reduce = 0%
2021-05-17 21:05:49,819 Stage-2 map = 100%,  reduce = 0%, Cumulative CPU 0.97 sec
2021-05-17 21:05:54,955 Stage-2 map = 100%,  reduce = 100%, Cumulative CPU 2.44 sec
MapReduce Total cumulative CPU time: 2 seconds 440 msec
Ended Job = job_1621242975148_0005
MapReduce Jobs Launched:
Stage-Stage-1: Map: 1  Reduce: 1   Cumulative CPU: 17.2 sec   HDFS Read: 128856302 HDFS Write: 117 SUCCESS
Stage-Stage-2: Map: 1  Reduce: 1   Cumulative CPU: 2.44 sec   HDFS Read: 4889 HDFS Write: 106 SUCCESS
Total MapReduce CPU Time Spent: 19 seconds 640 msec
OK
999886
Time taken: 48.444 seconds, Fetched: 1 row(s)
hive> exit
[root@master ~]# ifconfig
eth0: flags=4163<UP,BROADCAST,RUNNING,MULTICAST>  mtu 1500
        inet 192.168.0.138  netmask 255.255.255.0  broadcast 192.168.0.255
```

图 8-29 去重后,统计记录数

去重后,统计记录数,截图作为本部分实验成功结果。

步骤 5:实际需求分析。

① 查询关键词平均长度统计。提示:先使用 split 函数对关键词进行切分,然后用 size()函数统计关键词的大小,然后再用 avg 函数获取长度的平均值。

重新进入 Hive 并切换数据库:

```
[root@master ~]# hive
hive > use sogou_100w
```

自行设计查询语句,如图 8-30 所示。

Hive SQL 实现对查询关键词平均长度统计,截图作为本部分实验成功结果。

② 查询频度排名(频度最高的前 50 词)对关键词做 groupby,然后对每组进行 count(),再按照 count()的结果进行倒序排序。结果如图 8-31 所示。

```
hive > select keyword,count( * ) as cnt from sogou_ext_20111230 group by keyword order by cnt desc limit 50;
```

步骤 6:UID 分析。

① UID 的查询次数分布(查询 1 次的 UID 个数,2 次的,3 次的,大于 3 次的 UID 个数)先

```
Hadoop job information for Stage-1: number of mappers: 1; number of reducers:
2021-05-17 21:26:06,838 Stage-1 map = 0%,  reduce = 0%
2021-05-17 21:26:15,085 Stage-1 map = 100%,  reduce = 0%, Cumulative CPU 5.82
2021-05-17 21:26:20,238 Stage-1 map = 100%,  reduce = 100%, Cumulative CPU 7.
MapReduce Total cumulative CPU time: 7 seconds 30 msec
Ended Job = job_1621242975148_0008
MapReduce Jobs Launched:
Stage-Stage-1: Map: 1  Reduce: 1   Cumulative CPU: 7.03 sec   HDFS Read: 1288
Total MapReduce CPU Time Spent: 7 seconds 30 msec
OK

Time taken: 21.053 seconds, Fetched: 1 row(s)
hive> exit;
[root@master ~]# ifconfig
eth0: flags=4163<UP,BROADCAST,RUNNING,MULTICAST>  mtu 1500
        inet 192.168.0.138  netmask 255.255.255.0  broadcast 192.168.0.255
```

图 8-30　Hive SQL 实现对查询关键词平均长度统计

```
Hadoop job information for Stage-2: number of mappers: 1; number of reducers:
2021-05-17 22:09:17,985 Stage-2 map = 0%,  reduce = 0%
2021-05-17 22:09:25,222 Stage-2 map = 100%,  reduce = 0%, Cumulative CPU 4.05
2021-05-17 22:09:31,457 Stage-2 map = 100%,  reduce = 100%, Cumulative CPU 5.4
MapReduce Total cumulative CPU time: 5 seconds 470 msec
Ended Job = job_1621242975148_0014
MapReduce Jobs Launched:
Stage-Stage-1: Map: 1  Reduce: 1   Cumulative CPU: 11.81 sec   HDFS Read: 128
Stage-Stage-2: Map: 1  Reduce: 1   Cumulative CPU: 5.47 sec   HDFS Read: 1505
Total MapReduce CPU Time Spent: 17 seconds 280 msec
OK
百度    7564
baidu   3652
人体艺术        2786
馆陶县县长闫宁的父亲    2388
4399小游戏      2119
qq空间  2083
优酷    1948
新亮剑  1946
百度一下 你就知道       1537
公安卖萌        1459
```

图 8-31　查询频度排名，对关键词做 groupby，再对每组进行计数，按照计数结果进行倒序列排序

按照 uid 分组，并用 count()函数对每组进行统计，然后再用 sum、if 函数对查询次数为 1，查询次数为 2，查询次数为 3，查询次数大于 3 的 uid 进行统计，结果如图 8-32 所示。

```
Hadoop job information for Stage-1: number of mappers: 1; number of reducers: 1
2021-05-17 21:36:02,590 Stage-1 map = 0%,  reduce = 0%
2021-05-17 21:36:10,946 Stage-1 map = 100%,  reduce = 0%, Cumulative CPU 5.53 sec
2021-05-17 21:36:18,192 Stage-1 map = 100%,  reduce = 100%, Cumulative CPU 9.58 sec
MapReduce Total cumulative CPU time: 9 seconds 580 msec
Ended Job = job_1621242975148_0009
Launching Job 2 out of 2
Number of reduce tasks determined at compile time: 1
In order to change the average load for a reducer (in bytes):
  set hive.exec.reducers.bytes.per.reducer=<number>
In order to limit the maximum number of reducers:
  set hive.exec.reducers.max=<number>
In order to set a constant number of reducers:
  set mapreduce.job.reduces=<number>
Starting Job = job_1621242975148_0010, Tracking URL = http://master:18088/proxy/application_1621242975148_00
Kill Command = /root/hadoop-2.7.3/bin/hadoop job  -kill job_1621242975148_0010
Hadoop job information for Stage-2: number of mappers: 1; number of reducers: 1
2021-05-17 21:36:28,934 Stage-2 map = 0%,  reduce = 0%
2021-05-17 21:36:34,098 Stage-2 map = 100%,  reduce = 0%, Cumulative CPU 0.78 sec
2021-05-17 21:36:38,230 Stage-2 map = 100%,  reduce = 100%, Cumulative CPU 1.96 sec
MapReduce Total cumulative CPU time: 1 seconds 960 msec
Ended Job = job_1621242975148_0010
MapReduce Jobs Launched:
Stage-Stage-1: Map: 1  Reduce: 1   Cumulative CPU: 9.58 sec   HDFS Read: 128855454 HDFS Write: 127 SUCCESS
Stage-Stage-2: Map: 1  Reduce: 1   Cumulative CPU: 1.96 sec   HDFS Read: 6680 HDFS Write: 124 SUCCESS
Total MapReduce CPU Time Spent: 11 seconds 540 msec
OK
118149  54243   30916   79328
Time taken: 45.022 seconds, Fetched: 1 row(s)
```

图 8-32　UID 查询次数分布统计

```
hive> select SUM(IF(uids.cnt = 1,1,0)),SUM(IF(uids.cnt = 2,1,0)),SUM(IF(uids.cnt = 3,1,0)),SUM(IF(uids.cnt > 3,1,0)) from
(select uid,count( * ) as cnt from sogou_ext_20111230 group by uid) uids;
```

② 查询次数大于 2 次的用户总数。提示：首先对 uid 进行 groupby，并用 having 函数过滤出查询次数大于 2 的用户，然后再用 count 函数统计用户的总数。自行设计查询语句(结果中需有 IP)。Hive SQL 实现对“查询次数大于 2 次的用户总数”统计，截图作为本部分实验成功结果。

步骤 7：用户行为分析。

① 点击次数与 Rank 之间的关系分析：Rank 在 10 以内的点击次数，如图 8-33 所示。

```
hive> select count( * ) from sogou_ext_20111230 where rank < 11;
```

```
Hadoop job information for Stage-1: number of mappers: 1; number of reducers: 1
2021-05-17 21:42:37,511 Stage-1 map = 0%,  reduce = 0%
2021-05-17 21:42:43,889 Stage-1 map = 100%,  reduce = 0%, Cumulative CPU 3.14 sec
2021-05-17 21:42:49,038 Stage-1 map = 100%,  reduce = 100%, Cumulative CPU 4.46 sec
MapReduce Total cumulative CPU time: 4 seconds 460 msec
Ended Job = job_1621242975148_0011
MapReduce Jobs Launched:
Stage-Stage-1: Map: 1  Reduce: 1   Cumulative CPU: 4.46 sec   HDFS Read: 128855131 HDFS Write: 106 SUCCE
Total MapReduce CPU Time Spent: 4 seconds 460 msec
OK
999968
```

图 8-33　Rank 在 10 以内的点击次数

② 直接输入 url 查询的点击次数。通过 where 条件选出直接通过 url 查询的记录，再用 count 函数进行统计，如图 8-34 所示。

```
hive> select count( * ) from sogou_ext_20111230 where keyword like '% www %';
```

```
Hadoop job information for Stage-1: number of mappers: 1; number of reducers: 1
2021-05-17 21:47:56,296 Stage-1 map = 0%,  reduce = 0%
2021-05-17 21:48:03,564 Stage-1 map = 100%,  reduce = 0%, Cumulative CPU 3.57 sec
2021-05-17 21:48:08,797 Stage-1 map = 100%,  reduce = 100%, Cumulative CPU 5.03 sec
MapReduce Total cumulative CPU time: 5 seconds 30 msec
Ended Job = job_1621242975148_0012
MapReduce Jobs Launched:
Stage-Stage-1: Map: 1  Reduce: 1   Cumulative CPU: 5.03 sec   HDFS Read: 128855116 HDFS Write: 105
Total MapReduce CPU Time Spent: 5 seconds 30 msec
OK
15206
```

图 8-34　url 查询的点击次数

4)数据可视化

(1) 基于 Python 的数据可视化

步骤 1：安装 Anaconda。

① 登录 Anaconda 官网下载安装包 https://www.anaconda.com/download/，在如图 8-35 界面下选择 Python 3.6 version，单击 64-Bit 下载(32 位计算机请下载 32-Bit)。

② 双击下载好的 Anaconda3-x.x.x-Windows-x86_64.exe 文件，出现如图 8-36 界面，单击“Next”。

图 8-35　Anaconda 下载界面

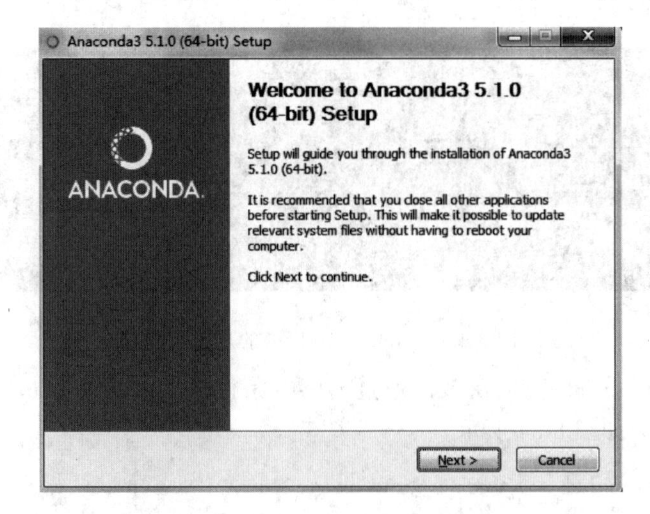

图 8-36　Anaconda3-x. x. x-Windows-x86_64. exe 安装界面

③ 出现如图 8-37 所示界面，选中“Just Me”，继续单击“Next”。

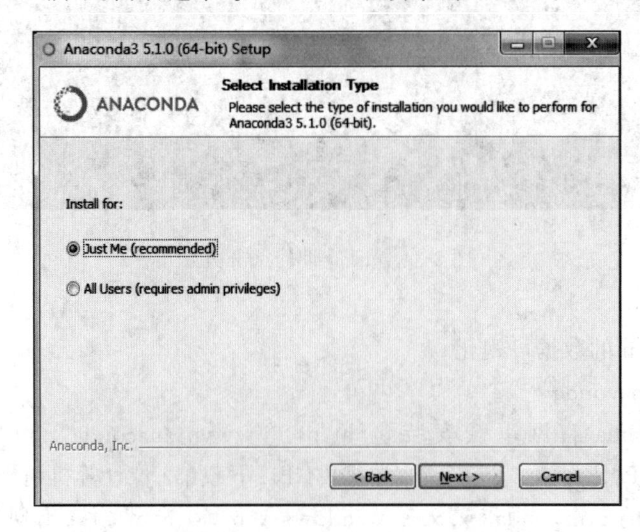

图 8-37　安装界面-Install for

④ 出现如图 8-38 所示界面，选择软件安装地址，继续单击“Next”。

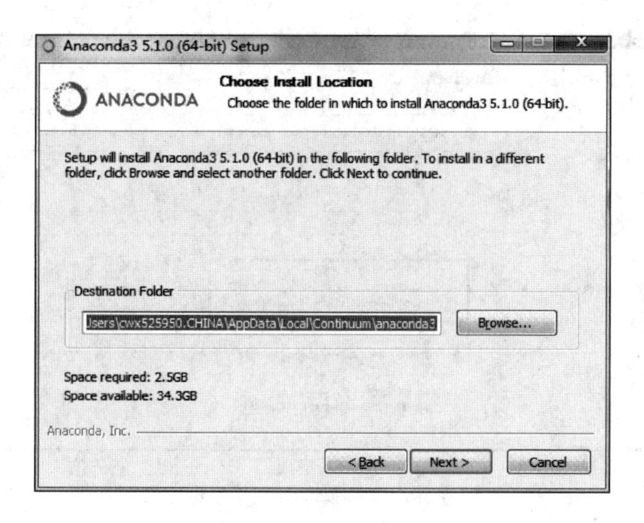

图 8-38　安装界面-软件安装地址

⑤ 出现如图 8-39 所示界面，两个□都不勾选，第一个是加入环境变量，第二个是默认使用 Python 3.6，我们使用 Anaconda 自带的环境，单击“Install”开始安装。等待完成安装，单击“finish”即可。

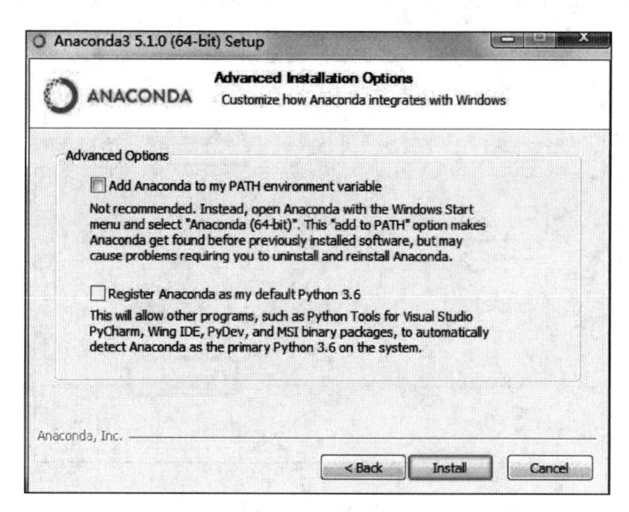

图 8-39　Advanced Installation Options 界面

步骤 2：开放服务器的 10000 端口。

① 登录华为云→控制台，单击安装 Hive 的服务器，如图 8-40 所示。

② 单击安全组，如图 8-41 所示。

③ 配置规则，位置如图 8-42 所示。

④ 添加“入方向规则”，如图 8-43 所示。

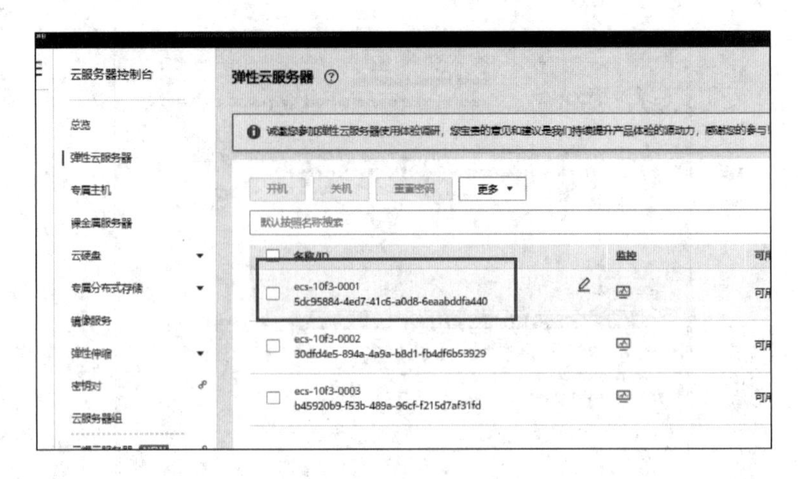

图 8-40　安装 Hive 服务器

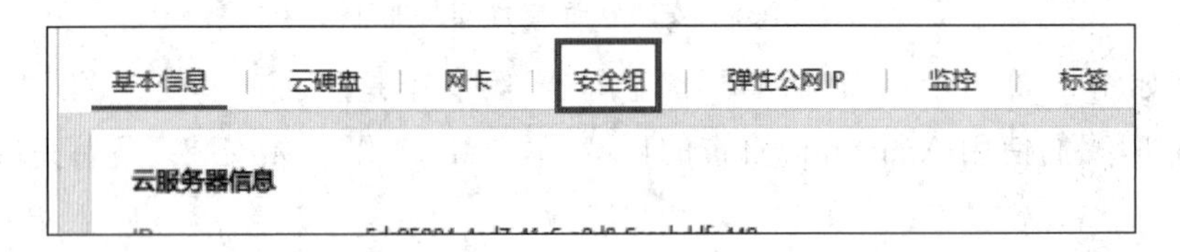

图 8-41　安全组

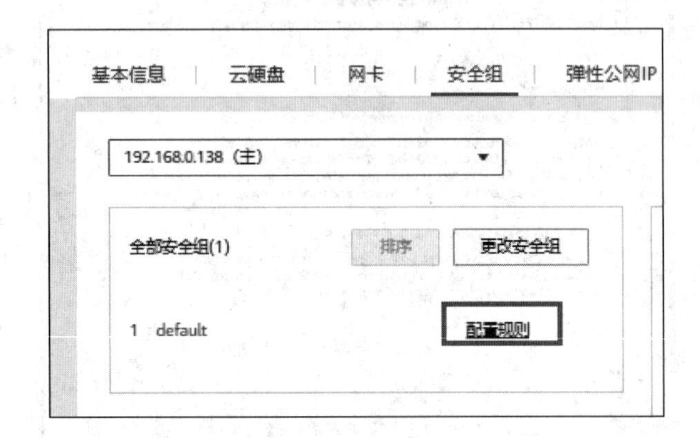

图 8-42　配置规则

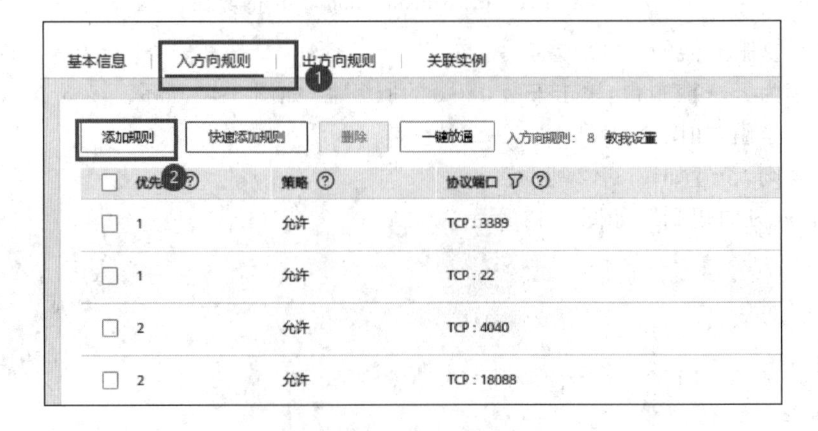

图 8-43　“入方向规则”位置

⑤ 添加方向规则，如图 8-44 所示。

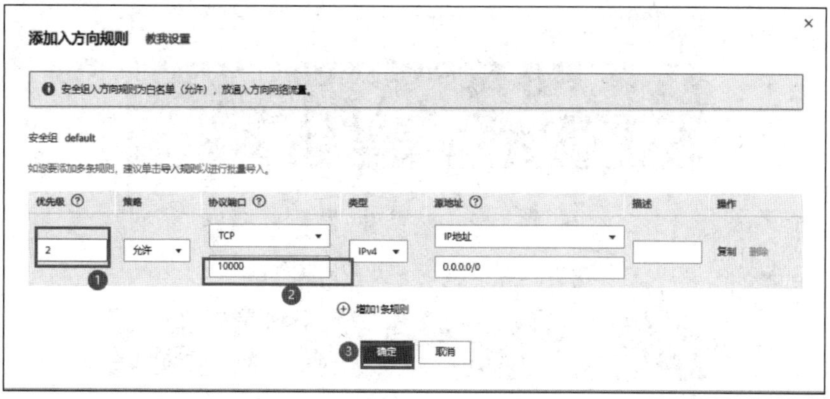

图 8-44　添加入方向规则

步骤 3：修改 Hadoop 集群配置。

在/root/hadoop-2.7.3/etc/hadoop 路径下，修改文件 core-site.xml，添加如下内容：

```
<property>
        <name>hadoop.proxyuser.root.hosts</name>
        <value>*</value>
</property>
<property>
        <name>hadoop.proxyuser.root.groups</name>
        <value>*</value>
</property>
```

步骤 4：开启 Hive 远程模式：

```
[root@master hadoop]# hive --service metastore &
[root@master hadoop]# hive --service hiveserver2 &
```

步骤 5：Python 可视化程序编写。

① 在安装好的 Anaconda 文件夹中打开 Anaconda Prompt，如图 8-45 所示。

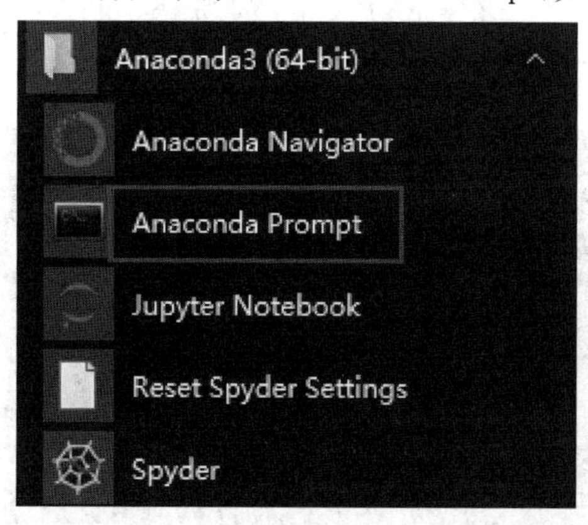

图 8-45　Anaconda Prompt 位置

② 使用 pip 安装 matplotlib 包，如图 8-46 所示。

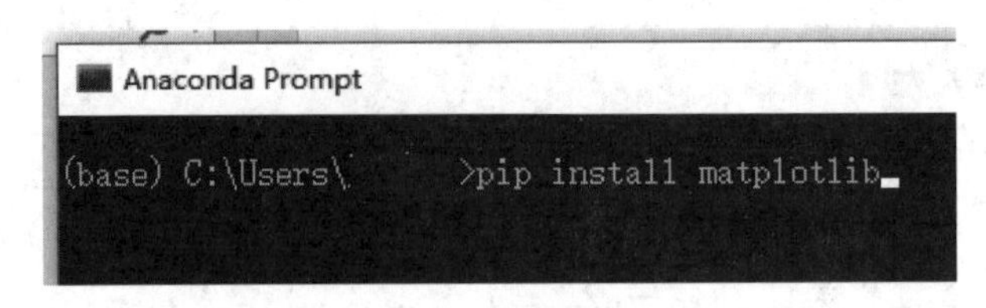

图 8-46 matplotlib 安装

③ 使用 pip 安装 pyhive(Python 远程连接 Hive)，如图 8-47 所示。

图 8-47 Hive 安装

④ 使用 pip 安装 thrift(Python 远程连接 Hive)，如图 8-48 所示。

```
(base) C:\Users\ >pip install thrift
```

图 8-48 thrift 安装

⑤ 使用 pip 安装 sasl(Python 远程连接 Hive)(若 pip 安装失败，可使用 conda install sasl 安装)，如图 8-49 所示。

图 8-49 sasl 安装

- 输入：jupyter notebook，回车，浏览器会启动 Jupyter notebook，此对话框不要关闭，如图 8-50 所示。

图 8-50 启动 Jupyter notebook

- 复制 URL 到浏览器，如图 8-51 所示。

```
(base) C:\Users\王浩田>jupyter notebook
[I 13:25:26.282 NotebookApp] JupyterLab extension loaded from D:\Anaconda\lib\site-packages\jupyter
[I 13:25:26.282 NotebookApp] JupyterLab application directory is D:\Anaconda\share\jupyter\lab
[I 13:25:26.286 NotebookApp] Serving notebooks from local directory: C:\Users\王浩田
[I 13:25:26.286 NotebookApp] The Jupyter Notebook is running at:
[I 13:25:26.286 NotebookApp] http://localhost:8888/?token=47ddebe4a303ea66fd43beb4c40ec0f9ac2709100
[I 13:25:26.286 NotebookApp] Use Control-C to stop this server and shut down all kernels (twice to
[C 13:25:26.775 NotebookApp]

    To access the notebook, open this file in a browser:
        file:///C:/Users/%E7%8E%8B%E6%B5%A9%E7%94%B0/AppData/Roaming/jupyter/runtime/nbserver-6080-
    Or copy and paste one of these URLs:
        http://localhost:8888/?token=47ddebe4a303ea66fd43beb4c40ec0f9ac270910035bba04
```

图 8-51 复制 URL 到浏览器

⑥ 新建 Python 文件，如图 8-52 所示。

图 8-52 新建 Python 文件

⑦ 编写如下程序，完成关键词搜索前 10 的可视化，结果如图 8-53 所示。

```
from pyhive import hive
import matplotlib.pyplot as plt

plt.rcParams['font.sans-serif'] = ['SimHei'] # 步骤一(替换 sans-serif 字体)
plt.rcParams['axes.unicode_minus'] = False # 步骤二(解决坐标轴负数的负号显示问题)

conn = hive.Connection(host = '121.36.94.37',port = 10000,auth = 'NOSASL',username = 'root')
cursor = conn.cursor()
cursor.execute('select keyword,count(*) as cnt from sogou_100w.sogou_ext_20111230 group by keyword order by cnt desc limit 10')
keywords = []
frequency = []
for result in cursor.fetchall():
    keywords.append(result[0])
    frequency.append(result[1])
cursor.close()
conn.close()
plt.barh(keywords, frequency)
plt.title('频度排名-学号') # 学号请替换为你的学号,例 2020160750
plt.xlabel('频度')
plt.ylabel('关键词')
plt.show()
```

使用 Anaconda 工具以及 jupyter 工具，采用 Python 的 Matplot 包实践数据可视化，截图作为本部分实验成功结果。

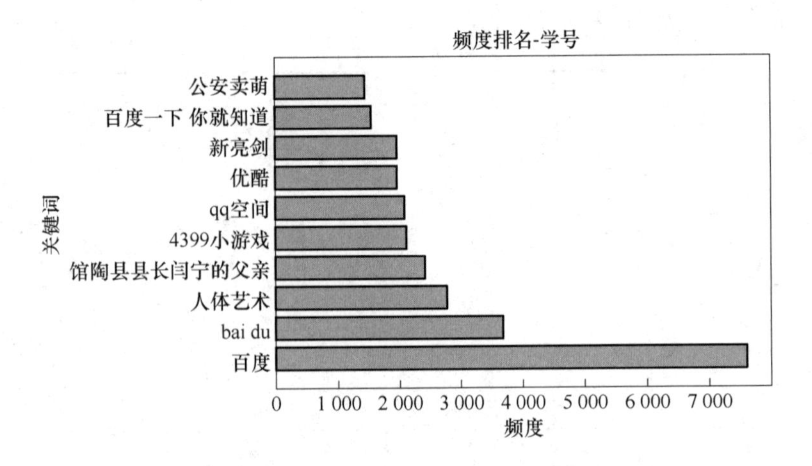

图 8-53　关键词搜索前 10 的可视化

(2) 基于华为云 DLV 的数据可视化

步骤 1:开启 DLV 数据可视化平台。

① 打开 https://www.huaweicloud.com/product/dlv.html,结果如图 8-54 所示。

图 8-54　DLV 数据可视化平台

② 单击“进入控制台”,如图 8-55 所示。

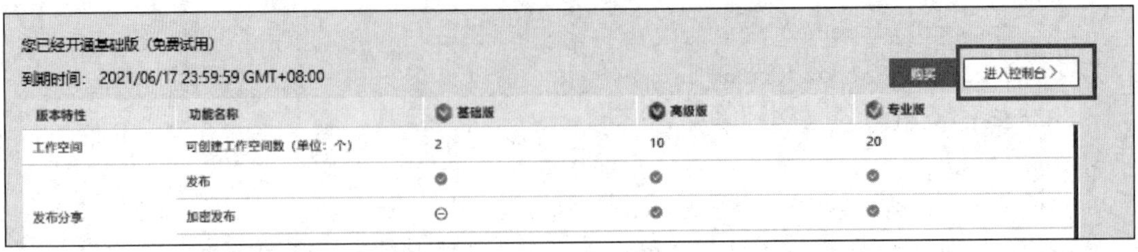

您已经开通基础版（免费试用）

到期时间：2021/06/17 23:59:59 GMT+08:00

购买　进入控制台 >

版本特性	功能名称	基础版	高级版	专业版
工作空间	可创建工作空间数（单位：个）	2	10	20
	发布	●	●	●
发布分享	加密发布	⊖	●	●

图 8-55　进入控制台

③ 新建大屏,如图 8-56 所示。

④ 空白模板,如图 8-57 所示。

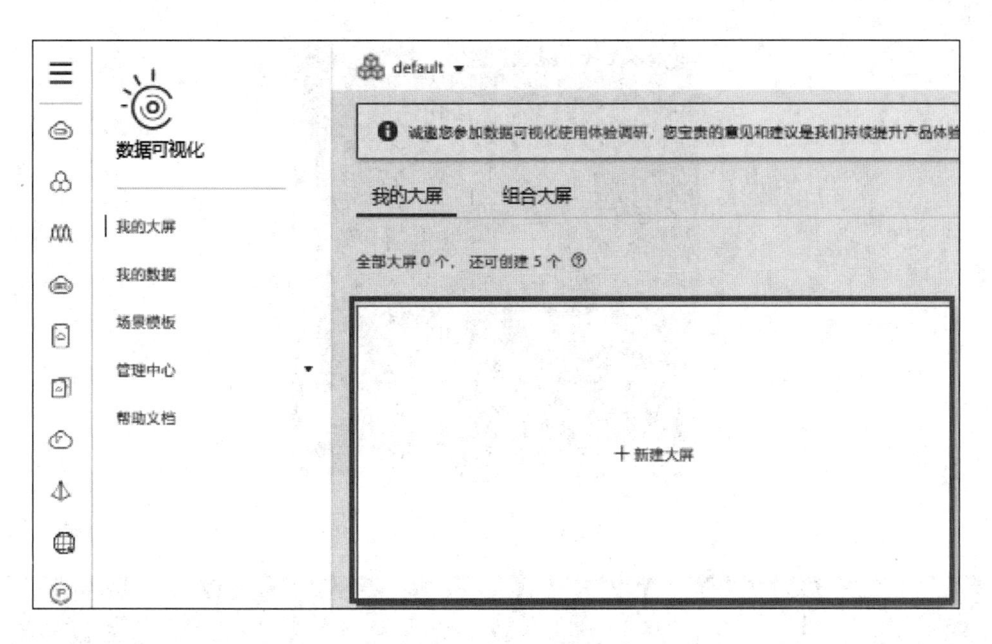

图 8-56 新建大屏

图 8-57 空白模版

⑤ 插入适合分析数据的图组件，这里使用柱状图组件，如图 8-58 所示。

⑥ 单击统计图，如图 8-59 所示。

⑦ 设置 y 轴坐标名称，如图 8-60 所示。

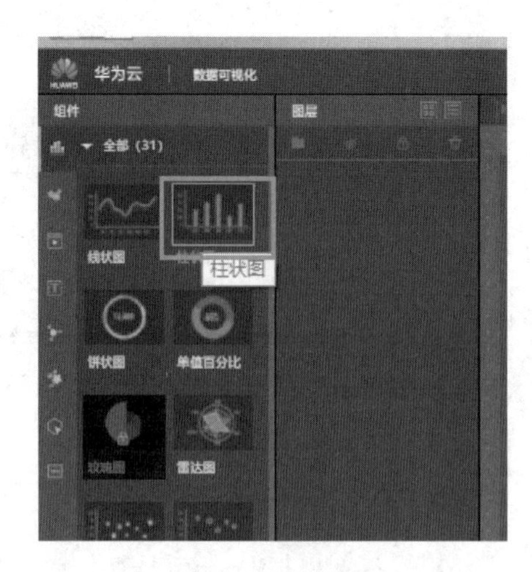

图 8-58　柱状图组件

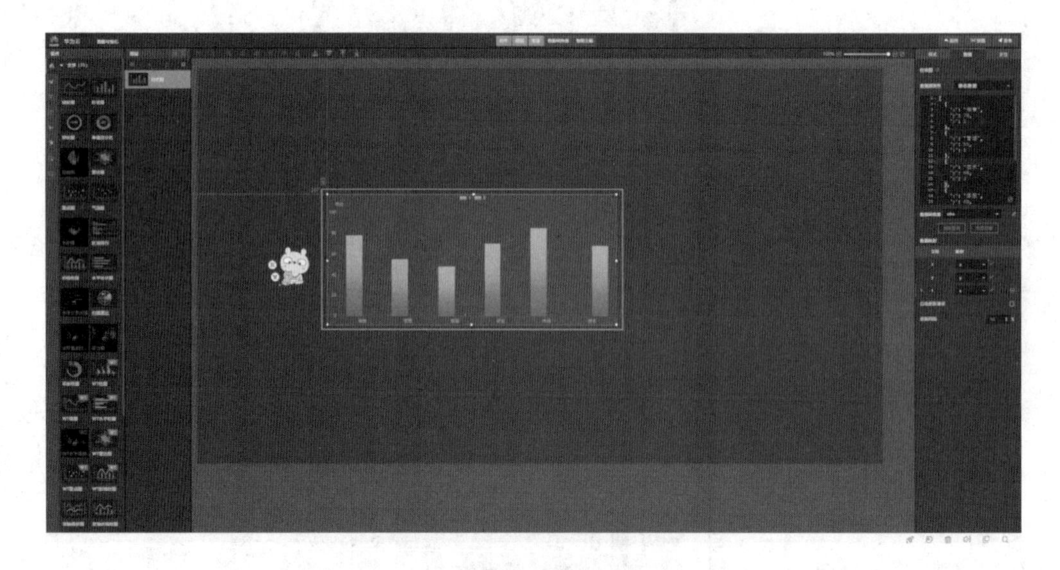

图 8-59　统计图

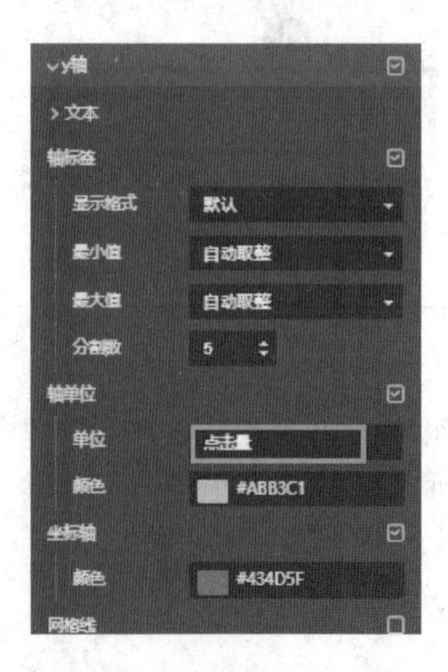

图 8-60　设置 y 轴坐标名称

⑧ 将前 6 个热度排名的词填入左侧的静态数据(结果如图 8-61 所示):

```
[
  {
    "x":"百度",
    "y":7564,
    "s":"替换为你的学号"
  },
  {
    "x":"baidu",
    "y":3652,
    "s":"替换为你的学号"
  },
  {
    "x":"人体艺术",
    "y":2786,
    "s":"替换为你的学号"
  },
  {
    "x":"4399 小游戏",
    "y":2119,
    "s":"替换为你的学号"
  },
  {
    "x":"优酷",
    "y":1948,
    "s":"替换为你的学号"
  },
  {
    "x":"新亮剑",
    "y":1946,
    "s":"替换为你的学号"
  }
]
```

⑨ 点击预览

使用华为云的 DVL 工具实践数据可视化,截图作为本部分实验成功结果。

6. 实验结果与评分标准

实验结束后应得到:安装好的 MySQL 数据库、Hive 数据仓库、导入搜狗日志数据的数据库、安装好的 Anaconda 工具、配置好的华为云可视化工具 DVL,以及相应的 Hive SQL 代码、Python 可视化代码。

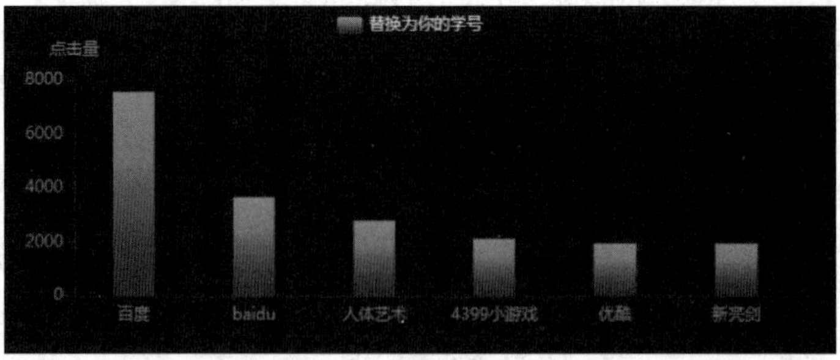

图 8-61　华为云的 DVL 工具实践数据可视化

实验评分标准，提交的实验报告中应包含如下内容。

(1) 实验中各部分要求的 8 张截图。

实验截图 1：元数据库 Mysql 安装的步骤 7 中查看 MySQL 编码的截图。

实验截图 2：Hive 安装部署中的步骤 7 中 Hive 启动成功的截图。

实验截图 3～6：Hive SQL 查询的截图。

实验截图 7：Python 可视化截图。

实验截图 8：华为 DLV 可视化截图。

(2) 分析一条复杂的 Hive SQL 是如何执行的。

(3) 分析 rank 与用户点击次数之间的关系。

(4) 自定义从数据中挖掘哪些有价值的信息（至少两条）。

8.2　基于 Flink 的电商平台订单实时分析综合实践

1. 实验描述

在现在的移动互联网时代，当前线上购物无疑是最火热的购物方式，电商平台可以以多种方式接入，如通过 Web 方式访问、通过 App 的方式访问、通过微信小程序的方式访问等。同时，电商平台需要每天统计各平台的实时访问数据量、订单数、访问人数等指标，从而能在显示大屏上实时展示相关数据，方便及时了解数据变化，有针对性地调整营销策略。因此，需要采用大数据实时计算框架来高效快捷地统计这些指标。

假设平台已经将每个商品的订单信息实时写入 Kafka 中，这些信息包括订单 ID、订单生成的渠道（Web 方式、App 方式等）、订单时间、订单金额、折扣后实际支付金额、支付时间、用户 ID、用户姓名、订单地区 ID 等信息。而实时大数据分析，需要做的就是根据当前可以获取到的业务数据，实时统计每种渠道的相关指标，输出存储到数据库中，并进行查询展示。

本实验采用购买华为云大数据组件搭建大数据实时计算框架，来完成实时数据分析，主要步骤为如何使用在线大数据组件进行虚拟私有云的网络配置，以及不同大数据组件相互访问。

备注：华为云大数据组件资源一旦购买就开始计费，请合理安排时间进行实验，并注意以下几点：本实验预计 3 小时完成，实验结束后请一定释放资源，并确认资源彻底删除；若实验中途离开或中断，建议释放实验资源，否则将会按照购买的资源继续计费；资源释放步骤请根据实验指导进行。

2. 实验目的

本次实验是基于电商实时业务系统采集到的数据做实时处理，然后做关联数据库的查询展示。通过本实验：

- 掌握华为云在线大数据采集服务 Kafka 的使用；
- 掌握华为云在线大数据探索服务 DLI 的使用，以及 Flink 实时分析作业的程序开发；
- 掌握华为云 ECS 服务器的使用，以及 Kafka 的安装配置和 Kafka 客户端的使用；
- 掌握 RDS MySQL 数据库关联查询展示；
- 掌握 Kafka 实时数据采集、大数据探索服务 DLI 及 Flink 实时分析处理、Kafka 客户端数据发送、MySQL 数据库对分析结果存储的大数据实时分析综合实践。

3. 实验方案

实验方案流程如图 8-62 所示。

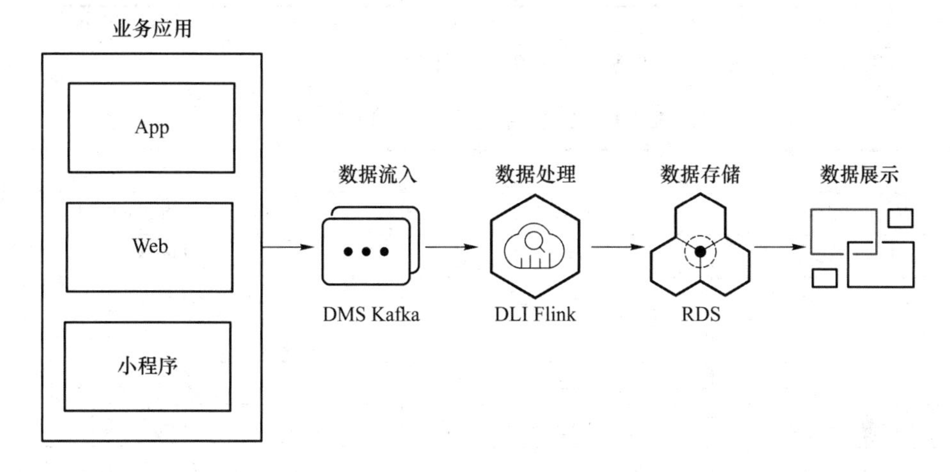

图 8-62 实验方案流程

实验采用环境如下：华为云的虚拟私有云网络环境 VPC、华为云的数据接入服务 DMS Kafka、华为云的数据库服务 MySQL、华为云的数据探索服务 DLI，以及一台云主机 ECS。

实验任务概要如下。

步骤 1：注册账号。使用 DLI 对数据进行分析之前，需要注册华为云账号并进行实名认证。

步骤 2：创建资源。在账户下创建作业需要的相关资源，涉及 VPC、DMS、DLI、RDS。

步骤 3：获取 DMS 连接地址并创建 Topic。获取 DMS Kafka 实例连接地址并创建 DMS Topic。

步骤 4：创建 RDS 数据库表。获取 RDS 实例内网地址，登录 RDS 实例创建 RDS 数据库及 MySQL 表。

步骤 5：创建 DLI 增强型跨源，并测试队列与 RDS、DMS 实例连通性。

步骤 6：创建并提交 Flink 作业。创建 DLI Flink OpenSource SQL 作业并运行。

4. 实验数据

(1) 数据源表：电商业务订单详情宽表，如表 8-2 所示。

表 8-2 电商业务订单详情宽表

字段名	字段类型	说明
order id	string	订单 ID
order_channel	string	订单生成的渠道(Web 方式、App 方式等)
order_time	string	订单时间
pay_amount	double	订单金额
real pay	double	实际支付金额
pay time	string	支付时间
user_id	string	用户 ID
user_name	string	用户姓名
area id	string	订单地区 ID

(2) 结果表:各渠道的销售总额实时统计表,如表 8-3 所示。

表 8-3 各渠道的销售总额实时统计表

字段名	字段类型	说明
begin time	varchar(32)	开始统计指标的时间
channel code	varchar(32)	渠道编号
channel_name	varchar(32)	渠道名
cur gmv	double	当天 GMV
cur order user count	bigint	当天付款人数
cur_order_count	bigint	当天付款订单数
last_pay_time	varchar(32)	最近结算时间
flink current time	varchar(32)	Flink 数据处理时间

5. 实验步骤

1) 购买虚拟私有云 VPC

① 在华为云官网,点选"产品"→"网络",单击"虚拟私有云 VPC",如图 8-63 所示。

图 8-63 虚拟私有云 VPC 位置截图

② 单击“立即使用”，如图 8-64 所示。

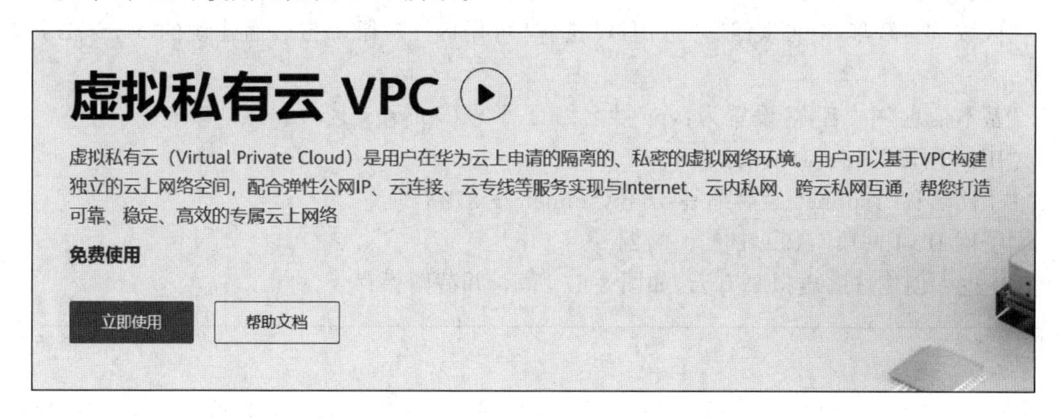

图 8-64 “立即使用”按钮

③ 在新页面中单击创建“虚拟私有云”，配置如图 8-65 所示。

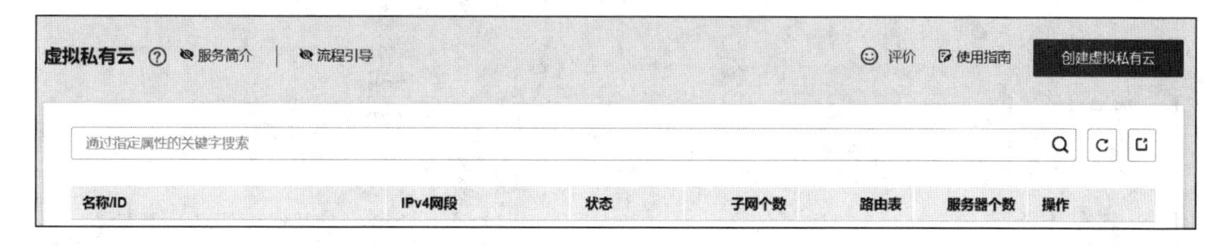

图 8-65 虚拟私有云配置

如图 8-66 所示，实验中需要网络配置和 Kafka 及后续的 ECS 统一用相同的 VPC、子网、安全组。

基本信息
区域 华北-北京四
不同区域的云服务产品之间内网互不相通；请就近选择靠近您业务的区域，可减少网络时延，提高访问速度。
名称 vpc-zgx-123
IPv4网段 192 . 168 . 0 . 0 / 16
建议使用网段:10.0.0.0/8-24（选择） 172.16.0.0/12-24（选择） 192.168.0.0/16-24（选择）
该VPC网段（192.168.0.0/16）与当前区域下其他VPC网段重叠，如需使用VPC互通服务，建议您修改VPC网段。查看区域下已有vpc网段
高级配置 标签 | 描述

默认子网
可用区 可用区1
名称 subnet-zgx-123
子网IPv4网段 192 . 168 . 0 . 0 / 24
可用IP数：251
子网创建完成后，子网网段无法修改
子网IPv6网段 开启IPv6
关联路由表 默认
高级配置 网关 | DNS服务器地址 | NTP服务器地址 | DHCP租约时间 | 标签 | 描述

图 8-66 网络配置

因此购买 VPC 基本参数如下：

“区域”选择“华北-北京四”，“可用区”选择“可用区 1”：保持与后面建设的 MySQL D LI 一致。

“基本信息”中“名称”设置为：vpc-姓名缩写-学号（vpc-zgx-123）

“IPv4 网段”：192.168.0.0/16

“子网名称”：subnet-姓名缩写-学号（subnet-zgx-123）

“子网 IPv4 网段”：192.168.0.0/24

④ 进入创建好的虚拟私有云，如图 8-67 所示，并截图保存。

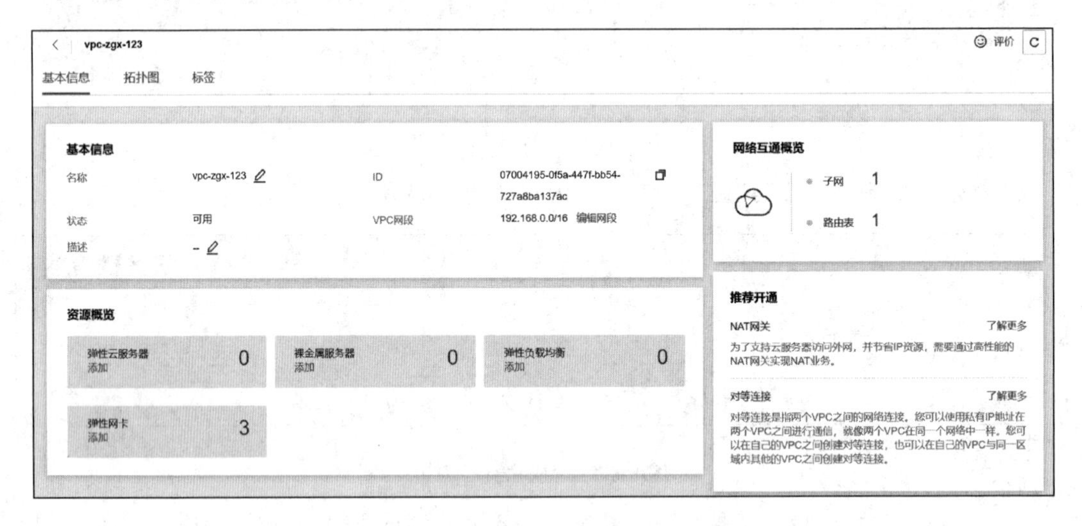

图 8-67 虚拟私有云基本信息

2）开通数据接入服务（DMS Kafka）

① 在华为云官网，在应用中间件菜单中找到分布式消息服务 DMS 服务。点选“产品”→“应用中间件”，进入“分布式消息服务 DMS”页面，如图 8-68 所示。单击“立即使用”，如图 8-69 所示。

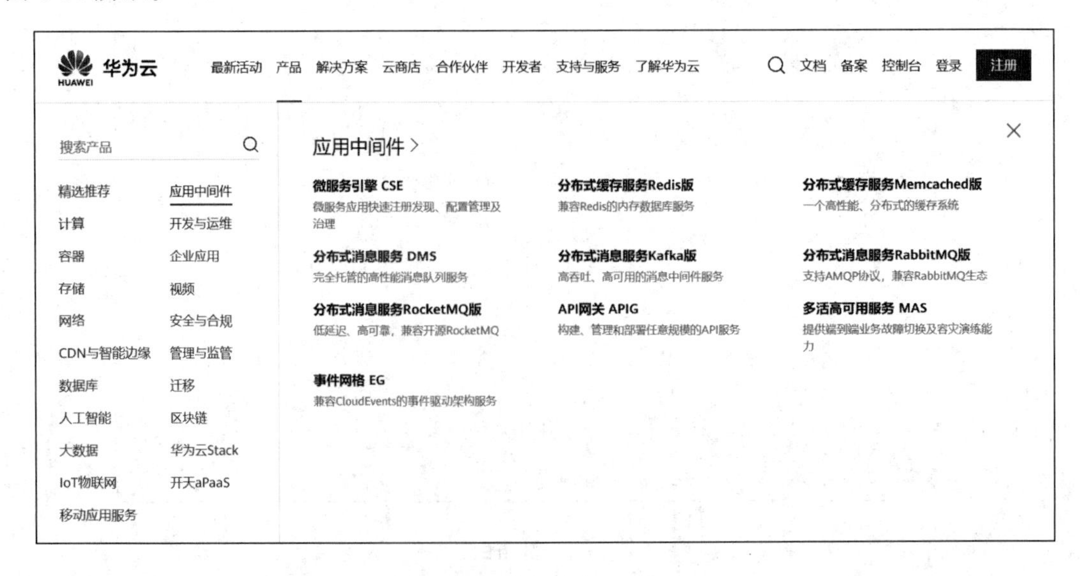

图 8-68 分布式消息服务 DMS

图 8-69　点击“立即使用”

② 在“Kafka 专享版”页面找到创建的 Kafka 实例。单击右上角“购买 Kafka 实例”，如图 8-70 所示。

图 8-70　购买 Kafka 实例

③ 购买 Kafka 实例。基本配置如图 8-71 所示。

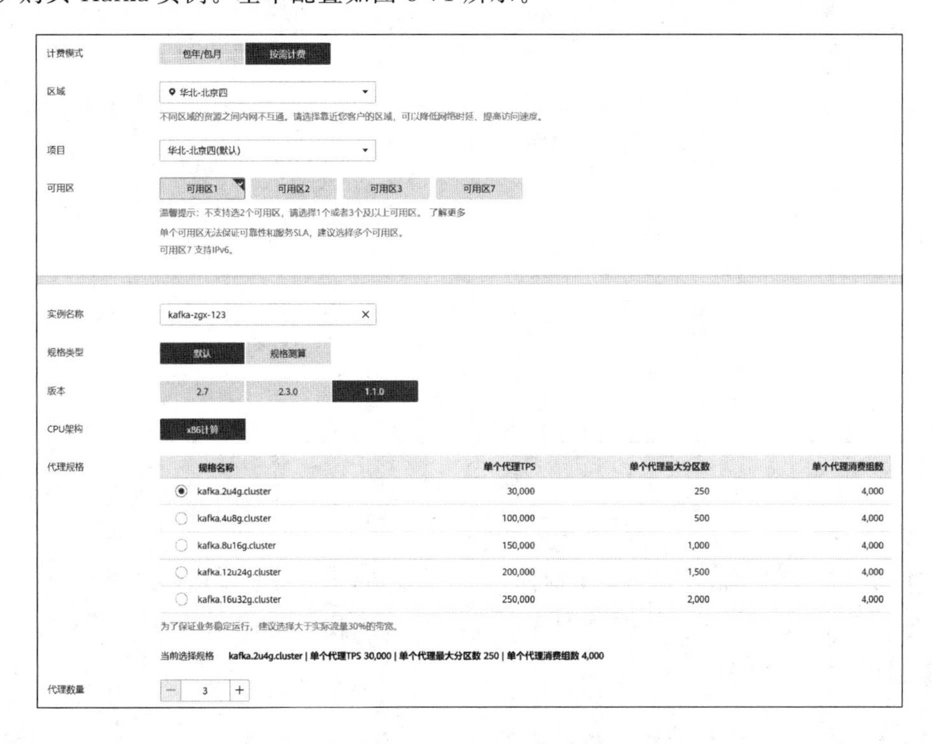

图 8-71　Kafka 基本配置

- 计费模式：按需付费。
- 区域和可用区：保持后面建设的 MySQL，DLI 一致，这里都选择可用区 1。
- 实例名称：kafka-姓名缩写-学号（例如 kafka-zgx-123）。
- Kafka 版本：选择 1.1.0。

虚拟私有云选择刚刚新建的 VPC，安全组选择 Sys-default。

Manager 用户名：姓名缩写-学号，密码自定义。

如图 8-72 所示，单击“立即购买”，核对配置无误后单击提交（注意可用区是否选择正确，如图 8-73 所示）。

虚拟私有云 vpc-zgx-123 subnet-zgx-123 (192.168.0.0/24) 可用 IP 251 个
如需创建新的虚拟私有云，可前往 控制台 创建。实例创建完成后，虚拟私有云和子网都不能修改。
安全组 Sys-default 管理安全组
Manager用户名 zgx-123 Manager用户名用于登录实例管理页面，实例创建后将不可修改。
密码 ·········
确认密码 ·········
更多配置
配置费用：¥4.50/小时
优先扣减免费套餐用量，了解更多
立即购买

图 8-72　虚拟私有云 Manager 配置

产品类型	产品规格		计费模式	数量	价格
实例	实例名称	kafka-zgx-123	按需计费	1	¥4.50/小时
	区域	北京四			
	可用区	可用区1			
	版本	1.1.0			
	代理规格	kafka.2u4g.cluster | 单个代理TPS 30,000 | 单个代理最大分区数 250 | 单个代理消费组数 4,000			
	代理数量	3			
	实例总存储空间	高I/O，600 GB			
	虚拟私有云	vpc-zgx-123			
	子网	subnet-zgx-123			
	安全组	Sys-default			
	容量阈值策略	自动删除			
	公网访问	关闭			
	Smart Connect	关闭			
	Kafka SASL_SSL	关闭			
	Kafka自动创建Topic	关闭			

图 8-73　核对配置

④ 单击新创建的 Kafka 实例，并截图保存。

注意：华为云创建 Kafka 实例需要时间，单击创建后，可以查看实例创建状态，等待大概五到十分钟，状态会从“创建中”变为“运行中”，如图 8-74 所示。（如图 8-75 所示，这里补充截图的 Kafka 实例“kafka-ehh-2022”）

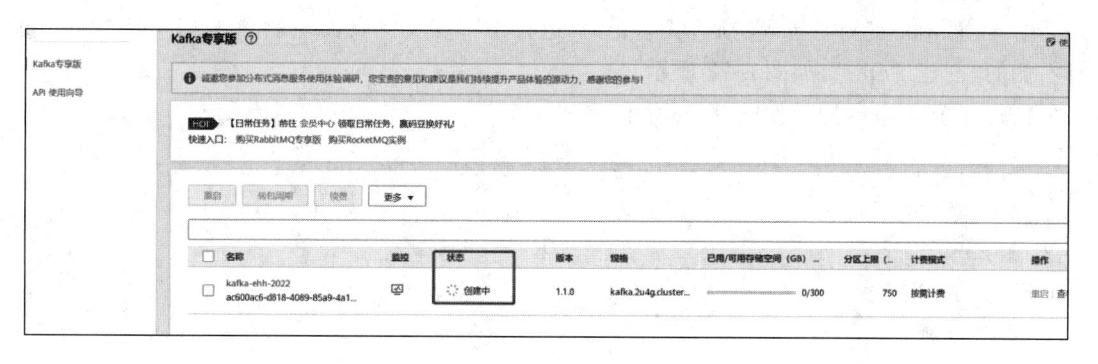

图 8-74　Kafka 状态

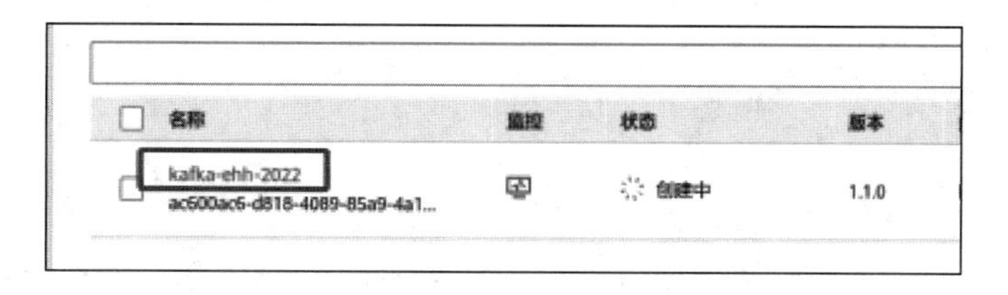

图 8-75　Kafka 实例

单击列表中的 Kafka 实例名称，进入 Kafka 实例管理界面，如图 8-76 所示。

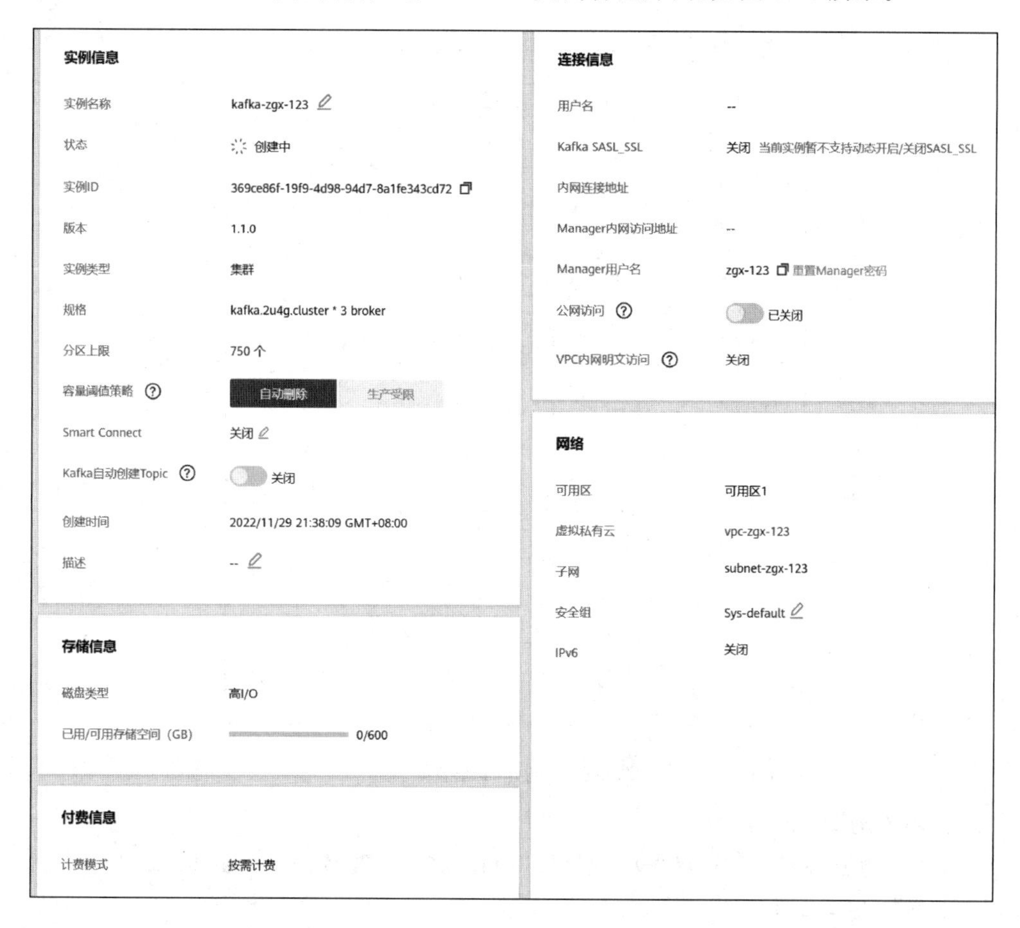

图 8-76　Kafka 实例管理界面

⑤ 在 Kafka 实例创建成功后，状态变为“运行中”，在实例页面左侧单击“Topic 管理”，选择右侧的“创建 Topic”，如图 8-77 所示。

创建一个 Topic，配置如图 8-78 所示。

```
名称:trade_order_detail_info_姓名缩写(trade_order_detail_info_zgx)
分区数:1
副本数:1
老化时间:72h
同步落盘:否
```

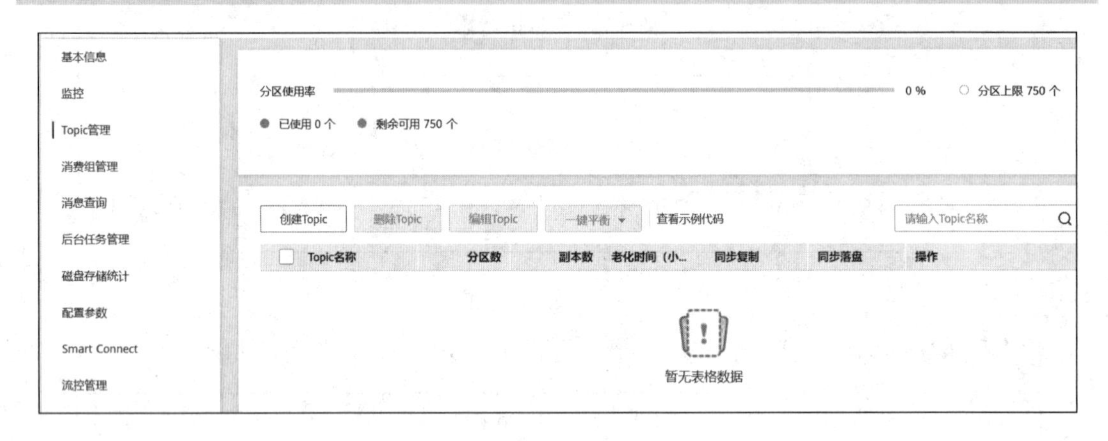

图 8-77 创建 Topic

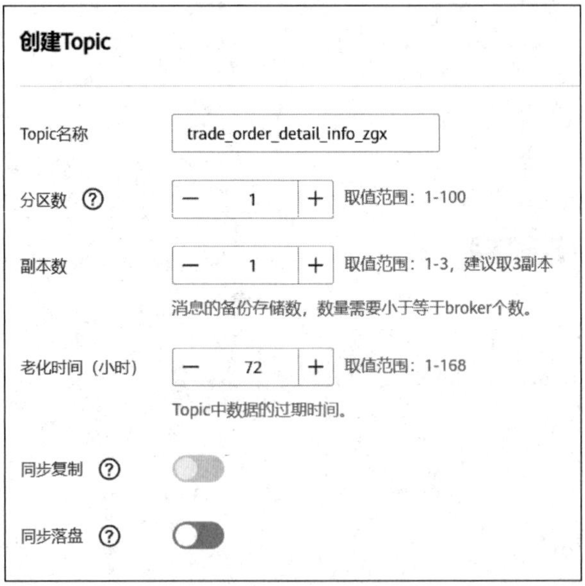

创建Topic

Topic名称 trade_order_detail_info_zgx

分区数 1 取值范围：1-100

副本数 1 取值范围：1-3，建议取3副本

消息的备份存储数，数量需要小于等于broker个数。

老化时间（小时） 72 取值范围：1-168

Topic中数据的过期时间。

同步复制

同步落盘

图 8-78 创建 Topic 配置

3）创建数据库服务(MySQL)

① 进入华为云官网，在“产品”→“数据库”中找到“云数据库 RDS for MySQL”，在新页面中单击“立刻购买”，如图 8-79 所示。

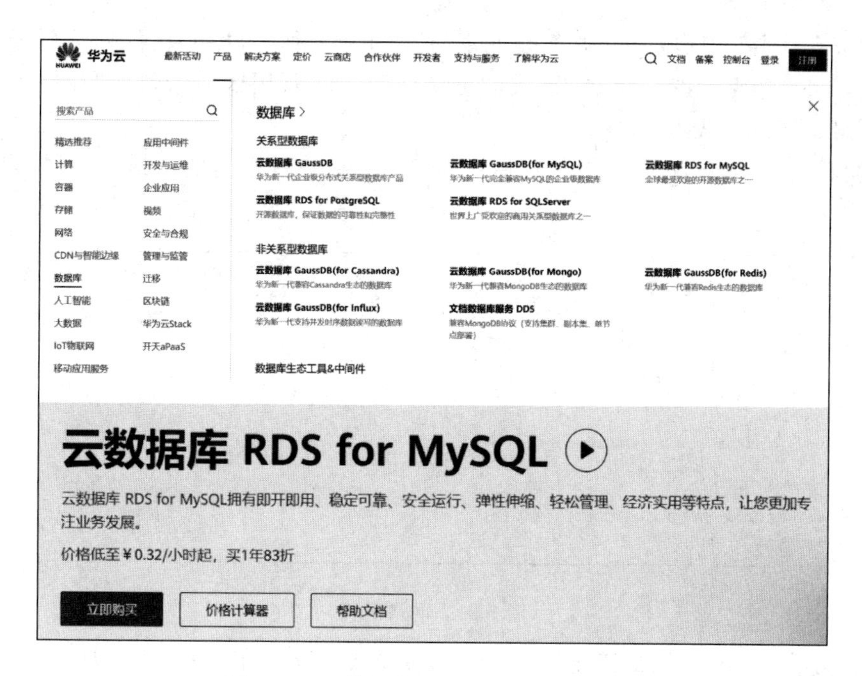

图 8-79　云数据库 RDS for MySQL 购买

② 配置数据库性能规格如图 8-80 所示。

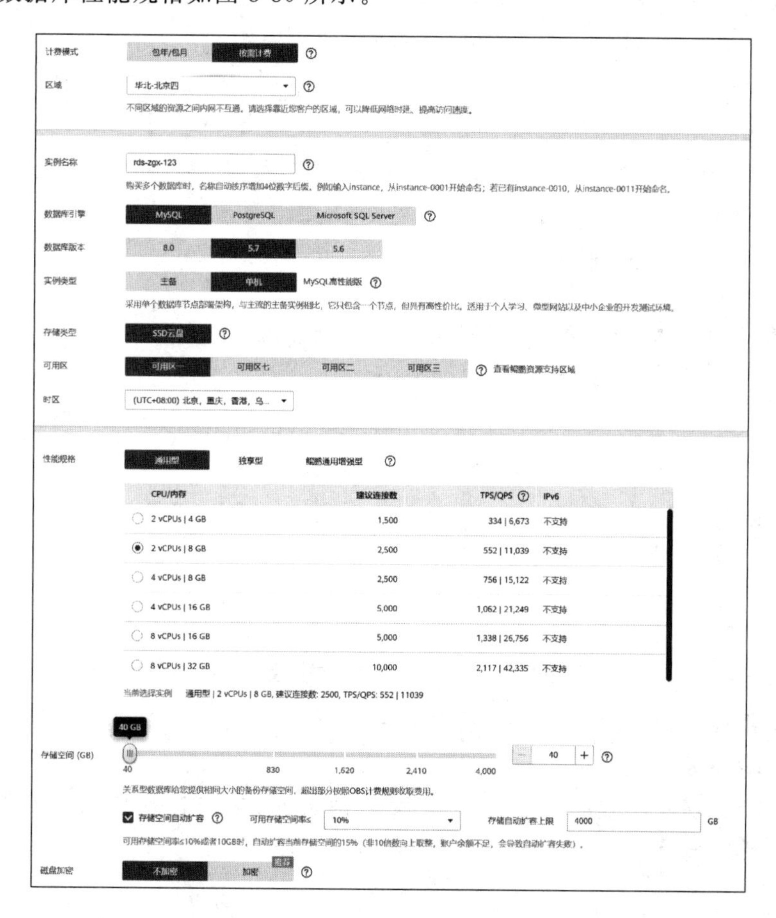

图 8-80　数据库性能规格

选择“按需计费”，“区域”选择“华北-北京四”，“实例名称”为“rds-姓名缩写-学号”，“版本”选择“5.7”，“实例类型”选择“单机”模式，“可用区”选择“可用区一”，勾上“存储空间自动扩容”，未说明项目使用“默认”选择。

网络配置和前面配置的 Kafka 及后续的 ECS 统一用相同的 VPC、子网、安全组，如图 8-81 所示。

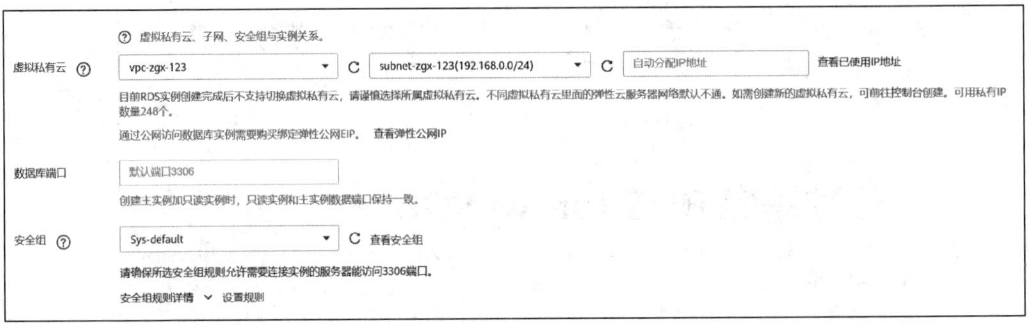

图 8-81 网络配置

设置密码后单击“立即购买”，确认信息无误后在新的页面单击“提交”，如图 8-82 所示。

图 8-82 设置密码与提交界面

③ 等待数据库梳理创建完成后（5 分钟左右，左侧任务中心可查看进度），单击进入实例并进行截图，如图 8-83 所示。

④ 设置 SQL 数据库安全组。在数据库实例页面，单击连接信息中的“安全组 Sys-default”，如图 8-84 所示。

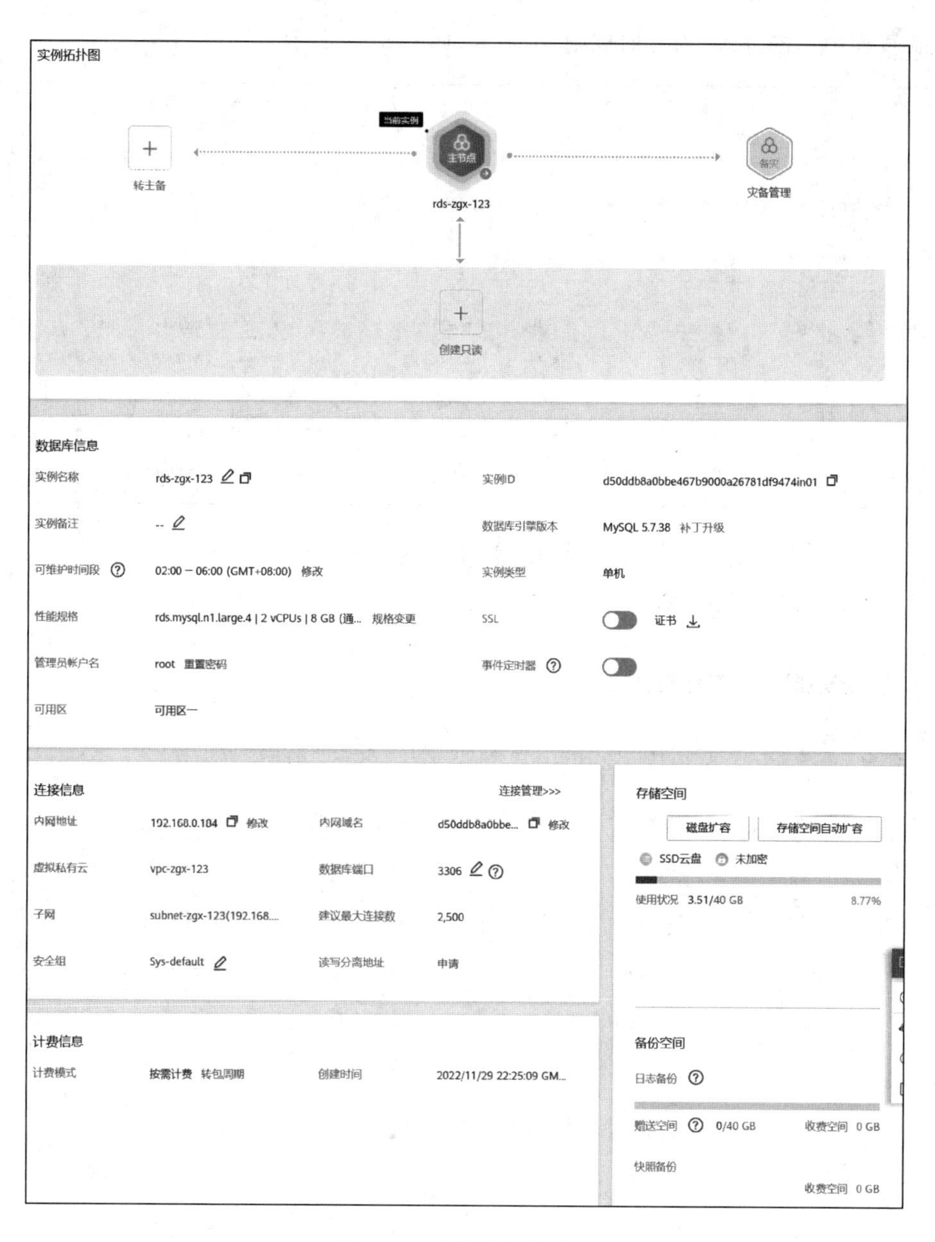

图 8-83 数据库实例界面

连接信息 连接管理>>>

内网地址	192.168.0.184 修改	内网域名	d50ddb8a0bbe... 修改
虚拟私有云	vpc-zgx-123	数据库端口	3306
子网	subnet-zgx-123(192.168....	建议最大连接数	2,500
安全组	Sys-default	读写分离地址	申请

图 8-84 数据库连接信息安全组

在新页面中单击进入“入方向规则”选项卡，如图 8-85 所示。

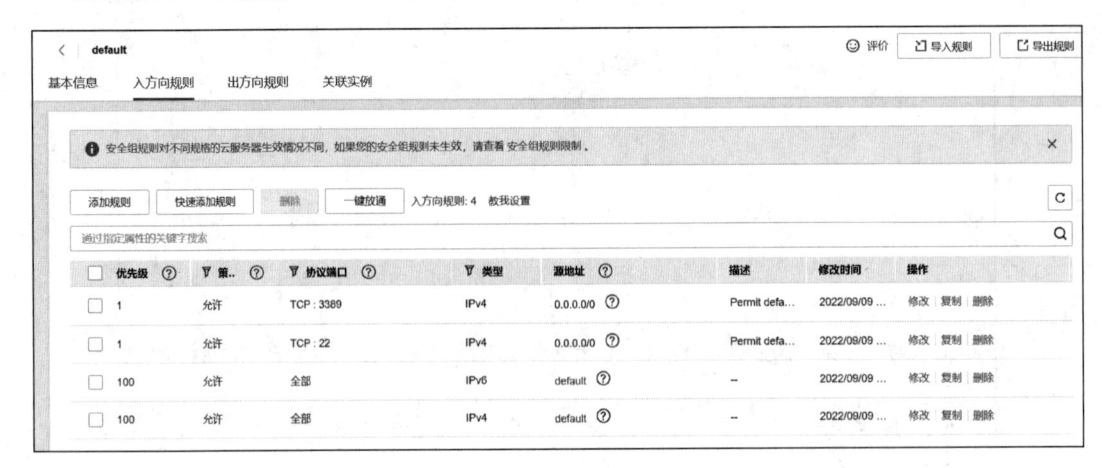

图 8-85　进入“入方向规则”选项卡

单击“一键放通”，单击“确定”，如图 8-86 所示。

一键放通功能将放通下列常用端口。

一键放通功能仅判断是否已添加相应的安全组规则，请确保当前安全组下没有优先级更高的拒绝策略的安全组规则。

优先级	策略	协议端口	类型	源地址	描述
1	允许	TCP : 80	IPv4	0.0.0.0/0	允许使用HTTP协议访问网站
1	允许	TCP : 443	IPv4	0.0.0.0/0	允许使用HTTPS协议访问网站
1	允许	TCP : 20-21	IPv4	0.0.0.0/0	允许通过FTP上传和下载文件
1	允许	ICMP : 全部	IPv4	0.0.0.0/0	允许ping程序测试弹性云服务器的连...

以下安全组规则无法添加。

优先级	策略	协议端口	类型	源地址	原因
1	允许	TCP : 22	IPv4	0.0.0.0/0	安全组下已存在相同规则
1	允许	TCP : 3389	IPv4	0.0.0.0/0	安全组下已存在相同规则

确定　取消

图 8-86　一键放通界面

单击“添加规则”，“协议端口”选择“基本协议/全部协议”，“优先级”填“100”，单击“确定”按钮，如图 8-87 所示。

4）创建数据表

① 在数据库实例列表中，登录刚刚创建的数据库，如图 8-88 所示，同意弹窗内容后，输入登录密码完成登录，如图 8-89 所示。

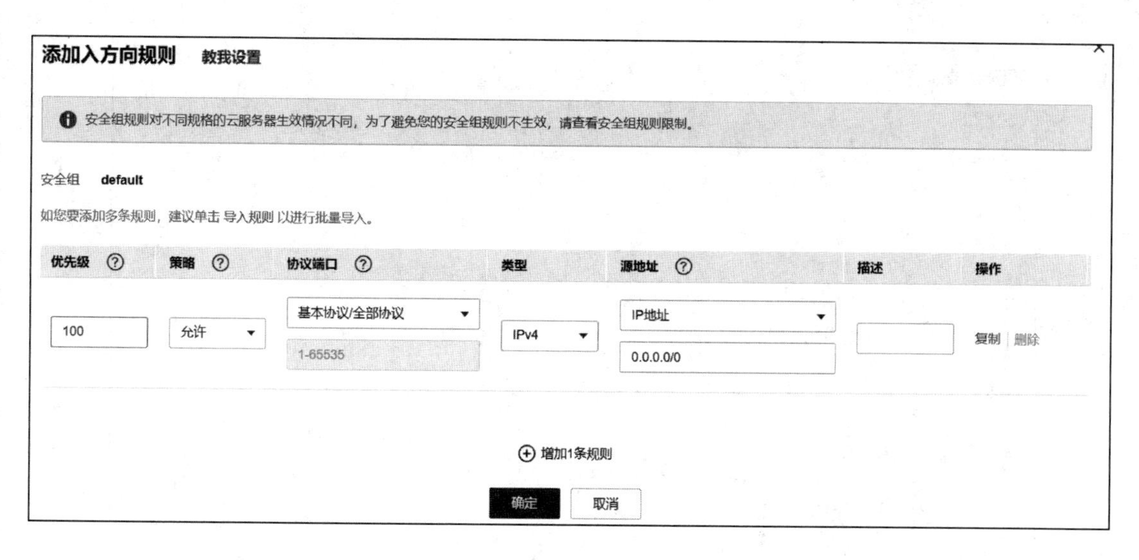

图 8-87 添加入方向规则界面

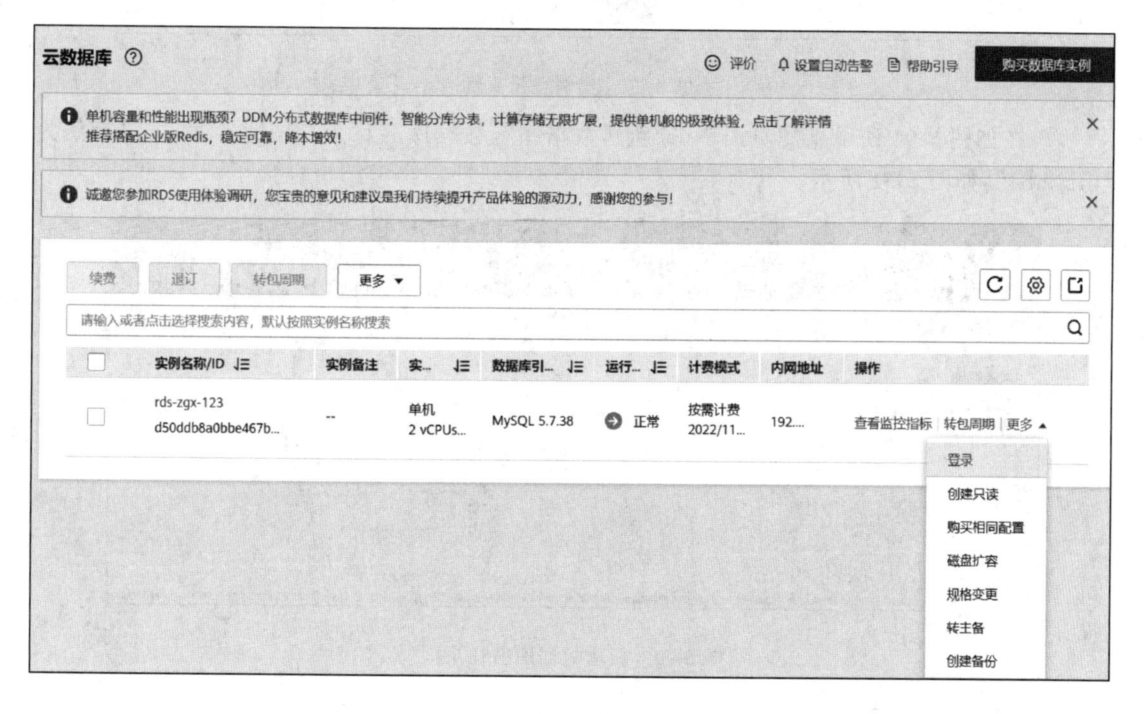

图 8-88 登录云数据库界面

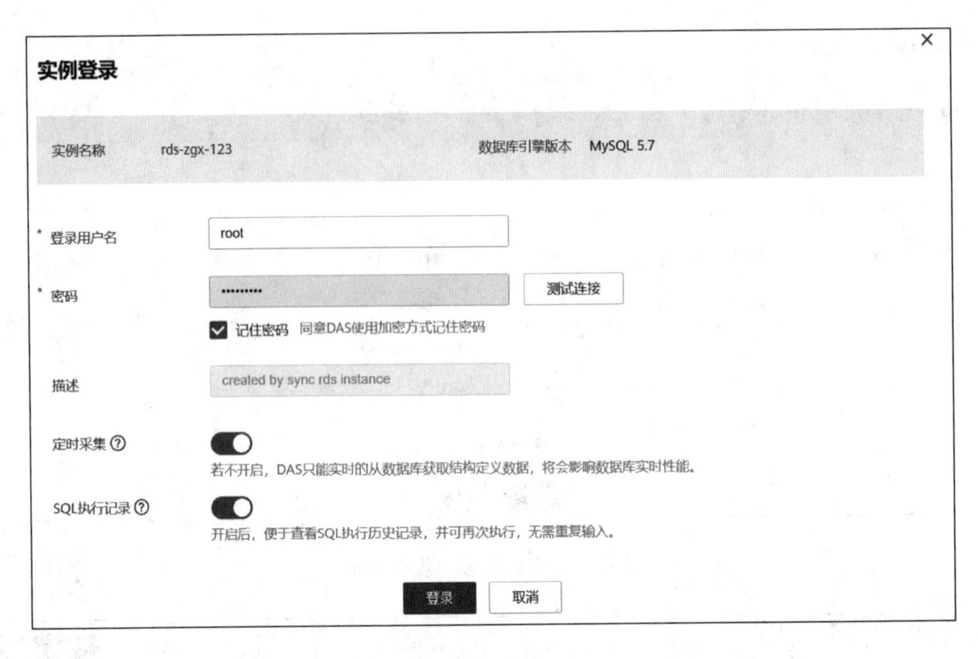

图 8-89　实例登录界面

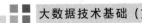

② 在如图 8-90 所示新的页面单击“新建数据库”，数据库名称为：dli-姓名缩写，字符集为“utf8mb4”，如图 8-91 所示。

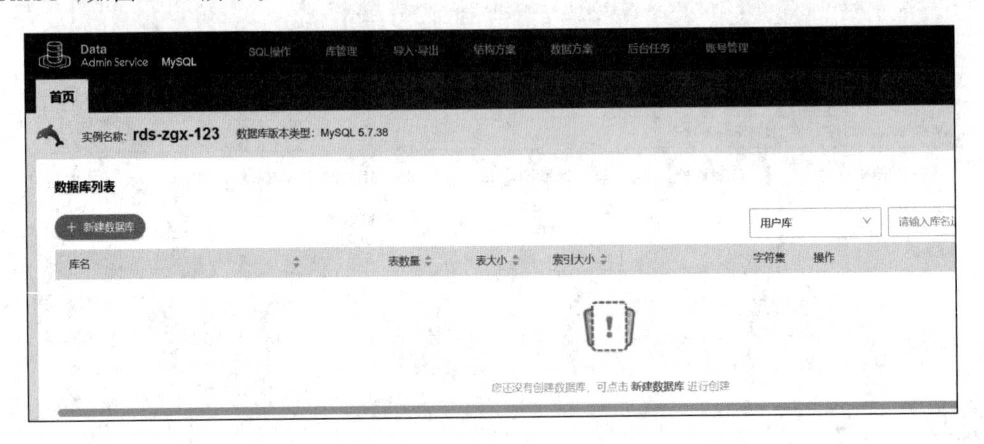

图 8-90　新建数据库所在页面

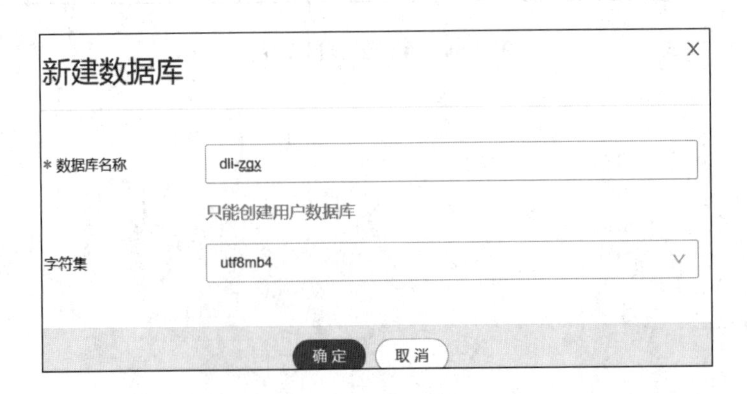

图 8-91　新建数据库信息

③ 创建数据表。单击刚才创建好的数据库，进入数据库页面，单击 SQL 窗口，如图 8-92 所示。

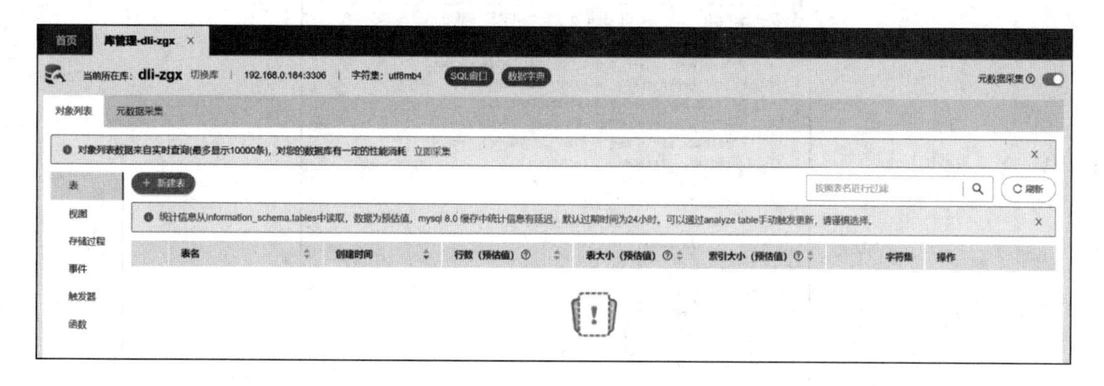

图 8-92 数据库页面 SQL 窗口

在上方区域输入以下代码并执行，替换蓝色部分为自己名字缩写，如图 8-93 所示。

```
DROP TABLE IF EXISTS 'dli-<姓名缩写>'.'trade_channel_collect';
CREATE TABLE 'dli-<姓名缩写>'.'trade_channel_collect' (
    'begin_time' VARCHAR(32) NOT NULL,
    'channel_code' VARCHAR(32) NOT NULL,
    'channel_name' VARCHAR(32) NULL,
    'cur_gmv' DOUBLE UNSIGNED NULL,
    'cur_order_user_count' BIGINT UNSIGNED NULL,
    'cur_order_count' BIGINT UNSIGNED NULL,
    'last_pay_time' VARCHAR(32) NULL,
    'flink_current_time' VARCHAR(32) NULL,
    PRIMARY KEY ('begin_time', 'channel_code')
)   ENGINE = InnoDB
    DEFAULT CHARACTER SET = utf8mb4
    COLLATE = utf8mb4_general_ci
    COMMENT = '各渠道的销售总额实时统计';
```

图 8-93 创建指定表

执行后，可以在“消息”窗口查看执行日志，如图 8-94 所示。

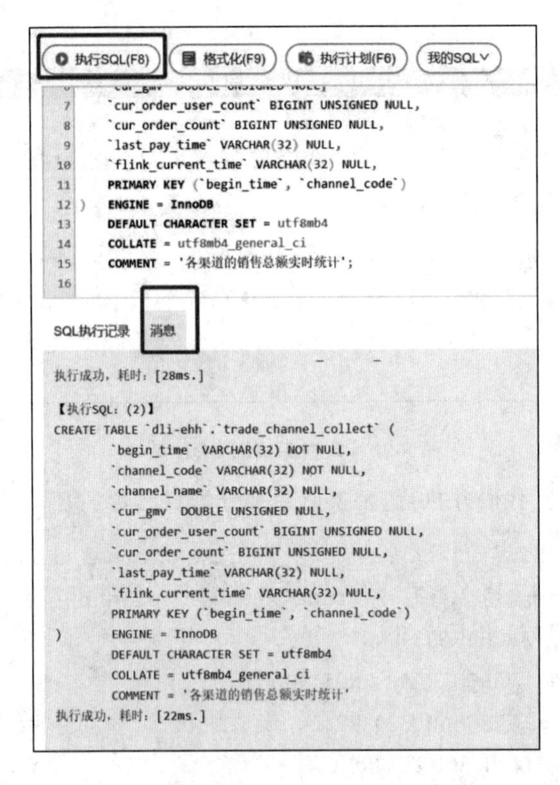

图 8-94　查看执行日志

日志显示执行成功，点击左侧的刷新按钮，查看创建成功的表信息，如图 8-95 所示。

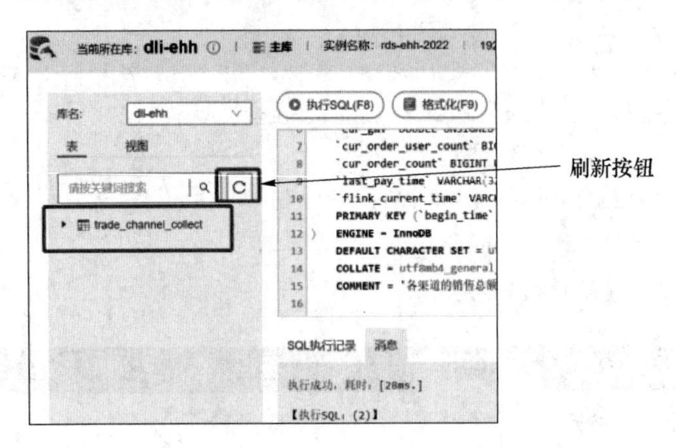

图 8-95　查看创建成功的表信息

执行后结果如图 8-96 所示，将该页面进行截图，截图中需包括：①所在数据库名称（带有自己的名字）；②所建表格的列名（截图左侧部分）。

5）开通数据探索服务（DLI）

① 在华为云官网页面，依次选择“产品”→“大数据”→“数据湖探索 DLI”，如图 8-97 所示。

② 单击“立刻购买”，如图 8-98 所示。

图 8-96 页面截图示例

图 8-97 点选页面

图 8-98 DLI 购买

③ 在购买队列页面，按如图 8-99 所示配置进行购买。选择"按需计费"，"区域"选择"华北-北京四"（需要和之前的 MySQL 服务在同一区域），"队列名称"为"dll_cce_queue_姓名缩写"，"队列类型"选择"通用队列"，勾选"专属资源模式"，"AZ 策略"选择"单 AZ"，"CPU 架构"选择"X86"，"队列规格"选择"16CUs"，其他配置保留默认选项。然后进行队列购买。

图 8-99　配置页面

回到数据湖探索页面，点选"资源管理"→"队列管理"，将刚刚新建的通用队列进行截图（截图中包含该队列的名称），如图 8-100 所示。

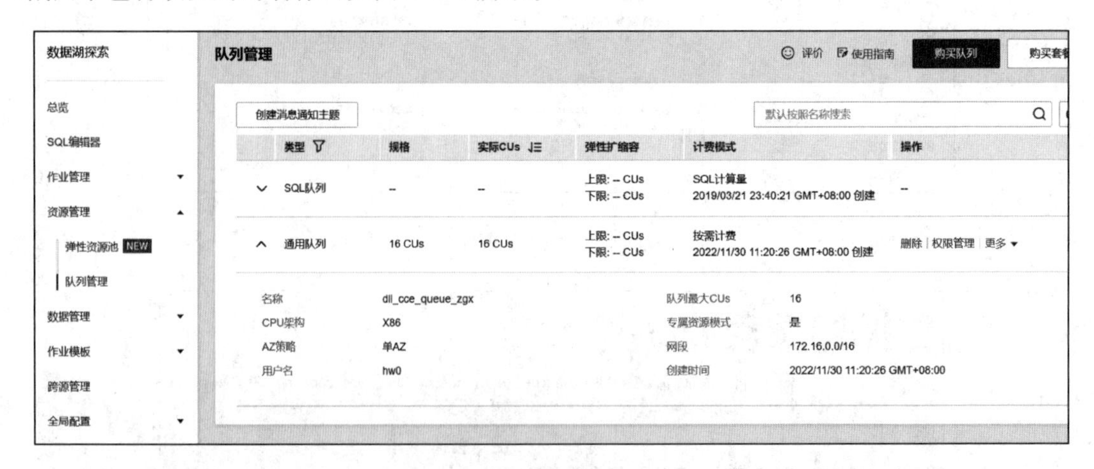

图 8-100　页面截图示例

④ 更新委托权限。点选"全局配置"→"服务授权"，选中"VPC Administrator"及"Tenant

Administrator”，单击“更新委托权限”，赋予 DLI 操作用户 VPC 资源的权限，用于创建 VPC 的对等连接，如图 8-101 所示。

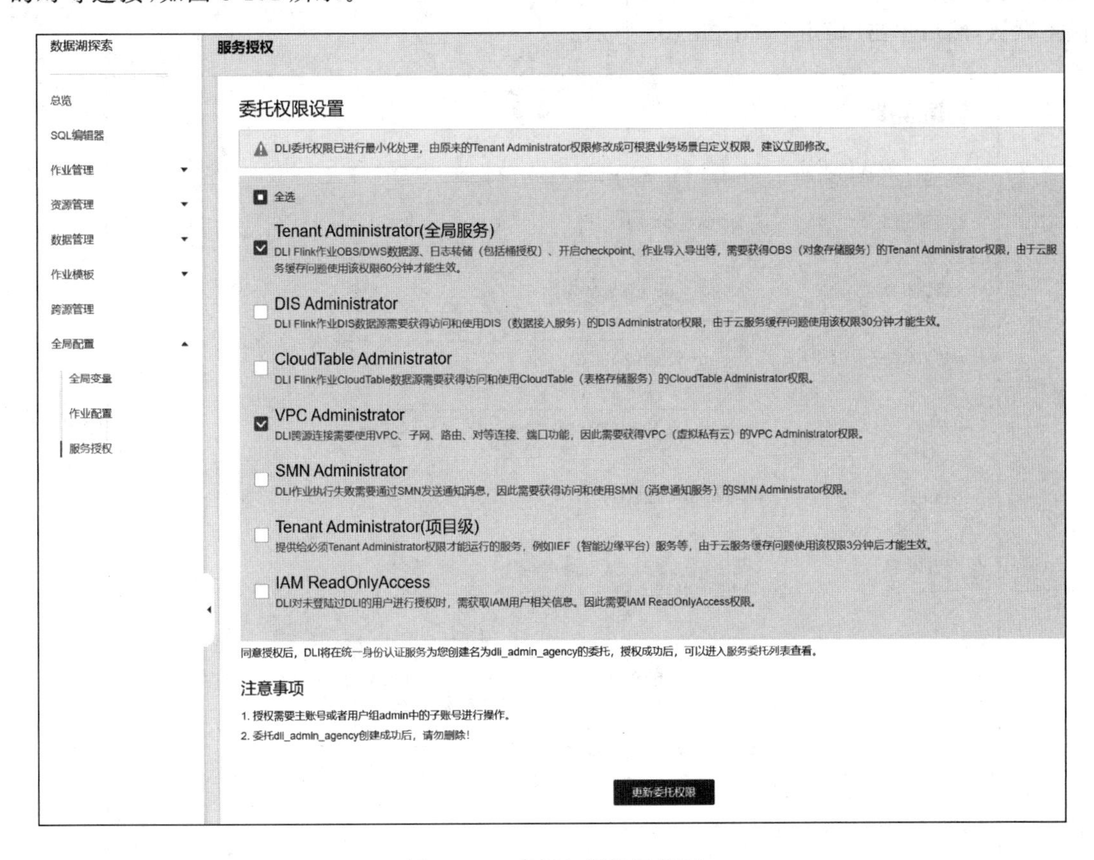

图 8-101　委托权限设置界面

⑤ 配置跨源链接。DLI 增强型跨源连接底层采用对等连接，通过该配置打通 DLI 集群与数据源的 VPC 网络，从而通过点对点的方式实现数据互通，让后续实验中的 DLI 能够保存数据到 RDS 中。

在数据湖探索页面，单击“跨源管理”，在“增强型跨源”选项卡下单击“创建”按钮，如图 8-102 所示。

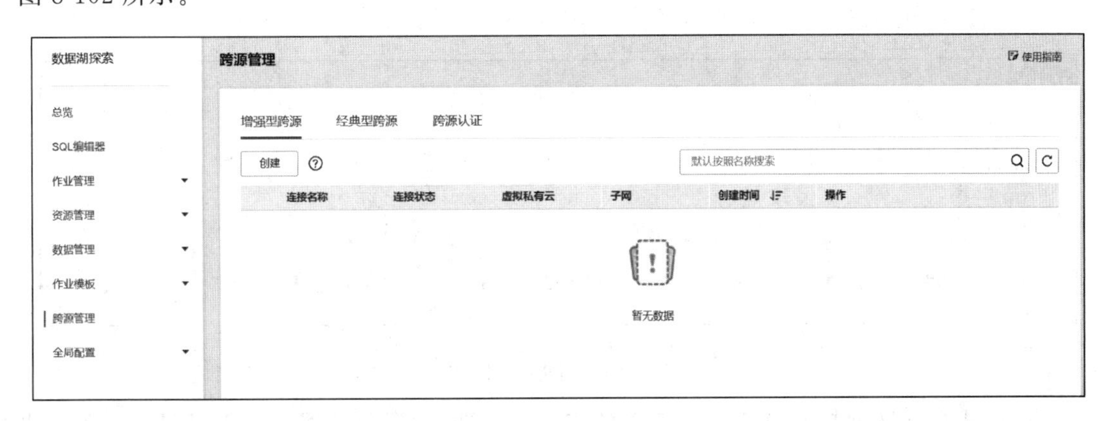

图 8-102　跨源管理

输入连接名称“connect_vpc_姓名缩写”，选择创建好的队列“dli_cce_queue_<姓名缩写>”，虚拟私有云选择“vpc-<姓名缩写>-<学号>”，子网选择“subnet-<姓名缩写>-<学号>”，其他配置保持默认，然后单击“确定”，如图 8-103 所示。

创建连接

增强型跨源会在用户网络中创建对等连接，并配置对等连接需要的路由

* 连接名称：connect_vpc_zgx
弹性资源池：dli_cce_queue_zgx
* 虚拟私有云：vpc-zgx-123(192.168.0.0/16)
* 子网：subnet-zgx-123(192.168.0.0/24)
路由表：rtb-vpc-zgx-123(默认)
主机信息：请输入格式为hostIp hostName的主机信息，多个主机信息以换行分隔。
标签：如果您需要使用同一标签识别多种云资源，即所有服务均可在标签输入框下拉选择同一标签，建议在TMS中创建预定义标签。查看预定义标签
在下方键/值输入框输入内容后单击'添加'，即可将标签加入此处

确定　取消

图 8-103　创建连接

创建成功后，在增强型跨源页面看到新创建的跨源连接的连接状态为“已激活”，截图保存（截图中连接名称、连接状态、虚拟私有云、子网等字段需要完整展示），如图 8-104 所示。

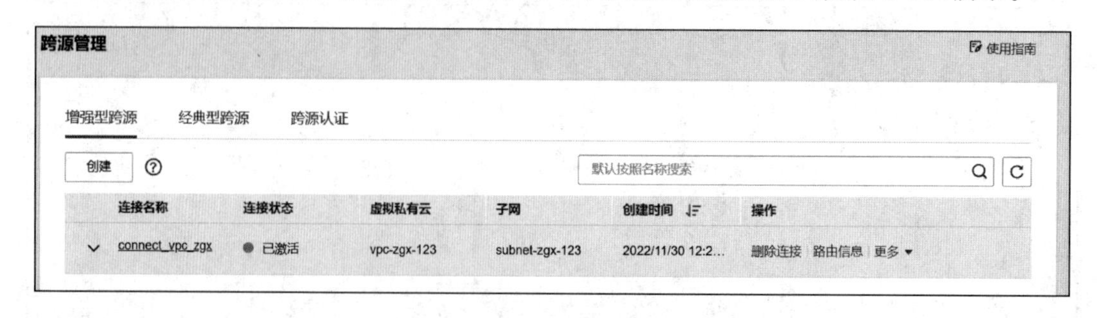

图 8-104　页面截图示例

⑥ 测试 DLI 队列与 RDS Kafka 实例的连通性。选择“资源管理”→“队列管理”，在所建立的通用队列右侧中，点选“更多”→“测试地址联通性”，如图 8-105 所示。

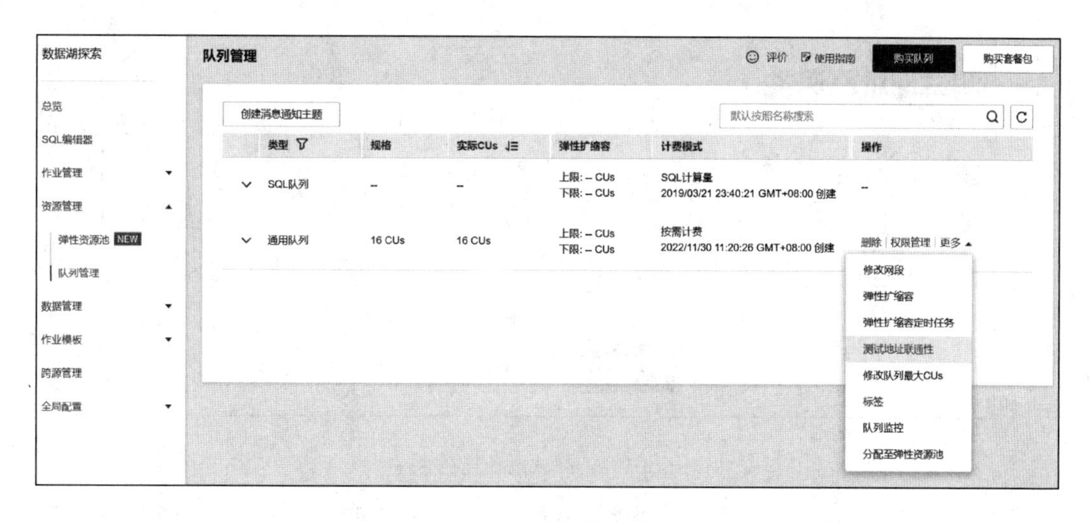

图 8-105 测试联通性

首先，测试数据库连通性。进入刚才创建的数据库实例，获取 IP 和端口号，将其按 IP:端口号的格式输入到测试地址联通性的地址一栏中，并截图。此处需要数据库截图〔包含数据库名称(姓名-姓名缩写-学号)，IP 地址，端口号〕以及测试地址联通性中显示地址可达的截图(地址……可达)，如图 8-106、图 8-107 所示。

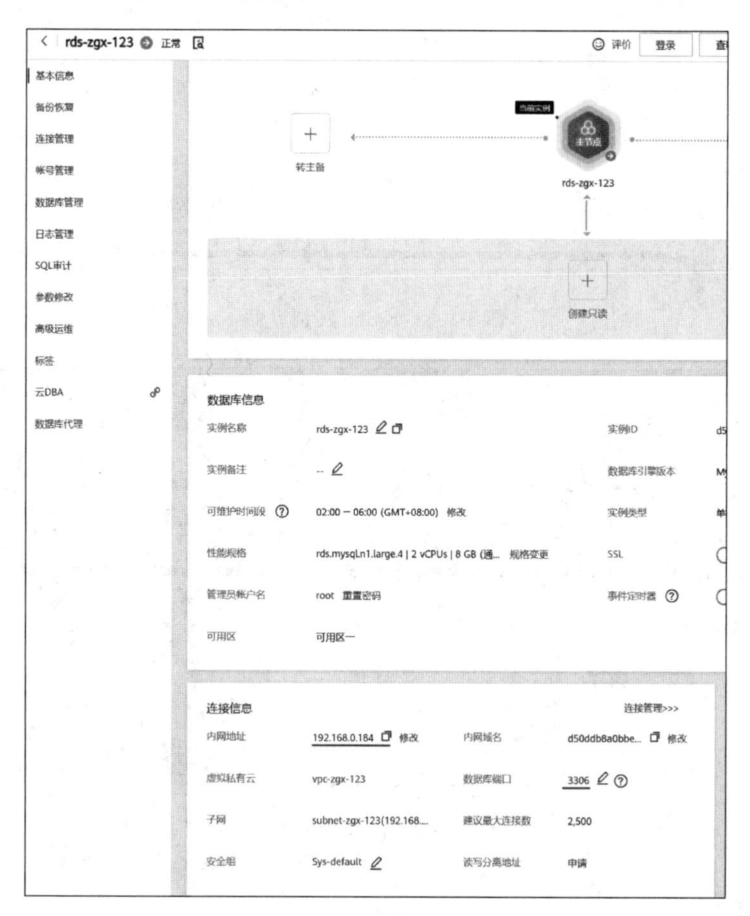

图 8-106 数据库连接信息

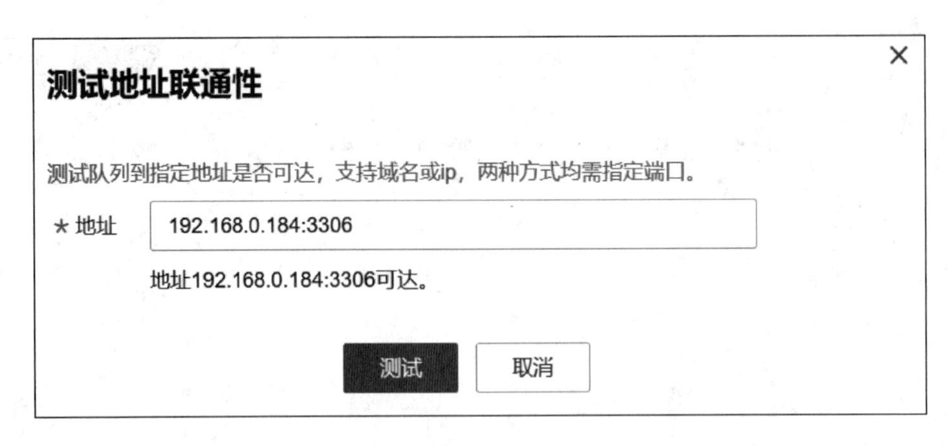

图 8-107　测试地址连通性

然后，测试 RDS Kafka 联通性。如图 8-108 所示，在前面创建的 Kafka 实例中，单击右侧"操作"中的"查看连接地址"，并截图（需包含实例名称字段，以及连接地址），如图 8-109 所示，复制第一个 IP:端口号到测试地址联通性页面，单击"测试"，确保到 RDS Kafka 实例的连通性，并截图，如图 8-110 所示。

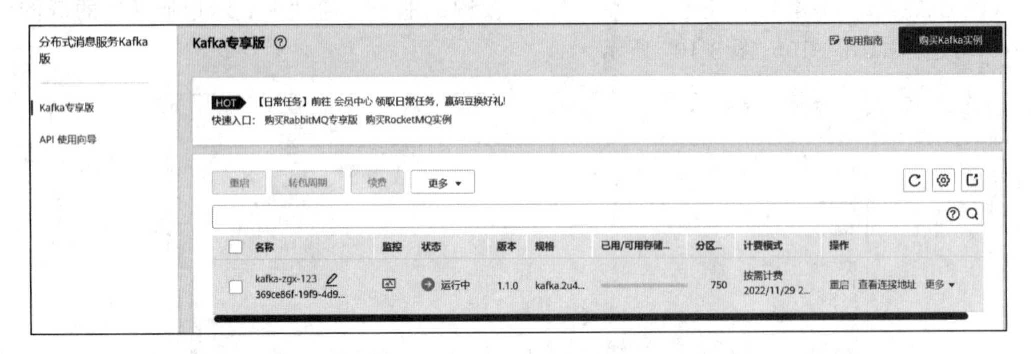

图 8-108　Kafka 实例界面

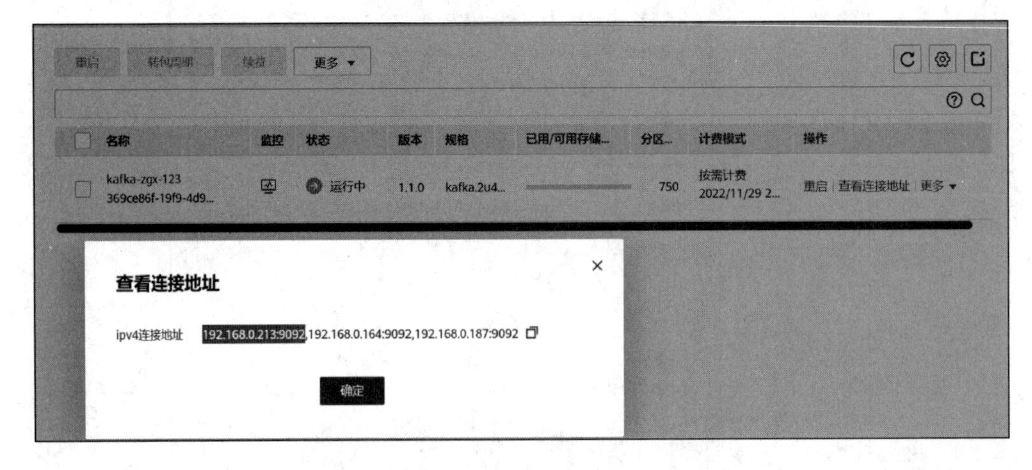

图 8-109　页面截图示例

图 8-110 页面截图示例

6）新建作业

① 在数据湖探索页面左侧，点选“作业管理”→“Flink 作业”，单击右上角的“创建作业”，如图 8-111 所示。创建作业配置如图 8-112 所示，类型为“Flink OpenSource SQL”，名称为“job_姓名缩写_学号”。

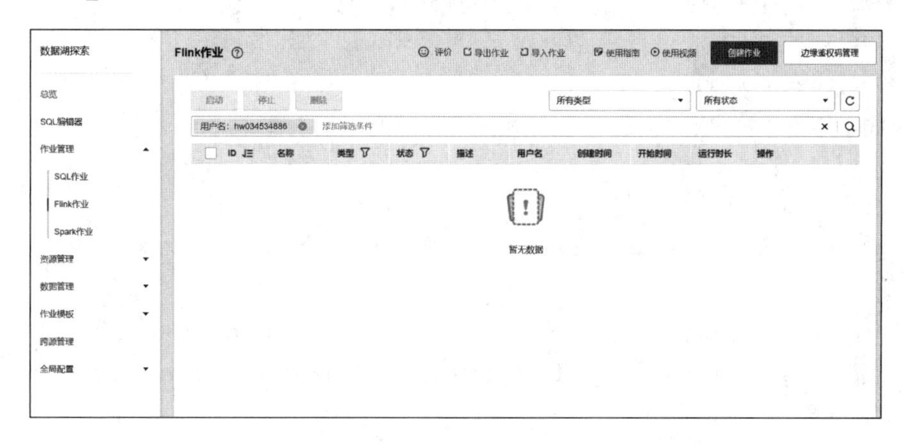

图 8-111 数据湖探索页面

图 8-112 创建作业配置

单击“确定”，进入作业编辑作业页面，将下面的代码复制到中间的文本框中。修改 kafka 的地址、topic 的名称、MySQL 的地址及数据库、用户名、密码为自己环境中的值。代码中 XXXX 以及< x >的地方请读者自行设定。

```
--********************************************************************--
-- 数据源:trade_order_detail_info（订单详情宽表）
--********************************************************************--
create table trade_order_detail (
  order_id string,                -- 订单 ID
  order_channel string,           -- 渠道
  order_time string,              -- 订单创建时间
  pay_amount double,              -- 订单金额
  real_pay double,                -- 实际付费金额
  pay_time string,                -- 付费时间
  user_id string,                 -- 用户 ID
  user_name string,               -- 用户名
  area_id string                  -- 地区 ID
) with (
  "connector" = "kafka",
  "properties.bootstrap.servers" = "XXXX:9092,XXXX:9092,XXXX:9092", -- Kafka
连接地址
  "properties.group.id" = "trade_order", -- Kafka groupID
  "topic" = "trade_order_detail_info_<姓名缩写>", -- Kafka topic
  "format" = "json",
  "scan.startup.mode" = "latest-offset"
);

--********************************************************************--
-- 结果表:trade_channel_collect（各渠道的销售总额实时统计）
--********************************************************************--
create table trade_channel_collect(
  begin_time string,              --统计数据的开始时间
  channel_code string,            -- 渠道编号
  channel_name string,            -- 渠道名
  cur_gmv double,                 -- 当天 GMV
  cur_order_user_count bigint,    -- 当天付款人数
  cur_order_count bigint,         -- 当天付款订单数
  last_pay_time string,           -- 最近结算时间
  flink_current_time string,
  primary key (begin_time, channel_code) not enforced
```

```
) with (
  "connector" = "jdbc",
  "url" = "jdbc:mysql://XXXX:3306/dli-<姓名缩写>", -- mysql 连接地址,jdbc
格式
  "table-name" = "trade_channel_collect", -- mysql 表名
  "username" = "XXXX", -- mysql 用户名
  "password" = "XXXX", -- mysql 密码
  "sink.buffer-flush.max-rows" = "1000",
  "sink.buffer-flush.interval" = "1s"
);
--*************************************************************--
-- 临时中间表
--*************************************************************--
create view tmp_order_detail
as
select *
    , case when t.order_channel not in ("webShop", "appShop", "miniAppShop")
then "other"
          else t.order_channel end as channel_code --重新定义统计渠道 只有
四个枚举值[webShop、appShop、miniAppShop、other]
    , case when t.order_channel = "webShop" then _UTF16"网页商城"
          when t.order_channel = "appShop" then _UTF16"app 商城"
          when t.order_channel = "miniAppShop" then _UTF16"小程序商城"
          else _UTF16"其他" end as channel_name --渠道名称
from (
    select *
        , row_number() over(partition by order_id order by order_time desc ) as
rn --去除重复订单数据
        , concat(substr("2021-03-25 12:03:00", 1, 10), " 00:00:00") as begin
_time
        , concat(substr("2021-03-25 12:03:00", 1, 10), " 23:59:59") as end
_time
        from trade_order_detail
        where pay_time >= concat(substr("2021-03-25 12:03:00", 1, 10), " 00:
00:00") --取今天数据,为了方便运行,这里使用"2021-03-25 12:03:00"替代 cast
(LOCALTIMESTAMP as string)
        and real_pay is not null
) t
where t.rn = 1;
```

```
-- 按渠道统计各个指标
insert into trade_channel_collect
s
```

修改代码相应地方后，右侧所属队列使用“dll_cce_queue_姓名缩写”，Flink 版本使用“1.12”，OBS 桶使用以前实验创建的即可（实验一创建过），然后单击“启动作业”，如图 8-113～图 8-115 所示。

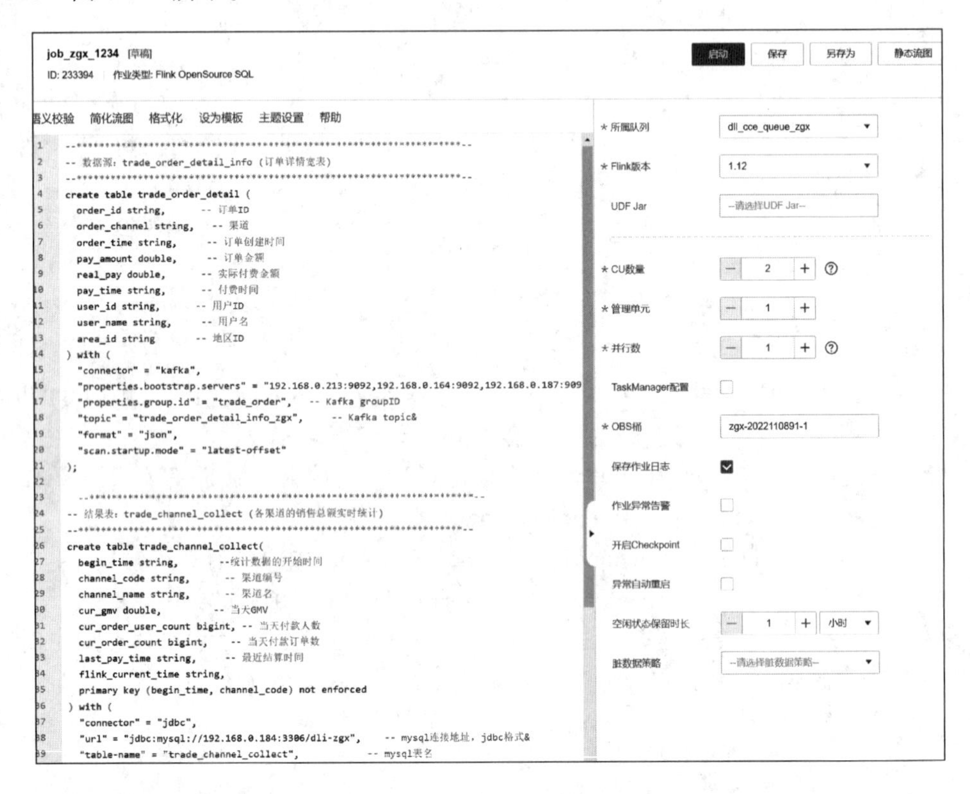

图 8-113　作业编辑作业页面

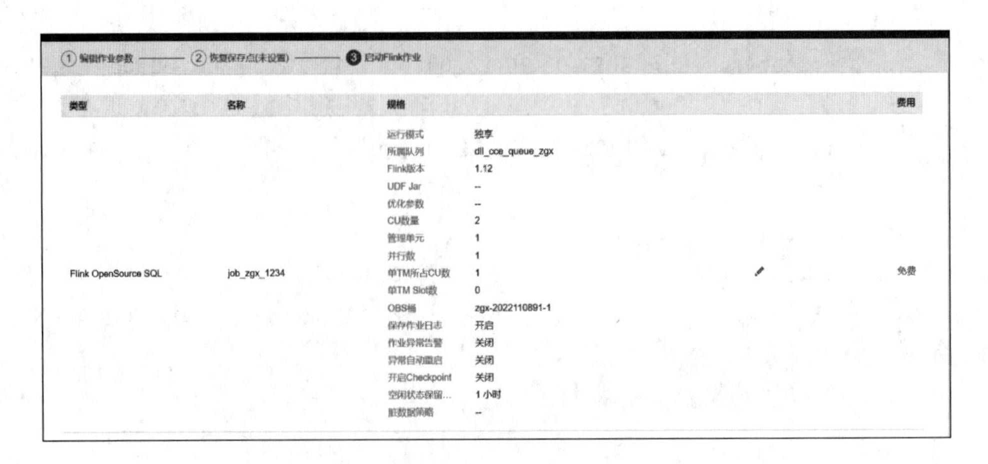

图 8-114　启动 Flink 作业

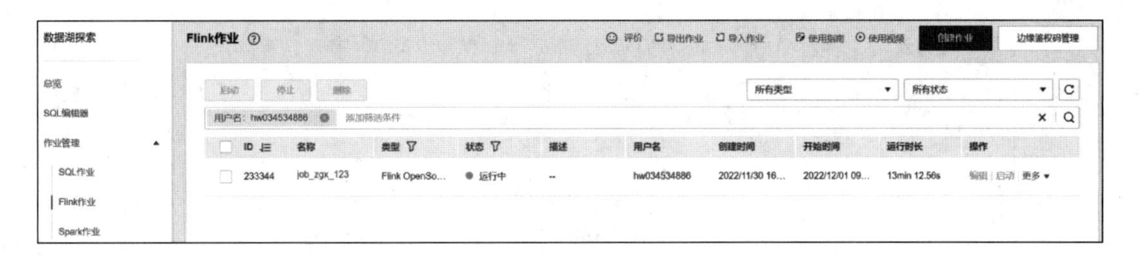

图 8-115 Flink 页面

② 等待作业状态变为“运行中”，然后单击名称进入实例页面，并进行截图（截图的页面需要完整，如图 8-116 所示）。

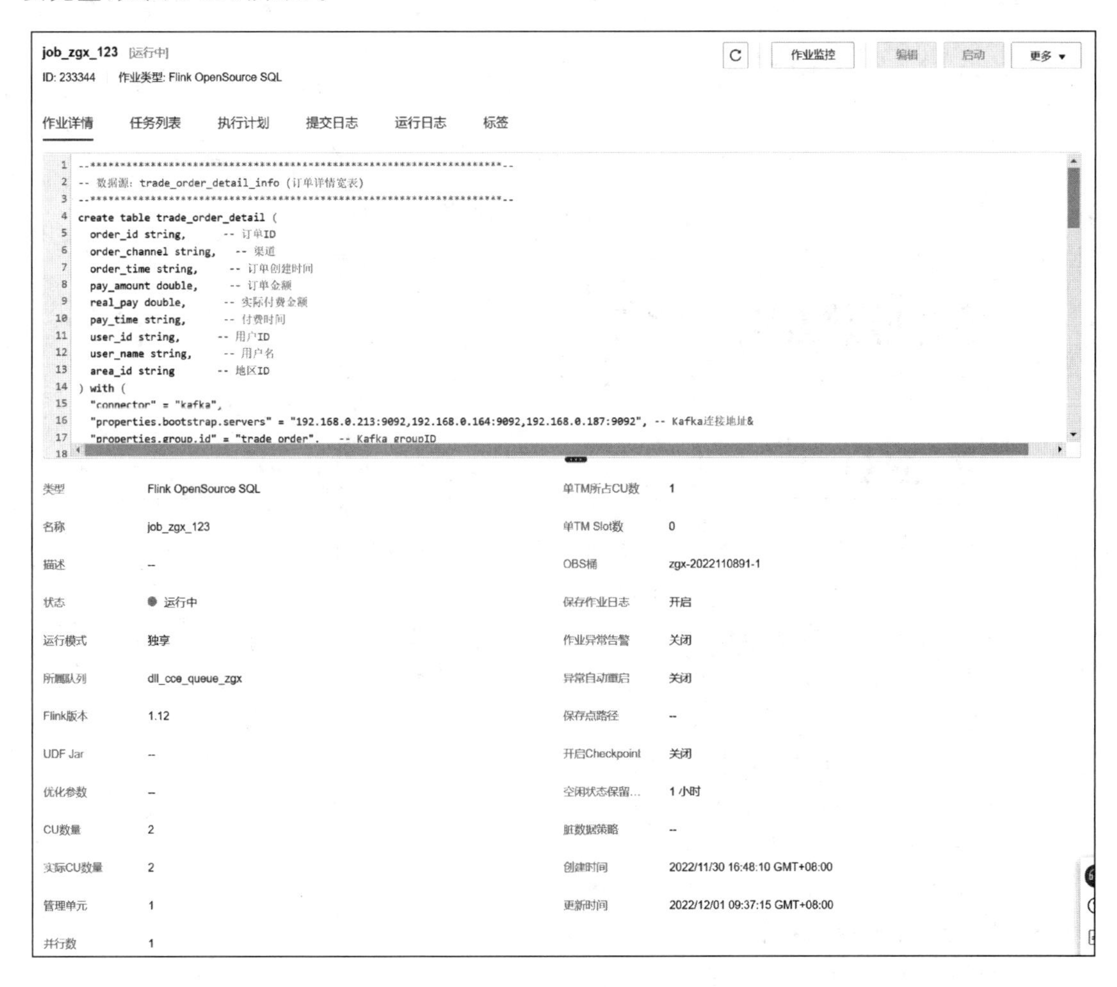

图 8-116 页面截图示例

7）新建云主机服务（ECS）并安装 Kafka 客户端

① 在华为云官网，依次点选“产品”→“计算”，点选“弹性云服务器 ECS”，如图 8-117 所示，在新的页面单击“立刻购买”，如图 8-118 所示。

图 8-117　弹性云服务器 ECS 入口

图 8-118　弹性云服务器 ECS 界面

② 按照图 8-119、图 8-120 配置新的弹性云服务器。

选择按需付费，其他基本参数如下。

- 区域和可用区：区域选择“华北-北京四”，可用区选择“可用区一”，保持和其他的服务配置一致。
- CPU 架构：X86 计算，通用计算增强型，规格使用 c6s. large. 2。
- 公共镜像：CentOS CentOS7. 6 64bit(40GB)。
- 主机安全：开通主机安全，选择基础版。

网络配置如图 8-121 所示。

- 网络使用：vpc-<姓名缩写>-学号。
- 子网：subnet-<姓名缩写>-学号。
- 安全组：使用 default，与前面使用的一致。
- 弹性公网 IP：现在购买。
- 线路为：静态 BGP。
- 公网带宽选择：按流量计费。

图 8-119　配置页面 1

镜像
公共镜像 私有镜像 共享镜像 市场镜像
CentOS　CentOS 7.6 64bit(40GB)
安全防护
免费开启主机安全基础防护
购买高阶防护
不使用安全防护
系统盘
通用型SSD　40　GiB
增加一块数据盘　您还可以挂载 23 块磁盘（云硬盘）
Linux实例添加的数据盘可使用脚本向导式初始化。如何操作？

图 8-120　配置页面 2

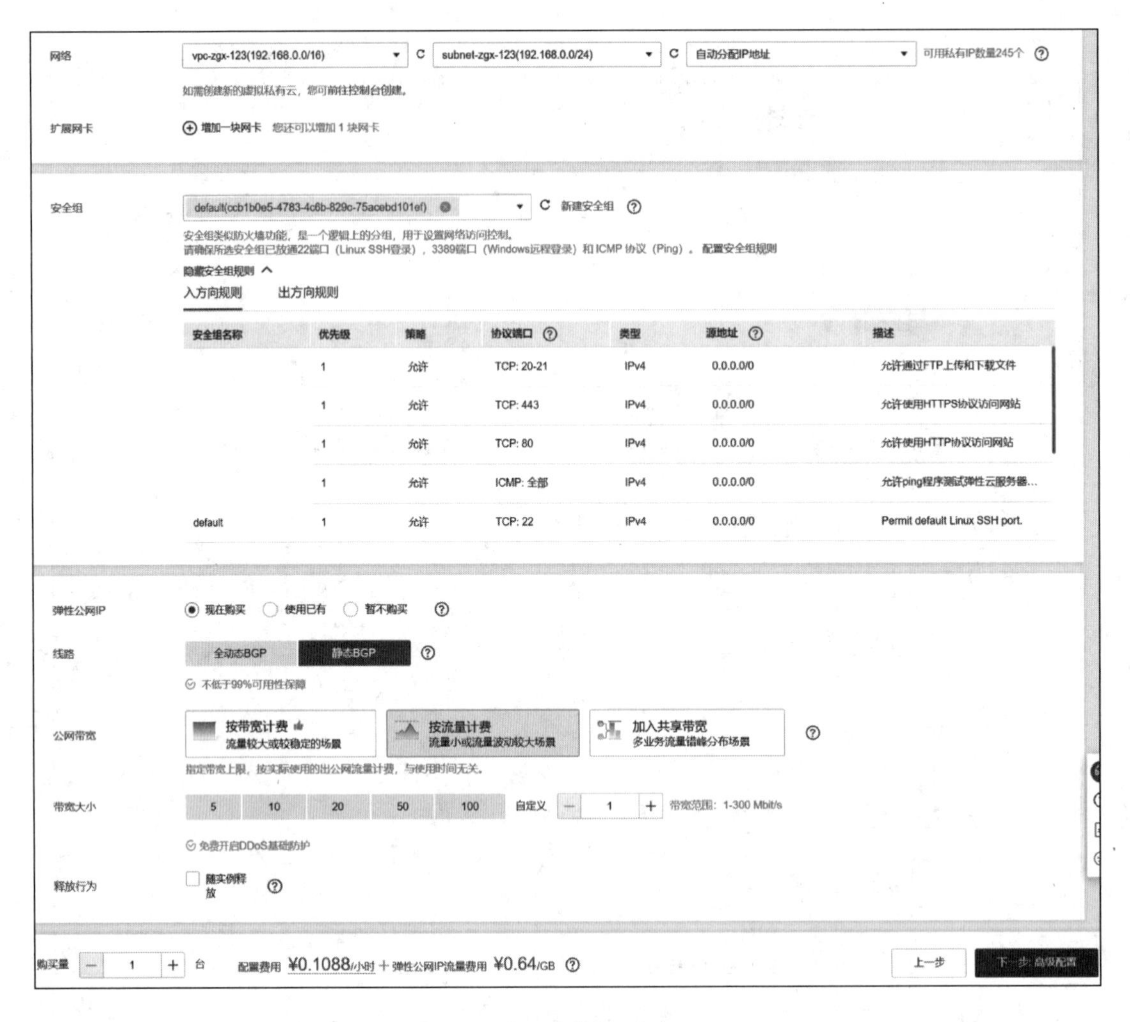

图 8-121　网络配置页面

在高级配置中，云服务器名称为"ecs-<姓名缩写>-学号"，设置密码后，单击"下一步"，如图 8-122 所示。

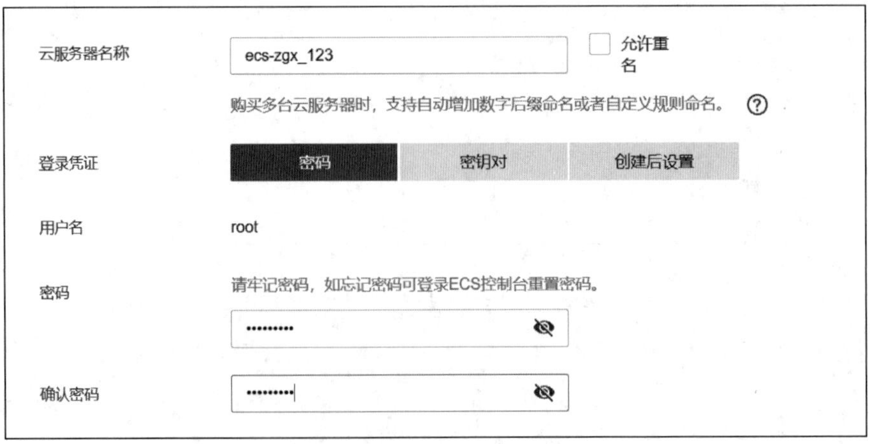

云服务器名称　ecs-zgx_123　允许重名

购买多台云服务器时，支持自动增加数字后缀命名或者自定义规则命名。

登录凭证　密码　密钥对　创建后设置

用户名　root

密码　请牢记密码，如忘记密码可登录ECS控制台重置密码。

确认密码

图 8-122　高级配置页面

确认配置后单击“立刻购买”，如图 8-123 所示。

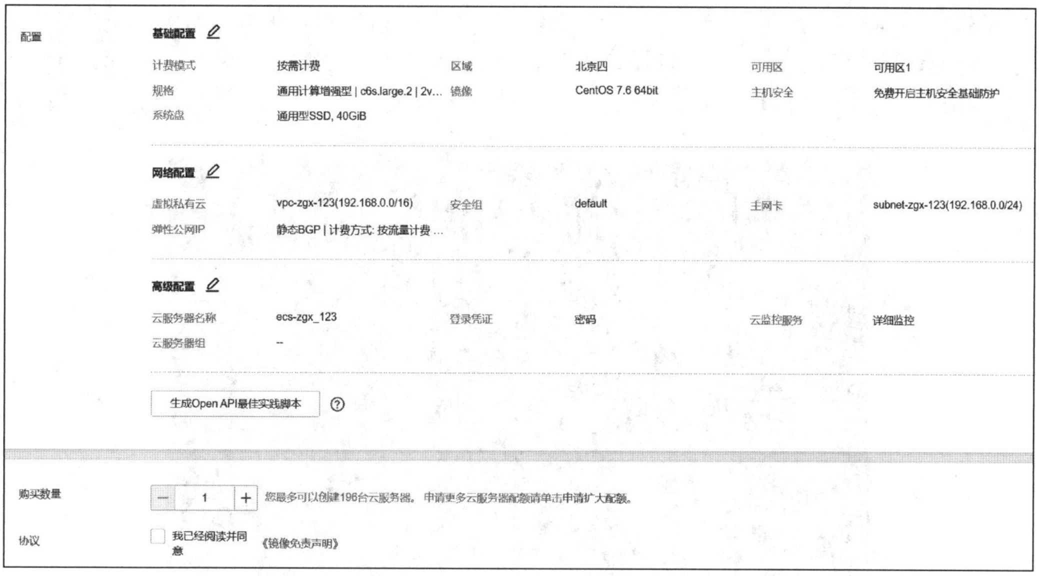

配置
基础配置
计费模式 按需计费 区域 北京四 可用区 可用区1
规格 通用计算增强型 | c6s.large.2 | 2v... 镜像 CentOS 7.6 64bit 主机安全 免费开启主机安全基础防护
系统盘 通用型SSD, 40GiB
网络配置
虚拟私有云 vpc-zgx-123(192.168.0.0/16) 安全组 default 主网卡 subnet-zgx-123(192.168.0.0/24)
弹性公网IP 静态BGP | 计费方式: 按流量计费 ...
高级配置
云服务器名称 ecs-zgx_123 登录凭证 密码 云监控服务 详细监控
云服务器组 --
生成Open API最佳实践脚本
购买数量 1 您最多可以创建196台云服务器。申请更多云服务器配额请单击申请扩大配额。
协议 我已经阅读并同意《镜像免责声明》

图 8-123　确认配置页面

③ 在 ECS 上安装和配置 Java 环境变量。远程登录刚刚创建的服务器，执行下面的命令 sudo yum install java-1. 8. 0-openjdk. x86_64，如图 8-124 所示。

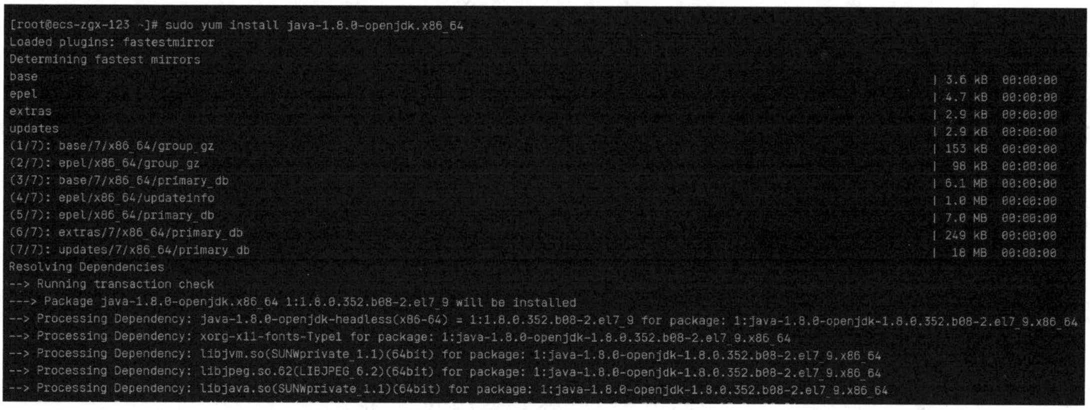

```
[root@ecs-zgx-123 ~]# sudo yum install java-1.8.0-openjdk.x86_64
Loaded plugins: fastestmirror
Determining fastest mirrors
base                                              | 3.6 kB  00:00:00
epel                                              | 4.7 kB  00:00:00
extras                                            | 2.9 kB  00:00:00
updates                                           | 2.9 kB  00:00:00
(1/7): base/7/x86_64/group_gz                     | 153 kB  00:00:00
(2/7): epel/x86_64/group_gz                       |  96 kB  00:00:00
(3/7): base/7/x86_64/primary_db                   | 6.1 MB  00:00:00
(4/7): epel/x86_64/updateinfo                     | 1.0 MB  00:00:00
(5/7): epel/x86_64/primary_db                     | 7.0 MB  00:00:00
(6/7): extras/7/x86_64/primary_db                 | 249 kB  00:00:00
(7/7): updates/7/x86_64/primary_db                |  18 MB  00:00:00
Resolving Dependencies
--> Running transaction check
---> Package java-1.8.0-openjdk.x86_64 1:1.8.0.352.b08-2.el7_9 will be installed
--> Processing Dependency: java-1.8.0-openjdk-headless(x86-64) = 1:1.8.0.352.b08-2.el7_9 for package: 1:java-1.8.0-openjdk-1.8.0.352.b08-2.el7_9.x86_64
--> Processing Dependency: xorg-x11-fonts-Type1 for package: 1:java-1.8.0-openjdk-1.8.0.352.b08-2.el7_9.x86_64
--> Processing Dependency: libjvm.so(SUNWprivate_1.1)(64bit) for package: 1:java-1.8.0-openjdk-1.8.0.352.b08-2.el7_9.x86_64
--> Processing Dependency: libjpeg.so.62(LIBJPEG_6.2)(64bit) for package: 1:java-1.8.0-openjdk-1.8.0.352.b08-2.el7_9.x86_64
--> Processing Dependency: libjava.so(SUNWprivate_1.1)(64bit) for package: 1:java-1.8.0-openjdk-1.8.0.352.b08-2.el7_9.x86_64
```

图 8-124　安装 Java 环境

安装完 Java 后，输入下面指令(查看 Java 版本，如图 8-125 所示)：

```
ls /usr/lib/jvm
```

```
[root@ecs-zgx-123 ~]# ls /usr/lib/jvm
java-1.8.0-openjdk-1.8.0.352.b08-2.el7_9.x86_64  jre  jre-1.8.0  jre-1.8.0-openjdk  jre-1.8.0-openjdk-1.8.0.352.b08-2.el7_9.x86_64  jre-openjdk
```

图 8-125　查看 Java 版本

修改/etc/profile，配置环境变量。在命令行输入：

```
vi /etc/profile
```

将下列几行添加到该文件末尾，蓝色部分根据上面命令的结果进行相应的更改。

```
JAVA_HOME = /usr/lib/jvm/jre-1.8.0-openjdk-1.8.0.352.b08-2.el7_9.x86_64
export CLASSPATH = .: $ JAVA_HOME/lib/dt.jar: $ JAVA_HOME/lib/tools.jar
export PATH = $ JAVA_HOME/bin: $ PATH
```

```
for i in /etc/profile.d/*.sh /etc/profile.d/sh.local ; do
    if [ -r "$i" ]; then
        if [ "${-#*i}" != "$-" ]; then
            . "$i"
        else
            . "$i" >/dev/null
        fi
    fi
done

unset i
unset -f pathmunge

JAVA_HOME=/usr/lib/jvm/jre-1.8.0-openjdk-1.8.0.352.b08-2.el7_9.x86_64
export CLASSPATH=.:$JAVA_HOME/lib/dt.jar:$JAVA_HOME/lib/tools.jar
export PATH=$JAVA_HOME/bin:$PATH

-- INSERT --
```

图 8-126　配置环境变量

保存并退出，执行图 8-126 中的命令查看 Java 配置是否正常，并进行截图。正常后执行下列命令 source/etc/profile，让环境变量生效，如图 8-127 所示。

```
[root@ecs-zgx-123 ~]# java -version
openjdk version "1.8.0_352"
OpenJDK Runtime Environment (build 1.8.0_352-b08)
OpenJDK 64-Bit Server VM (build 25.352-b08, mixed mode)
[root@ecs-zgx-123 ~]# find / -name profile
/usr/src/kernels/3.10.0-1160.53.1.el7.x86_64/include/config/branch/profile
/usr/src/kernels/3.10.0-957.el7.x86_64/include/config/branch/profile
/etc/profile
[root@ecs-zgx-123 ~]# find / -name jre*
/usr/lib/jvm-exports/jre-openjdk
/usr/lib/jvm-exports/jre-1.8.0-openjdk-1.8.0.352.b08-2.el7_9.x86_64
/usr/lib/jvm-exports/jre-1.8.0
/usr/lib/jvm-exports/jre
/usr/lib/jvm/jre-openjdk
```

图 8-127　环境变量生效

④ 下载、安装 Kafka 客户端，并发送信息。

下载 Kafka 客户端（如图 8-128 所示）：

```
wget https://archive.apache.org/dist/kafka/1.1.0/kafka_2.11-1.1.0.tgz
```

```
[root@ecs-zgx-123 ~]# wget https://archive.apache.org/dist/kafka/1.1.0/kafka_2.11-1.1.0.tgz
--2022-12-02 21:12:25--  https://archive.apache.org/dist/kafka/1.1.0/kafka_2.11-1.1.0.tgz
Resolving archive.apache.org (archive.apache.org)... 138.201.131.134, 2a01:4f8:172:2ec5::2
Connecting to archive.apache.org (archive.apache.org)|138.201.131.134|:443... connected.
HTTP request sent, awaiting response... 200 OK
Length: 56969154 (54M) [application/x-gzip]
Saving to: 'kafka_2.11-1.1.0.tgz'

100%[==========================================================================================>] 56,969,154  1.35MB/s   in 83s

2022-12-02 21:13:49 (669 KB/s) - 'kafka_2.11-1.1.0.tgz' saved [56969154/56969154]
```

图 8-128　下载 Kafka 客户端

安装 Kafka 客户端(如图 8-129 所示):

```
wget tar -zxf kafka_2.11-1.1.0.tgz
```

```
[root@ecs-zgx-123 ~]# ls
kafka_2.11-1.1.0.tgz
[root@ecs-zgx-123 ~]# tar -zxf kafka_2.11-1.1.0.tgz
[root@ecs-zgx-123 ~]#
```

图 8-129　安装 Kafka 客户端

进入 Kafka 客户端目录的 bin 文件夹,如图 8-130 所示。

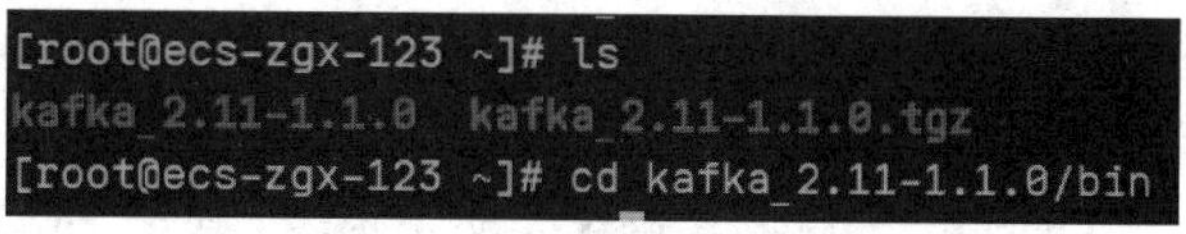

```
[root@ecs-zgx-123 ~]# ls
kafka_2.11-1.1.0  kafka_2.11-1.1.0.tgz
[root@ecs-zgx-123 ~]# cd kafka_2.11-1.1.0/bin
```

图 8-130　进入 bin 文件夹

利用如下的指令发送信息到 Kafka,替换蓝色字段为自己环境中的配置,broker-list 后为 Kafka 的连接地址,查询方法前文已介绍过(如图 8-131 所示):

```
./kafka-console-producer.sh --broker-list 192.168.0.213:9092,192.168.0.164:9092,192.168.0.187:9092 --topic trade_order_detail_info_<姓名缩写>
```

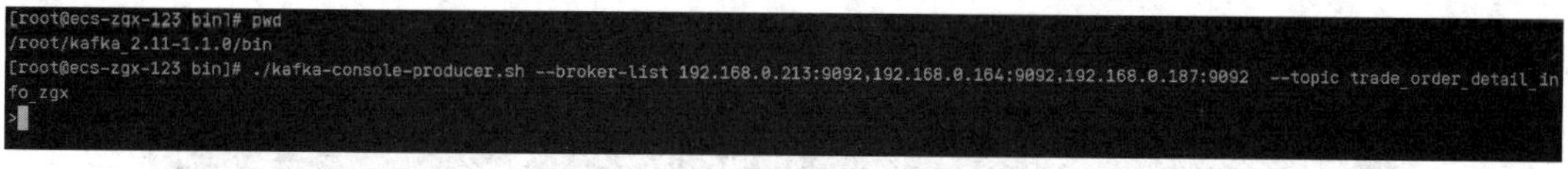

```
[root@ecs-zgx-123 bin]# pwd
/root/kafka_2.11-1.1.0/bin
[root@ecs-zgx-123 bin]# ./kafka-console-producer.sh --broker-list 192.168.0.213:9092,192.168.0.164:9092,192.168.0.187:9092  --topic trade_order_detail_info_zgx
>
```

图 8-131　替换环境配置

发送下面的数据:

```
{"order_id":"202103241000000001", "order_channel":"webShop", "order_time":"2021-03-24 10:00:00", "pay_amount":"100.00", "real_pay":"100.00", "pay_time":"2021-03-24 10:02:03", "user_id":"0001", "user_name":"Alice", "area_id":"330106"}
{"order_id":"202103241606060001", "order_channel":"appShop", "order_time":"2021-03-24 16:06:06", "pay_amount":"200.00", "real_pay":"180.00", "pay_time":"2021-03-24 16:10:06", "user_id":"0001", "user_name":"Alice", "area_id":"330106"}
{"order_id":"202103251202020001", "order_channel":"miniAppShop", "order_time":"2021-03-25 12:02:02", "pay_amount":"60.00", "real_pay":"60.00", "pay_time":"2021-03-25 12:03:00", "user_id":"0002", "user_name":"Bob", "area_id":"330110"}
{"order_id":"202103251505050001", "order_channel":"qqShop", "order_time":"2021-03-25 15:05:05", "pay_amount":"500.00", "real_pay":"400.00", "pay_time":"2021-03-25 15:10:00", "user_id":"0003", "user_name":"Cindy", "area_id":"330108"}
{"order_id":"202103252020200001", "order_channel":"webShop", "order_time":"2021-03-24 20:20:20", "pay_amount":"600.00", "real_pay":"480.00", "pay_time":"2021-03-25 00:00:00", "user_id":"0004", "user_name":"Daisy", "area_id":"330102"}
```

{"order_id":"2021032608080800001", "order_channel":"webShop", "order_time":"2021-03-25 08:08:08", "pay_amount":"300.00", "real_pay":"240.00", "pay_time":"2021-03-25 08:10:00", "user_id":"0004", "user_name":"Daisy", "area_id":"330102"}

{"order_id":"2021032613131300001", "order_channel":"webShop", "order_time":"2021-03-25 13:13:13", "pay_amount":"100.00", "real_pay":"100.00", "pay_time":"2021-03-25 16:16:16", "user_id":"0004", "user_name":"Daisy", "area_id":"330102"}

{"order_id":"2021032706060600001", "order_channel":"appShop", "order_time":"2021-03-25 06:06:06", "pay_amount":"50.50", "real_pay":"50.50", "pay_time":"2021-03-25 06:07:00", "user_id":"0001", "user_name":"Alice", "area_id":"330106"}

{"order_id":"2021032706060600002", "order_channel":"webShop", "order_time":"2021-03-25 06:06:06", "pay_amount":"66.60", "real_pay":"66.60", "pay_time":"2021-03-25 06:07:00", "user_id":"0002", "user_name":"Bob", "area_id":"330110"}

{"order_id":"2021032706060600003", "order_channel":"miniAppShop", "order_time":"2021-03-25 06:06:06", "pay_amount":"88.80", "real_pay":"88.80", "pay_time":"2021-03-25 06:07:00", "user_id":"0003", "user_name":"Cindy", "area_id":"330108"}

{"order_id":"2021032706060600004", "order_channel":"webShop", "order_time":"2021-03-25 06:06:06", "pay_amount":"99.90", "real_pay":"99.90", "pay_time":"2021-03-25 06:07:00", "user_id":"0004", "user_name":"Daisy", "area_id":"330102"}

截图保存利用终端发送数据的页面，如图 8-132 所示，然后按“Ctrl+C”组合键退出发送程序。

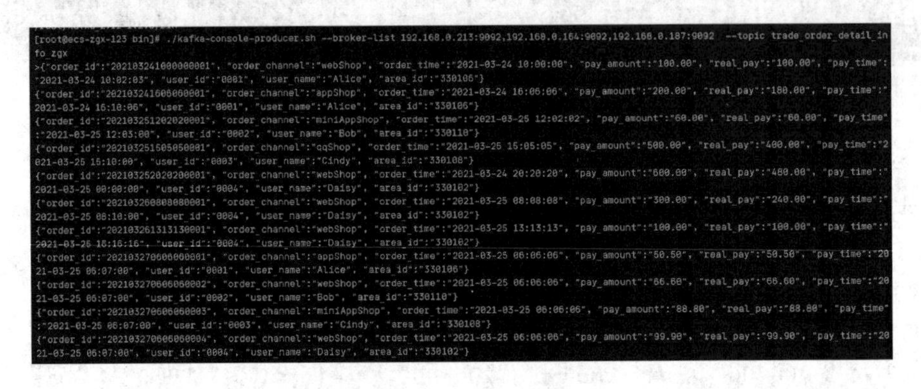

图 8-132　界面截图示例

进入华为云中的 Kafka 实例内，如图 8-133 所示。

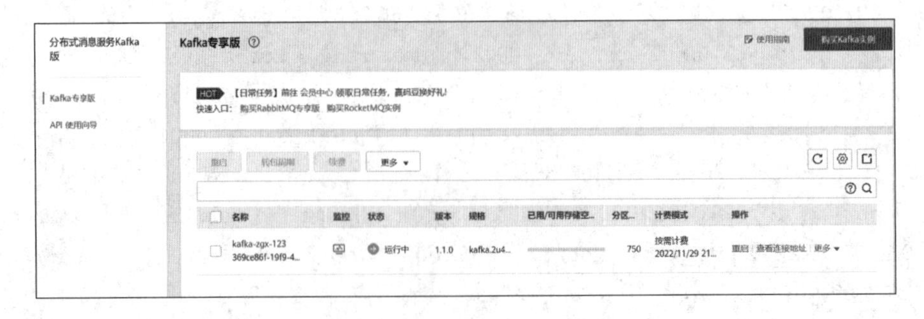

图 8-133　Kafka 实例界面

单击左侧消息查询，如图 8-134 所示，然后单击“搜索”，截图保存搜索结果的页面（截图中 Topic 名称需要展示），如图 8-135 所示。

图 8-134　消息查询界面

* Topic名称　trade_order_detail_info_zgx　　分区　请输入分区

* 查询方式　按创建时间查...　2022/12/02 00:00:00 – 2022/12/02 23:59:59　　搜索　重置

Topic名称	分区	偏移量	消息大小（B）	创建时间	操作
trade_order_detail_info_zgx	0	0	233	2022/12/02...	查看消息正文
trade_order_detail_info_zgx	0	1	233	2022/12/02...	查看消息正文
trade_order_detail_info_zgx	0	2	233	2022/12/02...	查看消息正文
trade_order_detail_info_zgx	0	3	232	2022/12/02...	查看消息正文
trade_order_detail_info_zgx	0	4	233	2022/12/02...	查看消息正文
trade_order_detail_info_zgx	0	5	233	2022/12/02...	查看消息正文
trade_order_detail_info_zgx	0	6	233	2022/12/02...	查看消息正文
trade_order_detail_info_zgx	0	7	231	2022/12/02...	查看消息正文
trade_order_detail_info_zgx	0	8	229	2022/12/02...	查看消息正文
trade_order_detail_info_zgx	0	9	235	2022/12/02...	查看消息正文

10　总条数：13　< 1 2 >　跳转 1

图 8-135　页面截图示例

8）从 MySQL 中查看接收到的数据

① 登录 MySQL 数据库，如图 8-136 所示。

② 单击表 trade_channel_collect 操作一列中的 SQL 查询，如图 8-137 所示。

③ 输入下列 SQL 语句进行查询：

```
SELECT * FROM trade_channel_collect;
```

对查询结果进行截屏保存（显示左上角的数据库名），如图 8-138 所示。

图 8-136 MySQL 数据库界面

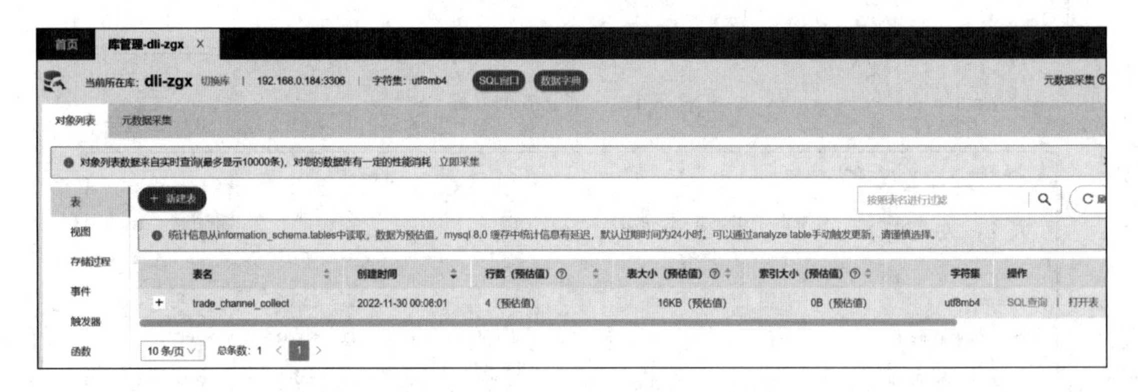

图 8-137 库管理界面

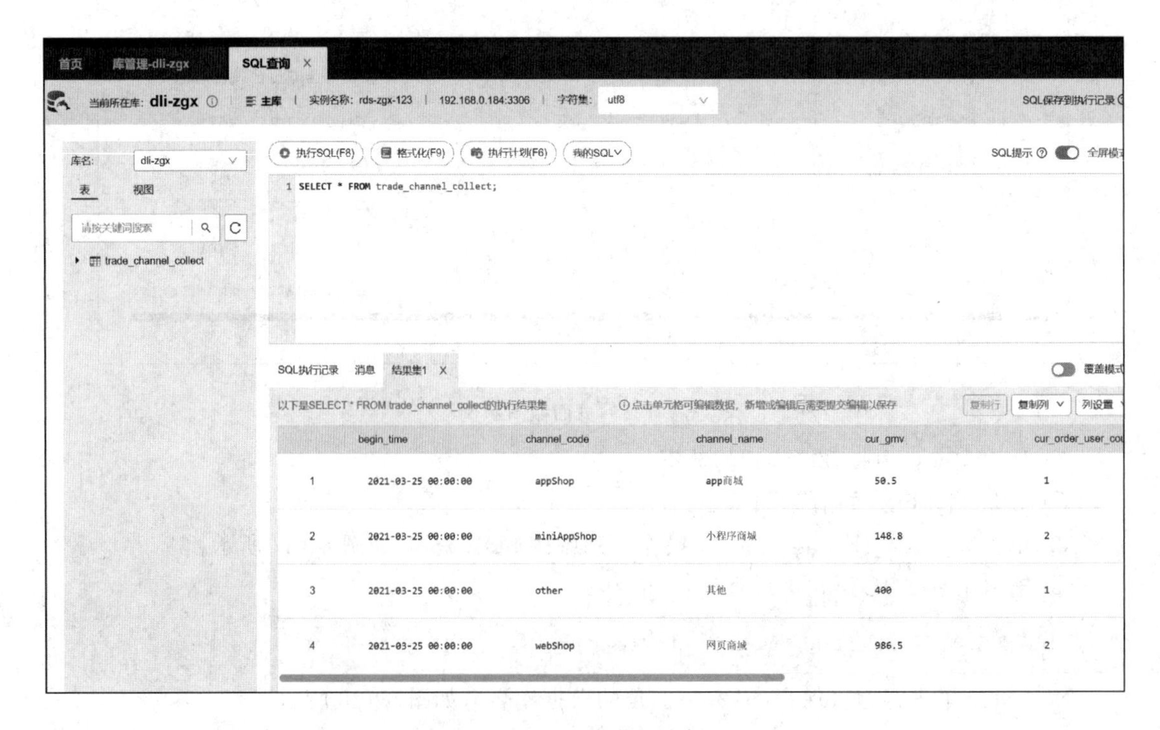

图 8-138 页面截图示例

9）释放实验资源

① 释放数据湖探索服务（DLI）

进入数据湖探索页面，单击“管理控制台”，如图 8-139、图 8-140 所示。

图 8-139　数据湖探索 DLI 入口

图 8-140　数据湖探索 DLI 界面

在图 8-141 所示作业管理界面的“Flink 作业”中，停止所有作业，并删除作业，如图 8-142 所示。

图 8-141　作业管理界面

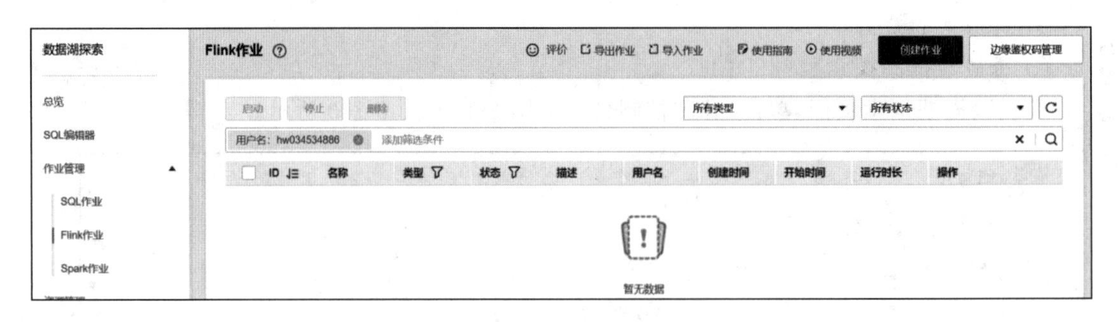

图 8-142　删除所有作业后的作业管理界面

进入队列管理，如图 8-143 所示，删除实验创建的队列 dll_cce_queue_<姓名缩写>，如图 8-144 所示。

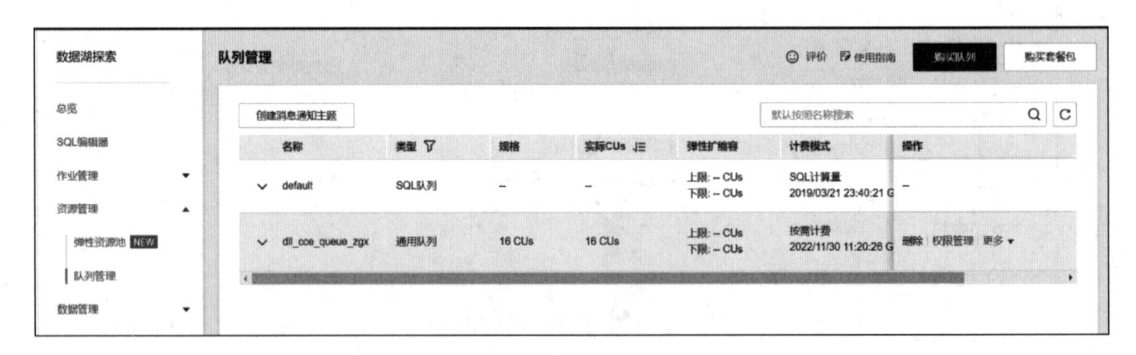

图 8-143　队列管理界面

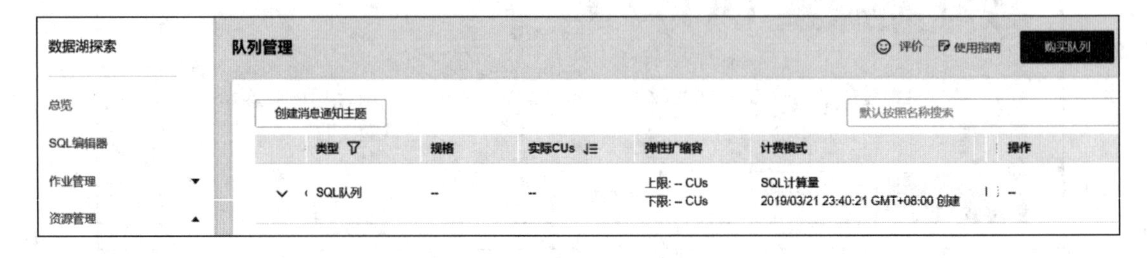

图 8-144　删除队列后的队列管理界面

在跨源链接中删除链接，如图 8-145、图 8-146 所示。

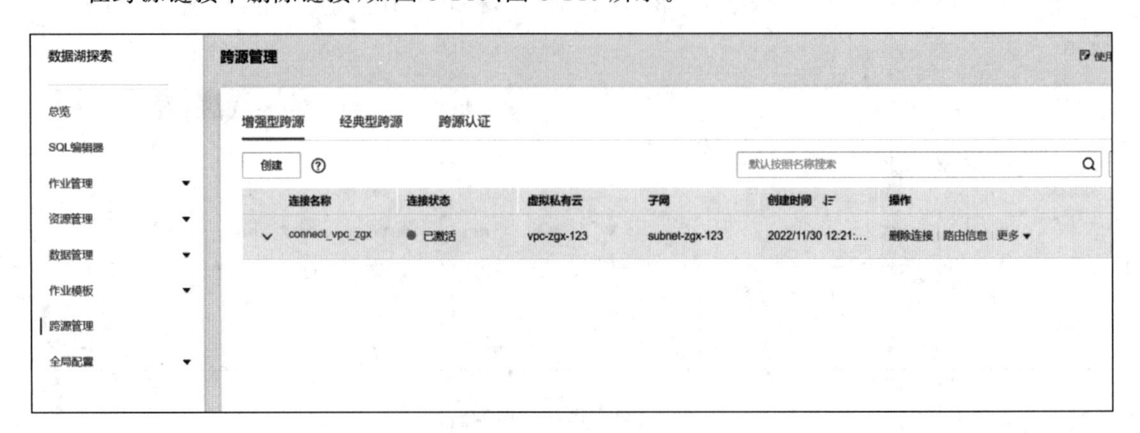

图 8-145　跨源管理界面

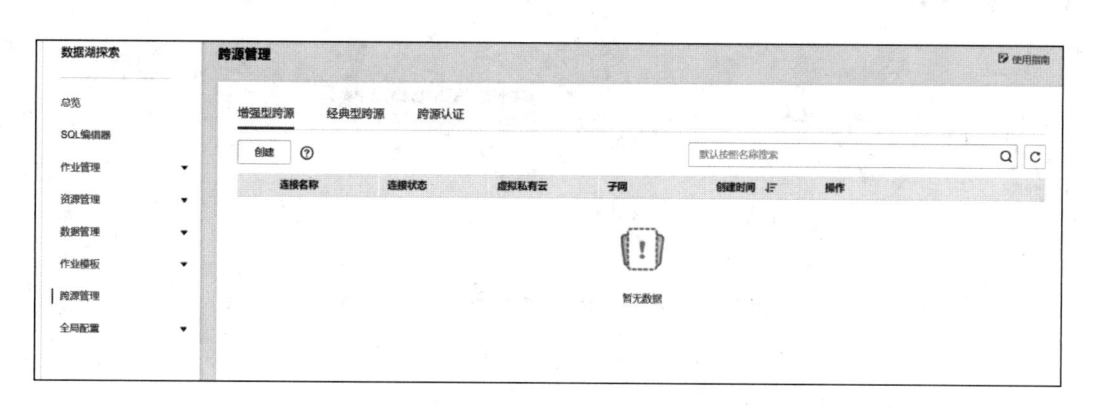

图 8-146　链接删除后的跨源管理界面

② 释放 MySQL 服务

进入如图 8-147 所示云数据库 RDS 页面，点选“更多”→“删除实例”，如图 8-148、图 8-149 所示。

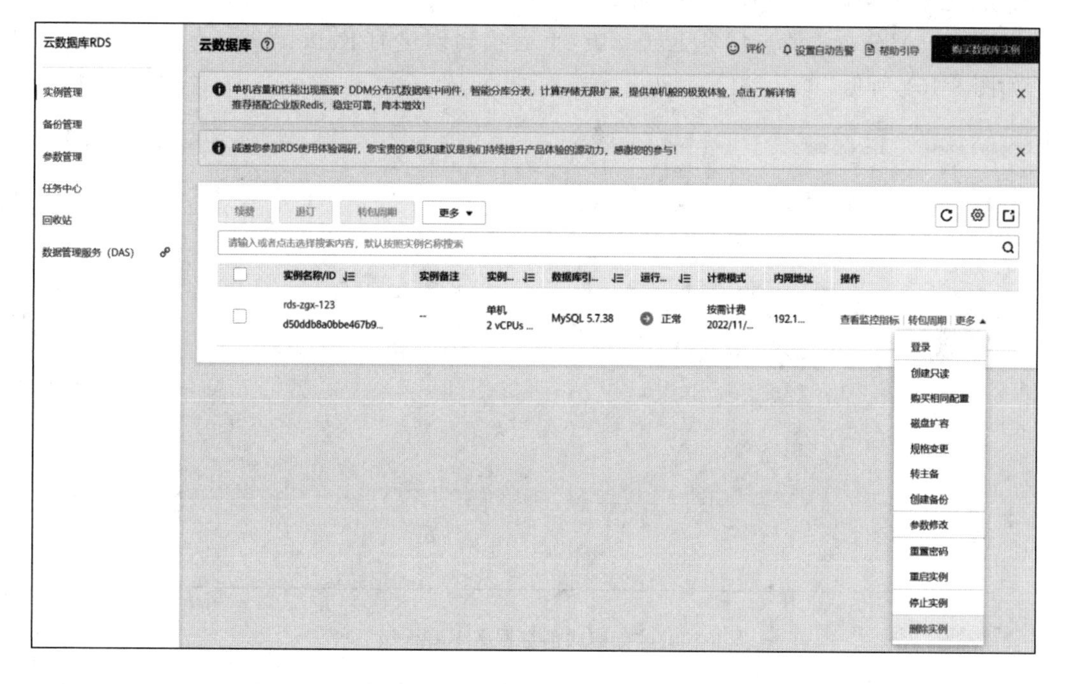

图 8-147　云数据库 RDS 页面

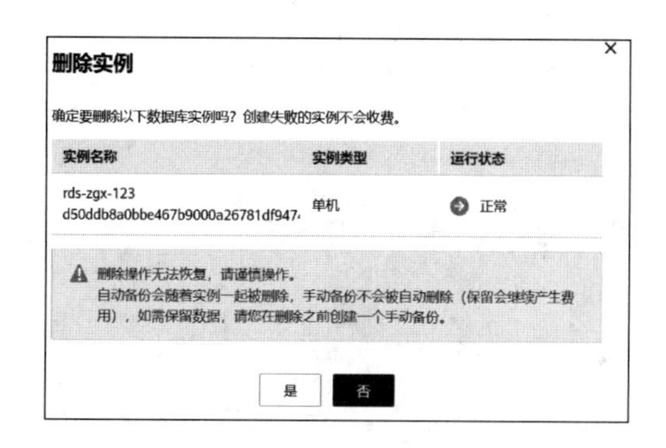

图 8-148　删除实例

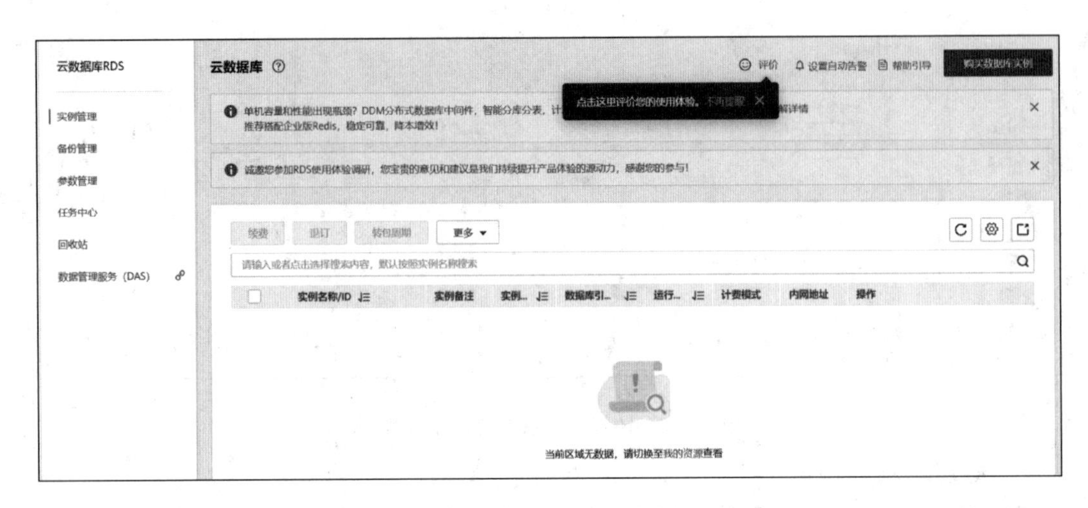

图 8-149　删除实例后界面

③ 释放数据接入服务（DMS Kafka）

在图 8-150“分布式消息服务 Kafka 版”页面找到创建的 Kafka 实例，点选“更多”→“删除”，如图 8-151 所示。

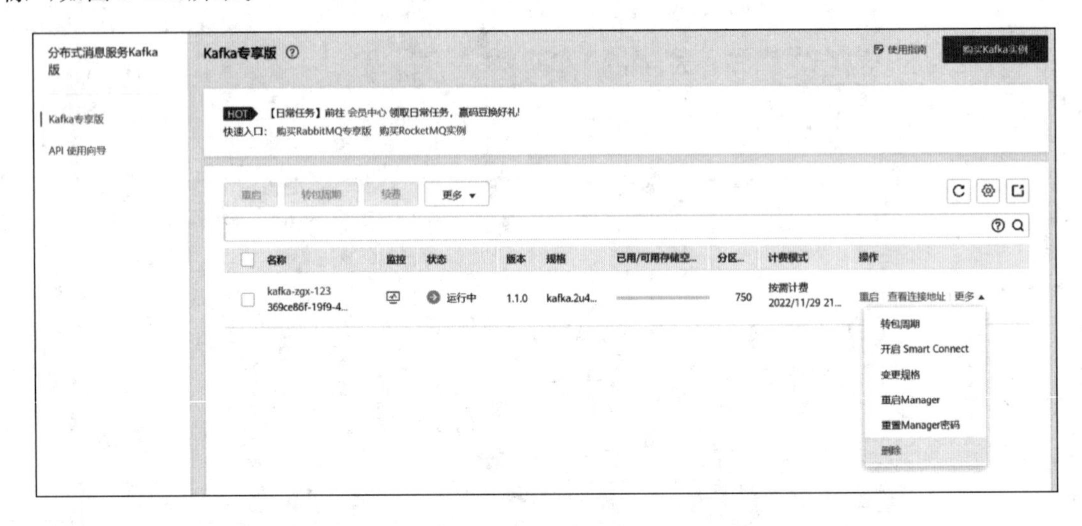

图 8-150　“分布式消息服务 Kafka 版”页面

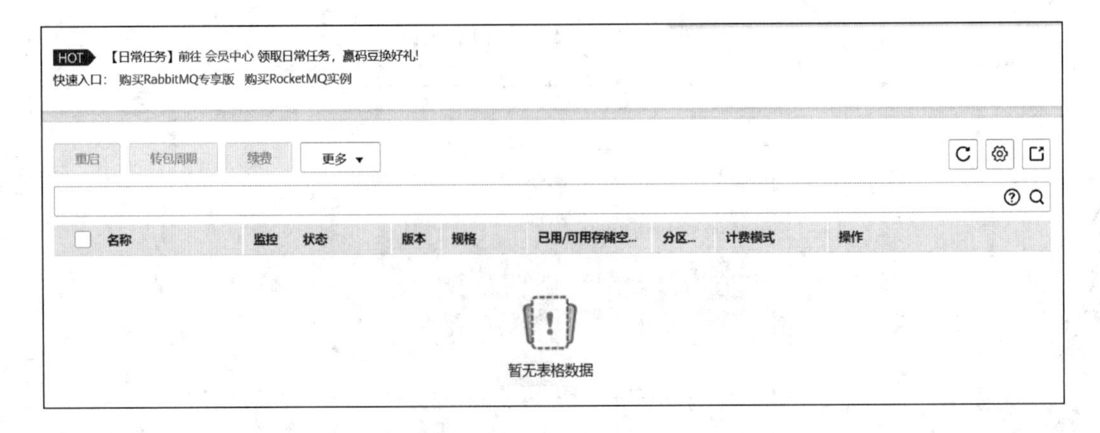

图 8-151　删除后的页面

④ 释放云主机服务(ECS)

如图 8-152 所示,在“云服务器控制台”工作空间页面,点选 ECS 名称后面的“更多”→“删除”。

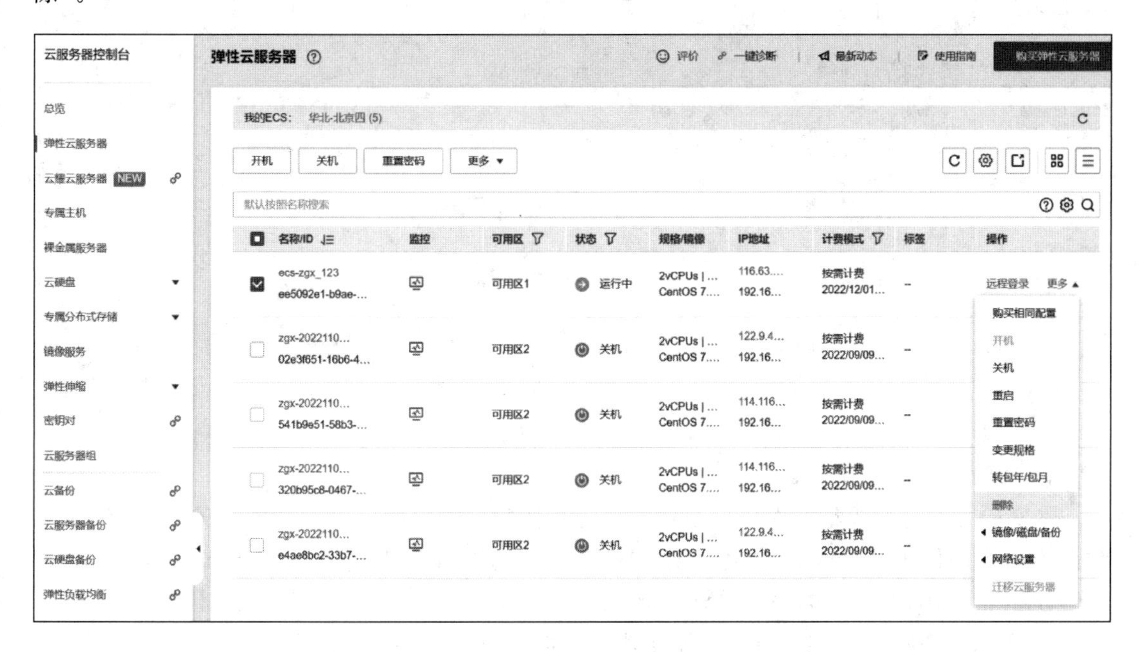

图 8-152　“云服务器控制台”工作空间页面

在新的弹窗中勾选“释放云服务器绑定的弹性公网 IP 地址”和“删除云服务器挂载的数据盘”,如图 8-153 所示。

图 8-153　删除界面

稍等片刻后,云服务器列表中该服务器被删除,如图 8-154 所示。

图 8-154　删除后界面

6. 实验结果与评分标准

本实验是通过购买华为大数据组件方式进行实验。实验后可以得到购买的华为云 VPC、数据接入服务 DMS Kafka、数据库服务 MySQL、数据探索服务 DLI、云主机 ECS、Flink 作业代码、Kafka 代码、实验数据集、MySQL 数据表。

实验需要提交一份报告(报告由基本步骤截图和应用部分文字叙述+截图组成)和应用部分的文件。

1) 基本步骤评分标准

创建的 VPC 截图，如图 8-155 所示。基本信息的名称为“vpc-姓名缩写-学号”，基本信息的 VPC 网段为“192.168.0.0/16”。

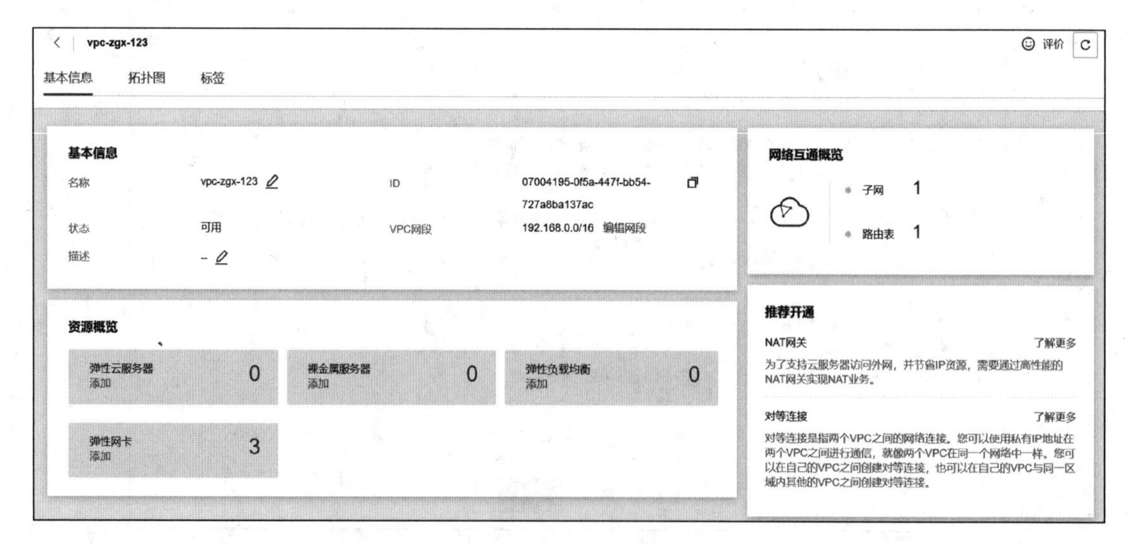

图 8-155　创建的 VPC 截图示例

创建的 Kafka 实例截图，如图 8-156 所示。实例信息中，实例名称为“kafka--姓名缩写-学号”，版本为“1.1.0”。

连接信息的 Manager 用户名为“姓名缩写_学号”。

网络中，虚拟私有云为“vpc-姓名缩写-学号”，子网为“”subnet-姓名缩写-学号”。

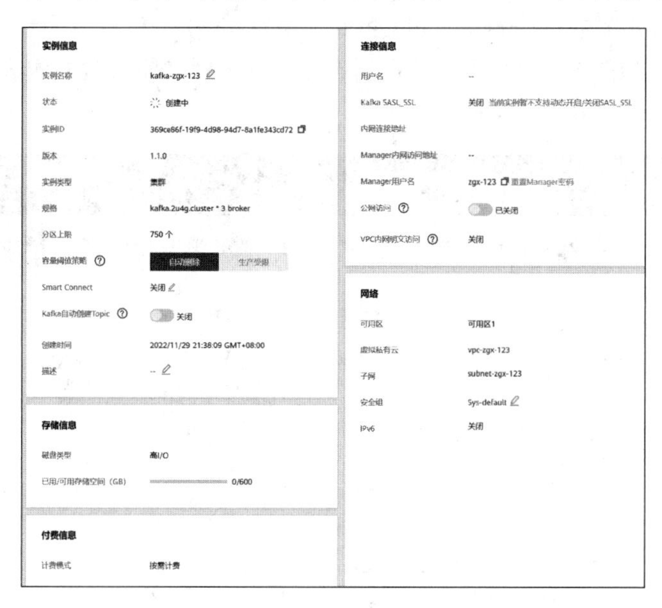

图 8-156　创建的 Kafka 实例截图示例

MySQL 数据库截图，如图 8-157 所示。

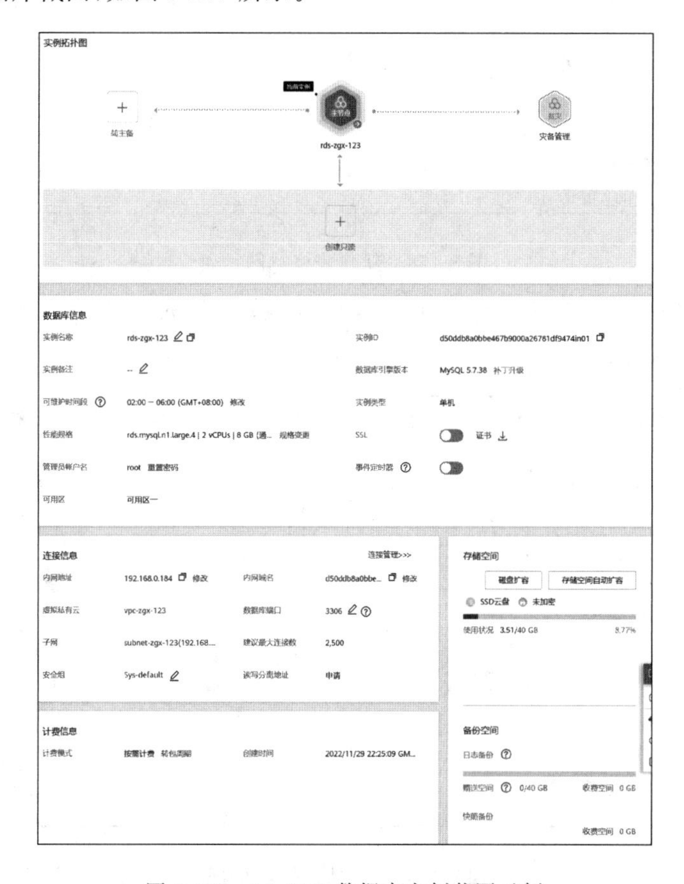

图 8-157　MySQL 数据库实例截图示例

实例拓扑图的名称为“rds-姓名缩写-学号”。数据库名信息中，版本为“MySQL 5.7.38”。连接信息中，虚拟私有云子网为“subnet-姓名缩写-学号”。

新建表格截图，如图 8-158 所示。当前所在库为“dli-姓名缩写”，左侧表中列名与图 8-158 一致。

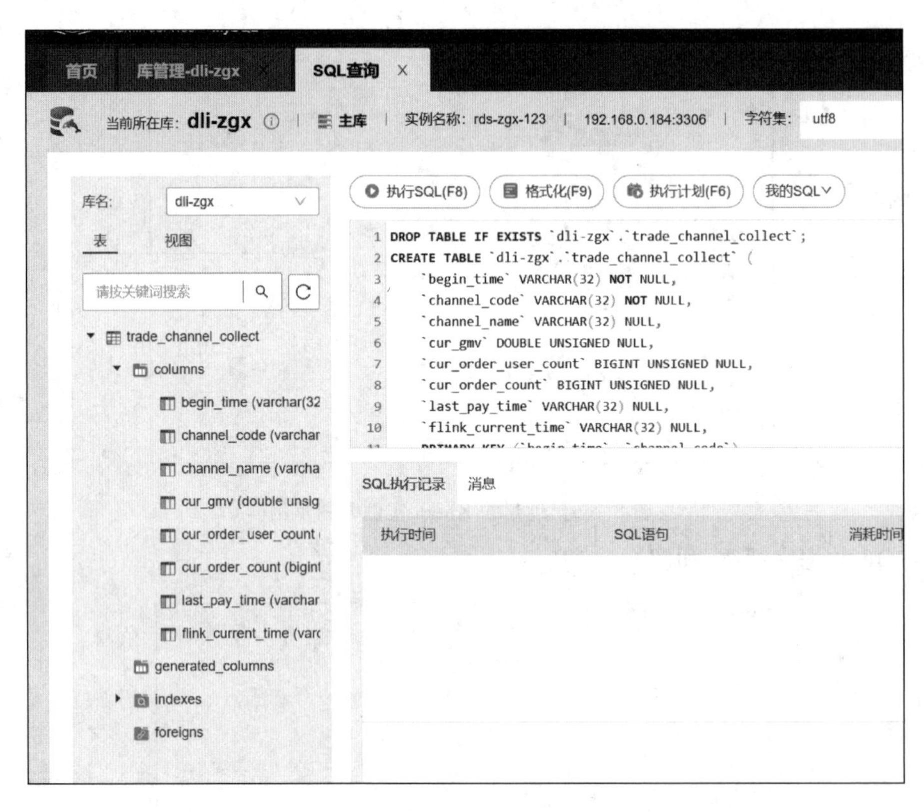

图 8-158　新建表格截图示例

新建队列截图如图 8-159 所示。通用队列里名称为“dll_cce_queue_姓名缩写”。CPU 架构为“X86”，AZ 策略为“单 AZ”。

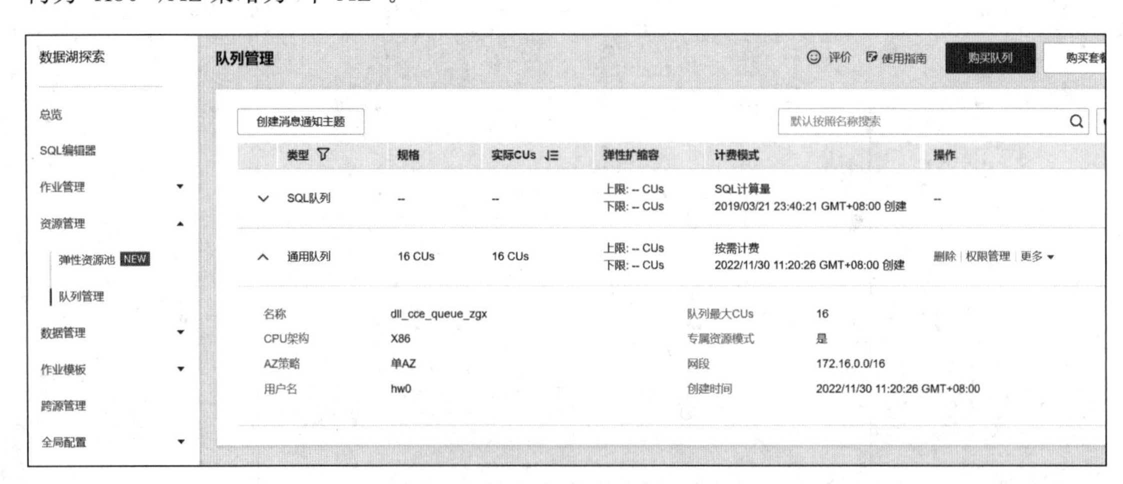

图 8-159　新建队列截图示例

跨源连接截图，如图 8-160 所示。连接名称带有姓名后缀，连接状态为“已激活”，虚拟私有云为“vpc-姓名缩写-学号”，子网为“subnet-姓名缩写-学号”。

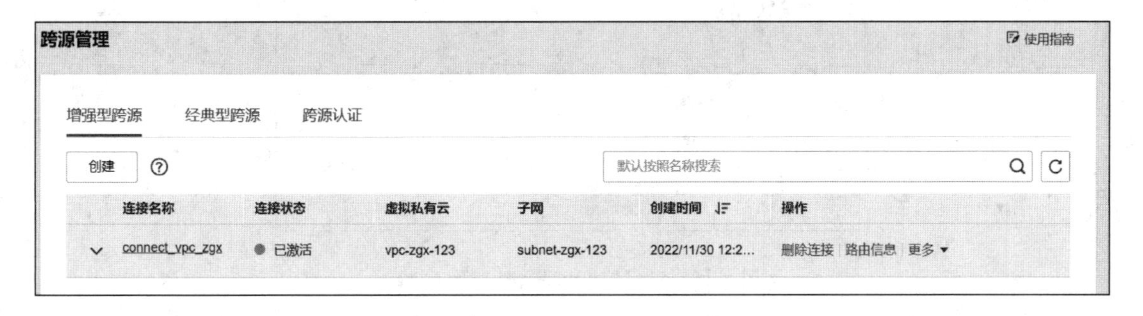

图 8-160　跨源连接截图示例

测试地址连通性截图(数据库部分 2 张)。如图 8-161 所示，数据库截图左上角为包含姓名缩写-学号。如图 8-162 所示，测试地址联通性截图中的地址与数据库中内网地址、端口号一致(见图 8-161 的横线部分)，且截图中含有“IP 端口号可达”。

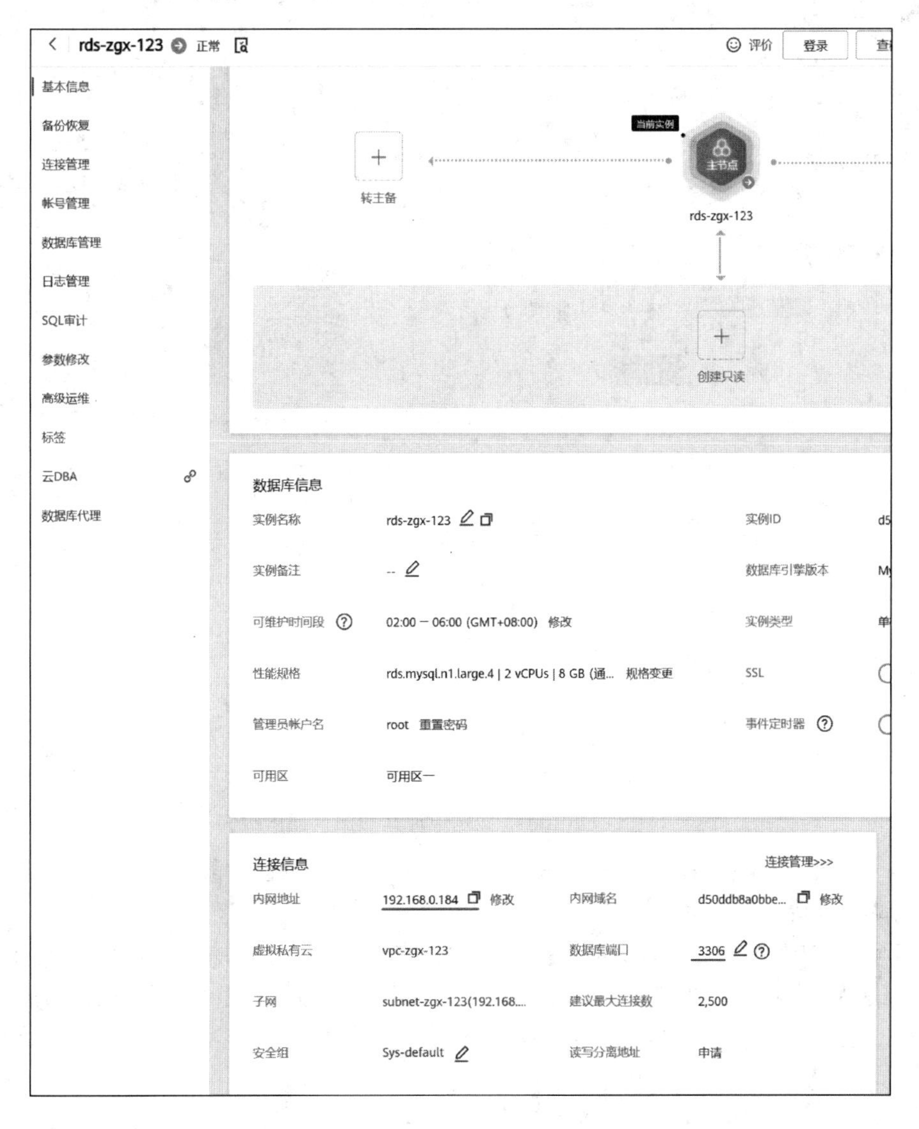

图 8-161　测试地址联通性截图示例 1

图 8-162　测试地址联通性截图示例 2

RDS Kafka 实例连通性的测试截图(2 张)。第一张截图如图 8-163 所示，实例为 kafka-姓名缩写-学号，第二张截图如图 8-164 所示，IP 端口号与第一张图中第一个地址一致，并且下方显示“地址……可达”。

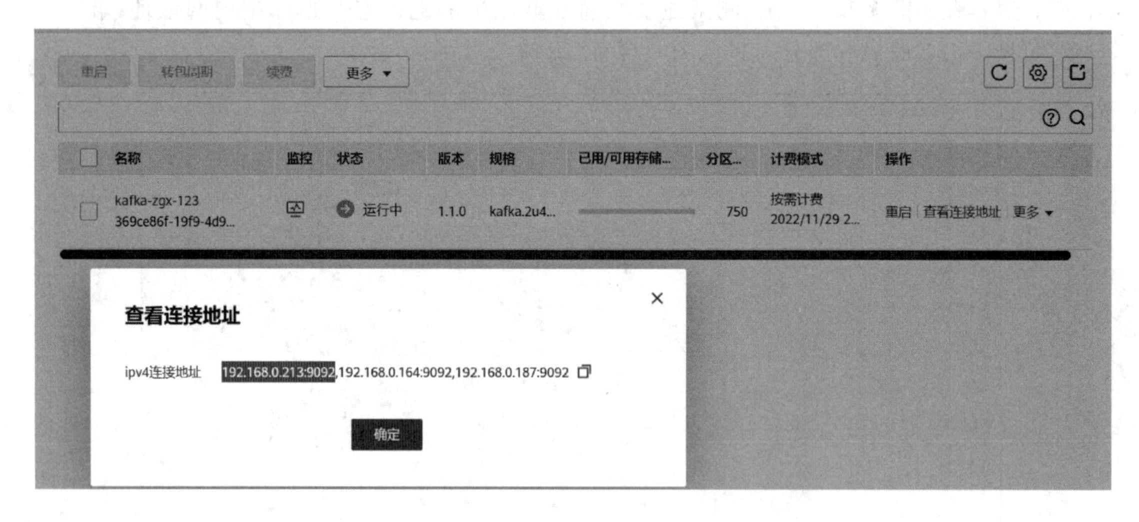

图 8-163　RDS Kafka 实例连通性的测试截图示例 1

测试地址联通性

测试队列到指定地址是否可达，支持域名或ip，两种方式均需指定端口。

* 地址　192.168.0.213:9092

地址192.168.0.213:9092可达。

测试　取消

图 8-164　RDS Kafka 实例连通性的测试截图示例 2

Flink 作业提交成功截图，如图 8-165 所示，名称为“job_<姓名缩写>_学号”，状态为“运行中”，所属队列为“dll_cce_queue_<姓名缩写>”。

Java 安装截图，如图 8-166 所示。服务器主机名为“ecs-<姓名缩写>-学号”。有下列画横线部分的结果，Java 在 1.8 以上即可，第三条画横线处地址与第一条画横线部分对应即可。

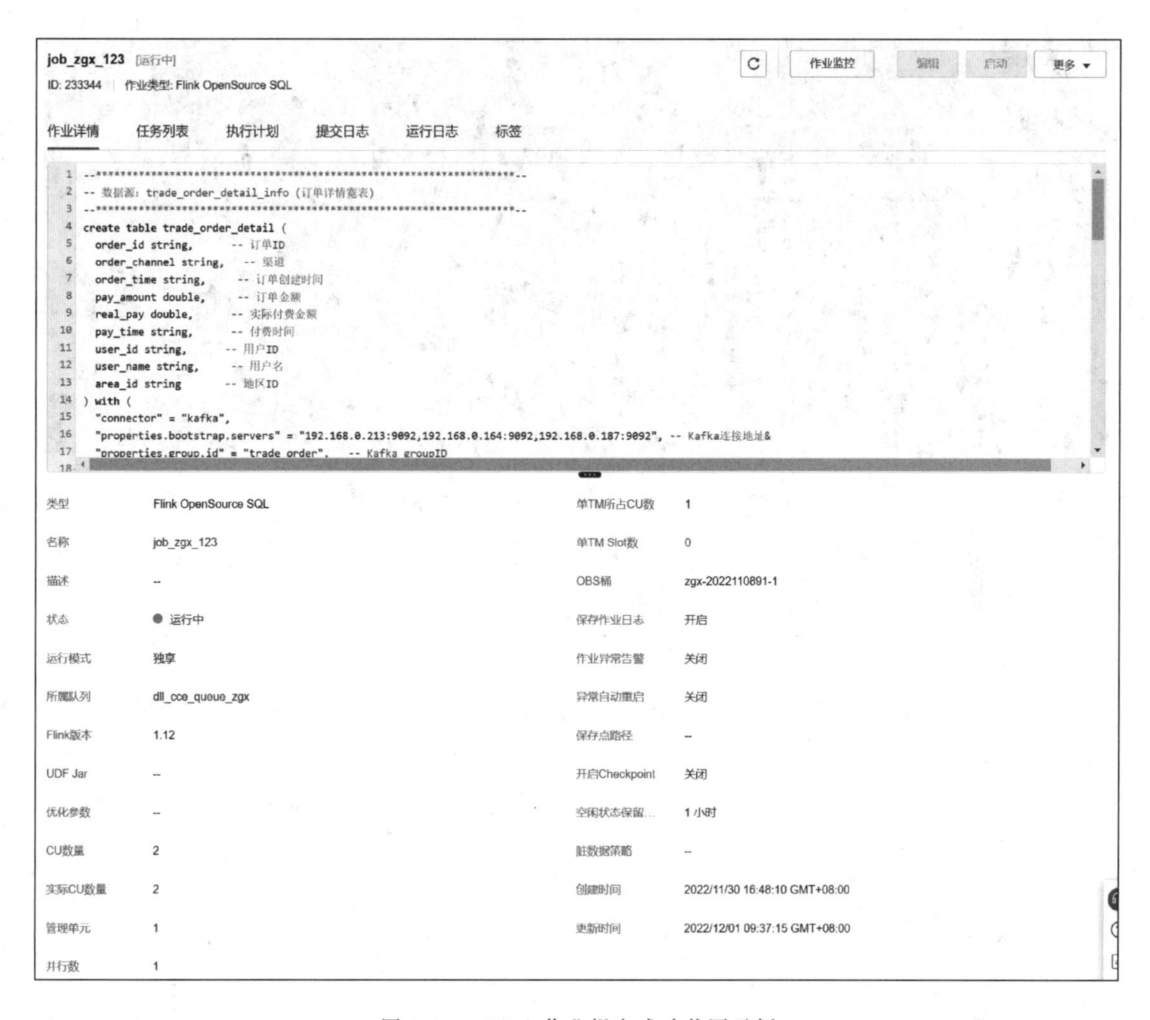

图 8-165 Flink 作业提交成功截图示例

```
[root@ecs-zgx-123 ~]# java -version
openjdk version "1.8.0_352"
OpenJDK Runtime Environment (build 1.8.0_352-b08)
OpenJDK 64-Bit Server VM (build 25.352-b08, mixed mode)
[root@ecs-zgx-123 ~]# find / -name profile
/usr/src/kernels/3.10.0-1160.53.1.el7.x86_64/include/config/branch/profile
/usr/src/kernels/3.10.0-957.el7.x86_64/include/config/branch/profile
/etc/profile
[root@ecs-zgx-123 ~]# find / -name jre*
/usr/lib/jvm-exports/jre-openjdk
/usr/lib/jvm-exports/jre-1.8.0-openjdk-1.8.0.352.b08-2.el7_9.x86_64
/usr/lib/jvm-exports/jre-1.8.0
/usr/lib/jvm-exports/jre
/usr/lib/jvm/jre-openjdk
```

图 8-166 Java 安装截图示例

客户端发消息至 Kafka 的截图，如图 8-167 所示。主机名为“ecs-<姓名缩写>-学号”，有发消息的记录。

```
[root@ecs-zgx-123 bin]# ./kafka-console-producer.sh --broker-list 192.168.0.213:9092,192.168.0.164:9092,192.168.0.187:9092  --topic trade_order_detail_in
fo_zgx
>{"order_id":"202103241000000001", "order_channel":"webShop", "order_time":"2021-03-24 10:00:00", "pay_amount":"100.00", "real_pay":"100.00", "pay_time":
"2021-03-24 10:02:03", "user_id":"0001", "user_name":"Alice", "area_id":"330106"}
{"order_id":"202103241606060001", "order_channel":"appShop", "order_time":"2021-03-24 16:06:06", "pay_amount":"200.00", "real_pay":"180.00", "pay_time":"
2021-03-24 16:10:06", "user_id":"0001", "user_name":"Alice", "area_id":"330106"}
{"order_id":"202103251202020001", "order_channel":"miniAppShop", "order_time":"2021-03-25 12:02:02", "pay_amount":"60.00", "real_pay":"60.00", "pay_time"
:"2021-03-25 12:03:00", "user_id":"0002", "user_name":"Bob", "area_id":"330110"}
{"order_id":"202103251505050001", "order_channel":"qqShop", "order_time":"2021-03-25 15:05:05", "pay_amount":"500.00", "real_pay":"400.00", "pay_time":"2
021-03-25 15:10:00", "user_id":"0003", "user_name":"Cindy", "area_id":"330108"}
{"order_id":"202103252020200001", "order_channel":"webShop", "order_time":"2021-03-24 20:20:20", "pay_amount":"600.00", "real_pay":"480.00", "pay_time":"
2021-03-25 00:00:00", "user_id":"0004", "user_name":"Daisy", "area_id":"330102"}
{"order_id":"202103260808080001", "order_channel":"webShop", "order_time":"2021-03-25 08:08:08", "pay_amount":"300.00", "real_pay":"240.00", "pay_time":"
2021-03-25 08:10:00", "user_id":"0004", "user_name":"Daisy", "area_id":"330102"}
{"order_id":"202103261313130001", "order_channel":"webShop", "order_time":"2021-03-25 13:13:13", "pay_amount":"100.00", "real_pay":"100.00", "pay_time":"
2021-03-25 16:16:16", "user_id":"0004", "user_name":"Daisy", "area_id":"330102"}
{"order_id":"202103270606060001", "order_channel":"appShop", "order_time":"2021-03-25 06:06:06", "pay_amount":"50.50", "real_pay":"50.50", "pay_time":"20
21-03-25 06:07:00", "user_id":"0001", "user_name":"Alice", "area_id":"330106"}
{"order_id":"202103270606060002", "order_channel":"webShop", "order_time":"2021-03-25 06:06:06", "pay_amount":"66.60", "real_pay":"66.60", "pay_time":"20
21-03-25 06:07:00", "user_id":"0002", "user_name":"Bob", "area_id":"330110"}
{"order_id":"202103270606060003", "order_channel":"miniAppShop", "order_time":"2021-03-25 06:06:06", "pay_amount":"88.80", "real_pay":"88.80", "pay_time"
:"2021-03-25 06:07:00", "user_id":"0003", "user_name":"Cindy", "area_id":"330108"}
{"order_id":"202103270606060004", "order_channel":"webShop", "order_time":"2021-03-25 06:06:06", "pay_amount":"99.90", "real_pay":"99.90", "pay_time":"20
21-03-25 06:07:00", "user_id":"0004", "user_name":"Daisy", "area_id":"330102"}
```

图 8-167　客户端发消息至 Kafka 的截图示例

Kafka 收到消息的截图，如图 8-168 所示。左上角的 Topic 名称为“trade_order_detail_info_<姓名缩写>”，至少有几条消息的消息大小不为 0。

* Topic名称　trade_order_detail_info_zgx　　分区　请输入分区

* 查询方式　按创建时间查...　2022/12/02 00:00:00 – 2022/12/02 23:59:59　　搜索　重置

Topic名称	分区	偏移量	消息大小（B）	创建时间	操作
trade_order_detail_info_zgx	0	0	233	2022/12/02...	查看消息正文
trade_order_detail_info_zgx	0	1	233	2022/12/02...	查看消息正文
trade_order_detail_info_zgx	0	2	233	2022/12/02...	查看消息正文
trade_order_detail_info_zgx	0	3	232	2022/12/02...	查看消息正文
trade_order_detail_info_zgx	0	4	233	2022/12/02...	查看消息正文
trade_order_detail_info_zgx	0	5	233	2022/12/02...	查看消息正文
trade_order_detail_info_zgx	0	6	233	2022/12/02...	查看消息正文
trade_order_detail_info_zgx	0	7	231	2022/12/02...	查看消息正文
trade_order_detail_info_zgx	0	8	229	2022/12/02...	查看消息正文
trade_order_detail_info_zgx	0	9	235	2022/12/02...	查看消息正文

10　总条数：13　< 1 2 >　跳转 1

图 8-168　Kafka 收到消息的截图示例

数据库查询结果截图，如图 8-169 所示。左上角的库名为“dli-<姓名缩写>”，有四行数据，每一行 cur_gmv 与下面的截图一致。

2）应用部分评分标准

参考本综合实验的流程，设计一个应用场景，完成数据实时处理。

根据应用场景，设计一个存储数据处理结果的 MySQL 表格 4 个字段（列）以上（见本书 436 页“创建数据表”部分），自行创造或收集数据 20 条数据以上（类似本书 451 页“新建云主机服务并安装 Kafka 客户端”部分被发送的数据)，然后编写 Flink 作业脚本来完成 DLI 队列从 Kafka 客户端获得数据后处理并存储到 MySQL 数据表上的过程(本书 447 页“新建作业”)，最后从 ECS 上的 Kafka 客户端发送数据给 Flink(本书 451 页“新建云主机服务并安装 Kafka 客户端”部分)来完成实时数据处理。

图 8-169 数据库查询结果截图示例

应用场景案例提示(仅供参考，每位同学自定义或自选数据集)：

① 例如，收集学院中所有同学多门课程的分数，数据集的每一行表示一条学生选课的成绩，最后计算各个班级内不同课程的最高分、最低分、平局分。

② 例如，电商用户行为数据，用户行为包括点击、购买、加购、喜欢，数据集的每一行表示一条用户行为，最后计算按照行为类型统计商品被点击、购买、加购、喜欢的数量，以及商品转化率。

③ 例如，用户上网日志数据，用户行为包括用某种品牌终端，某一时间，访问了某个 App，App 类型(可以分为新闻、电商、游戏、视频、社交……)，最后计算按照 App 类型统计用户数量、品牌终端数量，或者将一天 24 小时分为若干时段，按照时段统计用户上网行为。

相关链接：Flink OpenSource 语法(https://support.huaweicloud.com/sqlref-flink-dli/dli_08_0379.html)。

提交的文件和得分点：

① 应用场景描述(150 字以内)以及数据集字段、表格字段介绍。

② 所用的数据集的文件(类型不限)和 Kafka 客户端发送数据的截图(数据集和数据截图要能与第①点中的应用场景描述、数据集字段介绍匹配)，截图示例如图 8-170 所示。

③ Flink 作业脚本文件(Flink 的作业代码，要能与处理“第①点中的应用场景描述、数据集字段、表格字段介绍”匹配)和作业脚本处于运行中的截图，截图示例如图 8-171 所示。

```
[root@ecs-zgx-123 bin]# ./kafka-console-producer.sh --broker-list 192.168.0.213:9092,192.168.0.164:9092,192.168.0.187:9092  --topic trade_order_detail_in
fo_zgx
>{"order_id":"202103241000000001", "order_channel":"webShop", "order_time":"2021-03-24 10:00:00", "pay_amount":"100.00", "real_pay":"100.00", "pay_time":
"2021-03-24 10:02:03", "user_id":"0001", "user_name":"Alice", "area_id":"330106"}
{"order_id":"202103241606060001", "order_channel":"appShop", "order_time":"2021-03-24 16:06:06", "pay_amount":"200.00", "real_pay":"180.00", "pay_time":"
2021-03-24 16:10:06", "user_id":"0001", "user_name":"Alice", "area_id":"330106"}
{"order_id":"202103251202020001", "order_channel":"miniAppShop", "order_time":"2021-03-25 12:02:02", "pay_amount":"60.00", "real_pay":"60.00", "pay_time"
:"2021-03-25 12:03:00", "user_id":"0002", "user_name":"Bob", "area_id":"330110"}
{"order_id":"202103251505050001", "order_channel":"qqShop", "order_time":"2021-03-25 15:05:05", "pay_amount":"500.00", "real_pay":"400.00", "pay_time":"2
021-03-25 15:10:00", "user_id":"0003", "user_name":"Cindy", "area_id":"330108"}
{"order_id":"202103252020200001", "order_channel":"webShop", "order_time":"2021-03-24 20:20:20", "pay_amount":"600.00", "real_pay":"480.00", "pay_time":"
2021-03-25 00:00:00", "user_id":"0004", "user_name":"Daisy", "area_id":"330102"}
{"order_id":"202103260808080001", "order_channel":"webShop", "order_time":"2021-03-25 08:08:08", "pay_amount":"300.00", "real_pay":"240.00", "pay_time":"
2021-03-25 08:10:00", "user_id":"0004", "user_name":"Daisy", "area_id":"330102"}
{"order_id":"202103261313130001", "order_channel":"webShop", "order_time":"2021-03-25 13:13:13", "pay_amount":"100.00", "real_pay":"100.00", "pay_time":"
2021-03-25 16:16:16", "user_id":"0004", "user_name":"Daisy", "area_id":"330102"}
{"order_id":"202103270606060001", "order_channel":"appShop", "order_time":"2021-03-25 06:06:06", "pay_amount":"50.50", "real_pay":"50.50", "pay_time":"20
21-03-25 06:07:00", "user_id":"0001", "user_name":"Alice", "area_id":"330106"}
{"order_id":"202103270606060002", "order_channel":"webShop", "order_time":"2021-03-25 06:06:06", "pay_amount":"66.60", "real_pay":"66.60", "pay_time":"20
21-03-25 06:07:00", "user_id":"0002", "user_name":"Bob", "area_id":"330110"}
{"order_id":"202103270606060003", "order_channel":"miniAppShop", "order_time":"2021-03-25 06:06:06", "pay_amount":"88.80", "real_pay":"88.80", "pay_time"
:"2021-03-25 06:07:00", "user_id":"0003", "user_name":"Cindy", "area_id":"330108"}
{"order_id":"202103270606060004", "order_channel":"webShop", "order_time":"2021-03-25 06:06:06", "pay_amount":"99.90", "real_pay":"99.90", "pay_time":"20
21-03-25 06:07:00", "user_id":"0004", "user_name":"Daisy", "area_id":"330102"}
```

图 8-170 Kafka 客户端发送数据的截图示例

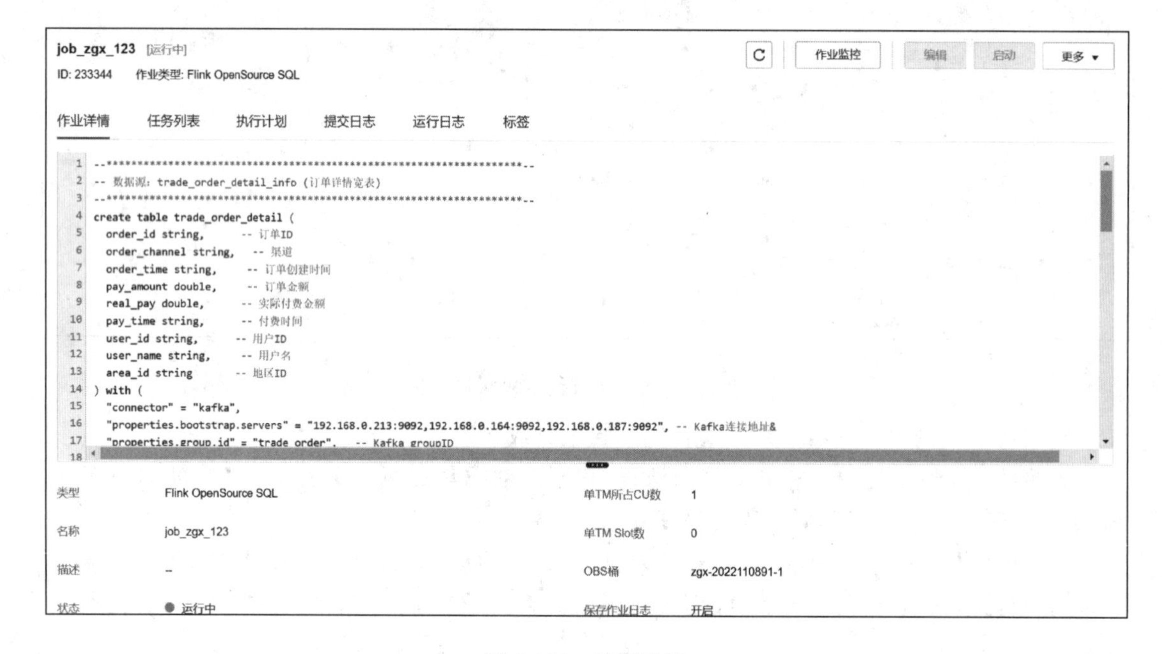

图 8-171 截图示例

④ 所设计的 MySQL 表格的截图，Flink 接收并处理数据后，表格中的结果截图（MySQL 中的结果数据截图要能与“第①点中的应用场景描述、数据集字段、表格字段介绍”匹配）。MySQL 表格的截图示例如图 8-172 所示。Flink 接收并处理数据后，表格中的结果截图示例如图 8-173 所示。

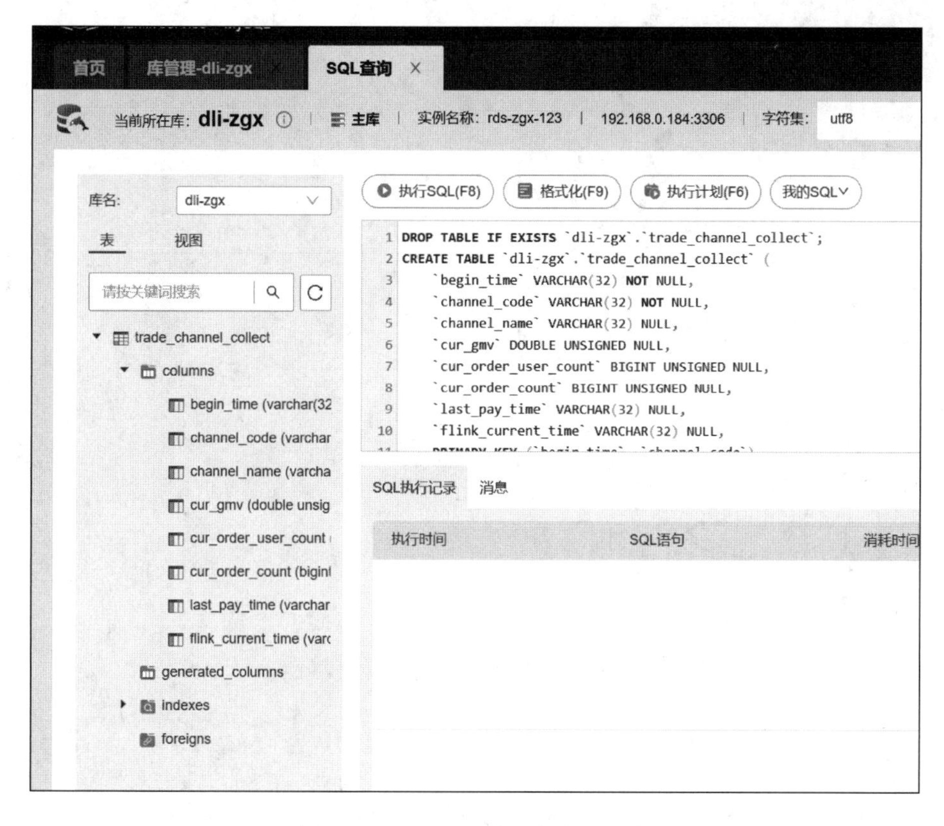

图 8-172　MySQL 表格的截图示例

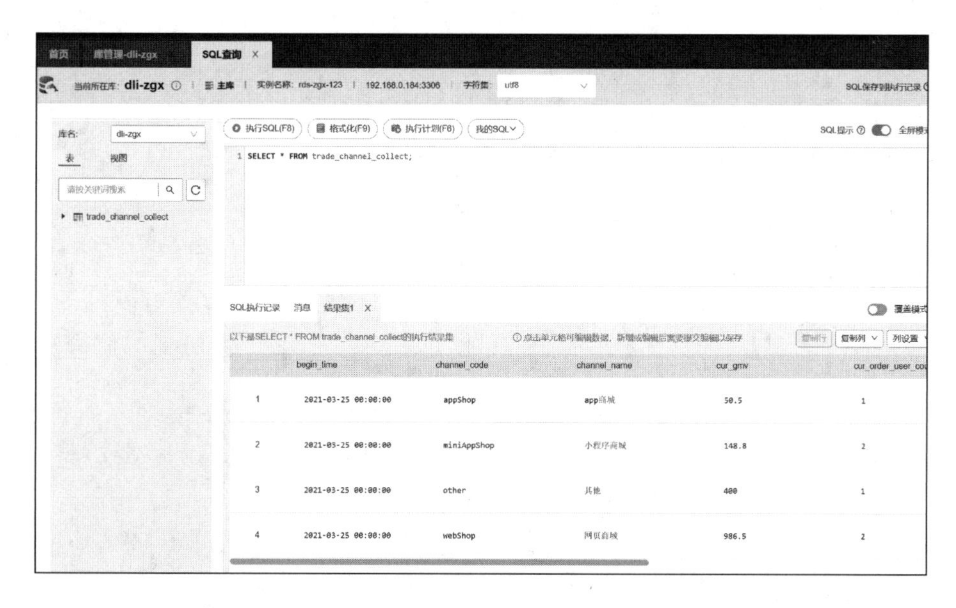

图 8-173　表格中的结果截图示例